“十三五”国家重点出版物出版规划项目
现代机械工程系列精品教材

机器人控制理论基础

杨洋　苏鹏　郑昱　编著

机 械 工 业 出 版 社

本书较全面地介绍了机器人控制的理论基础，除第 1 章机器人机构与控制概述外，共分为三篇，第 1 篇为机器人控制的力学基础，介绍了机器人机构的运动学、动力学和可操作性；第 2 篇为机器人传统控制方法的理论基础，介绍了机器人的位置和力的控制，以及冗余度机器人的控制；第 3 篇为机器人高级控制方法的理论基础，介绍了机器人的学习控制、基于视觉的机器人控制、机器人的稳定性控制、机器人的滑模控制、机器人的神经网络控制、多机器人的协同控制。

本书可以作为高等工科院校机械电子工程、机械工程及自动化、自动化技术、机器人工程等专业学生使用的机器人技术课程的教材，也可供从事机器人研究的科技工作者使用和参考。

图书在版编目（CIP）数据

机器人控制理论基础/杨洋，苏鹏，郑昱编著. —北京：机械工业出版社，2021.6

“十三五”国家重点出版物出版规划项目　现代机械工程系列精品教材

ISBN 978-7-111-68383-4

Ⅰ.①机…　Ⅱ.①杨…　②苏…　③郑…　Ⅲ.①机器人控制-教材

Ⅳ.①TP24

中国版本图书馆 CIP 数据核字（2021）第 106913 号

机械工业出版社（北京市百万庄大街 22 号　邮政编码 100037）

策划编辑：舒　恬　责任编辑：舒　恬　李　乐

责任校对：李　杉　封面设计：张　静

责任印制：张　博

涿州市般润文化传播有限公司印刷

2021 年 10 月第 1 版第 1 次印刷

184mm×260mm · 18.25 印张 · 448 千字

标准书号：ISBN 978-7-111-68383-4

定价：59.00 元

电话服务	网络服务
客服电话：010-88361066	机　工　官　网：www.cmpbook.com
010-88379833	机　工　官　博：weibo.com/cmp1952
010-68326294	金　　书　　网：www.golden-book.com
封底无防伪标均为盗版	机工教育服务网：www.cmpedu.com

前 言

机器人一词最早由剧作家卡雷尔·恰佩克在1920年的戏剧《罗素姆万能机器人》(*Rossum's Universal Robots*)中首次提出，原本是工作的意思。在此之后，机器人一词被广泛应用于各种具有自主操作能力的设备中，如水下机器人、四足式机器人、扑翼式机器人等。在本书中，机器人是指由计算机控制的工业机器人(也称为机械臂操作器)。与科幻电影、小说中的机器人相比，这种由计算机控制的机械臂显得没有那么酷炫与智能，甚至显得有些笨拙与呆板。但这种工业机器人却是一种适应工业环境并具有较高可靠性的复杂机电系统，可以代替人类完成一些枯燥、重复或危险的工作，是目前为止最为可靠的机器人平台，极具发展潜力和研究价值。

从技术上来说，机器人技术需要综合运用机械、传感器、驱动器和计算机来实现人类某些方面的功能。显然，这是一项庞大的任务，需要运用各种“传统”领域的技术成果。而如果深入到理论知识层面，则会发现机器人所需的理论知识更为纷繁复杂，不仅需要电气工程、机械工程、工业工程、计算机科学、力学、数学等方面的知识，而且还需要应用工程、知识工程等新兴学科的知识，故很难在一本书中囊括机器人领域所需的全部知识。进一步来说，考虑到机器人的控制系统设计的合理性、与机械结构的融合度，都与机器人功能的实现息息相关。显然，控制系统设计时的理论依据越充分，机器人就会显得越“灵巧”“聪明”，反之，机器人则会显得比较“笨拙”。因此，了解和学习机器人控制理论具有重要的意义，对机器人控制理论的梳理和总结很有必要。

在本书中，编者选择机器人控制作为切入点，对与机器人控制相关的理论知识和分析方法进行总结，并结合近年来在机器人控制理论方面的研究成果，力求体现一定的时代特点，为读者提供一个学习机器人控制理论的良好途径。

本书涵盖的内容如下：

第1章为机器人机构与控制概述。该章简要介绍了常见的机器人操作器形式和控制系统形式，对机器人控制所依据的矩阵理论和稳定性分析理论进行了说明，并介绍了控制中常见的传感器。

第2章为机器人机构运动学。该章对机器人机构的运动学进行了论述，即从几何学的观点研究操作器连杆和作业对象的运动关系。以介绍机构的位置、姿态和速度的表达方法为基础，对机器人机构正运动学、逆运动学和静力学进行了论述。

第3章为机器人机构动力学。该章采用两种常见的方法对机器人机构的动力学方程进行了推导，并对动力学实时计算的实现方法和计算量进行了讨论。

第 4 章为机器人机构可操作性。该章从运动学和动力学的观点出发，对机器人的可操作能力进行了分析和评价，并引出了可操作性的概念。

第 5 章为机器人的位置控制。该章给出了确定末端路径和规划关节轨迹的方法，并对位置控制中常用的控制方法进行了论述。

第 6 章为机器人的力控制。在控制末端器位置的基础上，也需要控制机器人与物体的接触力。本章对常用的柔顺控制、阻抗控制、导纳控制和混合控制等力控制方法进行了介绍，并简要介绍了基于力控制的实现机器人机构约束动运的控制方法。

第 7 章为冗余度机器人的控制。该章对冗余度机器人的控制方法进行了介绍，并讲述了利用冗余度提高机器人灵活性的方法。

第 8 章为机器人的学习控制。该章从学习控制的基础开始，讨论了各种学习控制方法及在机器人系统中的有效性，并对强化学习方法在机器人控制中的应用进行了简要介绍。

第 9 章为基于视觉的机器人控制。该章针对视觉控制中的图像处理、目标位姿获取、相机标定和基于视觉的伺服控制方法进行了论述。

第 10 章为机器人的稳定性控制。该章对机器人控制稳定性理论进行了介绍，并对基于状态观测及补偿的机器人稳定控制、针对建模误差的机器人稳定控制进行了论述。

第 11 章为机器人的滑模控制。该章介绍了滑模控制的特点，并基于名义模型、计算力矩法和输入输出稳定性理论介绍了滑模控制在机器人控制中的应用。

第 12 章为机器人的神经网络控制。该章介绍了神经网络控制的定理和引理，并介绍了基于不确定逼近的 RBF 神经网络自适应控制方法。

第 13 章为多机器人的协同控制。该章介绍了多机器人协同系统的基础理论知识，给出了多机器人协同系统的运动学模型、动力学模型、载荷分配和控制方法。

本书的编写目的在于把机器人控制中所需的理论知识介绍给从事机器人学研究、新型机器人应用与开发的研究人员、技术人员及相关专业的本科生和研究生，帮助他们学习和掌握机器人控制所需的理论和知识，并在实践中应用这些知识。本书的介绍由浅入深，尽可能减少高深的数学推导以便于读者学习和理解。本书的出版，是对机器人工程教学的一次探索，希望在抛砖引玉的同时，能够在一定程度上推动我国机器人领域的人才培养。

本书由杨洋、苏鹏、郑昱共同编写。其中，第 1~7 章由杨洋编写，第 10~12 章由苏鹏编写，第 8、9、13 章由郑昱编写，全书由杨洋统稿。

限于编者的水平，本书中疏漏在所难免，恳请各位读者批评指正。

编　者

目录

第2篇 机器人传统控制方法的理论基础

第3篇　机器人高级控制方法的理论基础

第 1 章

机器人机构与控制概述

机器人系统一般如图 1-1 所示，由工作部分、认知部分、控制部分组成。工作部分由功能上类似于人类四肢的动作机构组成；认知部分是通过传感器获得操作对象、机器人本体及工作环境的各种信息，并在处理传感器信息的基础上，完成对操作对象、机器人本体和工作环境的认知；控制部分则是以认知部分获得的信息为依据，对工作部分的执行动作进行控制。

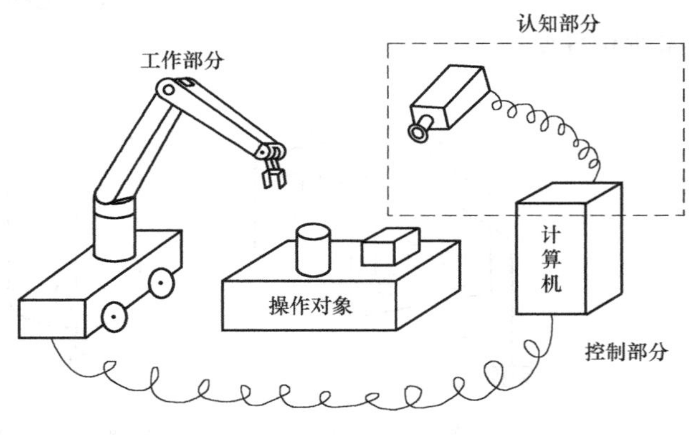

图 1-1　机器人系统

本书中，主要针对机器人的设计和控制过程中涉及的机构分析方法与控制理论基础进行论述。同时，介绍一些常用的机器人传感器，并就其在认知环境、作业对象和机器人控制中的应用进行简要介绍。具体地讲，在上述机器人系统的组成部分中，对于工作部分，与人类四肢的操作行为进行对比介绍；对于控制部分，对指尖的位置控制，手施加于固定物体的力控制，以及冗余机器人的控制进行论述；由于本书不涉及电器控制方面的内容，因此，对认知部分将仅介绍一些基本的传感器及其在实际作业中的应用。

1.1　机器人的机构

需要说明的是，本书所指的机器人，主要是工业机器人，或称为机器人操作臂、机器人臂、机械手等。机器人的机械结构部分称为机器人机构，也称为操作器（Manipulator）。工业机器人一般为空间开链连杆机构。操作器所用的关节有回转关节和移动关节两种，各关节一般用图 1-2 所示的符号表示。为了与图 1-2b 所示回转关节区别，图 1-2c、d 所示回转关节也称为复转动关节，通过适当的驱动装置驱动这些关节，而使连杆机构的末端完成预期的动作。这些连杆机构与人类的手一样，可按照臂部、腕部、指尖部进行命名。下面，对常见的几种腕部与臂部进行说明，指尖部根据需要执行的作业内容，存在各种各样的形式，故在此暂不讨论。

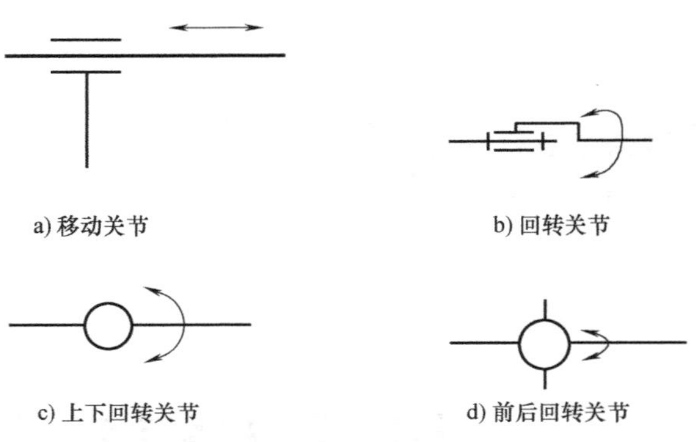

图 1-2　关节的表示符号（箭头表示运动方向）

图 1-3 所示为腕部机构的例子，通常称图 1-3a 所示的机构为直角坐标型腕部机构，图 1-3b 所示为圆柱坐标型腕部机构，图 1-3c 所示为极坐标型腕部机构，图 1-3d 所示为水平多关节型腕部机构，图 1-3e 所示为垂直多关节型腕部机构。图 1-3a 由于机构关节有较大的刚性，所以定位精度较高。图 1-3b、c、d、e 所示的腕部机构与图 1-3a 所示的腕部机构相比，虽然定位精度较低，但具有占地面积小、作业空间大的优势。图 1-3 所示机构的自由度数都是 3，这恰恰等于让腕部在三维空间内任意位置静止的自由度数。需要说明的是，这里所说的自由度，是为完全确定机构的形态所需的最少位置变量个数。

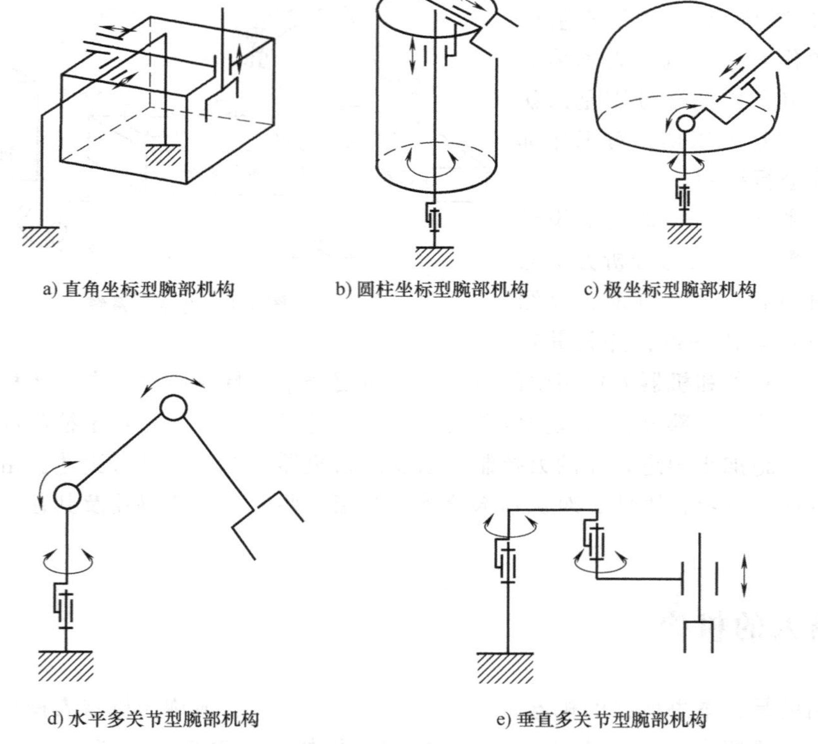

图 1-3　手腕部分的机构形式

腕部通常安装在臂部的末端，主要作用是协助指尖部完成希望的姿态动作。图 1-4 中给出了臂部机构的几个例子，图 1-4a 所示类似于人类的手臂，图 1-4b 所示是在工业机器人中经常使用的形式，图 1-4c 所示称为具有三个转动腕的腕部机构。图 1-4b 所示的关节轴可以稍微倾斜，图 1-4c 所示的 3 个转动腕由图 1-5 所示的齿轮传动组成。图 1-4 所示的臂部机构全部具有 3 个自由度，理论上可使末端实现任意姿态。可是，在这些机构中，也存在着任意方向上不能变换指尖姿态的位形，这样的位形称为奇异位形。对于图 1-4b、c 所示的结构，使指尖部在左右方向上回转的位形均是奇异位形。

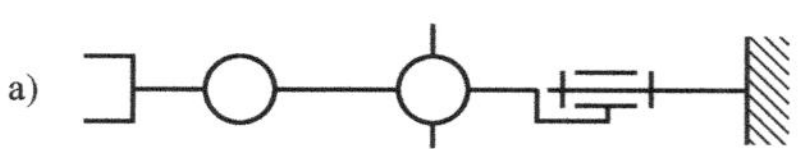

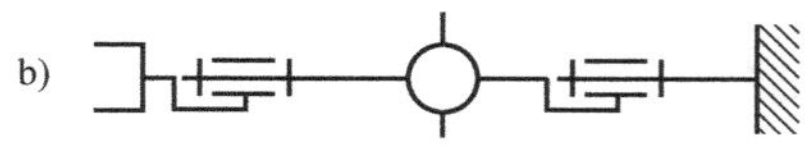

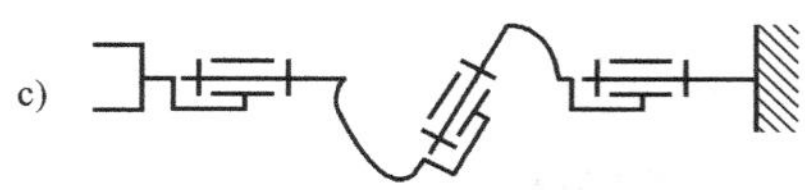

图 1-4　手臂部分的结构形式

为了使奇异位形不进入腕部的工作空间，人们开发了图 1-5 所示的 3 自由度 ET 腕（Elephant Trank Wrist）。ET 腕由图 1-6a 所示的 5 个回转关节 *J*1、*J*2、*J*3、*J*3′、*J*2′所组成，其中 *J*2 与 *J*2′、*J*3 与 *J*3′可回转同样的角度。例如，*J*2、*J*2′实现图 1-6b 所示的动作时，实际的机构可等效为图 1-6c 所示的机构，且其由两个方向联轴节组成，而联轴节之间通过齿轮连接。

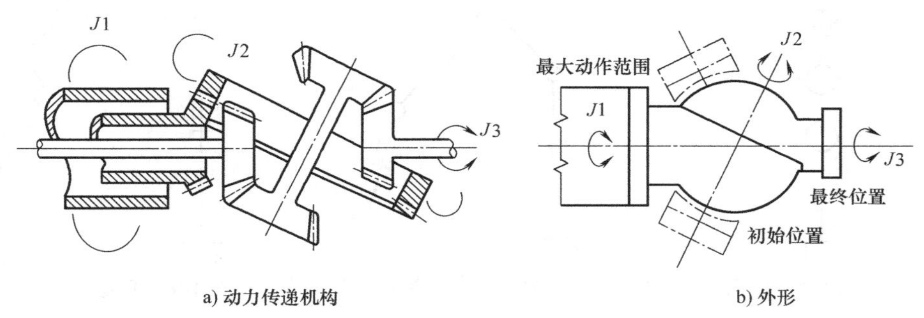

图 1-5　三转动手腕

在图 1-6 所示的 ET 腕中，指尖方向 Z_H 与指根方向 Z_W 正好方向相反时，整个腕部机构就处于奇异位形，而采用图 1-7 所示的 4 自由度手腕时，则可以避开上述奇异位形。将腕机构与手臂结合，就可构成 6 自由度机构（不包括指尖的自由度）。图 1-8～图 1-11 所示即为采用上述思路得到的 6 自由度机构。其中，图 1-8 所示为由图 1-3a 所示机构与图 1-4b 所示机构组合得到的机构。图 1-9 所示为由图 1-3b 所示机构与图 1-4c 所示机构组合得到的机构，图 1-10 所示为由图 1-3c 所示机构与图 1-4b 所示机构组合得到的机构，图 1-11 所示为由图 1-3a 所示机构与图 1-4b 所示机构组合得到的机构。

然而，根据使用的目的不同，少于 6 个自由度的机构也可以应用于相关的作业中，目前，已有多个少于 5 个自由度的机构应用于实际生产作业的案例。例如，图 1-12 所示为由多个回转关节组成的手腕，该手腕作为 4 自由度机构，已在很多场合中得到应用。这种手腕通常称为 SCARA 机器人（Selective Compliance Assembly Robot Arm，平面关节型机器人）。具有 7 个以上自由度的机器人还在研究开发之中。

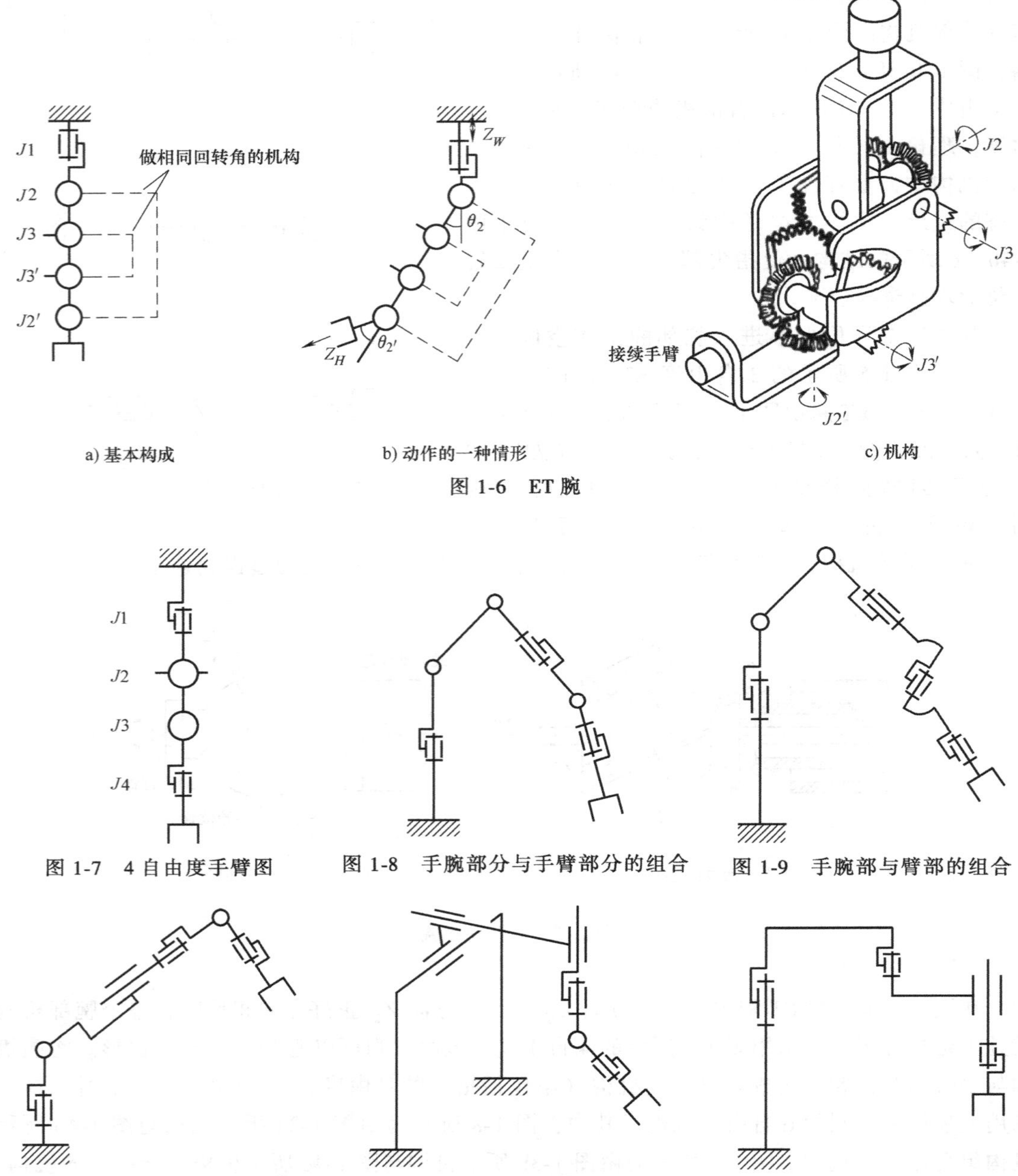

a) 基本构成　b) 动作的一种情形　c) 机构

图 1-6　ET 腕

图 1-7　4 自由度手臂图

图 1-8　手腕部分与手臂部分的组合

图 1-9　手腕部与臂部的组合

图 1-10　手腕部与手臂部的组合

图 1-11　手腕部与手臂部的组合

图 1-12　SCARA 机器人

1.2　机器人的控制

机器人进行作业的基本任务是，让其手指尖沿给定的目标轨迹移动，或在手指尖接触固定物体时，以这个物体为目标施加一定的力。前者称为位置控制（或轨迹控制），后者称为力控制。

图 1-13 给出了位置控制的简略框图，一般情况下，在机器人的各关节安装有电位计（Potential Code）或传感器以测量关节转角的位移。控制装置依据传感器测量数据，确定机器人的关节驱动，然后以适当的输入使指尖尽可能沿着目标轨迹运动。

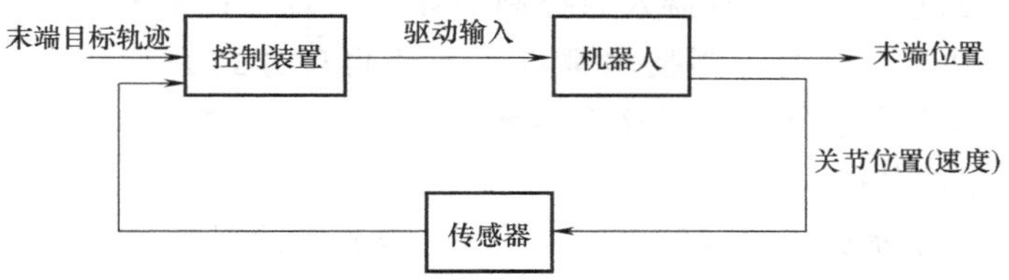

图 1-13　机器人位置控制的简略框图

控制系统的具体构成如图 1-14 所示，图 1-14 中右边的输出是 n 自由度机器人各关节轴的位移。关节目标轨迹计算器，根据末端目标轨迹，计算得到各关节轴的控制信号。各轴的控制信号以关节位移作为控制变量，依据一定的控制算法计算得到伺服输入。最简单的情况是利用图 1-15 所示的伺服控制方法进行位置或速度反馈控制，即我们通常所说的 PID（Proportion，Integral，Differential，比例、积分、微分）控制。在一般工业机器人中，多采用图 1-14 所示的控制装置。需要说明的是，在这种控制装置中，动力特性的变化和各关节间的相互干涉等均被视为干扰处理。随着对机器人的工作速度和位置精度的要求越来越高，各轴独立控制的控制方法已不能够满足目标轨迹的追踪特性要求。因此，有必要设计考虑各关节间的相互干涉及动力特性变化的控制系统。

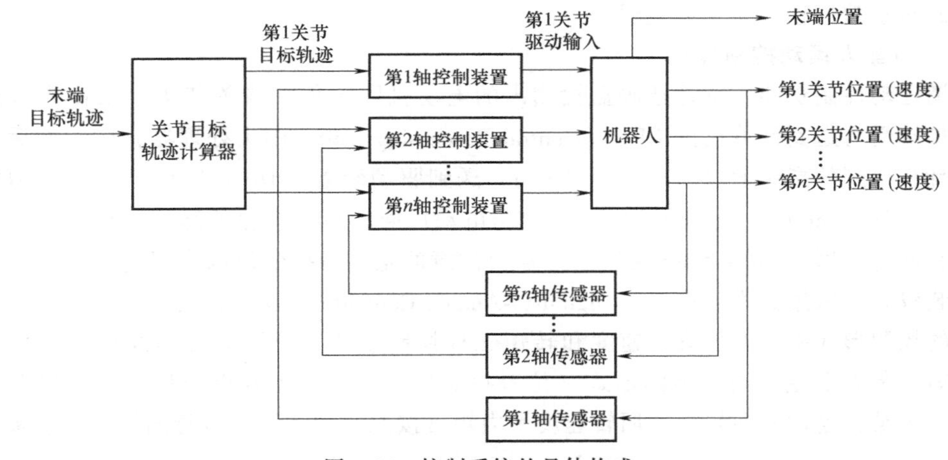

图 1-14　控制系统的具体构成

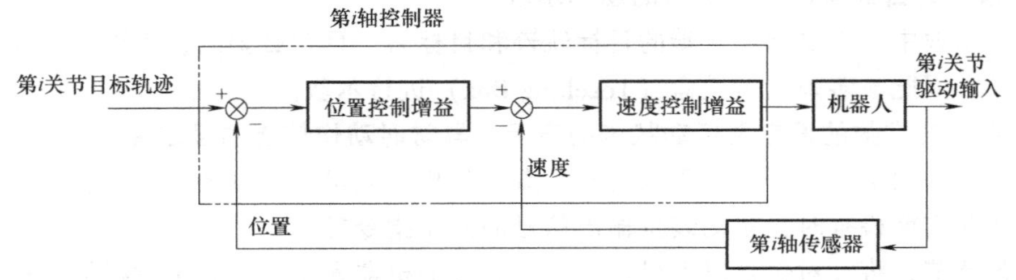

图 1-15　位置或速度反馈伺服

力控制的基本思路是，通过力传感器检测各关节处的驱动力及末端与物体之间的作用力，将这些信息反馈到控制装置中，并依据一定的控制算法改变机器人各关节的运动，从而对关节驱动力或末端与物体之间作用力进行控制。机器人力控制的详细内容将在第6章进行详细阐述。由于现代的控制技术都以示教或再现方式为基础，所以，这里我们简单地介绍一下这个示教或再现方式的原理，作为进一步学习本书的基础。

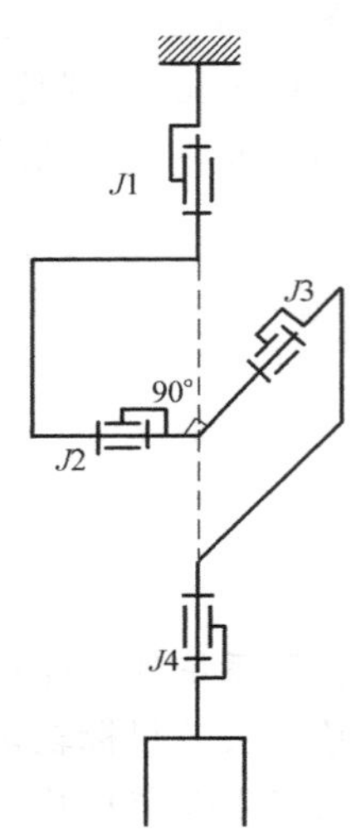

图 1-16　示教或再现的机器人系统

图1-16所示为用于示教或再现的机器人系统，操作者通过某种方法对机器人进行训练，使其按照作业的顺序实现其作业。这里所说的给机器人示教的内容包括手部及各关节的位置、速度、作业指令、执行顺序等。一般有两种示教方式，即直接示教及间接示教。所谓直接示教就是操作者用手握住安装在机器人末端的手柄（操纵杆、游戏棒等），让机器人按照实际作业顺序进行动作。在进行动作的同时，机器人控制器记忆各关节的位移和速度。在这个过程中，通常仅仅让机器人记忆示教位置和作业指令，而速度则是通过另外的计算使其适应正确值。

另一种方式是间接示教，就是把作业顺序数值化或符号化，然后依次将作业顺序输入机器人的计算机中，注意每输入一步作业，需要操作示教盒使机器人完成相应的动作。所有作业输入完成且机器人完成所有动作后，示教完成。

在此对示教过程补充几点说明：

（1）机器人运动控制过程

所谓运动控制功能，就是把码盘检测出的电动机回转角（或关节角）及由力传感器检测出的指端受力送到计算机的 CPU（Central Processing Unit，中央处理器）中。然后，把控制定律计算得到的指令值（Command Signal）送到驱动装置（Driver）中产生操作力矩。这时，增益码盘（Incremented Encoder）输出与电动机回转角成正比的脉冲，再输入具有计数功能的脉冲发生器（Pulse Counter）中。需要注意的是，当指令值以模拟电压信号的形式输入驱动装置时，采用数模转换器（Digital-to-Analog Converter，DAC）对指令进行转换。在驱动装置的控制形式中，有位置、速度和转矩三种控制模式，分别对应不同形式（位置、速度和转矩）的控制量，输入不同形式（位置控制指令、速度控制指令和转矩控制指令）的指令值。于是，电动机回转角、回转速度及力矩可按照驱动系统的自身的控制功能来跟踪指令值。

（2）末端的目标轨迹和目标力的动作示教

在动作示教中，需要指定末端的目标轨迹和目标力，且在必要时，需要对动作示教的方式进行切换。因此，多采用示教盒（Teaching Box）进行示教。

（3）系统各常数的设定及运动状态的表示，异常时动作停止的设定等

在这里，利用示教盒设定必要的控制参数，如机器人机构的位置、速度、力信号的表示形式；异常和定期检查时，驱动装置输出信号的停止指令等。

下面各章节，将针对包含以上机构与控制装置的机器人系统，介绍对机器人机构进行分析、评价及控制的一些基本知识。

1.3 有关的矩阵理论和稳定性理论

机器人学作为一门学科，实际上是很多技术和学科的交叉和综合，到目前为止，机器人学的研究和新的技术的开发，还面临着许多挑战。所以，本教材力求给读者奠定一个坚实的理论基础，以达到抛砖引玉的作用。众所周知，机器人技术是在多种学科的基础上发展起来的，涉及的知识涵盖微分方程理论、数值计算方法、理论力学、分析力学、材料力学、现代控制理论、非线性控制论、测量技术、电气技术、电磁学、电路原理、信号处理、传感器技术、人工智能和神经网络理论等学科。而这些学科又都是以现代数学为基础建立的。一方面，为了更好地学习和理解本书的内容；另一方面，为了便于学习者进一步阅读有关的机器人学方面的专著和研究论文，本教材在此对必要的数学知识进行简要介绍。需要说明的是，本教材在介绍时，只引用相关结论而不进行详细的证明，有兴趣的读者可进一步参考有关的数学文献。

1.3.1 广义逆矩阵

在线性代数中，逆矩阵是一个很重要的概念，特别是在求解线性方程组时，以矩阵形式表达具有简洁而清晰的特点。可是，逆矩阵只有在矩阵可逆时才存在，这里所说的广义逆矩阵是通常的逆矩阵的概念向不可逆矩阵的推广。对机器人来讲，在动态特性的辨识、冗余机器人的控制及力控制中，经常要用到这个广义逆矩阵的一些知识。另外，这里仅考虑矩阵的元素为实数的情况，同样，对它们稍作修改也可用于矩阵元素为复数的情形。首先，从广义矩阵的定义出发，对任意 $m\times n$ 矩阵 $\boldsymbol{A}$，满足式（1-1）的 $m\times n$ 矩阵 $\boldsymbol{A}^+$至少有一个存在

$$\begin{cases}\boldsymbol{A}\boldsymbol{A}^+\boldsymbol{A}=\boldsymbol{A}\\ \boldsymbol{A}^+\boldsymbol{A}\boldsymbol{A}^+=\boldsymbol{A}^+\\ (\boldsymbol{A}\boldsymbol{A}^+)^{\mathrm{T}}=\boldsymbol{A}\boldsymbol{A}^+\\ (\boldsymbol{A}^+\boldsymbol{A})^{\mathrm{T}}=\boldsymbol{A}^+\boldsymbol{A}\end{cases} \tag{1-1}$$

式中，$\boldsymbol{A}^+$称为 $\boldsymbol{A}$ 的广义逆矩阵。

首先我们来说明满足式（1-1）的矩阵 $\boldsymbol{A}^+$的存在性：

显然，$\boldsymbol{A}=\boldsymbol{0}$ 时，有 $\boldsymbol{A}^+=\boldsymbol{0}$ 成立。假定 $\boldsymbol{A}\neq\boldsymbol{0}$，并且，$\mathrm{rank}\boldsymbol{A}=r$，$\boldsymbol{A}$ 可以表示为合适的 $m\times r$ 矩阵 $\boldsymbol{B}$ 及 $r\times n$ 矩阵 $\boldsymbol{C}$ 的乘积，即

$$\boldsymbol{A}=\boldsymbol{B}\boldsymbol{C} \tag{1-2}$$

利用矩阵 $\boldsymbol{B}$、$\boldsymbol{C}$，矩阵 $\boldsymbol{D}$ 可表示为

$$\boldsymbol{D}=\boldsymbol{C}^{\mathrm{T}}(\boldsymbol{C}\boldsymbol{C}^{\mathrm{T}})^{-1}(\boldsymbol{B}^{\mathrm{T}}\boldsymbol{B})^{-1}\boldsymbol{B}^{\mathrm{T}} \tag{1-3}$$

可以证明，$\boldsymbol{A}^+=\boldsymbol{D}$ 满足式（1-1）。因此，$\boldsymbol{A}^+$存在。

接着，说明满足式（1-1）的矩阵 $\boldsymbol{A}^+$的唯一性。现在，取满足式（1-1）的任意两个 $\boldsymbol{A}^+$，即 $\boldsymbol{A}_1^+$、$\boldsymbol{A}_2^+$，则有

$$\boldsymbol{A}_1^+-\boldsymbol{A}_2^+=\boldsymbol{A}_1^+\boldsymbol{A}\boldsymbol{A}^+-\boldsymbol{A}_2^+\boldsymbol{A}\boldsymbol{A}_2^+=\boldsymbol{0} \tag{1-4}$$

因此，唯一性得证。

广义逆矩阵存在下列性质

$$(\boldsymbol{A}^+)^+=\boldsymbol{A} \tag{1-5}$$

$$(\boldsymbol{A}^{\mathrm{T}})^+=(\boldsymbol{A}^+)^{\mathrm{T}} \tag{1-6}$$

对于 $m\times n$ 矩阵 $\boldsymbol{A}$ 和 $n\times p$ 矩阵 $\boldsymbol{B}$，若 $\mathrm{rank}\boldsymbol{A}=\mathrm{rank}\boldsymbol{B}=n$，则有

$$(AB)^+ = B^+ A^+ \tag{1-7}$$

$$A = (A^+ A)^+ A^T = B^T (AA^T)^+ \tag{1-8}$$

对于 $m \times n$ 矩阵 A，若满足 $\mathrm{rank}A = m$，则有

$$A^+ = A^T (AA^T)^{-1} \tag{1-9}$$

而当 $\mathrm{rank}A = n$ 时，有

$$A^+ = (A^T A)^{-1} A^T \tag{1-10}$$

$m \times n$ 矩阵 A 可按式（1-11）进行奇异值分解，即

$$A = U\Sigma V^T \tag{1-11}$$

式中，U、V 是正交矩阵，当 $\mathrm{rank}A = r$ 时，矩阵 Σ 为

$$\Sigma = \begin{pmatrix} \sigma_1 & & & \\ & \sigma_2 & & \\ & & \ddots & \\ & & & \sigma_r \end{pmatrix} \tag{1-12}$$

这时，$\sigma_1 \geqslant \sigma_2 \geqslant \cdots \geqslant \sigma_r$。于是，有

$$A^+ = V\Sigma^+ U^T \tag{1-13}$$

式中，Σ^+ 是 $n \times m$ 矩阵 Σ 的广义逆，且

$$\Sigma^+ = \begin{pmatrix} \sigma_1^{-1} & & & & \\ & \sigma_2^{-1} & & & \\ & & \ddots & & \\ & & & \sigma_r^{-1} & \\ & & & & 0 \end{pmatrix} \tag{1-14}$$

考虑方程组

$$Ax = b \tag{1-15}$$

式中，$n \times m$ 矩阵 A 与 n 维矢量 b 已知；n 维矢量 x 未知。当 A 是方阵且可逆时（$n = m$），式（1-15）的解为

$$x = A^{-1} b \tag{1-16}$$

若 $n \neq m$，则引入广义逆矩阵 A^+，此时式（1-15）的一般解为

$$x = A^+ b + (I - A^+ A) k \tag{1-17}$$

式中，k 是 n 维任意矢量。在所有的解中，范数 $\| x \|$ 最小的解为

$$x = A^+ b \tag{1-18}$$

1.3.2 奇异值分解

若给定任意 $m \times n$ 矩阵 A。考虑 $A^T A$，它是一准正定矩阵，它的特征值，即 $\det(\lambda I_n - A^T A) = 0$ 的解是非负的实数。把它们按从大到小的顺序依次排列为 $\lambda_1 \geqslant \lambda_2 \geqslant \cdots \geqslant \lambda_i \geqslant 0$，然后，定义

$$\sigma_i = \sqrt{\lambda_i} \ (i = 1, 2, \cdots, \min\{m, n\}) \tag{1-19}$$

所以有

$$\sigma_1 \geqslant \sigma_2 \geqslant \cdots \geqslant \sigma_{\min\{m,n\}} \geqslant 0$$

这时，$m \times m$ 矩阵 $\boldsymbol{U}$ 和 $n \times n$ 矩阵 $\boldsymbol{V}$ 存在，且有

$$\boldsymbol{A} = \boldsymbol{U\Sigma V}^{\mathrm{T}} \tag{1-20}$$

式中，对 $\boldsymbol{\Sigma}$ 有

$$\boldsymbol{\Sigma} = \begin{pmatrix} \sigma_1 & & & \\ & \sigma_2 & & \\ & & \ddots & \\ & & & \sigma_m \end{pmatrix} (m \leqslant n)$$

$$\boldsymbol{\Sigma} = \begin{pmatrix} \sigma_1 & & & \\ & \sigma_2 & & \\ & & \ddots & \\ & & & \sigma_n \end{pmatrix} (m > n)$$

于是，我们把式（1-20）称为 $\boldsymbol{A}$ 的奇异值分解，式（1-19）称为 $\boldsymbol{A}$ 的奇异值。奇异值中不为0的奇异值的个数为

$$r = \mathrm{rank}\boldsymbol{A} \tag{1-21}$$

并且，由于 $\boldsymbol{U}$、$\boldsymbol{V}$ 是正交矩阵，所以，它们满足

$$\boldsymbol{UU}^{\mathrm{T}} = \boldsymbol{U}^{\mathrm{T}}\boldsymbol{U} = \boldsymbol{I}_m, \boldsymbol{VV}^{\mathrm{T}} = \boldsymbol{V}^{\mathrm{T}}\boldsymbol{V} = \boldsymbol{I}_n \tag{1-22}$$

现在，我们考虑线性变换 $\boldsymbol{y} = \boldsymbol{Ax}$ 中的 $\boldsymbol{A}$ 的奇异值分解的含义。设 $\boldsymbol{y}_U = \boldsymbol{U}^{\mathrm{T}}\boldsymbol{y}$，$\boldsymbol{x}_V = \boldsymbol{V}^{\mathrm{T}}\boldsymbol{x}$，从式（1-20）得

$$\boldsymbol{y}_U = \boldsymbol{\Sigma x}_V \tag{1-23}$$

所以，从 $\boldsymbol{x}$ 到 $\boldsymbol{y}$ 的任何变换可表示为，从 $\boldsymbol{x}$ 通过 $\boldsymbol{V}^{\mathrm{T}}$ 变化到 $\boldsymbol{x}_V$ 是长度不变的正交变换，从 $\boldsymbol{x}_V$ 通过 $\boldsymbol{\Sigma}$ 变化到 $\boldsymbol{y}_U$ 是取 $\boldsymbol{x}_V$ 第 i 个元素的 σ_i 倍，且不改变 $\boldsymbol{y}_U$ 的第 i 个元素方向的变换，然后，从 $\boldsymbol{y}_U$ 通过 $\boldsymbol{U}$ 变化到 $\boldsymbol{y}$ 的变换是不改变长度的正交变换。这样，奇异值分解可以表达线性变换的一个基本性质。

下面介绍一种奇异值分解的方法。首先，根据式（1-19）求奇异值，并且，由于 $\boldsymbol{A}^{\mathrm{T}}\boldsymbol{A}$ 与 $\boldsymbol{AA}^{\mathrm{T}}$ 的不为0的特征值的个数是一样的，所以，在求奇异值时，当 $m \leqslant n$ 时，求 $\boldsymbol{A}^{\mathrm{T}}\boldsymbol{A}$ 的特征值，而当 $m > n$ 时，求 $\boldsymbol{AA}^{\mathrm{T}}$ 的特征值，这样可简化求解的过程。

考虑由奇异值不为0的元素构成的对角矩阵

$$\boldsymbol{\Sigma} = \begin{pmatrix} \sigma_1 & & & \\ & \sigma_2 & & \\ & & \ddots & \\ & & & \sigma_r \end{pmatrix} (m \leqslant n) \tag{1-24}$$

而 $\boldsymbol{U}$ 及 $\boldsymbol{V}$ 的第 i 个元素各为 u_i、v_i，于是，$\boldsymbol{U}_r = (u_1, u_2, \cdots, u_r)$，$\boldsymbol{V}_r = (v_1, v_2, \cdots, v_r)$。根据式（1-20）得 $\boldsymbol{A} = \boldsymbol{U}_r\boldsymbol{\Sigma V}_r^{\mathrm{T}}$。再由式（1-22）得

$$\boldsymbol{U}_r\boldsymbol{U}_r^{\mathrm{T}} = \boldsymbol{I}_r, \boldsymbol{V}_r^{\mathrm{T}}\boldsymbol{V}_r = \boldsymbol{I}_r \tag{1-25}$$

所以，有

$$\boldsymbol{A}^{\mathrm{T}}\boldsymbol{AV}_r = \boldsymbol{V}_r\boldsymbol{\Sigma}_r^2 \tag{1-26}$$

$$U_r=AV_r\Sigma_r^{-1} \tag{1-27}$$

分解式（1-27）为

$$A^{\mathrm{T}}Av_i=v_i\sigma_i^2 \quad (i=1,2,\cdots,r) \tag{1-28}$$

所以，v_i 是对应于 $A^{\mathrm{T}}A$ 的特征值 λ_i 的特征矢量。于是，对应于 λ_1，λ_2，…，λ_r 的 AA^{T} 的特征矢量就是 V_r。V 中 V_r 的以外的部分 v_{r+1}，v_{r+2}，…，v_n 可以按照其满足式（1-22）来任意地确定。关于 U，在 V 求出以后，根据式（1-27）求 U_r。U_r 的以外的部分与 V_r 的以外的部分的确定方法类似。并且，易得

$$AA^{\mathrm{T}}U_r=U_r\Sigma_r^2, V_r=A^{\mathrm{T}}U_r\Sigma_r^{-1} \tag{1-29}$$

1.3.3 李雅普诺夫稳定性理论

下面我们考虑非线性自治系统的李雅普诺夫（Lyapunov）理论，即

$$\dot{x}=f(x) \tag{1-30}$$

式中，x 为 n 维状态矢量；f 为与 x 同维的矢量函数。设式（1-30）在初始条件（t_0，x_0）下，有唯一解

$$x=\Phi(t;x_0,t_0) \tag{1-31}$$

式（1-31）实际描述了式（1-30）系统在 n 维状态空间中从初始条件（t_0，x_0）出发的一条状态运动的轨迹，简称为系统的运动或状态轨迹。

如果式（1-30）描述的系统对于任意选定的实数 $\varepsilon>0$，都对应存在另一实数 $\delta(\varepsilon,t_0)>0$，使当 $\|x_0-x_e\|\leqslant\delta(\varepsilon,t_0)$ 成立时，从任意初始状态 x_0 出发的解都满足

$$\|\Phi(t;x_0,t_0)-x_e\|\leqslant\varepsilon, t_0\leqslant t<\infty \tag{1-32}$$

则称平衡状态 x_e 为李雅普诺夫意义下的稳定。如果 δ 与 t_0 无关，则称这种平衡状态是一致稳定的。

考虑从初始状态 $x_0\in s(\delta)$ 出发的轨迹线 $x\in s(\varepsilon)$。当 t 无限增长时，从 $s(\delta)$ 出发的状态轨迹总不离开 $s(\varepsilon)$，即系统响应的幅值是有界的，则称平衡状态 x_e 为李雅普诺夫意义下稳定，简称为稳定。

如果平衡状态 x_e 是稳定的，但是当 t 无限增长时，状态轨迹不仅不超出 $s(\varepsilon)$，而且最终收敛于 x_e，则称这种平衡状态是渐近稳定的。如果平衡状态 x_e 是稳定的，而且从状态空间中所有初始状态出发的状态轨迹都具有渐近稳定性，则称这种平衡状态。x_e 为大范围渐近稳定。

如图 1-17 所示，一个球在重力作用下沿曲面向下滚动，点 A 是稳定状态（由于没有摩擦存在，在最低点的附近连续振动），点 B 渐近稳定（由于黏性摩擦，经过无限时间后，静止在低点处），平衡点 C_1、C_2 不稳定。

接着，说明 x 正定函数的概念，包含原点的某一区域 Ω 定义的标量函数 $v(x)$。在 $x=0$ 时，$v(0)=0$，$x\neq0$ 但 $x\in\Omega$ 时，满足 $v(x)>0$，则认为 $v(x)$ 在 Ω 中正定（或非负定）。同样，在 $x=0$ 时，$v(0)=0$，$x\neq0$ 但 $x\in\Omega$ 时，满足 $v(x)<0$，则认为 $v(x)$ 负定（或非正定）。

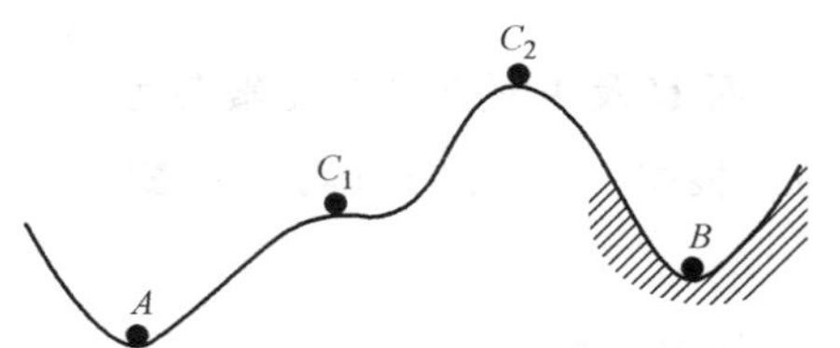

图 1-17　稳定状态与不稳定状态

如果某一函数 $v(x)$ 在 Ω 中正定，具有连续的导数$\dfrac{\partial v(x)}{\partial x}$，且沿着系统表达式（1-30）所示的轨迹按时间取微分，则得

$$\dot{v}(x)=\frac{\mathrm{d}v(x)}{\mathrm{d}t}=\frac{\partial v(x)}{\partial x}f(x) \tag{1-33}$$

当式（1-33）非负定时，就称这个函数 $v(x)$ 为李雅普诺夫函数。

【定理1】 系统表达式（1-30）渐近稳定的充分条件是：

1）在某一原点的附近 Ω 中，存在李雅普诺夫函数。

2）$\dot{v}(x)$ 是负定函数。

并且，条件2）也可以叙述为：

2′）对于任意的 $x(0)\neq 0$ 的系统表达式（1-30）的解 $x(t)$，在 $t\geqslant 0$ 时，$\dot{v}(x)$ 不恒等于0。

这就是李雅普诺夫稳定性定理，关于李雅普诺夫函数可以概念性地用图1-18表示，例如，当 $n=2$ 时，$v(x)$ 为图1-18所示的碗形。然后，系统表达式（1-30）的 X_1-X_2 平面上的轨迹 $x(t)$，映射到碗上后，轨迹变为 $(x^{\mathrm{T}}(t),v(x(t)))^{\mathrm{T}}$。上述的条件2）就意味着轨迹 $(x^{\mathrm{T}}(t),v(x(t)))^{\mathrm{T}}$ 随着时间应该呈下降趋势，所以，经过无限的时间后，落在原点。而且，条件2′）在图1-19所示的原点以外的碗形的轨迹内，经过有限的时间段后，即使不下降且只做横向运动，但它最终还是向下运动。

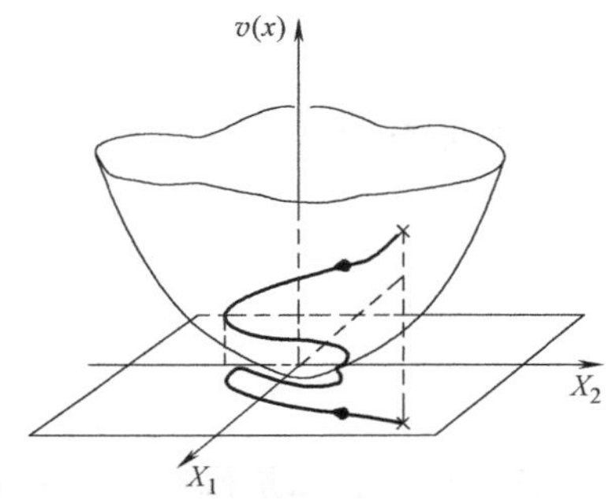

图1-18　李雅普诺夫函数

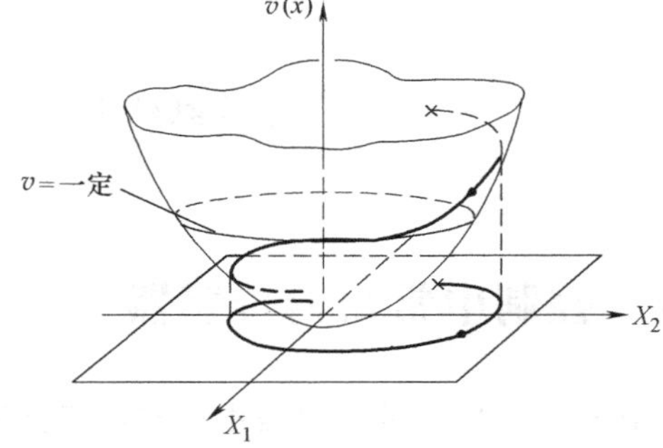

图1-19　条件2′）的示意图

接着，上面我们讨论了把系统表达式（1-30）视为非线性系统的情况。下面来讨论线性系统的情况，即

$$\dot{\boldsymbol{x}}=\boldsymbol{A}\boldsymbol{x} \tag{1-34}$$

式中，$\boldsymbol{A}$ 是常数矩阵，它的矩阵指数函数为

$$\mathrm{e}^{\boldsymbol{A}t}=\boldsymbol{I}+\boldsymbol{A}t+\frac{\boldsymbol{A}^2t^2}{2!}+\frac{\boldsymbol{A}^3t^3}{3!}+\cdots \tag{1-35}$$

从初始 $\boldsymbol{x}(0)$ 出发的这个系统的解为

$$\boldsymbol{x}(t)=\mathrm{e}^{\boldsymbol{A}t}\boldsymbol{x}(0) \tag{1-36}$$

从这个解，我们可以看到，对于任意的实数 k，从 $\boldsymbol{x}(0)$ 出发的解应该是 $k\boldsymbol{x}(t)$，这就意味着对于线性系统，局部稳定性就是全局稳定性。然后，把李雅普诺夫稳定性定理应用到

线性系统表达式（1-34），就可以得到渐近稳定性（即全局渐近稳定性）的充分必要条件。

【定理 2】 系统表达式（1-34）的平稳点 $x=0$ 的充分必要条件是：

对于任意的正定对称矩阵 $\boldsymbol{Q}$，满足

$$\boldsymbol{A}^{\mathrm{T}}\boldsymbol{P}+\boldsymbol{P}\boldsymbol{A}=\boldsymbol{Q} \tag{1-37}$$

的正定对称矩阵 $\boldsymbol{P}$ 存在且唯一，并且上述的正定对称矩阵 $\boldsymbol{Q}$ 即使用恒等的使 $(\mathrm{e}^{\boldsymbol{A}t})^{\mathrm{T}}\boldsymbol{Q}(\mathrm{e}^{\boldsymbol{A}t})=0$ 不成立的正定对称矩阵 $\boldsymbol{Q}$ 置换，充分必要条件也仍然成立。

在此，仅仅证明它的充分性。假定式（1-37）成立，并设

$$v(x)=\boldsymbol{x}^{\mathrm{T}}\boldsymbol{P}\boldsymbol{x} \tag{1-38}$$

那么

$$\dot{v}(x)=\dot{\boldsymbol{x}}^{\mathrm{T}}\boldsymbol{P}\boldsymbol{x}+\boldsymbol{x}^{\mathrm{T}}\boldsymbol{P}\dot{\boldsymbol{x}}=\boldsymbol{x}^{\mathrm{T}}(\boldsymbol{A}^{\mathrm{T}}\boldsymbol{P}+\boldsymbol{P}\boldsymbol{A})\boldsymbol{x}=-\boldsymbol{x}^{\mathrm{T}}\boldsymbol{Q}\boldsymbol{x} \tag{1-39}$$

这时，$\dot{v}(x)$ 满足李雅普诺夫的稳定性定理的条件 1）和 2）或 2′)。所以，系统表达式（1-34）渐近稳定。

最后，由于在第 9 章的定理的证明中要用到以下推理，这里我们直接给出，不进行证明，有兴趣的读者请参看有关微分方程的理论。

贝尔曼-格朗沃尔（Bellman-Gronwall）**推论：**$f(t)$、$L(t)$、$g(t)$ 全部是 $t\in(t_0,\infty)$ 所定义的实连续函数，且 $L(t)\geqslant 0$，$g(t)$ 可微。这时，若 $f(t)$ 满足不等式

$$f(t)\leqslant g(t)+\int_{t_0}^{t}g(\tau)\mathrm{e}^{\int_{\tau}^{t}L(u)\mathrm{d}u}\mathrm{d}\tau(t_0\leqslant t) \tag{1-40}$$

则不等式

$$f(t)\leqslant g(t)+\int_{t_0}^{t}g(\tau)L(\tau)\mathrm{e}^{\int_{\tau}^{t}L(u)\mathrm{d}u}\mathrm{d}\tau(t_0\leqslant t) \tag{1-41}$$

成立。

1.4 控制中常用的传感器

在机器人所用的传感器中，有用于计算机器人臂的位置、姿态，测量机器人各关节角位移、末端器速度、角速度等机器人自身状态的内部传感器；也有用于检测机器人周围作业环境，以修正示教程序、提升机器人适应性的外部传感器。图 1-20 中给出了机器人与传感器的相互关系图。图中，检测机器人自身位置、速度信息的是内部传感器；感知作业环境系统的是外部传感器。

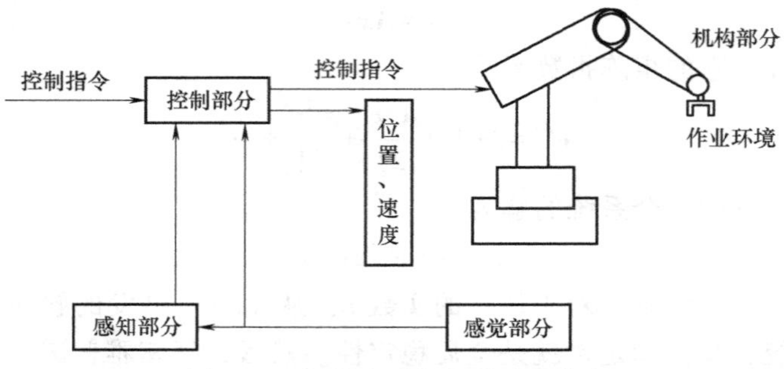

图 1-20 机器人系统与传感器信息

1.4.1 外部传感器

目前，机器人采用的外部传感器仅能用于检测对象物体是否存在，确认机器人是否完成抓持，检测工件是否在带式传送线上，以及在喷涂及弧焊机器人中进行异常检测。目前，外部传感器可分为触觉传感器、接近觉传感器及视觉传感器三类。

1. 触觉传感器

在触觉传感器中，有接触觉传感器、压觉传感器、力觉传感器、滑觉传感器等。

接触觉是机器人的手指或自身的某一部分通过感知对其外部的物体接触的一种感觉。作为接触觉传感器用的单元以有限开关（Limited Switch）为主而应用得很广泛，对微小接触力的测量则采用导电胶、碳素海绵、感压涂层等材料。

压觉传感器主要是装在手指的内表面，感知对象物的抓持力。所采用的基本单元是变形应变片，包括线性应变片和半导体应变片。半导体应变片灵敏度高、使用方便，但其对温度的变化较敏感。

力觉传感器是随着手臂和腕的驱动，而感知外界所产生的抵抗力。其主要用于装配作业、防止配合中的咬合及去毛刺作业中。

滑觉传感器是安装在手指的内表面，用于感知物体滑动的一种传感器。这种传感器常用于可能产生滑动的场合，通过推定末端部的载荷的变化，或滑动的物体上的滚动回转，以完成对滑动的检测。

2. 接近觉传感器

接近觉传感器是用于估计接近物体但没有接触到物体的状态，目的是获得与物体接触前的预判信息，以避免碰撞。其中，涉及的物理量有：到对象物的距离、对象物的位置和方位。

3. 视觉传感器

视觉传感器是以光作为媒体，测量对象物的位置和速度等物理量，从而抽象出物体的特征和形式所采用的传感器。主要用于物体识别、位置检测、类型识别等。本节最后我们将介绍视觉传感器的有关知识。

1.4.2 内部传感器

1. 位置、角度的传感器

最典型的位置、角度传感器是电位计（或称为分压计）（Potential Meter）。图 1-21 所示为位置传感器的一个例子，载有物体的平台下面装有电阻的接触端子，随着平台的左右移动，接触端子也左右移动，接触位置移动到电阻。以电阻的中心作为基准位置，测量移动距离 x。输入电压为 E，最大移动距离（电阻中心到一端的距离）为 L，可动接触端子从中心向左侧移动时，电阻的右侧的输出电压为 e。如图 1-21 所示，电压与电阻的长度成比例，左右的电压比恰好等于电阻的长度比。因此，移动距离可以很容易地计算出

$$x=\frac{L(2e-E)}{E} \tag{1-42}$$

把图 1-21 中的电阻弯曲成圆弧状，圆的中心固定在可动接触端子的一端，像时针那样回转，对应于回转角，电阻的长度可变，与位置传感器相似，就成为角度传感器。

2. 角速度传感器

这里简单地介绍应用广泛的转子码盘，在光源与受光体之间，按图 1-22a 所示配置回转盘、固定盘和聚光镜。其中，回转盘和固定盘上以相同的节距刻有狭缝。如果无回转盘，在聚光镜上所收集的光通过固定盘的狭缝直接到达受光体。其原理是，狭缝是长方形的，回转盘以一定的速度回转，考虑相对于固定狭缝，回转狭缝正对时，光的通过面积最大，从而受光体的受光量最大。从该状态开始，随着回转狭缝的回转，两个狭缝的公共部分变窄，通光量减少。若回转盘的角速度一定，公共部分（即窗的面积）按一定的比例减少，也就是说，对应于时间，受光量线性减少。

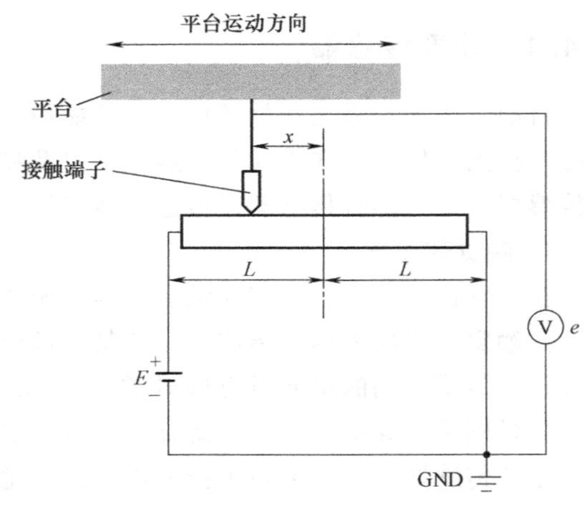

图 1-21 位置传感器

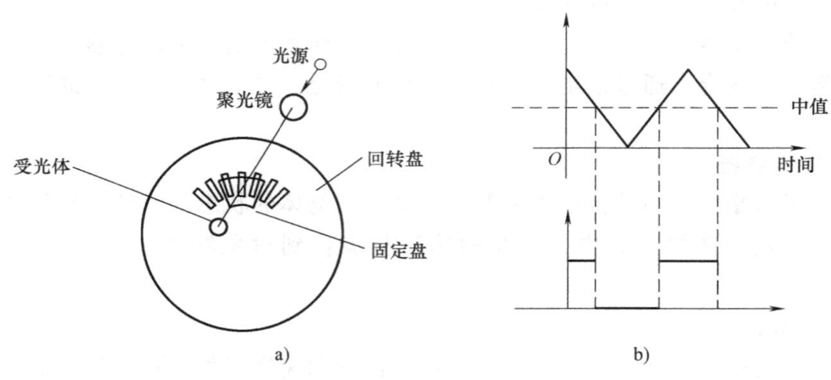

图 1-22 转子码盘

回转继续进行，当回转狭缝到达固定盘的两个狭缝之间时，窗的面积为 0，受光量为 0。接着，窗的面积随着时间增大，受光量线性递增。因此，两个盘的狭缝正对时的时间记为 0 时的受光量的变化，如图 1-22b 所示呈三角波分布。把受光量的最小与最大值的中间值作为基准，对三角波进行二值化，可得到图 1-22b 所示的矩形波。

从原理上讲，固定盘的狭缝应是一条，为了增加通过狭缝的光量，一般采用多条狭缝，如图 1-22a 所示为 3 条。

当回转盘从静止开始回转一定的时间后，停止的时候，根据这个时间所记录的脉冲数，可以计测所回转的角度，转子码盘可作为角度传感器使用。进一步地，如果单位时间的脉冲数有变化的话，用此装置可以测量角加速度。

1.4.3 机器人控制中的传感器

1. 力觉传感器

力觉传感器是用于检测施加在手指的末端或末端器上的力的一种装置，检测力即当末端或末端器在任意位置和姿态时，识别所受力的大小和方向。

一般情况下，末端或末端器装有特殊的传感器机构以检测出任意的力。然后，由力的合成，求出所希望的力的大小和方向。另外，与其他触觉传感器所不同的是，力传感器是六维的，其中含有 3 个力分量和 3 个力矩分量。

并且，有必要对特定欲求力的位置进行测量，在其作用点以外，力含有力矩的作用。根据这个特征，一般是沿所设定的坐标轴分解，得到力和力矩分量，就成为在 1~3 个方向上的测量力和力矩。由于传感器尺寸的限制，在所测量的位置，不能直接测得力信息时，从实际的测量位置到所要求的位置的力的变换是非常有必要的（参看第 2 章静力学的内容）。

力觉传感器主要使用的元件是电阻变形应变片，利用电阻变形应变片的金属丝伸长时电阻增大这一原理，把它贴在施力的方向（图 1-23），电阻变形应变片通过导线与外部回路相接，测定电压的大小，就可以计算出电阻的变化。

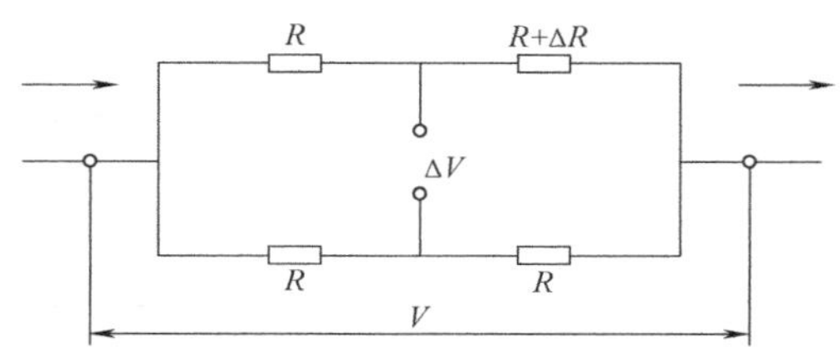

图 1-23　桥式测量电路

图 1-23 所示的电阻变形应变片是桥式电路的一部分。不难推导出，电阻的变化与电压之间的关系为

$$\Delta R = \frac{4R\Delta V}{V} \tag{1-43}$$

这里介绍的是求一个轴的方向力的测定方法，当力在任意方向时，在 3 个轴的方向上贴上应变片就可以进行测量。

下面我们介绍力觉传感器在机器人控制系统中的应用。图 1-24 所示为实际用于机器人系统的力觉传感器的系统构成，在这个系统中，机器人手腕与手指之间装有六维力传感器，可以测量出在传感器坐标系中，X、Y、Z 各轴的力分量和绕各轴的力矩分量。

并且，在机器人的控制器中，装有 64bit 的 RISC（Reduced Instruction Set Computer，精简指令集计算机）芯片的计算板，用于把力觉传感器所测量的值进行处理以便进行力控制。采用这个系统，通过力控制，可以进行任意方向的精密配合作业，图 1-25 给出了利用力控制进行精密配合作业的控制动作。该作业是让机器人把工件插入到一个孔中，如图 1-25 所示，对于几毫米直径的孔，只有几微米大小的间隙，精度是相当高的。对于孔，如果插入工件稍稍有点倾斜，由于会产生翘曲，就不能进行作业，若人类进行作业的话，必须非常熟练。

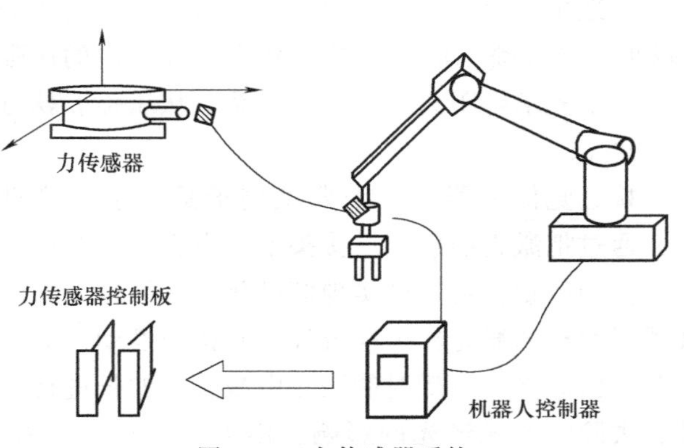

图 1-24　力传感器系统

利用力控制，机器人在作业时，根据插入端所产生的力矩，通过控制修正插入角度的误差。在角度修正之后，一边实现所指定的阻抗与目标力，一边进行插入作业。

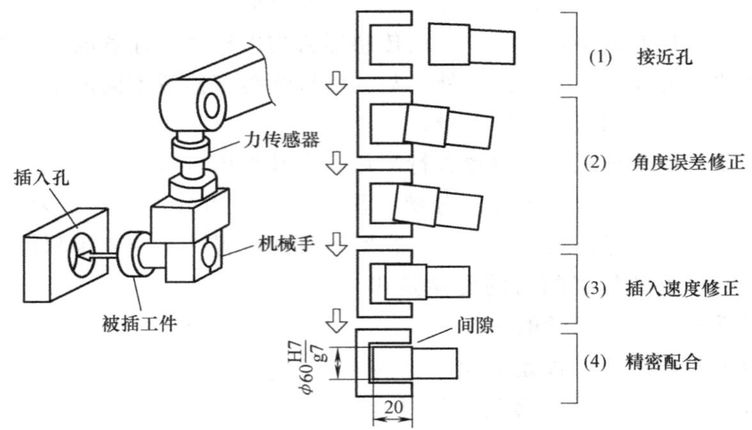

图 1-25　基于力控制的配合作业

2. 接近觉传感器

这种传感器检测距手指比较近的工件的距离，一般是从指尖向物体发射红外线、磁力线、超声波等，然后接收它的反射线，从而测定到工件的距离。机器人在举起工件插入孔时，为了知道工件的位置，就需要接近觉传感器测量出手指到物体的距离。

当然，用视觉传感器也可以达到此目的。可是，当手指快要抓住物体的时候，由于手指的表面朝着物体，这时，若用视觉传感器就看不见接触部分。而且，传感器离物体越近，就越能获得高精度的测量。目前，接近觉传感器有光电式、空气压式、电磁式等多个形式。

图 1-26 所示为空气压式的接近觉传感器，从空气动力源送出一定压强为 p 的空气，由于离开物体的距离 x 越小，空气喷出的面积就越狭窄，气缸内的压强 p 就越大。事先求得距离与压强的关系，从压强 p 就可以测得距离 x。

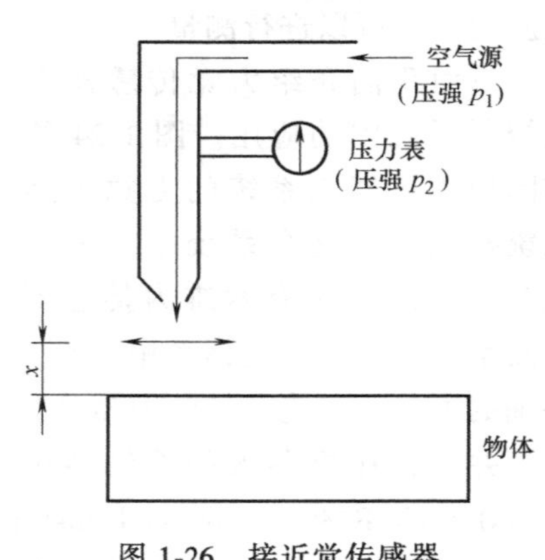

图 1-26　接近觉传感器

接近觉传感器的一个典型例子是用于焊接机器人中，通过把激光照射到焊接头上，由它反射图像而测出焊接头的位置，目前已实现商品化。其原理是由激光滤波器所照射的激光经由检流计使其镜子摆动，而扫描焊接头，由焊接头所反射的激光由激光的波长进行干涉滤波，去除强的弧形光的影响，由 CCD（Charge Coupled Device，电荷耦合器件图像）传感器接受。最后，由激光的照射位置和角度、反射光的接受位置，根据三角测量原理检测出扫描线上的焊接头的形状，从而，检测出焊接头的位置和其间隙量，焊接机器人中使用的传感器及接近觉传感器在焊接中的使用如图 1-27 所示。

在图 1-27 中，传感器单元检测出距焊接头 29mm 的位置，利用这个数据，机器人能自动地进行位置修正，以保证焊接头正确地追踪焊接路径。位置数据在运动控制器中进行处理，对应的间隙量（如焊接的电压、电流等的焊接条件）以指令的形式发给焊接机。在这个过程中，即使焊接头部分有弯曲而造成不能正确地定位，机器人也能自动地检测出焊接头

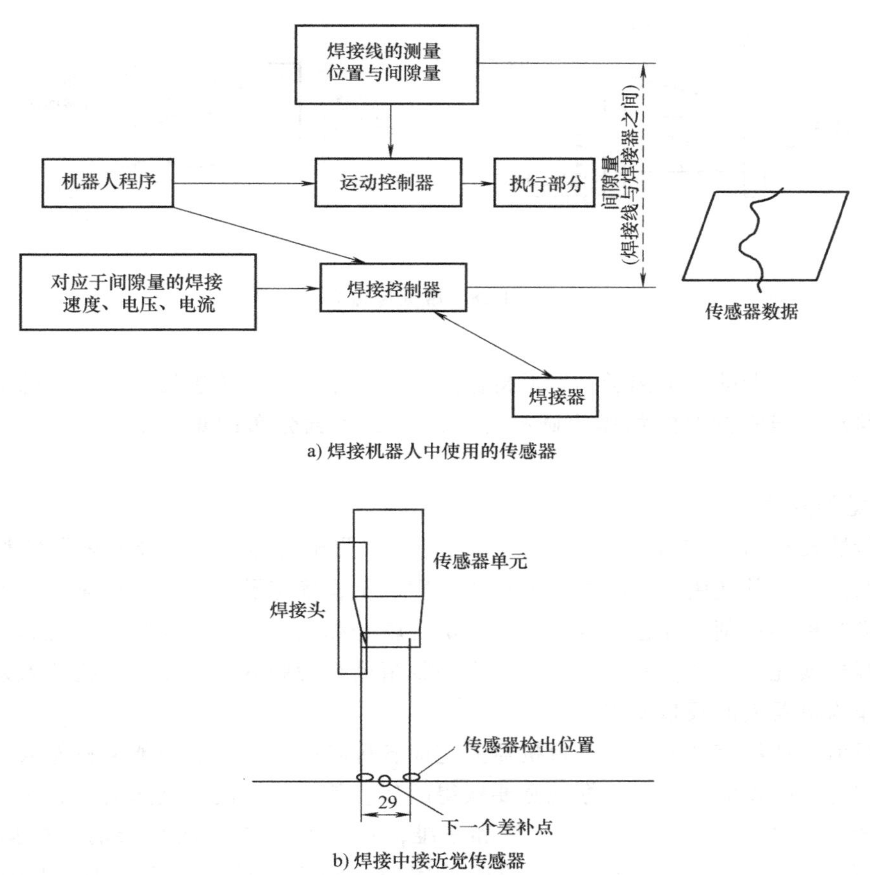

a) 焊接机器人中使用的传感器

b) 焊接中接近觉传感器

图 1-27　焊接中的传感器

的位置，由对应的焊接间隙量选择焊接条件，自动地追踪而实现高质量的焊接。

3. 滑觉传感器

滑觉传感器是检测与施加压力垂直方向的力和位移的一种传感器。例如，图 1-28 所示，当沿水平位置抓持物体时，相对于物体，抓持器在水平方向上施加力，抵抗这个施加力的是沿竖直方向的重力，它使物体有向下运动的趋势。

这里，稍稍加以说明，物体的运动被约束在一定平面上时，就存在与这个平面垂直的抵抗力 R（如离心力和向心力作用在垂直于圆周的运动方向而指向圆心）。在接触面上存在摩擦时，摩擦力 F 沿着接触面的切线方向阻止物体的运动，它的大小与抵抗力 R 有关。当物体静止时，$F=\mu_s R$，其中 μ_s 为静摩擦系数，$F=\mu_s R$ 称为最大静摩擦力。而当物体运动时，$F=\mu R$，其中 μ 为动摩擦系数。

如果物体的质量为 m，加速度为 g，当图 1-28a 所示的物体处于快要滑下的状态时，抓持器的抓持力 f 可将物体约束在抓持面上，此时抓持力 f 即为抵抗力 R。当向下的重力 mg 比最大摩擦力大时，物体将会下落，保持物体不下落时所需的最小抓持力 f_{min} 满足 $f_{min}=\dfrac{mg}{\mu_0}$。

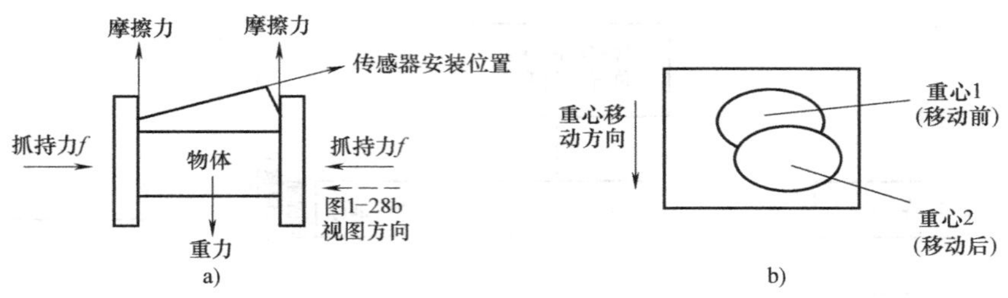

图 1-28　滑觉传感器

作为滑觉传感器的一个例子，给抓持器的表面粘贴上压觉传感器，检测所感知的压觉分布重心的移动。当所持抓的物体为圆柱时，圆形的压觉分布的重心的移动情形如图 1-28b 所示。

4. 视觉传感器

视觉传感器包括 CCD（Charge Coupled Device）照相机等视觉信号采集设备和视觉信号处理系统两部分。其使用的目的可分为形态识别、位置确定及检测等。形态识别就是对工件或对象物进行种类识别，并进行分类。位置确定就是测量工件或对象物的位置和姿态，如装配所用的螺栓或孔的位置。检测就是代替人的眼睛进行检验等。所以，在机器人系统中，视觉传感器作为机器人的眼睛使用。

截至目前，还没有开发出用一台机器人完成各种各样的作业的智能型机器人，工业机器人只能完成有限的作业任务。根据视觉要获得的环境信息的不同，其照明方式一般分为被动照明和投光方式（主动），对象物有二维和三维，背景有简单的和复杂的，根据所要求的作业内容所输入的图像也不同。就目前所采用的各种视觉传感器主要有：PSD（Position Sensitive Device，位置敏感器件）传感器，其原理是在一维直线或二维平面内，聚光照射时，利用电阻变化而引起的测量电流的变化，从而得到光的照射位置，继而辨识出物体的特征；还有通常的视觉传感器（CCD 照相机），下面我们将详细说明它的原理；另外，还有形状传感器、光切断传感器，以及全方位视觉传感器等。本节主要介绍视觉传感器（CCD 照相机）的工作原理和利用其进行距离测量的方法，最后，介绍视觉传感器在机器人控制中的应用。

存储于胶卷的图像所用的装置称为 CCD，它被用于装有光电变换元件的照相机中。CCD 传感器是一种半导体传感器，在几毫米的二维芯片上装配有多个光电变换元件。由于芯片很小，可以制作成指尖大小的超小型照相机，管道内部的检测系统等就是用的这种传感器。在二维平面上，用 CCD 扫描，作为电压信号取出，然后进行采样，把所采样的区域的电压量子化（其值称为浓度值），就是所谓的数字化处理。一般地，一次的扫描时间为 1/30s。

然后，把数字化后的数据存储于机器人的大脑即计算机中的二维数组。例如，像素的各数组元素被表示为 8bit，数组的大小为 256×256 个像素。图像的亮度函数 f 表示了图像的浓淡，用数组的 i 行 j 列的元素 $f(i,j)$ 表示。在程序中编写图像处理算法时，把 f 作为数组名。

当用彩色照相机得到彩色图像时，这时函数 f 的值必须考虑红绿蓝三组值（r，g，b），而得到 3 个数组 r、g、b。通常，对象物的图像较大、分辨率要求较高时，应使用线性传感器采集图像。

1）假定照相机已被模型化，也就是说，图像的中心投影是从物体所发出的光向透镜的中心投影。由于在眼睛、照相机中，视网膜、摄像面在透镜的后面，物体被倒立成像，物体的像在模型中位于透镜的前面，这个面称为图像面。实际的照相机中，相对于倒立的像，从 CCD 面的右下方到左上方，首先水平向左，然后向上顺序扫描，从而得到立体图像。

首先，设定照相机的坐标系如图 1-29 所示，透镜中心作为原点 O，光轴取作 Z，照相机的前方作为 Z 的正向，Z 轴垂直于由焦距 f 的位置所设定的图像面，按左手法则取 X 轴（右为正）与 Y 轴（上为正），光轴与图像面的交点作为图像的原点。在照相机坐标系中，以直线连接点 $P(X, Y, Z)$ 为原点，在 $Z=f$ 处与图像的交点用 $p(x, y, z)$ 表示，这些坐标之间存在相似三角形的关系。即

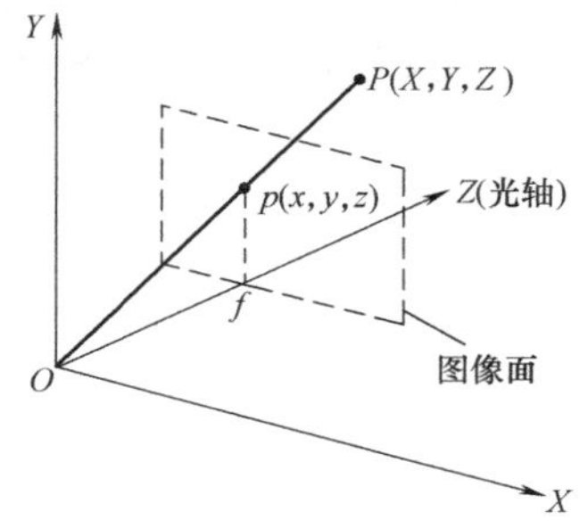

图 1-29 向图像面的投影

$$x=\frac{fX}{Z},y=\frac{fY}{Z} \tag{1-44}$$

图像面被数字化，像素集合的图像（二维数列）从计算机中存取，像素的物理大小为 sx、sy。因此，不难看出，像点 p 在图像中的位置为 $(u,v)=(x/sx,y/sy)$。

换句话说，三维空间的点 $P(X,Y,Z)$ 被投影到图像面的点 $p(x,y,f)$ 或者图像的点 $p(u,v)$。

进一步地，考虑到：图像用矩阵表示时，图像的中心是原点，而在数组中，原点则在左上方；在纵向方向，图像向上为正，而数组向下为正。因此，需要进行变换。

2）距离信息的获得。人类的两只眼中左右两眼输入的是不同的情景。例如，把一个正方体放在地面上，如果观察的话，左眼中是其左侧的情形，右眼中则是其右侧的情形。观察一个点时，左右眼在视网膜上的成像位置会产生视差，根据这个视差，我们便有了距离感。

在机器人中，同样用 2 台以上的照相机摄像，也能得到距离信息。从原理上讲，就是三角测量。图 1-30 所示为其原理图，2 台照相机的透镜中心为 O_1（右）、O_2（左），空间中的点 P 的左右图像中的像各为 P_1、P_2，可以通过视线 O_1P 和 O_2P 的交点求得点 P 在三维空间中的位置。若在照相机的三维空间中，检测位置和方向，可导出两个视线式，点 P 离开照相机的距离由这两个视线的交点而求出。此外，采用视觉传感器可以识别物体的形状和在空间中的方位等。这里不详细介绍，有兴趣的读者参看有关机器人视觉的文献和专著。

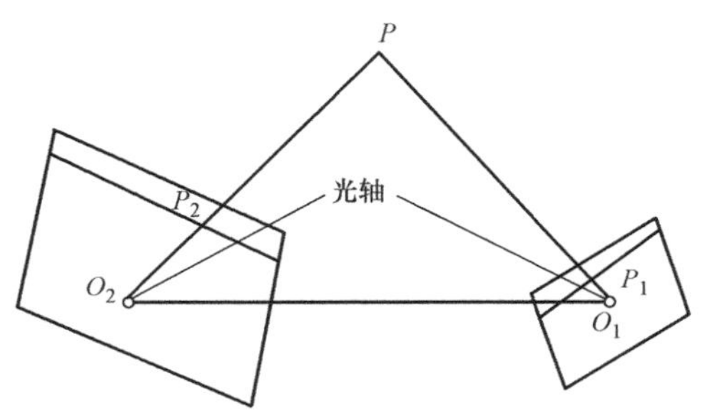

图 1-30 双目视觉

1.5 本章作业

1. 人类手臂具有几个自由度？采用图 1-2 所示的符号画出人类手臂作为机器人时的机构简图。

2. 考虑固定在操作器末端的圆柱形棒材在插入任意位置和姿态的平板上孔的任务时，操作器至少应该具有几个自由度？

3. 分析图 1-12 所示 SCARA 机器人操作器的自由度，并指出最末端可实现几个运动？

第1篇

机器人控制的力学基础

第2章

机器人机构运动学

本章将就机器人机构的运动学进行论述，所谓机构运动学，就是从几何学的观点研究机构的各连杆和作业对象的运动关系，即它们之间的位置和速度等关系。首先，为了表示物体的位置和姿态，介绍在各物体上建立坐标系的方法，为了便于表达各物体间的关系而引入齐次坐标变换。接着，依据机构的关节位移值，推导出末端位置的计算公式。并且，讲述与此相反的问题，即给定末端的位置，求解实现这个位置的关节位移的求解方法。然后，为了表达关节速度与指尖速度的关系，引入雅可比矩阵的概念。最后，讨论了在手臂末端速度给定时，求解关节速度的方法，以及在奇异位形、雅可比矩阵及其系统的静力学问题中的应用等问题。

2.1 物体的位置与姿态

2.1.1 物体坐标系

在对机器人进行运动学分析之前，首先有必要了解如何用数学方法表达三维空间内，机器人、工具、作业对象的位置及姿态。这里，采用力学中的刚体位置、姿态的表达方法，即以作为基准的直角坐标系进行观察，用固定在物体上的直角坐标系的原点及各坐标轴的方向来表示物体的位置和姿态。我们将前者称为基础坐标系，后者称为物体坐标系。

假定图2-1所示的基础坐标系为 $\boldsymbol{\Sigma}_A$，它的原点为 O_A，互相正交的三个坐标轴为 X_A、Y_A、Z_A。设置物体坐标系为 $\boldsymbol{\Sigma}_B$，它的原点为 O_B，三个轴为 X_B、Y_B、Z_B。从 O_A 到 O_B 的矢量在 $\boldsymbol{\Sigma}_A$ 中表示为 ${}^A\boldsymbol{p}_B$，与 X_B、Y_B、Z_B 轴的方向相同的单位矢量写作 ${}^A\boldsymbol{x}_B$、${}^A\boldsymbol{y}_B$、${}^A\boldsymbol{z}_B$。这时，从 $\boldsymbol{\Sigma}_A$ 中所看到的物体坐标系 $\boldsymbol{\Sigma}_B$ 的位置用 ${}^A\boldsymbol{p}_B$ 表示，$\boldsymbol{\Sigma}_B$ 的姿态用旋转矩阵 ${}^A\boldsymbol{R}_B=({}^Ax_B, {}^Ay_B, {}^Az_B)$ 表示。左上角的字母 A 表示这个矢量在 $\boldsymbol{\Sigma}_A$ 坐标中的形式。以后，若不特别声明，左上角的角标含义都符合这个约定。

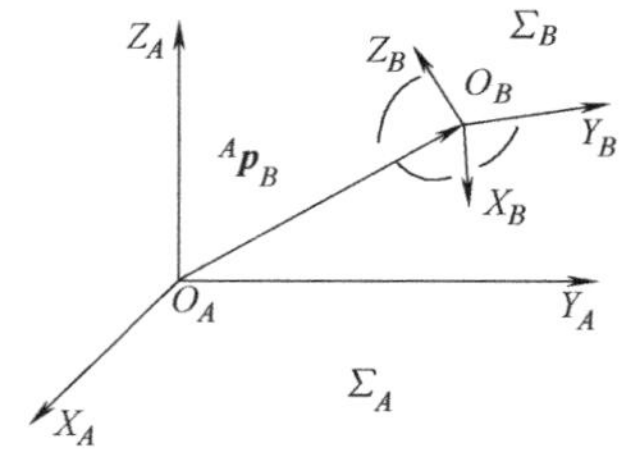

图2-1 基础坐标系与物体坐标系

2.1.2 旋转矩阵

我们已经知道，物体的姿态可用三个矢量表示，通常为了便于分析，一般将物体的姿态写成

$$^{A}\boldsymbol{R}_B = (^{A}\boldsymbol{x}_B, {}^{A}\boldsymbol{y}_B, {}^{A}\boldsymbol{z}_B) \tag{2-1}$$

式中，$^{A}\boldsymbol{R}_B$ 表示 Σ_A 与 Σ_B 的相对位置关系中与转动有关的部分，称为旋转矩阵。

【例 2-1】 试考虑表达机器人机构末端手的位置和姿态，在手上固定图 2-2a 所示的手坐标系 Σ_H。假设手的前进方向为 Z_H 轴，在包含 2 根手指的平面内，取不垂直于 Z_H 轴的任一方向为 Y_H 轴，而按照右手法则，取与 Z_H 和 Y_H 轴垂直的方向作为 X_H 轴。以机械手的抓持中心（2 根手指的中点）作为原点 O_H。试求：当基础坐标系 Σ_A 与手坐标系 Σ_H 按照图 2-2b 所示时，Σ_H 从与 Σ_A 重合的状态开始，让手通过 Σ_A 中的点 $(0, 0, 2)^{\mathrm{T}}$（上标 T 表示矩阵或矢量的转置），绕与 X_A 的平行轴旋转 90° 后，手的位置姿态。

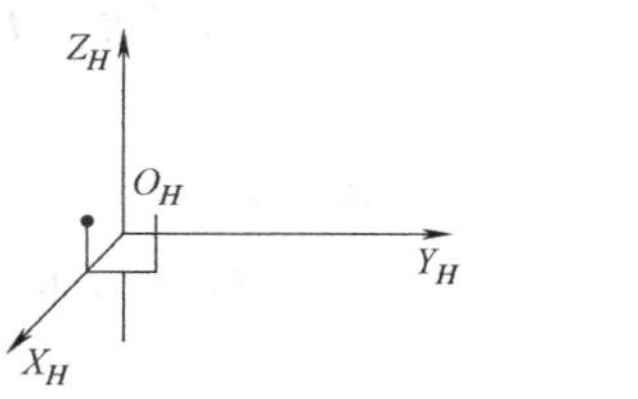

a) 手坐标系 Σ_H

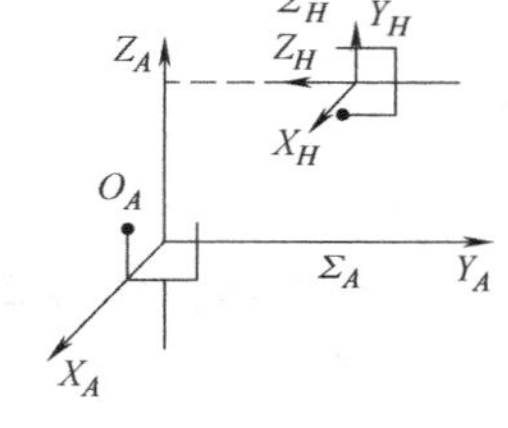

b) Σ_A 与 Σ_H 关系

图 2-2 手的位置姿态的表示

O_H 在基础坐标系 Σ_A 中的位置为

$$^{A}\boldsymbol{p}_H = (0,2,2)^{\mathrm{T}}$$

而手坐标系 Σ_H 的姿态可用下式表示，即

$$^{A}\boldsymbol{R}_H = \begin{pmatrix} 1 & 0 & 0 \\ 0 & 0 & -1 \\ 0 & 1 & 0 \end{pmatrix}$$

在此叙述几个旋转矩阵的性质：

由定义知，$^{A}\boldsymbol{x}_B$、$^{A}\boldsymbol{y}_B$、$^{A}\boldsymbol{z}_B$ 是互相正交的单位矢量，所以满足

$$\begin{cases} (^{A}\boldsymbol{x}_B)^{\mathrm{T}A}\boldsymbol{x}_B = 1 \\ (^{A}\boldsymbol{y}_B)^{\mathrm{T}A}\boldsymbol{y}_B = 1 \\ (^{A}\boldsymbol{z}_B)^{\mathrm{T}A}\boldsymbol{z}_B = 1 \\ (^{A}\boldsymbol{x}_B)^{\mathrm{T}A}\boldsymbol{y}_B = 0 \\ (^{A}\boldsymbol{y}_B)^{\mathrm{T}A}\boldsymbol{z}_B = 0 \\ (^{A}\boldsymbol{z}_B)^{\mathrm{T}A}\boldsymbol{x}_B = 0 \end{cases} \tag{2-2}$$

因此，取 $\boldsymbol{I}_3$ 为 3×3 阶单位矩阵时，$^{A}\boldsymbol{R}_B$ 满足

$$(^{A}\boldsymbol{R}_B)^{\mathrm{T}}(^{A}\boldsymbol{R}_B) = \boldsymbol{I}_3 \tag{2-3}$$

即

$$^{A}\boldsymbol{R}_B^{-1} = (^{A}\boldsymbol{R}_B)^{\mathrm{T}} \tag{2-4}$$

式中，$\boldsymbol{R}^{-1}$ 表示矩阵 $\boldsymbol{R}$ 的逆矩阵，因此，旋转矩阵 $^{A}\boldsymbol{R}_B$ 是正交矩阵。如图 2-3 所示，Σ_B 与 Σ_A 的原点一致时，从 Σ_A 所看到的某一矢量 $\boldsymbol{r}$，表示为 $^{A}\boldsymbol{r} = (^{A}r_x, {}^{A}r_y, {}^{A}r_z)^{\mathrm{T}}$，而同一矢量，从

Σ_B 看时，可表示为 ${}^B\boldsymbol{r}=({}^Br_x,{}^Br_y,{}^Br_z)^{\mathrm{T}}$。

这时

$$ {}^A\boldsymbol{r}={}^A\boldsymbol{x}_B{}^B\boldsymbol{r}_x+{}^A\boldsymbol{y}_B{}^B\boldsymbol{r}_y+{}^A\boldsymbol{z}_B{}^B\boldsymbol{r}_z $$

即

$$ {}^A\boldsymbol{r}={}^A\boldsymbol{R}_B{}^B\boldsymbol{r} \tag{2-5} $$

反过来看，则有

$$ {}^B\boldsymbol{r}={}^B\boldsymbol{R}_A{}^A\boldsymbol{r} \tag{2-6} $$

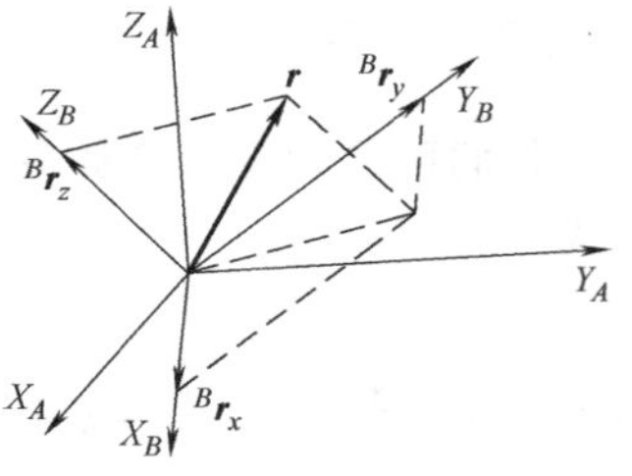

图 2-3　${}^A\boldsymbol{r}={}^A\boldsymbol{R}_B{}^B\boldsymbol{r}$ 的关系图

于是，可得

$$ {}^A\boldsymbol{r}={}^A\boldsymbol{R}_B{}^B\boldsymbol{R}_A{}^A\boldsymbol{r} \tag{2-7} $$

对于任意的 ${}^A\boldsymbol{r}$ 可得

$$ {}^A\boldsymbol{R}_B{}^B\boldsymbol{R}_A=\boldsymbol{I}_3 \tag{2-8} $$

即

$$ {}^B\boldsymbol{R}_A=({}^A\boldsymbol{R}_B)^{-1}=({}^A\boldsymbol{R}_B)^{\mathrm{T}} \tag{2-9} $$

进一步地，考虑 Σ_B 与 Σ_A 的原点一致时的第三个坐标系 Σ_C，$\boldsymbol{r}$ 在 Σ_C 中的取值用 ${}^C\boldsymbol{r}$ 表示时，有

$$ {}^B\boldsymbol{r}={}^B\boldsymbol{R}_C{}^C\boldsymbol{r} \tag{2-10} $$

$$ {}^A\boldsymbol{r}={}^A\boldsymbol{R}_C{}^C\boldsymbol{r} \tag{2-11} $$

于是，由式（2-5）、式（2-10）、式（2-11）得

$$ {}^A\boldsymbol{R}_C{}^C\boldsymbol{r}={}^A\boldsymbol{R}_B{}^B\boldsymbol{R}_C{}^C\boldsymbol{r} \tag{2-12} $$

式（2-12）对于任意的 ${}^C\boldsymbol{r}$ 都成立，${}^A\boldsymbol{R}_C$、${}^A\boldsymbol{R}_B$、${}^B\boldsymbol{R}_C$ 之间的关系满足

$$ {}^A\boldsymbol{R}_C={}^A\boldsymbol{R}_B{}^B\boldsymbol{R}_C \tag{2-13} $$

用式（2-13）也可以得到 ${}^A\boldsymbol{R}_B$ 的另一种表示方法。首先，从式（2-13）得

$$ {}^A\boldsymbol{R}_B=({}^C\boldsymbol{R}_A)^{\mathrm{T}\,C}\boldsymbol{R}_B \tag{2-14} $$

从 Σ_C 所看到的 X_A、Y_A、Z_A 轴方向的单位矢量为 ${}^C\boldsymbol{x}_A$、${}^C\boldsymbol{y}_A$、${}^C\boldsymbol{z}_A$，而 X_B、Y_B、Z_B 轴方向的单位矢量为 ${}^C\boldsymbol{x}_B$、${}^C\boldsymbol{y}_B$、${}^C\boldsymbol{z}_B$，所以，${}^A\boldsymbol{R}_B$ 可以表示为

$$ {}^A\boldsymbol{R}_B=\begin{pmatrix} ({}^C\boldsymbol{x}_A)^{\mathrm{T}\,C}\boldsymbol{x}_B & ({}^C\boldsymbol{x}_A)^{\mathrm{T}\,C}\boldsymbol{y}_B & ({}^C\boldsymbol{x}_A)^{\mathrm{T}\,C}\boldsymbol{z}_B \\ ({}^C\boldsymbol{y}_A)^{\mathrm{T}\,C}\boldsymbol{x}_B & ({}^C\boldsymbol{y}_A)^{\mathrm{T}\,C}\boldsymbol{y}_B & ({}^C\boldsymbol{y}_A)^{\mathrm{T}\,C}\boldsymbol{z}_B \\ ({}^C\boldsymbol{z}_A)^{\mathrm{T}\,C}\boldsymbol{x}_B & ({}^C\boldsymbol{z}_A)^{\mathrm{T}\,C}\boldsymbol{y}_B & ({}^C\boldsymbol{z}_A)^{\mathrm{T}\,C}\boldsymbol{z}_B \end{pmatrix} \tag{2-15} $$

式中，例如矩阵的（1，1）元素，$({}^C\boldsymbol{x}_A)^{\mathrm{T}\,C}\boldsymbol{x}_B$ 意味着矢量 ${}^C\boldsymbol{x}_A$ 与 ${}^C\boldsymbol{x}_B$ 所夹锐角的余弦值，其他的元素也有同样的意义。因而 ${}^A\boldsymbol{R}_B$ 也称为方向余弦矩阵，当然 ${}^A\boldsymbol{R}_B$ 与 Σ_C 的选取方法无关。

${}^A\boldsymbol{R}_B$ 中有 9 个变量，它们都满足式（2-2），因此，由 ${}^A\boldsymbol{R}_B$ 所表达的姿态存在着冗余变量。这就是说，在 ${}^A\boldsymbol{R}_B$ 中的 3 个矢量 ${}^A\boldsymbol{x}_B$、${}^A\boldsymbol{y}_B$、${}^A\boldsymbol{z}_B$ 里面，任意给定两个，剩下的一个可以很容易地用式（2-2）求得，所以，可以用含有 6 个变量的 ${}^A\boldsymbol{x}_B$、${}^A\boldsymbol{y}_B$ 来表示姿态。目前还没有找到采用 5 个变量以下的简洁的表示法。换言之，由于对应 9 个变量的式（2-2）中，有 6 个关系成立，所以物体的姿态与位置均可以使用 3 个变量表达。

实际上，众所周知，使用以下所述的基于欧拉角或 Roll 角、Pitch 角、York 角的表示方法描述物体姿态是很方便的。上述方法中，都是以 Σ_A 基础坐标系为起始状态，绕某一固定轴旋转 3 次得到物体坐标系 Σ_B，而用这其中的三个回转角就可以表示 Σ_B 的姿态。

2.1.3 欧拉角

欧拉角的确定方法有很多，这里仅对机器人中常用的方法进行说明。如图 2-4 所示。

1）首先，使 Σ_A 绕其 Z_A 轴旋转 φ 角，从而得到坐标系 $\Sigma'_A(O_A X'_A Y'_A Z'_A)$。

2）然后，让 Σ'_A 绕 Y'_A 轴旋转 θ 角，从而得到坐标系 $\Sigma''_A(O_A X''_A Y''_A Z''_A)$。

3）最后，Σ''_A 绕 Z''_A 转旋转 ψ 角，得到坐标系 Σ_B。

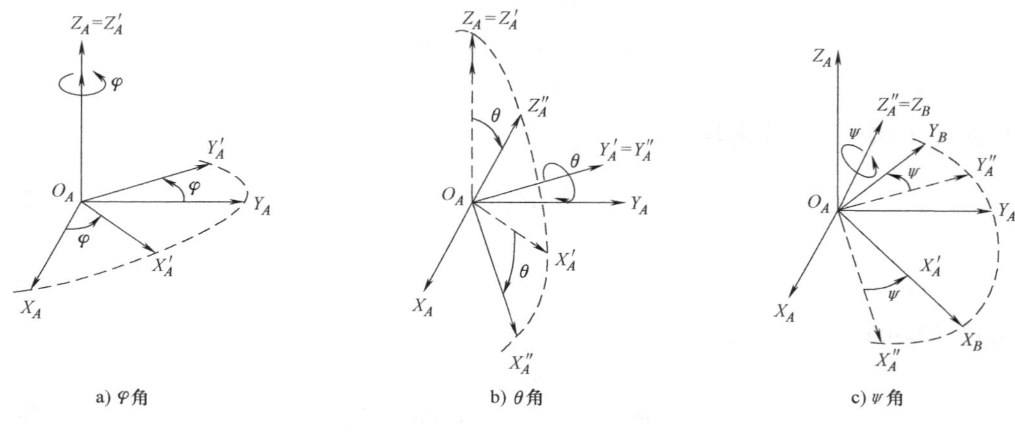

图 2-4 欧拉角

这时，从 Σ_A 所看到的 Σ_B 的姿态就可以用三个角度的组合（φ，θ，ψ）来表示，这个角度的组合就称为欧拉角，下面我们来求欧拉角与旋转矩阵 ${}^A\boldsymbol{R}_B$ 的关系。

首先，从图 2-4a 可知，给定 Σ_A 与 Σ'_A 之间的旋转矩阵为

$$
{}^A\boldsymbol{R}_{A'}=\begin{pmatrix}\cos\varphi & -\sin\varphi & 0\\ \sin\varphi & \cos\varphi & 0\\ 0 & 0 & 1\end{pmatrix} \tag{2-16}
$$

与式（2-16）相同，有 Σ'_A 与 Σ''_A、Σ''_A 与 Σ_B 之间的旋转矩阵为

$$
{}^{A'}\boldsymbol{R}_{A''}=\begin{pmatrix}\cos\theta & 0 & \sin\theta\\ 0 & 1 & 0\\ -\sin\theta & 0 & \cos\theta\end{pmatrix} \tag{2-17}
$$

$$
{}^{A''}\boldsymbol{R}_{B}=\begin{pmatrix}\cos\psi & -\sin\psi & 0\\ \sin\psi & \cos\psi & 0\\ 0 & 0 & 1\end{pmatrix} \tag{2-18}
$$

从这 3 个旋转矩阵的合成而构成 ${}^A\boldsymbol{R}_B$，由式（2-13）可得

$$
{}^A\boldsymbol{R}_B={}^A\boldsymbol{R}_{A'}\,{}^{A'}\boldsymbol{R}_{A''}\,{}^{A''}\boldsymbol{R}_B \tag{2-19}
$$

可以计算得到

$$
{}^{A}\boldsymbol{R}_{B}=\begin{pmatrix}\cos\varphi\cos\theta\cos\psi-\sin\varphi\sin\psi & \cos\varphi\cos\theta\sin\psi-\sin\varphi\cos\psi & \cos\varphi\sin\theta\\ \sin\varphi\cos\theta\cos\psi-\cos\varphi\sin\psi & \sin\varphi\cos\theta\sin\psi-\cos\varphi\cos\psi & \sin\varphi\sin\theta\\ -\sin\theta\cos\psi & \sin\theta\cos\psi & \cos\theta\end{pmatrix} \tag{2-20}
$$

对某一坐标系，让其绕其一轴 $\hat{W}$ 旋转一个角度 α，所得到坐标系与原坐标系之间的旋转矩阵用 $\boldsymbol{R}(\hat{W},\ \alpha)$ 表示，所以，式（2-20）也可以表示为

$$
{}^{A}\boldsymbol{R}_{B}=\boldsymbol{R}(Z_{A},\varphi)\boldsymbol{R}(Y_{A'},\theta)\boldsymbol{R}(Z_{A''},\psi) \tag{2-21}
$$

从以上可知，给定欧拉角（φ，θ，ψ）时，用式（2-20）可以唯一地求出 ${}^{A}\boldsymbol{R}_{B}$。相应地，如果给定任意的 ${}^{A}\boldsymbol{R}_{B}$ 时，我们来看看如何求对应的欧拉角。即，当 ${}^{A}\boldsymbol{R}_{B}$ 满足

$$
{}^{A}\boldsymbol{R}_{B}=\begin{pmatrix}R_{11} & R_{12} & R_{13}\\ R_{21} & R_{22} & R_{23}\\ R_{31} & R_{32} & R_{33}\end{pmatrix} \tag{2-22}
$$

根据式（2-2），R_{ij} 应满足

$$
\sum_{k=1}^{3} R_{ki}^{2}=1 \tag{2-23a}
$$

$$
\sum_{k=1}^{3} R_{ki}R_{kj}=0 \quad (i\neq j) \tag{2-23b}
$$

由式（2-20）、式（2-22）得到如下关系

$$
\cos\varphi\cos\theta\cos\psi-\sin\varphi\sin\psi=R_{11} \tag{2-24a}
$$

$$
-\cos\varphi\cos\theta\cos\psi-\sin\varphi\sin\psi=R_{12} \tag{2-24b}
$$

$$
\cos\varphi\sin\theta=R_{13} \tag{2-24c}
$$

$$
\sin\varphi\cos\theta\cos\psi-\cos\varphi\cos\psi=R_{21} \tag{2-24d}
$$

$$
-\sin\varphi\cos\theta\sin\psi+\cos\varphi\cos\psi=R_{22} \tag{2-24e}
$$

$$
\sin\varphi\sin\theta=R_{23} \tag{2-24f}
$$

$$
-\sin\theta\cos\psi=R_{31} \tag{2-24g}
$$

$$
\sin\theta\sin\psi=R_{32} \tag{2-24h}
$$

$$
\cos\theta=R_{33} \tag{2-24i}
$$

由式（2-24c）、式（2-24f）得

$$
\sin\theta=\pm\sqrt{R_{13}^{2}+R_{23}^{2}} \tag{2-25}
$$

$$
\theta=\operatorname{atan2}\left(\pm\sqrt{R_{13}^{2}+R_{23}^{2}},R_{33}\right) \tag{2-26}
$$

式中，$\operatorname{atan2}(a,b)$ 是由

$$
\operatorname{atan2}(a,b)=\arg(b+\mathrm{j}a) \tag{2-27}
$$

定义的标量函数。其中，j 是虚数单位，arg 表示复数的偏角，如图 2-5 所示。所以

$$
\theta=\operatorname{atan2}(\sin\theta,\cos\theta) \tag{2-28}
$$

并且，对任意的标量 $k>0$，有

$$
\theta=\operatorname{atan2}(k\sin\theta,k\cos\theta) \tag{2-29}
$$

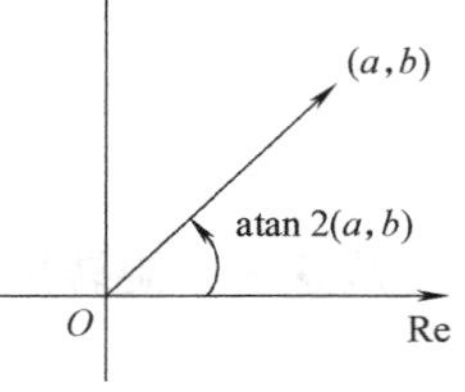

图 2-5　atan2(a,b)

接着求 φ、ψ，如果 $\sin\theta\neq 0$，由式（2-24c）、式（2-24f）得

$$\varphi=\text{atan2}(\pm R_{23},\pm R_{13}) \tag{2-30}$$

而又由式（2-24g）、式（2-24h）得

$$\psi=\text{atan2}(\pm R_{32},\mp R_{31}) \tag{2-31}$$

基于以上考虑，若 $R_{13}^2+R_{23}^2\neq 0$，欧拉角就由式（2-26）、式（2-30）、式（2-31）给定。而且也能够肯定这些欧拉角也满足式（2-22）中的其他公式。所以，当 ${}^A\boldsymbol{R}_B$ 给定时，存在两种满足式（2-20）的欧拉角。可是，若限制 θ 的范围为 $0<\theta<\pi$，就可以得到唯一的欧拉角，即

$$\varphi=\text{atan2}(R_{23},R_{13}) \tag{2-32a}$$

$$\theta=\text{atan2}\left(\sqrt{R_{13}^2+R_{23}^2},R_{33}\right) \tag{2-32b}$$

$$\psi=\text{atan2}(R_{32},-R_{31}) \tag{2-32c}$$

另外，如果 $\sin\theta=0$，即 $R_{13}^2+R_{23}^2=0$，对应的欧拉角为

$$\varphi=\text{任意} \tag{2-33a}$$

$$\theta=90°-R\times 90° \tag{2-33b}$$

$$\psi=\text{atan2}(R_{21},R_{22})-R_{32}\varphi \tag{2-33c}$$

由上式可知，当 $\theta=0$ 或 $\theta=\pi$ 时，对于一个姿态，存在无数个 ψ、φ 的组合，所以，要特别注意它们的处理。进一步地，即使在 $\theta=0$ 或 $\theta=\pi$ 时，如果想要保证唯一性，可以取 $\psi=0$ 或 $\psi=\text{atan2}(R_{21},R_{22})$。

【例 2-2】 用欧拉角表示例 2-1 机械手的姿态。这时，

$$(\varphi,\theta,\psi)=(-90°,90°,90°) \quad \text{或} \quad (\varphi,\theta,\psi)=(90°,-90°,-90°)$$

2.1.4 滚转角、倾斜角、俯仰角

采用滚转（Roll）角、倾斜（Pitch）角、俯仰（York）角表示姿态的方法基本上与欧拉角的表示方法类似，只是3个旋转轴的取法稍稍有些不同，如图2-6所示。

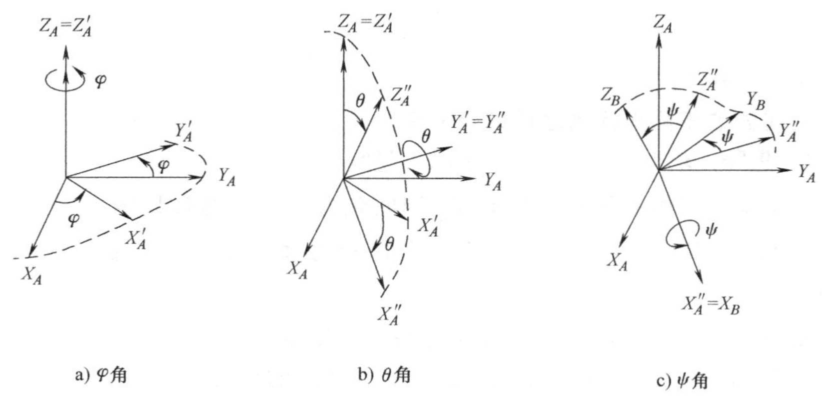

a) φ角　　b) θ角　　c) ψ角

图 2-6　Roll 角、Pitch 角、York 角

1）首先，与欧拉角的情形相似，让 Σ_A 绕坐标轴 Z_A 旋转 φ 角，而得到坐标系 Σ'_A。

2）然后，与欧拉角的情形一样，让 Σ'_A 绕 Y'_A 轴旋转 θ 角，而得到坐标系 Σ''_A。

3）最后，让 Σ''_A 绕 X''_A 轴旋转 ψ 角，成为 Σ_B。

这时，φ 角称为 Roll 角，θ 角称为 Pitch 角，ψ 角称为 York 角。

【例 2-3】 试用 Roll 角、Pitch 角、York 角表达例 2-1 机械手的姿态。

$$(\varphi,\theta,\psi)=(0°,0°,90°)$$

或

$$(\varphi,\theta,\psi)=(180°,180°,-90°)$$

2.2 坐标变换

2.2.1 齐次变换

如图 2-7 所示，给定 2 个坐标系 Σ_A 与 Σ_B，Σ_B 在 Σ_A 下的位置由 ${}^A\boldsymbol{p}_B$ 给定，旋转矩阵由 ${}^A\boldsymbol{R}_B$ 给定。这时，Σ_B 中用 ${}^B\boldsymbol{r}$ 所表示的点在 Σ_A 中表示为

$${}^A\boldsymbol{r}={}^A\boldsymbol{R}_B{}^B\boldsymbol{r}+{}^A\boldsymbol{p}_B \tag{2-34}$$

这个关系也可以表达为

$$\begin{pmatrix}{}^A\boldsymbol{r}\\1\end{pmatrix}=\left(\begin{array}{c|c}{}^A\boldsymbol{R}_B & {}^A\boldsymbol{p}_B\\ \hline \boldsymbol{0} & 1\end{array}\right)\begin{pmatrix}{}^B\boldsymbol{r}\\1\end{pmatrix}\overset{\Delta}{=}{}^A\boldsymbol{T}_B\begin{pmatrix}{}^B\boldsymbol{r}\\1\end{pmatrix} \tag{2-35}$$

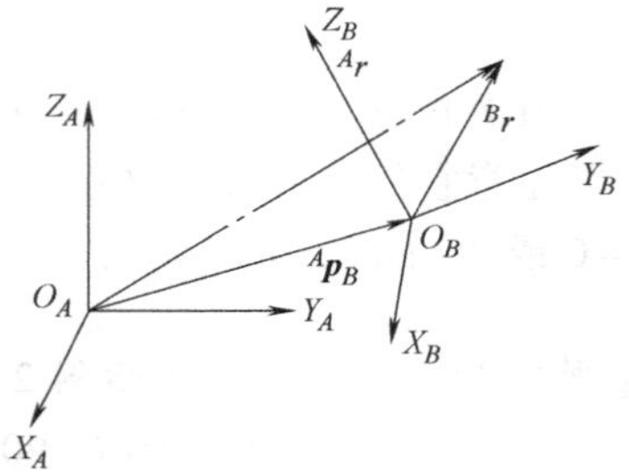

图 2-7　坐标系 Σ_A 与 Σ_B 的关系

在式（2-35）中，在三维矢量 ${}^A\boldsymbol{r}$ 及 ${}^B\boldsymbol{r}$ 的最下端增加了元素 1，它们就变成了用四维矢量表示。这样，矢量从 Σ_A 到 Σ_B 中的变换只用一个矩阵 ${}^A\boldsymbol{T}_B$ 就可以方便地表示出来。这里，我们把用 4×4 阶矩阵所表达的变换称为齐次变换。下文中用 ${}^A\boldsymbol{r}$ 表示含有元素 1 的四维矢量。即式（2-35）可写为

$${}^A\boldsymbol{r}={}^A\boldsymbol{T}_B{}^B\boldsymbol{r} \tag{2-36}$$

齐次变换有下列用法：

（1）表达空间内的不同坐标系之间的点的变换　像上述一样，由式（2-36），可根据某一点在 Σ_B 中的矢量 ${}^B\boldsymbol{r}$，求出同一点在 Σ_A 中的矢量 ${}^A\boldsymbol{r}$。

（2）表达两个坐标系间的关系　由于 ${}^A\boldsymbol{T}_B$ 同时包含了对应的参数 ${}^A\boldsymbol{p}_B$ 及 ${}^A\boldsymbol{R}_B$，所以，可以用 ${}^A\boldsymbol{T}_B$ 来表达 Σ_A 与 Σ_B 的关系。实际上，在进行数值计算中，（${}^A\boldsymbol{p}_B$，${}^A\boldsymbol{R}_B$）在意义上与 ${}^A\boldsymbol{T}_B$ 是相同的，只是 ${}^A\boldsymbol{T}_B$ 更为简洁。

（3）表示空间内的点的移动　对于在具有某一固定坐标系的空间内的任意点，用一定的方法移动时，可以用齐次变换表达移动前的点和移动后的点之间的关系。

下面举几个例子说明齐次变换矩阵的应用。

【例 2-4】 对图 2-8 所示的 Σ_A 与 Σ_B，Σ_A 绕 Z_A 轴旋转 α 角后，两坐标系的齐次变换关系为

$$
{}^{A}\boldsymbol{T}_{B}=\begin{pmatrix}\cos\alpha & -\sin\alpha & 0 & 0\\ \sin\alpha & \cos\alpha & 0 & 0\\ 0 & 0 & 1 & 0\\ 0 & 0 & 0 & 1\end{pmatrix}
$$

【例 2-5】 对例 2-4 中的 Σ_A 与 Σ_B，旋转后将 Σ_B 沿 Y_A 方向移动 2 个单位，沿 Z_A 轴方向移动为 1 个单位时，其齐次变换关系为

$$
{}^{A}\boldsymbol{T}_{B}=\begin{pmatrix}\cos\alpha & -\sin\alpha & 0 & 0\\ \sin\alpha & \cos\alpha & 0 & 2\\ 0 & 0 & 1 & 1\\ 0 & 0 & 0 & 1\end{pmatrix}
$$

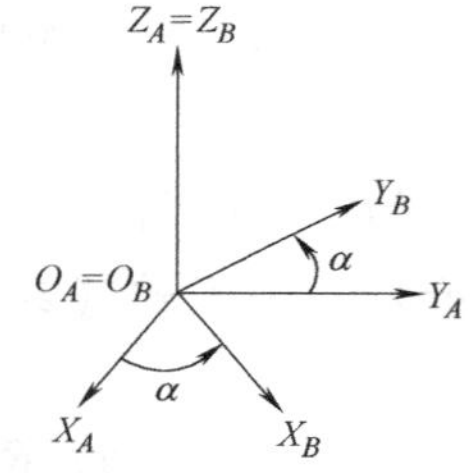

图 2-8 坐标系 Σ_A 与 Σ_B 的关系

【例 2-6】 如图 2-9 所示，在坐标系 Σ_A 中表示的某一点 ${}^{A}\boldsymbol{r}_1$ 绕 Z_A 轴旋转 30°后，沿 Y_A 轴方向移动 2，沿 Z_A 轴方向移动−1 时的位置用 ${}^{A}\boldsymbol{r}_2$ 表示，这时，${}^{A}\boldsymbol{r}_2$ 与 ${}^{A}\boldsymbol{r}_1$ 的关系为

$$
{}^{A}\boldsymbol{r}_{2}=\begin{pmatrix}\cos30^\circ & -\sin30^\circ & 0 & 0\\ \sin30^\circ & \cos30^\circ & 0 & 2\\ 0 & 0 & 1 & -1\\ 0 & 0 & 0 & 1\end{pmatrix}{}^{A}\boldsymbol{r}_{1}
$$

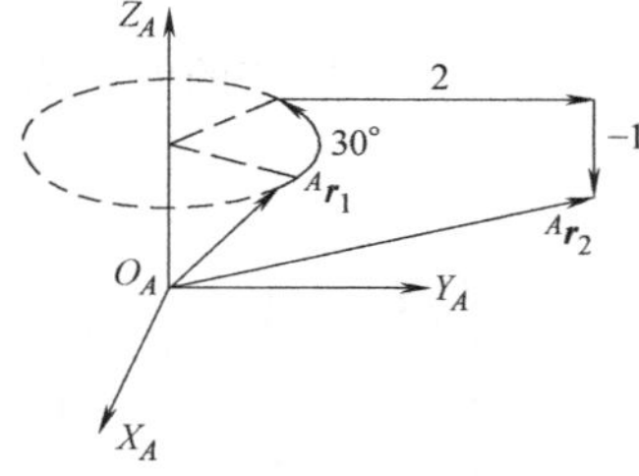

图 2-9 点的移动

【例 2-7】 齐次变换 ${}^{A}\boldsymbol{T}_B$ 表达了 Σ_A 与 Σ_B 之间的关系，当把它们的这个关系用图表示时，就得到了图 2-10。这里，这个变换等价于 Σ_B 绕与 Σ_A 一致的坐标轴 Z_A 旋转 30°后，沿 Y_A 轴

移动 2，沿 Z_A 轴移动-1，所得到的坐标系 Σ_B。

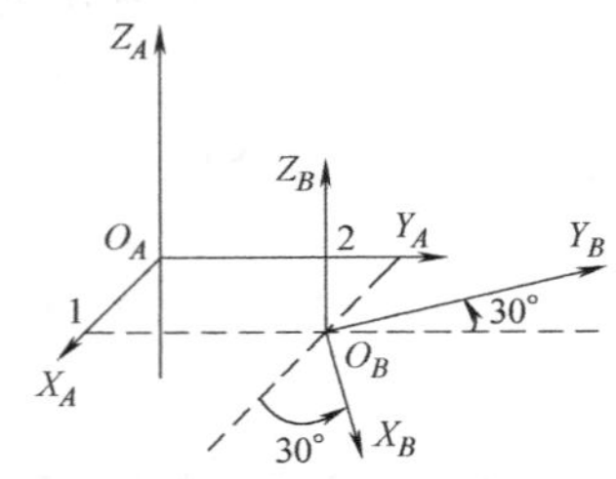

图 2-10 坐标系Σ_A 与Σ_B 的关系

进而可以看出，在 Σ_B 中表达的某一点与${}^A\boldsymbol{r}$ 一致时，同样地，在 Σ_A 中所表达的点与${}^A\boldsymbol{r}_2$ 也一致。

2.2.2 变换的积与逆变换

在 3 个坐标系 Σ_A、Σ_B、Σ_C 中，当 Σ_A 与 Σ_B 的关系用${}^A\boldsymbol{T}_B$ 表示，Σ_B 与 Σ_C 的关系用${}^B\boldsymbol{T}_C$ 给定时，Σ_A 与 Σ_C 的关系由

$$ {}^A\boldsymbol{T}_C = {}^A\boldsymbol{T}_B {}^B\boldsymbol{T}_C \tag{2-37} $$

给定。实际上，这也是式（2-13）的推广。关于式（2-37）的坐标系变换，可解释为两个含义：

1）Σ_A 相对于 Σ_A 仅移动${}^A\boldsymbol{p}_B$，同时，仅使其旋转${}^A\boldsymbol{R}_B$，就可以得到 Σ_B。进一步地，Σ_B 相对于 Σ_B 移动${}^B\boldsymbol{p}_C$，同时，使其旋转${}^B\boldsymbol{R}_C$，也可以得到 Σ_C。

2）Σ_A 相对于 Σ_A 旋转${}^B\boldsymbol{R}_C$，同时，移动${}^B\boldsymbol{p}_C$，就可以得到 Σ'_B。进一步地，Σ'_B相对于 $\Sigma_{B'}$，旋转${}^A\boldsymbol{R}_B$，同时，移动${}^A\boldsymbol{p}_B$，也可以得到 Σ_C。

在 1）中，是从左侧的齐次变换进行解释，这时，由顺序得到的新坐标系，再进一步考虑下次变换。相应地，在 2）中，从右侧进行解释，这时，所有的变换都视为在起始坐标系中的变换。关于移动与旋转的顺序存在下述关系

$$ {}^A\boldsymbol{T}_B = \begin{pmatrix} {}^A\boldsymbol{R}_B & {}^A\boldsymbol{p}_B \\ \boldsymbol{0} & 1 \end{pmatrix} = \begin{pmatrix} \boldsymbol{I}_3 & {}^A\boldsymbol{p}_B \\ \boldsymbol{0} & 1 \end{pmatrix} \times \begin{pmatrix} {}^A\boldsymbol{R}_B & \boldsymbol{0} \\ \boldsymbol{0} & 1 \end{pmatrix} \tag{2-38} $$

同样，${}^B\boldsymbol{T}_C$ 也有类似的关系。另外，如果所有的元素为 0，就表示 0 矢量或 0 矩阵。

【例 2-8】 若给定

$$ {}^A\boldsymbol{T}_B = \begin{pmatrix} \frac{\sqrt{3}}{2} & -\frac{1}{2} & 0 & 2 \\ \frac{1}{2} & \frac{\sqrt{3}}{2} & 0 & 1 \\ 0 & 0 & 1 & 0 \\ 0 & 0 & 0 & 1 \end{pmatrix} $$

$$
{}^{B}\boldsymbol{T}_{C}=\begin{pmatrix}\frac{1}{\sqrt{2}} & \frac{1}{\sqrt{2}} & 0 & 1\\ -\frac{1}{\sqrt{2}} & \frac{1}{\sqrt{2}} & 0 & 1\\ 0 & 0 & 1 & 0\\ 0 & 0 & 0 & 1\end{pmatrix}
$$

这时，如果用上面的两个含义来解释的话，请看图 2-11。图 2-11a 所示为上述 1）所对应的 $\boldsymbol{\Sigma}_C$ 与 $\boldsymbol{\Sigma}_A$ 的关系，图 2-11b 所示为上述 2）所表示的关系。并且 Z 轴均垂直于纸面，在此略去。当然，最终 $\boldsymbol{\Sigma}_C$ 的位置应该都是一致的。

${}^{A}\boldsymbol{T}_{B}$ 的逆变换由式（2-4）可得

$$
{}^{B}\boldsymbol{T}_{A}={}^{A}\boldsymbol{T}_{B}^{-1}=\left(\begin{array}{c|c}{}^{A}\boldsymbol{R}_{B}^{\mathrm{T}} & -{}^{A}\boldsymbol{R}_{B}^{\mathrm{T}}\,{}^{A}\boldsymbol{p}_{B}\\ \hline \boldsymbol{0} & 1\end{array}\right) \tag{2-39}
$$

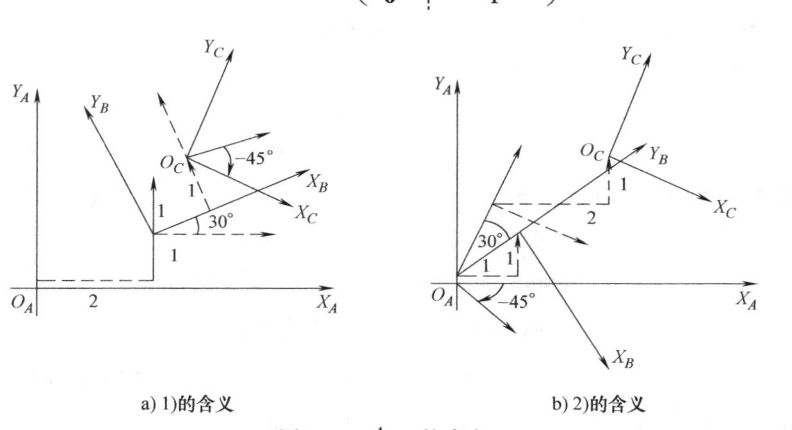

a) 1)的含义　　b) 2)的含义

图 2-11　${}^{A}\boldsymbol{T}_{C}$ 的含义

2.3　关节变量与机器人末端位置

2.3.1　一般的关系

在这一节将论述 n 自由度机器人机构各关节的位移（在平动关节中是移动位移，在旋转关节中是旋转位移，统称为位移）与末端位置的关系。

图 2-12 所示的机器人机构，从基座开始标以关节 1，2，…，n 定义第 i 个关节的位移为 q_i，即关节变量。把各关节变量组合起来，定义关节变量矢量 $\boldsymbol{q}$ 为

$$
\boldsymbol{q}=(q_1,q_2,\cdots,q_n)^{\mathrm{T}} \tag{2-40}
$$

而末端位置用矢量表示，有

$$
\boldsymbol{r}=(r_1,r_2,\cdots,r_m)^{\mathrm{T}} \tag{2-41}
$$

在三维欧氏空间中，一般情况下，当末端处

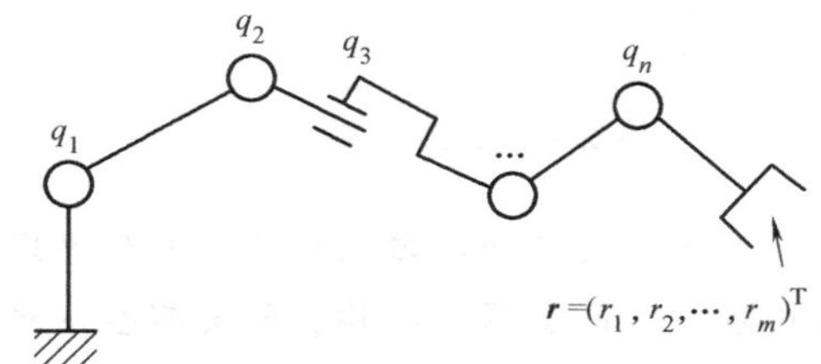

图 2-12　n 自由度机器人机构

于自由状态时，$m=6$。可是，例如在二维空间内运动的机构中，当末端所在的平面内仅考虑位置时，$m=2$，进一步地，若同时考虑姿态，则 $m=3$。

$\boldsymbol{r}$ 与 $\boldsymbol{q}$ 的关系由机器人的机构确定，一般是非线性关系，其表达式为

$$\boldsymbol{r}=f_r(\boldsymbol{q}) \tag{2-42}$$

关节变量矢量 $\boldsymbol{q}$ 已知时，对应的 $\boldsymbol{r}$ 可唯一确定，并且计算比较容易。可是让机器人完成给定的作业任务时，一般事先给定手指尖位置 $\boldsymbol{r}$ 及其轨迹。所以，对于给定的 $\boldsymbol{r}$ 就有必要求出实现给定作业任务的关节变量 $\boldsymbol{q}$，且 $\boldsymbol{r}$ 与 $\boldsymbol{q}$ 应满足式（2-42）。这个解在形式上可以写为

$$\boldsymbol{q}=f_r^{-1}(\boldsymbol{r}) \tag{2-43}$$

这里，仅仅限于考虑 $\boldsymbol{q}$ 存在的情形，实际中也有解不唯一。已知 $\boldsymbol{q}$ 求 $\boldsymbol{r}$ 的问题是正运动学问题；反之，给定 $\boldsymbol{r}$ 求 $\boldsymbol{q}$ 的问题称为逆运动学问题。从这里也可以看出，一般情况下，逆运动学问题比正运动学问题复杂。

【例 2-9】 图 2-13 所示为在 XOY 平面内运动的 2 自由度机器人机构，这里，关节变量矢量 $\boldsymbol{q}=(\theta_1,\theta_2)^{\mathrm{T}}$，手指尖位置矢量 $\boldsymbol{r}=(x,y)^{\mathrm{T}}$，各连杆的长度为 l_1、l_2。

首先，很容易地求得式（2-42），即

$$x=l_1\cos\theta_1+l_2\cos(\theta_1+\theta_2)$$
$$y=l_1\sin\theta_1+l_2\sin(\theta_1+\theta_2)$$

然后，对式（2-43），如果 $\boldsymbol{r}$ 满足 $(l_1-l_2)^2\leqslant x^2+y^2\leqslant(l_1+l_2)^2$，则 $\boldsymbol{q}$ 存在。进一步地，当 $x^2+y^2\neq0$ 时，利用式（2-27）所引入的函数 atan2，可以得到

$$\theta_1=\mathrm{atan2}(y,x)\mp\mathrm{atan2}(x,x^2+y^2+l_1^2-l_2^2)$$
$$\theta_2=\pm\mathrm{atan2}(x,x^2+y^2-l_1^2-l_2^2)$$

式中，$k=\sqrt{(x^2+y^2+l_1^2+l_2^2)-2[(x^2+y^2)+l_1^4+l_2^4]}$；±表示图 2-14 所示机器人机构的两种姿态。另一方面，如果 $x^2+y^2=0$，则 $x^2+y^2=(l_1-l_2)^2=0$，于是

$$\theta_1=\text{任意},\theta_2=\pm180°$$

则存在无限多个解。

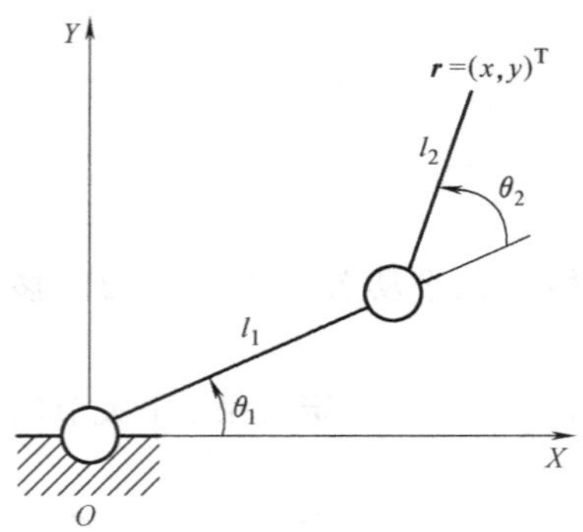

图 2-13　2 自由度机器人机构

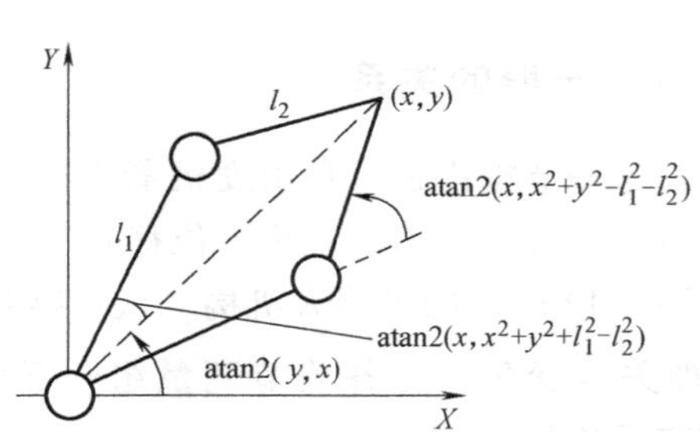

图 2-14　2 自由度机器人机构的运动学问题的解

对于 2 关节的机器人机构，我们发现其逆运动学与正运动学问题都很容易求解，对于 2 自由度以上的机器人机构，就会有些困难。因此，对于多自由度机器人机构的求解方法，一般是把坐标系固定在连杆上，然后求出坐标系之间的关系。进而根据这个关系，系统地给定

$f_r(\boldsymbol{q})$或$f_r^{-1}(\boldsymbol{q})$ 的解析形式，或者用数值解法求出。下面我们就来介绍这个方法。

2.3.2 连杆参数

考虑由 n 个旋转或直动关节组成的 n 自由度机器人机构。图 2-15 所示的连杆和关节，从固定的基座开始按顺序编号为 1～n。需要说明的是，基座称为连杆 0，连杆 0 与连杆 1 由关节 1 连接。对于各关节 i，当其为旋转关节时，用旋转轴作为关节轴；当其为平动关节时，取与平动方向平行的任意轴作为关节轴 i。关节的取法如图 2-16 中的点画线所示。所以，把对应的关节轴 i 与轴 $i+1$ 的公垂线作为连杆 i 的数学模型，并且，关节轴 i 与轴 $i+1$ 平行时，其公垂线不唯一，这时，取其中任一公垂线作为关节轴。

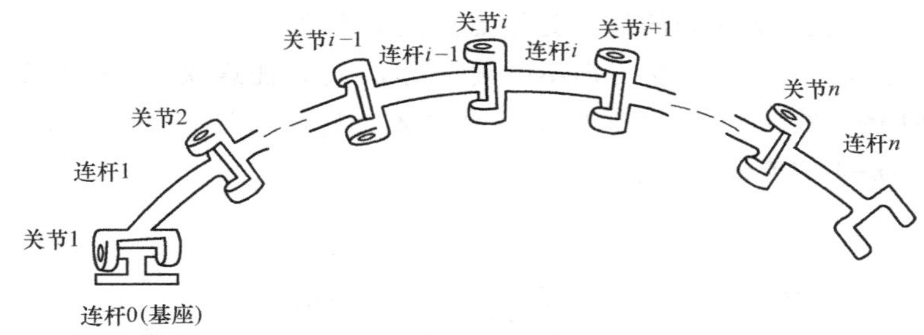

图 2-15　n 自由度机器人机构的连杆与关节编号

接着，连杆 i 可由关节轴 i 和关节轴 $i+1$ 之间公垂线的长度 a_i，以及垂直于这条公垂线的平面的关节轴 i 与关节轴 $i+1$ 方向的正交投影之间的夹角 α_i 的两个变量表达。这里，a_i 称为连杆长度，α_i 称为连杆偏角。连杆偏角 α_i 的详细定义如下：假设一个平面，该平面与两关节轴之间的公垂线垂直，然后把关节轴 i 和关节轴 $i+1$ 投影到该平面上，在该平面内按照右手法则将关节轴 $i-1$ 转向轴 i，旋转的夹角即为连杆转角 α_i。

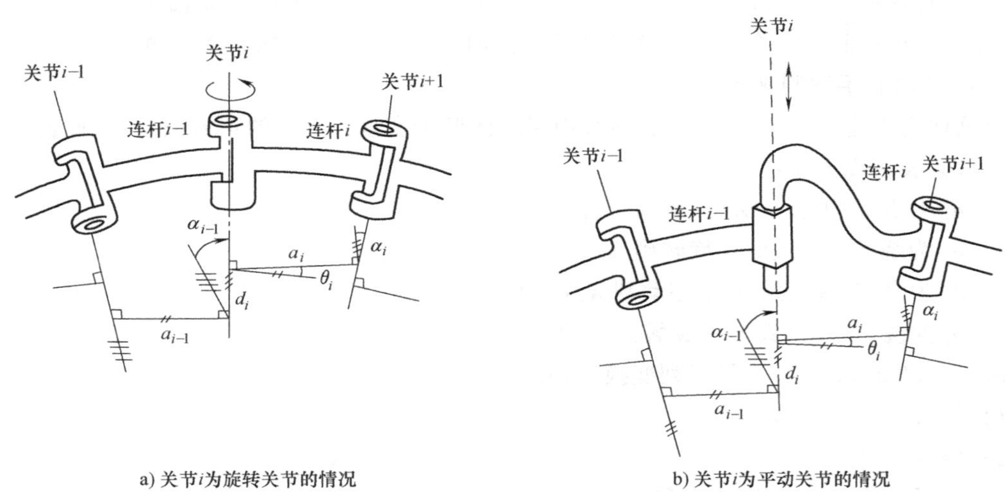

图 2-16　关节轴和关节变量表示的连杆参数

在关节 i 处，连杆 $i-1$ 与连杆 i 的相互位置关系，用关节轴 i 上的两条公垂线的垂足之间的距离 d_i，与垂直于关节轴的平面的两条公垂线的正交投影之间的夹角 θ_i 来表示，d_i 称为连杆间的距离，θ_i 称为连杆之间的夹角。关节 i 为旋转关节时，d_i 为一常值，θ_i 表示旋转角度；而当关节 i 为平动关节时，θ_i 为一个常值，d_i 则表示平动距离。因此，对于旋转关节，取 θ_i 为关节位移；对于平动关节，取 d_i 为关节位移。其他的变量均取为常数，θ、α、a、d 称为连杆参数，而采用这四个关节变量表示连杆机构的方法，称为 D-H（Denavit-Hartenberg）表示法。

2.3.3 连杆坐标系

现在，让我们依次确定固定在各连杆上的坐标系，图 2-17 所示为固定在连杆之上的坐标系 $\boldsymbol{\Sigma}_i$，取连杆 i 的关节轴 i 侧的端点为原点。坐标系 $\boldsymbol{\Sigma}_i$ 的 Z 轴即 Z_i，与关节轴 i 重合，方向尽可能指向手指尖；若手指尖方向不明确，则 Z_i 可以任意取。X 轴即 X_i，取公垂线的关节 i、关节 $i+1$ 的连线。于是，Y 轴即 Y_i，沿由 Z_i、X_i 轴通过右手法则确定的方向，以上就确定了连杆 $1\sim n-1$ 的连杆坐标系。

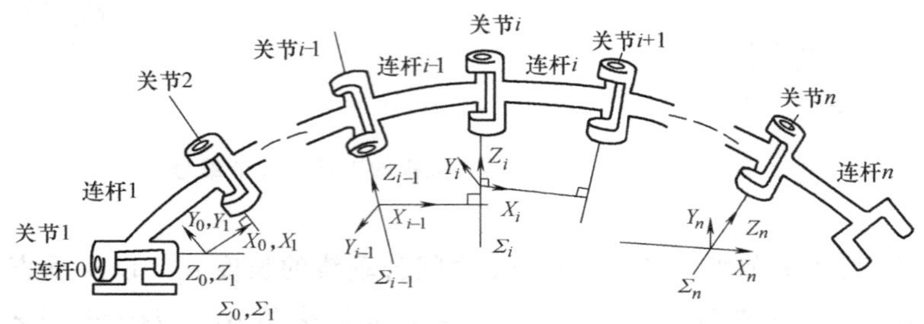

图 2-17　连杆坐标系 $\boldsymbol{\Sigma}_i$（$\boldsymbol{\Sigma}_0$、$\boldsymbol{\Sigma}_n$ 表示关节变量为 0 的状态）

对连杆 0，与在连杆 1 处任意选择的基准状态所固定的连杆 1 的坐标系等价。而对连杆 n，首先，把连杆 n 固定在任选的基准状态。于是，取连杆 $n-1$ 的关节轴 n 的端点为原点，Z_n 轴与关节轴 n 重合，并尽可能指向手指尖方向。X_n 轴取与坐标系 $\boldsymbol{\Sigma}_{n-1}$ 的 X_{n-1} 轴相同的方向，Y_n 轴由右手法则来确定。

当这样定义连杆坐标系 $\boldsymbol{\Sigma}_i$ 时，前节中引入的四个变量，它们的正方向与 $\boldsymbol{\Sigma}_i$ 重合，可以将连杆参数表达成下述形式。

1）a_i 为沿 X_i 轴，从 Z_i 移动到 Z_{i+1} 的距离。

2）α_i 为绕 X_i 轴，从 Z_i 旋转到 Z_{i+1} 的角度。

3）d_i 为沿 Z_i 轴，从 X_{i-1} 移动到 X_i 的距离。

4）θ_i 为绕 Z_i 轴，从 X_{i-1} 旋转到 X_i 的角度。

所以，对 $\boldsymbol{\Sigma}_i$ 及 $\boldsymbol{\Sigma}_{i-1}$ 进行下列变换，得到：

1）沿 X_{i-1} 轴平动 a_{i-1}。

2）绕 X_{i-1} 旋转 α_{i-1}。

3）然后，沿 Z_{i-1}（即 Z_i）移动 d_i。

4）绕旋转后的 Z_{i-1} 旋转 θ_i。

对 Σ_0 与 Σ_1，Σ_n 与 Σ_{n-1} 也有同样的关系成立，把上式 Σ_0、Σ_1 的取法，总结如下：

1）$\alpha_0=\alpha_n=0$。

2）$d_i=0$（关节 i 为旋转关节时），或者 $\theta_i=0$（关节 i 为平动关节时）。

3）$d_n=0$（关节 n 为旋转关节时），或者 $\theta_n=0$（关节 n 为平动关节时）。

尽可能地选取任意参数为 0，这样可以减少后面分析的计算量。这样，重新考虑确定关节轴与公垂线的方法。如果它们不能唯一确定，则按下面的方式确定。

首先，对于平动关节，在确定关节轴 i 时，它的方向就确定了，利用任意所选取的位置能够使 α_{i-1} 或 a_i 为 0，而 d_{i-1} 或 d_{i+1} 也可取 0。

考虑图 2-18 所示的连杆坐标系中存在移动关节的情况，可通过图 2-18 所示的方法，得到关节轴 $i+1$ 与轴 $i+2$ 的公垂线在关节轴 $i+1$ 上的垂足，从而可确定 $a_i=0$，$d_{i+1}=0$。再考虑图 2-19 所示的情况，即关节轴 i 与轴 $i+1$ 平行时，d_i 或 d_{i+1} 可以取 0。为使 $d_{i+1}=0$，就必须让公垂线通过关节轴 $i+1$ 与轴 $i+2$ 的公垂线的垂足。在上述两种情况中，若关节轴 $i+1$ 与轴 $i+2$ 的公垂线的位置具有任意性的话，以 a_{i-1}、d_{i-1} 等参数尽可能取 0 为原则，确定连杆坐标系。总结以上的连杆坐标系的确定次序如下：

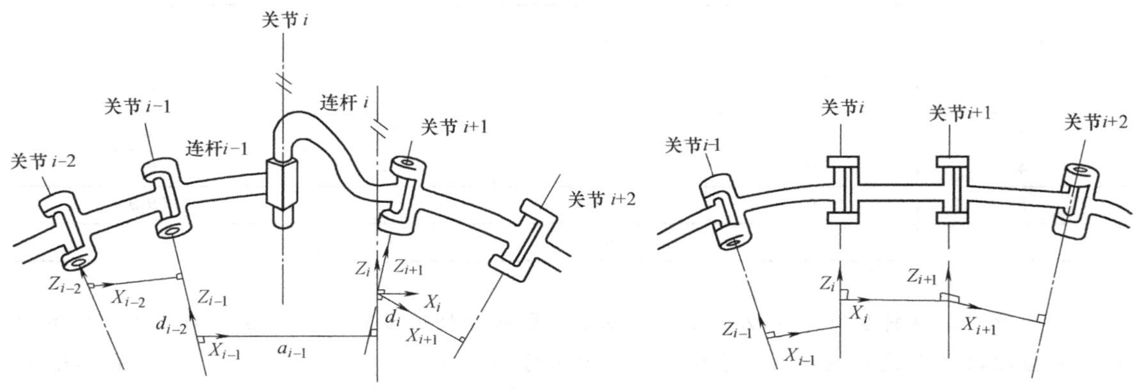

图 2-18　具有移动关节的连杆坐标系的确定方法（$a_i=0$，$d_{i+1}=0$）

图 2-19　关节轴 i 与轴 $i+1$ 平行时的连杆坐标系的确定方法（$d_{i+1}=0$）

1）确定关节轴。

2）确定公垂线。

3）确定连杆坐标系。

4）关节轴或公垂线的确定方法中存在任意性时，返回 1）或 2），以使尽可能多的连杆参数为 0 而进行修正。

在由上面的顺序不能确定连杆坐标系的场合中，就任选一种方法确定连杆坐标系。

【例 2-10】 斯坦福大学研究和开发的斯坦福机器人有如图 2-20 所示的结构。可由上述方法确定这个操作器的连杆坐标系，坐标系的定义如图 2-21 所示，连杆参数见表 2-1。以 $\theta_i=0(i=1,2,3,4,5,6)$ 作为一个基准状态，这时，X_i 轴都朝同一个方向。为了更便于在图中表达，取 d_3 不为 0。

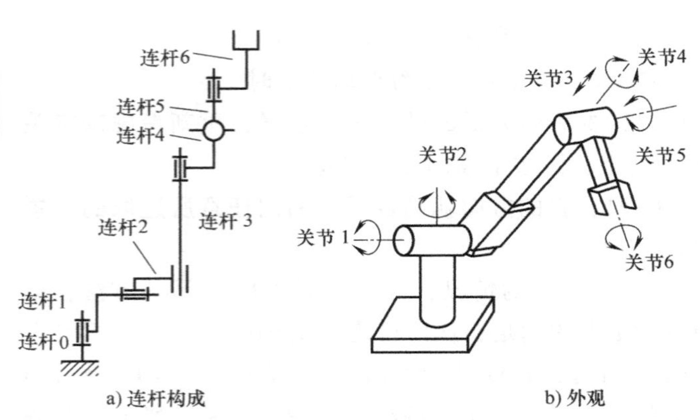

图 2-20　斯坦福机器人

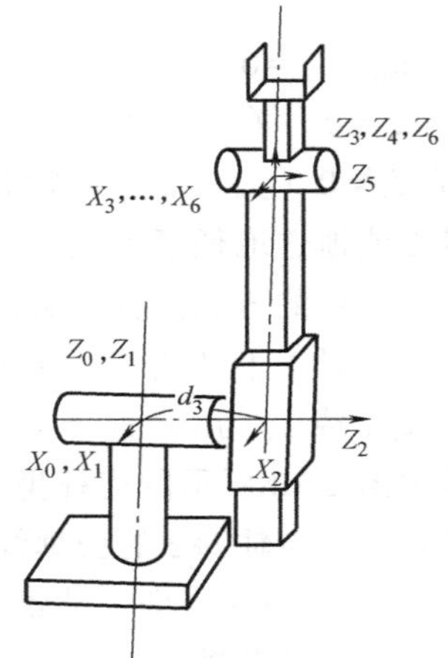

图 2-21　连杆坐标系 $\theta_i=0(i=1,2,3,4,5,6)$

表 2-1　斯坦福机器人的连杆参数

i	a_{i-1}	a_{i-2}	d_i	θ_i
1	0	0	0	(θ_1)
2	0	-90°	d_2	(θ_2)
3	0	90°	(d_3)	0
4	0	0°	0	(θ_4)
5	0	-90°	0	(θ_5)
6	0	90°	0	(θ_6)

注：(　) 内为关节变数。

上面所述的连杆坐标系建立方法的特征是，取基座的关节轴上任一点作为原点，它的 Z 轴是直接驱动这个连杆运动的关节轴。这种确定方法是由 Craig 提出的。另外，如图 2-22 所示，在连杆末端的关节轴上设原点，这时 Z 轴直接驱动连杆末端的运动。

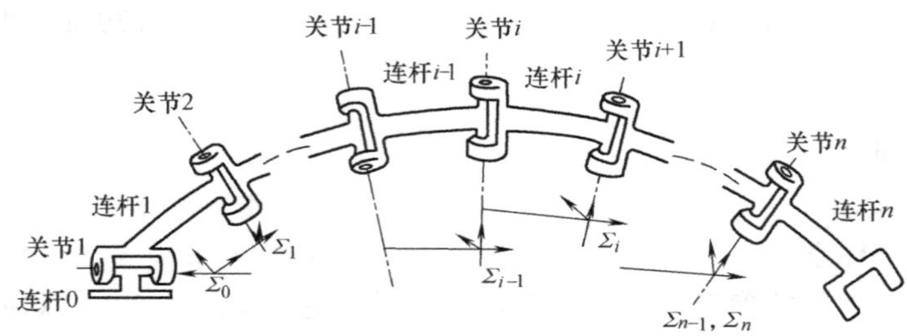

图 2-22　其他连杆坐标系的设定方法

原则上，只要将各连杆坐标系固连在各连杆上，怎么样建立都可以。这里所述的建立坐标系的方法，无论按何种方法设定都是可以的。但这只是为了便于使用而设计，并不一定遵循这个原则。例如，当第 i 个关节为旋转关节时，在关节轴上选择适当的点作为 Σ_i 的原点（平动关节时，任意点都可作为原点），各连杆坐标系的 Z 轴与各关节轴方向一致的话，就能够体现 D-H 表示法的优点。本教材将遵循上述的坐标系建立方法。

2.3.4 正运动学问题的解法

连杆坐标系 $\boldsymbol{\Sigma}_i$ 相对于 $\boldsymbol{\Sigma}_{i-1}$ 的齐次变换为

$$^{i-1}\boldsymbol{T}_i=\boldsymbol{T}_T(X_{i-1},a_{i-1})\boldsymbol{T}_R(X_{i-1},\alpha_{i-1})\boldsymbol{T}_T(Z_i,d_i)\boldsymbol{T}_R(Z_i,\theta_i) \tag{2-44}$$

式中，$\boldsymbol{T}_T(X,a)$ 表示沿 X 轴方向移动 a 的齐次变换；$\boldsymbol{T}_R(X,\alpha)$ 表示绕 X 轴旋转 α 角的齐次变换。可得

$$^{i-1}\boldsymbol{T}_i=\begin{pmatrix}1&0&0&a_{i-1}\\0&1&0&0\\0&0&1&0\\0&0&0&1\end{pmatrix}\begin{pmatrix}1&0&0&0\\0&\cos\alpha_{i-1}&-\sin\alpha_{i-1}&0\\0&\sin\alpha_{i-1}&\cos\alpha_{i-1}&0\\0&0&0&1\end{pmatrix}\begin{pmatrix}1&0&0&0\\0&1&0&0\\0&0&1&d_i\\0&0&0&1\end{pmatrix}\begin{pmatrix}\cos\theta_i&-\sin\theta_i&0&0\\\sin\theta_i&\cos\theta_i&0&0\\0&0&1&0\\0&0&0&1\end{pmatrix}$$

$$=\begin{pmatrix}\cos\theta_i&-\sin\theta_i&0&a_{i-1}\\\cos\alpha_{i-1}\sin\theta_i&\cos\alpha_{i-1}\cos\theta_i&-\sin\alpha_{i-1}&-\sin\alpha_{i-1}d_i\\\sin\alpha_{i-1}\sin\theta_i&\sin\alpha_{i-1}\cos\theta_i&\cos\alpha_{i-1}&\cos\alpha_{i-1}d_i\\0&0&0&1\end{pmatrix} \tag{2-45}$$

用这种方法，可以得到从 $\boldsymbol{\Sigma}_0$ 到最末端连杆坐标系 $\boldsymbol{\Sigma}_n$ 的变换，即

$$^0\boldsymbol{T}_n={}^0\boldsymbol{T}_1{}^1\boldsymbol{T}_2\cdots{}^{n-1}\boldsymbol{T}_n \tag{2-46}$$

当连杆参数全部已知时，$^{i-1}\boldsymbol{T}_i$ 仅仅是关节矢量 $\boldsymbol{q}$ 的函数，所以$^0\boldsymbol{T}_n$ 也是关节矢量 $\boldsymbol{q}$ 的函数。

固定在连杆 n 上的末端器坐标系 $\boldsymbol{\Sigma}_E$ 相对于 $\boldsymbol{\Sigma}_n$ 的齐次变换矩阵用$^n\boldsymbol{T}_E$ 表示，$\boldsymbol{\Sigma}_E$ 相对于基础坐标系 $\boldsymbol{\Sigma}_0$ 的齐次变换矩阵则用$^R\boldsymbol{T}_0$ 表示。这时，相对于基础坐标系，末端器的位置和姿态表示为

$$^R\boldsymbol{T}_E={}^R\boldsymbol{T}_0{}^0\boldsymbol{T}_n{}^n\boldsymbol{T}_E \tag{2-47}$$

请注意，由$^R\boldsymbol{T}_E$ 可唯一地确定末端器的位置矢量 $\boldsymbol{r}$，而$^R\boldsymbol{T}_0$ 是关节变量矢量 $\boldsymbol{q}$ 的函数，于是可以从式（2-47）求出式（2-42）的 $f_r(\boldsymbol{q})$。因此，由式（2-46），将$^A\boldsymbol{T}_B$ 的各元素作为 $\boldsymbol{q}$ 的函数进行求解的话，就可以解决正运动学问题。

【例 2-11】 对应于图 2-23 所示的 PUMA 机器人，建立连杆坐标系，求$^0\boldsymbol{T}_6$。

首先，按图 2-24 所示确定连杆坐标系，连杆参数由表 2-2 给定，根据前文提到的方法，可得

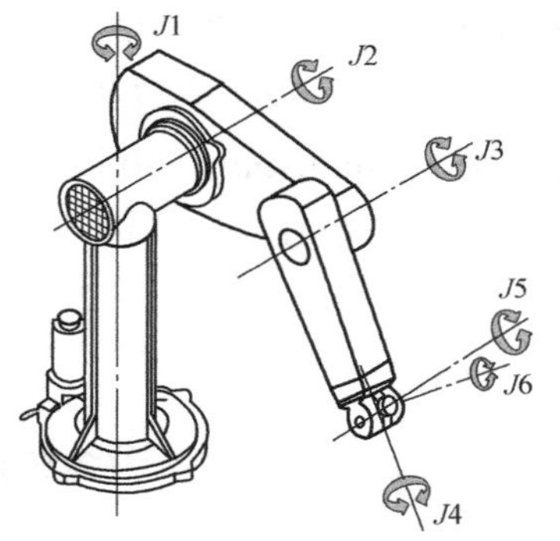

图 2-23 PUMA 机器人

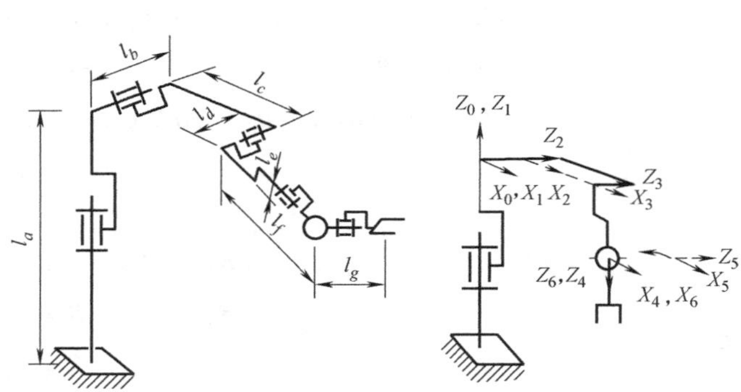

图 2-24 PUMA 机器人的连杆坐标系

$$
{}^{0}\boldsymbol{T}_1=\begin{pmatrix}\cos\theta_1 & -\sin\theta_1 & 0 & 0\\ \sin\theta_1 & \cos\theta_1 & 0 & 0\\ 0 & 0 & 1 & 0\\ 0 & 0 & 0 & 1\end{pmatrix},\quad {}^{1}\boldsymbol{T}_2=\begin{pmatrix}\cos\theta_2 & -\sin\theta_2 & 0 & 0\\ 0 & 0 & 1 & l_b-l_d\\ -\sin\theta_2 & -\cos\theta_2 & 0 & 0\\ 0 & 0 & 0 & 1\end{pmatrix}
$$

$$
{}^{2}\boldsymbol{T}_3=\begin{pmatrix}\cos\theta_3 & -\sin\theta_3 & 0 & l_c\\ \sin\theta_3 & \cos\theta_3 & 0 & 0\\ 0 & 0 & 1 & 0\\ 0 & 0 & 0 & 1\end{pmatrix},\quad {}^{3}\boldsymbol{T}_4=\begin{pmatrix}\cos\theta_4 & -\sin\theta_4 & 0 & l_c\\ 0 & 0 & 1 & l_f\\ -\sin\theta_4 & -\cos\theta_4 & 0 & 0\\ 0 & 0 & 0 & 1\end{pmatrix} \tag{2-48}
$$

$$
{}^{4}\boldsymbol{T}_5=\begin{pmatrix}\cos\theta_5 & -\sin\theta_5 & 0 & 0\\ 0 & 0 & -1 & 0\\ \sin\theta_5 & \cos\theta_5 & 0 & 0\\ 0 & 0 & 0 & 1\end{pmatrix},\quad {}^{5}\boldsymbol{T}_6=\begin{pmatrix}\cos\theta_6 & -\sin\theta_6 & 0 & 0\\ 0 & 0 & 1 & 0\\ -\sin\theta_6 & -\cos\theta_6 & 0 & 0\\ 0 & 0 & 0 & 1\end{pmatrix}
$$

表 2-2　PUMA 机器人的连杆参数

i	a_{i-1}	a_{i-2}	d_i	θ_i
1	0	0	0	(θ_1)
2	0	$-90°$	l_b-l_d	(θ_2)
3	l_c	0	0	(θ_2)
4	l_c	$90°$	l_5	(θ_4)
5	0	$90°$	0	(θ_5)
6	0	$-90°$	0	(θ_6)

根据式（2-48）可求得${}^{0}\boldsymbol{T}_6$。为便于求解，这里分别求解手臂部的齐次变换矩阵${}^{0}\boldsymbol{T}_3$与手指末端的齐次变换矩阵${}^{3}\boldsymbol{T}_6$。接着，再根据它们的乘积而求得${}^{0}\boldsymbol{T}_6$。其中，${}^{0}\boldsymbol{T}_3$为

$$
{}^{0}\boldsymbol{T}_3=\begin{pmatrix}\cos\theta_1\cos(\theta_2+\theta_3) & -\cos\theta_1\sin(\theta_2+\theta_3) & -\sin\theta_1 & l_c\cos\theta_1\cos\theta_2-(l_b-l_d)\sin\theta_1\\ \sin\theta_1\cos(\theta_2+\theta_3) & -\sin\theta_1\sin(\theta_2+\theta_3) & \cos\theta_1 & l_c\sin\theta_1\cos\theta_2-(l_b-l_d)\cos\theta_1\\ -\sin(\theta_2+\theta_3) & -\cos(\theta_2+\theta_3) & 0 & -l_c\sin\theta_2\\ 0 & 0 & 0 & 1\end{pmatrix}
$$

手指末端的齐次变换矩阵${}^{3}\boldsymbol{T}_6$为

$$
{}^{3}\boldsymbol{T}_6=\begin{pmatrix}\cos\theta_4\cos\theta_5\cos\theta_6-\sin\theta_4\sin\theta_6 & -\cos\theta_4\cos\theta_5\sin\theta_6-\sin\theta_4\cos\theta_6 & -\cos\theta_4\sin\theta_5 & l_e\\ \sin\theta_5\cos\theta_6 & -\sin\theta_5\sin\theta_6 & \cos\theta_5 & l_f\\ -\sin\theta_4\cos\theta_5\cos\theta_6-\cos\theta_4\sin\theta_6 & \sin\theta_4\cos\theta_5\sin\theta_6-\cos\theta_4\cos\theta_6 & \sin\theta_4\sin\theta_5 & 0\\ 0 & 0 & 0 & 1\end{pmatrix} \tag{2-49}
$$

于是

$$
{}^{0}\boldsymbol{T}_6=\begin{pmatrix}R_{11} & R_{12} & R_{13} & p_x\\ R_{21} & R_{22} & R_{23} & p_y\\ R_{31} & R_{32} & R_{33} & p_z\\ 0 & 0 & 0 & 1\end{pmatrix} \tag{2-50}
$$

式中

$$R_{11}=\cos\theta_1[\cos(\theta_2+\theta_3)(\cos\theta_4\cos\theta_5\cos\theta_6-\sin\theta_4\sin\theta_6)-\sin(\theta_2+\theta_3)\sin\theta_5\cos\theta_6]+\sin\theta_1(\sin\theta_4\cos\theta_5\cos\theta_6+\cos\theta_4\sin\theta_6)$$

$$R_{12}=\cos\theta_1[-\cos(\theta_2+\theta_3)(\cos\theta_4\cos\theta_5\sin\theta_6+\sin\theta_4\cos\theta_6)+\sin(\theta_2+\theta_3)\sin\theta_5\sin\theta_6]-\sin\theta_1(\sin\theta_4\cos\theta_5\sin\theta_6-\cos\theta_4\cos\theta_6)$$

$$R_{13}=-\cos\theta_1[\cos(\theta_2+\theta_3)\cos\theta_4\sin\theta_5+\sin(\theta_2+\theta_3)\cos\theta_5]-\sin\theta_1\sin\theta_4\sin\theta_5$$

$$R_{21}=\sin\theta_1[\cos(\theta_2+\theta_3)(\cos\theta_4\cos\theta_5\cos\theta_6-\sin\theta_4\sin\theta_6)-\sin(\theta_2+\theta_3)\sin\theta_5\cos\theta_6]-\cos\theta_1(\sin\theta_4\cos\theta_5\cos\theta_6+\cos\theta_4\sin\theta_6) \tag{2-51}$$

$$R_{22}=\sin\theta_1[-\cos(\theta_2+\theta_3)(\cos\theta_4\cos\theta_5\sin\theta_6+\sin\theta_4\sin\theta_6)+\sin(\theta_2+\theta_3)\sin\theta_5\sin\theta_6]+\cos\theta_1(\sin\theta_4\cos\theta_5\sin\theta_6-\cos\theta_4\cos\theta_6)$$

$$R_{23}=-\sin\theta_1[\cos(\theta_2+\theta_3)\cos\theta_4\sin\theta_5+\sin(\theta_2+\theta_3)\cos\theta_5]+\cos\theta_1\sin\theta_4\sin\theta_5$$

$$R_{31}=-\sin(\theta_2+\theta_3)(\cos\theta_4\cos\theta_5\cos\theta_6-\sin\theta_4\sin\theta_6)-\cos(\theta_2+\theta_3)\sin\theta_5\cos\theta_6$$

$$R_{32}=\sin(\theta_2+\theta_3)(\cos\theta_4\cos\theta_5\sin\theta_6+\sin\theta_4\cos\theta_6)+\cos(\theta_2+\theta_3)\sin\theta_5\sin\theta_6$$

$$R_{33}=\sin(\theta_2+\theta_3)\cos\theta_4\sin\theta_5-\cos(\theta_2+\theta_3)\cos\theta_5$$

$$p_x=\cos\theta_1[l_c\cos\theta_2+l_e\cos(\theta_2+\theta_3)-l_f\sin(\theta_2+\theta_3)]-(l_b-l_d)\sin\theta_1 \tag{2-52a}$$

$$p_y=\sin\theta_1[l_c\cos\theta_2+l_e\cos(\theta_2+\theta_3)-l_f\sin(\theta_2+\theta_3)]+(l_b-l_d)\cos\theta_1 \tag{2-52b}$$

$$p_z=-l_c\sin\theta_2-l_c\sin(\theta_2+\theta_3)-l_f\cos(\theta_2+\theta_3) \tag{2-52c}$$

【例 2-12】 对于 PUMA 机器人，按图 2-25 所示建立基础坐标系 Σ_R 与手指末端坐标系 Σ_E。这时，手指末端的位置矢量 $\boldsymbol{r}=(r_1,r_2,\cdots,r_6)^{\mathrm{T}}$。其中 r_1、r_2、r_3 是 Σ_E 的原点 O_E 在 Σ_R 中的坐标，r_4、r_5、r_6 为手指末端的欧拉角，求其正运动学问题的解。特别地，当关节变量矢量 $\boldsymbol{q}=(0°,-45°,0°,0°,-45°,90)$ 时，求 $\boldsymbol{r}$ 的值。

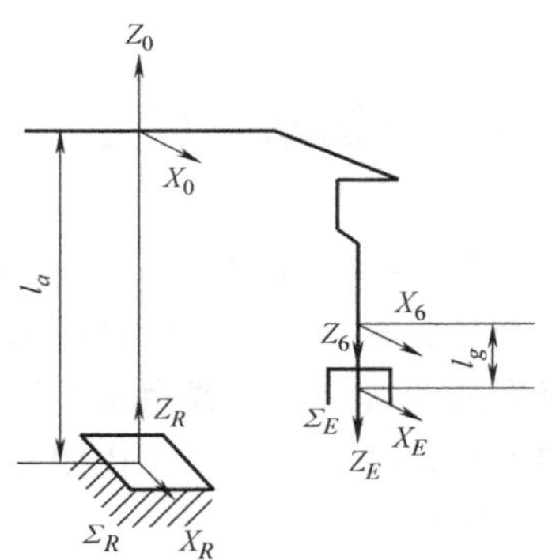

图 2-25　基坐标系 Σ_R 与手指末端坐标系 Σ_E

首先，${}^R\boldsymbol{T}_0$ 与 ${}^n\boldsymbol{T}_E$ 由下式给定

$${}^R\boldsymbol{T}_0=\begin{pmatrix}1&0&0&0\\0&1&0&0\\0&0&1&l_a\\0&0&0&1\end{pmatrix}$$

$${}^n\boldsymbol{T}_E=\begin{pmatrix}1&0&0&0\\0&1&0&0\\0&0&1&l_g\\0&0&0&1\end{pmatrix}$$

因此，由式（2-47）、式（2-50）得

$${}^n\boldsymbol{T}_E=\begin{pmatrix}R_{11}&R_{12}&R_{13}&p_x+R_{13}l_g\\R_{21}&R_{22}&R_{23}&p_y+R_{23}l_g\\R_{31}&R_{32}&R_{33}&p_z+l_a+R_{33}l_g\\0&0&0&1\end{pmatrix}$$

对应上式，末端位置矢量 $\boldsymbol{r}$ 可以由式（2-32）、式（2-33）得到，即

$$r_1=p_x+R_{13}l_g$$
$$r_2=p_y+R_{23}l_g$$
$$r_3=p_z+l_a+R_{33}l_g$$
$$r_4=\operatorname{atan2}\left(\sqrt{R_{13}^2+R_{23}^2},\ R_{33}\right)$$
$$r_6=\begin{cases}\operatorname{atan2}(R_{23}-R_{31}) & (R_{13}^2+R_{23}^2\neq 0)\\ \operatorname{atan2}(R_{21},\ R_{22})-R_{33}r_4 & (R_{13}^2+R_{23}^2=0)\end{cases}$$
$$R_{11}=0,R_{12}=0,R_{13}=1$$
$$R_{21}=-1,R_{22}=0,R_{23}=0$$
$$R_{31}=0,R_{32}=-1,R_{33}=0$$

特别地，当 $\boldsymbol{q}=\boldsymbol{q}^*$ 时，有

$$p_x=\frac{l_c+l_e+l_f}{\sqrt{2}}$$
$$p_y=l_b-l_d$$
$$p_z=\frac{l_c+l_c-l_f}{\sqrt{2}}$$

所以得

$$\boldsymbol{r}=\left(\frac{l_c+l_e+l_f}{\sqrt{2}}+l_g,l_b-l_d,\frac{l_c+l_e-l_f}{\sqrt{2}}+l_a,0°,90°,-90°\right)^{\mathrm{T}}$$

2.4 逆运动学问题

当末端位置矢量（即 ${}^0\boldsymbol{T}_n$ 的全部或者一部分）的值给定时，求实现末端位置所对应的关节变量矢量 $\boldsymbol{q}$ 的问题就是逆运动学问题。对于这个问题的解法，由代数或几何学可得一种封闭形式的解析解，或由迭代计算算法，得到对应的数值解。实际中，将逆运动学解应用于机器人机构时，一般都希望用前者的方法。可是，对于任意形式的机器人机构，并不一定能得到封闭解。

后者中的代数解法，是对式（2-42）~式（2-47）进行各种变换，而求得 $\boldsymbol{q}$；几何法是利用机器人的机构特征，用几何学的方法求得 $\boldsymbol{q}$ 的方法。当然，也有将两者结合起来求逆运动学的解的情况。

下面，用简单的例子来说明两种解法。

【例 2-13】 以图 2-26a 所示的 3 自由度机器人机构为对象，考虑图 2-26b 所示的用坐标系 Σ_0 中的矢量 $\boldsymbol{r}=(r_x,\ r_y,\ r_z)^{\mathrm{T}}$ 表示三维末端位置的场合，试用代数法和几何法求解实现给定末端位置的关节变量。

对于图 2-26a 所示的 3 自由度操作臂，为导出其运动学方程，定义图 2-27 所示的连杆坐标系。这时，连杆参数通过表 2-3 给定。于是，${}^{i-1}\boldsymbol{T}_i$ 为

$$
{}^{0}\boldsymbol{T}_1=\begin{pmatrix}\cos\theta_1 & -\sin\theta_1 & 0 & 0\\ \sin\theta_1 & \cos\theta_1 & 0 & 0\\ 0 & 0 & 1 & 0\\ 0 & 0 & 0 & 1\end{pmatrix} \tag{2-53a}
$$

$$
{}^{1}\boldsymbol{T}_2=\begin{pmatrix}\cos\theta_2 & -\sin\theta_2 & 0 & 0\\ 0 & 0 & 1 & 0\\ -\sin\theta_2 & -\cos\theta_2 & 0 & 0\\ 0 & 0 & 0 & 1\end{pmatrix} \tag{2-53b}
$$

$$
{}^{2}\boldsymbol{T}_3=\begin{pmatrix}\cos\theta_3 & -\sin\theta_3 & 0 & l_a\\ \sin\theta_3 & \cos\theta_3 & 0 & 0\\ 0 & 0 & 1 & 0\\ 0 & 0 & 0 & 1\end{pmatrix} \tag{2-53c}
$$

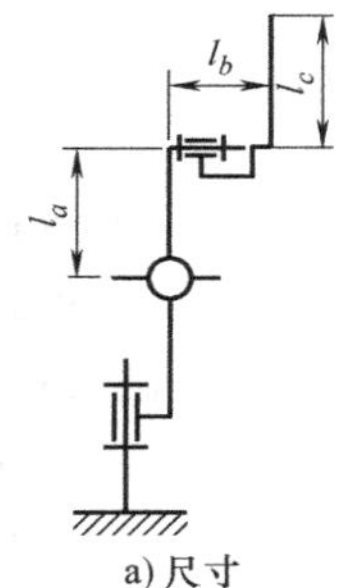

a) 尺寸

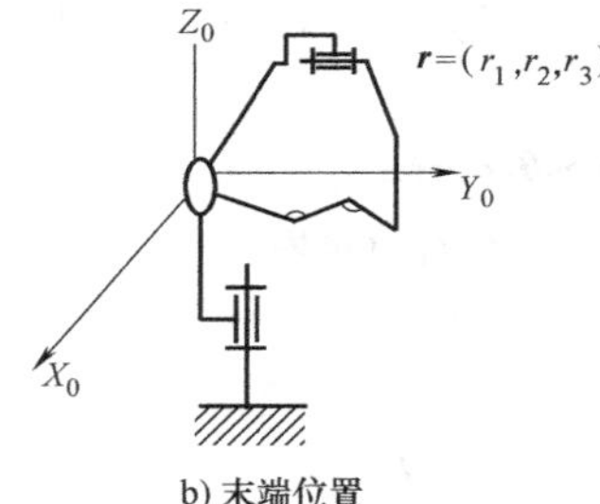

b) 末端位置

图 2-26　三自由度机器人机构

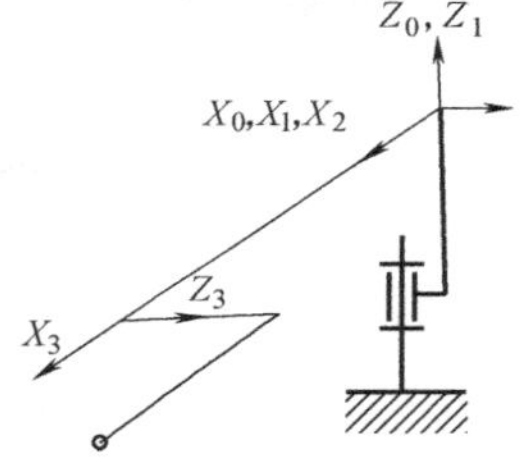

图 2-27　连杆坐标系

表 2-3　自由度机器人机构的连杆参数

i	a_{i-1}	a_{i-2}	d_i	θ_i
1	0	0	0	(θ_1)
2	0	-90°	l_b-l_d	(θ_2)
3	l_a	0	0	(θ_3)

进而，可得

$$
{}^{0}\boldsymbol{T}_3=\begin{pmatrix}\cos\theta_1\cos\theta_2 & -\cos\theta_1\sin\theta_2 & -\sin\theta_1 & 0\\ \sin\theta_1\cos\theta_2 & -\sin\theta_1\sin\theta_2 & \cos\theta_1 & 0\\ -\sin\theta_2 & -\cos\theta_2 & 0 & 0\\ 0 & 0 & 1 & 0\end{pmatrix}{}^{2}\boldsymbol{T}_3
$$

$$
=\begin{pmatrix}\cos\theta_1\cos\theta_2\cos\theta_3-\cos\theta_1\sin\theta_2\sin\theta_3 & -\cos\theta_1\cos\theta_2\sin\theta_3-\cos\theta_1\sin\theta_2\cos\theta_3 & -\sin\theta_1 & l_a\cos\theta_1\cos\theta_2\\ \sin\theta_1\cos\theta_2\cos\theta_3-\sin\theta_1\sin\theta_2\sin\theta_3 & -\sin\theta_1\cos\theta_2\sin\theta_3-\sin\theta_1\sin\theta_2\cos\theta_3 & \cos\theta_1 & l_a\sin\theta_1\cos\theta_2\\ -\sin\theta_2\cos\theta_3-\cos\theta_2\sin\theta_3 & \sin\theta_2\sin\theta_3-\cos\theta_2\cos\theta_3 & 0 & -l_a\sin\theta_2\\ 0 & 0 & 0 & 1\end{pmatrix} \tag{2-54}
$$

若手指末端的位置 ${}^{0}\boldsymbol{r}=(r_x,r_y,r_z)^{\mathrm{T}}$ 给定，又已知 ${}^{3}\boldsymbol{r}=(l_c,0,l_b)^{\mathrm{T}}$，可得

$$ {}^{0}\boldsymbol{r}={}^{0}\boldsymbol{T}_3{}^{3}\boldsymbol{r} \tag{2-55} $$

根据式（2-54）与式（2-55）得到正运动学方程

$$ \begin{cases} r_x=l_c(\cos\theta_1\cos\theta_2\cos\theta_3-\cos\theta_1\sin\theta_2\sin\theta_3)-l_b\sin\theta_1+l_a\cos\theta_1\cos\theta_2 \\ r_y=l_c(\sin\theta_1\cos\theta_2\cos\theta_3-\sin\theta_1\sin\theta_2\sin\theta_3)+l_b\cos\theta_1+l_a\sin\theta_1\cos\theta_2 \\ r_z=l_c(-\sin\theta_2\cos\theta_3-\cos\theta_2\sin\theta_3)-l_a\sin\theta_2 \end{cases} \tag{2-56} $$

接着，根据式（2-56）用代数方法求 $\theta_i(i=1,2,3)$ 给定时，逆运动学问题的解，于是，考虑下述关系式

$$ ({}^{0}\boldsymbol{T}_2)^{-1}{}^{0}\boldsymbol{r}={}^{2}\boldsymbol{T}_3{}^{3}\boldsymbol{r} \tag{2-57} $$

即

$$ \begin{pmatrix} \cos\theta_1\cos\theta_2 & \sin\theta_1\cos\theta_2 & -\sin\theta_2 & 0 \\ -\cos\theta_1\sin\theta_2 & -\sin\theta_1\sin\theta_2 & -\cos\theta_2 & 0 \\ -\sin\theta_1 & \cos\theta_1 & 0 & 0 \\ 0 & 0 & 0 & 1 \end{pmatrix} {}^{0}\boldsymbol{r}= \begin{pmatrix} \cos\theta_3 & -\sin\theta_3 & 0 & l_a \\ \sin\theta_3 & \cos\theta_3 & 0 & 0 \\ 0 & 0 & 1 & 0 \\ 0 & 0 & 0 & 1 \end{pmatrix} {}^{3}\boldsymbol{r} $$

根据式（2-57）得

$$ \cos\theta_1\cos\theta_2 r_x+\sin\theta_1\cos\theta_2 r_y-\sin\theta_2 r_z=l_c\cos\theta_3+l_a \tag{2-58a} $$

$$ -\cos\theta_1\sin\theta_2 r_x-\sin\theta_1\sin\theta_2 r_y-\cos\theta_2 r_z=l_c\sin\theta_3 \tag{2-58b} $$

$$ -\sin\theta_1 r_x+\cos\theta_1 r_y=l_b \tag{2-58c} $$

再考虑

$$ ({}^{0}\boldsymbol{T}_2)^{-1}{}^{0}\boldsymbol{r}={}^{1}\boldsymbol{T}_3{}^{3}\boldsymbol{r} \tag{2-59} $$

得

$$ \cos\theta_1\cos\theta_2 r_x+\sin\theta_1\cos\theta_2 r_y=l_c\cos(\theta_2+\theta_3)+l_a\cos\theta_2 \tag{2-60a} $$

$$ -\sin\theta_1 r_x+\cos\theta_1 r_y=l_b \tag{2-60b} $$

$$ r_z=-l_c\sin(\theta_2+\theta_3)-l_a\sin\theta_2 \tag{2-60c} $$

这里，若把式（2-58a）~式（2-58c）、式（2-60a）~式（2-60c）中的变量 θ_i 分开来解，求解就更方便些。比如，首先，从式（2-58c）或式（2-60b）求 θ_1，即得

$$ \theta_1=\operatorname{atan2}(-r_x,r_y)\pm\operatorname{atan2}\left(\sqrt{r_x^2+r_y^2-l_b^2},l_b\right) \tag{2-61} $$

再对式（2-60a）~式（2-60c）的两边取平方，再求和得

$$ r_x^2+r_y^2+r_z^2=l_a^2+l_b^2+l_c^2+2l_al_c\cos\theta_3 \tag{2-62} $$

从此求得

$$ \theta_3=\pm\operatorname{atan2}(k,r_x^2+r_y^2+r_z^2-l_a^2-l_b^2-l_c^2) \tag{2-63} $$

$$ k=\sqrt{(r_x^2+r_y^2+r_z^2-l_a^2+l_b^2+l_c^2)^2-2[(r_x^2+r_y^2+r_z^2-l_b^2)^2+l_a^4+l_c^4]} \tag{2-64} $$

剩下 θ_2，从式（2-58a）、式（2-58b）可得

$$ [r_z^2+(\cos\theta_1 r_x+\sin\theta_1 r_y)^2]\sin\theta_2=-r_z(l_c\cos\theta_3+l_a)-(\cos\theta_1 r_x+\sin\theta_1 r_y)l_c\sin\theta_3 $$

所以

$$ [r_z^2+(\cos\theta_1 r_x+\sin\theta_1 r_y)^2]\cos\theta_2=(\cos\theta_1 r_x+\sin\theta_1 r_y)(l_c\cos\theta_3+l_a)-r_2l_c\sin\theta_3 \tag{2-65} $$

$$ \theta_2=\operatorname{atan2}[-r_z(l_c\cos\theta_3+l_a)-(\cos\theta_1 r_x+\sin\theta_1 r_y)l_c\sin\theta_3,(\cos\theta_1 r_x+\sin\theta_1 r_y)(l_c\cos\theta_3+l_a)-r_zl_c\cos\theta_3] \tag{2-66} $$

对于 θ_1 和 θ_3 的两个解，θ_2 存在着由两者组合所构成的四个解。用式（2-55）或用它的变形公式（2-57）、式（2-59）可以很容易地求出。

下面用几何法求解同样的逆运动学问题，首先把手臂投影到坐标系 Σ_0 的 X_0Y_0 平面内得到图 2-28。这样，关于 θ_1，就有 $l_b=\cos\theta_1 r_y-\sin\theta_1 r_x$ 成立，θ_1 由式（2-61）给定。这里，当±取+时，对应图 2-28a；反之，对应图 2-28b。并且，如果把图 2-26 的手臂投影到 Σ_1 的 X_1Z_1 的平面时，就得到图 2-29。此时 θ_2 与 θ_3 与例 2-9 所示的 2 自由度机械臂的场合相同，于是，可求出式（2-63）及

$$\theta_2=\text{atan2}(-r_z,\sqrt{r_x^2+r_y^2-l_b^2})\mp\text{atan2}\ (k,r_x^2+r_y^2+r_z^2-l_a^2+l_b^2-l_c^2)$$
$$\theta_2=\text{atan2}(-r_z,-\sqrt{r_x^2+r_y^2-l_b^2})\mp\text{atan2}\ (k,r_x^2+r_y^2+r_z^2-l_a^2+l_b^2-l_c^2)$$

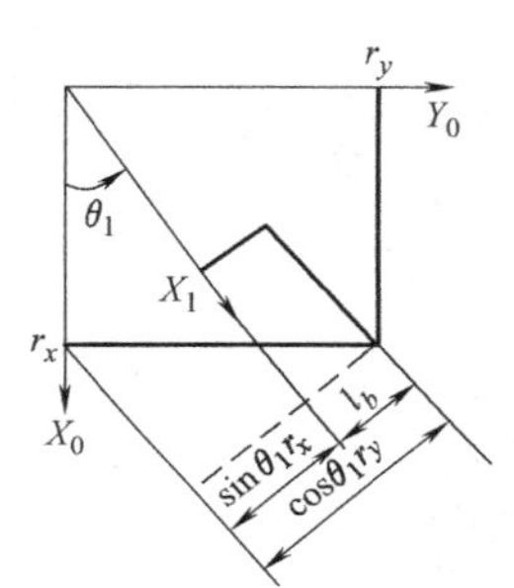

a) X_1 轴与 $(r_x,r_y)^T$ 方向相同时

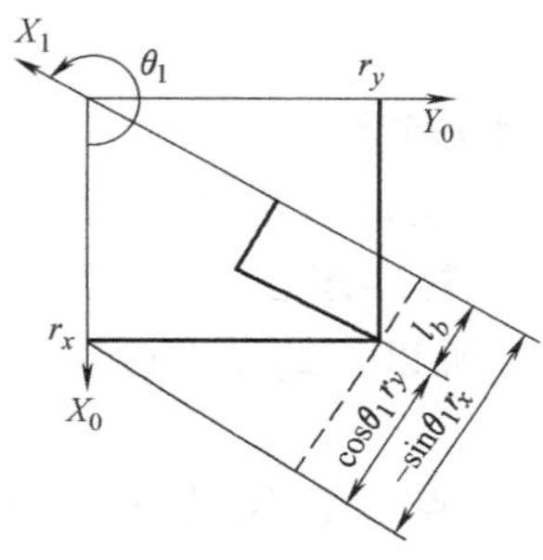

b) X_1 轴与 $(r_x,r_y)^T$ 方向相反时

图 2-28 机械臂在 X_0Y_0 平面上的投影

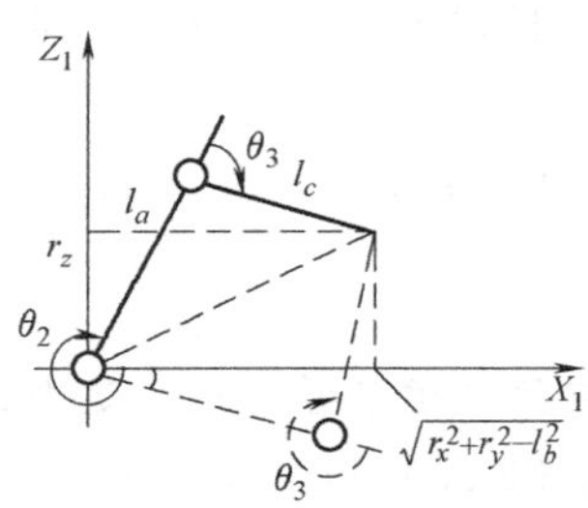

a) 图2-28a的情况

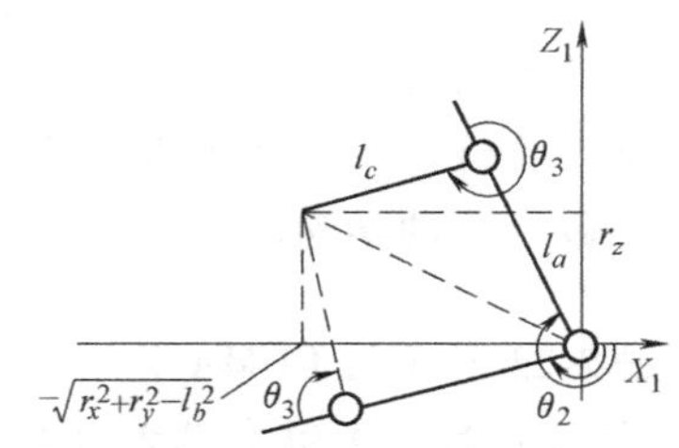

b) 图2-28b的情况

图 2-29 臂向 X_1-Z_1 平面投影

注：实线与虚线表示可使用的两种手腕姿势。

上述的 θ_2 与用代数法求得式（2-66）的表达形式是不同的，但是，表达的是同一个位置。应该注意，在采用几何法时，必须检查是否得到了全部的解。

上例中，讨论了手指末端采用三维位置矢量表示的情形。下面考虑手指末端的一般位姿，即采用 6 自由度机器人机构的场合，并介绍解决 6 自由度机器人机构逆运动学问题的运动学方程变换方法和 Piepper 方法。

1. 基于运动学方程变换的方法

如例 2-13 所示那样，用代数法求解时，运动学方程的变换是有效的。下面介绍一般的方法。

当${}^0\boldsymbol{T}_R$值已知时，运动方程基本形式为

$$ {}^0\boldsymbol{T}_6={}^0\boldsymbol{T}_1(\boldsymbol{q}_1){}^1\boldsymbol{T}_2(\boldsymbol{q}_2)\cdots{}^5\boldsymbol{T}_6(\boldsymbol{q}_6) \tag{2-67}$$

它等价于关于$\boldsymbol{q}_1$，…，$\boldsymbol{q}_6$的12个联立的代数方程，如果使它做一变换，可得到一个由12个方程组成的方程组

$$[{}^0\boldsymbol{T}_1(\boldsymbol{q}_1)\cdots{}^{i-1}\boldsymbol{T}_i(\boldsymbol{q}_i)]^{-1}{}^0\boldsymbol{T}_6[{}^j\boldsymbol{T}_{j+1}(\boldsymbol{q}_{j+1})\cdots{}^5\boldsymbol{T}_6(\boldsymbol{q}_6)]^{-1}={}^i\boldsymbol{T}_{i+1}(\boldsymbol{q}_{i+1})\cdots{}^{j-1}\boldsymbol{T}_j(\boldsymbol{q}_j)\quad(i<j) \tag{2-68}$$

显然，式（2-68）与式（2-67）是等价的。采用式（2-68）求解逆运动学问题，可以在一定程度上简化求解过程。

2. Piepper方法

实际的机器人中，存在不少如图2-30所示的机构，其手指末端的三个关节均为转动关节，且关节轴交于一点，这时$\boldsymbol{\Sigma}_4$、$\boldsymbol{\Sigma}_5$、$\boldsymbol{\Sigma}_6$的原点全部与这个点一致。如果手指末端的位置姿态已知，就意味着$\boldsymbol{\Sigma}_6$是固定的，所以，$\boldsymbol{\Sigma}_4$的原点位置也就确定了。

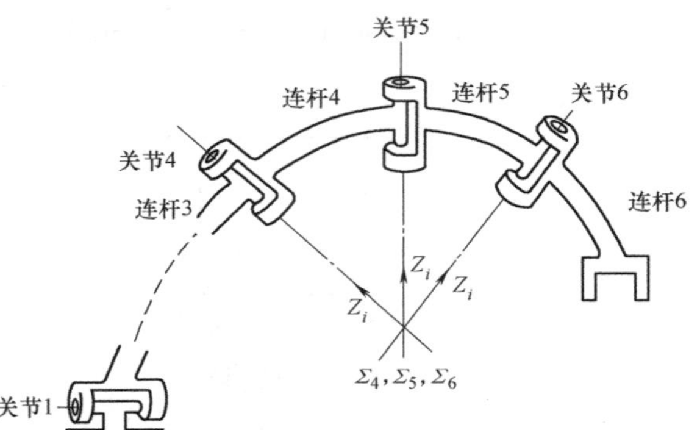

图2-30　可运用Piepper法的机器人机构

另一方面，这个原点位置仅是q_1、q_2、q_3三个变量的函数，所以，一般按照$\boldsymbol{\Sigma}_4$的原点确定q_1、q_2、q_3。这样做，能够计算出$\boldsymbol{\Sigma}_4$的位置和姿态，以及从$\boldsymbol{\Sigma}_4$看到的$\boldsymbol{\Sigma}_6$的姿态。最后，从这个姿态确立q_4、q_5、q_6。当机构三个关节连续且为旋转关节，以及它们的关节轴交于一点时，应用Piepper法可得到逆运动学的封闭解。

需要说明的是，若机构包含7个以上的自由度，则机器人具有冗余性，对应特定的末端位置，一般存在无数个运动学逆解。

【例2-14】 对图2-23所示的PUMA机器人，求解它的逆运动学问题。这个问题是当${}^0T_R$的元素R及P的数值给定时，求解实现式（2-51）、式（2-52）所需要的$\boldsymbol{q}$的值。

由于手指尖三关节满足Piepper条件，所以，根据式（2-52），表达$\boldsymbol{\Sigma}_4$的原点的p_x、p_y、p_z仅是θ_1、θ_2、θ_3的函数。首先，由p_x、p_y、p_z，求得θ_1、θ_2、θ_3。这与例2-13相同。这样用同样的方法，给出下面的解

$$\theta_1=\mathrm{atan2}(-p_x,p_y)\pm\mathrm{atan2}(\sqrt{p_x^2+p_y^2-(l_b-l_d)^2},l_b-l_d) \tag{2-69}$$

$$\theta_3=\mathrm{atan2}(-l_f,l_e)\pm\mathrm{atan2}(\sqrt{l_c^2(l_e^2+l_f^2)-k_a^2},k_a) \tag{2-70}$$

$$k_a=p_x^2+p_y^2+p_z^2-l_e^2-l_f^2-l_c^2-(l_b-l_d)^2 \tag{2-71}$$

$$\begin{aligned}\theta_2=\mathrm{atan2}(&-(l_e\sin\theta_3+l_f\cos\theta_3)(\cos\theta_1p_x+\sin\theta_1p_y)-(l_e\cos\theta_3-l_f\sin\theta_3+l_c)p_z,\\&(l_e\cos\theta_3-l_f\sin\theta_3+l_c)(\cos\theta_1p_x+\sin\theta_1p_y)-(l_e\cos\theta_3+l_f\cos\theta_3)p_z)\end{aligned} \tag{2-72}$$

接着求θ_4、θ_5、θ_6，根据

$$ {}^0\boldsymbol{T}_3^{-1}{}^0\boldsymbol{T}_6={}^3\boldsymbol{T}_4(\theta_4){}^4\boldsymbol{T}_5(\theta_5){}^5\boldsymbol{T}_6(\theta_6) \tag{2-73}$$

设式（2-73）等号左边的左上3×3矩阵元素为$[\hat{R}_{ij}](i,j=1,2,3)$，得

$$
\begin{pmatrix}\hat{R}_{11} & \hat{R}_{12} & \hat{R}_{13}\\ \hat{R}_{21} & \hat{R}_{22} & \hat{R}_{23}\\ \hat{R}_{31} & \hat{R}_{32} & \hat{R}_{33}\end{pmatrix}=
$$

$$
\begin{pmatrix}\cos\theta_4\cos\theta_5\cos\theta_6-\sin\theta_4\sin\theta_6 & -\cos\theta_4\cos\theta_5\sin\theta_6-\sin\theta_4\cos\theta_6 & \cos\theta_4\sin\theta_5\\ \sin\theta_5\cos\theta_6 & -\sin\theta_5\sin\theta_6 & \cos\theta_5\\ -\sin\theta_4\cos\theta_5\cos\theta_6-\cos\theta_4\sin\theta_6 & \sin\theta_4\cos\theta_5\sin\theta_6-\cos\theta_4\cos\theta_6 & \sin\theta_4\sin\theta_5\end{pmatrix} \tag{2-74}
$$

满足式（2-74）的 θ_4、θ_5、θ_6 与式（2-26）、式（2-30）、式（2-31）、式（2-33）相同，当 $\hat{R}_{13}+\hat{R}_{33}\neq 0$ 时，由下式给出，这里保持符号一致。

$$\theta_4=\text{atan2}(\pm\hat{R}_{33},\mp\hat{R}_{13}) \tag{2-75a}$$

$$\theta_5=\text{atan2}\left(\pm\sqrt{\hat{R}_{13}^2\mp\hat{R}_{33}^2},\hat{R}_{23}\right) \tag{2-75b}$$

$$\theta_6=\text{atan2}(\pm\hat{R}_{22},\mp\hat{R}_{21}) \tag{2-75c}$$

而当 $\hat{R}_{13}+\hat{R}_{33}=0$ 时，即有

$$\theta_4=\text{任意} \tag{2-76a}$$

$$\theta_5=90°-\hat{R}_{23}\times 90° \tag{2-76b}$$

$$\theta_6=\text{atan2}(-\hat{R}_{31},-\hat{R}_{32})-\theta_4\hat{R}_{32} \tag{2-76c}$$

因此，结果是：θ_4 有 2 个解，θ_3 有 2 个解，对应它们的组合，$\{\theta_4,\ \theta_5,\ \theta_6\}$ 存在对应的 8 个解。

2.5 雅可比矩阵

2.5.1 物体的运动速度

这一节，我们讲述物体速度的表示方法，在 2.1 节中，物体的位置和姿态由物体坐标系 $\boldsymbol{\Sigma}_B$ 相对于基础坐标系 $\boldsymbol{\Sigma}_A$ 的关系来表达，把这种思想加以延伸，就可以用物体坐标系相对于基础坐标系的移动速度来表达物体的移动速度，可将物体坐标系的移动分解为物体坐标系原点位置的变化和物体坐标系坐标轴方向的变化来进行考虑。原点位置的变化速度可以用原点位置的矢量 ${}^A\boldsymbol{p}_B$ 关于时间 t 的微分，即 ${}^A\dot{\boldsymbol{p}}_B=\dfrac{\mathrm{d}^A\boldsymbol{p}_B}{\mathrm{d}t}$ 来表示。坐标轴方向的变化速度，即姿态的变化速度，可按下面的两个表达方法进行讨论：

(1) 方法 1 考虑由表达姿态的三个变量（如欧拉角等）构成的矢量 ${}^A\boldsymbol{\varphi}_B$（上下角标 A、B 意味着以 $\boldsymbol{\Sigma}_A$ 为基准，表达 $\boldsymbol{\Sigma}_B$ 的姿态），用它对时间取微分 ${}^A\dot{\boldsymbol{\varphi}}_B=\dfrac{\mathrm{d}^A\boldsymbol{\varphi}_B}{\mathrm{d}t}$ 来表达姿态的变化速度。

(2) 方法 2 如图 2-31 所示，考虑与基础坐标系 $\boldsymbol{\Sigma}_A$ 的原点保持一致的坐标系 $\boldsymbol{\Sigma}'_B$，这时，物体相对于 $\boldsymbol{\Sigma}_A$ 的运动，在各

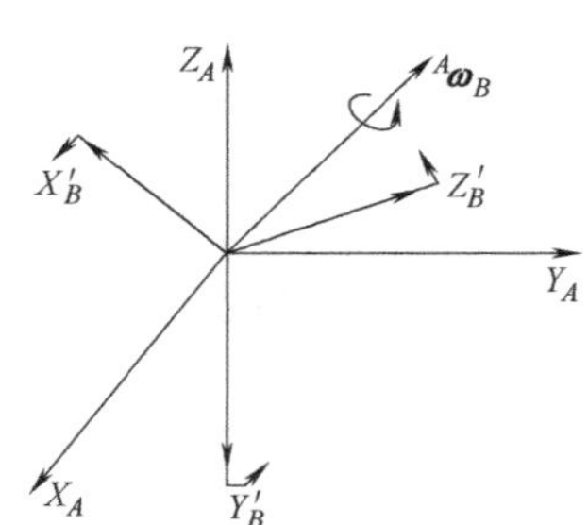

图 2-31 角速度矢量 ${}^A\boldsymbol{\omega}_B$

瞬时就成为绕某轴的旋转运动。所以，Σ'_B的旋转速度的主方向沿着这个瞬时旋转轴，旋转速度的大小用${}^A\boldsymbol{\omega}_B$ 表示，称为角速度矢量。

以下对两种方法的不同点、优缺点加以说明。

在方法 1 中，${}^A\boldsymbol{\varphi}_B$ 是具有物理意义变量的微分函数，方法 2 中，${}^A\boldsymbol{\omega}_B$ 的积分值没有明确的意义，本文中通过下面的例子进行说明。

【例 2-15】 考虑以下两种情况，第一种情况中，${}^A\boldsymbol{\omega}_B$ 由下式给定

$$
{}^A\boldsymbol{\omega}_B=\begin{pmatrix}\dfrac{\pi}{2}\\0\\0\end{pmatrix}\quad(0\leqslant t\leqslant 1)
$$

$$
{}^A\boldsymbol{\omega}_B=\begin{pmatrix}0\\\dfrac{\pi}{2}\\0\end{pmatrix}\quad(1\leqslant t\leqslant 2)
$$

第二种情况中，${}^A\boldsymbol{\omega}_B$ 由下式给定

$$
{}^A\boldsymbol{\omega}_B=\begin{pmatrix}0\\\dfrac{\pi}{2}\\0\end{pmatrix}\quad(0\leqslant t\leqslant 1)
$$

$$
{}^A\boldsymbol{\omega}_B=\begin{pmatrix}\dfrac{\pi}{2}\\0\\0\end{pmatrix}\quad(1\leqslant t\leqslant 2)
$$

在 $t=0$ 时，$\boldsymbol{\Sigma}_A$ 与 $\boldsymbol{\Sigma}_B$ 保持一致，${}^A\boldsymbol{\omega}_B$ 的积分值为

$$
\int_0^2 {}^A\boldsymbol{\omega}_B\mathrm{d}t=\begin{pmatrix}\dfrac{\pi}{2}\\\dfrac{\pi}{2}\\0\end{pmatrix}
$$

当 $t=2$ 时，从 $\boldsymbol{\Sigma}_A$ 看到 $\boldsymbol{\Sigma}_B$ 的 $\hat{\boldsymbol{R}}_B$，在第一种情况中，有

$$
{}^A\hat{\boldsymbol{R}}_B=\begin{pmatrix}0&1&0\\0&0&1\\-1&0&0\end{pmatrix}
$$

在第二种情况中，有

$$
{}^A\hat{\boldsymbol{R}}_B=\begin{pmatrix}0&1&1\\1&0&0\\0&1&0\end{pmatrix}
$$

可以看出，它们是完全不同的。如图 2-32 所示，在 $t=0$ 时，物体 B 有同样姿态；而在

$t=2$ 时，就出现不同的两种姿态，如图 2-33 所示。

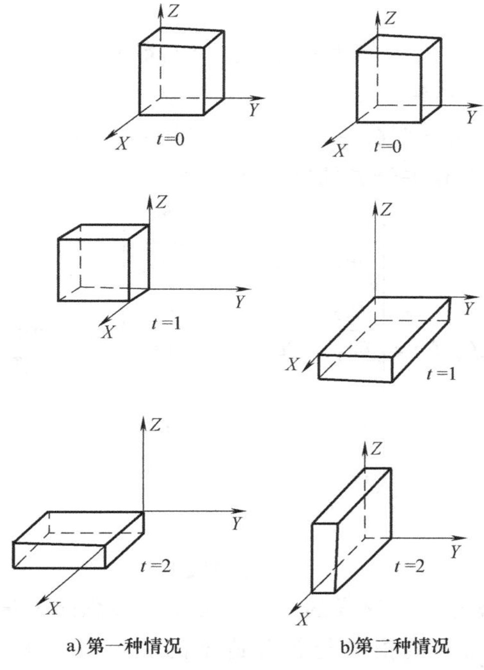

a) 第一种情况　　b)第二种情况

图 2-32　与${}^{A}\boldsymbol{\omega}_{B}$ 的积分相同的两种运动

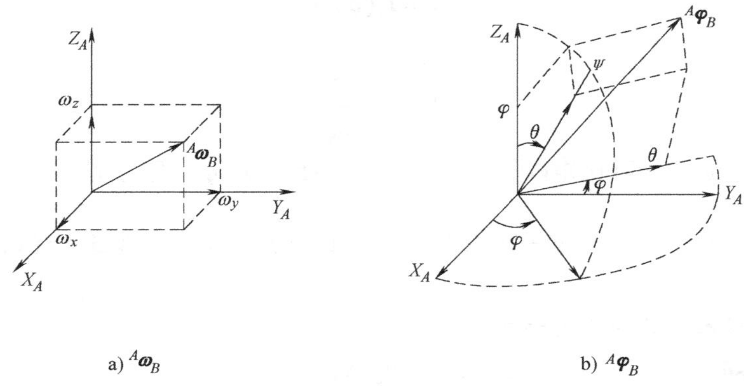

a) ${}^{A}\boldsymbol{\omega}_{B}$　　b) ${}^{A}\boldsymbol{\varphi}_{B}$

图 2-33　旋转速度的两种表示

可是，另一方面，方法 2 中，如图 2-33a 所示，${}^{A}\boldsymbol{\omega}_{B}$ 可解释为绕任意直角坐标系中 X、Y、Z 轴旋转速度的合成；对应地，方法 1 的${}^{A}\boldsymbol{\varphi}_{B}$，如图 2-33b 所示，表示为与当前${}^{A}\boldsymbol{\varphi}_{B}$ 值相关的正交坐标系绕各轴旋转速度的合成。若${}^{A}\boldsymbol{\varphi}_{B}$ 取欧拉角时，${}^{A}\boldsymbol{\varphi}_{B}$ 与${}^{A}\boldsymbol{\omega}_{B}$ 之间有以下关系

$$
{}^{A}\boldsymbol{\omega}_{B}=\begin{pmatrix}0 & -\sin\varphi & \cos\varphi\sin\theta\\ 0 & \cos\varphi & \sin\varphi\sin\theta\\ 1 & 0 & \cos\theta\end{pmatrix}{}^{A}\dot{\boldsymbol{\varphi}}_{B} \tag{2-77}
$$

注意到：存在可以用${}^{A}\boldsymbol{\omega}_{B}$ 表示而不能用${}^{A}\dot{\boldsymbol{\varphi}}_{B}$ 表示的位形变化速度的方向，按${}^{A}\boldsymbol{\varphi}_{B}$ 表示的位形称为奇异位形。

2.5.2 雅可比矩阵的定义

一般情况下，k 维关节变量矢量 $\boldsymbol{\xi}=(\xi_1,\xi_2,\cdots,\xi_k)^{\mathrm{T}}$，与 l 维关节变量矢量 $\boldsymbol{\eta}=(\eta_1,\eta_2,\cdots,\eta_l)^{\mathrm{T}}$ 之间，存在下述关系

$$\boldsymbol{\eta}_j=f_j(\xi_1,\xi_2,\cdots,\xi_k)\quad(j=1,2,\cdots,l)\tag{2-78}$$

这时矩阵 $\boldsymbol{J}_{\boldsymbol{\eta}}(\boldsymbol{\xi})$ 就称为 $\boldsymbol{\eta}$ 关于 $\boldsymbol{\xi}$ 的雅可比矩阵。

$$\boldsymbol{J}_{\boldsymbol{\eta}}(\boldsymbol{\xi})=\begin{pmatrix}\dfrac{\partial\eta_1}{\partial\xi_1} & \dfrac{\partial\eta_1}{\partial\xi_2} & \cdots & \dfrac{\partial\eta_1}{\partial\xi_k}\\ \dfrac{\partial\eta_2}{\partial\xi_1} & \dfrac{\partial\eta_2}{\partial\xi_2} & \cdots & \dfrac{\partial\eta_2}{\partial\xi_k}\\ \vdots & \vdots & & \vdots\\ \dfrac{\partial\eta_l}{\partial\xi_1} & \dfrac{\partial\eta_l}{\partial\xi_2} & \cdots & \dfrac{\partial\eta_l}{\partial\xi_k}\end{pmatrix}\xlongequal{\Delta}\frac{\partial\boldsymbol{\eta}}{\partial\boldsymbol{\xi}^{\mathrm{T}}}\tag{2-79}$$

于是，就有

$$\dot{\boldsymbol{\eta}}=\boldsymbol{J}_{\boldsymbol{\eta}}(\boldsymbol{\xi})\boldsymbol{\xi}\tag{2-80}$$

为了便于理解，雅可比矩阵是这样的一个微分系数概念向矢量变量的一种推广。若使用这个雅可比矩阵的话，机器人的指尖与关节速度的关系可以很简洁地表达出来。即对式（2-24）取微分，有

$$\dot{\boldsymbol{r}}=\boldsymbol{J}_r(\boldsymbol{q})\dot{\boldsymbol{q}}\tag{2-81}$$

式中，$\boldsymbol{J}_r(\boldsymbol{q})$ 由

$$\boldsymbol{J}_r(\boldsymbol{q})=\frac{\partial\boldsymbol{r}}{\partial\boldsymbol{q}^{\mathrm{T}}}\tag{2-82}$$

给定，它是 $\boldsymbol{r}$ 关于 $\boldsymbol{q}$ 的雅可比矩阵，为了简化，下面把 $\boldsymbol{J}_r(\boldsymbol{q})$ 写为 $\boldsymbol{J}_r$。

【例 2-16】 图 2-34 所示是一在平面内运动的 3 自由度机器人，求当 $\boldsymbol{r}=(x,y,a)^{\mathrm{T}}$ 时的雅可比矩阵 $\boldsymbol{J}_r(3\times3)$。

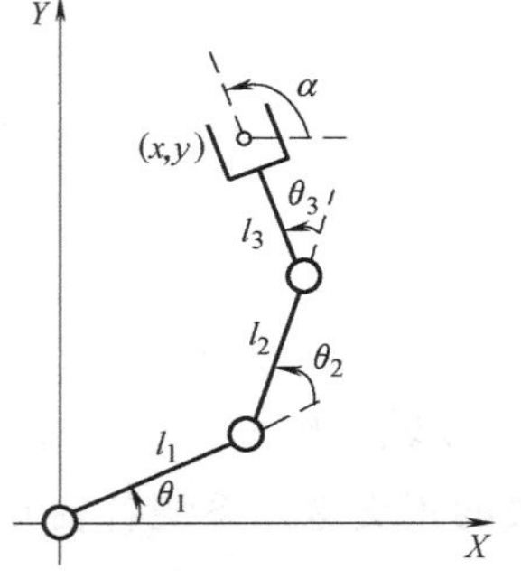

图 2-34 平面 3 自由度机器人

首先求得机器人机构的正运动学方程为

$$x=l_1\cos\theta_1+l_2\cos(\theta_1+\theta_2)+l_3\cos(\theta_1+\theta_2+\theta_3)$$

$$y=l_1\sin\theta_1+l_2\sin(\theta_1+\theta_2)+l_3\sin(\theta_1+\theta_2+\theta_3)$$

$$\alpha=\theta_1+\theta_2+\theta_3$$

于是

$$\dot{x}=-(l_1\sin\theta_1+l_2\sin(\theta_1+\theta_2)+l_3\sin(\theta_1+\theta_2+\theta_3))\dot{\theta}_1-(l_2\sin(\theta_1+\theta_2)+l_3\sin(\theta_1+\theta_2+\theta_3))\dot{\theta}_2-l_3\sin(\theta_1+\theta_2+\theta_3)\dot{\theta}_3$$

$$\dot{y}=(l_1\cos\theta_1+l_2\cos(\theta_1+\theta_2)+l_3\cos(\theta_1+\theta_2+\theta_3))\dot{\theta}_1+(l_2\cos(\theta_1+\theta_2)+l_3\cos(\theta_1+\theta_2+\theta_3))\dot{\theta}_2+l_3\cos(\theta_1+\theta_2+\theta_3)\dot{\theta}_3$$

$$\dot{\alpha}=\dot{\theta}_1+\dot{\theta}_2+\dot{\theta}_3$$

因此，得

$$J_r=\begin{pmatrix}-(l_1\sin\theta_1+l_2\sin(\theta_1+\theta_2)+l_3\sin(\theta_1+\theta_2+\theta_3)) & -(l_2\sin(\theta_1+\theta_2)+l_3\sin(\theta_1+\theta_2+\theta_3)) & -l_3\sin(\theta_1+\theta_2+\theta_3)\\ l_1\cos\theta_1+l_2\cos(\theta_1+\theta_2)+l_3\cos(\theta_1+\theta_2+\theta_3) & l_2\cos(\theta_1+\theta_2)+l_3\cos(\theta_1+\theta_2+\theta_3) & l_3\cos(\theta_1+\theta_2+\theta_3)\\ 1 & 1 & 1\end{pmatrix}$$

如果手指末端姿态的变化用方法1表示时，式（2-14）的矢量 $\boldsymbol{r}$ 取为

$$\boldsymbol{r}=\begin{pmatrix}{}^R\boldsymbol{p}_E\\ {}^R\boldsymbol{\varphi}_E\end{pmatrix}\tag{2-83}$$

考虑式（2-81）给出的指尖速度与关节速度的关系。于是，${}^R\boldsymbol{p}_E$ 及 ${}^R\boldsymbol{\varphi}_E$ 分别描述 Σ_E 是相对于 Σ_R 的位置及姿态的三维矢量。

${}^A\boldsymbol{\omega}_B$ 作为末端坐标系的角速度时，有

$$\boldsymbol{v}=\begin{pmatrix}{}^R\dot{\boldsymbol{p}}_E\\ {}^R\boldsymbol{\omega}_E\end{pmatrix}\tag{2-84}$$

式（2-84）定义了末端的速度矢量，这时，一旦确定了雅可比矩阵与关节速度 $\boldsymbol{q}$，则有

$$\boldsymbol{v}=\boldsymbol{J}_v(\boldsymbol{q})\dot{\boldsymbol{q}}\tag{2-85}$$

由于 ${}^A\boldsymbol{\omega}_B$ 的积分值没有明确的含义，系数矩阵 $\boldsymbol{J}_v(q)$ 就不是式（2-79）给定的形式，而类似于式（2-81）的形式，$\boldsymbol{J}_v(q)$ 也称为雅可比矩阵，以下把 $\boldsymbol{J}_v(q)$ 写为 $\boldsymbol{J}_v$。

当 ${}^R\boldsymbol{\varphi}_E$ 取欧拉角，且 $\sin\theta\neq0$ 时，由式（2-77）知 $\boldsymbol{J}_r$ 与 $\boldsymbol{J}_v$ 的关系为

$$\boldsymbol{J}_v=\left(\begin{array}{ccc|ccc}1&0&0&0&0&0\\0&1&0&0&0&0\\0&0&1&0&0&0\\ \hline 0&0&0&0&\sin\varphi&\cos\varphi\sin\theta\\0&0&0&0&\cos\varphi&\sin\varphi\sin\theta\\0&0&0&1&0&\cos\theta\end{array}\right)\boldsymbol{J}_r\tag{2-86}$$

当指尖具有2或3个旋转自由度时，一般 $\boldsymbol{J}_r$ 与 $\boldsymbol{J}_v$ 不同。可是，在自由度少的机器人机构中，仅考虑手指末端位置的场合及手指的旋转轴的方向不变时，两者实际上就是相同的矩阵。

例如，在例2-16中，考虑轴的方向，设 $\boldsymbol{r}=(x,y,0,0,0,\alpha)^{\mathrm{T}}$，于是，速度为

$$\dot{\boldsymbol{r}}=(\dot{x},\dot{y},0,0,0,\dot{\alpha})^{\mathrm{T}}$$

可以看出，$\boldsymbol{J}_r$ 是 $\boldsymbol{J}_v$ 增加零元素而得到的6×3矩阵。

2.5.3 机器人机构各连杆间的速度关系

首先，这里给出今后经常使用的一个重要的关系。考虑两个坐标系 Σ_A、Σ_B，Σ_B 对应于 Σ_A 的角速度用 ${}^A\boldsymbol{\omega}_B$ 表示。这时，考虑 Σ_B 的任意矢量 ${}^B\boldsymbol{P}$ 在 Σ_A 中的表示形式，即 ${}^A\boldsymbol{R}_B{}^B\boldsymbol{P}$，对其按时间取微分，可得

$$\frac{\mathrm{d}}{\mathrm{d}t}({}^{A}\boldsymbol{R}_{B}{}^{B}\boldsymbol{P})={}^{A}\boldsymbol{R}_{B}\frac{\mathrm{d}}{\mathrm{d}t}({}^{B}\boldsymbol{P})\frac{\mathrm{d}}{\mathrm{d}t}({}^{A}\boldsymbol{R}_{B}){}^{B}\boldsymbol{P} \tag{2-87}$$

这里，若设${}^{A}\boldsymbol{R}_{B}=({}^{A}\boldsymbol{x}_{B},{}^{A}\boldsymbol{y}_{B},{}^{A}\boldsymbol{z}_{B})^{\mathrm{T}}$，${}^{B}\boldsymbol{P}=({}^{B}\boldsymbol{p}_{x},{}^{B}\boldsymbol{p}_{y},{}^{B}\boldsymbol{p}_{z})^{\mathrm{T}}$，则

$$\begin{aligned}\frac{\mathrm{d}}{\mathrm{d}t}({}^{A}\boldsymbol{R}_{B}{}^{B}\boldsymbol{P})&=\frac{\mathrm{d}}{\mathrm{d}t}({}^{A}\boldsymbol{x}_{B}){}^{B}\boldsymbol{p}_{x}+\frac{\mathrm{d}}{\mathrm{d}t}({}^{A}\boldsymbol{y}_{B}){}^{B}\boldsymbol{p}_{y}+\frac{\mathrm{d}}{\mathrm{d}t}({}^{A}\boldsymbol{z}_{B}){}^{B}\boldsymbol{p}_{z}\\&={}^{A}\boldsymbol{\omega}_{B}\times{}^{A}\boldsymbol{x}_{B}{}^{B}\boldsymbol{p}_{x}+{}^{A}\boldsymbol{\omega}_{B}\times{}^{A}\boldsymbol{y}_{B}{}^{B}\boldsymbol{p}_{y}+{}^{A}\boldsymbol{\omega}_{B}\times{}^{A}\boldsymbol{z}_{B}{}^{B}\boldsymbol{p}_{z}\\&={}^{A}\boldsymbol{\omega}_{B}\times({}^{A}\boldsymbol{x}_{B}{}^{B}\boldsymbol{p}_{x}+{}^{A}\boldsymbol{y}_{B}{}^{B}\boldsymbol{p}_{y}+{}^{A}\boldsymbol{z}_{B}{}^{B}\boldsymbol{p}_{z})\\&={}^{A}\boldsymbol{\omega}_{B}\times({}^{A}\boldsymbol{R}_{B}{}^{B}\boldsymbol{P})\end{aligned} \tag{2-88}$$

式中，×表示矢量的叉积，对于任意的矢量${}^{A}\boldsymbol{a}=(a_x,a_y,a_z)^{\mathrm{T}}$，${}^{A}\boldsymbol{b}=(b_x,b_y,b_z)^{\mathrm{T}}$，定义叉积为

$${}^{A}\boldsymbol{a}\times{}^{A}\boldsymbol{b}={}^{A}\boldsymbol{c} \tag{2-89}$$

式中

$${}^{A}\boldsymbol{c}=\begin{pmatrix}a_y b_z-a_z b_y\\a_z b_x-a_x b_z\\a_x b_y-a_y b_x\end{pmatrix} \tag{2-90}$$

由式（2-87）、式（2-88）得

$$\frac{\mathrm{d}}{\mathrm{d}t}({}^{A}\boldsymbol{R}_{B}{}^{B}\boldsymbol{P})={}^{A}\boldsymbol{R}_{B}\frac{\mathrm{d}}{\mathrm{d}t}({}^{B}\boldsymbol{P})+{}^{A}\boldsymbol{\omega}_{B}\times({}^{A}\boldsymbol{R}_{B}{}^{B}\boldsymbol{P}) \tag{2-91}$$

式（2-91）在推导连杆的速度及加速度关系时要经常用到。

接着，考虑三个坐标系 Σ_A、Σ_B、Σ_C 间的相对移动速度。如图 2-35 所示，以 Σ_A 作为基准，在 Σ_A 中，设从 O_A 到 O_B 的矢量为${}^{A}\boldsymbol{p}_{B}$，从 O_A 到 O_C 的矢量为${}^{A}\boldsymbol{p}_{C}$。而 Σ_B 中，从 O_B 到 O_C 的矢量为${}^{B}\boldsymbol{p}_{C}$。速度用同样的方式表示，从 Σ_A 看到的 Σ_B，Σ_C 的旋转速度为${}^{A}\boldsymbol{\omega}_{B}$、${}^{A}\boldsymbol{\omega}_{C}$，从 Σ_B 看到的 Σ_C 的旋转速度为${}^{B}\boldsymbol{\omega}_{C}$。这时，下列关系成立

$${}^{A}\boldsymbol{p}_{C}={}^{A}\boldsymbol{p}_{B}+{}^{A}\boldsymbol{R}_{B}{}^{B}\boldsymbol{p}_{C} \tag{2-92}$$

$${}^{A}\boldsymbol{\omega}_{C}={}^{A}\boldsymbol{\omega}_{B}+{}^{A}\boldsymbol{R}_{B}{}^{B}\boldsymbol{\omega}_{C} \tag{2-93}$$

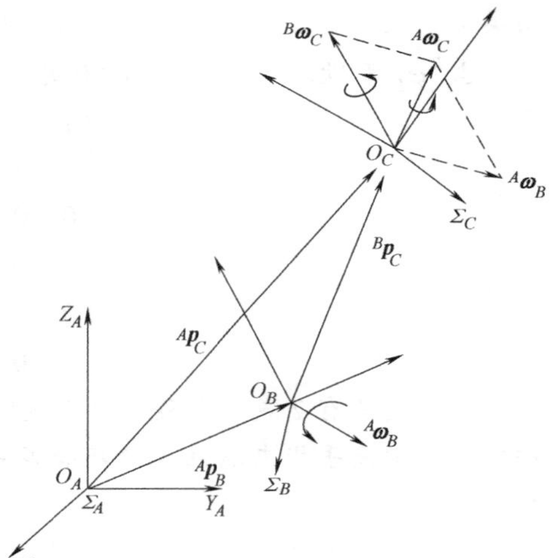

图 2-35　坐标系间的移动速度

式（2-92）对时间取微分，结合式（2-91），得

$$\begin{aligned}{}^{A}\dot{\boldsymbol{p}}_{C}&={}^{A}\dot{\boldsymbol{p}}_{B}+\frac{\mathrm{d}}{\mathrm{d}t}({}^{A}\boldsymbol{R}_{B}{}^{B}\boldsymbol{p}_{C})\\&={}^{A}\dot{\boldsymbol{p}}_{B}+{}^{A}\boldsymbol{R}_{B}\frac{\mathrm{d}}{\mathrm{d}t}({}^{B}\boldsymbol{p}_{C})^{-1}\boldsymbol{\omega}_{B}\times({}^{A}\boldsymbol{R}_{B}{}^{B}\boldsymbol{p}_{C})\end{aligned} \tag{2-94}$$

因此，式（2-93）及式（2-94）给出了从 Σ_A 看到的 Σ_B、Σ_C 的回转速度及移动速度的关系式。

基于以上分析，可以求出 n 自由度机构连杆速度间的关系。上述的三个坐标系 Σ_A、Σ_B、Σ_C 之间，若考虑这样的对应关系即 $\Sigma_A\leftrightarrow\Sigma_0$，$\Sigma_B\leftrightarrow\Sigma_{i-1}$，$\Sigma_C\leftrightarrow\Sigma_i$，各连杆坐标系的速度按下列方法得到。

1）关节 i 为旋转关节时，关节 i 的旋转角度 θ_i 成为 q_i，${}^{i-1}\hat{\boldsymbol{p}}_i$ 为常矢量。且从 $\boldsymbol{\Sigma}_{i-1}$ 看到的旋转速度 ${}^{i-1}\boldsymbol{\omega}_{i,i-1}$ 在 Z_i 方向的大小是 $\dot{\boldsymbol{q}}_i$ 矢量，所以 ${}^{i-1}\boldsymbol{\omega}_{i,i-1}={}^{i-1}\boldsymbol{R}_i(0,0,1)^{\mathrm{T}}$。

于是，根据式（2-93）、式（2-94）得

$$ {}^{0}\boldsymbol{\omega}_i={}^{0}\boldsymbol{\omega}_{i-1}+{}^{0}\boldsymbol{R}_i\boldsymbol{e}_z\dot{\boldsymbol{q}}_i \tag{2-95} $$

$$ {}^{0}\dot{\boldsymbol{p}}_i={}^{0}\dot{\boldsymbol{p}}_{i-1}+{}^{0}\boldsymbol{\omega}_{i-1}\times({}^{0}\boldsymbol{R}_{i-1}{}^{i-1}\hat{\boldsymbol{p}}_i) \tag{2-96} $$

式中

$$ \boldsymbol{e}_z=(0,0,1)^{\mathrm{T}} \tag{2-97} $$

2）关节 i 为平动关节时，由

$$ \boldsymbol{q}_i=\boldsymbol{d}_i,\quad \frac{\mathrm{d}}{\mathrm{d}t}{}^{i-1}\hat{\boldsymbol{p}}_i={}^{i-1}\boldsymbol{R}_i\boldsymbol{e}_z\dot{\boldsymbol{q}}_i,\quad {}^{i-1}\boldsymbol{\omega}_{i,i-1}=\boldsymbol{0} $$

得

$$ {}^{0}\boldsymbol{\omega}_i={}^{0}\boldsymbol{\omega}_{i-1} \tag{2-98} $$

$$ {}^{0}\dot{\boldsymbol{p}}_i={}^{0}\dot{\boldsymbol{p}}_{i-1}+{}^{0}\boldsymbol{R}_i\boldsymbol{e}_z\dot{\boldsymbol{q}}_i+{}^{0}\boldsymbol{\omega}_{i-1}\times({}^{0}\boldsymbol{R}_{i-1}{}^{i-1}\hat{\boldsymbol{p}}_i) \tag{2-99} $$

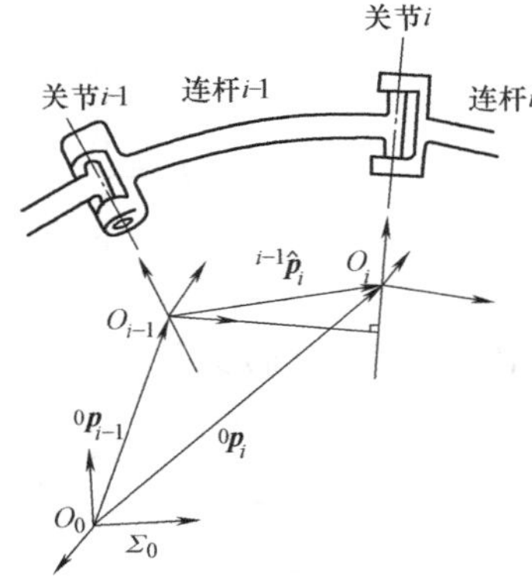

图 2-36　矢量 ${}^{0}\boldsymbol{p}_i$ 与 ${}^{i-1}\hat{\boldsymbol{T}}_i$

2.5.4　雅可比矩阵 J_v 的一般表达式

接着，我们用上述结果求出雅可比矩阵 $\boldsymbol{J}_v$ 的一般形式。首先，关于末端速度，考虑这样的变换关系 $\Sigma_A\leftrightarrow\Sigma_0$，$\Sigma_B\leftrightarrow\Sigma_n$，$\Sigma_C\leftrightarrow\Sigma_E$，其中 Σ_n 与 Σ_E 都固定在第 n 个连杆上，因此，它们的关系一定，所以

$$ {}^{0}\boldsymbol{\omega}_E={}^{0}\boldsymbol{\omega}_n \tag{2-100} $$

$$ {}^{0}\dot{\boldsymbol{p}}_E={}^{0}\dot{\boldsymbol{p}}_n+{}^{0}\boldsymbol{\omega}_n\times({}^{0}\boldsymbol{R}_n{}^{n}\hat{\boldsymbol{p}}_E) \tag{2-101} $$

根据式（2-95）~式（2-101）及 ${}^{0}\boldsymbol{\omega}_0={}^{0}\dot{\boldsymbol{p}}_n=\boldsymbol{0}$ 就可以把 ${}^{0}\boldsymbol{\omega}_E$，${}^{0}\dot{\boldsymbol{p}}_E$ 表达成 $\dot{p}_1$，$\dot{p}_2$，…，$\dot{p}_n$ 的线性关系，把这些加以归纳，就得到 $\boldsymbol{J}_v$。

如果是 n 个关节都为旋转关节的场合，由式（2-95）、式（2-96），有

$$ {}^{0}\boldsymbol{\omega}_E=\sum_{i=1}^{n}\boldsymbol{R}_i\boldsymbol{e}_z\dot{\boldsymbol{q}}_i \tag{2-102} $$

$$ {}^{0}\dot{\boldsymbol{p}}_E=\sum_{j=1}^{n}\left[({}^{0}\boldsymbol{R}_j\boldsymbol{e}_z\dot{\boldsymbol{q}}_j)\times\sum_{i=j}^{n}{}^{0}\boldsymbol{R}_i{}^{i}\hat{\boldsymbol{p}}_{i+1}\right] \tag{2-103} $$

式中，${}^{n}\hat{\boldsymbol{p}}_{n+1}={}^{n}\hat{\boldsymbol{p}}_E$。因此，设

$$ {}^{0}z_i\overset{\Delta}{=}{}^{0}\boldsymbol{R}_i\boldsymbol{e}_z \tag{2-104} $$

$$ {}^{0}\boldsymbol{p}_E\overset{\Delta}{=}\sum_{i=j}^{n}\boldsymbol{R}_i{}^{i}\hat{\boldsymbol{p}}_{i+1}={}^{0}\boldsymbol{p}_{Ej+1}+{}^{0}\boldsymbol{R}_j{}^{j}\hat{\boldsymbol{p}}_{i+1} \tag{2-105} $$

最后，得

$$ \boldsymbol{J}_v=\begin{pmatrix}{}^{0}z_1\times{}^{0}\boldsymbol{p}_{E1} & {}^{0}z_2\times{}^{0}\boldsymbol{p}_{E2}\times\cdots\times{}^{0}z_n\times{}^{0}\boldsymbol{p}_{En}\\ {}^{0}z_1 & {}^{0}z_2\cdots{}^{0}z_n\end{pmatrix} \tag{2-106} $$

在图 2-37 中，${}^{0}\boldsymbol{p}_{Ei}$ 为从第 i 个关节轴上的 1 个点到手指末端的矢量。所以，$\boldsymbol{J}_v$ 的第 i 列矢量为由第 i 个关节的速度所导出的手指末端移动速度 $({}^{0}\boldsymbol{x}_i\times{}^{0}\boldsymbol{p}_{Ei})\dot{\boldsymbol{q}}_i$，手指末端旋转速度

为${}^0\boldsymbol{z}_i\boldsymbol{q}_i$。进一步地，当把旋转关节与移动关节排列在一起时，就有与上面类似的形式，即

$$\boldsymbol{J}_v=(\boldsymbol{J}_{v1},\boldsymbol{J}_{v2},\cdots,\boldsymbol{J}_{vn}) \tag{2-107}$$

$$\boldsymbol{J}_{vi}=\begin{cases}\begin{pmatrix}{}^0\boldsymbol{z}_i\times{}^0\boldsymbol{p}_{Ei}\\ {}^0\boldsymbol{z}_i\end{pmatrix} & R\\ \begin{pmatrix}{}^0\boldsymbol{z}_i\\ 0\end{pmatrix} & P\end{cases} \tag{2-108}$$

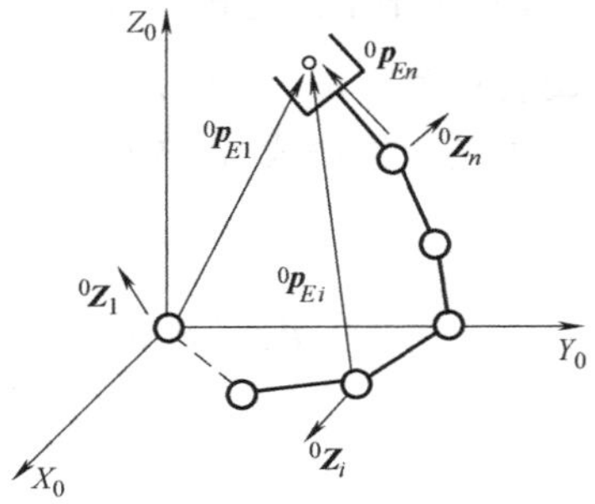

图 2-37　矢量${}^0\boldsymbol{z}_i$与${}^0\boldsymbol{p}_{Ei}$

式中，R 表示回转关节；P 表示移动关节。同时，有

$${}^0\boldsymbol{T}_i=\left(\begin{array}{ccc:c}{}^0\boldsymbol{x}_i & {}^0\boldsymbol{y}_i & {}^0\boldsymbol{z}_i & {}^0\boldsymbol{p}_i\\ \hdashline 0 & 0 & 0 & 1\end{array}\right)\quad(i=1,2,\cdots,n+1) \tag{2-109}$$

$${}^0\boldsymbol{p}_{Ei}={}^0\boldsymbol{p}_E-{}^0\boldsymbol{p}_i \tag{2-110}$$

所以，由${}^0\boldsymbol{T}_i(i=1,2,\cdots,n+1)$可以计算出 $\boldsymbol{J}_v$。

【例 2-17】 对应于图 2-23 所示的 PUMA 机器人，求按图 2-25 所示设定的坐标系下的雅可比矩阵 $\boldsymbol{J}_v$。这里，直接利用例 2-11 中所求的${}^0\boldsymbol{T}_i$ 和例 2-12 中的${}^n\boldsymbol{T}_E$ 及式（2-106）计算得到 $\boldsymbol{J}_v$。其中，$\boldsymbol{J}_v$ 的第 1~3 行用$\dfrac{\partial({}^0\boldsymbol{p}_E)}{\partial\boldsymbol{q}^{\mathrm{T}}}$求解，$\boldsymbol{J}_v$ 的第 4~6 行用${}^0\boldsymbol{z}_i$ 求解。

$$\boldsymbol{J}_{v1}=\begin{pmatrix}-p_y-R_{23}l_g\\ p_x+R_{13}l_g\\ 0\\ 0\\ 0\\ 1\end{pmatrix}$$

$$\boldsymbol{J}_{v2}=\begin{pmatrix}\cos\theta_1p_z+\cos\theta_1R_{33}l_g\\ \sin\theta_1p_z+\sin\theta_1R_{33}l_g\\ -l_c\cos\theta_2-l_c\cos(\theta_2+\theta_3)+l_f\sin(\theta_2+\theta_3)+[\cos(\theta_2+\theta_3)\cos\theta_4\sin\theta_5+\sin(\theta_2+\theta_3)\cos\theta_5]l_g\\ -\sin\theta_1\\ \cos\theta_1\\ 0\end{pmatrix}$$

$$\boldsymbol{J}_{v3}=\begin{pmatrix}-\cos\theta_1[l_e\sin(\theta_2+\theta_3)+l_f\cos(\theta_2+\theta_3)]+\cos\theta_1R_{33}l_g\\ -\sin\theta_1[l_e\sin(\theta_2+\theta_3)+l_f\cos(\theta_2+\theta_3)]+\sin\theta_1R_{33}l_g\\ -l_e\cos(\theta_2+\theta_3)+l_f\cos(\theta_2+\theta_3)+[\cos(\theta_2+\theta_3)\cos\theta_4\sin\theta_5+\sin(\theta_2+\theta_3)\cos\theta_5]l_g\\ -\sin\theta_1\\ \cos\theta_1\\ 0\end{pmatrix}$$

$$J_{v4}=\begin{pmatrix}[\cos\theta_1\cos(\theta_2+\theta_3)\sin\theta_4\sin\theta_5-\sin\theta_1\cos\theta_4\sin\theta_5]l_g\\ [\sin\theta_1\cos(\theta_2+\theta_3)\sin\theta_4\sin\theta_5-\cos\theta_1\cos\theta_4\sin\theta_5]l_g\\ -\sin(\theta_2+\theta_3)\sin\theta_4\sin\theta_5 l_g\\ -\cos\theta_1\sin(\theta_2+\theta_3)\\ -\sin\theta_1\sin(\theta_2+\theta_3)\\ -\cos(\theta_2+\theta_3)\end{pmatrix}$$

$$J_{v5}=\begin{pmatrix}-[\cos\theta_1(\cos(\theta_2+\theta_3)\cos\theta_4\cos\theta_5-\sin(\theta_2+\theta_3)\sin\theta_5)+\sin\theta_1\sin\theta_4\cos\theta_5]l_g\\ -[\sin\theta_1(\cos(\theta_2+\theta_3)\cos\theta_4\cos\theta_5-\sin(\theta_2+\theta_3)\sin\theta_5)+\cos\theta_1\sin\theta_4\cos\theta_5]l_g\\ [\sin(\theta_2+\theta_3)\cos\theta_4\cos\theta_5+\cos(\theta_2+\theta_3)\sin\theta_5]l_g\\ \cos\theta_1\cos(\theta_2+\theta_3)\sin\theta_4-\sin\theta_1\cos\theta_4\\ \sin\theta_1\cos(\theta_2+\theta_3)\sin\theta_4+\cos\theta_1\cos\theta_4\\ \sin\theta_1\cos(\theta_2+\theta_3)\sin\theta_4+\cos\theta_1\cos\theta_4\\ -\sin(\theta_2+\theta_3)\sin\theta_4\end{pmatrix}$$

$$J_{v6}=\begin{pmatrix}0\\0\\0\\R_{13}\\R_{23}\\R_{33}\end{pmatrix}$$

2.5.5 实现给定机器人末端速度的关节速度

到现在为止，介绍了当关节位移 $\boldsymbol{q}$ 给定时求机器人末端位置矢量 $\boldsymbol{r}$ 的方法，从 $\boldsymbol{r}$ 求 $\boldsymbol{q}$ 的方法，以及若给定关节速度 $\dot{\boldsymbol{q}}$，求手指尖速度 $\boldsymbol{v}$ 的方法。本节中，讨论当手指末端速度 $\boldsymbol{v}$ 或 $\dot{\boldsymbol{r}}$ 给定时，考虑为实现这个手指末端速度的关节速度 $\dot{\boldsymbol{q}}$ 的求解问题，这就是所谓逆运动学问题，也称为广义逆运动学问题。

首先假定 $n=6$，$\boldsymbol{J}_v$ 可逆，由式（2-85）得

$$\dot{\boldsymbol{q}}=\boldsymbol{J}_v^{-1}\boldsymbol{v} \tag{2-111}$$

原则上，可以直接计算雅可比矩阵的逆。实际上，在计算 $\dot{\boldsymbol{q}}$ 时，可以首先计算 $\boldsymbol{J}_v$ 的逆矩阵，然后用式（2-111）求出 $\dot{\boldsymbol{q}}$；也可以用直接消去法求解式（2-85）所示的代数方程。后一种方法具有计算量小的优点。

如果逆运动学问题的解按照例 2-14 中以解析形式给定时，采用其微分式计算 $\dot{\boldsymbol{q}}$ 可以减少计算量。

另外，$n\geqslant7$，$\mathrm{rank}(\boldsymbol{J}_v)=6$ 时，利用 $\boldsymbol{J}_v$ 的广义逆矩阵，式（2-85）的一般解为

$$\dot{\boldsymbol{q}}=\boldsymbol{J}_v^{+}\boldsymbol{v}+(\boldsymbol{I}-\boldsymbol{J}_v^{+}\boldsymbol{J}_v)\boldsymbol{k} \tag{2-112}$$

式中，$\boldsymbol{k}$ 是 n 维任意常矢量，这意味着式（2-85）存在无限多个解，这仅对应于冗余机器人

的情况。关于这个冗余性，我们将在第 7 章中详述。

然后用 $\boldsymbol{J}_r$ 代替 $\boldsymbol{J}_v$ 也可以求得实现给定手指末端速度 $\dot{\boldsymbol{r}}$ 时的关节速度 $\dot{\boldsymbol{q}}$。例如，若 $\boldsymbol{J}_r$ 可逆，则

$$\dot{\boldsymbol{q}}=\boldsymbol{J}_r^{-1}\boldsymbol{r} \tag{2-113}$$

这里，当机器人机构处于由 2.5.1 节中所表示的奇异位形时，$\boldsymbol{J}_r$ 就不可逆，若采用对应于 $\dot{\boldsymbol{r}}$ 的 $\boldsymbol{v}$ 与式（2-111）计算的话，不可能得到 $\dot{\boldsymbol{q}}$，而用式（2-113）是绝对不能计算的。

2.5.6 奇异位形

在 1.1 节中，手臂机构具有 3 个自由度时，末端不能绕某一转轴的旋转，这样的位形称为奇异位形。这种状态不仅可以是末端姿态，也可能是末端位置。例如，图 2-38 所示的 2 自由度机器人手臂机构中，如果 $\theta_2=0°$（图 2-38 中 B）或 $\theta_2=180°$（图 2-38 中 C），无论怎样给定关节速度，手指末端的速度都不能指向坐标原点与手指末端的连线方向，所以这个方向不能使手指末端产生动作。

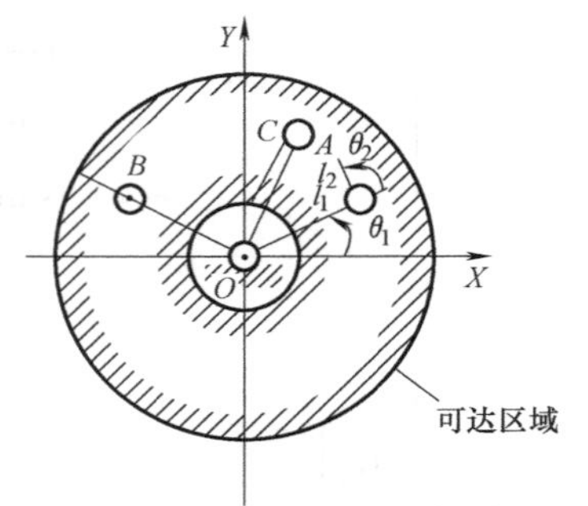

图 2-38　2 自由度机器人手臂的奇异位形

作为一般情形考虑，下面对应于一般有 n 个自由度的机器人机构，给定任意的关节速度（移动速度、旋转速度或它们的组合），都不能产生某一方向的末端速度的手臂位形就称为这个机器人机构的奇异位形。

这种奇异位形的概念，可以用雅可比矩阵按照下列的数学形式定义。首先，如果对应 n 个自由度机器人手臂的雅可比矩阵为 $\boldsymbol{J}_v$，设

$$n'=\max\ \mathrm{rank}(\boldsymbol{J}_v(\boldsymbol{q})) \tag{2-114}$$

这时，如果满足

$$\mathrm{rank}(\boldsymbol{J}_v(\boldsymbol{q}))<n' \tag{2-115}$$

的腕部位形 $\boldsymbol{q}=\boldsymbol{q}\boldsymbol{s}$ 存在，则把这个 $\boldsymbol{q}\boldsymbol{s}$ 定义为奇异位形。式（2-114）的含义是，对于所考察的手臂，除去例外的手臂位形后，在某 n'维空间内具有手指末端速度的能力。所以，在不考虑特殊机构的机器人时，由式（2-115）可知，机器人有奇异位形的充分必要条件为：$n>6$ 时，取 $n'=6$；$n\leqslant 6$ 时，取 $n'=n$。而当 $n'=n=6$ 时，由式（2-115）可知，奇异位形存在的条件为

$$\det(\boldsymbol{J}_v(\boldsymbol{q}))=0 \tag{2-116}$$

式中，det 是矩阵的行列式。所以，在奇异位形或接近奇异位形的地方，由式（2-111）或式（2-112）不能计算 $\dot{\boldsymbol{q}}$，并且可能产生过大的值，而不能产生所希望的指尖末端速度。

进一步地，用 $\boldsymbol{J}_r$ 代替 $\boldsymbol{J}_v$，也能够知道是否存在奇异位形。即设

$$n'=\max\ \mathrm{rank}(\boldsymbol{J}_r(\boldsymbol{q})) \tag{2-117}$$

奇异位形必须满足

$$\mathrm{rank}(\boldsymbol{J}_r(\boldsymbol{q}))<n' \tag{2-118}$$

其中，在满足式（2-118）的 $\boldsymbol{q}$ 中，也可能包含表达上的奇异位形，所以，必须确定真正的奇异位形。当 $n'=n<6$ 时，$\boldsymbol{J}_r$ 为方阵，由式（2-118），奇异位置存在一个必要条件

$$\det(\boldsymbol{J}_r(\boldsymbol{q}))=0 \tag{2-119}$$

【例 2-18】 图 2-38 所示的 2 自由度机器人手臂的奇异位形由图中的 B、C 给定，试用式 (2-119) 验证这个机器人手臂的奇异位形。

对于 $\boldsymbol{r}=[x,y]^{\mathrm{T}},\boldsymbol{q}=[\theta_1,\theta_2]^{\mathrm{T}}$，$\boldsymbol{J}_r$ 为

$$\boldsymbol{J}_r=\begin{pmatrix}-l_1\sin\theta_1-l_2\sin(\theta_1+\theta_2) & -l_2\sin(\theta_1+\theta_2)\\ l_1\cos\theta_1+l_2\cos(\theta_1+\theta_2) & l_2\cos(\theta_1+\theta_2)\end{pmatrix}$$

然后有

$$\det(\boldsymbol{J}_r(\boldsymbol{q}))=l_1l_2\sin\theta_2$$

这时，明显的奇异位形不存在，由式 (2-119)，可知 $\theta_2=0°$，$\theta_2=180°$是奇异位形。

在例 2-18 所涉及的 2 自由度机器人手臂中，指尖位置矢量可达的 XOY 平面的区域为图 2-38 所示的斜线部分，m 维末端位置矢量 $\boldsymbol{r}$ 在三维空间所达到的区域称为可达区域。上述的 2 自由度机器人手臂的奇异位形全部对应于可达区域的边界上。可是，如例 2-19，奇异位形不是只对应可达区域的边界上，而且也存在于可达区域内的某些一般位置，所以，在对机器人进行控制时要特别注意奇异位形的分布。

【例 2-19】 考虑图 2-23 所示的无偏置 PUMA 机器人，存在图 2-39a、b、c 所示的三种类型的奇异位形。图 2-39a 所示为肩关节奇异位形（手腕在臂的正上方），图 2-39b 所示为肘关节奇异位形（肘在一条直线上），图 2-39c 所示为手腕关节奇异位形（手腕在一条直线上）。考虑图 2-39b 对应于工作区域中边界上的点，图 2-39a、c 在工作区域内存在奇异位形。

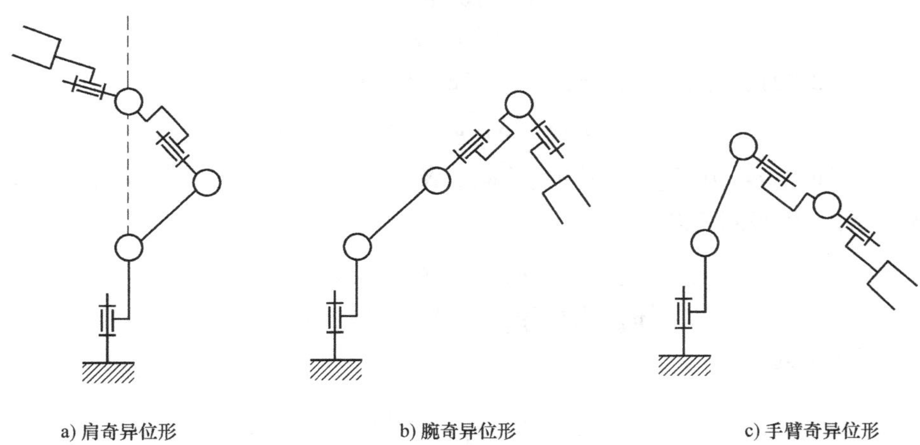

图 2-39 奇异位形

对于这样的奇异位形问题，从机构的角度应考虑怎样避免，尽量使机构的奇异位形处于不重要或不工作的区域。另外，对于机器人，可以通过设定关节角的限制来防止其达到奇异位形，也可增加自由度，利用具有冗余自由度的机器人手臂来避开奇异位形。

2.6 静力学与雅可比矩阵

2.6.1 不同直角坐标系中表示的等效力

如图 2-40 所示，假定在物体上固定两个坐标系 $\boldsymbol{\Sigma}_B$ 与 $\boldsymbol{\Sigma}_C$，当这个物体相对于 $\boldsymbol{\Sigma}_A$ 运动时，由式（2-93）、式（2-94），它们之间的速度关系为

$$ {}^A\boldsymbol{\omega}_C={}^A\boldsymbol{\omega}_B \tag{2-120}$$

$$ {}^A\dot{\boldsymbol{p}}_C={}^A\dot{\boldsymbol{p}}_B+{}^A\boldsymbol{\omega}_B\times({}^A\boldsymbol{R}_B{}^B\boldsymbol{p}_C) \tag{2-121}$$

将式（2-120）、式（2-121）合并成

$$\begin{pmatrix}{}^A\dot{\boldsymbol{p}}_C\\ {}^A\boldsymbol{\omega}_C\end{pmatrix}=\begin{pmatrix}\boldsymbol{I} & -[{}^A\boldsymbol{p}_C\times]\\ \boldsymbol{0} & \boldsymbol{I}\end{pmatrix}\begin{pmatrix}{}^A\dot{\boldsymbol{p}}_B\\ {}^A\boldsymbol{\omega}_B\end{pmatrix} \tag{2-122}$$

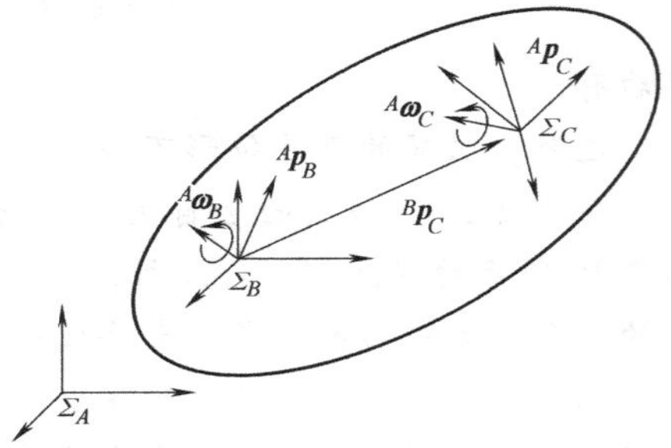

图 2-40 固定在物体上的坐标系$\boldsymbol{\Sigma}_B$ 与$\boldsymbol{\Sigma}_C$

式中，符号（·×）表示对于任意三维矢量 $\boldsymbol{a}=(a_x, a_y, a_z)$，存在下列表示

$$(\boldsymbol{a}\times)=\begin{pmatrix}0 & -a_z & a_y\\ a_z & 0 & -a_x\\ -a_y & a_x & 0\end{pmatrix} \tag{2-123}$$

对于任意两个三维矢量 $\boldsymbol{a}$、$\boldsymbol{b}$，有

$$(\boldsymbol{a}\times)\boldsymbol{b}=\boldsymbol{a}\times\boldsymbol{b} \tag{2-124}$$

$$(\boldsymbol{a}\times)^{\mathrm{T}}=-(\boldsymbol{a}\times) \tag{2-125}$$

再通过式（2-90），将 $\boldsymbol{\Sigma}_B$ 中的 $\boldsymbol{a}$、$\boldsymbol{b}$ 写成${}^B\boldsymbol{a}$、${}^B\boldsymbol{b}$，有

$$({}^A\boldsymbol{R}_B{}^B\boldsymbol{a})\times({}^A\boldsymbol{R}_B{}^B\boldsymbol{b})={}^A\boldsymbol{R}_B({}^B\boldsymbol{a}\times{}^B\boldsymbol{b}) \tag{2-125$'$}$$

进一步地，${}^A\dot{\boldsymbol{p}}_C$、${}^A\boldsymbol{\omega}_C$ 在 $\boldsymbol{\Sigma}_C$ 中用${}^C\dot{\boldsymbol{p}}_{CA}$、${}^C\boldsymbol{\omega}_{CA}$ 表示，类似地，可定义${}^B\dot{\boldsymbol{p}}_{BA}$、${}^B\boldsymbol{\omega}_{BA}$，利用旋转矩阵${}^A\boldsymbol{R}_B$、${}^A\boldsymbol{R}_C$，可得到关系

$${}^A\dot{\boldsymbol{p}}_C={}^A\boldsymbol{R}_C{}^C\dot{\boldsymbol{p}}_{CA},\quad {}^A\boldsymbol{\omega}_C={}^A\boldsymbol{R}_C{}^C\boldsymbol{\omega}_{CA}$$

$${}^A\dot{\boldsymbol{p}}_B={}^A\boldsymbol{R}_B{}^B\dot{\boldsymbol{p}}_{BA},\quad {}^A\boldsymbol{\omega}_B={}^A\boldsymbol{R}_B{}^B\boldsymbol{\omega}_{BA}$$

将上述两式写成下列形式

$$\begin{pmatrix}{}^A\dot{\boldsymbol{p}}_{CA}\\ {}^A\boldsymbol{\omega}_{CA}\end{pmatrix}=\boldsymbol{J}_{CB}\begin{pmatrix}{}^B\dot{\boldsymbol{p}}_{BA}\\ {}^B\boldsymbol{\omega}_{BA}\end{pmatrix} \tag{2-126}$$

式中

$$\boldsymbol{J}_{CB}=\begin{pmatrix}{}^C\boldsymbol{R}_B & -{}^C\boldsymbol{R}_B({}^B\dot{\boldsymbol{p}}_{CB}\times)\\ 0 & {}^C\boldsymbol{R}_B\end{pmatrix} \tag{2-127}$$

这就是对应于 $\boldsymbol{\Sigma}_A$、$\boldsymbol{\Sigma}_B$ 与 $\boldsymbol{\Sigma}_C$ 的速度之间的雅可比矩阵关系。为了便于理解，$\boldsymbol{J}_{CB}$ 若由 $\boldsymbol{\Sigma}_B$ 与 $\boldsymbol{\Sigma}_C$ 之间的位置关系${}^B\boldsymbol{T}_C$（即${}^B\boldsymbol{R}_C$、${}^B\boldsymbol{p}_{CB}$）给定的话，它就与 $\boldsymbol{\Sigma}_A$ 无关。

另一方面，作用在 $\boldsymbol{\Sigma}_B$ 的原点的力 ${}^A\boldsymbol{f}_B$ 与力矩 ${}^A\boldsymbol{n}_B$ 等效于作用在 $\boldsymbol{\Sigma}_C$ 的原点的力 ${}^A\boldsymbol{f}_C$ 与力矩 ${}^A\boldsymbol{n}_C$，它们之间应该满足

$$ {}^A\boldsymbol{f}_B={}^A\boldsymbol{f}_C \tag{2-128}$$

$$ {}^A\boldsymbol{n}_B={}^A\boldsymbol{n}_C+{}^A\boldsymbol{p}_{CB}\times{}^A\boldsymbol{f}_C \tag{2-129}$$

所以，与式（2-126）相似，写成矩阵形式为

$$\begin{pmatrix}{}^B\boldsymbol{f}_B\\{}^B\boldsymbol{n}_B\end{pmatrix}=\begin{pmatrix}{}^B\boldsymbol{R}_C & \boldsymbol{0}\\({}^B\boldsymbol{p}_{CB}\times){}^B\boldsymbol{R}_C & {}^B\boldsymbol{R}_C\end{pmatrix}\begin{pmatrix}{}^C\boldsymbol{f}_C\\{}^C\boldsymbol{n}_C\end{pmatrix} \tag{2-130}$$

进一步地，若用式（2-125），就得到

$$\begin{pmatrix}{}^B\boldsymbol{f}_B\\{}^B\boldsymbol{n}_B\end{pmatrix}=\boldsymbol{J}_{CB}\begin{pmatrix}{}^C\boldsymbol{f}_C\\{}^C\boldsymbol{n}_C\end{pmatrix} \tag{2-131}$$

由式（2-126）和式（2-131）可知，表示 $\boldsymbol{\Sigma}_B$ 与 $\boldsymbol{\Sigma}_C$ 之间速度关系的六维雅可比矩阵 $\boldsymbol{J}_{CB}$ 的转置，表示的就是 $\boldsymbol{\Sigma}_B$ 与 $\boldsymbol{\Sigma}_C$ 之间力和力矩的转换关系。

【例 2-20】 如图 2-41 所示，用机械手爪抓持一零件时，在零件的末端固定的工具坐标系 $\boldsymbol{\Sigma}_B$ 中所表示的作用在其上的力和力矩，可以通过安装在腕部的力传感器的坐标系 $\boldsymbol{\Sigma}_C$ 表示。$\boldsymbol{\Sigma}_C$ 中所表示的测量值由计算得到。这里，不考虑重力的影响，并假定手指静止，$\boldsymbol{\Sigma}_B$ 与 $\boldsymbol{\Sigma}_C$ 的关系已知。首先，求 ${}^B\boldsymbol{T}_C$，即

$${}^B\boldsymbol{T}_C=\left(\begin{array}{c:c}{}^B\boldsymbol{R}_C & {}^B\boldsymbol{p}_{CB}\\ \hdashline \boldsymbol{0} & 1\end{array}\right)$$

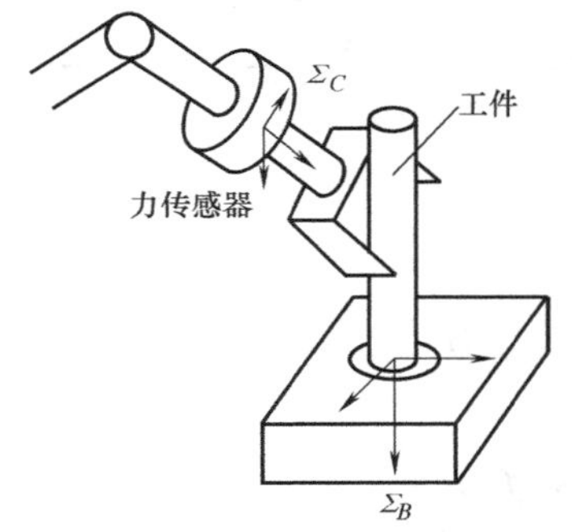

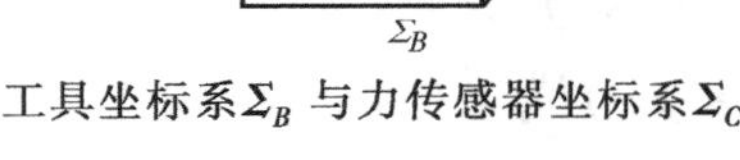
图 2-41　工具坐标系 $\boldsymbol{\Sigma}_B$ 与力传感器坐标系 $\boldsymbol{\Sigma}_C$

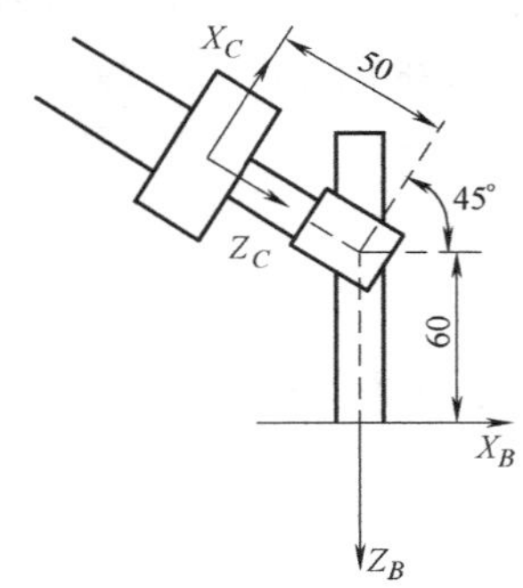

图 2-42　$\boldsymbol{\Sigma}_B$ 与 $\boldsymbol{\Sigma}_C$ 的关系（Y 轴垂直于纸面）

然后求 $\boldsymbol{J}_{CB}^{\mathrm{T}}$。这样，把力传感器的测量值 ${}^C\boldsymbol{f}_C$、${}^C\boldsymbol{n}_C$ 代入式（2-131）中，就可以确定施加在部件上的力 ${}^B\boldsymbol{f}_B$ 和力矩 ${}^B\boldsymbol{n}_B$。例如，若 $\boldsymbol{\Sigma}_B$ 与 $\boldsymbol{\Sigma}_C$ 的关系由图 2-42 给定，力传感器的测量值为 ${}^C\boldsymbol{f}_C=(30,-10,-50)^{\mathrm{T}}$（单位为 N），${}^C\boldsymbol{n}_C=(0.5,0.2,0)^{\mathrm{T}}$（单位为 N·m）时，有

$${}^B\boldsymbol{T}_C=\begin{pmatrix}\frac{1}{\sqrt{2}} & 0 & \frac{1}{\sqrt{2}} & -0.025\sqrt{2}\\ 0 & 1 & 0 & 0\\ -\frac{1}{\sqrt{2}} & 0 & \frac{1}{\sqrt{2}} & -0.025\sqrt{2}-0.06\\ 0 & 0 & 0 & 1\end{pmatrix}$$

然后，得

$$
\boldsymbol{J}_{CB}=\begin{pmatrix}
\frac{1}{\sqrt{2}} & 0 & \frac{1}{\sqrt{2}} & 0 & 0 & 0\\
0 & 1 & 0 & 0 & 0 & 0\\
-\frac{1}{\sqrt{2}} & 0 & \frac{1}{\sqrt{2}} & 0 & 0 & 0\\
0 & 0.025\sqrt{2}+0.006 & 0 & \frac{1}{\sqrt{2}} & 0 & \frac{1}{\sqrt{2}}\\
-0.05-0.03\sqrt{2} & 0 & -0.03\sqrt{2} & 0 & 1 & 0\\
0 & -0.025\sqrt{2} & 0 & -\frac{1}{\sqrt{2}} & 0 & \frac{1}{\sqrt{2}}
\end{pmatrix}
$$

从式（2-131）可求得

$$ {}^{B}\boldsymbol{f}_B=(-10\sqrt{2},-10,40\sqrt{2})^{\mathrm{T}} \quad (\text{单位为 N}) $$

$$ {}^{B}\boldsymbol{n}_B=(-0.6,-1.3+0.6\sqrt{2},0)^{\mathrm{T}} \quad (\text{单位为 N}\cdot\text{m}) $$

2.6.2 末端载荷与等效关节驱动力

下面讨论求与作用在手指坐标系 $\boldsymbol{\Sigma}_E$ 原点的力${}^0\boldsymbol{f}_E$、力矩${}^0\boldsymbol{n}_E$ 等效的关节驱动力 $\boldsymbol{\tau}=(\tau_1,\tau_2,\cdots,\tau_n)^{\mathrm{T}}$（$n$ 维）。其中，$\boldsymbol{\tau}_i$ 是在关节 i 处，施加在连杆 $i-1$ 与连杆 i 之间的驱动力，当关节为旋转关节时，$\boldsymbol{\tau}_i$ 为绕 Z_i 轴的力矩；当关节为平动关节时，$\boldsymbol{\tau}_i$ 为沿 Z_i 轴方向的力。

在式（2-128）、式（2-129）中，存在一一对应的关系：$\boldsymbol{\Sigma}_A\leftrightarrow\boldsymbol{\Sigma}_0$，$\boldsymbol{\Sigma}_B\leftrightarrow\boldsymbol{\Sigma}_i$，$\boldsymbol{\Sigma}_C\leftrightarrow\boldsymbol{\Sigma}_E$。于是就有

$$ {}^0\boldsymbol{f}_i={}^0\boldsymbol{f}_E \tag{2-132} $$

$$ {}^0\boldsymbol{n}_i={}^0\boldsymbol{n}_E+{}^0\boldsymbol{p}_{E,i}\times{}^0\boldsymbol{f}_E \tag{2-133} $$

所以，$\boldsymbol{\tau}_i$ 与${}^0\boldsymbol{f}_i$、${}^0\boldsymbol{n}_i$ 的关系是，当关节 i 为旋转关节时，有

$$
\begin{aligned}
\boldsymbol{\tau}_i &= {}^0\boldsymbol{z}_i^{\mathrm{T}}\,{}^0\boldsymbol{n}_i\\
&= {}^0\boldsymbol{z}_i^{\mathrm{T}}\,{}^0\boldsymbol{n}_E+{}^0\boldsymbol{z}_i^{\mathrm{T}}({}^0\boldsymbol{p}_{Ei}\times{}^0\boldsymbol{f}_E)\\
&= {}^0\boldsymbol{z}_i^{\mathrm{T}}\,{}^0\boldsymbol{n}_E+({}^0\boldsymbol{z}_i\times{}^0\boldsymbol{p}_{Ei})^{\mathrm{T}}\,{}^0\boldsymbol{f}_E
\end{aligned} \tag{2-134}
$$

而当关节 i 为移动关节时，有

$$ \boldsymbol{\tau}_i={}^0\boldsymbol{z}_i^{\mathrm{T}}\,{}^0\boldsymbol{f}_i={}^0\boldsymbol{z}_i^{\mathrm{T}}\,{}^0\boldsymbol{f}_E \tag{2-135} $$

因此，根据式（2-107）得

$$ \boldsymbol{\tau}=\boldsymbol{J}_v^{\mathrm{T}}\begin{pmatrix}{}^0\boldsymbol{f}_E\\ {}^0\boldsymbol{n}_E\end{pmatrix} \tag{2-136} $$

另外式（2-131）和式（2-136）也可用虚功原理得出。例如，考虑式（2-136），由式（2-85），对应于在 $\boldsymbol{\Sigma}_0$ 中表示的末端速度 $\boldsymbol{v}$ 的假想位移为 $\delta\boldsymbol{d}$，关节的假想位移 $\delta\boldsymbol{q}$，它们之间的关系为

$$ \delta\boldsymbol{d}=\boldsymbol{J}_v\delta\boldsymbol{q} \tag{2-137} $$

另一方面，根据虚功原理，有

$$(\delta \boldsymbol{q})^{\mathrm{T}} \boldsymbol{\tau}=(\delta \boldsymbol{d})^{\mathrm{T}} \boldsymbol{J}_{v}^{\mathrm{T}}\begin{pmatrix} {}^{0}\boldsymbol{f}_{E} \\ {}^{0}\boldsymbol{n}_{E} \end{pmatrix} \tag{2-138}$$

然后，得到

$$\boldsymbol{\tau}=\boldsymbol{J}_{v}^{\mathrm{T}}\begin{pmatrix} {}^{0}\boldsymbol{f}_{E} \\ {}^{0}\boldsymbol{n}_{E} \end{pmatrix} \tag{2-139}$$

2.7 本章作业

1. 如图2-43所示，如果把物体坐标系 $\boldsymbol{\Sigma}_B$ 固定在四面体上，在以坐标系 $\boldsymbol{\Sigma}_A$ 为基准坐标系中表示当这个物体处于图2-44所示状态时的物体的位置和姿态，这里姿态可以用旋转矩阵表示。

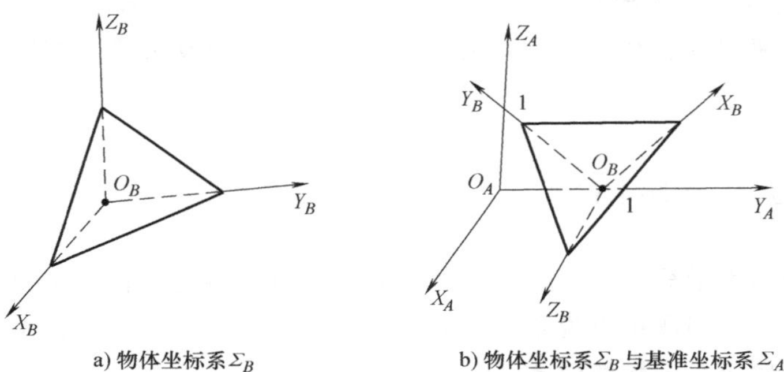

a) 物体坐标系 Σ_B　　b) 物体坐标系 Σ_B 与基准坐标系 Σ_A

图2-43　物体坐标系

2. 当图2-43所示运动到图2-44所示位置时，用欧拉角表示其姿态。并说明在什么情况下用欧拉角表示存在无穷多个姿态。

3. 确定图1-12所示SCARA机器人的连杆坐标系，求出矩阵 ${}^{0}\boldsymbol{T}_4$。

4. 在图2-20所示的斯坦福机器人机构中，按照图2-45所示的指尖坐标系，求雅可比矩阵 $\boldsymbol{J}_v$。

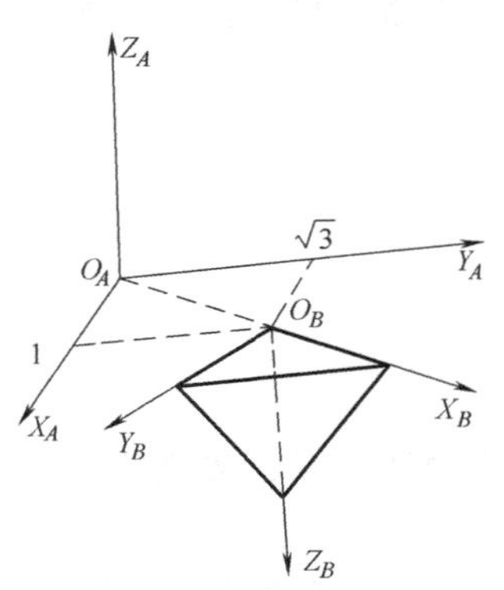

图2-44　表达物体的位置和姿态

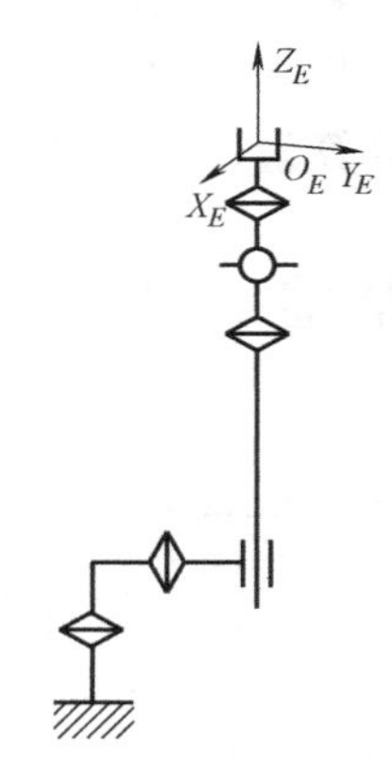

图2-45　指尖坐标系（可认为 Z_A 与 Z_B 平行）

第3章

机器人机构动力学

本章介绍机器人动力学的基本知识。在简要介绍动力学基础知识后，介绍按照拉格朗日法和牛顿-欧拉法建立机器人机构动力学方程的方法，并比较两者的差异。同时也涉及所对应的动力学方程的使用方法和所需计算量分析。最后，介绍动力学方程中有关动力学参数的识别方法。

3.1 动力学分析方法概述

机器人机构的动力学分析对于机器人的控制、仿真、性能评价很重要。机器人一般是开环连杆机构，动力学的问题可以说是非常复杂。另一方面，在这样的机构中，机器人的动力学方程应该具有比较容易理解的形式。

大家都知道，拉格朗日法是机构动力学方程的一般推导方法。在该方法中，推导过程利用了力学中的拉格朗日函数，虽然难以从直观上理解该方法的导出过程，但是这个思路的物理意义是很容易理解的。而且使用该方法可以得到简洁的动力学方程，适用于各种力学问题的参数影响分析。因此，几十年来拉格朗日法作为标准的动力学方程推导方法一直沿用至今。

近年来，随着机器人向高速化、高精度方向发展，要求可以实时地进行动力学计算，所以逐步发展出牛顿-欧拉法，用于建立动力学方程。所以，本章最后介绍了牛顿-欧拉法，并对两种方法的计算量进行了对比分析。

3.2 力学基础知识

3.2.1 牛顿-欧拉运动方程

一般情况下，机器人的自由度为6。因此，为了描述物体运动，需要有6个独立的方程。众所周知，由牛顿方程与欧拉方程组合起来就可以确定这些动力学方程。如图3-1所示，给定一个惯性坐标系 $\boldsymbol{\Sigma}_U(O_UX_UY_UZ_U)$，从这个坐标系所看到的某一物体的动量为 $\boldsymbol{D}$，角动量为 $\boldsymbol{E}$，绕刚体的质量中心 G 的外力矩用 $\boldsymbol{G}$ 表示，外力用 $\boldsymbol{F}$ 表示。这时，由牛顿第二

运动定律，就有

$$F=\frac{\mathrm{d}\boldsymbol{D}}{\mathrm{d}t} \tag{3-1}$$

$$N=\frac{\mathrm{d}\boldsymbol{E}}{\mathrm{d}t} \tag{3-2}$$

进一步地，刚体的质量一定，如果 $\overline{m}$ 已知，质量中心 G 的位置矢量取 $\boldsymbol{s}$，于是 $\boldsymbol{D}=\overline{m}\dot{\boldsymbol{s}}$，这样式（3-1）就成为大家所熟知的牛顿运动方程，即

$$\boldsymbol{F}=\overline{m}\ddot{\boldsymbol{s}} \tag{3-3}$$

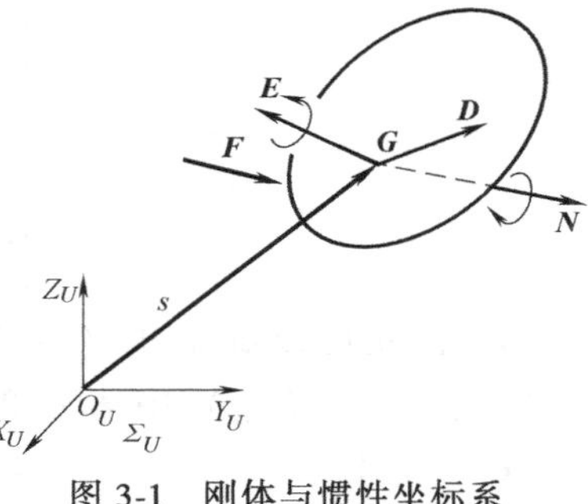

图 3-1　刚体与惯性坐标系

刚体的角动量 $\boldsymbol{E}$ 可按下面的过程给出：刚体的角速度为 $\boldsymbol{\omega}$，刚体任意微元部分的体积为 $\mathrm{d}v$，刚体的密度为 ρ，从 G 到 $\mathrm{d}v$ 的位置矢量为 $\boldsymbol{r}$，其速度矢量为 $\dot{\boldsymbol{r}}=\mathrm{d}\boldsymbol{r}/\mathrm{d}t$。这时，$\mathrm{d}v$ 所具有的角运动量是 $\boldsymbol{r}\times(\dot{\boldsymbol{r}}\rho\mathrm{d}v)$，从而 $\dot{\boldsymbol{r}}=\boldsymbol{\omega}\times\boldsymbol{r}$，则有

$$\begin{aligned}\boldsymbol{E}&=\int_v \boldsymbol{r}\times(\boldsymbol{\omega}\times\boldsymbol{r})\rho\mathrm{d}v\\&=\int_v[(\boldsymbol{r}^{\mathrm{T}}\boldsymbol{r})\boldsymbol{\omega}-(\boldsymbol{r}^{\mathrm{T}}\boldsymbol{\omega})\boldsymbol{r}]\rho\mathrm{d}v\\&=\int_v(\boldsymbol{r}^{\mathrm{T}}\boldsymbol{r}\boldsymbol{I}_3-\boldsymbol{r}\boldsymbol{r}^{\mathrm{T}})\rho\mathrm{d}v\boldsymbol{\omega}\end{aligned} \tag{3-4}$$

式中，积分记号 $\int_v$ 表示对整个刚体的积分；$\boldsymbol{I}_3$ 是 3×3 的单位矩阵。

定义

$$\boldsymbol{I}=\int_v(\boldsymbol{r}^{\mathrm{T}}\boldsymbol{r}\boldsymbol{I}_3-\boldsymbol{r}\boldsymbol{r}^{\mathrm{T}})\rho\mathrm{d}v \tag{3-5}$$

于是，$\boldsymbol{E}=\boldsymbol{I}\boldsymbol{\omega}$。式（3-2）可写为

$$\boldsymbol{N}=\frac{\mathrm{d}}{\mathrm{d}t}(\boldsymbol{I}\boldsymbol{\omega}) \tag{3-6}$$

式中，$\boldsymbol{I}$ 称为惯性张量。

现在取刚体的质心 G 作为原点，建立一个任意的直角坐标系 $\boldsymbol{\Sigma}_A$（$GX_AY_AZ_A$），在 $\boldsymbol{\Sigma}_A$ 中，矢量 ${}^A\boldsymbol{r}$ 在 X_A、Y_A、Z_A 轴上的分量用 ${}^Ar_x$、${}^Ar_y$、${}^Ar_z$ 表示，于是，在 $\boldsymbol{\Sigma}_A$ 中的惯性张量 ${}^A\boldsymbol{I}$ 为

$${}^A\boldsymbol{I}=\begin{pmatrix}{}^AI_{xx} & {}^AI_{xy} & {}^AI_{xz}\\ {}^AI_{xy} & {}^AI_{yy} & {}^AI_{yz}\\ {}^AI_{xz} & {}^AI_{yz} & {}^AI_{zz}\end{pmatrix} \tag{3-7}$$

式中

$$\begin{cases}{}^AI_{xx}=\int_v({}^Ar_y^2+{}^Ar_z^2)\rho\mathrm{d}v\\ {}^AI_{yy}=\int_v({}^Ar_z^2+{}^Ar_x^2)\rho\mathrm{d}v\\ {}^AI_{zz}=\int_v({}^Ar_x^2+{}^Ar_y^2)\rho\mathrm{d}v\end{cases} \tag{3-8a}$$

$$\begin{cases} {}^AI_{xy} = -{}^AH_{xy} = -\int_v ({}^Ar_x{}^Ar_y)\rho \mathrm{d}v \\ {}^AI_{yz} = -{}^AH_{yz} = -\int_v ({}^Ar_y{}^Ar_z)\rho \mathrm{d}v \\ {}^AI_{xz} = -{}^AH_{xz} = -\int_v ({}^Ar_x{}^Ar_z)\rho \mathrm{d}v \end{cases} \tag{3-8b}$$

然后，就可以确定式（3-5）中的 $\boldsymbol{I}$ 是在坐标系 $\boldsymbol{\Sigma}_{UG}$（$G_{UG}X_{UG}Y_{UG}Z_{UG}$）中表示的惯性张量。坐标系 $\boldsymbol{\Sigma}_{UG}$（$G_{UG}X_{UG}Y_{UG}Z_{UG}$）以 G 为原点，坐标轴与 $\boldsymbol{\Sigma}_U$ 中的坐标轴一致。${}^AI_{xx}$、${}^AI_{yy}$、${}^AI_{zz}$ 是以 X_A、Y_A、Z_A 为轴的惯性动能率（或称为惯性矢量积），${}^AH_{xy}$、${}^AH_{yz}$、${}^AH_{xz}$ 表示惯性积。

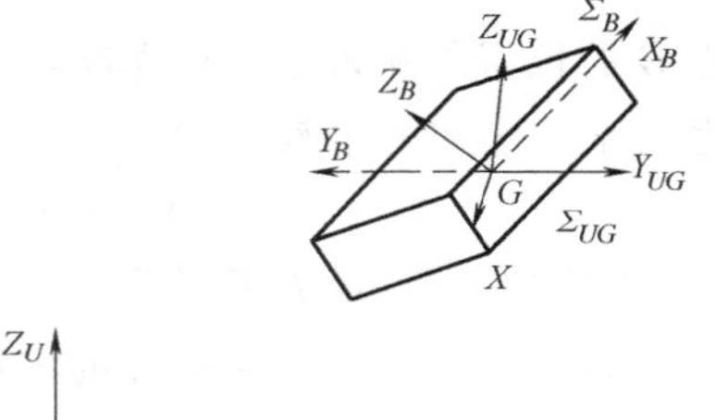

图 3-2　坐标系 $\boldsymbol{\Sigma}_B$ 与 $\boldsymbol{\Sigma}_{UG}$

接下来，对于式（3-6），考虑到对于 $\boldsymbol{\Sigma}_{UG}$，刚体的姿态每时每刻都在变化着，所以 $\boldsymbol{I}$ 的各分量一般也随时间变化。为了避免这个问题，用图 3-2 所示的固定在物体上的坐标系 $\boldsymbol{\Sigma}_B(GX_BY_BZ_B)$ 来重新考虑式（3-6）。关于坐标系 $\boldsymbol{\Sigma}_B$，所定义的 $\boldsymbol{E}$、$\boldsymbol{N}$、$\boldsymbol{I}$、$\boldsymbol{\omega}$ 用 ${}^B\boldsymbol{E}$、${}^B\boldsymbol{N}$、${}^B\boldsymbol{I}$、${}^B\boldsymbol{\omega}$ 表示，于是

$$\boldsymbol{E} = {}^U\boldsymbol{R}_B{}^B\boldsymbol{E} \tag{3-9}$$

$$\boldsymbol{N} = {}^U\boldsymbol{R}_B{}^B\boldsymbol{N} \tag{3-10}$$

$$\boldsymbol{I} = {}^U\boldsymbol{R}_B{}^B\boldsymbol{I}({}^U\boldsymbol{R}_B)^{\mathrm{T}} \tag{3-11}$$

$$\boldsymbol{\omega} = {}^U\boldsymbol{R}_B{}^B\boldsymbol{\omega} \tag{3-12}$$

于是，有下面关系成立：

$${}^B\boldsymbol{E} = {}^B\boldsymbol{I}{}^B\boldsymbol{\omega} \tag{3-13}$$

式中，${}^B\boldsymbol{I}$ 是刚体固有的常数。并且，考虑式（2-125′）中的 ${}^B\boldsymbol{a}$ 与 ${}^B\boldsymbol{b}$，则有

$$({}^U\boldsymbol{R}_B{}^B\boldsymbol{a})\times({}^U\boldsymbol{R}_B{}^B\boldsymbol{a}) = {}^U\boldsymbol{R}_B({}^B\boldsymbol{a}\times{}^B\boldsymbol{b}) \tag{3-14}$$

因此，从式（3-9）、式（3-13）、式（2-91）得到

$$\frac{\mathrm{d}\boldsymbol{E}}{\mathrm{d}t} = {}^U\boldsymbol{R}_B\frac{\mathrm{d}}{\mathrm{d}t}({}^B\boldsymbol{E}) + \boldsymbol{\omega}\times({}^U\boldsymbol{R}_B{}^B\boldsymbol{E}) = {}^U\boldsymbol{R}_B{}^B\boldsymbol{I}\frac{\mathrm{d}}{\mathrm{d}t}({}^B\boldsymbol{\omega}) + \boldsymbol{\omega}\times({}^U\boldsymbol{R}_B{}^B\boldsymbol{I}{}^B\boldsymbol{\omega}) \tag{3-15}$$

然后，又从式（3-6）、式（3-10）、式（3-14）、式（3-15），得

$${}^B\boldsymbol{N} = {}^B\boldsymbol{I}\frac{\mathrm{d}}{\mathrm{d}t}({}^B\boldsymbol{\omega}) + \boldsymbol{\omega}\times({}^B\boldsymbol{I}{}^B\boldsymbol{\omega}) \tag{3-16}$$

这就是在 $\boldsymbol{\Sigma}_B$ 中表示的欧拉运动方程。并且，由式（2-91）、式（3-12），有

$$\frac{\mathrm{d}}{\mathrm{d}t}(\boldsymbol{\omega}) = \frac{\mathrm{d}}{\mathrm{d}t}({}^U\boldsymbol{R}_B{}^B\boldsymbol{\omega}) = {}^U\boldsymbol{R}_B\frac{\mathrm{d}}{\mathrm{d}t}({}^B\boldsymbol{\omega}) + \boldsymbol{\omega}\times\boldsymbol{\omega} = {}^U\boldsymbol{R}_B\frac{\mathrm{d}}{\mathrm{d}t}({}^B\boldsymbol{\omega}) \tag{3-17}$$

由式（3-16），得到

$$\boldsymbol{N} = \boldsymbol{I}\frac{\mathrm{d}}{\mathrm{d}t}(\boldsymbol{\omega}) + \boldsymbol{\omega}(\boldsymbol{I}\times\boldsymbol{\omega}) \tag{3-18}$$

这是在 $\boldsymbol{\Sigma}_U$ 中表示的欧拉运动方程。特别地，在式（3-16）中，如果让 $\boldsymbol{\Sigma}_B$ 的坐标轴与刚体的惯性主轴一致，${}^B\boldsymbol{I}$ 将成为对角矩阵 diag（I_x，I_y，I_z），设 ${}^B\boldsymbol{N} =$（${}^BN_x, {}^BN_y, {}^BN_z$）^{T}，${}^B\boldsymbol{\omega} =$

$({}^B\omega_x, {}^B\omega_y, {}^B\omega_z)^{\mathrm{T}}$，由式（3-18）得到人们所熟知的形式：

$$\begin{cases} {}^B N_x = I_x {}^B\dot{\omega}_x - (I_y - I_z) {}^B\omega_y {}^B\omega_z \\ {}^B N_y = I_y {}^B\dot{\omega}_y - (I_z - I_x) {}^B\omega_z {}^B\omega_x \\ {}^B N_z = I_z {}^B\dot{\omega}_z - (I_x - I_y) {}^B\omega_x {}^B\omega_y \end{cases} \tag{3-19}$$

3.2.2 虚功原理

现在，考虑图 3-3 所示的由 k 个质点组成的系统，且定义各质点对应的位置矢量为 $\boldsymbol{r}_1$，…，$\boldsymbol{r}_k$。

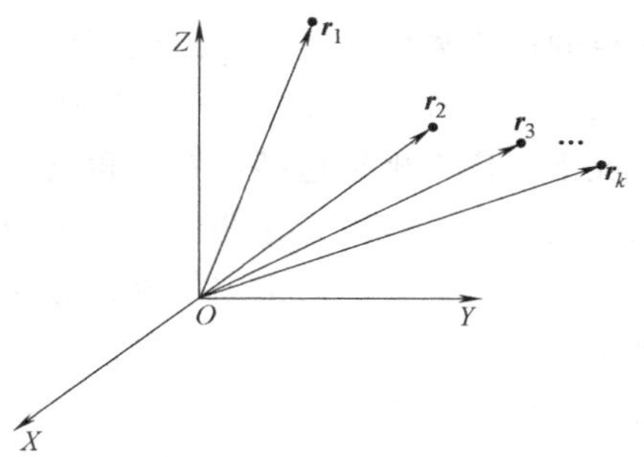

图 3-3 在非约束系统中，k 个质点会有 $3k$ 个自由度

假设这些质点可以不受任何限制而自由移动，则可以非常容易地描述它们的运动。注意到，对于每个质点来讲，质量乘以加速度等于施加给它的外力。

当这些质点的运动受到约束时，就不但需要考虑外部施加的作用力，还需要考虑所谓的约束力（Constraint Force），即为了保持这些约束所需要施加的力。为了对约束力进行说明，我们考虑由两个质点组成的某个系统，两个质点通过长度为 l 但质量可以忽略的刚性丝线相连。那么，$\boldsymbol{r}_1$ 和 $\boldsymbol{r}_2$ 这两个坐标必须满足下述约束：

$$\| \boldsymbol{r}_1 - \boldsymbol{r}_2 \| = l \text{ 或 } (\boldsymbol{r}_1 - \boldsymbol{r}_2)^{\mathrm{T}} (\boldsymbol{r}_1 - \boldsymbol{r}_2) = l^2 \tag{3-20}$$

如果对于每个质点施加一些外力，那么这些质点不仅会受到这些外力的作用，并且会受到由刚性丝线施加的力的作用，该力沿 $\boldsymbol{r}_2 - \boldsymbol{r}_1$ 向量的方向并且具有适当的幅值。因此，为了分析两个质点的运动，我们可以采用以下两种方法：第一种方法是计算在每组外力作用下必须相应地使用什么样的约束力，从而使上述方程保持成立；第二种方法是寻找一种分析方法，它并不要求我们知道具体的约束力。显然，第二种方法更加合适，这时约束力的计算通常极为复杂。因此，本节旨在实现第二种方法。

我们首先对一些相关的术语进行介绍。对于有关 k 个坐标 $\boldsymbol{r}_1$，…，$\boldsymbol{r}_k$ 的约束，如果它具有下述的等式约束形式：

$$g_i(\boldsymbol{r}_1, \cdots, \boldsymbol{r}_k) = 0,\ i = 1, \cdots, l \tag{3-21}$$

那么，该约束称为完整约束。

式（3-20）中给出的约束作用于通过零质量刚性丝线相连的两个质点，这就是一个典型的完整约束。通过对式（3-21）做微分操作，可得

$$\sum_{j=1}^{k} \frac{\partial g_i}{\partial \boldsymbol{r}_j} \mathrm{d}\boldsymbol{r}_j = 0 \tag{3-22}$$

而约束

$$\sum_{j=1}^{k} \boldsymbol{\omega}_j \mathrm{d}\boldsymbol{r}_j = 0 \tag{3-23}$$

如果它不能被积分为一个形如式（3-21）的等式约束，则是不完整的约束。需要注意到的有趣事实是：使用虚功原理来推导运动方程的这种方法，对于非完整约束系统仍然有效；而基于变分原理的方法（如哈密顿原理）不能再用于推导运动方程。

如果一个系统受到 l 个非完整约束，那么我们可以认为这个约束系统比非约束系统少 l 个自由度。此时，k 个质点的坐标可以被表述为 n 个广义坐标 q_1，…，q_n 的函数。换言之，我们假设一组受到式（3-21）中的约束集合限制的多个质点的坐标，可被表达为下述形式

$$\boldsymbol{r}_i=\boldsymbol{r}_i(q_1,\cdots,q_n),\quad i=1,\cdots,k \tag{3-24}$$

式中，q_1，…，q_n 相互独立。事实上，广义坐标的概念甚至可被推广到无限多个质点的情形。例如，考虑一个包含无穷多个质点的刚性杆件，在杆件运动的整个过程中，杆件上每对质点间的距离保持不变，因此杆件上每个质点的坐标可以用 6 个坐标完全表征。特别是，杆件质心的位置可以使用 3 个位置坐标来指定，杆件的姿态方向可用 3 个欧拉角来指定。通常情况下，广义坐标包括位置、角度等。正如前文中，我们选择使用符号 q_1，…，q_n 来指代关节变量，正是因为这些关节变量构成了 n 连杆机器人机械臂的一组广义坐标。

现在我们可以讨论虚位移，它是一组满足约束条件的无穷小位移 $\delta\boldsymbol{r}_1$，…，$\delta\boldsymbol{r}_k$。例如，再次考虑约束式（3-20），并假设 $\boldsymbol{r}_1$ 和 $\boldsymbol{r}_2$ 因受到扰动而分别变为 $\boldsymbol{r}_1+\delta\boldsymbol{r}_1$ 和 $\boldsymbol{r}_2+\delta\boldsymbol{r}_2$。那么，为了使受到扰动后的坐标继续满足约束条件，则必须有

$$(\boldsymbol{r}_1+\delta\boldsymbol{r}_1-\boldsymbol{r}_2-\delta\boldsymbol{r}_2)^{\mathrm{T}}(\boldsymbol{r}_1+\delta\boldsymbol{r}_1-\boldsymbol{r}_2-\delta\boldsymbol{r}_2)=l^2 \tag{3-25}$$

现在，将上述乘积展开，并要求原始坐标 $\boldsymbol{r}_1$ 和 $\boldsymbol{r}_2$ 满足式（3-20）中的约束，并忽略关于 $\delta\boldsymbol{r}_1$ 和 $\delta\boldsymbol{r}_2$ 的二次项，则得

$$(\boldsymbol{r}_1-\boldsymbol{r}_2)^{\mathrm{T}}(\delta\boldsymbol{r}_1-\delta\boldsymbol{r}_2)=0 \tag{3-26}$$

因此，为了使扰动后的粒子位置继续满足约束式（3-20），对这两个粒子位置所施加的任何无穷小的扰动必须满足上述等式。任何满足式（3-26）的一对无穷小矢量 $\delta\boldsymbol{r}_1$、$\delta\boldsymbol{r}_2$ 构成该问题的一组虚位移。对于一个刚性杆件，图 3-4 中给出了一些常用的虚位移。

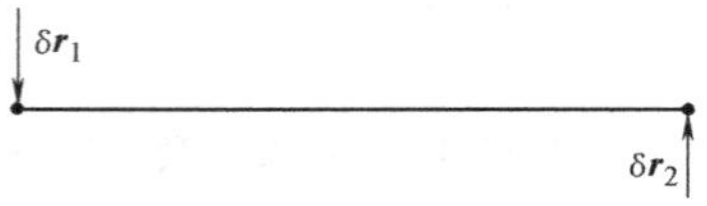

图 3-4　一个刚性杆件的虚位移例子

现在，使用广义坐标的原因是为了避免处理诸如上述式（3-26）中的复杂关系。如果式（3-24）成立，那么可知所有虚位移组成的集合恰是

$$\delta\boldsymbol{r}_i=\sum_{j=1}^{n}\frac{\partial\boldsymbol{r}_i}{\partial q_j}\delta q_j,\quad i=1,\cdots,k \tag{3-27}$$

接下来，我们开始讨论处于平衡态的受约束系统。假设作用在每个质点上的合力为零，即每个质点都处于平衡状态，这同时表示，每组虚位移所做的功为零。所以，任何一组虚位移所做的功的总和也为零，即

$$\sum_{i=1}^{k}\boldsymbol{F}_i^{\mathrm{T}}\delta\boldsymbol{r}_i=0 \tag{3-28}$$

式中，$\boldsymbol{F}_i$ 是作用在质点 i 上的合力。如前所述，力 $\boldsymbol{F}_i$ 是两个量的和，即外界施加的作用力 $\boldsymbol{f}_i$ 及约束力 $\boldsymbol{f}_i^a$。现在，假设与任何一组虚位移相对应的约束力所做的总功为零，即

$$\sum_{i=1}^{k}\boldsymbol{f}_i^{a\,\mathrm{T}}\delta\boldsymbol{r}_i=0 \tag{3-29}$$

式（3-29）成立的条件是每一对质点间的约束力的方向与这两个质点间的径向矢量同向。将式（3-29）代入到式（3-28）中，得到

$$\sum_{i=1}^{k}\boldsymbol{f}_i^{\mathrm{T}}\delta\boldsymbol{r}_i=0 \tag{3-30}$$

此式的有趣之处在于：它仅与已知的外力有关，不涉及未知约束力。此式即为虚功原理，可以用另外的语句表述如下：外力经过任何（满足约束条件的）虚位移所做的功为零。

需要注意的是，虚功原理并不具有普适性，它要求式（3-29）成立，也就是约束力不做功。因此，如果虚功原理适用，我们可以在不必评估或计算约束力的前提下分析一个系统的动力学。

容易验证虚功原理适用于以下情形：一对质点间的约束力作用于连接这两个质点位置坐标的矢量方向上。特别是，当约束具有式（3-29）中的形式时，虚功原理适用。要了解到这一点，再次考虑形如式（3-29）的单个约束。在这种情况下，约束力（如果有的话）必须通过刚性无质量丝线施加，因此它必须沿连接两个质点的径向矢量方向。换言之，对于一些常数 c（它可以随着质点移动而改变），通过丝线施加在第一个质点上的作用力必须具有以下形式

$$\boldsymbol{f}_1^a=c(\boldsymbol{r}_1-\boldsymbol{r}_2) \tag{3-31}$$

由作用与反作用定律，通过丝线施加在第二个质点上的力仅是上述表达式的负值，即

$$\boldsymbol{f}_2^a=-c(\boldsymbol{r}_1-\boldsymbol{r}_2) \tag{3-32}$$

现在，约束力经过一组虚位移所做的功为

$$\boldsymbol{f}_1^{a\mathrm{T}}\delta\boldsymbol{r}_1+\boldsymbol{f}_2^{a\mathrm{T}}\delta\boldsymbol{r}_2=c(\boldsymbol{r}_1-\boldsymbol{r}_2)^{\mathrm{T}}(\delta\boldsymbol{r}_1-\delta\boldsymbol{r}_2) \tag{3-33}$$

但是，式（3-26）表明，对于任何一组虚位移上述表达式必须为零。同样的推理可用于由几个质点组成的系统，在此系统中，这些质点通过固定长度的刚性无质量丝线成对相连。在此情况下，该系统受到几个形如式（3-20）的约束限制。现在，一个物体满足刚性运动这一要求，可以等效地表达为该物体上任何一对点之间的距离在物体运动过程中保持不变，即表述为形如式（3-20）的无穷多约束。因此，虚功原理适用于刚性是对运动的唯一约束这一情形。确实有一些虚功原理不适用的情形，例如有磁场存在的情形。

3.2.3 拉格朗日运动方程

截至目前的讨论中，我们都使用了直角坐标系，而以下所述的拉格朗日运动方程中，确定原点及坐标系的位置并不限于直角坐标系。只要是能确定位置的变量，使用哪一种变量都可以，而主要取决于使用是否方便，这样的变量称为坐标。拉格朗日运动方程通常是由哈密顿原理推导出来的，这里为了便于直观地理解，用基于牛顿的运动方程进行推导。现在给定自由度为 n 的质点系的广义坐标 q_1，q_2，…，q_n，在属于质点系的任一质点 P_γ 的惯性系 Σ_U 中，三维位置矢量 $\boldsymbol{x}_\gamma$ 由下式给定

$$\boldsymbol{x}_\gamma=\boldsymbol{x}_\gamma(q_1,q_2,\cdots,q_n,t) \tag{3-34}$$

质点 P_γ 的质量为 m_γ，而作用在其上的力为 $\boldsymbol{F}_\gamma$，由牛顿运动方程得

$$\boldsymbol{F}_\gamma=m_\gamma\ddot{\boldsymbol{x}}_\gamma \tag{3-35}$$

式（3-35）的两边取 $\dfrac{\partial \boldsymbol{x}_\gamma}{\partial q_i}$ 的内积，把质点系中的所有质点加起来，则有

$$\sum_\gamma \boldsymbol{F}_\gamma^{\mathrm{T}}\frac{\partial \boldsymbol{x}_\gamma}{\partial q_i}=\sum_\gamma m_\gamma\ddot{\boldsymbol{x}}_\gamma^T\frac{\partial \boldsymbol{x}_\gamma}{\partial q_i}\quad(i=1,\ 2,\ \cdots,\ n) \tag{3-36}$$

需要说明的是，在刚体系统的场合中，用 $\sum\limits_\gamma$ 表示积分。从式（3-34），有

$$\dot{\boldsymbol{x}}_\gamma=\sum_{i=1}^n\frac{\partial \boldsymbol{x}_\gamma}{\partial q_i}\dot{q}_i+\frac{\partial \boldsymbol{x}_\gamma}{\partial t} \tag{3-37}$$

$$\frac{\partial \dot{\boldsymbol{x}}_\gamma}{\partial \dot{q}_i}=\frac{\partial \boldsymbol{x}_\gamma}{\partial q_i} \tag{3-38}$$

利用上述两式，式（3-36）成为

$$Q_i=\frac{\mathrm{d}}{\mathrm{d}t}\left(\frac{\partial K}{\partial \dot{q}_i}\right)-\frac{\partial K}{\partial q_i} \tag{3-39}$$

式中

$$K=\sum_\gamma \frac{m_\gamma}{2}\dot{\boldsymbol{x}}_\gamma^{\mathrm{T}}\dot{\boldsymbol{x}}_\gamma \tag{3-40}$$

$$Q_i=\sum_\gamma \boldsymbol{F}_\gamma^{\mathrm{T}}\frac{\partial \boldsymbol{x}_\gamma}{\partial q_i} \tag{3-41}$$

式中，K 是质点系的动能；Q_i 称为对应于 q_i 的广义力。而且，把 $\boldsymbol{F}_\gamma$ 按照重力分为两部分，即包含重力的部分 $\boldsymbol{F}_{\gamma_a}$ 和其他部分 $\boldsymbol{F}_{\gamma_b}$，$\boldsymbol{F}_{\gamma_a}$ 可用合适的势能表示为

$$\boldsymbol{F}_{\gamma_a}=-\frac{\partial P}{\partial \boldsymbol{x}_\gamma} \tag{3-42}$$

然后，引入拉格朗日函数 $L=K-P$，由式（3-39）、式（3-41）、式（3-42）得到

$$Q_{i\mathrm{b}}=\frac{\mathrm{d}}{\mathrm{d}t}\left(\frac{\partial L}{\partial \dot{q}_i}\right)-\frac{\partial L}{\partial q_i} \tag{3-43}$$

式中

$$Q_{i\mathrm{b}}=\sum_\gamma \boldsymbol{F}_{\gamma_b}^{\mathrm{T}}\frac{\partial \boldsymbol{x}_\gamma}{\partial q_i} \tag{3-44}$$

式（3-43）就是所谓的拉格朗日方程，并且，也可以表示成下列形式

$$Q_{i\mathrm{b}}=\frac{\mathrm{d}}{\mathrm{d}t}\left(\frac{\partial K}{\partial \dot{q}_i}\right)-\frac{\partial K}{\partial q_i}+\frac{\partial P}{\partial q_i} \tag{3-45}$$

而且，刚体的动能 K 可以用刚体质心 G 的移动速度 $\dot{\boldsymbol{s}}$、刚体的回转角速度 $\boldsymbol{\omega}$、质量 $\overline{m}$、惯性张量 $\boldsymbol{I}$ 表示，即

$$K=\frac{1}{2}\overline{m}\dot{\boldsymbol{s}}^{\mathrm{T}}\dot{\boldsymbol{s}}+\frac{1}{2}\boldsymbol{\omega}^{\mathrm{T}}\boldsymbol{I}\boldsymbol{\omega} \tag{3-46}$$

3.3 基于拉格朗日法的运动方程

在考虑一般的机器人机构之前，首先考虑图 3-5 所示的，在 XY 平面内运动的 2 自由度机器人机构运动方程，图 3-5 中各符号的含义如下：

θ_i——关节 i 的回转角。

m_i——连杆 i 的质量。

$\widetilde{I}_1$——通过连杆 i 的质心且绕平行于 Z 轴的某轴的惯性矩。

l_i——连杆 i 的长度。

l_{gi}——从关节 i 到连杆 i 的质量中心的长度（质心在连杆的关节连接上）。

第一个关节的驱动力矩 τ_i 作用在基础与连杆 1 之间，第二个关节的驱动力矩 τ_2 作用在

连杆1和连杆2之间，而且重力沿Y轴负方向。

取广义坐标 $q_1=\theta_1$、$q_2=\theta_2$，求拉格朗日函数。首先，计算杆 i 的动能 K_i 和势能 P_i。

对连杆1，有

$$K_1=\frac{1}{2}m_1 l_{g1}^2\dot{\theta}_1^2+\frac{1}{2}\widetilde{I}_1\dot{\theta}_1^2 \tag{3-47}$$

$$P_1=m_1\hat{g}l_{g1}\sin\theta_1 \tag{3-48}$$

式中，$\hat{g}$ 表示重力加速度的大小。对连杆2，它的质心 $\boldsymbol{s}_2=(s_{2x},\ s_{2y})^{\mathrm{T}}$ 为

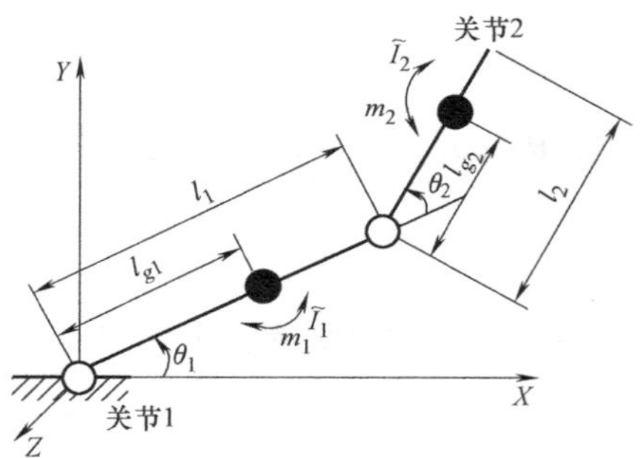

图3-5　2自由度机器人机构

$$s_{2x}=l_1\cos\theta_1+l_{g2}\cos(\theta_1+\theta_2) \tag{3-49a}$$

$$s_{2y}=l_1\sin\theta_1+l_{g2}\sin(\theta_1+\theta_2) \tag{3-49b}$$

于是，求 $\dot{\boldsymbol{s}}_2^{\mathrm{T}}\dot{\boldsymbol{s}}_2$，则有

$$\dot{\boldsymbol{s}}_2^{\mathrm{T}}\dot{\boldsymbol{s}}_2=l_1^2\dot{\theta}_1^2+l_{g2}^2(\dot{\theta}_1+\dot{\theta}_2)^2+2l_1l_{g2}\cos\theta_2(\dot{\theta}_1^2+\dot{\theta}_1\dot{\theta}_2) \tag{3-50}$$

然后，就可以求动能 K_2，即

$$K_2=\frac{1}{2}m_2\dot{\boldsymbol{s}}_2^{\mathrm{T}}\dot{\boldsymbol{s}}_2+\frac{1}{2}\widetilde{I}_2(\dot{\theta}_1+\dot{\theta}_2)^2 \tag{3-51}$$

势能 P_2 为

$$P_2=m_2\hat{g}[l_1\sin\theta_1+l_{g2}\sin(\theta_1+\theta_2)] \tag{3-52}$$

求拉格朗日函数 $L=K_1+K_2-P_1-P_2$，由式（3-39），得

$$\begin{aligned}\tau_1=&[m_1l_{g1}^2+\widetilde{I}_1+m_2(l_1^2+l_{g2}^2+2l_1l_{g2}\cos\theta_2)+\widetilde{I}_2]\ddot{\theta}_1+[m_2(l_{g2}^2+l_1l_{g2}\cos\theta_2)+\widetilde{I}_2]\ddot{\theta}_2-\\&m_2l_1l_{g2}\sin\theta_2(\dot{\theta}_1^2+\dot{\theta}_1\dot{\theta}_2)+m_1\hat{g}l_{g1}\cos\theta_1+m_2\hat{g}[l_1\cos\theta_1+l_{g2}\cos(\theta_1+\theta_2)]\end{aligned} \tag{3-53a}$$

$$\tau_2=[m_2(l_{g2}^2+l_1l_{g2}\cos\theta_2)+\widetilde{I}_2]\ddot{\theta}_1+(m_2l_{g2}^2+\widetilde{I}_2)\ddot{\theta}_2+m_2l_1l_{g2}\sin\theta_2\dot{\theta}_1^2+m_2\hat{g}l_{g2}\cos(\theta_1+\theta_2) \tag{3-53b}$$

式（3-53）即为2自由度机器人机构的动力学方程。把它改写为

$$\tau_1=M_{11}\ddot{\theta}_1+M_{12}\ddot{\theta}_2+h_{122}\dot{\theta}_2^2+2h_{112}\dot{\theta}_1\dot{\theta}_2+g_1 \tag{3-54a}$$

$$\tau_2=M_{21}\ddot{\theta}_1+M_{22}\ddot{\theta}_2+h_{211}\dot{\theta}_1^2+g_2 \tag{3-54b}$$

式中

$$M_{11}=m_1l_{g1}^2+\widetilde{I}_1+m_2(l_1^2+l_{g2}^2+2l_1l_{g2}\cos\theta_2)+\widetilde{I}_2 \tag{3-55a}$$

$$M_{12}=M_{21}=m_2(l_{g2}^2+l_1l_{g2}\cos\theta_2)+\widetilde{I}_2 \tag{3-55b}$$

$$M_{22}=m_2l_{g2}^2+\widetilde{I}_2 \tag{3-55c}$$

$$h_{122}=h_{112}=-h_{211}=-m_2l_1l_{g2}\sin\theta_2 \tag{3-55d}$$

$$g_1=m_1\hat{g}l_{g1}\cos\theta_1+m_2\hat{g}(l_1\cos\theta_1+l_{g2}\cos(\theta_1+\theta_2)) \tag{3-55e}$$

$$g_2=m_2\hat{g}l_{g2}\cos(\theta_1+\theta_2) \tag{3-55f}$$

式中，M_{ii} 为等效惯性系数；M_{ij} 为相关惯性系数；h_{ij} 为离心加速度系数；h_{ijk}（$j\neq k$）为科氏加速度系数；g_i 表示重力载荷。把以上推导过程稍稍简洁地总结如下：首先把动能 K 按二次形式表示为

$$K=\frac{1}{2}\dot{\boldsymbol{\theta}}^{\mathrm{T}}\boldsymbol{M}(\boldsymbol{\theta})\dot{\boldsymbol{\theta}} \tag{3-56}$$

式中，$\boldsymbol{\theta}=(\theta_1,\ \theta_2)^{\mathrm{T}}$，而正定对称矩阵 $\boldsymbol{M}(\boldsymbol{\theta})$ 为

$$\boldsymbol{M}(\boldsymbol{\theta})=\begin{pmatrix} M_{11} & M_{12} \\ M_{21} & M_{22} \end{pmatrix} \tag{3-57}$$

使用以上这些矩阵，由式（3-56）、式（3-57），式（3-54）可以表达成更简洁的形式

$$\boldsymbol{\tau}=\boldsymbol{M}(\boldsymbol{\theta})\ddot{\boldsymbol{\theta}}+\boldsymbol{h}(\boldsymbol{\theta},\dot{\boldsymbol{\theta}})+\boldsymbol{g}(\boldsymbol{\theta}) \tag{3-58}$$

式中，$\boldsymbol{M}(\boldsymbol{\theta})\ddot{\boldsymbol{\theta}}$是惯性力；$\boldsymbol{h}(\boldsymbol{\theta},\ \dot{\boldsymbol{\theta}})$ 表示离心力和科氏力；$\boldsymbol{g}(\boldsymbol{\theta})$ 为重力载荷。$\boldsymbol{M}(\boldsymbol{\theta})$ 是关于关节坐标系的惯性矩阵。这时，若用 col（·）表示矩阵的列矢量，根据式（3-43），式（3-58）中的最右边两项分别为

$$\boldsymbol{h}(\boldsymbol{\theta},\dot{\boldsymbol{\theta}})=\mathrm{col}\left[\sum_{j=1}^{2}\sum_{k=1}^{2}\left(\frac{\partial M_{ij}}{\partial\theta_k}-\frac{1}{2}\frac{\partial M_{jk}}{\partial\theta_i}\right)\dot{\theta}_j\dot{\theta}_k\right] \tag{3-59}$$

$$\boldsymbol{g}(\boldsymbol{\theta})=\mathrm{col}(\boldsymbol{g}_i) \tag{3-60}$$

3.3.1 *n* 自由度机器人机构

求一般的 n 自由度机器人机构的动力学方程时，采用各连杆坐标系的齐次变换，而且为了简化，在手臂的基座上固定惯性系 $\boldsymbol{\Sigma}_U$。假定 $\boldsymbol{\Sigma}_0$ 为基础坐标系，而在关节 i 处，驱动力矩 τ_i 作用在连杆 $i-1$ 与连杆 i 之间，以关节变量增大的方向为正方向，这种驱动方式称为直接驱动型。

在 2.3.3 节中，我们定义了固定在连杆的坐标系 $\Sigma_i(O_iX_iY_iZ_i)$（图 2-17），用这种方法定义的坐标系 $\boldsymbol{\Sigma}_i$ 的一个特征是：连杆 i 的关节在回转关节时，在它的回转轴上取原点 O_i，回转轴与 Z_i 轴保持一致；而在平动关节时，它的平动方向与 Z_i 轴保持一致。由 $\boldsymbol{\Sigma}_i$ 与 $\boldsymbol{\Sigma}_{i-1}$ 的关系，引入齐次变换

$${}^0\boldsymbol{T}_i={}^0\boldsymbol{T}_1{}^1\boldsymbol{T}_2\cdots{}^{i-1}\boldsymbol{T}_i \tag{3-61}$$

式中，${}^0\boldsymbol{T}_i$ 是从基础坐标系 $\boldsymbol{\Sigma}_0$ 到 $\boldsymbol{\Sigma}_i$ 的齐次交换；${}^{i-1}\boldsymbol{T}_i$ 是关节 i 处广义变量 $\boldsymbol{q}_i$ 的函数。

接下来，如图 3-6 所示，$\boldsymbol{\Sigma}_i$ 中所表示的连杆 i 上的任意一点的位置矢量${}^i\boldsymbol{r}$ 给定时，从基础坐标系 $\boldsymbol{\Sigma}_0$ 所看到的该点的位置为

$${}^0\boldsymbol{r}={}^0\boldsymbol{T}_i{}^i\boldsymbol{r} \tag{3-62}$$

从 $\boldsymbol{\Sigma}_i$ 所看到的${}^i\boldsymbol{r}$ 一定时，${}^i\boldsymbol{r}$ 的速度由$\dfrac{\mathrm{d}^i\boldsymbol{r}}{\mathrm{d}t}=\boldsymbol{0}$ 可得

$$\frac{\mathrm{d}^0\boldsymbol{r}}{\mathrm{d}t}={}^0\dot{\boldsymbol{r}}=\left(\sum_{j=1}^{i}\frac{\partial^0\boldsymbol{T}_i}{\partial q_j}q_j\right){}^i\boldsymbol{r} \tag{3-63}$$

速度的二次方，由${}^0\dot{\boldsymbol{r}}^{\mathrm{T}0}\dot{\boldsymbol{r}}=\mathrm{tr}({}^0\dot{\boldsymbol{r}}{}^0\dot{\boldsymbol{r}}^{\mathrm{T}})$ 可以求得

$${}^0\dot{\boldsymbol{r}}^{\mathrm{T}0}\dot{\boldsymbol{r}}=\sum_{j=1}^{i}\sum_{k=1}^{i}\mathrm{tr}\left(\frac{\partial^0\boldsymbol{T}_i}{\partial q_j}{}^i\boldsymbol{r}{}^i\boldsymbol{r}^{\mathrm{T}}\frac{\partial^0\boldsymbol{T}_i^{\mathrm{T}}}{\partial q_k}\right)\dot{q}_j\dot{q}_k \tag{3-64}$$

式中，tr（·）表示矩阵的迹。

基于以上的准备过程，应用与前一节相同的方法，可以求出连杆的动能 K_i 和势能 P_i。首先，连杆 i 中，在其上的 ${}^i\boldsymbol{r}$ 处，微元质量 dm 具有的动能为 dK_i，对连杆 i 的全体进行积分，可得到连杆 i 的动能 K_i 为

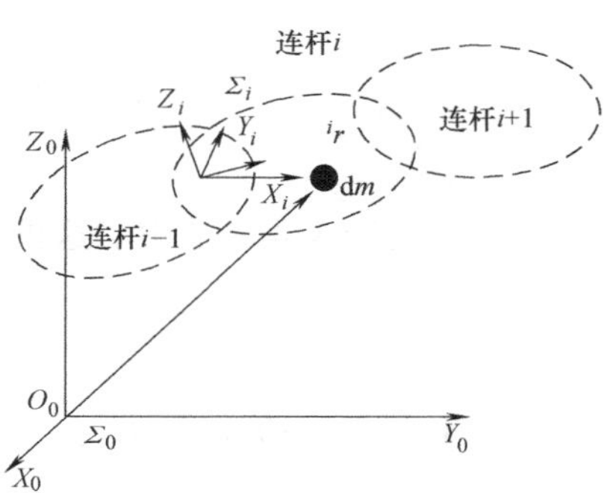

图 3-6　连杆 i 上的点 ${}^i\boldsymbol{r}$

$$\begin{aligned} K_i &= \int_{\text{连杆}i} \mathrm{d}K_i = \int_{\text{连杆}i} \frac{1}{2} {}^0\dot{\boldsymbol{r}}^{\mathrm{T}0}\dot{\boldsymbol{r}}\,\mathrm{d}m \\ &= \frac{1}{2}\sum_{j=1}^{i}\sum_{k=1}^{i} \mathrm{tr}\left(\frac{\partial {}^0\boldsymbol{T}_i}{\partial q_j}\hat{\boldsymbol{H}}_i\frac{\partial {}^0\boldsymbol{T}_i^{\mathrm{T}}}{\partial q_k}\right)\dot{q}_j\dot{q}_k \end{aligned} \tag{3-65}$$

式中，$\int_{\text{连杆}i}$意味着对连杆 i 上的全体微元进行积分；$\hat{\boldsymbol{H}}_i$ 为广义惯性矩阵，可以写成下列形式

$$\hat{\boldsymbol{H}}_i = \int_{\text{连杆}i} {}^i\boldsymbol{r}{}^i\boldsymbol{r}^{\mathrm{T}}\,\mathrm{d}m = \begin{pmatrix} \dfrac{-\hat{I}_{ixx}+\hat{I}_{iyy}+\hat{I}_{izz}}{2} & \hat{H}_{ixy} & \hat{H}_{ixz} & m_i\hat{s}_{ix} \\ \hat{H}_{ixy} & \dfrac{\hat{I}_{ixx}-\hat{I}_{iyy}+\hat{I}_{izz}}{2} & \hat{H}_{iyz} & m_i\hat{s}_{iy} \\ \hat{H}_{ixz} & \hat{H}_{iyz} & \dfrac{\hat{I}_{ixx}+\hat{I}_{iyy}-\hat{I}_{izz}}{2} & m_i\hat{s}_{iz} \\ m_i\hat{s}_{ix} & m_i\hat{s}_{iy} & m_i\hat{s}_{iz} & m_i \end{pmatrix} \tag{3-66}$$

式中

$${}^i\boldsymbol{r} = ({}^ir_x, {}^ir_y, {}^ir_z)^{\mathrm{T}}$$

$$\hat{I}_{ixx} = \int_{\text{连杆}i} ({}^ir_y^2 + {}^ir_z^2)\,\mathrm{d}m \quad (\text{惯性矩}) \tag{3-67a}$$

$$\hat{H}_{ixy} = \int_{\text{连杆}i}^{i} {}^ir_x{}^ir_y\,\mathrm{d}m\ (\text{惯性积}) \tag{3-67b}$$

$$m_i = \int_{\text{连杆}i} \mathrm{d}m(\text{连杆质量}) \tag{3-67c}$$

$$\hat{s}_{ix} = \int_{\text{连杆}i}^{i} \frac{r_x}{m_i}\,\mathrm{d}m(\text{质心位置}) \tag{3-67d}$$

关于 $\hat{I}_{iyy}$、$\hat{I}_{izz}$、$\hat{H}_{ixz}$、$\hat{H}_{iyz}$、$\hat{s}_{iy}$、$\hat{s}_{iz}$有相似的定义。$\hat{\boldsymbol{H}}_i$ 的值是与固连在连杆 i 上的坐标系 $\boldsymbol{\Sigma}_i$ 相关，而与 q 无关的一个常值。

这里，在继续讲述之前，我们想说明一下惯性矩阵 $\hat{\boldsymbol{H}}_i$ 与式（3-7）所示的惯性张量之间的关系。采用式（3-67）中的变量，绕连杆 i 的坐标系 $\boldsymbol{\Sigma}_i$ 的原点 O_i 的惯性张量 ${}^i\hat{\boldsymbol{I}}_i$ 为

$${}^i\hat{\boldsymbol{I}}_i = \begin{pmatrix} \hat{I}_{ixx} & -\hat{H}_{ixy} & -\hat{H}_{ixz} \\ -\hat{H}_{ixy} & \hat{I}_{iyy} & -\hat{H}_{iyz} \\ -\hat{H}_{ixz} & -\hat{H}_{iyz} & \hat{I}_{izz} \end{pmatrix} \tag{3-68}$$

以此连杆 i 的质心（一般与 $\boldsymbol{\Sigma}_i$ 的原点不同）为原点，与 $\boldsymbol{\Sigma}_i$ 坐标轴平行的坐标系为 $\boldsymbol{\Sigma}_A$，绕质心的惯性张量 ${}^i\boldsymbol{I}_i$ 为

$$
{}^{i}\boldsymbol{I}_{i}=\begin{pmatrix} I_{ixx} & -H_{ixy} & -H_{ixz} \\ -H_{ixy} & I_{iyy} & -H_{iyz} \\ -H_{ixz} & -H_{iyz} & I_{izz} \end{pmatrix} \tag{3-69}
$$

${}^{i}\boldsymbol{I}_i$ 将应用于 3.4.3 节中。这里，${}^{i}\boldsymbol{I}_i$ 与 ${}^{i}\hat{\boldsymbol{I}}_i$ 的元素之间有如下关系

$$
\hat{I}_{ixx}=I_{ixx}+m_i(\hat{s}_{iy}^2+\hat{s}_{iz}^2) \tag{3-70a}
$$

$$
\hat{H}_{ixy}=I_{ixy}+m_i\hat{s}_{ix}\hat{s}_{iy} \tag{3-70b}
$$

其他的元素，即 $\hat{I}_{iyy}$、$\hat{I}_{izz}$、$\hat{H}_{iyz}$、$\hat{H}_{ixz}$ 也有类似的关系（这里略）。把这些总结到一起，得

$$
{}^{i}\dot{\boldsymbol{I}}_{i}={}^{i}\boldsymbol{I}_i+m_i({}^{i}\hat{\boldsymbol{s}}_i\times)^{\mathrm{T}}({}^{i}\hat{\boldsymbol{s}}_i\times)={}^{i}\boldsymbol{I}_i+m_i({}^{i}\hat{\boldsymbol{s}}_i\times)^2 \tag{3-71}
$$

式中，${}^{i}\hat{\boldsymbol{s}}_i$ 表示从 $\boldsymbol{\Sigma}_i$ 的原点 O_i 到连杆 i 的质心的矢量。式（3-71）的实质就是人们熟悉的平行轴定理。

接着，求连杆 i 的势能 P_i。这里，$\widetilde{\boldsymbol{g}}=(\widetilde{g}_x,\ \widetilde{g}_y,\ \widetilde{g}_z,\ 0)^{\mathrm{T}}$ 表示在 $\boldsymbol{\Sigma}_0$ 中重力加速度的矢量，取含基础坐标系的原点且与 $\widetilde{\boldsymbol{g}}$ 垂直的平面作为基准面时，势能 P_i 为

$$
P_i=m_i\,\widetilde{\boldsymbol{g}}^{\mathrm{T}\,0}\boldsymbol{T}_i^{i}\hat{\boldsymbol{s}}_i \tag{3-72}
$$

于是，拉格朗日函数 L 为

$$
L=\sum_{i=1}^{n}(K_i-P_i) \tag{3-73}
$$

把式（3-73）代入式（3-43）进行矩阵的迹运算与微分运算，得

$$
\tau_i=\sum_{k=1}^{n}\sum_{j=1}^{k}\mathrm{tr}\left(\frac{\partial^0\boldsymbol{T}_k}{\partial q_j}\hat{\boldsymbol{H}}_k\frac{\partial^0\boldsymbol{T}_k^{\mathrm{T}}}{\partial q_i}\right)\ddot{q}_j+\sum_{k=1}^{n}\sum_{j=1}^{k}\sum_{m=1}^{k}\mathrm{tr}\left(\frac{\partial^{2\,0}\boldsymbol{T}_k^{\mathrm{T}}}{\partial q_j\partial q_m}\hat{\boldsymbol{H}}_k\frac{\partial^0\boldsymbol{T}_k^{\mathrm{T}}}{\partial q_i}\right)\ddot{q}_j\ddot{q}_m-\sum_{j=i}^{n}m_j\widetilde{\boldsymbol{g}}^{\mathrm{T}}\frac{\partial^0\boldsymbol{T}_j}{\partial q_i}\hat{\boldsymbol{s}}_j \tag{3-74}
$$

然后，把式（3-74）写成矩阵形式

$$
\boldsymbol{\tau}=\boldsymbol{M}(\boldsymbol{q})\ddot{\boldsymbol{q}}+\boldsymbol{h}(\boldsymbol{q},\dot{\boldsymbol{q}})+\boldsymbol{g}(\boldsymbol{q}) \tag{3-75}
$$

这就是动力学方程的一般形式，式中 $n\times n$ 矩阵 $\boldsymbol{M}(\boldsymbol{q})$ 的第（i，j）个元素是由下式给定的惯性矩阵

$$
M_{ij}=\sum_{k=\max\{i,j\}}^{n}\mathrm{tr}\left(\frac{\partial^0\boldsymbol{T}_k}{\partial q_j}\hat{\boldsymbol{H}}_k\frac{\partial^0\boldsymbol{T}_k^{\mathrm{T}}}{\partial q_i}\right) \tag{3-76}
$$

n 维矢量 $\boldsymbol{h}(\boldsymbol{q},\ \dot{\boldsymbol{q}})$ 表示离心力和科氏力，其第 i 个元素由下式给定

$$
h_i=\sum_{j=1}^{n}\sum_{m=1}^{n}\sum_{k=\max\{i,j,m\}}^{n}\mathrm{tr}\left(\frac{\partial^{2\,0}\boldsymbol{T}_k^{\mathrm{T}}}{\partial q_j\partial q_m}\hat{\boldsymbol{H}}_k\frac{\partial^0\boldsymbol{T}_k^{\mathrm{T}}}{\partial q_i}\right)\dot{q}_j\dot{q}_m \tag{3-77}
$$

n 维矢量 $\boldsymbol{g}(\boldsymbol{q})$ 表示重力载荷，其第 i 个元素由下式给定

$$
g_i=-\sum_{j=i}^{n}m_j\widetilde{\boldsymbol{g}}^{\mathrm{T}}\frac{\partial^0\boldsymbol{T}_j}{\partial q_i}\hat{\boldsymbol{s}}_j \tag{3-78}
$$

接着，我们将总动能 $K=\sum_{i=1}^{N}K_i$ 写成

$$
K=\frac{1}{2}\dot{\boldsymbol{q}}^{\mathrm{T}}\boldsymbol{M}(\boldsymbol{q})\dot{\boldsymbol{q}} \tag{3-79}
$$

由此可知，$\boldsymbol{M}(\boldsymbol{q})$ 是非负定（一般正定）对称矩阵。并且，观察式（3-43）、式（3-75）的话，就可以看出

$$\boldsymbol{h}(\boldsymbol{q},\dot{\boldsymbol{q}})=\dot{\boldsymbol{M}}\dot{\boldsymbol{q}}-\operatorname{col}\left(\frac{1}{2}\dot{\boldsymbol{q}}^{\mathrm{T}}\frac{\partial \boldsymbol{M}}{\partial q_i}\dot{\boldsymbol{q}}\right) \tag{3-80}$$

进一步地，$\boldsymbol{h}(\boldsymbol{q},\ \dot{\boldsymbol{q}})$ 和 h_{ijk} 也能用 M_{ij} 表示为

$$\boldsymbol{h}(\boldsymbol{q},\dot{\boldsymbol{q}})=\operatorname{col}\left[\sum_{j=1}^{n}\sum_{k=1}^{n}\left(\frac{\partial M_{ij}}{\partial q_k}-\frac{1}{2}\frac{\partial M_{jk}}{\partial q_i}\right)\dot{q}_j\dot{q}_k\right] \tag{3-81}$$

$$h_{ijk}=\frac{\partial M_{ij}}{\partial q_k}-\frac{\partial M_{jk}}{\partial q_i} \tag{3-82}$$

而且，在以上的式子中，请注意$\partial^0\boldsymbol{T}_i/\partial q_j$、$\partial^{20}\boldsymbol{T}_i/\partial q_k\partial q_j$ 可以按照下面的形式给定。首先由式（2-45），有

$$\frac{\partial^{i-1}\boldsymbol{T}_i}{\partial q_j}={}^{i-1}\boldsymbol{T}_i\boldsymbol{\Delta}_i \tag{3-83}$$

式中

$$\boldsymbol{\Delta}_i=\begin{cases}\begin{pmatrix}0&-1&0&0\\1&0&0&0\\0&0&0&0\\0&0&0&0\end{pmatrix} & (\text{转动关节})\\ \begin{pmatrix}0&0&0&0\\0&0&0&0\\0&0&0&1\\0&0&0&0\end{pmatrix} & (\text{平动关节})\end{cases} \tag{3-84}$$

于是

$$\frac{\partial^0\boldsymbol{T}_i}{\partial q_j}={}^0\boldsymbol{T}_1^1\boldsymbol{T}_2\cdots{}^{j-1}\boldsymbol{T}_j\boldsymbol{\Delta}_j^j\boldsymbol{T}_{j+1}\cdots{}^{i-1}\boldsymbol{T}_i \tag{3-85}$$

$$\frac{\partial^{20}\boldsymbol{T}_i}{\partial q_i\partial q_k}=\begin{cases}{}^0\boldsymbol{T}_1\cdots{}^{j-1}\boldsymbol{T}_j\boldsymbol{\Delta}_j^j\boldsymbol{T}_{j+1}\cdots{}^{k-1}\boldsymbol{T}_k\boldsymbol{\Delta}_k^k\boldsymbol{T}_{k+1}\cdots{}^{i-1}\boldsymbol{T}_i & (i\geqslant k\geqslant j)\\ 0 & (\max\{j,\ k\}>i)\end{cases} \tag{3-86}$$

需要说明的是，若考虑各关节伺服系统的动力特性时，按本书5.2.1节中的方法进行处理。

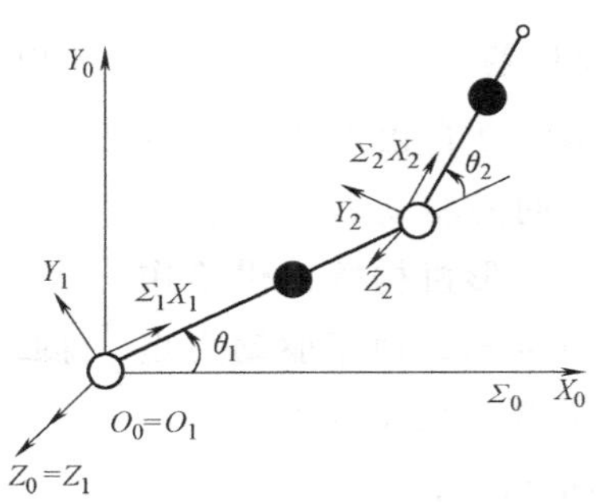

图3-7　2自由度机器人机构连杆坐标系

【例 3-1】 试证明：对 2 自由度机器人机构的运动方程，即式（3-53），也能从式（3-74）导出。建立图 3-7 所示的坐标系，并计算得到

$$ {}^0\boldsymbol{T}_1=\begin{pmatrix}\cos\theta_1 & -\sin\theta_1 & 0 & 0\\ \sin\theta_1 & \cos\theta_1 & 0 & 0\\ 0 & 0 & 1 & 0\\ 0 & 0 & 0 & 1\end{pmatrix},\quad {}^1\boldsymbol{T}_2=\begin{pmatrix}\cos\theta_2 & -\sin\theta_2 & 0 & l_1\\ \sin\theta_2 & \cos\theta_2 & 0 & 0\\ 0 & 0 & 1 & 0\\ 0 & 0 & 0 & 1\end{pmatrix} $$

这时，有

$$ \frac{\partial\,{}^0\boldsymbol{T}_1}{\partial q_1}=\begin{pmatrix}-\sin\theta_1 & -\cos\theta_1 & 0 & 0\\ \cos\theta_1 & -\sin\theta_1 & 0 & 0\\ 0 & 0 & 0 & 0\\ 0 & 0 & 0 & 0\end{pmatrix} $$

从上式，可写出下列关系

$$ \frac{\partial\,{}^0\boldsymbol{T}_2}{\partial q_1}=\frac{\partial\,{}^0\boldsymbol{T}_1}{\partial q_1}{}^1\boldsymbol{T}_2=\begin{pmatrix}-\sin(\theta_1+\theta_2) & -\cos(\theta_1+\theta_2) & 0 & -l_1\sin\theta_1\\ \cos(\theta_1+\theta_2) & -\sin(\theta_1+\theta_2) & 0 & l_1\cos\theta_1\\ 0 & 0 & 0 & 0\\ 0 & 0 & 0 & 0\end{pmatrix} $$

$$ \frac{\partial\,{}^0\boldsymbol{T}_2}{\partial q_2}=\begin{pmatrix}-\sin(\theta_1+\theta_2) & -\cos(\theta_1+\theta_2) & 0 & 0\\ \cos(\theta_1+\theta_2) & -\sin(\theta_1+\theta_2) & 0 & 0\\ 0 & 0 & 0 & 0\\ 0 & 0 & 0 & 0\end{pmatrix} $$

由上式与式（3-76），得 $M_{22}=\mathrm{tr}\left(\frac{\partial\,{}^0\boldsymbol{T}_2}{\partial q_2}\hat{\boldsymbol{H}}_2\frac{\partial\,{}^0\boldsymbol{T}_2^{\mathrm{T}}}{\partial q_2}\right)=I_{2zz}=\tilde{I}_2+m_2l_{g2}^2$ 等，然后导出式（3-55）。并且，通过计算式（3-77）右边的系数 $\dot{q}_j\dot{q}_m$，即

$$ h_{211}=\frac{\partial M_{21}}{\partial q_1}-\frac{1}{2}\frac{\partial M_{11}}{\partial q_2}=m_2l_1l_{g2}\sin\theta_2. $$

从而得到式（3-55）。

3.3.2 并行驱动的 2 自由度机器人机构

3.3.1 节及本节中所讨论的机器人机构都是串行驱动型，另外还有一种常见的驱动方式，即并行驱动型。图 3-8 所示的 2 自由度机器人机构，伺服 1 供给台座与连杆 1 之间的驱动力矩 τ_1，伺服 2 通过带、链、齿轮、平行四边形机构等提供给作用在基座与连杆 2 之间的驱动力矩 τ_2。由于驱动力矩是并列方式，所以称为并行驱动臂。在其基础上增加 1 个自由度，就成为图 3-9 所示的机构，作为机器人机构，能够配置在离台座较近的位置。

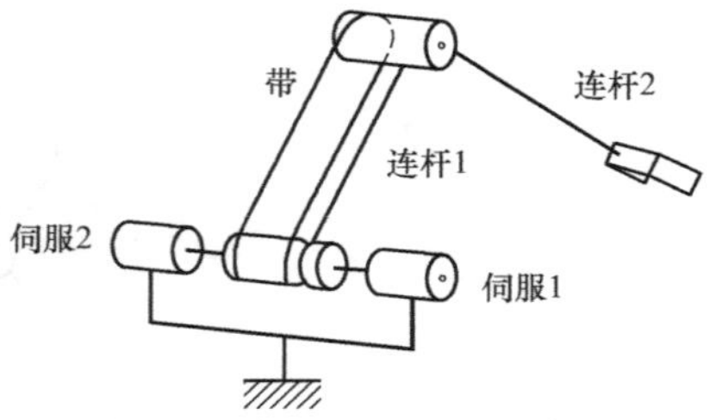

图 3-8 并行驱动型 2 自由度机器人机构

接着，我们来用拉格朗日法推导图 3-8 所示的 2 自由度机器人机构的运动方程。与在 3.3.1 节中所讨论的串行驱动的 2 自由度机器人机构不同，τ_2 没有作用在连杆 1 和 2 之间，而是作用在台座与连杆 2 之间。为便于计算，定义 τ_2 为广义坐标 $q_2=\theta_2$ 的广义力，需要说明的是，θ_2 不是连杆 1 与连杆 2 之间的夹角，而是台座与连杆 2 之间的夹角。臂的其余参数都如图 3-10 所示，连杆 1 的动能 K_1 与势能 P_1 分别由式（3-47）、式（3-48）给定。

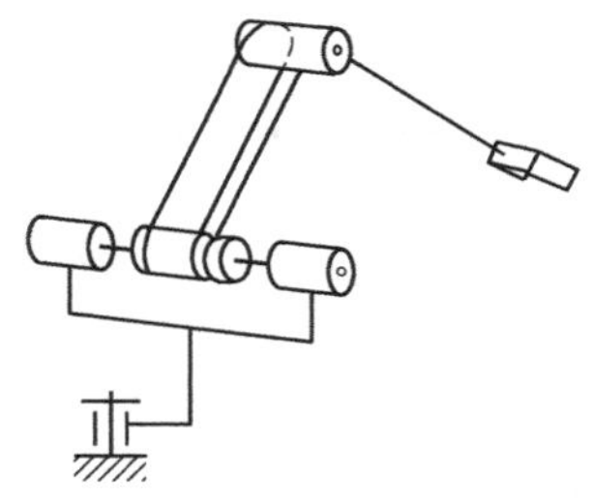

图 3-9　3 自由度机器人机构

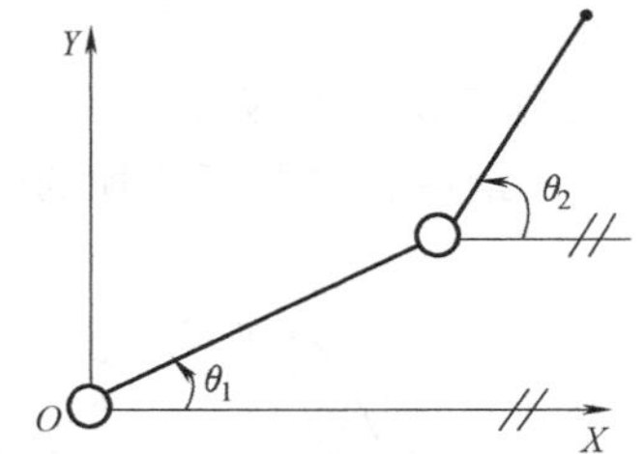

图 3-10　并行驱动型机器人的关节变化

对于连杆 2，它的质量中心在 $\boldsymbol{s}_2=(s_{2x},\ s_{2y})^{\mathrm{T}}$，其中

$$s_{2x}=l_1\cos\theta_1+l_{g2}\cos\theta_2 \tag{3-87a}$$

$$s_{2y}=l_1\sin\theta_1+l_{g2}\sin\theta_2 \tag{3-87b}$$

因此，可求得

$$\dot{\boldsymbol{s}}_2^{\mathrm{T}}\dot{\boldsymbol{s}}_2=l_1^2\dot{\theta}_1^2+l_{g2}\dot{\theta}_2^2+2l_1l_{g2}\cos(\theta_2-\theta_1)\dot{\theta}_1\dot{\theta}_2 \tag{3-88}$$

对应动能

$$K_2=\frac{1}{2}m_2\dot{\boldsymbol{s}}_2^{\mathrm{T}}\dot{\boldsymbol{s}}+\frac{1}{2}\tilde{I}_2\dot{\theta}_2^2 \tag{3-89}$$

而势能

$$P_2=m_2\hat{g}(l_1\sin\theta_1+l_{g2}\sin\theta_2) \tag{3-90}$$

把上述两式代入式（3-39）得

$$\begin{aligned}\tau_1=&(m_1l_{g1}^2+\tilde{I}_1+m_2l_1^2)\ddot{\theta}_1+[m_2l_1l_{g2}\cos(\theta_2-\theta_1)]\ddot{\theta}_2-\\&m_2l_1l_{g2}\sin(\theta_2-\theta_1)\ddot{\theta}_2^2+(m_1l_{g1}+m_2l_1)\hat{g}\cos\theta_1\end{aligned} \tag{3-91a}$$

$$\begin{aligned}\tau_2=&[m_2l_1l_{g2}\cos(\theta_2-\theta_1)]\ddot{\theta}_1+(m_2l_{g2}^2+\tilde{I}_2)\ddot{\theta}_2+\\&m_2l_1l_{g2}\sin(\theta_2-\theta_1)\dot{\theta}_1^2+m_2l_{g2}\hat{g}\cos\theta_2\end{aligned} \tag{3-91b}$$

比较式（3-53）与式（3-91），可以看出，机器人机构均为 2 自由度但驱动方式不同，动力学特性相差很大。特别地，第 2 个连杆的质量中心在第 2 个关节轴上时，式（3-91）中这些项为 0。总体来说，并行驱动时，连杆之间的干涉小。

3.4　基于牛顿-欧拉法的运动方程

3.4.1　推导的基本过程

在本节中，以图 3-11a 所示做平面运动的直接驱动式 3 自由度操作器为例，说明基于牛顿-欧拉法的运动方程的推导的基本过程。该运动方程用于计算关节角 $\boldsymbol{q}$ 确定时，实现预期的运动所需要的驱动力。

给定手臂的各关节当前的角位移 $\boldsymbol{q}_i$、角速度 $\dot{\boldsymbol{q}}_i$ 及其角加速度 $\ddot{\boldsymbol{q}}_i$，首先按从基座到指尖的顺序，依次计算从基础坐标系所观察到连杆 i 的回转角速度 $\boldsymbol{\omega}_i$、角加速度 $\dot{\boldsymbol{\omega}}_i$、移动速度 $\dot{\boldsymbol{p}}_i$ 及移动加速度 $\ddot{\boldsymbol{p}}_i$，如图 3-11b 所示。然后，根据牛顿方程和欧拉方程，计算实现这些运动所需要施加在质量中心的力 $\hat{\boldsymbol{f}}_i$ 及回转力矩 $\hat{\boldsymbol{n}}_i$（图 3-11c）。其次，给定从抓持对象施加到指尖的力 $\boldsymbol{f}_4$ 及力矩 $\boldsymbol{n}_4$，以从手指尖到基座的顺序，计算出在各关节处所施加的力 $\boldsymbol{f}_i$ 与力矩 $\boldsymbol{n}_i$（图 3-11d），最后，求各所施加的驱动力的大小 τ_i（图 3-11e）。

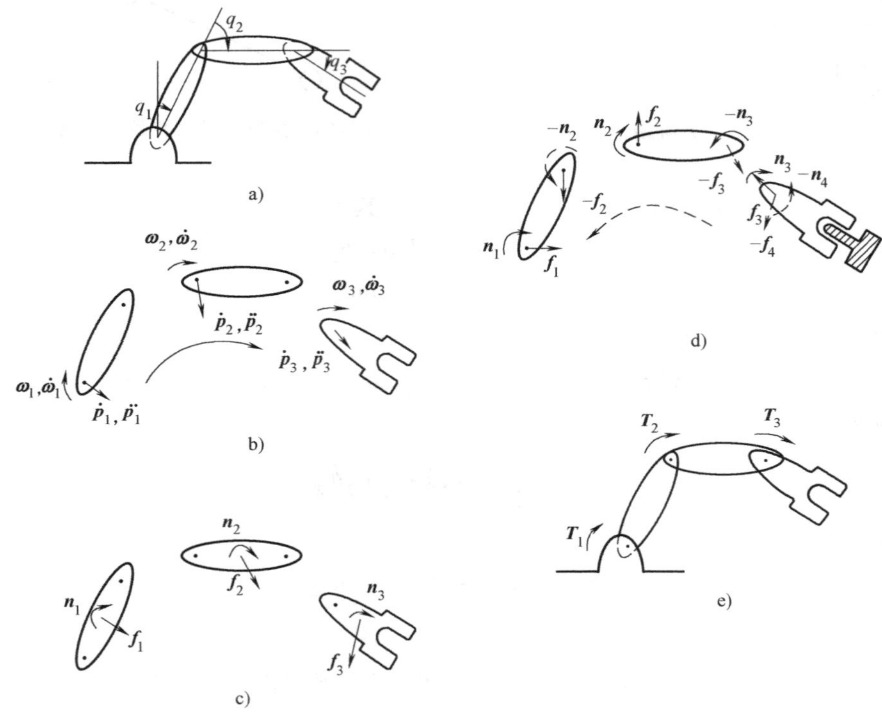

图 3-11　牛顿-欧拉法

以上计算中，必要的关系式全部都是基于牛顿-欧拉法的运动方程而建立的。

3.4.2　各连杆之间的加速度关系

在 2.5.3 节中，导出了连杆间的速度关系。在本节中，我们进一步推导其加速度关系，推导方法与 2.5.3 节相似。首先，考虑图 2-35 所示的三个坐标系 Σ_A、Σ_B、Σ_C 之间的相对移动关系，对速度关系，从式（2-93）、式（2-94）可得

$$^A\boldsymbol{\omega}_C = {}^A\boldsymbol{\omega}_B + {}^A\boldsymbol{R}_B\, {}^B\boldsymbol{\omega}_C \tag{3-92}$$

$$^A\boldsymbol{p}_C = {}^A\dot{\boldsymbol{p}}_B + {}^A\boldsymbol{R}_B \frac{\mathrm{d}}{\mathrm{d}t}({}^B\boldsymbol{p}_C) + \boldsymbol{\omega}_B \times ({}^A\boldsymbol{R}_B\, {}^B\boldsymbol{p}_C) \tag{3-93}$$

由式（3-92）对时间取微分，利用式（2-91）得

$$^A\dot{\boldsymbol{\omega}}_C = {}^A\dot{\boldsymbol{\omega}}_B + {}^A\boldsymbol{R}_B\, {}^B\dot{\boldsymbol{\omega}}_C + {}^A\boldsymbol{\omega}_B \times ({}^A\boldsymbol{R}_B\, {}^B\boldsymbol{\omega}_C) \tag{3-94}$$

再由式（3-94），同样利用式（2-91）得

$$
\begin{aligned}
{}^{A}\ddot{\boldsymbol{p}}_{C}={}^{A}\ddot{\boldsymbol{p}}_{B}+{}^{A}\boldsymbol{R}_{B}\frac{\mathrm{d}}{\mathrm{d}t}({}^{B}\boldsymbol{p}_{CB})+2{}^{A}\boldsymbol{\omega}_{B}\times\left[{}^{A}\boldsymbol{R}_{B}\frac{\mathrm{d}}{\mathrm{d}t}({}^{B}\boldsymbol{p}_{CB})\right]+ \\
\dot{\boldsymbol{\omega}}_{B}\times({}^{A}\boldsymbol{R}_{B}{}^{B}\boldsymbol{p}_{CB})+{}^{A}\boldsymbol{\omega}_{B}[{}^{A}\boldsymbol{\omega}_{B}\times({}^{A}\boldsymbol{R}_{B}{}^{B}\boldsymbol{p}_{CB})]
\end{aligned}
\tag{3-95}
$$

然后，根据式（3-95）推导连杆坐标系之间的加速度关系，连杆坐标系如图2-17所示。根据图2-36所示的方法，可以将图2-17所示的连杆坐标系转换为图3-12所示的数学模型。接下来分别给出关节 i 是旋转关节和平动关节时的推导结果。

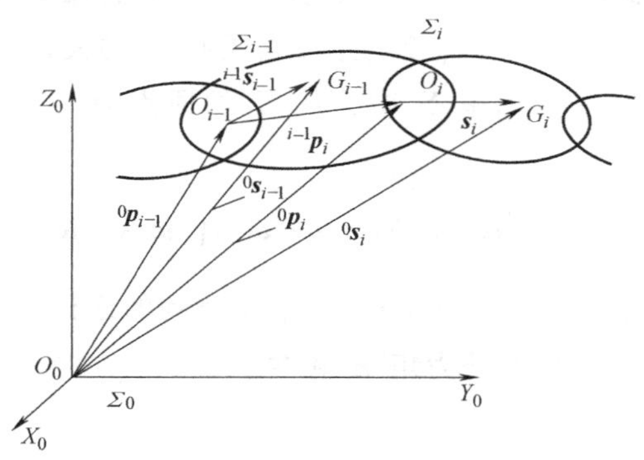

图3-12　矢量 ${}^{0}\boldsymbol{p}_{i}, {}^{i-1}\boldsymbol{p}_{i}, {}^{0}\boldsymbol{s}_{i}, {}^{i}\boldsymbol{s}_{i}$

1）关节 i 是旋转关节时，则得

$$
{}^{0}\dot{\boldsymbol{\omega}}_{i}={}^{0}\dot{\boldsymbol{\omega}}_{i-1}+{}^{0}\boldsymbol{R}_{i}\boldsymbol{e}_{z}\ddot{\boldsymbol{q}}_{i}+{}^{0}\boldsymbol{\omega}_{i-1}\times({}^{0}\boldsymbol{R}_{i}\boldsymbol{e}_{z}\dot{\boldsymbol{q}}_{i}) \tag{3-96}
$$

$$
{}^{0}\ddot{\boldsymbol{p}}_{i}={}^{0}\ddot{\boldsymbol{p}}_{i-1}+{}^{0}\dot{\boldsymbol{\omega}}_{i-1}\times({}^{0}\boldsymbol{R}_{i-1}{}^{i-1}\boldsymbol{p}_{i})+{}^{0}\boldsymbol{\omega}_{i-1}\times[{}^{0}\boldsymbol{\omega}_{i-1}\times({}^{0}\boldsymbol{R}_{i-1}{}^{i-1}\boldsymbol{p}_{i})] \tag{3-97}
$$

式中，$\boldsymbol{e}_{z}=(0,\ 0,\ 1)^{\mathrm{T}}$。

2）关节 i 是平动关节时，则得

$$
{}^{0}\dot{\boldsymbol{\omega}}_{i}\neq{}^{0}\dot{\boldsymbol{\omega}}_{i-1} \tag{3-98}
$$

$$
{}^{0}\ddot{\boldsymbol{p}}_{i}={}^{0}\dot{\boldsymbol{p}}_{i-1}+{}^{0}\boldsymbol{R}_{i}\boldsymbol{e}_{z}\ddot{\boldsymbol{q}}_{i}+2{}^{0}\boldsymbol{\omega}_{i-1}\times({}^{0}\boldsymbol{R}_{i}\boldsymbol{e}_{z}\ddot{\boldsymbol{q}}_{i})+{}^{0}\dot{\boldsymbol{\omega}}_{i-1}\times({}^{0}\boldsymbol{R}_{i-1}{}^{i-1}\boldsymbol{p}_{i})+{}^{0}\boldsymbol{\omega}_{i-1}\times[{}^{0}\boldsymbol{\omega}_{i-1}\times({}^{0}\boldsymbol{R}_{i-1}{}^{i-1}\boldsymbol{p}_{i})] \tag{3-99}
$$

3.4.3　n自由度机器人机构

按牛顿-欧拉法推导 n 自由度机器人机构的动力学方程。首先，求连杆的角速度关系，由式（2-95）、式（2-98），得

$$
{}^{0}\boldsymbol{\omega}_{i}=\begin{cases}{}^{0}\boldsymbol{\omega}_{i-1}+{}^{0}\boldsymbol{R}_{i}\boldsymbol{e}_{z}\dot{\boldsymbol{q}}_{i} & (\text{旋转关节}) \\ {}^{0}\boldsymbol{\omega}_{i-1} & (\text{平动关节})\end{cases} \tag{3-100}
$$

再建立加速度关系，得

$$
{}^{0}\dot{\boldsymbol{\omega}}_{i}=\begin{cases}{}^{0}\dot{\boldsymbol{\omega}}_{i-1}+{}^{0}\boldsymbol{R}_{i}\boldsymbol{e}_{z}\ddot{\boldsymbol{q}}_{i}+{}^{0}\boldsymbol{\omega}_{i-1}\times(\boldsymbol{R}_{i}\boldsymbol{e}_{z}\dot{\boldsymbol{q}}_{i}) & (\text{旋转关节}) \\ {}^{0}\dot{\boldsymbol{\omega}}_{i-1} & (\text{平动关节})\end{cases} \tag{3-101}
$$

$$
{}^{0}\ddot{\boldsymbol{p}}_{i}=\begin{cases}{}^{0}\ddot{\boldsymbol{p}}_{i-1}+{}^{0}\boldsymbol{\omega}_{i-1}\times({}^{0}\boldsymbol{R}_{i-1}{}^{i-1}\hat{\boldsymbol{p}}_{i})+\\ {}^{0}\boldsymbol{\omega}_{i-1}\times[{}^{0}\boldsymbol{\omega}_{i-1}\times({}^{0}\boldsymbol{R}_{i-1}{}^{i-1}\hat{\boldsymbol{p}}_{i})] \quad (\text{旋转关节})\\ {}^{0}\ddot{\boldsymbol{p}}_{i-1}+{}^{0}\boldsymbol{R}_{i}\boldsymbol{e}_{z}\ddot{\boldsymbol{q}}_{i}+2{}^{0}\boldsymbol{\omega}_{i-1}\times({}^{0}\boldsymbol{R}_{i}\boldsymbol{e}_{z}\dot{\boldsymbol{q}}_{i})+\\ {}^{0}\dot{\boldsymbol{\omega}}_{i-1}\times({}^{0}\boldsymbol{R}_{i-1}{}^{i-1}\hat{\boldsymbol{p}}_{i})+\\ {}^{0}\dot{\boldsymbol{\omega}}_{i-1}\times[{}^{0}\boldsymbol{\omega}_{i-1}\times({}^{0}\boldsymbol{R}_{i-1}{}^{i-1}\hat{\boldsymbol{p}}_{i})] \quad (\text{平动关节})\end{cases} \tag{3-102}
$$

进一步地，由于在后面的推导中，要用到各连杆质心的加速度，所以在图 3-12 所示的情形中，${}^{0}\boldsymbol{s}_i$ 定义为坐标系 $\boldsymbol{\Sigma}_0$ 的原点 O_0 到连杆 i 的质心 G_i 的矢量。需要注意的是，${}^{i}\hat{\boldsymbol{s}}_i$采用的是式（3-71）中的定义，即在坐标系 $\boldsymbol{\Sigma}_i$ 中，从 $\boldsymbol{\Sigma}_i$ 的原点 O_i 到连杆的质心的矢量。然后，利用式（3-95），得

$$
{}^{0}\ddot{\boldsymbol{s}}_{i}={}^{0}\ddot{\boldsymbol{p}}_{i}+{}^{0}\dot{\boldsymbol{\omega}}_{i}\times({}^{0}\boldsymbol{R}_{i}{}^{0}\hat{\boldsymbol{s}}_{i})+{}^{0}\boldsymbol{\omega}_{i}\times[{}^{0}\boldsymbol{\omega}_{i}\times({}^{0}\boldsymbol{R}_{i}{}^{0}\hat{\boldsymbol{s}}_{i})] \tag{3-103}
$$

若假定连杆 i 的质量为 m_i，从基础坐标系 $\boldsymbol{\Sigma}_0$ 中看到的连杆 i 绕质心的惯性张量用${}^{0}\boldsymbol{I}_i$ 表示，施加在连杆 i 上的总外力${}^{0}\hat{\boldsymbol{f}}_i$ 及外力矩${}^{0}\hat{\boldsymbol{n}}_i$ 由牛顿公式（3-91）与欧拉公式（3-92）给定如下：

$$
{}^{0}\hat{\boldsymbol{f}}_{i}=m_{i}^{0}\ddot{\boldsymbol{s}}_{i} \tag{3-104}
$$

$$
{}^{0}\hat{\boldsymbol{n}}_{i}={}^{0}\boldsymbol{I}_{i}^{0}\dot{\boldsymbol{\omega}}_{i}+{}^{0}\boldsymbol{\omega}_{i}\times({}^{0}\boldsymbol{I}_{i}^{0}\boldsymbol{\omega}_{i}) \tag{3-105}
$$

若假定由连杆 $i-1$ 施加给连杆 i 的力和力矩分别为${}^{0}\boldsymbol{f}_i$ 和${}^{0}\boldsymbol{n}_i$，且有${}^{0}\hat{\boldsymbol{s}}_i={}^{0}\boldsymbol{R}_i^{i}\hat{\boldsymbol{s}}_i$，${}^{0}\boldsymbol{p}_{i+1}={}^{0}\boldsymbol{R}_i{}^{0}\hat{\boldsymbol{p}}_{i+1}$，则有

$$
{}^{0}\boldsymbol{f}_{i}-{}^{0}\boldsymbol{f}_{i+1}={}^{0}\hat{\boldsymbol{f}}_{i} \tag{3-106}
$$

$$
{}^{0}\boldsymbol{n}_{i}-{}^{0}\boldsymbol{n}_{i+1}={}^{0}\hat{\boldsymbol{p}}_{i+1}\times{}^{0}\boldsymbol{f}_{i+1}+{}^{0}\hat{\boldsymbol{n}}_{i}+{}^{0i}\hat{\boldsymbol{s}}_{i}\times{}^{0}\hat{\boldsymbol{f}}_{i} \tag{3-107}
$$

然后，关节驱动力 τ_i 与${}^{0}\boldsymbol{f}_i$ 和${}^{0}\boldsymbol{n}_i$ 的关系由下式给定：

$$
\tau_{i}=\begin{cases}{}^{0}\boldsymbol{z}_{i}^{\mathrm{T}\,0}\boldsymbol{n}_{i} \quad (\text{旋转关节})\\ {}^{0}\boldsymbol{z}_{i}^{\mathrm{T}\,0}\boldsymbol{f}_{i} \quad (\text{平动关节})\end{cases} \tag{3-108}
$$

从式（3-100）~式（3-108）可得到基于牛顿-欧拉法的动力学方程。应用以上的式在实际的数值计算中，牵涉到连杆 i 的某些变量，如果按固连在连杆上的坐标系考虑，可以发现有比较方便的地方。首先，惯性张量${}^{i}\boldsymbol{I}_i$ 变成一个常值，这时，式（3-105）的计算就变得比较容易。而且，${}^{i}\boldsymbol{z}_i$、${}^{i-1}\hat{\boldsymbol{p}}_i$、${}^{i}\hat{\boldsymbol{s}}_i$ 为常数矢量，相关的计算就会变得轻松许多。把以上这些用式（3-100）~式（3-108）表示，可得以下结果：

$$
{}^{i}\dot{\boldsymbol{\omega}}_{i}=\begin{cases}{}^{i-1}\boldsymbol{R}_{i}^{\mathrm{T}\,i-1}\boldsymbol{\omega}_{i-1}+\boldsymbol{e}_{z}\dot{\boldsymbol{q}}_{i} \quad (\text{旋转关节})\\ {}^{i-1}\boldsymbol{R}_{i}^{\mathrm{T}i-1}\boldsymbol{\omega}_{i-1} \quad (\text{平动关节})\end{cases} \tag{3-100$'$}
$$

$$
{}^{i}\dot{\boldsymbol{\omega}}_{i}=\begin{cases}{}^{i-1}\boldsymbol{R}_{i}^{\mathrm{T}i-1}\dot{\boldsymbol{\omega}}_{i-1}+\boldsymbol{e}_{z}\ddot{\boldsymbol{q}}_{i}+({}^{i-1}\boldsymbol{R}_{i}^{\mathrm{T}i-1}\boldsymbol{\omega}_{i-1})+\boldsymbol{e}_{z}\ddot{\boldsymbol{q}}_{i} \quad (\text{旋转关节})\\ {}^{i-1}\boldsymbol{R}_{i}^{\mathrm{T}i-1}\dot{\boldsymbol{\omega}}_{i-1} \quad (\text{平动关节})\end{cases} \tag{3-101$'$}
$$

$$
{}^{i}\ddot{\boldsymbol{p}}_{i}==\begin{cases}{}^{i-1}\boldsymbol{R}_{i}^{\mathrm{T}}[{}^{i-1}\ddot{\boldsymbol{p}}_{i-1}+{}^{i-1}\dot{\boldsymbol{\omega}}_{i-1}\times{}^{i-1}\hat{\boldsymbol{p}}_{i}+\\ {}^{i-1}\boldsymbol{\omega}_{i-1}\times({}^{i-1}\boldsymbol{\omega}_{i-1}\times{}^{i-1}\hat{\boldsymbol{p}}_{i})] \quad (\text{旋转关节})\\ {}^{i-1}\boldsymbol{R}_{i}^{\mathrm{T}}[{}^{i-1}\ddot{\boldsymbol{p}}_{i-1}+{}^{i-1}\dot{\boldsymbol{\omega}}_{i-1}\times{}^{i-1}\hat{\boldsymbol{p}}_{i}+\\ {}^{i-1}\boldsymbol{\omega}_{i-1}\times({}^{i-1}\boldsymbol{\omega}_{i-1}\times{}^{i-1}\hat{\boldsymbol{p}}_{i})]+\\ 2({}^{i-1}\boldsymbol{R}_{i}^{\mathrm{T}\,i-1}\boldsymbol{\omega}_{i-1})\times(\boldsymbol{p}_{i}\ddot{\boldsymbol{q}}_{i})+\boldsymbol{p}_{i}\ddot{\boldsymbol{q}}_{i} \quad (\text{平动关节})\end{cases} \tag{3-102$'$}
$$

$$
{}^{i}\ddot{\boldsymbol{s}}_{i}={}^{i}\ddot{\boldsymbol{p}}_{i}+{}^{i}\dot{\boldsymbol{\omega}}_{i}\times{}^{i}\hat{\boldsymbol{s}}_{i}+{}^{i}\boldsymbol{\omega}_{i}\times({}^{i}\boldsymbol{\omega}_{i}\times{}^{i}\hat{\boldsymbol{s}}_{i}) \tag{3-103$'$}
$$

$$
{}^{i}\boldsymbol{f}_{i}=m_{i}^{i}\ddot{\boldsymbol{s}}_{i} \tag{3-104$'$}
$$

$$
{}^{i}\hat{\boldsymbol{n}}_{i}={}^{i}\boldsymbol{I}_{i}\dot{\boldsymbol{\omega}}_{i}+{}^{i}\boldsymbol{\omega}_{i}\times({}^{i}\boldsymbol{I}_{i}^{i}\boldsymbol{\omega}_{i}) \tag{3-105$'$}
$$

$$
{}^{i}\boldsymbol{f}_{i}={}^{i}\boldsymbol{R}_{i+1}{}^{i+1}\boldsymbol{f}_{i+1}+{}^{i}\hat{\boldsymbol{f}}_{i} \tag{3-106$'$}
$$

$$
{}^{i}\boldsymbol{n}_{i}={}^{i}\boldsymbol{R}_{i+1}{}^{i+1}\boldsymbol{n}_{i+1}+{}^{i}\hat{\boldsymbol{n}}_{i}+{}^{i}\hat{\boldsymbol{s}}_{i}\times{}^{i}\hat{\boldsymbol{f}}_{i}+{}^{i}\hat{\boldsymbol{p}}_{i+1}\times({}^{i}\boldsymbol{R}_{i+1}{}^{i+1}\boldsymbol{f}_{i+1}) \tag{3-107$'$}
$$

$$
\tau_{i}=\begin{cases}\boldsymbol{e}_{z}^{\mathrm{T}\,i}\boldsymbol{n}_{i} & (\text{旋转关节})\\ \boldsymbol{e}_{z}^{\mathrm{T}\,i}\boldsymbol{f}_{i} & (\text{平动关节})\end{cases} \tag{3-108$'$}
$$

请注意在上式推导过程中使用了叉积的性质。

这里，补充说明几个点。首先，在考虑重力的场合，假定${}^{0}\ddot{\boldsymbol{p}}_{0}=-\bar{\boldsymbol{g}}=-(\tilde{g}_{x},\tilde{g}_{y},\tilde{g}_{z})^{\mathrm{T}}$，就可以直接应用上式。其次，当考虑关节处的摩擦时，把摩擦力 γ_{Fi} 追加到式（3-108）的右边，即

$$
\tau_{i}=\begin{cases}{}^{0}\boldsymbol{z}_{i}^{\mathrm{T}\,0}\boldsymbol{n}_{i}+\gamma_{Fi} & (\text{旋转关节})\\ {}^{0}\boldsymbol{z}_{i}^{\mathrm{T}\,0}\boldsymbol{f}_{i}+\gamma_{Fi} & (\text{平动关节})\end{cases} \tag{3-109}
$$

γ_{Fi} 与摩擦的模型有关，通常包含库仑摩擦力和黏性摩擦力，于是，式（3-109）进一步写为

$$
\tau_{i}=\begin{cases}{}^{0}\boldsymbol{z}_{i}^{\mathrm{T}\,0}\boldsymbol{n}_{i}+\gamma_{\mathrm{C}Fi}\,\mathrm{sgn}(\dot{q}_{i})+\gamma_{\mathrm{V}Fi}\dot{q}_{i} & (\text{旋转关节})\\ {}^{0}\boldsymbol{z}_{i}^{\mathrm{T}\,0}\boldsymbol{f}_{i}+\gamma_{\mathrm{C}Fi}\,\mathrm{sgn}(\dot{q}_{i})+\gamma_{\mathrm{V}Fi}\dot{q}_{i} & (\text{平动关节})\end{cases} \tag{3-110}
$$

式中，$\gamma_{\mathrm{C}Fi}$ 表示库仑摩擦力；$\gamma_{\mathrm{V}Fi}$ 表示黏性摩擦系数；而 sgn(x) 的含义为

$$
\mathrm{sgn}(x)=\begin{cases}1, & x>0\\ 0, & x=0\\ -1, & x<0\end{cases} \tag{3-111}
$$

同时，请注意，当静摩擦的影响较大时，上面的数学模型并不是很充分。

【例 3-2】 再次以图 3-5 所示的 2 自由度机器人机构为例，试用牛顿-欧拉法得出系统的动力学方程，且在以下的式子中，如不特别声明，我们就认为 τ_1 与 τ_2 无关。这时，有

$$
{}^{i-1}\boldsymbol{R}_{i}=\begin{pmatrix}\cos\theta_{i} & -\sin\theta_{i} & 0\\ \sin\theta_{i} & \cos\theta_{i} & 0\\ 0 & 0 & 1\end{pmatrix}\quad(i=1,2),\ \bar{\boldsymbol{g}}=\begin{pmatrix}0\\ -\dot{g}\\ 0\end{pmatrix}
$$

$$
{}^{0}\hat{\boldsymbol{p}}_1=\begin{pmatrix}0\\0\\0\end{pmatrix},{}^{1}\hat{\boldsymbol{p}}_2=\begin{pmatrix}l_1\\0\\0\end{pmatrix},{}^{i}\boldsymbol{I}_i=\begin{pmatrix}* & * & *\\ * & * & *\\ * & * & \widetilde{I}_i\end{pmatrix}
$$

$$
{}^{1}\hat{\boldsymbol{s}}_1=\begin{pmatrix}l_{g1}\\0\\0\end{pmatrix},{}^{2}\hat{\boldsymbol{s}}_2=\begin{pmatrix}l_{g2}\\0\\0\end{pmatrix}
$$

对于外界作用在手指尖的力，当忽略力矩的作用时，其终端条件是

$$
{}^{3}\boldsymbol{f}_3=\boldsymbol{0},\quad {}^{3}\boldsymbol{n}_3=\boldsymbol{0}
$$

而初始条件是

$$
{}^{0}\ddot{\boldsymbol{p}}_0=-\overline{\boldsymbol{g}},{}^{0}\boldsymbol{\omega}_0=\boldsymbol{0},{}^{0}\dot{\boldsymbol{\omega}}_0=\boldsymbol{0}
$$

用这些条件可以表示式（3-100′）~式（3-105′）中旋转关节的情形，取 $i=1$，2。联立各方程，则可得到对应牛顿-欧拉法的动力学方程。而且由于这个联立方程与式（3-53）一致，下面简要地说明以上过程。由式（3-100′）得

$$
{}^{1}\boldsymbol{\omega}_1=\begin{pmatrix}0\\0\\\dot{\theta}_1\end{pmatrix},{}^{2}\boldsymbol{\omega}_2=\begin{pmatrix}0\\0\\\dot{\theta}_1+\dot{\theta}_2\end{pmatrix} \tag{3-112}
$$

由式（3-101′）得

$$
{}^{1}\dot{\boldsymbol{\omega}}_1=\begin{pmatrix}0\\0\\\dot{\theta}_1\end{pmatrix},{}^{2}\dot{\boldsymbol{\omega}}_2=\begin{pmatrix}0\\0\\\dot{\theta}_1+\dot{\theta}_2\end{pmatrix} \tag{3-113}
$$

由式（3-102′）得

$$
{}^{1}\ddot{\boldsymbol{p}}_1=\begin{pmatrix}\sin\theta_1\hat{g}\\\cos\theta_1\hat{g}\\0\end{pmatrix},{}^{2}\ddot{\boldsymbol{p}}_2=\begin{pmatrix}\sin(\theta_1+\theta_2)\hat{g}+l_1(\cos\theta_2\dot{\theta}_1^2-\sin\theta_2\dot{\theta}_1)\\\cos(\theta_1+\theta_2)\hat{g}+l_1(\sin\theta_2\dot{\theta}_1^2-\cos\theta_2\dot{\theta}_1)\\0\end{pmatrix} \tag{3-114}
$$

由式（3-103′）得

$$
{}^{1}\ddot{\boldsymbol{s}}_1=\begin{pmatrix}\sin\theta_1\hat{g}-l_{01}\ddot{\theta}_1^2\\\cos\theta_1\hat{g}+l_{01}\ddot{\theta}_1\\0\end{pmatrix} \tag{3-115}
$$

$$
{}^{2}\ddot{\boldsymbol{s}}_2=\begin{pmatrix}\sin(\theta_1+\theta_2)\hat{g}-l_2(\cos\theta_2\dot{\theta}_2^2-\sin\theta_2\ddot{\theta}_2)-l_2(\ddot{\theta}_2+\ddot{\theta}_2)^2\\\cos(\theta_1+\theta_2)\hat{g}-l_2(\sin\theta_2\ddot{\theta}_2^2-\cos\theta_2\ddot{\theta}_2)+l_2(\ddot{\theta}_2+\ddot{\theta}_2)\end{pmatrix} \tag{3-116}
$$

由式（3-104′）、式（3-105′）得

$$
{}^{1}\dot{\boldsymbol{f}}_1=m_1{}^{1}\ddot{\boldsymbol{s}}_1,{}^{2}\boldsymbol{f}_2=m_2{}^{2}\ddot{\boldsymbol{s}}_2 \tag{3-117}
$$

$$ {}^1\hat{\boldsymbol{n}}_1=\begin{pmatrix} * \\ * \\ \widetilde{I}_1\ddot{\theta}_1 \end{pmatrix},{}^2\hat{\boldsymbol{n}}_2=\begin{pmatrix} * \\ * \\ \widetilde{I}_1(\ddot{\theta}_1+\ddot{\theta}_2) \end{pmatrix} \tag{3-118} $$

由式（3-106′）、式（3-107′）得

$$ {}^2\boldsymbol{f}_2=m_2{}^2\ddot{\boldsymbol{s}}_2 \tag{3-119} $$

$$ {}^1\boldsymbol{f}_1=\begin{pmatrix} \cos\theta_2 & -\sin\theta_2 & 0 \\ \sin\theta_2 & \cos\theta_2 & 0 \\ 0 & 0 & 1 \end{pmatrix}m_2{}^2\ddot{\boldsymbol{s}}_2+m_1{}^1\ddot{\boldsymbol{s}}_1 \tag{3-120} $$

$$ {}^2\boldsymbol{n}_2=\begin{pmatrix} * \\ * \\ \widetilde{I}_2(\ddot{\theta}_1+\ddot{\theta}_2)+l_{g2}[\cos(\theta_1+\theta_2)\hat{g}+l_1(\sin\theta_2\dot{\theta}_1^2+\cos\theta_2\ddot{\theta}_1)+l_{g2}(\ddot{\theta}_1+\ddot{\theta}_2)]m_2 \end{pmatrix} \tag{3-121} $$

$$ {}^1\boldsymbol{n}_1=\begin{pmatrix} * \\ * \\ \widetilde{I}_2(\ddot{\theta}_1+\ddot{\theta}_2)+l_{g2}[\cos(\theta_1+\theta_2)\hat{g}+l_1\cos\theta_2(\ddot{\theta}_2+2\ddot{\theta}_1)+l_{g2}(\ddot{\theta}_1+\ddot{\theta}_2)]m_2+ \\ \widetilde{I}_1\ddot{\theta}_1+m_1l_{g1}(\cos\theta_1\hat{g}+l_{g1}\ddot{\theta}_1)+m_2l_1^2\ddot{\theta}_1-l_1l_{g2}\sin\theta_1(\dot{\theta}_1^2+\dot{\theta}_1\dot{\theta}_2)+ \\ \hat{g}l_1\cos\theta_1 \end{pmatrix} \tag{3-122} $$

由式（3-108′）得

$$ \tau_1=(0,0,1){}^1\boldsymbol{n}_1,\tau_2=(0,0,1){}^2\boldsymbol{n}_2 \tag{3-123} $$

到此为止，用牛顿-欧拉法建立了与式（3-53）一致的动力学方程。

3.5 运动方程的运用与计算效率

3.5.1 实时控制——逆动力学问题

在实际控制中，机器人目标轨迹通过关节变量与时间的函数关系给定。当目标轨迹已知时，计算实现该目标轨迹所需的驱动力 $F(t)$ 的问题，就是通常所说的逆动力学问题。当驱动输入给定时，求解运动微分方程以求得物体运动过程的问题就成为上述问题的逆问题，即动力学问题。对于逆动力学问题的求解，这里同样有两种方法，第一种方法是把关节轨迹代入由拉格朗日法所建立的运动方程，即由式（3-75）的右边而计算；另一方法是采用由牛顿-欧拉法导出的运动方程，即（3-100′）~式（3-108′），按 3.4.1 节讨论的顺序计算 $\tau_i(t)$ $(i=1, 2, \cdots, n)$。两者当然应该是同解的，但是，大家知道，牛顿-欧拉法的计算量相对小得多。为了了解这两种方法在计算量上的差别，以线性计算中的类似例子加以说明。在线性计算中，有

$$ \boldsymbol{x}=\boldsymbol{C}\boldsymbol{y},\quad \boldsymbol{C}=\boldsymbol{A}\boldsymbol{B} \tag{3-124} $$

式（3-124）表示，由给定的 $n\times n$ 矩阵 $\boldsymbol{A}$、$\boldsymbol{B}$ 及 n 维矢量 $\boldsymbol{y}$ 的值，计算未知的 n 维矢量 $\boldsymbol{x}$

的值。这时，一种方法是由矩阵 $\boldsymbol{A}$、$\boldsymbol{B}$ 计算矩阵 $\boldsymbol{C}$，然后计算 $\boldsymbol{C}\boldsymbol{y}$；另一种方法是先计算$\boldsymbol{B}\boldsymbol{y}=\boldsymbol{z}$，最后再计算 $\boldsymbol{A}\boldsymbol{z}$。考虑这两种方法，前者需要 n^3+n^2 次乘法运算和 n^3-n 次加法运算，而后者需要 $2n^2$ 次乘法运算和 $2n^2-2n$ 次加法运算。前者相当于拉格朗日法的计算量，后者相当于牛顿-欧拉法的计算量。而实际上，由于非线性的原因，见表 3-1，拉格朗日法有 n^4 阶的计算量，而牛顿-欧拉法有 n 阶的计算量。我们将在第 5~7 章讨论在实时控制中如何使用运动方程及其控制系统的构成。

表 3-1 计算量的比较

方法	乘法运算量	加法运算量
拉格朗日法	$32\frac{1}{2}n^4+86\frac{5}{12}n^3+171\frac{1}{4}n^2+53\frac{1}{3}n-1$ (66.271)	$25n^4+66\frac{1}{3}n^3+129\frac{1}{2}n^2+42\frac{1}{3}n-9$ (51.548)
牛顿欧拉法	$150n-48$ (852)	$131n-48$ (738)

注：n 是机器人机构的自由度，表中给出的是 $n=6$ 时的计算次数。

3.5.2 仿真——正动力学问题

在机器人的计算机仿真中，给定某些驱动输入时，需要求解机器人作什么样的运动。这也就是求运动方程的解，对于这类正动力学问题，可以采用牛顿-欧拉法。

本节将以运动方程，式（3-75）为例，说明用计算机求解正动力学问题时的基本过程。在时刻 $t=0$ 时，机器人处于初始状态，即已知关节变量和关节速度，以及从初始状态到终止状态的驱动输入 $\boldsymbol{\tau}(t)$，这时选取微元时间段 Δt，按顺序到终点求在时刻 $t=0$，Δt，$2\Delta t$，$3\Delta t$，…处的机器人的状态 $\boldsymbol{q}(t)$、$\dot{\boldsymbol{q}}(t)$，而得到 $\boldsymbol{q}(t)$ 的数值解。在这个过程中，当在时刻 t 得到 $\boldsymbol{q}(t)$ 与 $\dot{\boldsymbol{q}}(t)$ 时，在时刻 $t+\Delta t$ 时的 $\boldsymbol{q}(t+\Delta t)$ 和 $\dot{\boldsymbol{q}}(t+\Delta t)$ 的值的求解是通过求运动方程的解而得到的。下面介绍一个最简单的方法。首先，把 $\boldsymbol{q}(t)$、$\dot{\boldsymbol{q}}(t)$ 的值代入式（3-75），则得

$$\ddot{\boldsymbol{q}}=\boldsymbol{M}^{-1}(\boldsymbol{q})(\boldsymbol{\tau}-\boldsymbol{h}(\boldsymbol{q},\dot{\boldsymbol{q}})-\boldsymbol{g}(\boldsymbol{q})) \tag{3-125}$$

接着，如果假定 $\boldsymbol{q}(t)$ 在时间区间 $[t,\ t+\Delta t]$ 内是一个常数，即有

$$\begin{cases}\dot{\boldsymbol{q}}(t+\Delta t)=\dot{\boldsymbol{q}}(t)+\ddot{\boldsymbol{q}}(t)\Delta t\\ \boldsymbol{q}(t+\Delta t)=\boldsymbol{q}(t)+\dot{\boldsymbol{q}}(t)\Delta t+\dfrac{(\Delta t)^2\ddot{\boldsymbol{q}}(t)}{2}\end{cases} \tag{3-126a}$$

进一步地，略去高阶项 $(\Delta t)^2$，由式（3-126a）知

$$\boldsymbol{q}(t+\Delta t)\cong\boldsymbol{q}(t)+\dot{\boldsymbol{q}}(t)\Delta t \tag{3-126b}$$

于是，由式（3-126a）、式（3-126b），就可以求得 $\boldsymbol{q}(t+\Delta t)$ 和 $\dot{\boldsymbol{q}}(t+\Delta t)$。这个方法相当于微分方程的数值解法中的欧拉法，即考虑把它的解按泰勒级数对 Δt 展开取到第一阶项。进一步地，如果想得到较高求解精度，就取到高阶项。此时，对 $[t,\ t+\Delta t]$ 区间内的点，可利用龙格-库塔法递推出 $\dot{\boldsymbol{q}}$ 和 $\ddot{\boldsymbol{q}}$的值。

不管采用哪种方法，当 $\boldsymbol{q}$、$\dot{\boldsymbol{q}}$、$\boldsymbol{\tau}$ 给定时，有必要求满足式（3-125）的 $\ddot{\boldsymbol{q}}$，所以，用下式代替式（3-125）得

$$M(q)\ddot{q}=\tau-\tau_N \tag{3-127a}$$

$$\tau_N=h(q,\dot{q})+g(q) \tag{3-127b}$$

在求得 τ_N 及系数矩阵 $M(q)$ 之后，从式（3-127a），通过消去法求解是最有效的方法。在 τ_N 的计算中，按照牛顿-欧拉法，把求得的 $\ddot{q}=0$ 时的驱动输入作为 τ。对于 τ_N，在牛顿-欧拉法中，先设置与 $\ddot{q}$ 无关的项为0，若计算出 $\ddot{q}=e$（第 j 个元素单位矢量，$j=1$，2，…，n）对应的 τ，把其作为 $M(q)$ 的第 j 列矢量 M_j，可以求得 $M(q)$。这个方法中，计算 $\ddot{q}$ 所必需的计算量，根据有关统计，有乘法运算 $\frac{1}{6}n^3+\left(75+\frac{1}{2}\right)n^2+\left(114+\frac{1}{3}\right)n-22$ 次，加法运算 $\left(\frac{1}{6}\right)n^3+55n^2+(82+\frac{5}{6})n-11$ 次。按照这个计算方法，当 $n=6$ 时，有3418次乘法运算，2502次加法运算。

3.6 机器人机构的参数辨识

3.6.1 机器人机构的参数辨识问题

为了能精确地使用机器人机构的运动方程，需要知道方程中所包含的各种参数的数值。虽然可以从设计图纸得到各连杆参数的静态值。但剩下的参数，如各连杆的质量、质心、惯性张量、摩擦力等却难以直接获得。这些参数（除摩擦力外），虽然可以在装配机器人之前，通过测量各部件的尺寸、质量，计算得出相关参数。但是这样做不仅花费时间，而且难以得到正确的结果。所以，从组装后的机器人的动作数据，通过一些参数辨识方法确定系统的动力学参数是一种经济而有效的方法。

截至目前，已有多种识别方法可用于一般系统的参数辨识。而机器人机构的辨识方法也没有超出这些范围，其具有以下特征：

1）对于构造比较简单的机械系统，不需要使用像黑箱这样的工具（结构及维数的识别），按已知系统的参数识别就足以满足要求。

2）用末端执行器一边把持物体，一边进行作业时，由于动力学特性的变化，要求识别这些参数的动态变化，以便有效地进行控制。所以，在线识别是很有必要的，下面将介绍考虑这些特征的参数辨识方法。

3.6.2 基于拉格朗日方程的辨识方法

为了更好地理解由拉格朗日法所建立的机构运动方程，除连杆参数以外的动力学参数，其他参数全部用式（3-53）所给定的矩阵 $\hat{H}_i(i=1, 2, \cdots, n)$ 表示。对于式（3-74）右边的重力项按如下形式考虑：

$$m_i{}^i s_i=\hat{H}_i^{\mathrm{T}}(0,0,0,1)^{\mathrm{T}} \tag{3-128}$$

有了这个思想，在机器人的动作中，可以测量与它的运动有关的参数，如各关节的位移、速度、加速度，以及与力有关的参数，如关节驱动力及安装在机器人上的力传感器的输出。从这些数据来求 $\hat{H}_i$ 的各元素的值的问题就是我们要讨论的参数辨识的问题。下面，首先，作为与力有关的数据，仅仅考虑已知关节驱动力矩的情形。作为辨识依据的式（3-74）

具有 $\hat{\boldsymbol{H}}_i$ 各元素的线性和形式。为了说明这一点，定义与由式（3-53）给定的 $\hat{\boldsymbol{H}}_i$ 有一一对应的参数矢量，即

$$\begin{aligned}\boldsymbol{\varphi}_i&=(\varphi_{i1},\varphi_{i2},\cdots,\varphi_{i10})^{\mathrm{T}}\\&=(m_i,m_i\hat{s}_{ix},m_i\hat{s}_{iy},m_i\hat{s}_{iz},\hat{I}_{ixx},\hat{I}_{iyy},\hat{I}_{izz},\hat{I}_{ixy},\hat{I}_{iyz},\hat{I}_{ixz})^{\mathrm{T}}\end{aligned}\tag{3-129}$$

于是，式（3-74）可以表示为

$$\tau_i=\boldsymbol{K}_i(\boldsymbol{q},\dot{\boldsymbol{q}},\ddot{\boldsymbol{q}})\boldsymbol{\varphi}\tag{3-130}$$

$$\boldsymbol{\varphi}=(\boldsymbol{\varphi}_1^{\mathrm{T}},\boldsymbol{\varphi}_2^{\mathrm{T}},\cdots,\boldsymbol{\varphi}_n^{\mathrm{T}})^{\mathrm{T}}\tag{3-131}$$

接着，可得

$$\boldsymbol{\tau}=\boldsymbol{K}\boldsymbol{\varphi}\tag{3-132}$$

$$\boldsymbol{K}=\begin{pmatrix}\boldsymbol{K}_1\\\boldsymbol{K}_2\\\vdots\\\boldsymbol{K}_n\end{pmatrix}\tag{3-133}$$

为了便于表示，把 $\boldsymbol{K}_i(\boldsymbol{q},\dot{\boldsymbol{q}},\ddot{\boldsymbol{q}})$ 表示为 $\boldsymbol{K}_j$。

式（3-133）中的各元素是 $\boldsymbol{q}$、$\dot{\boldsymbol{q}}$、$\ddot{\boldsymbol{q}}$ 的连续函数。于是，取出对应于各种不同的 $\boldsymbol{q}$、$\dot{\boldsymbol{q}}$、$\ddot{\boldsymbol{q}}$ 数据，从这些数据可以辨识 $\boldsymbol{\varphi}$。这里必须注意的是，不是所有的 $\boldsymbol{\varphi}$ 都是能够辨识的。于是，需要了解在全部的参数中，什么样的参数可以辨识。为此，把 $\boldsymbol{K}$ 表达为两个矩阵的积，即

$$\boldsymbol{K}=\boldsymbol{K}_{\mathrm{d}}\boldsymbol{L}_{\mathrm{d}}\tag{3-134}$$

式中，$\boldsymbol{K}_{\mathrm{d}}$ 的各元素是 $n\times n_{\mathrm{d}}$ 矩阵，且是 q、$\dot{q}$、$\ddot{q}$ 的函数；$\boldsymbol{L}_{\mathrm{d}}$ 是 $n_{\mathrm{d}}\times 10n$ 常数矩阵；n_{d} 是满足 $n_{\mathrm{d}}\leqslant 10n$ 的合适的正整数。考虑连杆参数为常数，$\boldsymbol{L}_{\mathrm{d}}$ 就是连杆参数的函数，进一步地，$\boldsymbol{L}_{\mathrm{d}}$ 的各行矢量是线性无关的，即 $\boldsymbol{L}_{\mathrm{d}}$ 的阶数为 n_{d}。按照上式，存在无限多个解，在这些解中，选取具有最小 n_{d} 的一个表达式，把它作为 $\boldsymbol{K}_{\mathrm{d}}^*\boldsymbol{L}_{\mathrm{d}}^*$，这时的 n_{d} 就成为 n_{d}^*，于是

$$\boldsymbol{\varphi}_{\mathrm{d}}=\boldsymbol{L}_{\mathrm{d}}^*\boldsymbol{\varphi}\tag{3-135}$$

就是在能够辨识的参数的线性函数中，维数最大的一个，即 $\boldsymbol{\tau}=\boldsymbol{K}_{\mathrm{d}}^*\boldsymbol{\varphi}_{\mathrm{d}}^*$。

现在，把某一时刻的 $\boldsymbol{\tau}$、$\boldsymbol{q}$、$\dot{\boldsymbol{q}}$、$\ddot{\boldsymbol{q}}$ 的值称为一个数据点，在 N 个不同的数据点 $\boldsymbol{\tau}$、$\boldsymbol{K}_{\mathrm{d}}$、$\boldsymbol{K}_{\mathrm{d}}^*$ 的值用 $\boldsymbol{\tau}(i)$、$\boldsymbol{K}_{\mathrm{d}}(i)$、$\boldsymbol{K}_{\mathrm{d}}^*(i)$ 表示。然后就有

$$\boldsymbol{\tau}_g=\begin{pmatrix}\boldsymbol{\tau}(1)\\\boldsymbol{\tau}(2)\\\vdots\\\boldsymbol{\tau}(N)\end{pmatrix},\boldsymbol{K}_g^*=\begin{pmatrix}\boldsymbol{K}_{\mathrm{d}}^*(1)\\\boldsymbol{K}_{\mathrm{d}}^*(2)\\\vdots\\\boldsymbol{K}_{\mathrm{d}}^*(N)\end{pmatrix}\tag{3-136}$$

对应于这 N 个数据点所形成的数据集合，就有

$$\boldsymbol{\tau}_g=\boldsymbol{K}_{\mathrm{d}}^*\boldsymbol{\varphi}_{\mathrm{d}}^*\tag{3-137}$$

然后若 $N\geqslant n_{\mathrm{d}}^*$，当我们取任意数据时，对应于所有的数据集合，有

$$\mathrm{rank}(\boldsymbol{K}_{\mathrm{d}}^*)=n_{\mathrm{d}}^*\tag{3-138}$$

偶然碰到式（3-138）不成立时，也可以追加一些数据直到成立。然后，$\boldsymbol{\varphi}_{\mathrm{d}}^*$ 的最小二

乘估计值，即最小化 $\|\boldsymbol{\tau}_g-\boldsymbol{K}_g^*\boldsymbol{\varphi}_g^*\|$ 的 $\boldsymbol{\varphi}_d^*$ 由下式给定

$$\boldsymbol{\varphi}_d^*=(\boldsymbol{K}_g^{*\mathrm{T}}\boldsymbol{K}_g^*)^{-1}\boldsymbol{K}_g^*\boldsymbol{\tau}_g \tag{3-139}$$

【例 3-3】 在图 3-13 所示的串型驱动的 2 自由度机器人机构中，旋转关节轴 1 与 Z_0 轴一致，旋转关节轴 2 平行于 Z_0 轴。而连杆 1 的长度为 l_1，重力沿 Y_0 轴的负方向。关节驱动力 τ_1、τ_2 是可测量的，考虑这个机器人机构的辨识问题。

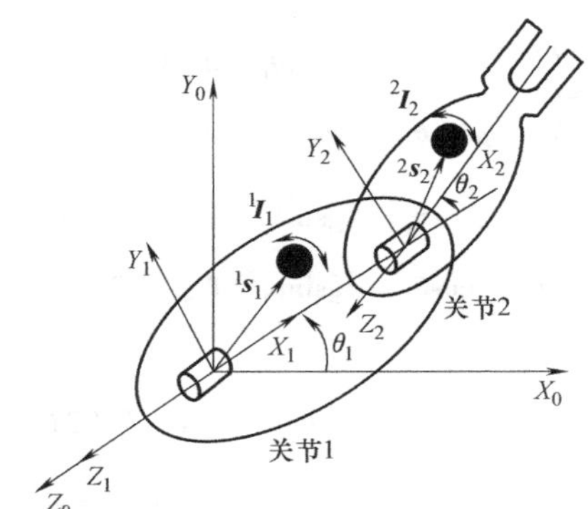

图 3-13 2 自由度机器人机构

首先，对应于这个机器人机构，建立图示连杆坐标系 Σ_1 和 Σ_2，其原点在 X_0Y_0 平面内。于是，连杆 i 的质量、质心及惯性张量分别由 m_i、$^i\boldsymbol{s}_i$、$^i\boldsymbol{I}_i$ $(i=1,\ 2)$ 给定，根据拉格朗日法，机器人机构的运动方程分别为

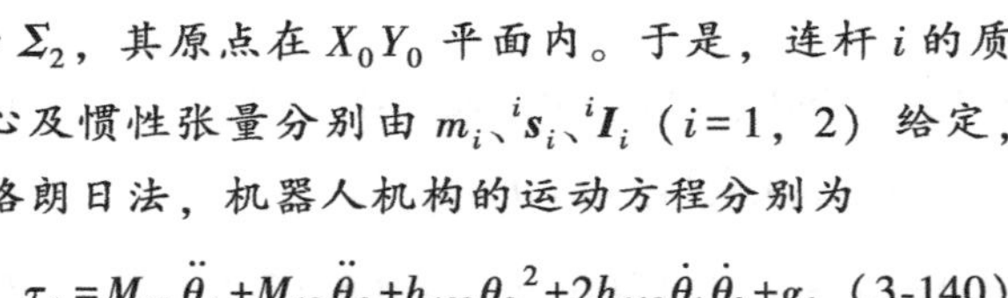

$$\tau_1=M_{11}\ddot{\theta}_1+M_{12}\ddot{\theta}_2+h_{122}\theta_2^{\ 2}+2h_{112}\dot{\theta}_1\dot{\theta}_2+g_1 \tag{3-140}$$

$$\tau_2=M_{12}\ddot{\theta}_1+M_{22}\ddot{\theta}_2+h_{211}\theta_1^2+g_2 \tag{3-141}$$

式中，当系数为 $^i\boldsymbol{s}_i=(\hat{s}_{ix},\ \hat{s}_{iy},\ \hat{s}_{iz})$ 时，有

$$M_{11}=m_1l_{g1}^2+{}^1I_{1zz}+m[l_1^2+l_{g2}^2+2l_1(\cos\theta_2\hat{s}_{2x}-\sin\theta_2\hat{s}_{2y})]+{}^2I_{2zz} \tag{3-142a}$$

$$M_{12}=m_2[l_{g2}^2+l_1(\cos\theta_2\hat{s}_{2x}-\sin\theta_2\hat{s}_{2y})]+{}^2I_{2xz} \tag{3-142b}$$

$$M_{22}=m_2l_{g2}^2+{}^2I_{2zz} \tag{3-142c}$$

$$l_{g1}^2=\hat{s}_{1x}^2+\hat{s}_{1y}^2,\ l_{g2}^2=\hat{s}_{2x}^2+\hat{s}_{2y}^2 \tag{3-142d}$$

$$-h_{122}=-h_{112}=h_{211}=m_2l_1(\hat{s}_{2x}\sin\theta_2+\hat{s}_{2y}\cos\theta_2) \tag{3-142e}$$

$$g_1=m_1\hat{g}(\hat{s}_{1x}\cos\theta_1-\hat{s}_{1y}\sin\theta_1)+m_2\hat{g}(l_1\cos\theta_1+\hat{s}_{2x}\cos(\theta_1+\theta_2)-\hat{s}_{2y}\sin(\theta_1+\theta_2)) \tag{3-142f}$$

$$g_2=m_2\hat{g}(\hat{s}_{2x}\cos(\theta_1+\theta_2)-\hat{s}_{2y}\sin(\theta_1+\theta_2)) \tag{3-142g}$$

下面求式 (3-133)，先观察什么样的参数是可以辨识的。注意到

$$(\varphi_{i2},\varphi_{i3},\varphi_{i4})=(m_i\hat{s}_{ix},m_i\hat{s}_{iy},m_i\hat{s}_{iz}) \tag{3-143}$$

$$\varphi_{i7}=\hat{I}_{izz}={}^i\hat{I}_{izz}+m_il_{gi}^{\ 2} \tag{3-144}$$

由式 (3-140)、式 (3-141) 得

$$\begin{aligned}\tau_1=&[\varphi_{17}+\varphi_{21}l_1^{\ 2}+\varphi_{27}+2l_1(\cos\theta_2\varphi_{22}-\sin\theta_2\varphi_{23})]\ddot{\theta}_1+\\&[\varphi_{27}+l_1(\cos\theta_2\varphi_{22}-\sin\theta_2\varphi_{23})]\ddot{\theta}_2-\\&l_1(\sin\theta_2\varphi_{22}+\cos\theta_2\varphi_{23})(\dot{\theta}_2^{\ 2}+2\dot{\theta}_1\dot{\theta}_2)+\\&(\varphi_{12}\hat{g}\cos\theta_1-\varphi_{13}\hat{g}\sin\theta_1)+(\varphi_{21}\hat{g}l_1\cos\theta_1+\varphi_{22}\hat{g}\cos(\theta_1+\theta_2)-\varphi_{23}\hat{g}\sin(\theta_1+\theta_2))\end{aligned} \tag{3-145}$$

$$\begin{aligned}\tau_2=&[\varphi_7+l_1(\cos\theta_2\varphi_{22}-\sin\theta_2\varphi_{23})]\ddot{\theta}_1+\varphi_{27}\ddot{\theta}_2+\\&l_1(\sin\theta_2\varphi_{22}+\cos\theta_2\varphi_{23})\dot{\theta}_1^{\ 2}+\hat{g}(\cos(\theta_1+\theta_2)\varphi_{22}-\sin(\theta_1+\theta_2)\varphi_{23})+\\&\hat{g}(\cos\theta_1\varphi_{12}-\sin\theta_1\varphi_{13}+l_1\cos\theta_1\varphi_{21}+\cos(\theta_1+\theta_2)\varphi_{22}-\sin(\theta_1+\theta_2)\varphi_{23})\end{aligned} \tag{3-146}$$

即

$$\begin{pmatrix}\tau_1\\ \tau_2\end{pmatrix}=\boldsymbol{K}\begin{pmatrix}\varphi_1\\ \varphi_2\end{pmatrix} \tag{3-147}$$

式中

$$\boldsymbol{K}=\begin{pmatrix}0 & \hat{g}\cos\theta_1 & -\hat{g}\sin\theta_1 & 0 & 0 & 0 & \ddot{\theta}_1 & 0 & 0 & 0 & l_1^2\ddot{\theta}_1\hat{g}l_1\cos\theta_1 & k_{1\text{-}12} & k_{1\text{-}13} & 0 & 0 & 0 & \ddot{\theta}_1 & 0 & 0 & 0\\ 0 & \hat{g}\cos\theta_1 & -\hat{g}\sin\theta_1 & 0 & 0 & 0 & 0 & 0 & 0 & 0 & \hat{g}l_1\cos\theta_1 & k_{2\text{-}12} & k_{2\text{-}13} & 0 & 0 & 0 & \ddot{\theta}_1+\ddot{\theta}_2 & 0 & 0 & 0\end{pmatrix}$$

$$=\begin{pmatrix}0 & \hat{g}\cos\theta_1 & -\hat{g}\sin\theta_1 & \mathbf{0}_{1\times3} & \ddot{\theta}_1 & \mathbf{0}_{1\times3} & l_1^2\ddot{\theta}_1\hat{g}l_1\cos\theta_1 & k_{1\text{-}12} & k_{1\text{-}13} & \mathbf{0}_{1\times3} & \ddot{\theta}_1 & \mathbf{0}_{1\times3}\\ 0 & \hat{g}\cos\theta_1 & -\hat{g}\sin\theta_1 & \mathbf{0}_{1\times3} & 0 & \mathbf{0}_{1\times3} & \hat{g}l_1\cos\theta_1 & k_{2\text{-}12} & k_{2\text{-}13} & \mathbf{0}_{1\times3} & \ddot{\theta}_1+\ddot{\theta}_2 & \mathbf{0}_{1\times3}\end{pmatrix} \tag{3-148}$$

$$k_{1\text{-}12}=l_1\cos\theta_2(2\ddot{\theta}_1+\ddot{\theta}_2{}^2)-l_1\sin\theta_2(\dot{\theta}_2{}^2+2\dot{\theta}_1\dot{\theta}_2)+\hat{g}\cos(\theta_1+\theta_2) \tag{3-149a}$$

$$k_{2\text{-}12}=l_1\cos\theta_2\ddot{\theta}_1+l_1\sin\theta_2\dot{\theta}_1{}^2+\hat{g}\cos(\theta_1+\theta_2) \tag{3-149b}$$

$$k_{1\text{-}13}=l_1\sin\theta_2(2\ddot{\theta}_1+\ddot{\theta}_2)-l_1\cos\theta_2(\dot{\theta}^2+2\dot{\theta}_1\dot{\theta}_2)+\hat{g}\cos(\theta_1+\theta_2) \tag{3-149c}$$

$$k_{2\text{-}13}=l_1\sin\theta_2\ddot{\theta}_1+l_1\cos\theta_2\dot{\theta}_1{}^2-\hat{g}\sin(\theta_1+\theta_2) \tag{3-149d}$$

为确定可能辨识的参数，在式（3-145）、式（3-146）中，考虑几个特殊的数据点，例如：考虑 $\ddot{\theta}_i=\dot{\theta}=0$（$i=1$，2）时，$\varphi_{22}$、$\varphi_{23}$、$\varphi_{13}$、$\varphi_{12}+l_1\varphi_{21}$ 是可辨识的。接着，考虑 $\dot{\theta}=0$、$\ddot{\theta}_i\neq0$ 时，φ_{27}、$\varphi_{17}+l_1{}^2\varphi_{21}$ 是可辨识的。于是，在 $\varphi_{\mathrm{d}}=\boldsymbol{L}_{\mathrm{d}}\varphi$ 中，试取

$$\varphi_{\mathrm{d}}=\begin{pmatrix}\varphi_{12}+l_1\varphi_{21}\\ \varphi_{13}\\ \varphi_{17}+l_1^2\varphi_{21}\\ \varphi_{22}\\ \varphi_{23}\\ \varphi_{27}\end{pmatrix} \tag{3-150}$$

$\boldsymbol{K}_{\mathrm{d}}$ 就成为

$$\boldsymbol{K}_{\mathrm{d}}=\begin{pmatrix}\hat{g}\cos\theta_1 & -\hat{g}\sin\theta_1 & \ddot{\theta}_1 & k_{1\text{-}12} & k_{1\text{-}13} & \ddot{\theta}_1+\ddot{\theta}_2\\ 0 & 0 & 0 & k_{2\text{-}12} & k_{2\text{-}13} & \ddot{\theta}_1+\ddot{\theta}_2\end{pmatrix} \tag{3-151}$$

此时，$n_{\mathrm{d}}=6$。然后，确认这个 n_{d} 的最小值。例如，取数据点如下：

数据点 1，$\theta_i=\dot{\theta}_i=\ddot{\theta}_i=0$

数据点 2，$\theta_i=90°$，$\theta_2=0$，$\dot{\theta}_i=\ddot{\theta}_i=0$

数据点 3，$\theta_i=0$，$\dot{\theta}_i=0$，$\ddot{\theta}_i\neq0$，$\ddot{\theta}_2=0$

$$\operatorname{rank}\begin{pmatrix}K_{\mathrm{d}}(1)\\ K_{\mathrm{d}}(2)\\ K_{\mathrm{d}}(3)\end{pmatrix}=6$$

则 $n_{\mathrm{d}}^*=6$。

接着，考虑利用力传感器测量时的辨识问题，利用拉格朗日法求作用在力传感器上的力。力传感器是测量绕某轴的力矩及沿某轴方向的力和大小的一种装置。首先为了简化，以考虑以绕某轴的力矩为0，仅测量沿某轴方向的力的单轴力觉传感器为例。这时，把安装传感器的连杆以传感器为界分割成两个连杆，传感器的测量轴作为关节轴，引入一个假想的旋转关节，如果杆件为平动，则将假定关节设置为直动关节。然后，把这个假想关节增加到原机器人中。应用拉格朗日法求解假想关节的运动方程。根据运动方程和实际关节的运动状态，就可以从末端测得施加于传感器的力矩和力。对于多轴力传感器的情形，对应于各轴，只要重复上述的工作就行。

【例 3-4】 如图 3-14 所示，具有与 Z_0 一致的旋转关节 Z_1 的 1 自由度机器人机构中，安装有能够测量绕与 Z_0 轴平行的 Z_2 轴的力-力矩传感器，试考虑其辨识问题。

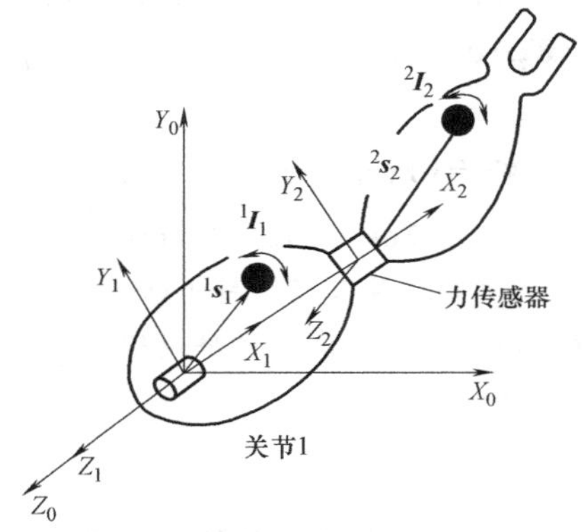

图 3-14 装有力传感器的 1 自由度机器人机构

首先，用解析法求出施加于传感器上的力。Z_2 轴作为增加的假想的旋转关节的轴，于是，假想的 2 自由度机器人机构可用例 3-3 中计算进行处理，这个系统的运动方程由式（3-140）~式（3-142）给定，在这个方程中，设

$$\tau_1 = M_{11}\ddot{\theta}_1 + g_1 \tag{3-152}$$

$$\tau_2 = M_{12}\ddot{\theta}_1 + h_{211}\dot{\theta}_1^2 + g_2 \tag{3-153}$$

式中

$$\begin{gathered}
M_{11} = m_1 l_{g1}^2 + {}^1I_{1zz} + m_2(l_1^2 + l_{g2}^2 + 2l_1\hat{s}_{2x}) + {}^2I_{2zz} \\
M_{12} = m_2(l_{g2}^2 + l_1\hat{s}_{2x}) + {}^2I_{2zz} \\
h_{211} = m_2 l_1 \hat{s}_{2y} \\
g_1 = m_1\hat{g}(\hat{s}_{1x}\cos\theta_1 - \hat{s}_{1y}\sin\theta_1) + m_2\hat{g}(l_1\cos\theta_1 + \hat{s}_{2x}\cos\theta_1 - \hat{s}_{2y}\sin\theta_1) \\
g_2 = m_1\hat{g}(\hat{s}_{2x}\cos\theta_1 - \hat{s}_{2y}\sin\theta_1)
\end{gathered} \tag{3-154}$$

由式（3-152），得

$$\begin{aligned}
\tau_1 = {} & (\varphi_{17} + \varphi_{21}l_1^2 + \varphi_{27} + 2l_1\varphi_{22})\ddot{\theta}_1 + \\
& \hat{g}(\cos\theta_1\varphi_{12} - \sin\theta_1\varphi_{13} + l_1\cos\theta_1\varphi_{21} + \cos\theta_1\varphi_{22} - \sin\theta_1\varphi_{23})
\end{aligned} \tag{3-155}$$

$$\tau_2=(\varphi_{27}+l_1\varphi_{22})\ddot{\theta}_1+l_1\varphi_{23}\dot{\theta}_1^2+\dot{g}(\cos\theta_1\varphi_{22}-\sin\theta_1\varphi_{23}) \tag{3-156}$$

于是，与例 3-3 的情形相同，可以看出 φ_{22}、φ_{23}、φ_{13}、$\varphi_{12}+l_1\varphi_{21}$、$\varphi_{27}$、$\varphi_{17}+l_1^2\varphi_{21}$ 是可以辨识的。于是，这时 $\boldsymbol{K}_{\mathrm{d}}^*$ 为

$$\boldsymbol{K}=\begin{pmatrix} 0 & \hat{g}\cos\theta_1 & -\hat{g}\sin\theta_1 & 0 & 0 & 0 & \ddot{\theta}_1 & 0 & 0 & 0 & \ddot{\theta}_1 l_1^2+\hat{g}l_1\cos\theta_1 & 2l_1\ddot{\theta}_1+\hat{g}\cos\theta_1 & -\hat{g}\sin\theta_1 & 0 & 0 & 0 & \ddot{\theta}_1 & 0 & 0 & 0 \\ 0 & 0 & 0 & 0 & 0 & 0 & 0 & 0 & 0 & 0 & 0 & \ddot{\theta}_1 l_1+\hat{g}\cos\theta_1 & l_1\dot{\theta}_1^2-\hat{g}\sin\theta_1 & 0 & 0 & 0 & \ddot{\theta}_1 & 0 & 0 & 0 \end{pmatrix}$$

$$=\begin{pmatrix} 0 & \hat{g}\cos\theta_1 & -\hat{g}\sin\theta_1 & \mathbf{0}_{1\times3} & \ddot{\theta}_1 & \mathbf{0}_{1\times3} & \ddot{\theta}_1 l_1^2+\hat{g}l_1\cos\theta_1 & 2l_1\ddot{\theta}_1+\hat{g}\cos\theta_1 & -\hat{g}\sin\theta_1 & \mathbf{0}_{1\times3} & \ddot{\theta}_1 & \mathbf{0}_{1\times3} \\ 0 & 0 & 0 & \mathbf{0}_{1\times3} & 0 & \mathbf{0}_{1\times3} & 0 & \ddot{\theta}_1 l_1+\hat{g}\cos\theta_1 & l_1\dot{\theta}_1^2-g\sin\theta_1 & \mathbf{0}_{1\times3} & \ddot{\theta}_1 & \mathbf{0}_{1\times3} \end{pmatrix} \tag{3-157}$$

然而，在各关节处摩擦不能忽略时，若能测定驱动输入，把摩擦与摩擦系数作为未知参数，用同样的方法是可以估计的。例如，摩擦模型用式（3-110）表示时，可得

$$\boldsymbol{\tau}=\boldsymbol{K\varphi}+\mathrm{diag}(\dot{\boldsymbol{q}}_i)\boldsymbol{\varphi}_{\mathrm{V}}+\mathrm{diag}(\mathrm{sgn}(\dot{\boldsymbol{q}}_i))\boldsymbol{\varphi}_{\mathrm{C}} \tag{3-158}$$

其中，

$$\boldsymbol{\varphi}_{\mathrm{V}}=(\gamma_{\mathrm{V}F1},\gamma_{\mathrm{V}F2},\cdots,\gamma_{\mathrm{V}Fn})^{\mathrm{T}} \tag{3-159}$$

$$\boldsymbol{\varphi}_{\mathrm{C}}=(\gamma_{\mathrm{C}F1},\gamma_{\mathrm{C}F2},\cdots,\gamma_{\mathrm{C}Fn})^{\mathrm{T}} \tag{3-160}$$

因此，以（$\boldsymbol{\varphi}^{\mathrm{T}}$，$\boldsymbol{\varphi}_{\mathrm{V}}^{\mathrm{T}}$，$\boldsymbol{\varphi}_{\mathrm{C}}^{\mathrm{T}}$）^{T} 更新 $\boldsymbol{\varphi}$，若由它们与 $\boldsymbol{\tau}$ 的关系更新系数矩阵 $\boldsymbol{K}$，便可以得到与式（3-133）相同的形式。所以，由式（3-139），可辨识得到 $\boldsymbol{\varphi}_{\mathrm{d}}^*$、$\boldsymbol{\varphi}_{\mathrm{V}}$、$\boldsymbol{\varphi}_{\mathrm{C}}$。

3.6.3 末端载荷的辨识

由于末端载荷可以按其被包含在末端连杆中来考虑，所以，通过对 φ_n 的辨识，就可以得到末端载荷的质量、质心位置、惯性张量的数值。

【例 3-5】 对于例 3-3 中所讨论的机器人机构，考虑图 3-15 所示的末端载荷作用在手臂末端时的情形。当没有施加末端载荷时，参数中 φ_{d}^* 值就是 $\varphi_{\mathrm{d}}^{*\mathrm{a}}$。施加载荷时的辨识结果是 $\varphi_{\mathrm{d}}^{*\mathrm{b}}$。接下来介绍依据 $\phi_{\mathrm{d}}^{*\mathrm{a}}$ 和 $\phi_{\mathrm{d}}^{*\mathrm{b}}$ 辨识载荷的质量 m_1，从 Σ_2 所看质心的位置 $^2\boldsymbol{s}_1$，以及惯性张量 $^2\boldsymbol{I}_1$ 的方法。

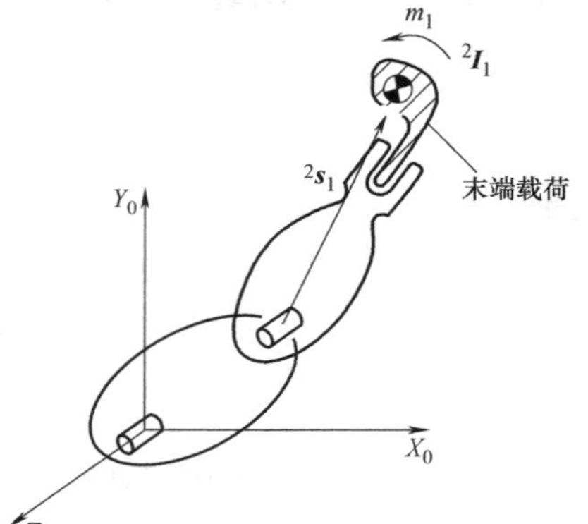

图 3-15　受末端载荷作用的 2 自由度机器人机构

对其他的参数，不施加末端载荷时的参数用上标 a 表示，施加末端载荷时的参数用上标 b 表示，于是，从 $\varphi_{21}^{\mathrm{b}}$、$\varphi_{22}^{\mathrm{b}}$、$\varphi_{23}^{\mathrm{b}}$、$\varphi_{27}^{\mathrm{b}}$ 的定义，有

$$\varphi_{21}^{\mathrm{b}}=m_2+m_1 \tag{3-161a}$$

$$\varphi_{22}^{\mathrm{b}}=m_2\hat{s}_{2x}+m_1\hat{s}_{lx} \tag{3-161b}$$

$$\varphi_{23}^{\mathrm{b}}=m_2\hat{s}_{2y}+m_1\hat{s}_{ly} \tag{3-161c}$$

$$\varphi_{27}^{\mathrm{b}}={}^2I_{2zz}+m_2l_{g2}^2+{}^2I_{1zz}+m_1l_{g1}^2 \tag{3-161d}$$

式中，若有 $^2\boldsymbol{s}_1=(\hat{s}_{1x},\ \hat{s}_{1y},\ \hat{s}_{1z})^{\mathrm{T}}$，则

$$l_{g1}=\sqrt{\hat{s}_{1x}^2+\hat{s}_{1y}^2} \tag{3-162}$$

因此，若 $\varphi_{d}^{*}=(\varphi_{d1}, \varphi_{d2}, \cdots, \varphi_{d6})^{T}$，则

$$m_{1}=\varphi_{21}^{b}-\varphi_{21}^{a}=(\varphi_{d1}^{a}-\varphi_{d1}^{a})/l_{1} \tag{3-163a}$$

$$m_{1}\hat{s}_{1x}=\varphi_{22}^{b}-\varphi_{22}^{a}=\varphi_{d4}^{b}-\varphi_{d4}^{a} \tag{3-163b}$$

$$m_{1}\hat{s}_{1y}=\varphi_{23}^{b}-\varphi_{23}^{a}=\varphi_{d5}^{b}-\varphi_{d5}^{a} \tag{3-163c}$$

$$^{2}I_{1zz}+m_{1}l_{g1}^{2}=\varphi_{27}^{b}-\varphi_{27}^{a}=\varphi_{d6}^{b}-\varphi_{d6}^{a} \tag{3-163d}$$

从以上这些式，可以计算出 m_1、$\hat{s}_{1x}$、$\hat{s}_{1y}$、$^{2}I_{1zz}$ 等值。请注意，虽然不能知道连杆2自身的质量，但是可以知道载荷的质量 m_1。

3.7 本章作业

1. 用式（3-5）证明式（3-11）成立。

2. 用牛顿-欧拉法推导图3-16所示的2自由度机器人机构的运动方程，与3.2节的结果进行比较并确认。

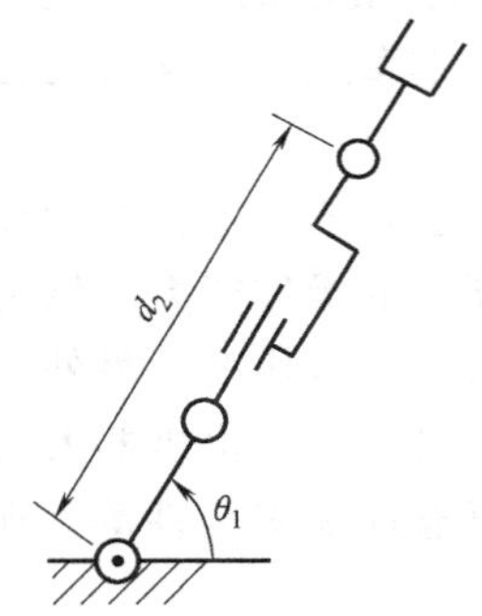

图3-16　2自由度机器人机构

3. 在图2-26所示的3自由度机器人机构中，设 $l_b=0$，根据拉格朗日法求这个机构的运动方程。其中，假定驱动方式为串联驱动，连杆1的质心在 Z_1 轴上，连杆2与连杆3的质心在 X_2 与 X_3 轴上的 $^{2}\boldsymbol{s}_{2}=(l_{g2}, 0, 0)^{T}$，$^{3}\boldsymbol{s}_{3}=(l_{g3}, 0, 0)^{T}$。另外，当绕各连杆质心的惯性张量以各连杆坐标系表示时，为对角矩阵 diag（I_{ix}，I_{iy}，I_{iz}），重力沿 $-Z_0$ 方向。

4. 对第3题，利用牛顿-欧拉法求解其运动方程。

第 4 章

机器人机构可操作性

当进行机器人机构的设计或使用机器人机构完成某些作业时，需要确定其在作业空间中的作业位置和姿态。为此，必须考虑各种各样的因素，而在这些因素中，最重要的是确定末端执行器的位置和姿态以便使机器人在要求的情况下能自由地进行作业，即在要求的空间中，使机器人具有足够的操作能力。本章从运动学及动力学的观点来对机器人机构的操作能力进行分析。

首先，从运动学的观点，介绍定量化的可操作性椭球及可操作度的概念。接着，从可操作度的角度出发，分析各种常用机器人的操作能力。然后，把这些概念扩展到考虑动力学的情形，即动力学可操作性椭球和动力学可操作度。另外，除本章所讨论的操作能力外，目前还有其他的各种各样的性能评价指标可用于评价机器人的总体性能，这些指标包括机器人工作空间的形状和大小、定位精度、可靠性及安全性等。所以对机器人做全面的性能评价时，必须综合考虑这些指标。

4.1　可操作性椭球与可操作度

考虑与 2.3.1 节中同样的 n 自由度机器人机构，该机构的 n 维关节位移矢量用 $\boldsymbol{q}$ 表示，末端执行器的位置和姿态用 $\boldsymbol{r}=(r_1,\ r_2,\ \cdots,\ r_m)^{\mathrm{T}}$（$m\leqslant n$）表示。然后，两个矢量在几何意义上的关系为

$$\boldsymbol{r}=f_r(\boldsymbol{q}) \tag{4-1}$$

对应 $\boldsymbol{r}$ 的速度矢量 $\boldsymbol{v}$ 与关节速度 $\dot{\boldsymbol{q}}$ 的关系为

$$\boldsymbol{v}=\boldsymbol{J}(\boldsymbol{q})\dot{\boldsymbol{q}} \tag{4-2}$$

式中，$\boldsymbol{J}(\boldsymbol{q})$ 为机构的雅可比矩阵，以下简记为 $\boldsymbol{J}$。当 $n\geqslant 6$ 时，在三维空间中，考虑末端器的位置和姿态时，令 $m=6$，式（4-2）中的 $\boldsymbol{J}$ 即为式（2-85）中的 $\boldsymbol{J}_v$。可是，如 2.5.2 节所述，在自由度较少的机构中，仅仅考虑末端位置或者在末端旋转轴方向不变时，就可以用 $\dot{\boldsymbol{r}}=\boldsymbol{J}_v(\boldsymbol{q})\dot{\boldsymbol{q}}$ 来代替式（4-2）。这样在下面的讨论中，只要把 $\boldsymbol{v}$ 替换 $\dot{\boldsymbol{r}}$，$\boldsymbol{J}$ 替换 $\boldsymbol{J}_v$，就可以直接使用下面的方法。

接着，引入欧拉范数 $\|\dot{\boldsymbol{q}}\|=(\dot{q}_1^2+\dot{q}_2^2+\cdots+\dot{q}_n^2)^{1/2}$，考虑满足 $\|\dot{\boldsymbol{q}}\|\leqslant 1$ 的关节速度所能够实现的全部末端速度的集合，就形成了 m 维欧几里得空间中的椭球体。这个椭球体主轴

半径最长的方向是容易产生最大末端速度的方向，而主轴半径最短的方向对应仅产生最小末端速度的方向。而如果这个椭球体接近于球体的话，就可以说机器人末端在任何方向上输出速度的能力基本一致。根据以上分析可以看出，这个椭球可用于表示末端的可操作性。因此，这个椭球称为可操作性椭球，图 4-1 定性地解释了可操作性椭球的几何含义。

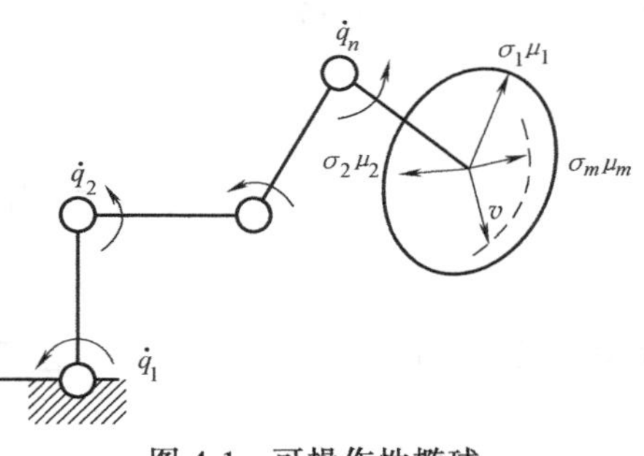

图 4-1　可操作性椭球

首先，我们证明下式可用于描述可操作性椭球

$$\boldsymbol{v}^{\mathrm{T}}(\boldsymbol{J}^{+})^{\mathrm{T}}\boldsymbol{J}^{+}\boldsymbol{v}\leqslant 1,\boldsymbol{v}\in R(\boldsymbol{J}) \tag{4-3a}$$

式中，$\boldsymbol{J}^{+}$是 $\boldsymbol{J}$ 的广义逆矩阵；$R(\boldsymbol{J})$ 表示 $\boldsymbol{J}$ 的值域。由矩阵理论知

$$\dot{\boldsymbol{q}}=\boldsymbol{J}^{+}\boldsymbol{v}+(\boldsymbol{I}-\boldsymbol{J}^{+}\boldsymbol{J})\boldsymbol{K}$$

式中，$\boldsymbol{K}$ 是任意常矢量。根据广义逆的性质，有

$$(\boldsymbol{I}-\boldsymbol{J}^{+}\boldsymbol{J})^{\mathrm{T}}\boldsymbol{J}^{+}=0$$

所以

$$\begin{aligned}\|\dot{\boldsymbol{q}}\|^{2}&=\dot{\boldsymbol{q}}^{\mathrm{T}}\dot{\boldsymbol{q}}\\&=\boldsymbol{v}^{\mathrm{T}}(\boldsymbol{J}^{+})^{\mathrm{T}}\boldsymbol{J}^{+}\boldsymbol{v}+2\boldsymbol{K}^{\mathrm{T}}(\boldsymbol{I}-\boldsymbol{J}^{+}\boldsymbol{J})^{\mathrm{T}}\boldsymbol{J}^{+}\boldsymbol{v}+\boldsymbol{K}^{\mathrm{T}}(\boldsymbol{I}-\boldsymbol{J}^{+}\boldsymbol{J})^{\mathrm{T}}(\boldsymbol{I}-\boldsymbol{J}^{+}\boldsymbol{J})\boldsymbol{K}\\&=\boldsymbol{v}^{\mathrm{T}}(\boldsymbol{J}^{+})^{\mathrm{T}}\boldsymbol{J}^{+}\boldsymbol{v}+\boldsymbol{K}^{\mathrm{T}}(\boldsymbol{I}-\boldsymbol{J}+\boldsymbol{J})^{\mathrm{T}}(\boldsymbol{I}-\boldsymbol{J}^{+}\boldsymbol{J})\boldsymbol{K}\\&\geqslant\boldsymbol{v}^{\mathrm{T}}(\boldsymbol{J}^{+})^{\mathrm{T}}\boldsymbol{J}^{+}\boldsymbol{v}\end{aligned} \tag{4-3b}$$

因此，若 $\|\dot{\boldsymbol{q}}\|\leqslant 1$，就有 $\boldsymbol{v}^{\mathrm{T}}(\boldsymbol{J}^{+})^{\mathrm{T}}\boldsymbol{J}^{+}\boldsymbol{v}\leqslant 1$。由式（4-2），可以发现，能实现的末端器速度 $\boldsymbol{v}$ 满足 $\boldsymbol{v}\in R(\boldsymbol{J})$。对应地，从满足式（4-3a）的任意速度 $\boldsymbol{v}$ 中选取一个 $\boldsymbol{v}^{*}$，则由 $\boldsymbol{v}^{*}\in R(\boldsymbol{J})$，可有满足 $\boldsymbol{v}^{*}=\boldsymbol{J}\boldsymbol{z}$ 的合适的 $\boldsymbol{z}$ 存在。于是有 $\dot{\boldsymbol{q}}^{*}=\boldsymbol{J}^{+}\boldsymbol{v}^{*}$。

对应这个 $\dot{\boldsymbol{q}}^{*}$ 有 $\boldsymbol{J}\dot{\boldsymbol{q}}^{*}=\boldsymbol{J}\boldsymbol{J}^{+}\boldsymbol{v}^{*}=\boldsymbol{J}\boldsymbol{J}^{+}\boldsymbol{J}\boldsymbol{z}=\boldsymbol{J}\boldsymbol{z}=\boldsymbol{v}^{*}$ 成立，因此证明式（4-3a）成立。

并且，当机器人机构位于非奇异位形时，即对满足 rank（$\boldsymbol{J}$）$=m$ 的 $\boldsymbol{q}$，对于任意的 $\boldsymbol{v}$ 有 $\boldsymbol{v}\in R(\boldsymbol{J})$ 成立，于是式（4-3a）可被重写为

$$\boldsymbol{v}^{\mathrm{T}}(\boldsymbol{J}^{+})^{\mathrm{T}}\boldsymbol{J}^{+}\boldsymbol{v}\leqslant 1 \tag{4-3c}$$

接着，我们对 $\boldsymbol{J}$ 进行奇异值分解，即可求出可操作性椭球的主轴。$\boldsymbol{J}$ 的奇异值分解为

$$\boldsymbol{J}=\boldsymbol{U}\boldsymbol{\Sigma}\boldsymbol{V}^{\mathrm{T}} \tag{4-4a}$$

式中，$\boldsymbol{U}$ 及 $\boldsymbol{V}$ 是 $m\times m$ 及 $n\times n$ 阶正交矩阵；$\boldsymbol{\Sigma}$ 由下式确定

$$\boldsymbol{\Sigma}=\begin{pmatrix}\sigma_1&&&\\&\sigma_2&&\\&&\ddots&\\&&&\sigma_m\end{pmatrix}\quad(\sigma_1\geqslant\sigma_2\geqslant\cdots\geqslant\sigma_m\geqslant 0) \tag{4-4b}$$

而 σ_1，σ_2，…，σ_m 称为 $\boldsymbol{J}$ 的奇异值。将 σ_1，σ_2，…，σ_m 按照 $\boldsymbol{J}^{\mathrm{T}}\boldsymbol{J}$ 的特征值 $\boldsymbol{\lambda}_i$（$i=1$，2，…，n）的平方根 $\sqrt{\lambda_i}$ 从大到小的顺序排列。进一步地，若 $\boldsymbol{U}$ 的第 i 列矢量用 $\boldsymbol{u}_i$ 表示的话，可操作性椭球的主轴可按 $\sigma_1\boldsymbol{u}_1$，$\sigma_2\boldsymbol{u}_2$，…，$\sigma_m\boldsymbol{u}_m$ 给定。下面给出证明。

由式（4-4a）得

$$\boldsymbol{J}^{+}=\boldsymbol{V}\boldsymbol{\Sigma}^{+}\boldsymbol{U}^{\mathrm{T}} \tag{4-5a}$$

式中，$\boldsymbol{\Sigma}^{+}$为 $n\times m$ 矩阵

$$\boldsymbol{\Sigma}^{+}=\begin{pmatrix}\sigma_1^{-1} & & & \\ & \sigma_2^{-1} & & \\ & & \ddots & \\ & & & \sigma_m^{-1}\end{pmatrix} \tag{4-5b}$$

式中，若 $\sigma_i=0$，则 $\sigma_i^{-1}=0$。对 $\boldsymbol{v}$ 进行直角坐标系变换，并考虑下式

$$\widetilde{\boldsymbol{v}}=\boldsymbol{U}^{\mathrm{T}}\boldsymbol{v}=\mathrm{col}(\widetilde{\boldsymbol{v}}_i)$$

式中，$\mathrm{col}(\widetilde{\boldsymbol{v}}_i)$ 指 $\widetilde{\boldsymbol{v}}$ 的第 i 列矢量。

由（4-3a），得

$$\sum_{\sigma_i\neq 0}\frac{1}{\sigma_i^2}\widetilde{\boldsymbol{v}}_i^2\leqslant 1$$

因此，$\widetilde{\boldsymbol{v}}_i$ 的坐标轴方向，即 $\boldsymbol{u}_i$ 指向主轴的方向，可操作性椭球在这个方向上的半径由 σ_i 给定。从而证明了主轴可由 $\sigma_1\boldsymbol{u}_1$，$\sigma_2\boldsymbol{u}_2$，…，$\sigma_m\boldsymbol{u}_m$ 给定。

从可操作性椭球可推导出描述机器人机构操作能力的基本指标，即可以用椭球的体积 $c_m w$ 表示机器人机构的操作能力。在 $c_m w$ 中，有

$$w=\sigma_1\sigma_2\cdots\sigma_m \tag{4-6}$$

$$c_m=\begin{cases}(2\pi)^{m/2}/k & (m\text{ 为偶数})\\ 2(2\pi)^{(m-1)/2}/k & (m\text{ 为奇数})\end{cases} \tag{4-7}$$

式中，m 为偶数时，k 为满足 $2\leqslant k\leqslant m$ 的偶数；当 m 为奇数时，k 为满足 $1\leqslant k\leqslant m$ 的奇数。当 m 给定时，系数 c_m 是常数，w 与椭球体积成比例。因此，考虑以 w 为指标描述机器人在姿态 $\boldsymbol{q}$ 处的可操作度。可操作度 w 具有以下的性质：

1）
$$w=\sqrt{\det(\boldsymbol{J}(\boldsymbol{q})\boldsymbol{J}^{\mathrm{T}}(\boldsymbol{q}))} \tag{4-8}$$

2）当 $m=n$ 时，即机器人不具有冗余性时，$w=|\det\boldsymbol{J}(\boldsymbol{q})|$ （4-9）

3）当 $w\geqslant 0$，且

$$\mathrm{rank}\boldsymbol{J}(\boldsymbol{q})<m \tag{4-10}$$

即机器人机构处于奇异位形时，可操作度可解释为表示离开奇异位形的一种距离。

4）当 $m=n$ 时

$$|\dot{\boldsymbol{q}}|\leqslant 1\quad(i=1,2,\cdots,m) \tag{4-11}$$

这时，满足上述式的关节速度 $\dot{\boldsymbol{q}}$ 构成 $\boldsymbol{v}$ 的全体集合，可操作性椭球成为 m 维空间内的平行多面体，它的体积由 $2^m w$ 给定。

在下一节中，从这个可操作度的观点出发讨论常见的各种机器人机构的操作性。在此之前，先做一些说明。

至此，前面的讨论都认为在各关节处所产生的最大速度均相等，而速度和角速度按同样的假定来考虑。为了满足这些假定，一般情况下，必须进行各变量的无量纲化。首先，各关节的最大速度为 $\dot{q}_{i\max}$，考虑对于机器人给定的作业，确定对应于各末端速度变量 v_j 所希望的最大速度 $v_{j\max}$。然后，假定

$$\hat{\dot{\boldsymbol{q}}}=(\hat{\dot{q}}_1,\hat{\dot{q}}_2,\cdots,\hat{\dot{q}}_n)^{\mathrm{T}},\hat{\dot{q}}_i=\frac{\dot{q}_i}{\dot{q}_{i\max}} \tag{4-12}$$

$$\dot{\boldsymbol{v}}=(\hat{v}_1,\dot{v}_2,\cdots,\dot{v}_m)^{\mathrm{T}},\hat{v}_j=\frac{v_j}{v_{j\max}} \tag{4-13}$$

就得到

$$\hat{\boldsymbol{v}}=\hat{\boldsymbol{J}}(\boldsymbol{q})\hat{\dot{\boldsymbol{q}}} \tag{4-14}$$

式中

$$\hat{\boldsymbol{J}}(\boldsymbol{q})=\boldsymbol{T}_v\boldsymbol{J}(\boldsymbol{q})\boldsymbol{T}_q^{-1} \tag{4-15}$$

$$\boldsymbol{T}_v=\mathrm{diag}\left(\frac{1}{v_{1\max}},\frac{1}{v_{2\max}},\cdots,\frac{1}{v_{m\max}}\right) \tag{4-16}$$

$$\boldsymbol{T}_q=\mathrm{diag}\left(\frac{1}{\dot{q}_{1\max}},\frac{1}{\dot{q}_{2\max}},\cdots,\frac{1}{\dot{q}_{m\max}}\right) \tag{4-17}$$

式中，diag（·）表示对角矩阵。对于 $\hat{\boldsymbol{v}}$ 和 $\dot{\boldsymbol{q}}$，由于前面的假定成立，所以依据式（4-15）所示的雅可比矩阵定义可操作性椭球和可操作度较为合理。特别地，当 $m=n$ 时，可操作度 $\boldsymbol{J}(\boldsymbol{q})$ 与正则化后的 $\hat{\boldsymbol{J}}(\boldsymbol{q})$ 所计算的可操作度之间有下列关系成立

$$\begin{aligned}\hat{\boldsymbol{v}}&=\det(\boldsymbol{T}_v)\det(\boldsymbol{J}(\boldsymbol{q}))\det(\boldsymbol{T}_q^{-1})\\&=\left(\prod_{i=1}^{m}\frac{\dot{q}_{i\max}}{v_{i\max}}\right)w\end{aligned} \tag{4-18}$$

这时，式（4-12）、式（4-13）的变化对 w 的影响只是乘以一个常数 $\prod_{i=1}^{m}\frac{\dot{q}_{i\max}}{v_{i\max}}$ 而已，而作为姿态 $\boldsymbol{q}$ 的函数的 w 的相对形式不变。

在上述讨论的基础上，考虑引入伺服系统及减速器的影响。这里，假定 m 个伺服的位置矢量为 $\boldsymbol{q}_a$，$\boldsymbol{q}_a$ 与 $\boldsymbol{q}$ 之间的关系由下式给定

$$\boldsymbol{q}_a=\boldsymbol{G}_\gamma\boldsymbol{q} \tag{4-19}$$

式中，$\boldsymbol{G}_\gamma$ 表示减速器机构 $m\times n$ 常数矩阵。这时，伺服速度 $\dot{\boldsymbol{q}}_a$ 与末端速度 $\boldsymbol{v}$ 之间的关系就成为

$$\boldsymbol{v}=\boldsymbol{J}(\boldsymbol{q})\boldsymbol{G}_\gamma^{-1}\boldsymbol{q}_a \tag{4-20}$$

因此，把 $\boldsymbol{J}(\boldsymbol{q})\boldsymbol{G}_\gamma^{-1}$ 作为新的雅可比矩阵，就可以进行上述的讨论。并且，在使用差动齿轮的情形中，请注意 $\boldsymbol{G}_\gamma$ 不是对角矩阵。

最后，讲述一下末端器能施加给物体的力或力矩与可操作性的关系。这里，为便于讨论，假定手臂不处于奇异位形，即 $\mathrm{rank}(\boldsymbol{J})=m$。末端执行器在静止状态时，施加给物体的力用 $\boldsymbol{f}$ 表示，与 $\boldsymbol{f}$ 等价的关节驱动力矩用 $\boldsymbol{\tau}$ 表示，由式（2-139），有

$$\boldsymbol{\tau}=\boldsymbol{J}^{+}(\boldsymbol{q})\boldsymbol{f} \tag{4-21}$$

然后，与前面的讨论相似，用满足 $\|\boldsymbol{\tau}\|\leqslant 1$ 的 $\boldsymbol{\tau}$ 能实现 $\boldsymbol{f}$ 的全部集合而构成 m 维欧拉空间的椭球，即

$$\boldsymbol{f}^{\mathrm{T}}\boldsymbol{J}(\boldsymbol{q})\boldsymbol{J}^{\mathrm{T}}(\boldsymbol{q})\boldsymbol{f}\leqslant 1 \tag{4-22}$$

操作力椭球的体积用 c_m/w 表示，并与 w 成反比。操作力椭球的主轴由 u_1/σ_1，u_2/σ_2，…，u_m/σ_m 给定，如果把它与可操作性椭球的主轴相比较的话，可以看出，操作性好的方向（即可操作性椭球的半径最长的方向）仅仅产生小的操作力；相反，能产生大的操作力的恰恰是操作性最差的方向。

4.2 常见机器人的可操作度分析

4.2.1 2 关节连杆机构

本节中，计算几种常见的机器人机构的可操作度，并求得可操作性最大的手腕的姿态。这也是从可操作性的观点得到的末端执行器最希望的作业位置，后文中，这个作业位置称为最佳位形。

首先，考虑图 4-2 所示的 2 关节连杆机构，$\boldsymbol{r}$ 表示末端尖的位置 $(x,\ y)^{\mathrm{T}}$，这时，雅可比矩阵 $\boldsymbol{J}$ 即为

$$\boldsymbol{J}=\begin{pmatrix}-l_1\sin\theta_1-l_2\sin(\theta_1+\theta_2) & -l_2\sin(\theta_1+\theta_2)\\ l_1\cos\theta_1+l_2\cos(\theta_1+\theta_2) & l_2\cos(\theta_1+\theta_2)\end{pmatrix} \tag{4-23}$$

因此，通过计算，可操作度 w 是

$$w=|\det(\boldsymbol{J})|=l_1l_2|\sin\theta_2| \tag{4-24}$$

由式（4-24），最优姿态与 l_1、l_2、θ_1 无关，而出现在 $\theta_2=\pm90°$的位置。而且当臂的全长 l_1+l_2 一定时，若选择 l_1、l_2，只有当 $l_1=l_2$ 时可操作度最大。

有趣的是，若人类的手腕保持水平，肩与肘构成 2 关节连杆机构时，大体上有 $l_1=l_2$，用两手抓持物体时，肘的弯曲角大约是 90°。由此可以认为，人类无意识地使用着最佳位形。

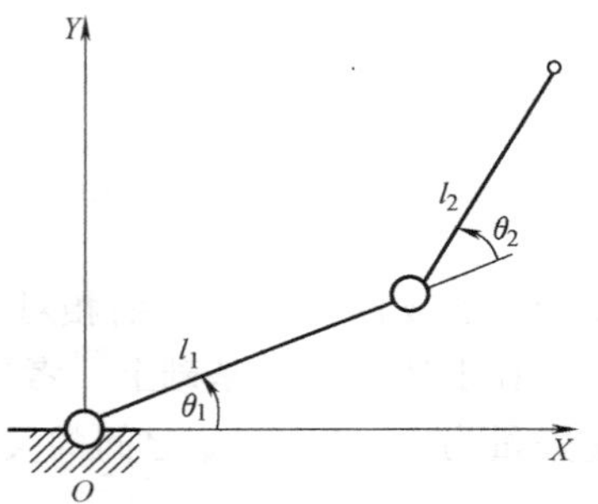

图 4-2 2 关节连杆机构

下面试求 $l_1=l_2=1$ 时的可操作性椭球的主轴，按照定义直接计算出它们的奇异值。首先，$\boldsymbol{JJ}^{\mathrm{T}}$ 为

$$\boldsymbol{JJ}^{\mathrm{T}}=\begin{pmatrix}JJ_1 & JJ_2\\ JJ_3 & JJ_4\end{pmatrix}$$

$$JJ_1=(\sin\theta_1+\sin(\theta_1+\theta_2))^2+\sin^2(\theta_1+\theta_2)$$

$$JJ_2=-(\sin\theta_1+\sin(\theta_1+\theta_2))(\cos\theta_1+\cos(\theta_1+\theta_2))-\sin(\theta_1+\theta_2)\cos(\theta_1+\theta_2)$$

$$JJ_3=-(\sin\theta_1+\sin(\theta_1+\theta_2))(\cos\theta_1+\cos(\theta_1+\theta_2))-\sin(\theta_1+\theta_2)\cos(\theta_1+\theta_2)$$

$$JJ_4=(\cos\theta_1+\cos(\theta_1+\theta_2))^2+\cos^2(\theta_1+\theta_2)$$

它的特征值根据 $\det(\lambda\boldsymbol{I}_2-\boldsymbol{JJ}^{\mathrm{T}})=0$ 可得

$$\lambda_1=\frac{1}{2}(3+2\cos\theta_2+\sqrt{5+12\cos\theta_2+8\cos^2\theta_2})$$

$$\lambda_2=\frac{1}{2}(3+2\cos\theta_2-\sqrt{5+12\cos\theta_2+8\cos^2\theta_2})$$

然后，可求得奇异值 $\sigma_i=\sqrt{\lambda_i}$（$i=1,\ 2$）。对应的特征矢量是

$$\boldsymbol{u}_i=\begin{pmatrix}[(\sin\theta_1+\sin(\theta_1+\theta_2))(\cos\theta_1+\cos(\theta_1+\theta_2))+\sin(\theta_1+\theta_2)\cos(\theta_1+\theta_2)]/k_i\\ [(\sin\theta_1+\sin(\theta_1+\theta_2))^2+\sin^2(\theta_1+\theta_2)-\lambda_i]/k_i]\end{pmatrix}$$

式中

$$k_i=\begin{Bmatrix}[(\sin\theta_1+\sin(\theta_1+\theta_2))(\cos\theta_1+\cos(\theta_1+\theta_2))+\sin(\theta_1+\theta_2)\cos(\theta_1+\theta_2)]^2+\\ [(\sin\theta_1+\sin(\theta_1+\theta_2))^2+\sin^2(\theta_1+\theta_2)-\lambda_i]^2\end{Bmatrix}^{1/2}$$

根据前面的讨论，当 $l_1=l_2=1$ 时，可操作性椭球及其可操作度如图 4-3 所示，而操作力椭球则如图 4-4 所示。从图 4-3 可以很容易看出操作手臂与末端姿态的方向，从图 4-4 中看到最容易施加力的方向。l_a 表示末端 X 坐标与臂长 l_1（此例中 $l_1=l_2$）的比值，因此末端 X 坐标的最大值为臂长 l_1 的两倍，所以 l_a 的取值范围为［0，2］。

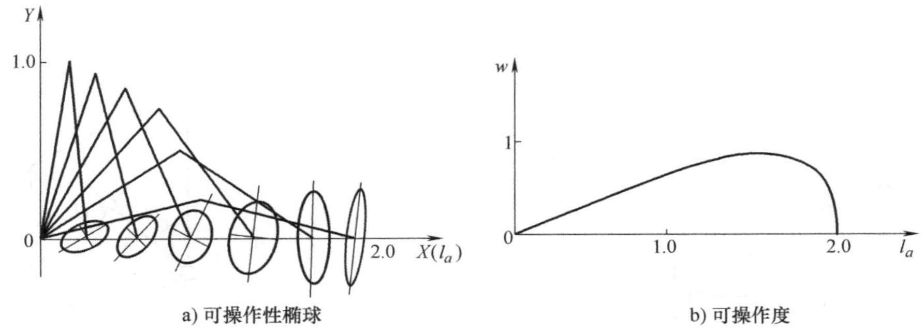

a) 可操作性椭球　　b) 可操作度

图 4-3　可操作性椭球与可操作度

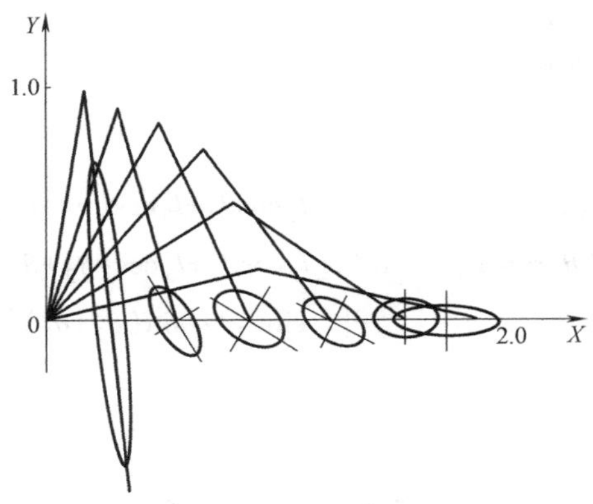

图 4-4　操作力椭球

4.2.2　SCARA 机器人

图 4-5 所示为一个 4 自由度的 SCARA 机器人。末端位置 $\boldsymbol{r}$ 用 x、y、z 表示，末端回转角用 α 表示，令 $\boldsymbol{r}=(x,\ y,\ z,\ \alpha)^{\mathrm{T}}$，则雅可比矩阵为

$$\boldsymbol{J}=\begin{pmatrix}-l_1\sin\theta_1-l_2\sin(\theta_1+\theta_2) & -l_2\sin(\theta_1+\theta_2) & 0 & 0\\ l_1\cos\theta_1+l_2\cos(\theta_1+\theta_2) & l_2\cos(\theta_1+\theta_2) & 0 & 0\\ 0 & 0 & -1 & 0\\ 1 & 1 & 0 & 1\end{pmatrix} \tag{4-25}$$

于是，可操作度为

$$w=l_1l_2\left|\sin\theta_2\right| \tag{4-26}$$

与前面的 2 关节连杆机构的情形相同，对于 l_1、l_2、θ_1，当 $\theta_2=\pm90^\circ$ 时，其可操作度最大，l_1+l_2 一定时，$l_1=l_2$ 时的可操作度最大。

4.2.3 PUMA 机器人

PUMA（或垂直关节型）机器人具有 5 或 6 个自由度，而各连杆在各关节轴方向存在偏置的情况较多。这里，为了简单起见，忽略手端部的自由度，像图 4-6 所示的那样，对于各关节矢量，仅仅考虑主要的三个关节，即 $\boldsymbol{q}=(\theta_1,\ \theta_2,\ \theta_3)^{\mathrm{T}}$，而末端状态矢量也只考虑位置，即 $\boldsymbol{r}=(x,\ y,\ z)^{\mathrm{T}}$。

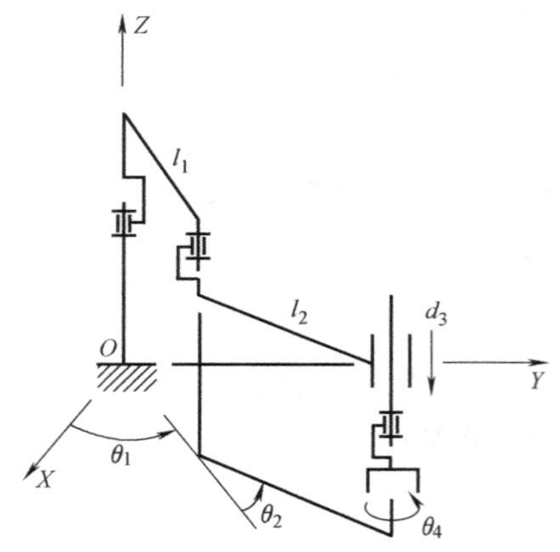

图 4-5 SCARA 机器人

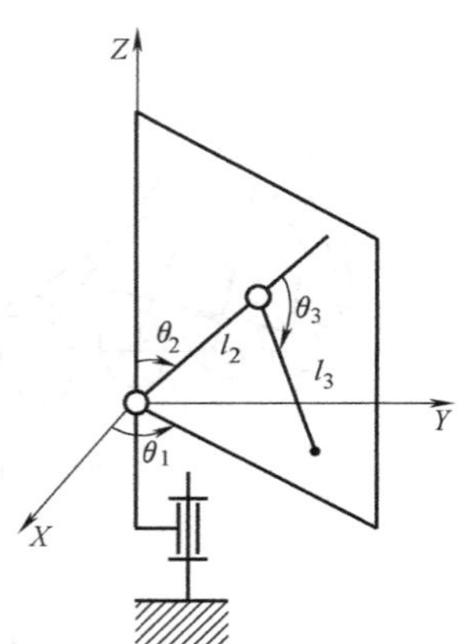

图 4-6 PUMA 机器人

这时，雅可比矩阵为

$$\boldsymbol{J}=\begin{pmatrix} -\sin\theta_1[l_2\sin\theta_2+l_3\sin(\theta_2+\theta_3)] & \cos\theta_1[l_2\cos\theta_2+l_3\cos(\theta_2+\theta_3)] & \cos\theta_1 l_3\sin(\theta_2+\theta_3) \\ \cos\theta_1[l_2\sin\theta_2+l_3\sin(\theta_2+\theta_3)] & \sin\theta_1[l_2\cos\theta_2+l_3\cos(\theta_2+\theta_3)] & \sin\theta_1 l_3\sin(\theta_2+\theta_3) \\ 0 & -[l_2\sin\theta_2+l_3\sin(\theta_2+\theta_3)] & -l_3\sin(\theta_2+\theta_3) \end{pmatrix} \tag{4-27}$$

对应可操作度为

$$w=l_2l_3\left|(l_2\sin\theta_2+l_3\sin(\theta_2+\theta_3))\sin\theta_3\right| \tag{4-28}$$

如果给定 l_2、l_3，可求可操作度 w 最大时的姿态。首先，假定 θ_1 与 w 无关，并取任意值。对于 θ_2，假定 $\sin\theta_3\neq0$，即有 $\dfrac{\partial w}{\partial\theta_2}=0$，然后得

$$\tan\theta_2=\frac{l_2+l_3\cos\theta_3}{l_3\sin\theta_3} \tag{4-29}$$

式中，末端位置在平面 XY 上，即与第二个关节有同样的高度。这可以解释为最大化第一个关节的角速度所得到的状态。

把式（4-29）中的 θ_2 代入式（4-28），则得

$$w=l_2l_3\sqrt{l_2^2+l_3^2+2l_2l_3\cos\theta_3}\ \left|\sin\theta_3\right| \tag{4-30}$$

最大化可操作度 w，可得到 θ_3 为

$$\cos\theta_3=\frac{\sqrt{(l_2^2+l_3^2)^2+2l_2^2l_3^2}-(l_2^2+l_3^2)}{6l_2l_3} \tag{4-31}$$

然后，当 $l_3=\gamma l_2$，$\gamma=0.5$，1，2 时，对应的最佳位形如图 4-7 所示（图 4-7 中仅仅给出在 $0°\leqslant\theta_2\leqslant90°$之间的情况）。考虑 θ_2 与 θ_3 作为 2 关节连杆机构的关节参数时，$\theta_3=90°$是最优状态，而在最优状态，θ_3 比 90°稍稍小一些，这就是说当末端位置随 θ_1 变化时，可以获得可操作度最大的位形。

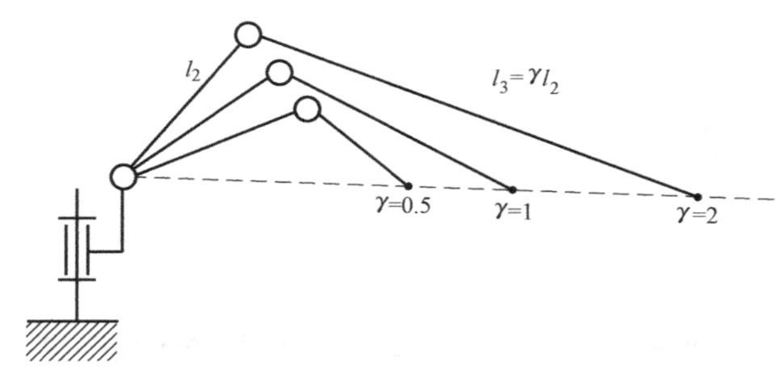

图 4-7　PUMA 机器人的最佳位形

4.2.4　直角坐标型机器人、圆柱坐标型机器人和极坐标型机器人

这里，与考虑 PUMA 机器人的情况相同，仅对主要的三个轴和末端位置进行讨论。

经过计算分析，直角坐标型机器人的可操作度 w 在作业空间中的任何位置都是恒定不变的；圆柱坐标型机器人的情形中，伸开臂时的状态是最佳位形；在极坐标型机器人中，臂伸展在水平方向上的状态是最佳位形。在圆柱坐标型机器人及极坐标型机器人中，以区域的边界作为最佳位形显然是不合适的。可是，若仅仅从可操作度的观点进行考虑，则在旋转关节的端部，沿它的半径方向，通过平动关节轴所连接的机构中，必然会出现上述情况。而在实际的应用过程中，我们希望作业尽可能在作业空间的中央部分进行，这与分析可操作性得到的结果不一致。因此，在确定作业所需的机器人位形时，还需考虑其他的限制条件。

4.2.5　具有 4 个关节的机器人

截至目前，国内外已开发了各种各样的具有多关节末端的类人机器人手。这里，我们从可操作度的观点来考虑图 4-8 所示的 4 关节的灵巧手臂。首先，为了简化，令 θ_1 固定，于是，末端关节矢量为 $\boldsymbol{q}=(\theta_2,\ \theta_3,\ \theta_4)^{\mathrm{T}}$，末端尖矢量为 $\boldsymbol{r}=(x,\ z)^{\mathrm{T}}$，当已知从第二个关节到末端关节的距离为 l_a 时，考虑在 XZ 平面内关节末端尖位置的可操作度。这时雅可比矩阵为

$$\boldsymbol{J}=\begin{pmatrix}-l_2\sin\theta_2-l_3\sin(\theta_2+\theta_3)-l_4\sin(\theta_2+\theta_3+\theta_4) & -l_3\sin(\theta_2+\theta_3)-l_4\sin(\theta_2+\theta_3+\theta_4) & -l_4\sin(\theta_2+\theta_3+\theta_4)\\ -l_2\cos\theta_2-l_3\cos(\theta_2+\theta_3)-l_4\cos(\theta_2+\theta_3+\theta_4) & -l_3\cos(\theta_2+\theta_3)-l_4\cos(\theta_2+\theta_3+\theta_4) & -l_4\cos(\theta_2+\theta_3+\theta_4)\end{pmatrix} \tag{4-32}$$

由于 $m\neq n$，通过数值计算可求得使式（4-8）中的 w 最大的 $\boldsymbol{q}$。得到的位形以 l_a 作为参数变量的变化情况如图 4-9 所示。并且，取连杆的长度 $l_2=l_3=0.4$，$l_4=0.3$，末端沿 Z 轴的负方向。图 4-10 中的实线描绘了 w 的最大值随 l_a 变化的情形。从图 4-10 可以看出，机器人最佳位形对应于 $l_a=0.8$ 时的位形。

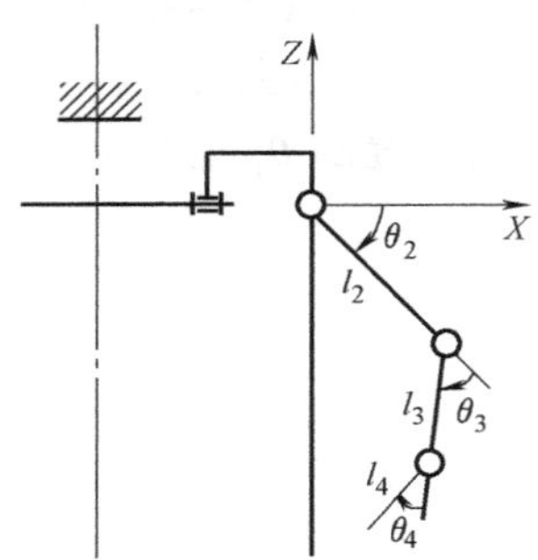

图 4-8　具有 4 个关节的末端

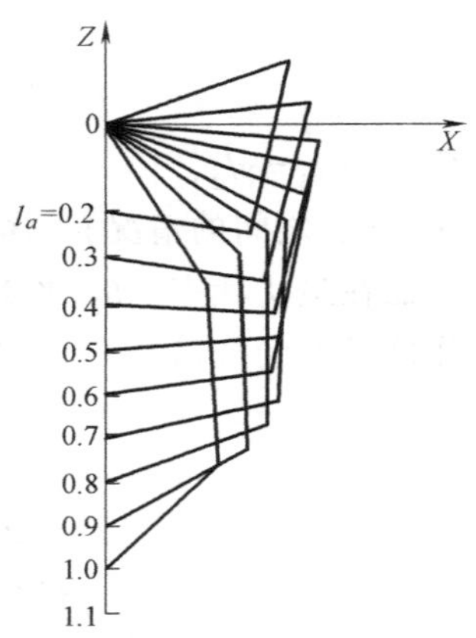

图 4-9　最优末端姿势

然后，考虑包括 θ_1 的情况，即 $\boldsymbol{q}=(\theta_1, \theta_2, \theta_3, \theta_4)^{\mathrm{T}}$ 和 $\boldsymbol{r}=(x, y, z)^{\mathrm{T}}$ 时，给定可操作度随 l_a 变化时的位形，如图 4-10 中的虚线给出。可以看出，这样所得到的位形，与人类用手臂抓握物体时的操作姿态是非常相似的。

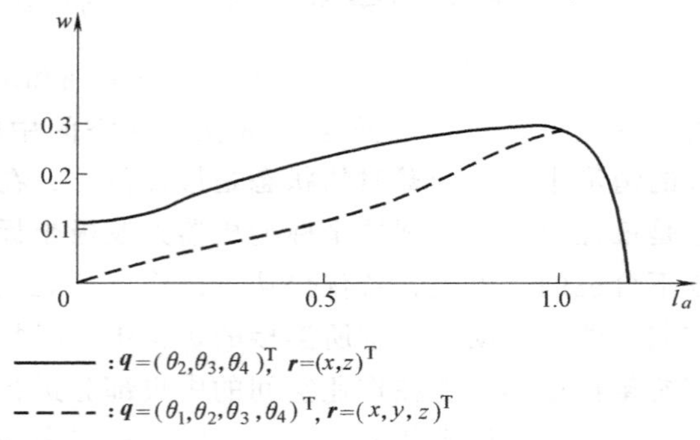

图 4-10　可操作度的最大值随 l_a 的变化

4.3　各种其他可操作性指标

在 4.1 节及 4.2 节中给出了由可操作性椭球所导出的一种标量指标，即对于表示它体积的可操作度进行了讨论。本节将进一步说明其余的几个指标，并对评价机器人时使用的全局评价指标也加以论述。

除可操作度（本节用 w_1 表示）指标以外，其余基于可操作性椭球的指标为

$$w_2=\sigma_m/\sigma_1 \tag{4-33a}$$

$$w_3=\sigma_m \tag{4-33b}$$

$$w_4=(\sigma_1\sigma_2\cdots\sigma_m)^{1/m}=(w_1)^{1/m} \tag{4-33c}$$

指标 w_2 是椭球的最小半径与最大半径的比，通常这个值小于 1，也就是说，若这个 w_2

接近于1，椭球就接近于球，所以 w_2 是表达椭球方向的各向同性的指标，与椭球的大小无关。w_2 的倒数也恰恰是雅可比矩阵 $\boldsymbol{J}$ 的条件数。w_3 是椭球主轴的最小半径，表示在条件 $\|\boldsymbol{q}\|<1$ 下，末端在任意方向能产生的最低速度的大小。指标 w_4 是椭球体的主轴半径 σ_1，σ_2，…，σ_m 的几何平均值，等价于与可操作性椭球具有同样体积的球体半径，它等于操作度 w_1 的 m 次方根。

究竟从 w_1 到 w_4 中采用哪一个，必须考虑评价的目的及它的计算难易程度，视情况不同而选取。w_1 和 w_4 适用于粗略的估计，且也容易计算。w_2 在注重操作力的各向同性时使用，w_3 适用于保证最低限度操作性的场合，它们的计算一般比 w_1 和 w_4 要复杂一些。

以上指标无论是哪一个，都是为了从可操作度的观点，评价什么样的位形具有好的操作性指标。如果要说的话，这些都是局部指标。评价机器人本身时，提出基于局部指标的全局指标是非常有必要的，例如，在关节力矩 $\boldsymbol{q}$ 的空间内，选取合适的评价区域 S 为

$$w_{ig}=\min_{g\in S} w_i \tag{4-34}$$

可得到物理意义较明确的全局指标。

4.4 动力学可操作性

4.4.1 动力学可操作性椭球与可操作度

上一节所讨论的可操作性的概念是运动学意义上的，没有考虑动力学的因素。因此，在机构的原理设计及后面所讨论的规避奇异等内容中，可以直接应用于不考虑复杂动力学的情况中。但在考虑实际机构的详细设计，高速、高精度的控制时，这并不是很有效的。于是，在本节中，从动力学的观点，考虑手臂的操作能力，定义动力学可操作性椭球及动力学可操作度，并进一步介绍它们的性质。

由于式（3-75）给出了机器人的动力学特性，即

$$\boldsymbol{M}(\boldsymbol{q})\ddot{\boldsymbol{q}}+\boldsymbol{h}(\boldsymbol{q},\dot{\boldsymbol{q}})+\boldsymbol{g}(\boldsymbol{q})=\boldsymbol{\tau} \tag{4-35}$$

另外，末端器位置矢量 $\boldsymbol{r}$ 与关节矢量 $\boldsymbol{q}$ 的关系由式（4-1）表示，而对应速度矢量 $\boldsymbol{v}$ 与关节速度矢量 $\dot{\boldsymbol{q}}$ 的关系按式（4-2）给出

$$\boldsymbol{v}=\boldsymbol{J}(\boldsymbol{q})\dot{\boldsymbol{q}} \tag{4-36}$$

式（4-36）对时间微分得

$$\dot{\boldsymbol{v}}=\boldsymbol{J}(\boldsymbol{q})\ddot{\boldsymbol{q}}+\boldsymbol{\alpha}_r(\boldsymbol{q},\dot{\boldsymbol{q}}) \tag{4-37}$$

$$\boldsymbol{\alpha}_r(\boldsymbol{q},\dot{\boldsymbol{q}})=\dot{\boldsymbol{J}}(\boldsymbol{q})\dot{\boldsymbol{q}} \tag{4-38}$$

式中，$\boldsymbol{\alpha}_r(\boldsymbol{q},\ \dot{\boldsymbol{q}})$ 表示 $\boldsymbol{r}$ 与 $\boldsymbol{q}$ 之间的关系是非线性的，可认为是由加速度引起的。现在，考虑它的等价形式

$$\begin{aligned}\boldsymbol{\alpha}_r&=\boldsymbol{J}\boldsymbol{J}^{+}\boldsymbol{\alpha}_r+(\boldsymbol{I}-\boldsymbol{J}\boldsymbol{J}^{+})\boldsymbol{\alpha}_r\\&=\boldsymbol{J}\boldsymbol{M}^{-1}\boldsymbol{M}\boldsymbol{J}^{+}\boldsymbol{\alpha}_r+(\boldsymbol{I}-\boldsymbol{J}\boldsymbol{J}^{+})\boldsymbol{\alpha}_r\end{aligned} \tag{4-39}$$

由式（4-35）、式（4-37）得

$$\dot{\boldsymbol{v}}-(\boldsymbol{I}-\boldsymbol{J}\boldsymbol{J}^{+})\boldsymbol{\alpha}_r=\boldsymbol{J}\boldsymbol{M}^{-1}[\boldsymbol{\tau}-\boldsymbol{h}(\boldsymbol{q},\dot{\boldsymbol{q}})-\boldsymbol{g}(\boldsymbol{q})+\boldsymbol{M}\boldsymbol{J}^{+}\boldsymbol{\alpha}_r] \tag{4-40}$$

式中

$$\tilde{\boldsymbol{\tau}}=\boldsymbol{\tau}-\boldsymbol{h}(\boldsymbol{q},\dot{\boldsymbol{q}})-\boldsymbol{g}(\boldsymbol{q})+\boldsymbol{M}\boldsymbol{J}^{+}\boldsymbol{\alpha}_r \tag{4-41a}$$

$$\dot{\tilde{\boldsymbol{v}}}=\dot{\boldsymbol{v}}-(\boldsymbol{I}-\boldsymbol{J}\boldsymbol{J}^{+})\boldsymbol{\alpha}_r \tag{4-41b}$$

引入新的变量 $\tilde{\boldsymbol{\tau}}$ 和 $\dot{\tilde{\boldsymbol{v}}}$，式（4-40）就成为

$$\dot{\tilde{\boldsymbol{v}}}=\boldsymbol{J}\boldsymbol{M}^{-1}\tilde{\boldsymbol{\tau}} \tag{4-42}$$

而且，在式（4-39）中，把末端加速度 $\boldsymbol{\alpha}_r$ 的一部分分解为由关节驱动输入产生的加速度部分与其他部分，当手臂不在奇异位形时，即 $\mathrm{rank}(\boldsymbol{J})=m$ 时，在指尖的任意方向都产生加速度，所以消去式（4-40）、式（4-41）中的 $\boldsymbol{I}-\boldsymbol{J}\boldsymbol{J}^{+}$，$\dot{\tilde{\boldsymbol{v}}}$ 与 $\dot{\boldsymbol{v}}$ 相等。

接着，我们的基本想法是，以式（4-42）作为基础，关节驱动力为制约条件，把能自由地改变末端加速度的 $\tilde{\boldsymbol{\tau}}$ 的范围定量地表达出来，将这个定量作为机器人的操作性指标。与可操作性的情形相同，考虑满足 $\tilde{\boldsymbol{\tau}}\leqslant 1$ 的关节驱动力能实现末端尖的加速度 $\dot{\tilde{\boldsymbol{v}}}$ 的全部集合，即

$$\dot{\tilde{\boldsymbol{v}}}^{\mathrm{T}}(\boldsymbol{J}(\boldsymbol{M}^{\mathrm{T}}\boldsymbol{M})^{-1}\boldsymbol{J}^{\mathrm{T}})\dot{\tilde{\boldsymbol{v}}}\leqslant 1,\ \dot{\tilde{\boldsymbol{v}}}\in R(\boldsymbol{J}) \tag{4-43}$$

式（4-43）表示 m 维欧几里得空间内的椭球，称为动力学可操作性椭球（Dynamic Manipulability Ellipsoid，DME）。$\boldsymbol{J}\boldsymbol{M}^{-1}$ 的奇异值分解为

$$\boldsymbol{J}\boldsymbol{M}^{-1}=\boldsymbol{U}_{\mathrm{d}}\boldsymbol{\Sigma}_{\mathrm{d}}\boldsymbol{V}_{\mathrm{d}}^{\mathrm{T}} \tag{4-44}$$

式中

$$\boldsymbol{\Sigma}_{\mathrm{d}}=\begin{pmatrix}\sigma_{\mathrm{d}1} & & & \\ & \sigma_{\mathrm{d}2} & & \\ & & \ddots & \\ & & & \sigma_{\mathrm{d}m}\end{pmatrix} \tag{4-45}$$

$$\boldsymbol{U}_{\mathrm{d}}=(\boldsymbol{u}_{\mathrm{d}1},\boldsymbol{u}_{\mathrm{d}2},\cdots,\boldsymbol{u}_{\mathrm{d}m}) \tag{4-46}$$

这个椭球的主轴由 $\sigma_{\mathrm{d}1}\boldsymbol{u}_{\mathrm{d}1}$，$\sigma_{\mathrm{d}1}\boldsymbol{u}_{\mathrm{d}2}$，…，$\sigma_{\mathrm{d}m}\boldsymbol{u}_{\mathrm{d}m}$ 给定。且在奇异点以外，即 $\mathrm{rank}(\boldsymbol{J})=m$ 对应于 $\boldsymbol{q}$，式（4-43）由下式代替：

$$\dot{\tilde{\boldsymbol{v}}}^{\mathrm{T}}(\boldsymbol{J}(\boldsymbol{M}^{\mathrm{T}}\boldsymbol{M})^{-1}\boldsymbol{J}^{\mathrm{T}})^{-1}\dot{\tilde{\boldsymbol{v}}}\leqslant 1 \tag{4-47}$$

作为由 DME 所导出的动力学可操作性指标，DME 的体积用 $c_m w_{\mathrm{d}}$ 表示，即

$$w_{\mathrm{d}}=\sigma_{\mathrm{d}1}\sigma_{\mathrm{d}2}\cdots\sigma_{\mathrm{d}m} \tag{4-48}$$

c_m 由式（4-7）给定，于是 w_{d} 作为评价动力学可操作度的指标，即动力学可操作度。

并且，w_{d} 与 w 有下列类似的性质：

1）
$$w_{\mathrm{d}}=\sqrt{\det(\boldsymbol{J}(\boldsymbol{M}^{\mathrm{T}}\boldsymbol{M})^{-1}\boldsymbol{J}^{\mathrm{T}})}。 \tag{4-49}$$

2）当 $m=n$ 时，即非冗余的机器人中，有

$$w_{\mathrm{d}}=\frac{|\det(\boldsymbol{J})|}{|\det(\boldsymbol{M})|} \tag{4-50}$$

式中，$\boldsymbol{M}$ 表示关节驱动力与关节加速度的关系矩阵；$\boldsymbol{J}$ 表示关节加速度与末端加速度的关系矩阵。式（4-50）右边的分母表示对应于 w_{d} 的机器人的动力学效果，分子就是可操作度 w，可以说这表示了运动学效果。

3）当 $w_{\mathrm{d}}=0$ 时，$\mathrm{rank}\boldsymbol{J}(\boldsymbol{q})\neq m$，即机器人处于奇异位形。

4）当 $m=n$ 时，w_{d} 的意义可以按照下述解释。用满足

$$|\tilde{\tau}_i| \leqslant 1 \quad (i=1,2,\cdots,n) \tag{4-51}$$

的驱动力，能够实现全部的末端加速度矢量的集合就成为 m 维欧几里得空间内的平行多面体，它的体积是 $2^m w_{\mathrm{d}}$。

在以上的讨论中，在各关节处产生的最大驱动力矩与 $\boldsymbol{q}$ 值无关，都取 1，且末端的加速度与角加速度按同样权重处理。如果这些假定不成立，与可操作度的情况相同，则必须按以下方法事先对各变量进行无量纲化。考察动力学可操作性时的最基本的情形，让机器人处于静止状态。而对 $\boldsymbol{\tau}$ 的限制有

$$|\tilde{\tau}_i| \leqslant \tau_{i\max} \quad (i=1,2,\cdots,n) \tag{4-52}$$

这时，由 $\dot{\boldsymbol{q}}=\boldsymbol{0}$，就有 $\boldsymbol{h}(\boldsymbol{q},\ \dot{\boldsymbol{q}})=\boldsymbol{0}$，$\boldsymbol{\alpha}_r(\boldsymbol{q},\ \dot{\boldsymbol{q}})=\boldsymbol{0}$，所以，由式（4-41）有

$$\tilde{\boldsymbol{\tau}}=\boldsymbol{\tau}-\boldsymbol{g}(\boldsymbol{q}) \tag{4-53}$$

$$\dot{\tilde{\boldsymbol{v}}}=\dot{\boldsymbol{v}} \tag{4-54}$$

对于 $\tilde{\boldsymbol{\tau}}$ 的限制为

$$|\tilde{\tau}_i| \leqslant \tau_{i\max} \tag{4-55}$$

式中

$$\tilde{\tau}_{i\max}=\tau_{i\max}-|g_i(\boldsymbol{q})| \tag{4-56}$$

这意味着 $\tilde{\tau}_{i\max} \leqslant 0$ 时机器人不能支撑其自重，或者说有些勉强。式（4-56）假定重力影响沿着最坏的方向时，相当于设定 $\tilde{\tau}_{i\max}$。另外，$\dot{\boldsymbol{v}}$ 对应的各元素以希望的最大加速度给定时，表示各元素之间的相对重要程度。用所得到的 $\tilde{\tau}_{i\max}$、$\dot{\tilde{v}}_{j\max}$，由

$$\hat{\boldsymbol{\tau}}=(\hat{\tau}_1,\hat{\tau}_2,\cdots,\hat{\tau}_n)^{\mathrm{T}},\hat{\tau}_i=\frac{\hat{\tau}_i}{\hat{\tau}_{i\max}} \tag{4-57}$$

$$\dot{\tilde{\boldsymbol{v}}}=(\dot{\tilde{v}}_1,\dot{\tilde{v}}_2,\cdots,\dot{\tilde{v}}_m)^{\mathrm{T}},\dot{\tilde{v}}_j=\frac{\dot{\tilde{v}}_j}{\dot{\tilde{v}}_{j\max}} \tag{4-58}$$

$$\dot{\tilde{\boldsymbol{v}}}=\hat{\boldsymbol{J}}\hat{\boldsymbol{M}}^{-1}\hat{\boldsymbol{T}} \tag{4-59}$$

进行无量纲化，则得

式中

$$\hat{\boldsymbol{J}}=\boldsymbol{T}_a\boldsymbol{J} \tag{4-60}$$

$$\hat{\boldsymbol{M}}=\boldsymbol{T}_\tau\boldsymbol{M} \tag{4-61}$$

$$\boldsymbol{T}_a=\mathrm{diag}\left(\frac{1}{\dot{\tilde{v}}_{1\max}},\frac{1}{\dot{\tilde{v}}_{2\max}},\cdots,\frac{1}{\dot{\tilde{v}}_{m\max}}\right) \tag{4-62}$$

$$\boldsymbol{T}_\tau=\mathrm{diag}\left(\frac{1}{\tilde{\tau}_{1\max}},\frac{1}{\tilde{\tau}_{2\max}},\cdots,\frac{1}{\tilde{\tau}_{n\max}}\right) \tag{4-63}$$

因此，可用已进行无量纲化的 $\hat{\boldsymbol{J}}\hat{\boldsymbol{M}}^{-1}$ 定义 DME 及动力学可操作度 $\hat{w}_{\mathrm{d}}$。

而以 $\boldsymbol{\tau}\dot{\boldsymbol{v}}$ 对 $\hat{\boldsymbol{\tau}}\dot{\tilde{\boldsymbol{v}}}$ 进行变换的式（4-59）定义 DME 时，机器人手臂并不限于奇异位形处，包含在 DME 中的任意元素 $\dot{\tilde{\boldsymbol{v}}}^*$ 由下式给定

$$\dot{\boldsymbol{v}}^*=\boldsymbol{T}_a^{-1}\dot{\tilde{\boldsymbol{v}}}^* \tag{4-64}$$

而满足式（4-52）的 $\boldsymbol{\tau}$ 就是可能实现的末端加速度的关节驱动力矩。

动力学操作性指标除了 w_d 以外，还有最小奇异值 σ_{dm}，条件数的 σ_{dm}/σ_{d1} 等。其中，σ_{dm} 表示末端在所有方向上，能产生最低限度的末端加速度的大小；而 σ_{dm}/σ_{d1} 表达了所产生的末端加速度方向的一致性。

4.4.2 2关节连杆机构

图 4-11 所示为一个直接驱动的 2 关节连杆机构，下面从动力学可操作度的观点进行分析。图中的符号，分别是：

m_i 为连杆的质量。

$\widetilde{I}_i$ 为绕连杆 i 的质量中心的惯性力矩。

l_i 为连杆 i 的长度。

l_{gi} 为从关节 i 到第 i 个连杆的质量中心的长度。

m_e 为末端器及载荷的质量。

$\widetilde{I}_e$ 为末端器及载荷的惯性力矩。

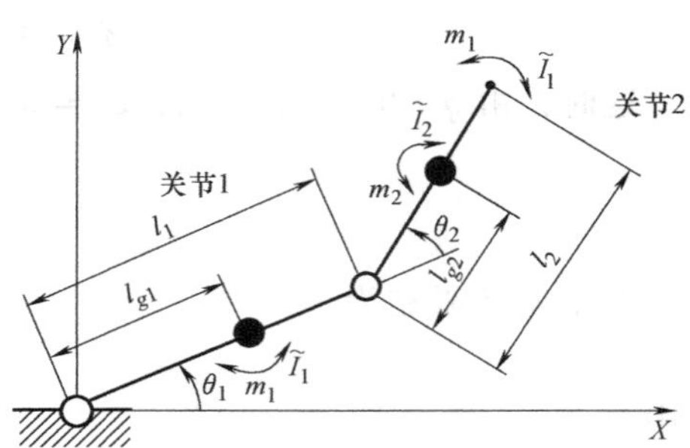

图 4-11　2关节连杆机构

第 1 个关节驱动力矩 τ_1 作用在基础与连杆 1 之间，第 2 个关节驱动力矩 τ_2 作用在连杆 1 与连杆 2 之间。现在位置矢量用 $\boldsymbol{r}=(x,\ y)^{\mathrm{T}}$ 表示，由 3.3.1 节有

$$\boldsymbol{J}=\begin{pmatrix} -l_1\sin\theta_1-l_2\sin(\theta_1+\theta_2) & -l_2\sin(\theta_1+\theta_2) \\ l_1\cos\theta_1+l_1\sin(\theta_1+\theta_2) & l_2\cos(\theta_1+\theta_2) \end{pmatrix} \tag{4-65}$$

$$\boldsymbol{M}=\begin{pmatrix} M_{11} & M_{12} \\ M_{21} & M_{22} \end{pmatrix} \tag{4-66}$$

$$M_{11}=\widetilde{I}_1+\widetilde{I}_2^*+m_1l_{g1}^2+m_2^*(l_1^2+l_{g2}^{*2}+2l_1l_{g2}^*\cos\theta_2) \tag{4-67a}$$

$$M_{12}=M_{21}=\widetilde{I}_2^*+m_2^*(l_{g2}^{*2}+l_1l_{g2}^*\cos\theta_2) \tag{4-67b}$$

$$M_{22}=\widetilde{I}_2^*+m_2^*l_{g2}^{*2} \tag{4-67c}$$

式中，m_2^*、l_{g2}^*、$\widetilde{I}_2^*$ 分别是把末端器和载荷看作连杆 2 的一部分的情况下，连杆 2 的质量、从关节 2 到其质心的长度、惯性矩，且为

$$m_2^*=m_2+m_e \tag{4-68a}$$

$$l_{g2}^*=(m_2l_{g2}+m_el_2)/(m_2+m_e) \tag{4-68b}$$

$$\widetilde{I}_2^*=\widetilde{I}_2+m_2(l_{g2}^*-l_{g2})^2+\widetilde{I}_e+m_e(l_{g2}-l_{g2}^*)^2 \tag{4-68c}$$

由于 $m=n=2$，用式（4-50）求得

$$w_d=\frac{l_1l_2\,|\sin\theta_2|}{(\widetilde{I}_1+m_1l_{g1}^2)(\widetilde{I}_2^*+m_2^*l_{g2}^{*2})+\widetilde{I}_2^*m_2^*l_1^2+m_2^{*2}l_{g2}^{*2}l_1^2\sin^2\theta_2} \tag{4-69}$$

下面，假定连杆机构处于静止状态，并忽略重力的影响。这时，$\widetilde{\tau}_{i\max}=\tau_{i\max}$，用与

式（4-18）同样的讨论方法，即 T_a、T_τ 仅仅是对 w_d 乘以标量。令

$$\alpha=\frac{l_1 l_2}{(I_1+m_1 l_{g1}^2)(\tilde{I}_2^*+m_2^* l_{g2}^{*2})+\tilde{I}_2^* m_2^* l_1^{*2}} \tag{4-70}$$

$$\beta=\frac{m_2^* l_{g2}^{*2} l_1^2}{(I_1+m_1 l_{g1}^2)(I_2^*+m_2^* l_{g2}^{*2})+\tilde{I}_2^* m_2^* l_1^{*2}} \tag{4-71}$$

式（4-69）就变成

$$w_d=\frac{\alpha(1+\beta)\ |\sin\theta_2|}{1+\beta\sin^2\theta_2} \tag{4-72}$$

因此，w_d 作为 q 的函数的相对形式仅仅由 β 唯一地确定，且 α 确定了它的比例倍数，而 w_d 与 θ_1 无关系。

当 $\beta=0$ 时，稍稍有些特殊，所以说明如下：$\beta=0$ 时，同时有 $m_2^*\neq 0$，$l_1\neq 0$，进而，必然有 $l_{g2}^*=0$。$l_{g2}^*=0$ 意味着对于连杆 2，末端器及载荷的全部的质量中心恰恰位于关节 2 处。这时 $|\det(\boldsymbol{M})|$ 就变得与 θ_2 无关系，式（4-50）所述的动力学可操作度 w_d 可以认为是可操作度 $w=l_1 l_2|\sin\theta_2|$ 与标量值 $\frac{1}{|\det(\boldsymbol{M})|}$ 的乘积。因此，最大可操作度的最佳机器人手臂位形 $\theta_2=\pm 90°$，从动力学可操作度看也是最优的。

下面就 $\beta\neq 0$ 时的情况加以讨论，把 β 作为参数，w_d 作为 θ_2 的函数，如图 4-12 所示。在图中，为了便于理解，考虑随着 β 从 0 增大，曲线渐渐地接近于梯形的情形，在 $0\leqslant\beta\leqslant 11$ 的范围内，$\theta_2=90°$处，w_d 取最大值 α，这便是最好的机器人位形。然后，$\beta>11$ 时，最大的动力学可操作度出现在 $\theta_2=90°$前后的两个位置，由此可得，β 决定可操作度曲线的形状，α 决定了它的大小。

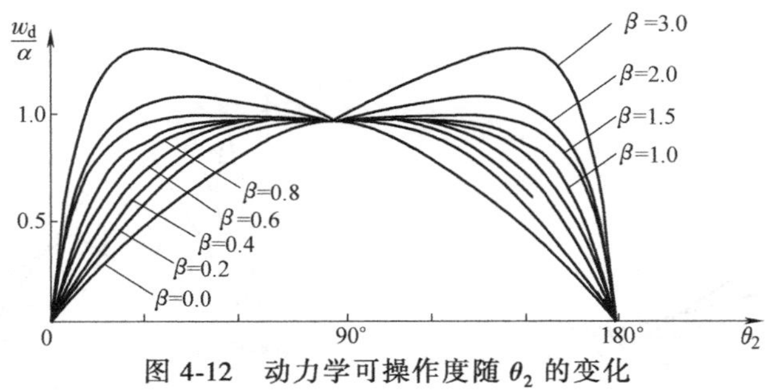

图 4-12　动力学可操作度随 θ_2 的变化

作为一个数值例子，假定 $l_1=l_2=1.0\text{m}$，$m_1=20\text{kg}$，$m_2=10\text{kg}$，$m_e=5\text{kg}$，$l_{g1}=0.5\text{m}$，$l_{g2}=0.3\text{m}$，$\tilde{I}_1=1.67\text{kg}\cdot\text{m}^2$，$\tilde{I}_2=0.83\text{kg}\cdot\text{m}^2$，$\tilde{I}_e=0$，$\tau_{1\max}=600\text{N}\cdot\text{m}$，$\tau_{2\max}=200\text{N}\cdot\text{m}$（$\dot{\tilde{v}}_{1\max}=\dot{\tilde{v}}_{2\max}=1$）。这时的动力学可操作性椭球及动力学可操作度 w_d 可以表示成从原点到末端位置的距离 l_a 的函数，如图 4-13 所示。计算式（4-71），得 $\beta=0.78$ 时，w_d 最大。为了从图中易于理解，限制 l_a 在很大范围内变化，$\hat{w}_d$ 的值与最大值没有太大的差别，也就是说，这是一个动力学可操作度分布得比较好的机构。

在以上的数值例子中，试考虑在 Y 轴的负方向施加重力时的情形。重力的加速度用 $\hat{g}$ 表示，对应于图 4-11 所示的机构，重力项为

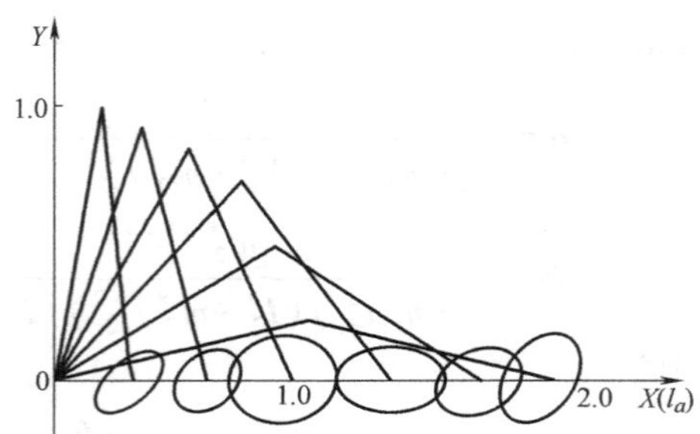

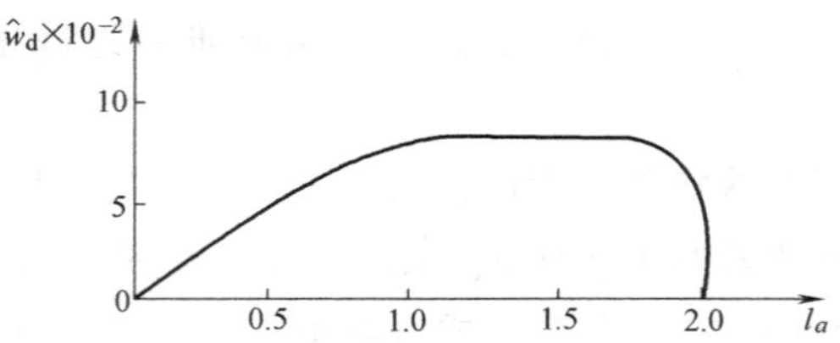

图 4-13　动力学可操作性椭球与可操作度（无重力时）

$$\boldsymbol{g}(\boldsymbol{q})=\begin{pmatrix} m_1 l_{g1}\cos\theta_1+m_2^*(l_1\cos\theta_1+l_{g2}\cos(\theta_1+\theta_2)) \\ m_2^* l_{g2}\cos(\theta_1+\theta_2) \end{pmatrix}\hat{\boldsymbol{g}} \tag{4-73}$$

从式（4-73）、式（4-56）、式（4-61）求 $\hat{\boldsymbol{M}}$，图 4-14 描绘了动力学可操作性椭球及动力学可操作度。由于重力的影响，在臂伸展开的位形处，动力学可操作度非常小，这不是所希望的。现在如果改变各杆的质量分布，$l_{g1}=0.4$，$l_{g2}^*=0$，得到图 4-15 所示的结果。与改变前相比，可以看到，在 $0.7\leqslant l_a\leqslant 1.8$ 时，动力学可操作性在一定程度上得到了改善。

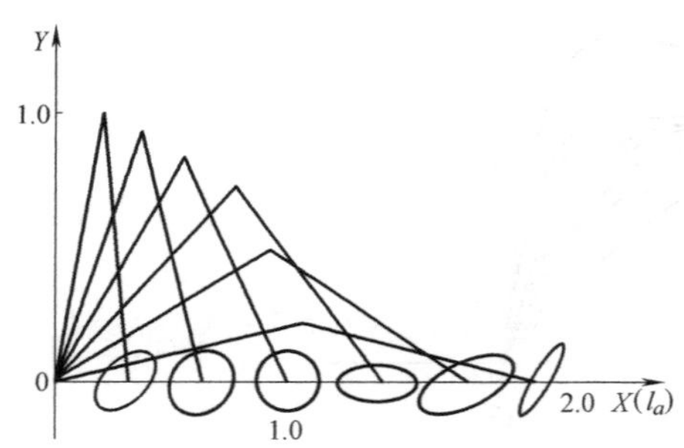

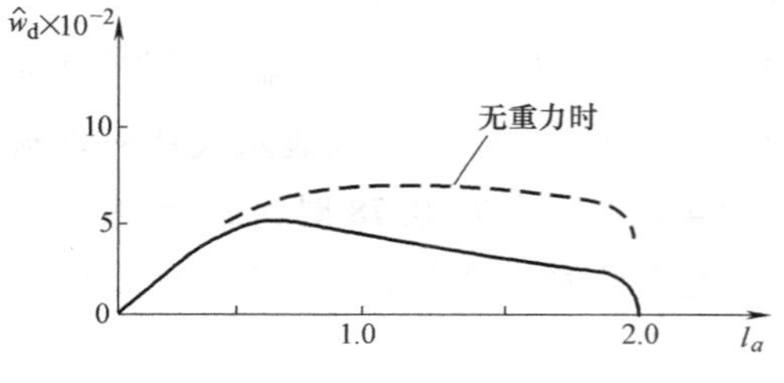

图 4-14　动力学可操作性椭球与可操作度（有重力时）

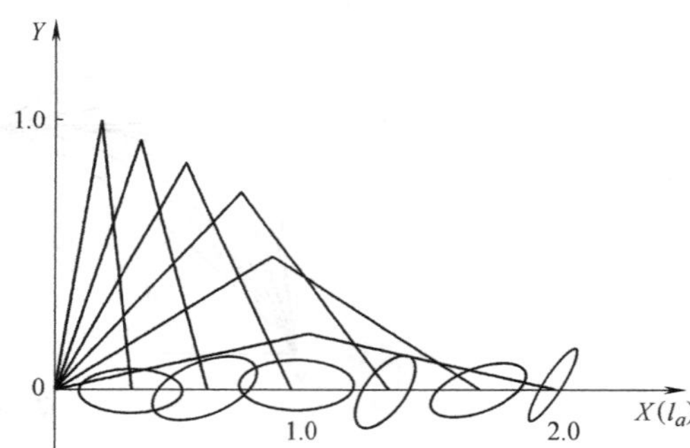

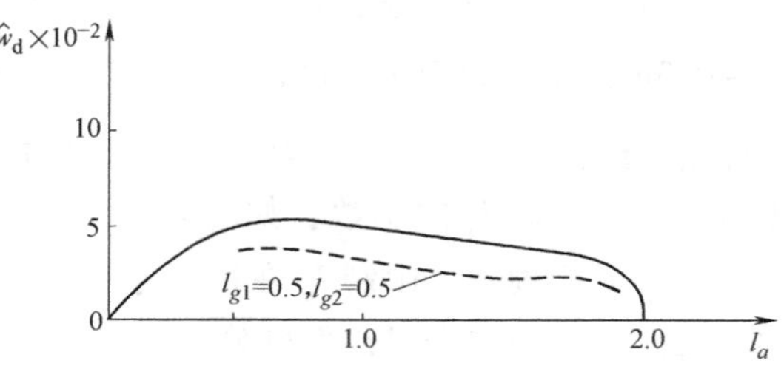

图 4-15　动力学可操作性椭球与可操作度（有重力，$l_{g1}=0.4\text{m}$，$l_{g2}=0$ 时）

4.5 本章作业

1. 证明4.1节所述的可操作度的性质1)~4)。

2. 在图4-2所示的2关节机器人中，可操作性椭球如图4-3所示，试讨论机器人的位形和操作性椭球的关系。

3. 在图4-2所示的连杆机构中，求出使可操作度指标式(4-26)最大的姿态，并用图表示最佳位形随连杆长度l_1、l_2的变化规律。

第2篇

机器人传统控制方法的理论基础

第 5 章

机器人的位置控制

本章论述机器人末端从某一位置移动到另一位置，或沿某一路径运动的控制方法和控制系统的构成。仅考虑末端抓持物体，末端或物体与其他的环境物体不接触时，机器人在其空间内自由运动的情形。机器人受其他物体运动约束的情形将在下一章中讨论。下面，首先在给定末端位置和关节矢量的初始点、终点及中间点时，确定连接这些点的目标轨迹。然后，将介绍有关的线性反馈控制、线性化与伺服补偿的二阶控制等控制方法及相关的控制系统的构成，并对速度输入和转矩输入下的位置控制方法进行介绍。

5.1 目标路径与目标轨迹

在本章中，首先介绍确定机器人的末端目标路径和关节目标轨迹的方法。可以将这个问题归结为：当机器人的末端在某一时间段 t_f 内，从某一位置 $\boldsymbol{r}_0$ 运动到另一位置 $\boldsymbol{r}_f$ 时，如何确定起始点 $\boldsymbol{r}_0$ 与终止点 $\boldsymbol{r}_f$ 之间的路径。对于这类问题，目前有各种各样的方法，这里我们将介绍按关节变量确定路径的方法和按末端位置变量确定目标轨迹的方法。

5.1.1 根据关节变量确定路径的方法

给定与机器人的末端位置 $\boldsymbol{r}_0$ 和 $\boldsymbol{r}_f$ 所对应的关节变量为 $\boldsymbol{q}_0$、$\boldsymbol{q}_f$，把任意时刻的关节变量 $\boldsymbol{q}_i$ 写作 ζ，在初始时刻 0 时的值为 ζ_0，终止时刻 t_f 的值为 ζ_f，即

$$\zeta(0)=\zeta_0,\zeta(t_f)=\zeta_f \tag{5-1}$$

并且，在起始点与终止点的速度、加速度的边界条件分别为

$$\dot{\zeta}(0)=\dot{\zeta}_0,\quad \dot{\zeta}(t_f)=\dot{\zeta}_f \tag{5-2}$$

$$\ddot{\zeta}(0)=\ddot{\zeta}_0,\quad \ddot{\zeta}(t_f)=\ddot{\zeta}_f \tag{5-3}$$

满足以上条件的函数实际上存在着各种各样的形式，这里，考虑计算的容易性和表达的简洁性，我们采用关于时间的多项式函数来描述路径。满足边界条件式（5-1）~式（5-3）的多项式的最低阶数是 5。因此，按

$$\zeta(t)=a_0+a_1t+a_2t^2+a_3t^3+a_4t^4+a_5t^5 \tag{5-4}$$

确定路径。由边界条件式（5-1）~式（5-3）来确定未知数 $a_0\sim a_5$，即

$$a_0=\zeta_0 \tag{5-5a}$$

$$a_1=\dot{\zeta}_0 \tag{5-5b}$$

$$a_2=\frac{1}{2}\ddot{\zeta}_0 \tag{5-5c}$$

$$a_3=\frac{1}{2t_f^3}[20\zeta_f-20\zeta_0-(8\dot{\zeta}_f+12\dot{\zeta}_0)t_f-(3\ddot{\zeta}_0-\ddot{\zeta}_f)t_f^2] \tag{5-5d}$$

$$a_4=\frac{1}{2t_f^4}[30\zeta_0-30\zeta_f+(14\dot{\zeta}_f+16\dot{\zeta}_0)t_f+(3\ddot{\zeta}_0-2\ddot{\zeta}_f)t_f^2] \tag{5-5e}$$

$$a_5=\frac{1}{2t_f^5}[12\zeta_f-12\zeta_0-(6\dot{\zeta}_f+6\dot{\zeta}_0)t_f-(\ddot{\zeta}_0-\ddot{\zeta}_f)t_f^2] \tag{5-5f}$$

特别地，当 $\ddot{\zeta}_0=\ddot{\zeta}_f=0$ 时，ζ_0、ζ_f、$\dot{\zeta}_0$、$\dot{\zeta}_f$满足图 5-1 所示的关系，得

$$\zeta_f-\zeta_0=\frac{t_f}{2}(\dot{\zeta}_0+\dot{\zeta}_f) \tag{5-6}$$

这时，$a_5=0$，$\zeta(t)$ 将成为四次多项式。如果把这个四次多项式与直线插补结合起来，就可以比较容易给定以下几种情况下的轨迹：

1）在初始点 ζ_0 处，从静止状态，加速、匀速、减速到达终止点并在终止点 ζ_f 处静止。

在图 5-2 中，适当地选择确定加减速时间的参数 Δ 就可确定插值中间点 ζ_{02}、ζ_{f1}。这里，在 ζ_{02}、ζ_{f1} 中，首先取 ζ_{01}、ζ_{f2} 为 $\zeta_{01}=\zeta_0$ 和 $\zeta_{f2}=\zeta_f$，选择 ζ_{01} 与 ζ_{f2} 使它们位于连接 ζ_{02} 与 ζ_{f1} 的直线上。然后，在 ζ_0 与 ζ_{02} 之间及 ζ_{f1} 与 ζ_f 之间，采用四次多项式规划规迹。在各端点处，速度方向与折线 $\{\zeta_0, \zeta_{01}, \zeta_{f2}, \zeta_f\}$ 的斜率保持一致，端点处加速度取 0。ζ_{02} 与 ζ_{f1} 之间用直线连接，于是 $0\leqslant t\leqslant 2\Delta$ 为加速区间，$2\Delta\leqslant t\leqslant t_f-2\Delta$ 为匀速区间，$t_f-2\Delta\leqslant t\leqslant t_f$ 为减速区间。

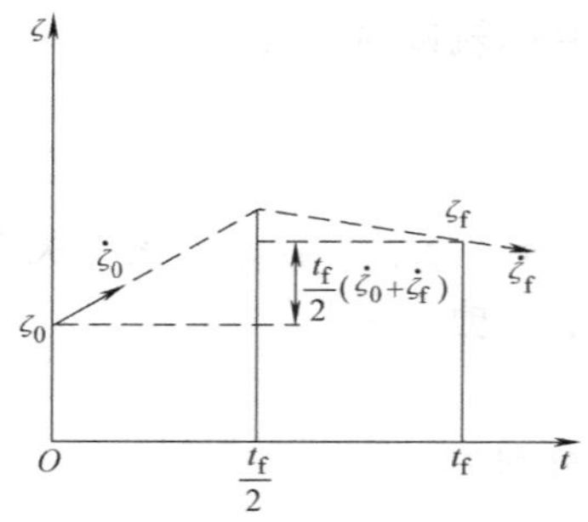

图 5-1　初始点与终止点时刻的边界条件

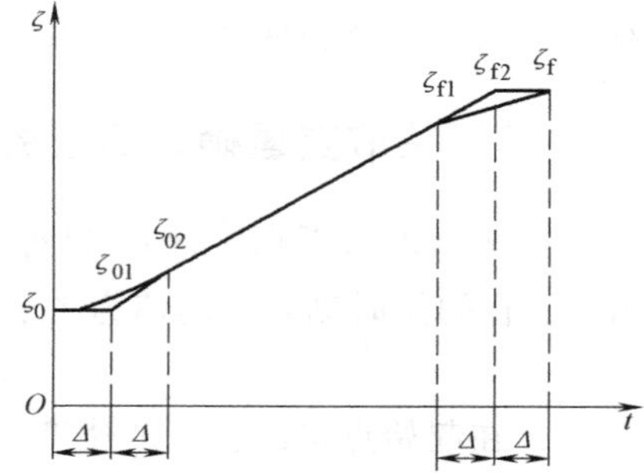

图 5-2　从初始点到终止点的轨迹

【例 5-1】 在 XY 平面内运动的具有两个旋转关节的机器人如图 5-3a 所示，从初始静止状态，移动到图 5-3b 所示的终止状态并保持静止，由前面的方法求其目标路径。其中，取 $\Delta=0.25\text{s}$。

第一个关节角 θ_1，有

$$\theta_1(t)=\begin{cases}90-80t^3+80t^4 & (0\leqslant t\leqslant 0.5)\\ 85-20(t-0.5) & (0.5\leqslant t\leqslant 1.5)\\ 65-20(t-1.5)+80(t-1.5)^3-80(t-1.5)^4 & (1.5\leqslant t\leqslant 0.5)\end{cases}$$

第二个关节角 θ_2，有

$$\theta_2(t)=\begin{cases}-60-160t^3+160t^4 & (0\leqslant t\leqslant 0.5)\\ -70-40(t-0.5) & (0.5\leqslant t\leqslant 1.5)\\ -110-40(t-1.5)+160(t-1.5)^3-160(t-1.5)^4 & (1.5\leqslant t\leqslant 2.0)\end{cases}$$

图 5-4 描绘了上述的末端路径。

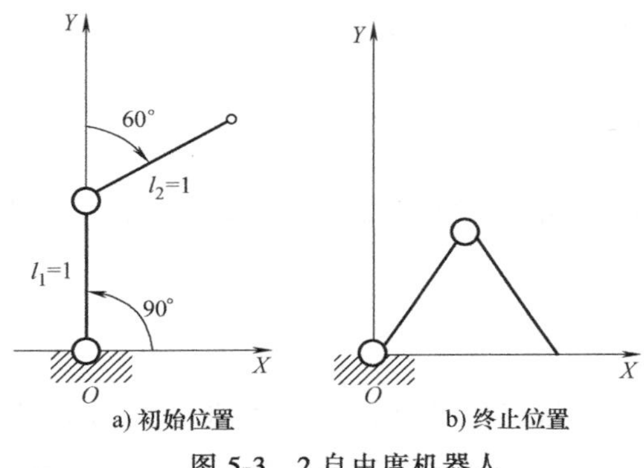

图 5-3　2 自由度机器人

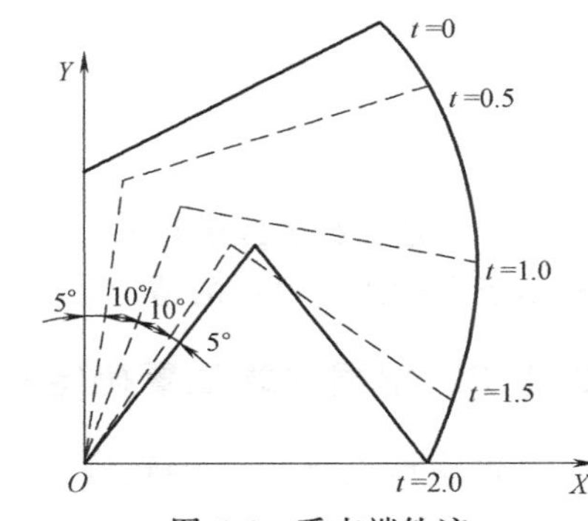

图 5-4　手末端轨迹

2）在 ζ_0 从静止状态出发，通过中间点 ζ_1、ζ_2，在 ζ_f 处停止。

即使轨迹没有精确地通过中间点，即考虑图 5-5 所示的情形，设定辅助中间点为 ζ_{02}，ζ_{11}，ζ_{12}，…，ζ_{f1}，用 4 次多项式连接 $\{\zeta_0,\ \zeta_{02}\}$，$\{\zeta_{11},\ \zeta_{12}\}$，…，$\{\zeta_{f1},\ \zeta_f\}$。同时，取 $\zeta_{01}=\zeta_0$，$\zeta_{f2}=\zeta_f$，在通过 ζ_{02}、ζ_{11} 的直线上，选择 $\{\zeta_0$、$\zeta_{02}\}$ 使其在通过 ζ_{12}、ζ_{21} 和 ζ_1、ζ_2 的直线上，对 ζ_{22}，…，ζ_{f1}，用同样的方法选择。进一步地，在必须通过中间点的情形中，对应地增加中间点的辅助点的个数，如图 5-6a 所示。点 ζ_{i2}，如图 5-6b 所示，既位于通过 ζ_{i1}，ζ_i 的直线和直线 $t=t_i-\Delta$ 的交点 A，也位于通过 ζ_i，ζ_{i+2} 的

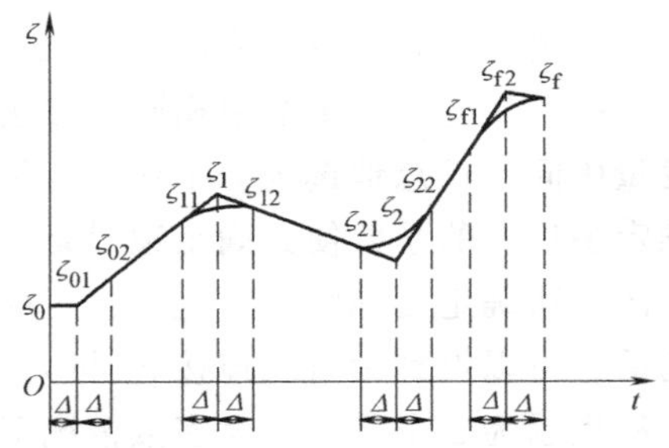

图 5-5　从初始点通过中间点附近到达终止点的轨迹

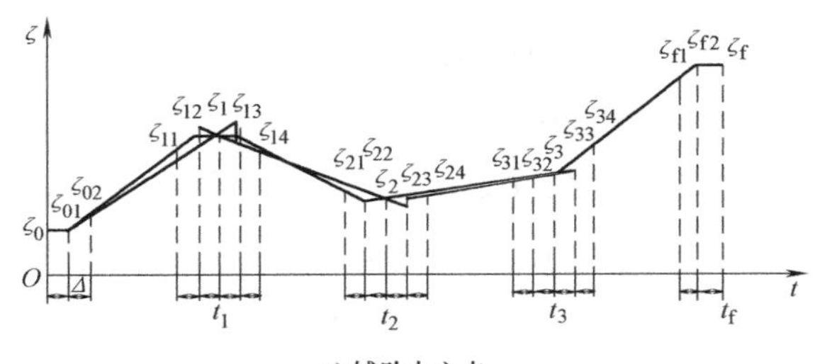

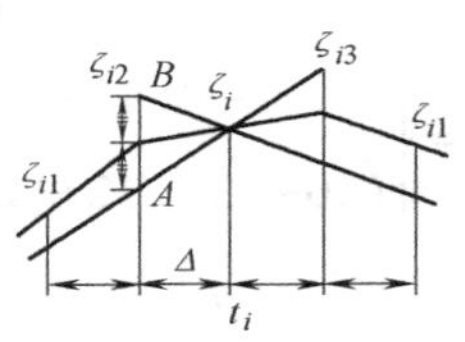

图 5-6　从初始点通过中间点到达终止点的轨迹的辅助中间点

直线与直线 $t=t_i-\Delta$ 的交点 B。点 ζ_{i3} 可用同样的方法选择。然后，用四次多项式连接 $\{\zeta_0, \zeta_{02}\}$，$\{\zeta_{11}, \zeta_1\}$，$\{\zeta_1, \zeta_{14}\}$，…，$\{\zeta_{f1}, \zeta_f\}$ 即可得到轨迹。

进一步地，在开始所讲述的用多项式连接 ζ_0 与 ζ_f 的问题中，只考虑位置、速度的边界条件式（5-1）、式（5-2），而不考虑加速度时，由式（5-4）得

$$\zeta(t)=a_0+a_1t+a_2t^2+a_3t^3 \tag{5-7}$$

于是，利用上面的分析，可求出多项式的系数如下：

$$a_0=\zeta_0 \tag{5-8a}$$

$$a_1=\dot{\zeta}_0 \tag{5-8b}$$

$$a_2=\frac{1}{t_f^2}[3(\zeta_f-\zeta_0)-(2\dot{\zeta}_0+\dot{\zeta}_f)t_f] \tag{5-8c}$$

$$a_3=\frac{1}{t_f^3}[-2(\zeta_f-\zeta_0)+(\dot{\zeta}_f+\dot{\zeta}_0)t_f] \tag{5-8d}$$

特别地，ζ_0、ζ_f 满足式（5-5）且 $a_3=0$ 时，$\zeta(t)$ 就成为二次多项式。这个二次式也同样用于上述 1)、2) 的情形。

5.1.2 根据末端位置确定轨迹的方法

如果 $\boldsymbol{r}_0$ 与 $\boldsymbol{r}_f$ 之间的轨迹按 5.1.1 节中的方法确定的话，有可能难以预测末端的轨迹，并且，根据作业任务，也可能存在末端在一条直线上移动等要求，这时就需要研究在末端轨迹要求给定时，确定 $\boldsymbol{r}_0$ 与 $\boldsymbol{r}_f$ 之间轨迹的方法。

目前，用 6 个变量表示末端的位移与姿态的方法有几种，其中的一组末端位形一旦确定，接着用与 5.1.1 节中相同的方法，就能够确定各个变量的目标时间轨迹。或者说，6 个变量中间，任意地选定一个作业变量作为 ζ，假定存在式（5-4）~式（5-7）的时间多项式，确定多项式的系数使其满足边界条件。进一步地，当中间点给定时，可以用与 5.1.1 节中相同的方法确定目标轨迹。这时，对应所有的 6 个变量，给定中间点及辅助中间点在同一时刻的话，可以得到用直线连接 $\boldsymbol{r}_0$ 与 $\boldsymbol{r}_f$，并沿着这条直线路径运动的目标时间轨迹。把末端的位移表示为 3 个变量，大多数情况下，取关于基础直角坐标型的末端坐标系的原点作为移动变量末端。

【例 5-2】 在例 5-1 中，求对应末端变量 $\boldsymbol{r}=(x, y)^{\mathrm{T}}$ 的目标轨迹。初始位置为 $[\sqrt{3}/2, 3/2]^{\mathrm{T}}$，终止位置为 $(1, 0)^{\mathrm{T}}$，目标轨迹 $\boldsymbol{r}(t)=(x(t), y(t))^{\mathrm{T}}$ 由下式给定

$$x(t)=\begin{cases}\sqrt{3}/2+4(2-\sqrt{3})(t^3-t^4)/3 & (0\leqslant t\leqslant 0.5)\\ (5\sqrt{3}+2)/12+(2-\sqrt{3})(t-0.5)/3 & (0.5<t\leqslant 1.0)\\ (10+\sqrt{3})/12+(2-\sqrt{3})(t-1.5)/3 & (1.0<t\leqslant 1.5)\\ -4(2-\sqrt{3})[(t-1.5)^3-(t-1.5)^4]/3 & (1.5<t\leqslant 2.0)\end{cases}$$

$$y(t)=\begin{cases}3/2-4t^3+4t^4 & (0\leqslant t\leqslant 0.5)\\ 5/4+(t-0.5) & (0.5<t\leqslant 1.5)\\ 2.25+(t-1.5)-88(t-1.5)^3+132(t-1.5)^4 & (1.5<t\leqslant 2.0)\end{cases}$$

这时，末端轨迹和对应的手臂位形被描绘在图 5-7 中。

在基础坐标系内，由于末端动作由绕 3 个轴的旋转合成，所以难以直观地理解。于是，为了便于理解，下面介绍根据单轴旋转法或双轴旋转法来表达末端位形的方法。

(1) 单轴旋转法 从空间几何我们知道，原点相同的 2 个坐标系 $\boldsymbol{\Sigma}_A$、$\boldsymbol{\Sigma}_B$ 之间的转换关系可用等效旋转轴 $\boldsymbol{k}=(k_x,\ k_y,\ k_z)^{\mathrm{T}}$ 与绕旋转轴的旋转角 α 来描述，这就是说，以某一固定的单位矢量 $\boldsymbol{k}$ 作为转轴，让坐标系 $\boldsymbol{\Sigma}_A$ 绕它旋转 α 角时，就成为坐标系 $\boldsymbol{\Sigma}_B$。矢量对（$\boldsymbol{k}$，α）也对应沿 $\boldsymbol{k}$ 方向，大小为 α 的矢量 $\alpha\boldsymbol{k}$。（$\boldsymbol{k}$，α）对应的旋转矩阵 $\boldsymbol{R}(\boldsymbol{k},\ \alpha)$ 为

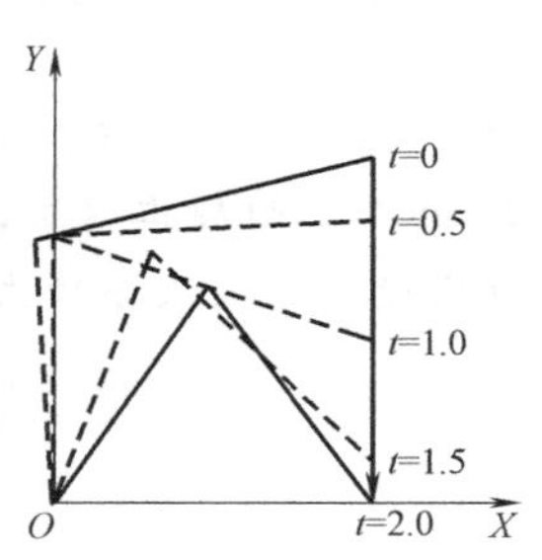

图 5-7 末端轨迹

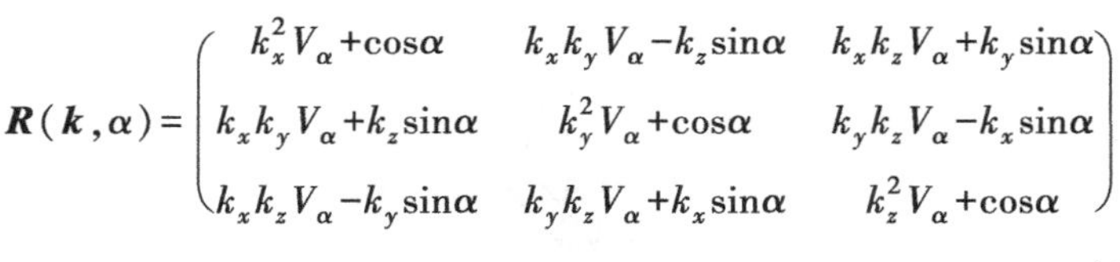

$$\boldsymbol{R}(\boldsymbol{k},\alpha)=\begin{pmatrix} k_x^2V_\alpha+\cos\alpha & k_xk_yV_\alpha-k_z\sin\alpha & k_xk_zV_\alpha+k_y\sin\alpha \\ k_xk_yV_\alpha+k_z\sin\alpha & k_y^2V_\alpha+\cos\alpha & k_yk_zV_\alpha-k_x\sin\alpha \\ k_xk_zV_\alpha-k_y\sin\alpha & k_yk_zV_\alpha+k_x\sin\alpha & k_z^2V_\alpha+\cos\alpha \end{pmatrix} \tag{5-9}$$

式中，$V_\alpha=1-\cos\alpha$。式（5-9）成立意味着在 $\boldsymbol{\Sigma}_A$ 中的任意矢量 $\boldsymbol{r}_1$ 仅绕 $\boldsymbol{k}$ 旋转 α 角就成为 $\boldsymbol{r}_2$，即下式成立

$$\boldsymbol{r}_2=(\boldsymbol{k}^{\mathrm{T}}\boldsymbol{r}_1)\boldsymbol{k}+\cos\alpha[\boldsymbol{r}_1-(\boldsymbol{k}^{\mathrm{T}}\boldsymbol{r}_1)\boldsymbol{k}]+\sin\alpha(\boldsymbol{k}\times\boldsymbol{r}_1) \tag{5-10}$$

若 $\boldsymbol{r}_1$ 取 $\boldsymbol{\Sigma}_A$ 的坐标轴方向单位矢量 $(1,\ 0,\ 0)^{\mathrm{T}}$、$(0,\ 1,\ 0)^{\mathrm{T}}$ 及 $(0,\ 0,\ 1)^{\mathrm{T}}$ 时，$\boldsymbol{r}_2$ 就成为 $\boldsymbol{\Sigma}_B$ 的坐标轴方向的单位矢量 ${}^A\boldsymbol{x}_B$、${}^A\boldsymbol{y}_B$、${}^A\boldsymbol{z}_B$。

接着，我们来说明在单轴旋转法中，对于 $\boldsymbol{r}_0$，从末端坐标系所看到的 $\boldsymbol{r}_{\mathrm{f}}$ 的姿态，用上述方法求解时的值（$\boldsymbol{k}$，α）。于是，目标轨迹就变为绕 $\boldsymbol{k}_{\mathrm{f}}$，$\alpha$ 从 0 到 α_{f} 的轨迹，这可用式（5-4）来确定，在式（5-4）中的边界条件由

$$\zeta(0)=0,\zeta(t_{\mathrm{f}})=\alpha_{\mathrm{f}}$$

$$\dot{\zeta}(0)=\dot{\alpha}_0,\dot{\zeta}(t_{\mathrm{f}})=\alpha_{\mathrm{f}}$$

$$\ddot{\zeta}(0)=\ddot{\alpha}_0,\ddot{\zeta}(t_{\mathrm{f}})=\ddot{\alpha}_{\mathrm{f}}$$

给定，根据此时的解 $\zeta(t)$，用（$\boldsymbol{k}_{\mathrm{f}}$，$\zeta(t)$）（$0\leqslant t\leqslant t_{\mathrm{f}}$）给定姿态目标轨迹。从基础坐标系看，这个目标轨迹的特征，是绕具有固定方向的一个旋转轴 $\boldsymbol{k}_{\mathrm{f}}$ 旋转的轨迹。这种方法从直观上来看也容易理解。

(2) 双轴旋转法 这个方法由 Paul 提出的，这里做一些解释，从 $\boldsymbol{r}_0$ 看到的末端坐标系中 $\boldsymbol{r}_{\mathrm{f}}$ 的姿态，用欧拉角表示为（ψ，θ，φ），这样，$\boldsymbol{r}_0$ 的姿态也可由 $\boldsymbol{R}(\hat{\boldsymbol{k}},\ \theta)\boldsymbol{R}(\hat{z},\ \varphi+\theta)$ 来表达，用式（5-9）、式（2-20）可以很容易地说明这一点。其中，$\hat{\boldsymbol{k}}=(-\sin\varphi,\ \cos\varphi,\ 0)^{\mathrm{T}}$，$\hat{z}$ 表示由 $\boldsymbol{R}(\hat{\boldsymbol{k}},\ \theta)$ 转动后的 z 轴，于是，可以根据 $\boldsymbol{r}_0$ 来变换 $\boldsymbol{r}_{\mathrm{f}}$ 与 $\boldsymbol{R}(\hat{\boldsymbol{k}},\ \zeta_0(t))\boldsymbol{R}(\hat{z}\ (t),\ \zeta_{\varphi+\psi}\ (t))$。其中，$\zeta_0(t)$，$\zeta_{\varphi+\psi}(t)$ 由式（5-4）确定，$\hat{z}(t)$ 表示根据 $\boldsymbol{R}(\hat{\boldsymbol{k}},\ \zeta_0(t))$ 移动时的时刻 t 的 $\hat{z}$ 轴。这个轨迹是这样得到的：绕 $\boldsymbol{r}_0$ 与 $\boldsymbol{r}_{\mathrm{f}}$ 的末端接近方向矢量垂

直轴旋转 θ 角，接着，在各时刻，在绕手指接近方向矢量转 $\varphi+\psi$ 角。以两个轴作为旋转轴在直观上都很好理解，特别地，当机器人的最末端的关节作为末端接近方向矢量轴的旋转关节时，这个关节就能作绕 $\hat{z}(t)$ 轴的旋转。

双轴旋转法与单轴旋转法比较，其优点是末端接近方向矢量的改变容易理解。

【例 5-3】 如图 5-8a 所示，初始姿态时，末端处于静止状态，在时间 $t_f=1$ 时，运动到图 5-8b 所示的静止状态，分别采用单轴旋转法和双轴旋转法求其运动轨迹。并且，采用关于时间变量的五次多项式进行插补。

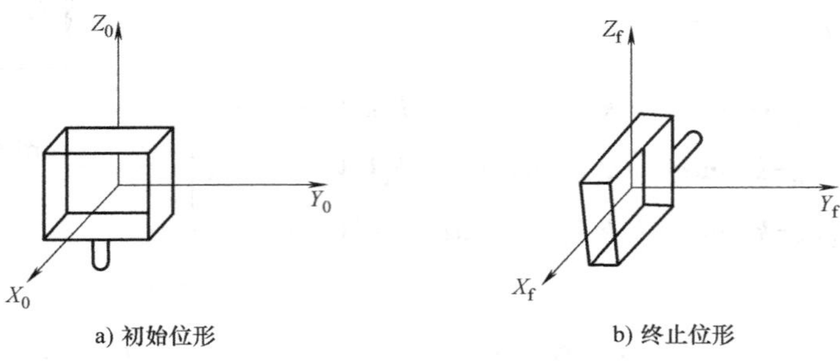

a) 初始位形　　b) 终止位形

图 5-8　末端的初始姿态与终止姿态

首先，用单轴旋转法求轨迹，从初始姿态所看到的表示终止姿态的旋转矩阵 $\boldsymbol{R}$ 由图 5-8 可得

$$\boldsymbol{R}=\begin{pmatrix}0 & 0 & 1\\ 1 & 0 & 0\\ 0 & 1 & 0\end{pmatrix}$$

然后，用式（5-9），就得到

$$\boldsymbol{k}_f=\left(\frac{1}{\sqrt{3}},\frac{1}{\sqrt{3}},\frac{1}{\sqrt{3}}\right)^{\mathrm{T}},\alpha=120°$$

位形目标轨迹由（$\boldsymbol{k}_f$，$\alpha(t)$）（$0\leqslant t\leqslant 1$）给定。其中，$\alpha(t)=1200t^3-1800t^4+720t^5$。这个轨迹在 $t=0.5$ 时，由式（5-9）与 $\alpha(t)=60°$ 可得表示中间姿态的旋转矩阵 $\boldsymbol{R}$

$$\boldsymbol{R}=\begin{pmatrix}2/3 & -1/3 & 2/3\\ 2/3 & 2/3 & -1/3\\ -1/3 & 2/3 & 2/3\end{pmatrix}$$

图 5-9a 表示了这个位形。然后，用双轴旋转法求轨迹，初始位形及终止位形用欧拉角表示，即 $\psi_0=(0°,\ 0°,\ 0°)^{\mathrm{T}}$，$\psi_f=(0°,\ 90°,\ 90°)^{\mathrm{T}}$。因此，位形目标轨迹由 $\boldsymbol{R}(\hat{\boldsymbol{k}},\ \zeta_0\ (t))\ \boldsymbol{R}(\hat{z}(t),\ \zeta_{\varphi+\psi}\ (t))$（$0\leqslant t\leqslant 1$）给定。其中，$\zeta_0(t)=\zeta_{\varphi+\psi}\ (t)=900t^3-1350t^4+540t^5$。

例如，在 $t=0.5$ 时，$\boldsymbol{k}=(0,\ 1,\ 0)^{\mathrm{T}}$，$\zeta_0(0.5)=\zeta_{\varphi+\psi}(0.5)=45°$，表示中间姿态的旋转矩阵 $\boldsymbol{R}$ 由下式给定

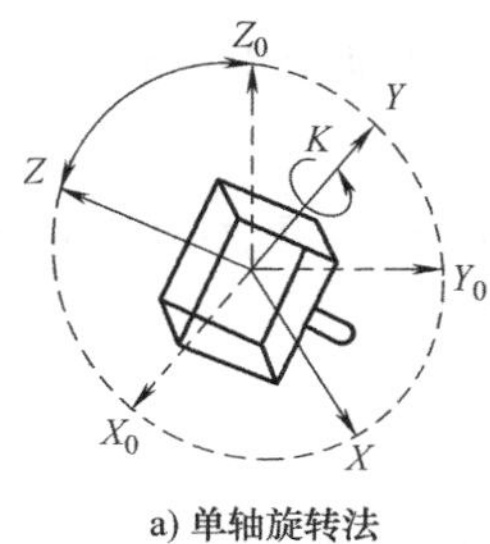

a) 单轴旋转法

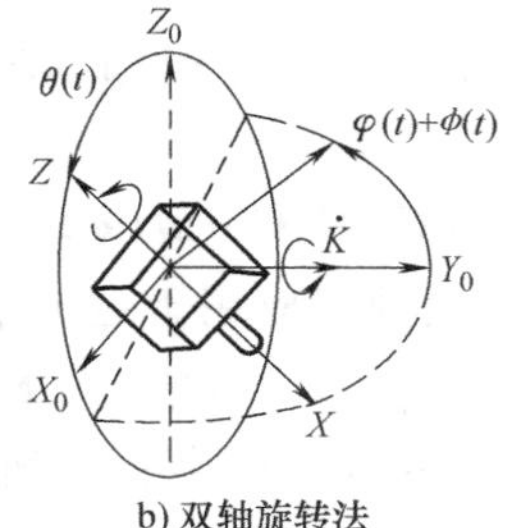

b) 双轴旋转法

图 5-9 中间姿态

$$\boldsymbol{R}=\begin{pmatrix}\frac{1}{\sqrt{2}} & 0 & \frac{1}{\sqrt{2}}\\ 0 & 1 & 0\\ -\frac{1}{\sqrt{2}} & 0 & \frac{1}{\sqrt{2}}\end{pmatrix}\begin{pmatrix}\frac{1}{\sqrt{2}} & -\frac{1}{\sqrt{2}} & 0\\ \frac{1}{\sqrt{2}} & \frac{1}{\sqrt{2}} & 0\\ 0 & 0 & 1\end{pmatrix}=\begin{pmatrix}1/2 & -1/2 & \frac{1}{\sqrt{2}}\\ \frac{1}{\sqrt{2}} & \frac{1}{\sqrt{2}} & 0\\ -1/2 & 1/2 & \frac{1}{\sqrt{2}}\end{pmatrix}$$

图 5-9b 表示了用这种方法求解轨迹的情形。与图 5-9a 比较，末端接近方向矢量垂直于 Y 轴

5.2 线性反馈控制

5.2.1 线性反馈控制规律的有效性

现在，绝大部分应用于工业现场的机器人，采用的控制方式是各关节构成独立的位置与速度反馈环，并以位置或速度作为参数输入，从而控制各关节达到目标轨迹。但是，实际上由于机器人各关节之间存在着非线性耦合，因此即使采用这种控制方式，对控制性能的提升也不太明显。其主要原因是由于在伺服与机器人臂之间采用了大减速比的减速器，并且，各环的反馈增益取得较大。下面，我们将从数学上加以证明。

首先，在机器人机构动力学方程中引入黏性阻尼摩擦，可以得到考虑黏性阻尼摩擦的机构动力学方程为

$$\boldsymbol{\tau}=\boldsymbol{M}(\boldsymbol{q})\ddot{\boldsymbol{q}}+\boldsymbol{h}(\boldsymbol{q},\dot{\boldsymbol{q}})+\boldsymbol{V}\dot{\boldsymbol{q}}+\boldsymbol{g}(\boldsymbol{q}) \tag{5-11}$$

式中，$\boldsymbol{V}$ 是关节的黏性摩擦矩阵。另外，伺服变量 $\boldsymbol{q}_a$ 与关节交量 $\boldsymbol{q}$ 之间的减速比用 $\boldsymbol{G}_r$ 表示，即

$$\boldsymbol{G}_r\boldsymbol{q}=\boldsymbol{q}_a \tag{5-12}$$

式中，$\boldsymbol{G}_r$ 是正则矩阵。伺服系统的动力学方程为

$$\boldsymbol{\tau}_m=(\boldsymbol{M}_a\ddot{\boldsymbol{q}}_a+\boldsymbol{V}_a\dot{\boldsymbol{q}}_a)+\boldsymbol{\tau}_a \tag{5-13}$$

式中，$\boldsymbol{M}_a$、$\boldsymbol{V}_a$ 分别是伺服系统的惯性矩阵和黏性阻尼矩阵；$\boldsymbol{\tau}_m$ 是伺服系统的驱动力。而 $\boldsymbol{\tau}_a$ 是伺服系统传递到手臂的驱动力，如果 $\boldsymbol{G}_r$ 一定，$\boldsymbol{\tau}_a$ 与 $\boldsymbol{\tau}$ 之间有以下关系

$$\boldsymbol{\tau}=\boldsymbol{G}_r^{\mathrm{T}}\boldsymbol{\tau}_a \tag{5-14}$$

根据式（5-11）~式（5-14），将伺服系统与手臂的动力学方程组合起来，就可得到系统的动力学方程为

$$\boldsymbol{G}_r^{\mathrm{T}}\boldsymbol{\tau}_m=[\boldsymbol{G}_r^{\mathrm{T}}\boldsymbol{M}_a\boldsymbol{G}_r+\boldsymbol{M}(\boldsymbol{q})]\ddot{\boldsymbol{q}}+\boldsymbol{h}(\boldsymbol{q},\dot{\boldsymbol{q}})+(\boldsymbol{G}_r^{\mathrm{T}}\boldsymbol{V}_a\boldsymbol{G}_r+\boldsymbol{V})\dot{\boldsymbol{q}}+\boldsymbol{g}(\boldsymbol{q}) \tag{5-15}$$

将位移与速度的反馈规律应用于这个系统，得

$$\boldsymbol{\tau}_m(t)=(\boldsymbol{G}_r^{\mathrm{T}})^{-1}[\boldsymbol{K}_p(\boldsymbol{q}_d(t)-\boldsymbol{q}(t))-\boldsymbol{K}_v\dot{\boldsymbol{q}}(t)] \tag{5-16}$$

式中，$\boldsymbol{q}_d(t)$ 是与 $\boldsymbol{q}(t)$ 对应的预期目标轨迹。

现在，在各关节处，如果安装有相互独立的伺服系统，且中间包含有大减速比的减速器时，$\boldsymbol{M}_a$、$\boldsymbol{V}_a$、$\boldsymbol{G}_r$ 是对角矩阵，$\boldsymbol{G}_r$ 的对角元素的值都较大。而反馈控制增益 $\boldsymbol{K}_p$、$\boldsymbol{K}_v$ 也为对角矩阵，且对角元素的均值较大。这时，表示关节之间的干涉项 $\boldsymbol{M}(\boldsymbol{q})$、$\boldsymbol{h}(\boldsymbol{q}、\dot{\boldsymbol{q}})$、$\dot{\boldsymbol{V}}$、$\boldsymbol{g}(\boldsymbol{q})$ 等与其他项比较很小，可以忽略不计，由式（5-15）、式（5-16）知，闭环系统的动力学特性将近似为

$$\boldsymbol{G}_r^{\mathrm{T}}\boldsymbol{M}_a\boldsymbol{G}_r\ddot{\boldsymbol{q}}+\boldsymbol{G}_r^{\mathrm{T}}\boldsymbol{V}_a\boldsymbol{G}_r\dot{\boldsymbol{q}}+\boldsymbol{K}_p(\boldsymbol{q}-\boldsymbol{q}_d)-\boldsymbol{K}_v\dot{\boldsymbol{q}}(t)=\boldsymbol{0} \tag{5-17}$$

式（5-17）所示的是一个各关节相互独立的二阶系统。据此，如果适当地选取 $\boldsymbol{G}_r$ 与 $\boldsymbol{K}_p$、$\boldsymbol{K}_v$ 的比值，系统的响应特性是可以调节的。

这里我们看到，以上的讨论做了几种假定，特别地，与 $\boldsymbol{G}_r^{\mathrm{T}}\boldsymbol{M}_a\boldsymbol{G}_r$ 和 $\boldsymbol{G}_r^{\mathrm{T}}\boldsymbol{V}_a\boldsymbol{G}_r$ 相比，$\boldsymbol{M}(\boldsymbol{q})$、$\boldsymbol{h}(\boldsymbol{q}、\dot{\boldsymbol{q}})$、$\boldsymbol{g}(\boldsymbol{q})$ 等各项不能忽略时，上面的讨论就不成立，如果不采用下一节所讨论的复杂的控制定律，就不可能实现高速、高精度的动作。在这种情况下，如果能够补偿重力项 $\boldsymbol{g}(\boldsymbol{q})$，在 $\boldsymbol{q}_d(t)$ 一定时，按照 PTP（Point-To-Point，点到点）控制方式，依次经过数个目标位置，并在经过目标位置时停止，则采用位置和速度反馈控制定律的闭环系统是稳定系统。下面就进一步介绍它。

5.2.2 位置或速度反馈控制规律的稳定性

在式（5-16）中，取 $\boldsymbol{K}_p$ 为对称正定矩阵，增加重力补偿项，然后将其用于由式（5-15）表示的系统中，其控制规律为

$$\boldsymbol{\tau}_m(t)=(\boldsymbol{G}_r^{\mathrm{T}})^{-1}\{\boldsymbol{K}_p[\boldsymbol{q}_d(t)-\boldsymbol{q}(t)]-\boldsymbol{K}_v\dot{\boldsymbol{q}}(t)+\boldsymbol{g}(\boldsymbol{q})\} \tag{5-18}$$

这时，闭环系统在平衡点 $\boldsymbol{q}_d$ 是渐近稳定的。即经过无限长的时间后，$\boldsymbol{q}(t)$ 收敛于 $\boldsymbol{q}_d$，这可以用李雅普诺夫稳定性定理证明。

由式（5-15）和式（5-18），经推导可得

$$[\boldsymbol{G}_r^{\mathrm{T}}\boldsymbol{M}_a\boldsymbol{G}_r+\boldsymbol{M}(\boldsymbol{q})]\ddot{\boldsymbol{q}}+\boldsymbol{h}(\boldsymbol{q},\dot{\boldsymbol{q}})+[\boldsymbol{G}_r^{\mathrm{T}}\boldsymbol{V}_a\boldsymbol{G}_r+\boldsymbol{V}]\dot{\boldsymbol{q}}+\boldsymbol{K}_v\dot{\boldsymbol{q}}+\boldsymbol{K}_p(\boldsymbol{q}-\boldsymbol{q}_d)=0 \tag{5-19}$$

然后，若选标量函数

$$v(t)=\frac{1}{2}\dot{\boldsymbol{q}}^{\mathrm{T}}[\boldsymbol{G}_r^{\mathrm{T}}\boldsymbol{M}_a\boldsymbol{G}_r+\boldsymbol{M}(\boldsymbol{q})]\dot{\boldsymbol{q}}+\frac{1}{2}(\boldsymbol{q}-\boldsymbol{q}_d)^{\mathrm{T}}\boldsymbol{K}_p(\boldsymbol{q}-\boldsymbol{q}_d) \tag{5-20}$$

求它对时间的微分，即

$$\begin{aligned}\dot{v}(t)&=\dot{\boldsymbol{q}}^{\mathrm{T}}\left\{[\boldsymbol{G}_r^{\mathrm{T}}\boldsymbol{M}_a\boldsymbol{G}_r+\boldsymbol{M}(\boldsymbol{q})]\dot{\boldsymbol{q}}+\frac{1}{2}\boldsymbol{M}(\boldsymbol{q})\dot{\boldsymbol{q}}\right\}+\dot{\boldsymbol{q}}^{\mathrm{T}}\boldsymbol{K}_p(\boldsymbol{q}-\boldsymbol{q}_d)\\&=-\dot{\boldsymbol{q}}^{\mathrm{T}}[\boldsymbol{G}_r^{\mathrm{T}}\boldsymbol{V}_a\boldsymbol{G}_r+\boldsymbol{V}+\boldsymbol{K}_v]\dot{\boldsymbol{q}}+\dot{\boldsymbol{q}}^{\mathrm{T}}\left[\frac{1}{2}\boldsymbol{M}(\boldsymbol{q})\dot{\boldsymbol{q}}-\boldsymbol{h}(\boldsymbol{q},\dot{\boldsymbol{q}})\right]\end{aligned} \tag{5-21}$$

这里，结合式（3-80），很容易有下式成立

$$\dot{\boldsymbol{q}}^{\mathrm{T}}\left[\frac{1}{2}\boldsymbol{M}(\boldsymbol{q})\dot{\boldsymbol{q}}-\boldsymbol{h}(\boldsymbol{q},\dot{\boldsymbol{q}})\right]=0 \tag{5-22}$$

所以，有

$$\dot{v}(t)=-\dot{\boldsymbol{q}}^{\mathrm{T}}[\boldsymbol{G}_r^{\mathrm{T}}\boldsymbol{V}_a\boldsymbol{G}_r+\boldsymbol{V}+\boldsymbol{K}_v]\dot{\boldsymbol{q}}\leqslant 0 \tag{5-23}$$

由于 $v(t)$ 是李雅普诺夫函数，即 $\boldsymbol{q}(t)$ 是 $v(t)=0$ 时的解，所以 $\dot{\boldsymbol{q}}(t)=\boldsymbol{0}$ 是满足式（5-19）的解，且满足 $\boldsymbol{q}(t)-\boldsymbol{q}_d(t)=\boldsymbol{0}$ 以外的解不存在。所以平衡点 $\boldsymbol{q}_d$ 是渐近稳定的。

请大家注意，当 $\boldsymbol{G}_r$ 和 $\boldsymbol{g}(\boldsymbol{q})$ 的精确形式已知，$\boldsymbol{q}$、$\dot{\boldsymbol{q}}$ 的当前值能精确地测得的话，即使在 $\boldsymbol{M}(\boldsymbol{q})$、$\boldsymbol{h}(\boldsymbol{q},\dot{\boldsymbol{q}})$、$\boldsymbol{V}$、$\boldsymbol{M}_a$、$\boldsymbol{V}_a$ 均不清楚的情况下，式（5-18）的控制规律也能保证这个系统是渐近稳定的。这里，当不能精确地知道重力项 $\boldsymbol{g}(\boldsymbol{q})$ 及库仑摩擦时，可能出现控制偏差，相应的处理方法是对式（5-18）增加积分运算项，具体为

$$\boldsymbol{\tau}_m(t)=(\boldsymbol{G}_r^{\mathrm{T}})^{-1}\left\{\boldsymbol{K}_p[\boldsymbol{q}_d(t)-\boldsymbol{q}(t)]-\boldsymbol{K}_v\dot{\boldsymbol{q}}(t)+\int_0^t\boldsymbol{K}_i[\boldsymbol{q}_d(t)-\boldsymbol{q}(t)]\mathrm{d}t+\boldsymbol{g}(\boldsymbol{q})\right\}$$

式中，$\boldsymbol{K}_i$ 表示积分反馈增益矩阵，应该注意的是，增加的积分运算项不能保证过渡响应的性能，特别地，当 $\boldsymbol{G}_r$ 比较小时，过渡响应可能随着手臂位形的变化而会有很大的变化。对于这样的情况，有关文献提出了各种各样的控制方式，下面仅介绍其中的几个。

5.3 基于线性化补偿原理的双闭环控制

5.3.1 基本思想

考虑机器人机构动力学方程

$$\boldsymbol{\tau}=\boldsymbol{M}(\boldsymbol{q})\ddot{\boldsymbol{q}}+\boldsymbol{h}(\boldsymbol{q},\dot{\boldsymbol{q}})+\boldsymbol{V}\dot{\boldsymbol{q}}+\boldsymbol{g}(\boldsymbol{q}) \tag{5-24}$$

现在，取 $(\boldsymbol{q},\ \dot{\boldsymbol{q}})^{\mathrm{T}}$ 作为这个系统的状态变量，取 $\boldsymbol{u}_q$ 作为新的输入，则

$$\boldsymbol{\tau}=\hat{\boldsymbol{h}}(\boldsymbol{q},\dot{\boldsymbol{q}})+\boldsymbol{M}(\boldsymbol{q})\boldsymbol{u}_q \tag{5-25}$$

式中

$$\hat{\boldsymbol{h}}(\boldsymbol{q},\dot{\boldsymbol{q}})=\boldsymbol{h}(\boldsymbol{q},\dot{\boldsymbol{q}})+\boldsymbol{V}\dot{\boldsymbol{q}}+\boldsymbol{g}(\boldsymbol{q}) \tag{5-26}$$

并有

$$\ddot{\boldsymbol{q}}=\boldsymbol{u}_q \tag{5-27}$$

式（5-24）~式（5-27）就是所谓的关于关节变量的线性非干涉系统，式（5-25）即为线性化补偿控制率。如果式（5-24）中包含模型化误差和外界干扰不进入系统，且目标轨迹 $\boldsymbol{q}_d(t)$ 的加速度 $\ddot{\boldsymbol{q}}_d(t)$ 就是由 $\boldsymbol{u}_q$ 给定的话，就可以完全达到目标轨迹 $\boldsymbol{q}(t)=\boldsymbol{q}_d(t)$。可是，由于模型化误差和外界干扰是不可避免的，因此，设计对应于线性系统式（5-27）的伺服补偿器，降低模型化误差和外界干扰对线性系统的影响，就是我们的基本思想，如图 5-10 所示。

例如，我们考虑设计这样的补偿器，有

$$\boldsymbol{u}_q=\ddot{\boldsymbol{q}}_d+\boldsymbol{K}_v(\dot{\boldsymbol{q}}_d-\dot{\boldsymbol{q}})+\boldsymbol{K}_p(\boldsymbol{q}_d-\boldsymbol{q}) \tag{5-28}$$

若误差 $\boldsymbol{e}$ 被定义为

$$\boldsymbol{e}=\boldsymbol{q}_d-\boldsymbol{q} \tag{5-29}$$

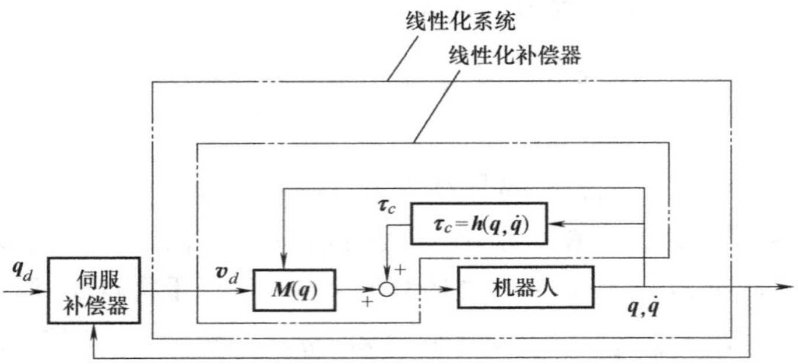

图 5-10　关节变量带线性化补偿的双闭环控制

从式（5-27）、式（5-28）得

$$\ddot{\boldsymbol{e}}+\boldsymbol{K}_v\dot{\boldsymbol{e}}+\boldsymbol{K}_p\boldsymbol{e}=\boldsymbol{0} \tag{5-30}$$

于是，我们来确定 $\boldsymbol{K}_v$、$\boldsymbol{K}_p$。令 $0<\zeta\leqslant 1$，$\omega_c>0$，则得

$$\boldsymbol{K}_v=\mathrm{diag}(2\zeta\omega_c) \tag{5-31a}$$

$$\boldsymbol{K}_p=\mathrm{diag}(\omega_c^2) \tag{5-31b}$$

若对各关节角 $\boldsymbol{q}_i$，设计 PD 反馈控制环，$\boldsymbol{e}$ 的各元素按衰减指数 ζ 可收敛到 0。根据以上分析，在有模型化误差和干扰的情况下，采用上述补偿器能在一定程度上降低模型误差和干扰对系统的影响。

【例 5-4】 对 3.3.1 节中所讨论的 2 自由度机器人，采用双闭环控制方法进行研究。试根据式（5-28）、式（5-31）、式（5-33）确定补偿器时的输入命令 τ_1、τ_2。在这个例子中，$\boldsymbol{\theta}_d=(\theta_{d1},\ \theta_{d2})^{\mathrm{T}}$，$\boldsymbol{u}_q=(u_{q1},\ u_{q2})^{\mathrm{T}}$，由式（5-28）有

$$\begin{pmatrix} u_{q1} \\ u_{q2} \end{pmatrix}=\begin{pmatrix} \ddot{\theta}_{d1}+2\zeta\omega_c(\dot{\theta}_{d1}-\dot{\theta}_1)+\omega_c^2(\theta_{d1}-\theta_1) \\ \ddot{\theta}_{d2}+2\zeta\omega_c(\dot{\theta}_{d2}-\dot{\theta}_2)+\omega_c^2(\theta_{d2}-\theta_1) \end{pmatrix}$$

于是，由式（5-25）、式（5-29）可知

$$\tau_1=h_{122}\dot{\theta}_2^2+2h_{112}\dot{\theta}_1\dot{\theta}_2+g_1+M_{11}u_{q1}+M_{12}u_{q2}$$

$$\tau_2=h_{211}\dot{\theta}_1^2+g_2+M_{21}u_{q1}+M_{22}u_{q2}$$

以上是基于关节变量线性化的方法，比起关节变量来，对末端位置、姿态等与机器人作业有直接关系的变量，也希望进行非干涉化和伺服补偿。

于是，n 维输出变量可由下式给定

$$\boldsymbol{y}=\boldsymbol{f}_y(\boldsymbol{q}) \tag{5-32}$$

我们来研究对 $\boldsymbol{y}$ 进行线性化的方法。对式（5-32）取微分，得

$$\dot{\boldsymbol{y}}=\boldsymbol{J}_y(\boldsymbol{q})\dot{\boldsymbol{q}} \tag{5-33}$$

式中，$\boldsymbol{J}_y(\boldsymbol{q})=\dfrac{\partial\boldsymbol{y}}{\partial\boldsymbol{q}^{\mathrm{T}}}$，$\boldsymbol{q}$ 在适当的范围内。假定 $\boldsymbol{J}_y(\boldsymbol{q})$ 是正则矩阵，$\boldsymbol{u}_y$ 作为新的输入，考虑非线性状态反馈补偿方法

$$\boldsymbol{\tau}=\dot{\boldsymbol{h}}(\boldsymbol{q},\dot{\boldsymbol{q}})+\boldsymbol{M}(\boldsymbol{q})\boldsymbol{J}_y^{-1}(\boldsymbol{q})[-\dot{\boldsymbol{J}}_y(\boldsymbol{q})\dot{\boldsymbol{q}}+\boldsymbol{u}_y] \tag{5-34}$$

于是，就得到关于输出 $\boldsymbol{y}$ 的线性非干涉系统

$$\ddot{\boldsymbol{y}}=\boldsymbol{u}_y \tag{5-35}$$

因此，与式（5-27）的情形相同，如果设计对应非线性系统式（5-35）的伺服补偿器，可以得到图 5-11 所示的控制系统。即如果选择伺服补偿器

$$\boldsymbol{u}_y=\ddot{\boldsymbol{y}}_d+\boldsymbol{K}_v(\dot{\boldsymbol{y}}_d-\dot{\boldsymbol{y}})+\boldsymbol{K}_p(\boldsymbol{y}_d-\boldsymbol{y}) \tag{5-36}$$

当 $\boldsymbol{e}=\boldsymbol{y}_d-\boldsymbol{y}$ 时，就可得到与式（5-30）同样的形式。

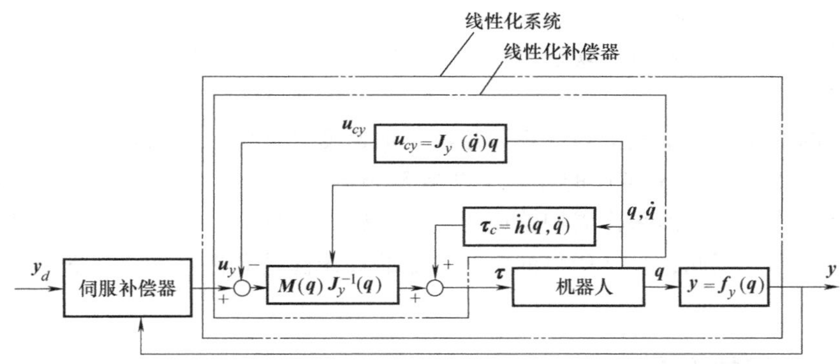

图 5-11　对输出进行线性化补偿的双闭环控制

【例 5-5】 对应于 3.3.1 节中所考虑的 2 自由度机器人，求关于末端位置 $\boldsymbol{y}=(x,\ y)^{\mathrm{T}}$ 线性化的状态反馈规律。

由于

$$\boldsymbol{y}=\begin{pmatrix} l_1\cos\theta_1+l_2\cos(\theta_1+\theta_2) \\ l_1\sin\theta_1+l_2\sin(\theta_1+\theta_2) \end{pmatrix}$$

系统雅可比矩阵 $\boldsymbol{J}_y(\boldsymbol{q})$ 为

$$\begin{aligned}\boldsymbol{J}_y(\boldsymbol{q})&=\begin{pmatrix} -(l_1\sin\theta_1+l_2\sin(\theta_1+\theta_2)) & -l_2\sin(\theta_1+\theta_2) \\ l_1\cos\theta_1+l_2\cos(\theta_1+\theta_2) & l_2\cos(\theta_1+\theta_2) \end{pmatrix}\\ &=\begin{pmatrix} -l_1\sin\theta_1 & -l_2\sin(\theta_1+\theta_2) \\ l_1\cos\theta_1 & l_2\cos(\theta_1+\theta_2) \end{pmatrix}\begin{pmatrix} 1 & 0 \\ 1 & 1 \end{pmatrix}\end{aligned}$$

而且，有

$$\dot{\boldsymbol{J}}_y(\boldsymbol{q})=\begin{pmatrix} -l_1\cos\theta_1\dot{\theta}_1 & -l_2\cos(\theta_1+\theta_2)(\dot{\theta}_1+\dot{\theta}_2) \\ -l_1\sin\theta_1\dot{\theta}_1 & -l_2\sin(\theta_1+\theta_2)(\dot{\theta}_1+\dot{\theta}_2) \end{pmatrix}\begin{pmatrix} 1 & 0 \\ 1 & 1 \end{pmatrix}$$

$$-\dot{\boldsymbol{J}}_y(\boldsymbol{q})\dot{\boldsymbol{q}}=\begin{pmatrix} (l_1\cos\theta_1\dot{\theta}_1+l_2\cos(\theta_1+\theta_2)(\dot{\theta}_1+\dot{\theta}_2))\dot{\theta}_1+l_2\cos(\theta_1+\theta_2)(\dot{\theta}_1+\dot{\theta}_2)\dot{\theta}_2 \\ (l_1\sin\theta_1\dot{\theta}_1+l_2\sin(\theta_1+\theta_2)(\dot{\theta}_1+\dot{\theta}_2))\dot{\theta}_1+l_2\sin(\theta_1+\theta_2)(\dot{\theta}_1+\dot{\theta}_2)\dot{\theta}_2 \end{pmatrix}$$

由上式与式（5-34），并取 $\boldsymbol{u}_y=(u_{y1},\ u_{y2})^{\mathrm{T}}$ 时，可得

$\tau_1=h_{122}\dot{\theta}_2^2+2h_{112}\dot{\theta}_1\dot{\theta}_2+g_1+\{l_1[M_{11}l_2\cos\theta_2-M_{12}(l_2\cos\theta_2+l_1)]\dot{\theta}_1^2+l_2[M_{11}l_2-$

$$M_{12}(l_2+l_1\cos\theta_2)](\dot{\theta}_1+\dot{\theta}_2)^2+[M_{11}l_2\cos(\theta_1+\theta_2)-M_{12}(l_2\cos(\theta_1+\theta_2)+l_1\cos\theta_1)]u_{y1}+$$
$$[M_{11}l_2\sin(\theta_1+\theta_2)-M_{12}(l_2\sin(\theta_1+\theta_2)+l_1\sin\theta_1)]u_{y2}\}/l_1l_2\sin\theta_2$$

$$\tau_2=h_{211}\dot{\theta}_1^2+g_2+\{l_1[M_{12}l_2\cos\theta_2-M_{22}(l_2\cos\theta_2+l_1)]\dot{\theta}_1^2+l_2[M_{12}l_2-M_{22}(l_2+l_1\cos\theta_2)]$$
$$(\dot{\theta}_1+\dot{\theta}_2)^2+[M_{12}l_2\cos(\theta_1+\theta_2)-M_{22}(l_2\cos(\theta_1+\theta_2)+l_1\cos\theta_1)]u_{y1}+$$
$$[M_{12}l_2\sin(\theta_1+\theta_2)-M_{22}(l_2\sin(\theta_1+\theta_2)+l_1\sin\theta_1)]u_{y2}\}/l_1l_2\sin\theta_2$$

在 $\theta_2=0$，即手臂在奇异位形状态时，$\sin\theta_2=0$，所以，τ_1、τ_2 有可能变成无穷大。而在关于关节变量的线性化中没有出现过这个问题，因此，在进行输出变量的线性化时，必须考虑对应的策略。

上面所述的控制方式本质上与计算力矩法及加速度分解控制法相同，采用二阶控制方式时，由于式（5-25）~式（5-34）的计算是非常复杂的，所以，必须以计算机的使用作为前提。因此，怎么样减小它的采样周期就成为一个问题，而且应尽可能使数学模型化误差及干扰的影响变得很小。因此，设计所得伺服补偿器的鲁棒性是非常重要的，下面将针对这些问题进行论述。

5.3.2 控制系统的构成

当 $\boldsymbol{q}$、$\dot{\boldsymbol{q}}$、$\boldsymbol{u}_q$ 给定时，计算式（5-25）中 $\boldsymbol{\tau}$ 的问题；以及当 $\boldsymbol{q}$、$\dot{\boldsymbol{q}}$、$\boldsymbol{J}_y^{-1}(q)$ $[-\dot{\boldsymbol{J}}_y(\boldsymbol{q})\ \boldsymbol{q}+\boldsymbol{u}_y]$ 给定时，计算式（5-34）中的 $\boldsymbol{\tau}$ 的问题；或当 $\boldsymbol{q}$，$\dot{\boldsymbol{q}}$，$\ddot{\boldsymbol{q}}$ 给定时，由式（5-24）计算 $\boldsymbol{\tau}$ 的问题，都属于逆动力学问题。起初人们考虑的计算方法是由拉格朗日法等解析地求式（5-24）中的各项。由于这确实需要很多的计算时间，应用于实时控制中就变得非常困难。为了克服这一问题，有些学者提出了基于牛顿-欧拉公式的计算方法。如第 3 章所述，拉格朗日法需要 n^4 阶的计算量，而牛顿-欧拉法只要 n 阶的计算量。

可是，即使采用牛顿-欧拉法，实现图 5-11 所示的控制系统，由于线性化的式（5-24）的计算量很大，所以就不可能把采样周期取得很小。如果采样周期较大，一般情况下，控制系统的性能如稳态误差、稳定性和适应性就会变得很差，对此我们将提出以下的对策。

第一个对策：在进行控制之前，事先给定 $\boldsymbol{q}_d$ 或 $\boldsymbol{y}_d$。同时，假定在控制进行的过程中，所得到的 $\boldsymbol{q}$、$\dot{\boldsymbol{q}}$ 一定接近目标值 $\boldsymbol{q}_d$、$\dot{\boldsymbol{q}}_d$。此时，$\boldsymbol{q}=\boldsymbol{q}_d$，就可以事先计算式（5-34）中的 $\boldsymbol{h}(\boldsymbol{q},\dot{\boldsymbol{q}})$、$\boldsymbol{M}(\boldsymbol{q})$、$\boldsymbol{J}_y^{-1}(\boldsymbol{q})$，这个过程的框图如图 5-12 所示。同时，注意到与图 5-11 所示的系统相比较，系统必要的在线计算量确实减少了，只是由于 $\boldsymbol{q}$ 与 $\boldsymbol{q}_d$ 的误差，线性化变得不精确，控制性能就可能变得很差。缩小采样周期可以改善控制性能，将图 5-11 与图 5-12 所示的结果进行比较，取性能优良者。

第二个对策：以图 5-11 所示为出发点，分别设定伺服补偿的采样周期与线性化补偿周期的方法。这是基于这样的考虑：对于计算量多的线性化补偿在大的采样周期内进行，而由此产生的误差通过小周期的伺服补偿进行处理。例如，令

$$\boldsymbol{A}=\boldsymbol{M}(\boldsymbol{q})\boldsymbol{J}_y^{-1}(\boldsymbol{q}) \tag{5-37a}$$

$$\boldsymbol{b}=-\boldsymbol{A}(\dot{\boldsymbol{J}}_y(\boldsymbol{q})\dot{\boldsymbol{q}}+\boldsymbol{h}(\boldsymbol{q},\dot{\boldsymbol{q}})) \tag{5-37b}$$

由式（5-34）和式（5-36），可得

$$\boldsymbol{\tau}=\boldsymbol{A}[\ddot{\boldsymbol{y}}_d+\boldsymbol{K}_v(\dot{\boldsymbol{y}}_d-\dot{\boldsymbol{y}})+\boldsymbol{K}_v(\boldsymbol{y}_d-\boldsymbol{y})]+\boldsymbol{b} \tag{5-38}$$

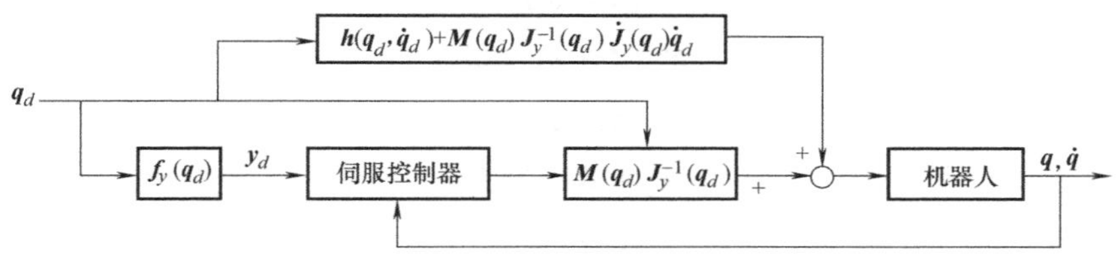

图 5-12　基于目标轨迹的线性化

若已知 $\boldsymbol{A}$、$\boldsymbol{b}$，则式（5-38）的计算量就非常少。于是，与线性化相关联的 $\boldsymbol{A}$、$\boldsymbol{b}$ 的计算在小周期进行，若式（5-38）的计算在大周期内进行的话，比在单一周期内进行全部的计算，也能得到更好的伺服性能。我们把这个原理用框图表示在图 5-13 中，请注意，在图 5-13 中，线性化补偿环移动到了伺服补偿环的外边。

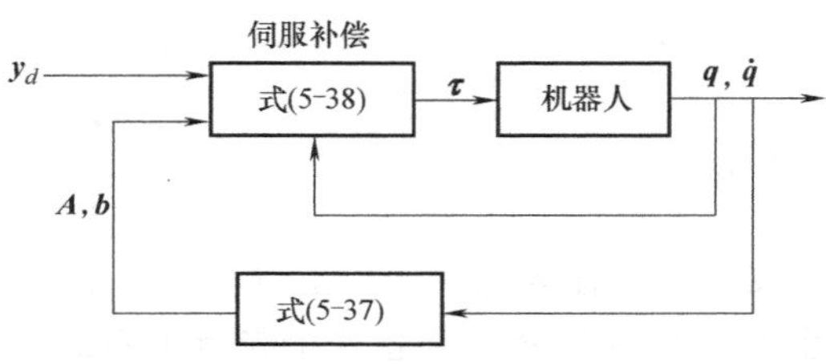

图 5-13　小周期线性变化补充与大周期伺服补偿

5.3.3　并行计算方式

截至现在，本章已介绍了用于逆动力学计算的一个计算处理过程。相对应地，也存在着缩短逆动力学计算时间的方法，这个方法就是多过程系统的并行计算方法。

这个方法，最早是由 Luh 和 Lin 提出的，下面就直观地介绍这个简单易行的方法。以第 3 章的式（3-100′）~式（3-108′）为例，对这一方法进行说明，可将第 3 章的式（3-100′）~式（3-108′）分割成以下所述的子任务。

(1/i)
$$\boldsymbol{\chi}_a={}^{i-1}\boldsymbol{R}_i^{\mathrm{T}}\ {}^{i-1}\boldsymbol{\omega}_i-1$$

(2/i)
$${}^i\boldsymbol{\omega}_i=\begin{cases}\boldsymbol{\chi}_a+\boldsymbol{e}_z\dot{q}_i & (\text{旋转关节})\\ \boldsymbol{\chi}_a & (\text{平动关节})\end{cases}$$

(3/i)
$$\boldsymbol{\chi}_b=\begin{cases}\boldsymbol{\chi}_a\times\boldsymbol{e}_z\dot{q}_i+\boldsymbol{e}_z\ddot{q}_i & (\text{旋转关节})\\ \boldsymbol{O} & (\text{平动关节})\end{cases}$$

(4/i)
$${}^i\dot{\boldsymbol{\omega}}_i=\begin{cases}{}^{i-1}\boldsymbol{R}_i^{\mathrm{T}}\ {}^{i-1}\dot{\boldsymbol{\omega}}_{i-1}+\boldsymbol{\chi}_b & (\text{旋转关节})\\ {}^{i-1}\boldsymbol{R}^{\mathrm{T}}\ {}^{i-1}\boldsymbol{\omega}_{i-1} & (\text{平动关节})\end{cases}$$

(5/i)
$$\boldsymbol{\chi}_c=\begin{cases}\boldsymbol{O} & (\text{旋转关节})\\ 2\boldsymbol{\chi}_a\times\boldsymbol{e}_z\dot{q}_i+\boldsymbol{e}_z\ddot{q}_i & (\text{平动关节})\end{cases}$$

(6/i)
$$\boldsymbol{\chi}_d={}^{i-1}\dot{\boldsymbol{\omega}}_{i-1}\times{}^{i-1}\boldsymbol{p}_i+{}^{i-1}\boldsymbol{\omega}_{i-1}\times({}^{i-1}\boldsymbol{\omega}_{i-1}\times\boldsymbol{p}_i)$$

(7/i)
$${}^i\ddot{\boldsymbol{p}}_i=\begin{cases}{}^{i-1}\boldsymbol{R}_i^{\mathrm{T}}[{}^{i-1}\ddot{\boldsymbol{p}}_{i-1}+\boldsymbol{\chi}_d] & (\text{旋转关节})\\ {}^{i-1}\boldsymbol{R}_i^{\mathrm{T}}[{}^{i-1}\ddot{\boldsymbol{p}}_{i-1}+\boldsymbol{\chi}_d]+\boldsymbol{\chi}_c & (\text{平动关节})\end{cases}$$

(8/i)
$$\boldsymbol{\chi}_e={}^i\ddot{\boldsymbol{\omega}}_i\times({}^i\dot{\boldsymbol{\omega}}\times{}^i\boldsymbol{s}_i)+{}^i\dot{\boldsymbol{\omega}}_i\times{}^i\hat{\boldsymbol{s}}_i$$

(9/i) $${}^{i}\boldsymbol{f}_i = m_i(\boldsymbol{\chi}_e + {}^{i}\ddot{\boldsymbol{p}}_i)$$

(10/i) $$\boldsymbol{\chi}_f = {}^{i}\boldsymbol{\omega}_i \boldsymbol{I}^{i}\dot{\boldsymbol{\omega}}_i$$

(11/i) $$\boldsymbol{\chi}_g = {}^{i}\boldsymbol{\omega}_i \times ({}^{i}\boldsymbol{I}^{i}\boldsymbol{\omega}_i)$$

(12/i) $${}^{i}\boldsymbol{n}_i = \boldsymbol{\chi}_f + \boldsymbol{\chi}_g$$

(13/i) $$\boldsymbol{\chi}_p = {}^{i}\boldsymbol{R}_{i+1}{}^{i+1}\boldsymbol{f}_{i+1}$$

(14/i) $${}^{i}\boldsymbol{f}_i = \boldsymbol{\chi}_p + {}^{i}\hat{\boldsymbol{f}}_i$$

(15/i) $$\boldsymbol{\chi}_q = {}^{i}\hat{\boldsymbol{n}}_i + {}^{i}\hat{\boldsymbol{s}}_i \times {}^{i}\hat{\boldsymbol{f}}_i$$

(16/i) $$\boldsymbol{\chi}_r = {}^{i}\hat{\boldsymbol{P}}_{i+1} \times \boldsymbol{\chi}_p$$

(17/i) $${}^{i}\hat{\boldsymbol{n}}_i = {}^{i}\boldsymbol{R}_{i+1}{}^{i+1}\boldsymbol{n}_{i+1} + \boldsymbol{\chi}_q + \boldsymbol{\chi}_r$$

(18/i) $$\tau_i = \begin{cases} \boldsymbol{e}_z^{\mathrm{T}}\,{}^{i}\boldsymbol{n}_i & (\text{旋转关节}) \\ \boldsymbol{e}_z^{\mathrm{T}}\,{}^{i}\boldsymbol{f}_i & (\text{平动关节}) \end{cases}$$

在这些子任务之间，为了执行某一子任务，必须终止其之前的子任务的先行关系。这个关系如图 5-14 所示，终止这个先行关系的全部计算必须消耗尽可能短的时间，并希望在各过程中，求出各子任务的执行顺序。以上的分割实际上是这样进行的，尽可能地延迟从其他过程得到计算结果的必要（如计算（7/i）中的${}^{i-1}\ddot{\boldsymbol{p}}_{i-1}$、（13/$i$）中的${}^{i+1}\boldsymbol{f}_{i+1}$、（17/$i$）中的${}^{i+1}\boldsymbol{n}_{i+1}$是必要的）。另外，尽可能早地进行必要的某些计算，以便传递（2/i）中的${}^{i}\boldsymbol{\omega}_i$、(14/$i$) 中的${}^{i}\boldsymbol{f}_i$，并且，为了不进行重复计算（如$\boldsymbol{\chi}_a$在（2/$i$）、（3/$i$）中使用，$\boldsymbol{\chi}_p$在(14/$i$)、(16/$i$) 中使用)，考虑下列的算法Ⅰ。

算法Ⅰ：在过程 i（i=1，2，…，n）中，按照（1/i），（2/i），…，（18/i）的顺序递推计算数据。

【例 5-6】 在仅由旋转关节组成的 6 自由度机器人中，假定${}^{0}\omega_0$、${}^{0}\dot{\omega}_0$的初值不限于 0，对各子任务，计算必要的乘法和加法的运算次数，若一次乘法运算耗时 0.05ms，一次加法运算耗时 0.04ms，就得到表 5-1 中各子任务的计算时间。然后，若采用上述算法，全部计算时间为 17.45ms。可以看出，用一个过程进行全部计算的时间为 57.90ms，是上述算法的 3.3 倍。其中，子任务之间的动作关系如图 5-14 所示。

表 5-1　子任务的计算时间

任务	乘法运算	加法运算	计算时间/ms
(1/i)	8	5	0.60
(2/i)	0	1	0.04
(3/i)	2	0	0.10
(4/i)	8	8	0.72
(5/i)	0	0	0
(6/i)	18	12	1.38
(7/i)	8	18	0.72
(8/i)	18	12	1.38
(9/i)	3	3	0.27
(10/i)	9	6	0.69
(11/i)	15	9	1.11

（续）

任务	乘法运算	加法运算	计算时间/ms
(12/i)	0	3	0. 12
(13/i)	8	15	0. 60
(14/i)	0	3	0. 12
(15/i)	6	6	0. 54
(16/i)	6	3	0. 42
(17/i)	8	11	0. 84
(18/i)	0	0	0
合计	117	95	9. 65

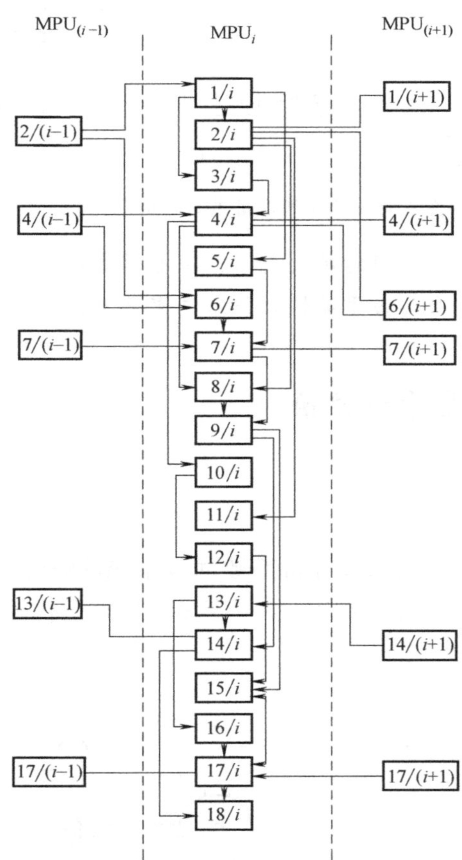

图 5-14　子任务之间的动作关系

进一步地，仅在过程 n 中，考虑改变计算顺序，以便从过程 $n-1$ 中优选出必要的数据进行计算。

算法Ⅱ：在过程 1～(n-1) 中，对应于过程 n 使用算法Ⅰ按照下列顺序进行递推计算，(13/n)，(16/n)，(1/n)，(2/n)，(3/n)，(4/n)，(5/n)，(11/n)，(6/n)，(7/n)，(8/n)，(9/n)，(10/n)，(12/n)，(14/n)，(15/n)，(17/n)，(18/n)。

【例 5-7】 对于有旋转关节的 6 自由度机器人，考虑与例 5-6 同样的假定，应用算法Ⅱ，全部计算时间为 16.04ms。同时，可以看到，对图 5-15 所示的计算时间为 15.16ms，算法Ⅱ与最短时间算法相比，只相差 6%。

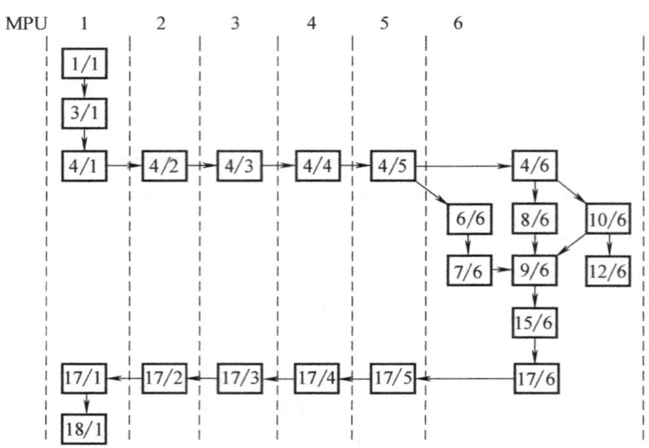

图 5-15 给定算法Ⅱ的计算时间的参数环

并且，不考虑关节与过程之间的对应关系，一些学者也提出了基于数学规划意义上的多过程的计算时间最小化的方法。由于篇幅的关系这里就不做介绍了。

5.4 伺服补偿器的设计与评价

5.4.1 线性伺服系统理论

在本节中，我们将讲述一般的线性常系数伺服系统的设计和评价。首先，考虑图 5-16 所示的单自由度的控制对象，该系统中，使用直流伺服电动机控制圆盘状负载的旋转速度，求这个系统的动力学特性。

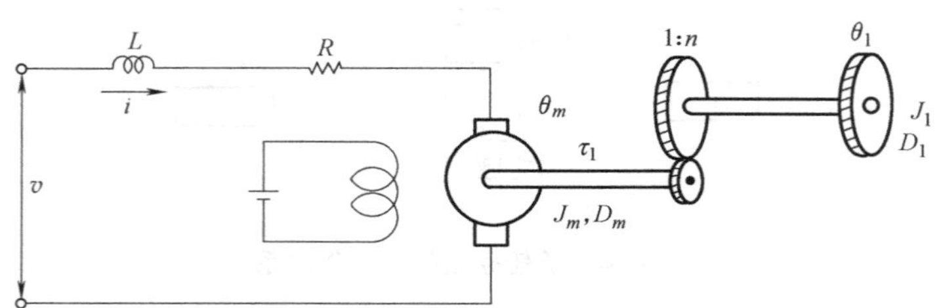

图 5-16 直流伺服电动机与载荷

电动机中产生的力矩 τ_m 与电动机电流 i 的关系为

$$\tau_m = k_i i \tag{5-39}$$

式中，k_i 为电动机的力矩常数。电动机输入端的控制电压 v_b 为

$$v_b=k_b\ddot{\theta}_m \tag{5-40}$$

式中，θ_m 为电动机的旋转角度；k_b 是电动机的逆电压系数。对于电动机回路，有

$$L\frac{\mathrm{d}i}{\mathrm{d}t}+Ri+v_b=v \tag{5-41}$$

式中，v 为输入电压；L 及 R 是电动机的感抗和阻抗。

另一方面，对于机械系统，电动机的惯性力矩、黏性阻尼系数分别为 J_m、D_m，若取 τ_1 为电动机的负载力矩，得

$$\tau_m=J_m\ddot{\theta}+D_m\dot{\theta}+\tau_1 \tag{5-42}$$

如果负载的旋转角、惯性力矩、黏性阻尼系数分别为 θ_1、J_1、D_1，齿轮系统的减速比为 n，则有

$$n\tau_1=J_1\ddot{\theta}_1+D_1\dot{\theta}_1 \tag{5-43}$$

由式（5-39）~式（5-43），可知输入 v 与输出 θ_1 之间，有

$$LJ_1\ddot{\theta}_1+(LD+RJ)\ddot{\theta}_1+(RD+n^2k_tk_b)\dot{\theta}_1=nk_iv \tag{5-44}$$

式中

$$J=n^2J_m+J_1 \tag{5-45}$$

$$D=n^2D_m+D_1 \tag{5-46}$$

根据式（5-44），可知 v 与 θ_1 之间的传递函数为

$$G(s)=\frac{nk_i}{s[LJs^2+(LD+RJ)s+(RD+n^2k_tk_b)]} \tag{5-47}$$

这样，系统就成为含有积分特性的三维系统。电动机的电感 L 一般比较小从而可忽略，则可得

$$G(s)=\frac{nk_i}{s[RJs+(RD+n^2k_tk_b)]} \tag{5-48}$$

于是，系统就简化为二维系统。即若用一般形式进行表达的话，取适当常数 a_1、a_2、a_3，则式（5-48）可转换为

$$G(s)=\frac{a_2}{s(s+a_1)} \tag{5-49}$$

或

$$G(s)=\frac{a_3}{s(s^2+a_1s+a_2)} \tag{5-50}$$

让上面系统的输出 $y(t)$ 尽可能地追踪目标值 $r(t)$，基于这样的目的，其伺服系统的基本构成由图5-17给定。$G_1(s)$ 与 $G_2(s)$ 是设计者应该确定的补偿器。

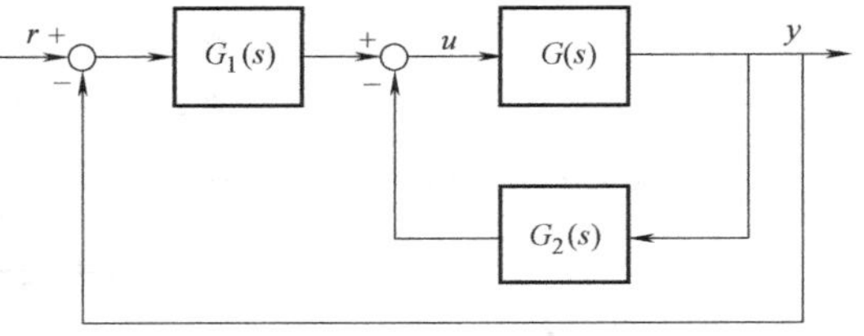

图5-17　伺服系统的两个基本构成

当 $G(s)$ 由式（5-49）给定时，$G_1(s)$ 只是取比例增益，即 $G_1(s)=b_1$。而 $G_2(s)$ 是基于旋转速度计所得的速度反馈，即 $G_2(s)=b_2s$。这时，闭环系统的传递函数为

$$G_f(s)=\frac{a_2b_1}{s^2+(a_1+a_2b_2)s+a_2b_1}=\frac{\omega_c^2}{s^2+2\zeta\omega_c s+\omega_c^2} \tag{5-51}$$

式中，固有频率 ω_c 及阻尼系数 ζ 由下式给定

$$\omega_c=\sqrt{a_2b_1} \tag{5-52}$$

$$\zeta=\frac{a_1+a_2b_2}{2\sqrt{a_2b_1}} \tag{5-53}$$

再令

$$\bar{s}=\frac{s}{\omega_c} \tag{5-54}$$

可将拉普拉斯算子 s 变换为 $\bar{s}$，式（5-51）就转换为

$$G_f(s)=\frac{1}{\bar{s}^2+2\zeta\bar{s}+1} \tag{5-55}$$

式（5-54）的变换相当于从 t 到 $\tilde{t}=\omega_c t$ 的变换，时间尺度增大了 ω_c 倍，在新的时间变量 $\tilde{t}$ 时，初始响应波形仅仅由 ζ 确定。例如，当 $\zeta<1$ 时，初始响应为

$$y(\tilde{t})=1-\frac{e^{\zeta\tilde{t}}}{\sqrt{1-\zeta^2}}\sin\left(\sqrt{1-\zeta^2}\,\tilde{t}+\arctan\frac{\sqrt{1-\zeta^2}}{\zeta}\right) \tag{5-56}$$

图 5-18 所示为对应各种 ζ 值的响应波形。

在补偿器的设计中，可从图 5-18 选取适当的初始响应波形。接着，在可实现的范围内，为了取得好的速度顺应性，ω_c 应尽可能取得大一些。

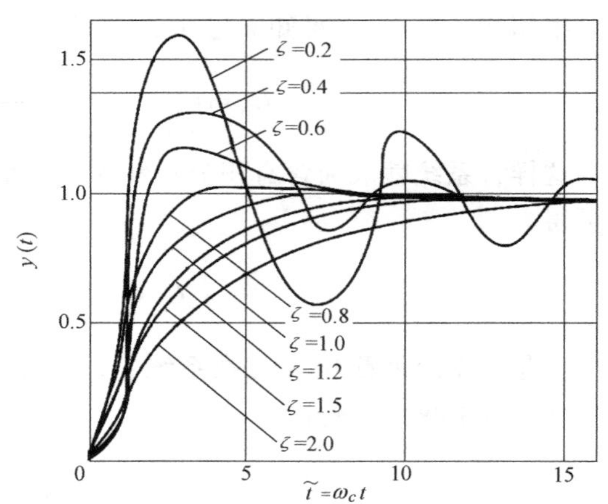

图 5-18 二维滞后系统的惯性响应

下面我们考虑当 $G(s)$ 按式（5-50）给定的情形，在图 5-17 中，$G_1(s)$ 取与二维系统同样的比例增益 b_1，$G_2(s)$ 的速度及加速度的反馈取 b_2s+b_3s。这样，闭环系统的传递函数为

$$G_f(s)=\frac{a_3b_1}{s^3+(a_1+a_3b_3)s^2+(a_2+a_3b_2)s+a_3b_1} \tag{5-57}$$

这就是所谓三维系统的形式。这时，根据

$$\tilde{s}=s/(a_3b_1)^{1/3} \tag{5-58}$$

把拉普拉斯算子 s 变换为 $\tilde{s}$。设

$$\alpha=(a_1+a_3b_3)/(a_3b_1)^{1/3} \tag{5-59}$$

$$\beta=(a_2+a_3b_2)/(a_3b_2)^{2/3} \tag{5-60}$$

从这式（5-59）、式（5-60）及式（5-57），就可以得到三维系统的一个标准形式，即

$$G_f(s)=\frac{1}{\tilde{s}^3+\alpha\tilde{s}^2+\beta\tilde{s}+1} \tag{5-61}$$

像在二维系统的场合所规定的响应波形那样，在现在的情形中，可以说两个参数 α、β

决定响应波形。图 5-19 所示是与参数 α、β 对应的响应波形。在补偿器的设计中，为使 α、β 值具有好的适应性，选择 b_1 以使 a_3b_1 尽可能增大，然后，算出 b_2、b_3。这里，在图 5-20 中给出了 $\alpha=1.3$，$\beta=2.0$ 时的响应波形，这时的响应显示出在到达目标 1 之前，出现了一次波动。虽然都能得到这样的响应，三维系统和二维系统的不同之处，在于三维系统的响应时间较短。

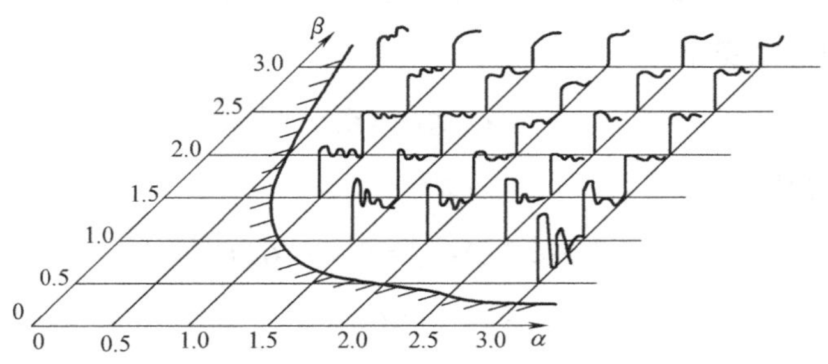

图 5-19　三维系统的惯性响应

5.4.2　稳定余度及灵敏度

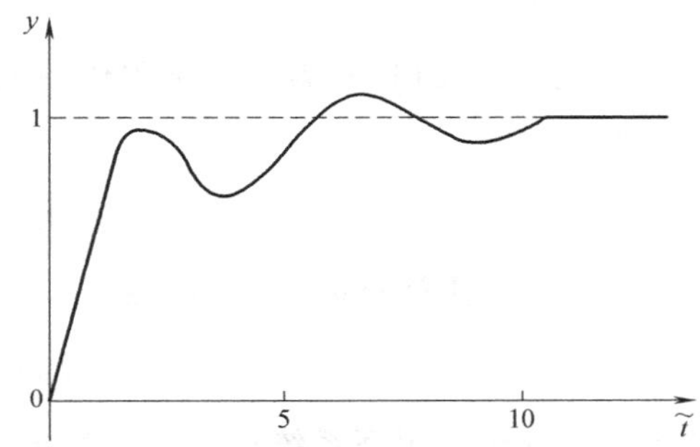

图 5-20　三维系统的惯性响应
($\alpha=1.3$，$\beta=2.0$)

前面，着眼于伺服系统的响应波形，讨论了补偿器的设计问题。另一方面，作为伺服系统所期望的一个性质就是控制对象存在建模误差及外界干扰时，补偿器的引入不至于使系统受到过大的影响，这称为伺服系统的鲁棒性。最早的反馈控制系统，与闭环控制系统相比较，在采用前面的设计方法时，其鲁棒性通常足够了，但不足以保证充分的鲁棒性。在这一节中，我们将定量研究这个鲁棒性，并介绍把鲁棒性应用于伺服系统的分析和设计方法。同时，为了简化，考虑控制对象为单一的输入/输出系统。

考虑图 5-21 所示的伺服系统，其中 G 为控制对象的传递函数，C_1、C_2 分别是前馈补偿器和反馈补偿器的传递函数，r、y、u 分别为目标值、控制变量和控制输入的标量变量。这个伺服系统的形式采用一般的表达方法，以便使用目标值和控制量的当前值，用于确定控制输入。例如，在图 5-17 所示的系统中，令

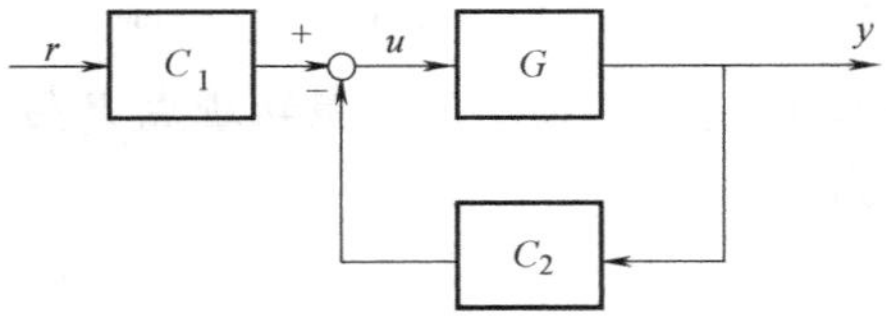

图 5-21　带前馈补偿和反馈补偿的伺服系统

$$C_1=G_1 \tag{5-62}$$

$$C_2=G_1+G_2 \tag{5-63}$$

接着，对应这个系统的响应特性，从输入 r 到输出 y 的传递函数，由下式给定

$$G_{yr}=C_1G(1+GC_2)^{-1} \tag{5-64}$$

于是，以 G_{yr} 为目标的传递函数 G_d 一致时，C_1 为

$$C_1 = G^{-1}G_d + C_2 G_d \tag{5-65}$$

这时，当控制对象 G 具有不稳定零点时，G_d 也必须按照保持这个不稳定零点的原则而确定。如果不这样做，$G^{-1}G_d$ 就会成为不稳定函数，将会产生影响整个系统稳定性的问题。

下面，在图 5-21 所示的系统中，当 G 有一较小的变化，即 $\widetilde{G}=(1+\Delta_G)G$ 时，从 r 到 y 的传递函数 G_{yr}，就按下式变化

$$\widetilde{G}_{yr} = C_1\widetilde{G}(1+\widetilde{G}C_2)^{-1} \tag{5-66}$$

然后就存在下面的关系

$$(G_{yr}-\widetilde{G}G_{yr})\widetilde{G}_{yr}^{-1} = S(G-\widetilde{G})\widetilde{G}^{-1} \tag{5-67}$$

$$S = (1+GC_2)^{-1} \tag{5-68}$$

这表明了对于控制对象的特性的变化率，传递函数的变化率由 S 给定，S 称为闭环系统的灵敏度函数，它是拉普拉斯算子 s 的函数。但是，当把它用于进行具体地评价时，采用 $S(\mathrm{j}\omega)$ 的绝对值 $|S(\mathrm{j}\omega)|$ 就相当于用传递函数随各频率的变化率的增益来评价灵敏度。于是，定义

$$T = GC_2(1+GC_2)^{-1} \tag{5-69}$$

这时，对于任意的 ω，如果满足

$$|\Delta G(\mathrm{j}\omega)| < |T(\mathrm{j}\omega)|^{-1} \tag{5-70}$$

即使有任意变化，闭环系统仍然保持稳定。所以说，$|T|^{-1}$ 表示稳定余度，由式（5-68）、式（5-69）有

$$S+T=1 \tag{5-71}$$

T 称为相关灵敏度函数。

这时，用奈奎斯特稳定判别法来给式（5-70）一个直观的解释。在图 5-21 中，注意 G 与 C_2 所构成的反馈环，假定这个反馈环部分稳定。于是，如图 5-22 所示，根据奈奎斯特稳定性定理，传递函数 GC_2 的矢量轨迹不通过（$-1+0\mathrm{i}$）点。所以，对应于任意的 ω，由 $G(\mathrm{j}\omega)C_2(\mathrm{j}\omega)$ 给定的矢量轨迹点 P 与点（$-1+0\mathrm{i}$）之间的距离为

$$d_1(\omega) = |1+G(\mathrm{j}\omega)C_2(\mathrm{j}\omega)| \tag{5-72}$$

且满足 $d_1(\omega)>0$。这时 G 的变化为 $G=G+\Delta G$，这个变化不会改变 G 与 $\widetilde{G}$ 的不稳定零点的个数。点 P_a 与按 $\widetilde{G}(\mathrm{j}\omega)C_2(\mathrm{j}\omega)$ 给定的点 P_b 的距离为

$$d_2(\omega) = |\Delta G(\mathrm{j}\omega)G(\mathrm{j}\omega)C_2(\mathrm{j}\omega)| \tag{5-73}$$

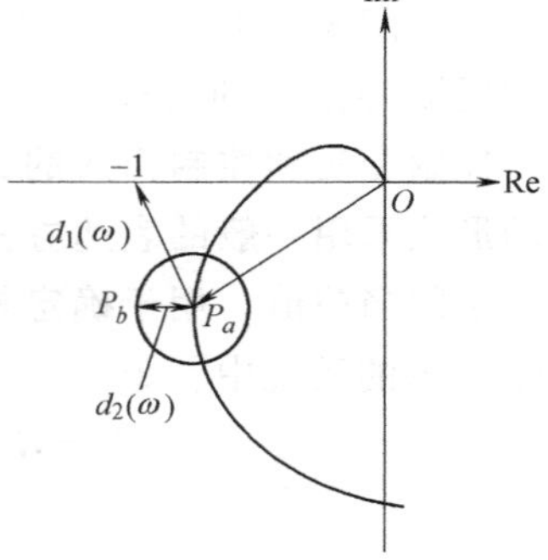

图 5-22　小增益定理的解释

因而，如果 ΔG 满足式（5-70），则对于所有的 ω，GC_2 与 $\widetilde{G}C_2$ 的矢量轨迹围绕点（$-1+0\mathrm{i}$）的次数不变化，因此，闭环系统可以保持稳定。

控制对象的建模误差，可以按上述 G 的变化 ΔG 来处理，可以说，S 及 T 是分别从灵敏度及稳定余度两个角度所观察的指标。从另一个角度来说，S 及 T 可看作对应于某种干扰的传递函数。图 5-23 所示为给图 5-21 所示系统控制对象施加干扰 d，同时，在对输出进行观测时，存在观测噪声 d_n。对于这个系统，从 d 到 y 的传递函数由 S 给定，从 d_n 到 y 的传递函数由 T 给定。

在上面对 S 及 T 的任何一个解释中，$|S|$及$|T|$的值尽可能取得小一点好。可是，由于 S 及 T 之间存在式（5-71）所表示的关系，使两者都取小值是不可能的。于是，在低频区域，以使$|S|$尽可能小作为重点；而在高频区域，以使$|T|$尽可能小作为重点。其理由是：第一，在高频区，建模误差一般较大，希望增大稳定余度（或减小$|T|$），而在低频区，建模误差一般较小，可以优先降低灵敏度；第二，尽管 S 及 T 可被解释为从 d 与 d_n 到 y 的传递函数，但是，一般情况下，由于认为 d 属于低频区域，d_n 属于高频区域，所以，在低频区域，希望$|S|$取得小一些，而在高频区域，希望$|T|$取得小一些。并且，由于 S 及 T 与 C_1 无关，只有与 C_2 有关，因此，可以这样考虑，即根据反馈补偿器 C_2 决定鲁棒性，而根据前馈补偿器决定目标值的响应特性。

【例 5-8】 若令 $G=1/s^2$，$C_1=b_1$，$C_2=b_1+b_2s$，这等价于图 5-17 中的 $G_1(s)=b_1, G_2(s)=b_2s$ 的情形。从鲁棒性的观点分析这个常用的控制系统。S 及 T 分别为

$$S=\frac{s^2}{s^2+b_2s+b_1}$$

$$T=\frac{b_2s+b_1}{s^2+b_2s+b_1}$$

闭环系统的传递函数为

$$G_{yr}=\frac{b_1}{s^2+b_2s+b_1}$$

若衰减系数 ζ 取 1，定义 $\omega_c=\sqrt{b_1}$，则 $b_2=2\omega_c$。

这时，若用 dB 作为单位表示$|S|$及$|T|$，就得到图 5-24。因此，图 5-24 表示了重视灵敏度的频率区域和重视稳定余度的频率区域的边界。于是，如果考虑建模误差的量级及外界干扰的频率，确定合适的 ω_c，可以得到具有某种程度鲁棒性的控制系统。

5.5 速度输入下的位置控制

一般情况下，我们假设机器人关节处为力矩控制，机器人的动力学方程会将这些控制转化为各关节的加速度。但是，在某些情况下，我们可以假设，关节速度可以进行直接控制。例如，当驱动器为步进电动机时，关节速度可直接由发送至步进电动机的脉冲序列的频率决定。又如，当电动机的放大器处于速度控制模式时，放大器会试图达到用户要求的关节速度，而非关节力或关节力矩。

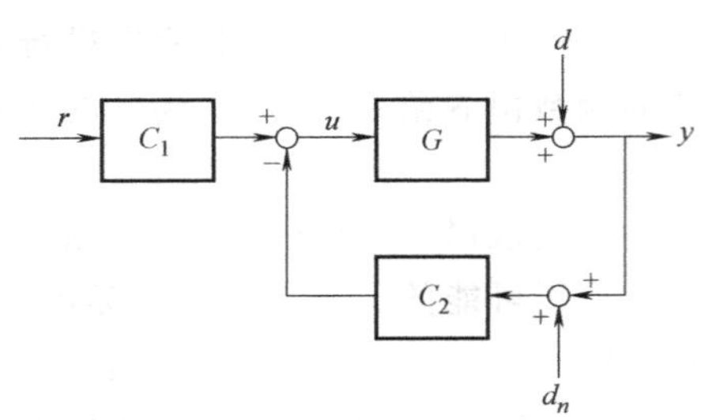

图 5-23　有干扰与观测噪声的伺服系统

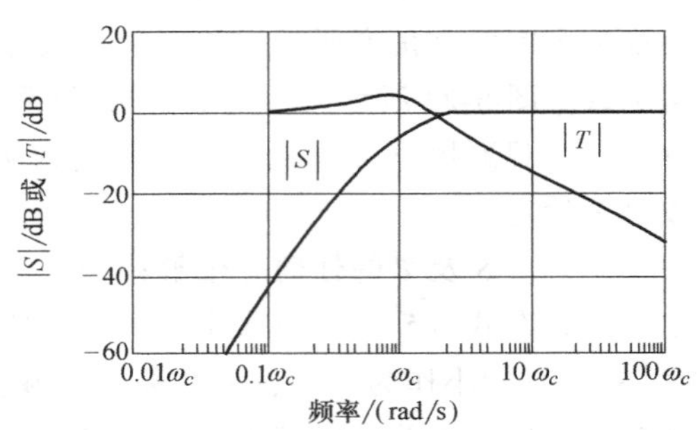

图 5-24　对应于例 5-8 的 |S| 及 |T|

在本节中，我们将假设控制输入为关节速度。可在关节空间或任务空间中表达动作控制任务。当在任务空间中表达轨迹时，给控制器一个稳定的末端执行器命令 $X_d(t)$，从而控制关节的速度，使机器人按照这个轨迹运动。

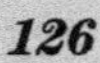

以单关节机器人为研究对象的话，可以很好地阐释这种思想，所以我们从单关节机器人开始研究，逐渐扩展至多关节机器人。

5.5.1　单关节的动作控制

1. 前馈控制

给定一个所需的关节轨迹 $q_d(t)$，最简单的控制方法是按照下式选择指令速度 $\dot{q}(t)$

$$\dot{q}(t)=\dot{q}_d(t) \tag{5-74}$$

式中，$\dot{q}_d(t)$ 为预期关节速度。由于实现式（5-74）不需要传感器数据，因此将这种控制方式称为前馈或无反馈控制。

2. 反馈控制

实际上，在前馈控制规律即式（5-74）下，位置误差会随着时间而不断积累。另一种方法是连续测量各个关节的实际位置，并施加一个反馈控制器。

（1）P 控制与一阶误差动力学　最简单的反馈控制器为

$$\dot{q}(t)=K_p(q_d(t)-q(t))=K_p q_e(t) \tag{5-75}$$

式中，$K_p>0$。该控制器即比例控制器或 P 控制器，其创建了一个与位置误差 $q_e(t)$ 成正比的校正控制。换句话说，常数控制增益 K_p 的作用类似一个虚拟弹簧，试图将实际关节位置拉到所需的关节位置。此处误差阶次为 1，因此称为一阶误差。

P 控制器是线性控制器的一种。需要说明的是，控制器产生的控制信号是位置误差 $q_e(t)$ 与其对时间的导数或按时间积分的一种线性组合，即常见的 PID 控制器（比例-积分-微分控制器）。

如果 $q_d(t)$ 为常数，即 $\dot{q}_d(t)=0$ 时，则这种控制方式称为定点控制。在定点控制中，在将 P 控制器 $\dot{q}(t)=K_p q_e(t)$ 代入误差动力学方程后，得

$$\dot{q}_e=-K_p q_e(t)\rightarrow\dot{q}_e+K_p q_e(t)=0 \tag{5-76}$$

这是一个关于时间常数 $t=1/K_p$ 的一阶误差动态方程。

现在考虑 $q_d(t)$ 不是常数而 $\dot{q}_d(t)$ 为常数的情况，即 $\dot{q}_d(t)=c$。此时 P 控制器下的误

差动态可表示为

$$\dot{q}_e(t)=\dot{q}_d(t)-\dot{q}(t)=c-K_pq_e(t) \tag{5-77}$$

我们将其改写为

$$\dot{q}_e(t)+K_pq_e(t)=c \tag{5-78}$$

这是一个有解的一阶非齐次线性微分方程，其解为

$$q_e(t)=\frac{c}{K_p}+\left(q_e(0)-\frac{c}{K_p}\right)e^{-K_pt} \tag{5-79}$$

当时间 t 趋于无穷大时，式（5-79）将收敛至非零值 c/K_p。与定点控制不同，此时的稳态误差为非零值；关节位置滞后于预期位置。选择较大的控制增益 K_p 时，可以减小稳态误差 c/K_p，但 K_p 的大小却会受到限制。一方面，实际的关节有速度限制，K_p 值过大时，会造成指令速度过大，关节无法实现指令速度；另一方面，当实施一个时间离散的数字控制器时，K_p 取较大值可能会产生不稳定的情况——在单个伺服周期中，增益较大可能会使得 θ_e 产生较大的变化，这意味着伺服循环后期的控制动作不再与传感器数据有关。

（2）PI 控制与二阶误差动力学 另一种使用较大 K_p 的方法是在控制规律中引入另一项概念——比例-积分控制器，或称为 PI 控制器，即添加一个与误差的时间积分成正比的项

$$\dot{q}(t)=K_pq_e(t)+K_i\int_0^t q_e(t)\mathrm{d}t \tag{5-80}$$

式中，t 是当前时间，t 为积分变量。PI 控制器框图如图 5-25 所示。

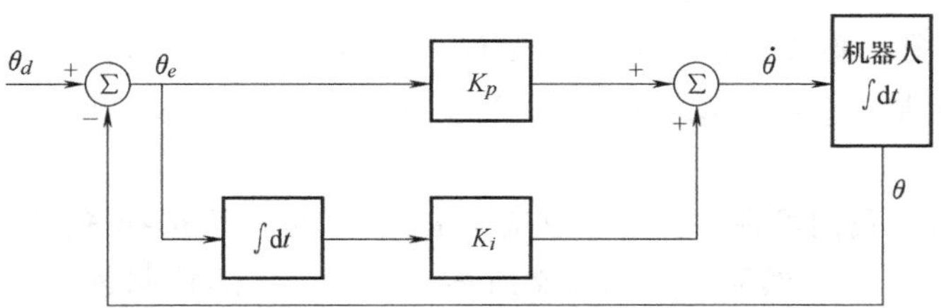

图 5-25 PI 控制器框图

使用这种控制器，常数 $\dot{q}_d(t)$ 的误差动力学方程就变成了

$$\dot{q}_e(t)+K_pq_e(t)+K_i\int_0^t q_e(t)\mathrm{d}t=c \tag{5-81}$$

对该动力学方程按时间求导，则得

$$\ddot{q}_e(t)+K_p\dot{q}_e(t)+K_iq_e(t)=0 \tag{5-82}$$

当 $K_i>0$ 且 $K_p>0$ 时，PI 控制的误差动力学方程是稳定的，特征方程的根为

$$s_{1,2}=-\frac{K_p}{2}\pm\sqrt{\frac{K_p^2}{4}-K_i} \tag{5-83}$$

固定 $K_p=20$，在复平面上绘制出 K_i 从零开始增长时的根（图 5-26），所绘制出来的图称为根轨迹。当 $K_i=0$ 时，特征方程 $s^2+K_ps+K_i=s^2+20s=0$ 在 $s_1=0$ 和 $s_2=-20$ 处有根。随着 K_i 的变大，根在 s 平面的实轴上移动，如图 5-26 中左侧部分所示。由于根是实数且不等，误差动力学方程为过阻尼状态（阻尼 $\zeta=K_p/2\sqrt{K_i}$，$\zeta>1$，Ⅰ），误差响应由于指数的时间常

数$t_1=-1/s_1$与“慢”根相对应因而较为迟缓。随着K_i变大，阻尼比减小，“慢”根向左移动（而“快”根向右移动），响应变得更快。当K_i达到100时，两个根在$s_{1,2}=-10=-\omega_n=K_p/2$处相交，误差动力学方程处于临界阻尼状态（$\zeta=1$，Ⅱ）。误差响应在$4t=4/(\zeta\omega_n)=0.4$s内没有超调量或振荡。随着$K_i$继续增长，阻尼比$\zeta$下降至1以下，根垂直移动离开实轴，在$s_{1,2}=-10\pm j\sqrt{K_i-100}$处，误差动力学方程进入欠阻尼状态，并随着$K_i$的增加，响应开始出现超调和振荡。当时间常数保持不变时，稳定时间不受影响。

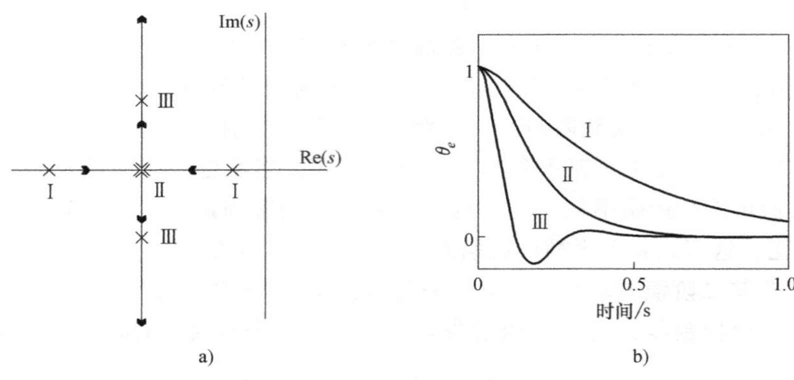

图 5-26 特征方程复根即响应过程

对于图5-26，图5-26a所示为$K_p=20$，当K_i从0增加时，PI速度控制关节的误差特征方程的复根变化情况；图5-26b所示为初始误差$q_e=1$，$\dot{q}_e=1$时，过阻尼（$\zeta=1.2$，$K_i=44.4$，Ⅰ）、临界阻尼（$\zeta=1$，$K_i=100$，Ⅱ）和欠阻尼（$\zeta=0.5$，$K_i=400$，Ⅲ）情况下的误差响应。

根据PI控制器，我们可在临界阻尼状态（$K_i=K_p^2/4$）下选择K_p和K_i，并在不设置限制的情况下增加K_p和K_i。然而，正如前文所述，考虑到实际控制过程中存在的一些实际限制，应该对K_p和K_i进行选择从而使误差动力学方程处于临界阻尼状态。

图5-27所示为试图追踪匀速轨迹的P控制器和PI控制器之间的性能比较。在这两种控制器中，比例增益K_p都是相同的，但P控制中$K_i=0$。从响应的形状来看，似乎PI控制中的K_i可以取较大的数值，使得系统处于欠阻尼状态。此外，PI控制器的稳态误差$e_{ss}=0$，而P控制器的$e_{ss}\neq0$，这与前文的分析一致。图5-27中，关节运动具有初始位置误差，跟踪一个参考轨迹（虚线），其中$\dot{q}_d(t)$为常数。图5-27a所示为响应$q_d(t)$。图5-27b所示为

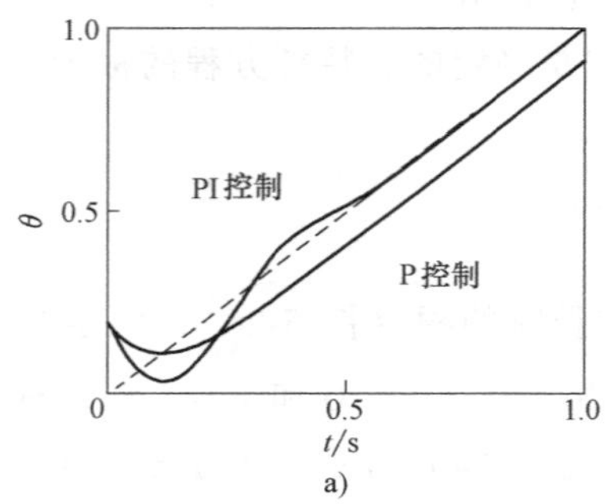

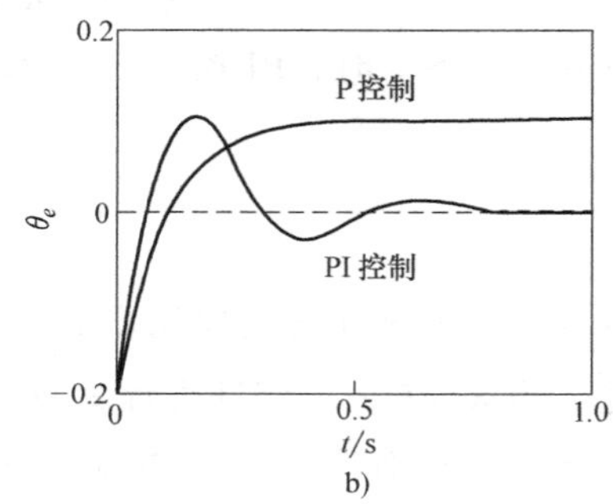

图 5-27 P控制的关节和PI控制的关节的运动

误差响应 $q_e(t)$，其中 $q_e(t)=q_d(t)-q(t)$。

如果所需的速度 $\dot{\theta}_d(t)$ 不是常数，则无法期望 PI 控制器能够完全消除稳态误差。然而，如果所需的速度变化缓慢，则一个精心设计的 PI 控制器可以提供比 P 控制器更好的跟踪性能。

3. 前馈加反馈控制

反馈控制的一个缺点是在关节开始活动之前需要有一个误差。在积累误差之前，最好利用我们对所需轨迹 $q_d(t)$ 的理解来启动关节。

前馈控制可以在没有误差的情况下控制运动，而反馈控制可以限制误差的积累，因此我们可以将前馈控制和反馈控制的优点结合起来，具体为

$$\dot{q}(t)=\dot{q}_d(t)+K_p q_e(t)+K_i\int_0^t q_e(t)\mathrm{d}t \tag{5-84}$$

图 5-28 所示为采用前馈-反馈控制器时，产生的关节指令速度。

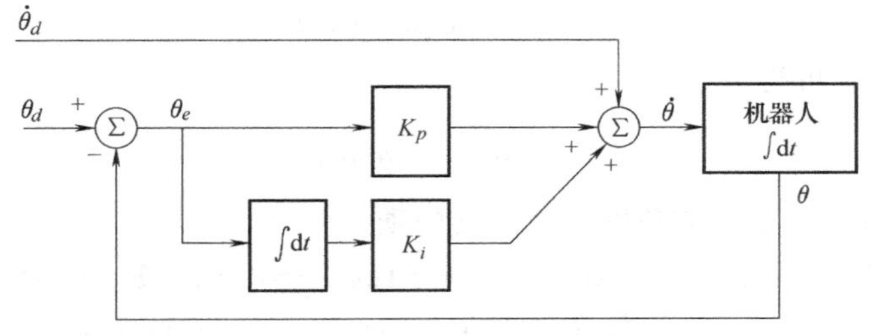

图 5-28　前馈加 PI 反馈控制的框图

5.5.2　多关节机器人的动作控制

式（5-84）所示的控制规律可以很容易地扩展至 n 个关节的场合。参考位置 $\boldsymbol{q}_d(t)$ 和实际位置 $\boldsymbol{q}(t)$ 现在为 n 维矢量，增益 K_p 和 K_i 写成 $K_p\boldsymbol{I}$ 和 $K_i\boldsymbol{I}$ 的形式。其中，标量 K_p 和 K_i 为正；$\boldsymbol{I}$ 为 $n\times n$ 阶单位矩阵。每个关节都要接受与单个关节相同的稳定性和性能分析。

5.6　转矩输入下的位置控制

步进电动机控制的机器人通常仅限于具有较低或可预测转矩要求的应用。此外，机器人控制工程师一般不会过于依赖现有电动机的速度控制模式，因为这些速度控制算法利用的不是机器人的动态模型。相反，机器人控制工程师多使用转矩控制模式，即直接输入转矩或力指令。这使得机器人控制工程师可以在设计控制规律时使用机器人的动态模型。

因此在本节中，为尝试在关节空间中跟踪所需的轨迹，控制器会产生关节力矩和力。同样，考虑到单关节机器人可以很好地阐释本节的主要思想，所以我们从单关节机器人开始，逐渐扩展至多关节机器人。

5.6.1　单关节的动作控制

考虑图 5-29 所示的单电动机驱动单连杆的结构。设 τ 是电动机的转矩，θ 是连杆的角

度。其动力学方程为

$$\tau = M\ddot{\theta} + mgr\cos\theta \tag{5-85}$$

式中，M 是关于旋转轴连杆的转动惯量；m 是连杆质量；r 是轴到连杆质量中心的距离；g 为重力加速度。

根据模型式（5-85），若不存在摩擦，移动连杆，然后将 τ 设置为 0，连杆将永远处于运动状态。当然，这是不现实的，因为各种轴承、齿轮和传动装置上肯定会有摩擦。摩擦建模是一个十分受关注的研究领域，但在一个简单的模型中，旋转摩擦是因黏性摩擦力矩引起的，因此

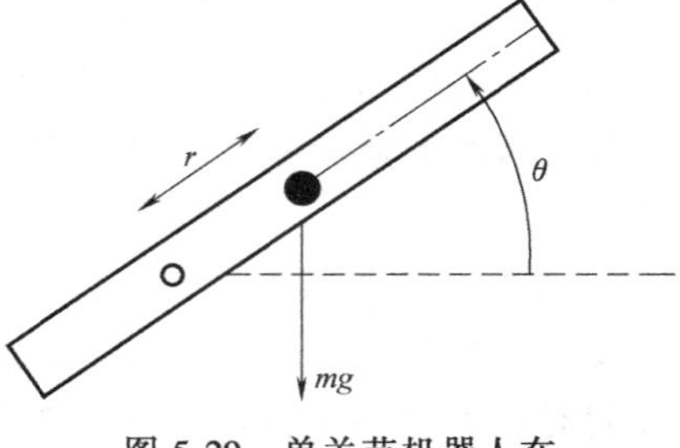

图 5-29　单关节机器人在重力作用下的旋转

$$\tau_{\text{fric}} = b\dot{\theta} \tag{5-86}$$

式中，τ_{fric} 表示黏性摩擦力矩；$b>0$。考虑摩擦力矩后，则最终模型为

$$\tau = M\ddot{\theta} + mgr\cos\theta + b\dot{\theta} \tag{5-87}$$

简写式（5-87），可得

$$\tau = M\ddot{\theta} + h(\theta, \dot{\theta}) \tag{5-88}$$

式中，h 表示所有仅依赖于当前角度和角速度的项。

在接下来的模拟中，设 $M=0.5\text{kg}\cdot\text{m}^2$，$m=1\text{kg}$，$r=0.1\text{m}$，$b=0.1\text{N}\cdot\text{m}/(\text{rad/s})$。当连杆在水平面上移动时，$g=0$；当连杆在竖直面上移动时，$g=9.81\text{m/s}^2$。

1. 反馈控制：PID 控制

常用的反馈控制器是比例-积分-微分控制，或称为 PID 控制。PID 控制器就是在 PI 控制器的基础上加上一个与误差的时间导数成正比的项。即

$$\tau = K_p\theta_e + K_i\int\theta_e(t)\,\mathrm{d}t + K_d\dot{\theta}_e \tag{5-89}$$

式中，控制增益 K_p、K_i 和 K_d 为正数；比例增益 K_p 作为一个虚拟弹簧，试图减小位置误差 $\theta_e=\theta_d-\theta$；微分增益 K_d 作为一个虚拟阻尼器，试图减小速度误差 $\dot{\theta}_e=\dot{\theta}_d-\dot{\theta}$；积分增益 K_i 可用于减小或消除稳态误差。图 5-30 所示为 PID 控制器的框图。

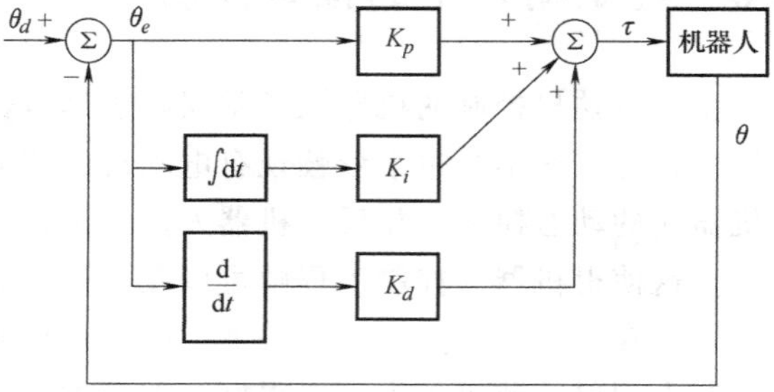

图 5-30　PID 控制器的框图

（1）PD 控制与二阶误差动力学　现在让我们来考虑一下 $K_i=0$ 的情况，即所谓的 PD 控制。我们同样假设机器人在水平面上运动（$g=0$）。将 PD 控制规律代入动力学方程式（5-87）中，得到

$$M\ddot{\theta} + b\dot{\theta} = K_p(\theta_d-\theta) + K_d(\dot{\theta}_d-\dot{\theta}) \tag{5-90}$$

如果以满足 $\theta_d=c$，$\dot{\theta}_d=\ddot{\theta}_d=0$ 的点为控制目标，则 $\theta_e=\theta_d-\theta$，$\dot{\theta}_e=-\dot{\theta}$，$\ddot{\theta}_e=-\ddot{\theta}$，式（5-90）可改写为

$$M\ddot{\theta}_e+(b+K_d)\dot{\theta}_e+K_p\theta_e=0 \tag{5-91}$$

或写成标准二阶形式

$$\ddot{\theta}_e+\frac{b+K_d}{M}\dot{\theta}_e+\frac{K_p}{M}\theta_e=0 \quad \rightarrow \quad \ddot{\theta}_e+2\zeta\omega_n\dot{\theta}_e+\omega_n^2\theta_e=0 \tag{5-92}$$

式中，阻尼比 ζ 和固有频率 ω_n 分别为

$$\zeta=\frac{b+K_d}{2\sqrt{K_pM}},\ \omega_n=\sqrt{\frac{K_p}{M}}$$

为保持稳定，$b+K_d$ 和 K_p 必须为正。如果误差动力学方程是稳定的，则稳态误差为零。为了在保证响应快速性的同时减小超调量，应选择满足临界阻尼条件（$\zeta=1$）的增益 K_d 和 K_p。为了在保证响应快速性的基础上，克服执行器饱和、意外的转矩突变（抖动）、建模误差导致的结构振动，甚至是带宽有限造成的不稳定等实际问题的限制，K_p 应尽可能取较大的值。

（2）PID 控制与三阶误差动力学 现在我们来思考一下连杆在垂直平面（$g>0$）上运动时的定点控制情况。利用上面的 PD 控制规律，可得出误差动力学方程

$$M\ddot{\theta}_e+(b+K_d)\dot{\theta}_e+K_p\theta_e=mgr\cos\theta \tag{5-93}$$

这意味着关节将在一个满足 $K_p\theta_e=mgr\cos\theta$ 的 θ 处停止运动。即，当 $\theta_d\neq\pm\pi/2$ 时，终点误差 θ_e 为非零值。其原因在于，为保持连杆在 $\theta_d\neq\pm\pi/2$ 处的静止状态，机器人必须提供一个非零值转矩，但只有在 $\theta_e\neq 0$ 时，PD 控制规律才会在关节静止时产生非零值转矩。我们可以通过增加 K_p 来减小稳态误差，但是如前文所提及的，这一点的实现存在着一些实际限制。

为了消除系统的稳态误差，我们继续使用 PID 控制器，并设置 $K_i>0$。这样即使位置误差为零，只要积分误差为非零值，也可以输出非零值的稳态转矩。图 5-31 展示了向控制器添加积分项的效果。

图 5-31a 所示为临界阻尼下，$K_d=2$ 和 $K_p=2.205$ 的 PD 控制器跟踪误差，以及具有相同 PD 增益和 $K_i=1$ 时的 PID 控制器跟踪误差。机器手臂从 $\theta(0)=-\pi/2$，$\dot{\theta}(0)=0$ 开始，目标状态 $\theta_d=0$，$\dot{\theta}_d=0$。图 5-31b 所示为 PD 和 PID 控制规律中各项的输出。注意，PID 控制器的非零值 I（积分）项允许 P（比例）项降至零。图 5-31c 所示为初始和最终位形，其中方格盘表示质心。

要了解其工作原理，记下设定点的误差动力学方程为

$$M\ddot{\theta}_e+(b+K_d)\dot{\theta}_e+K_p\theta_e+K_i\int\theta_e(t)\,\mathrm{d}t=\tau_{\text{dist}} \tag{5-94}$$

式中，τ_{dist} 为扰动力矩，代替了重力项 $mgr\cos\theta$。对式（5-94）两边求导，我们得到了三阶误差动力学方程

$$M\theta_e^{(3)}+(b+K_d)\ddot{\theta}_e+K_p\dot{\theta}_e+K_i\theta_e=\dot{\tau}_{\text{dist}} \tag{5-95}$$

如果 τ_{dist} 为常数，则式（5-95）的右侧为零，其特征方程为

$$s^3+\frac{b+K_d}{M}s^2+\frac{K_p}{M}s+\frac{K_i}{M}=0 \tag{5-96}$$

如果式（5-96）的所有根都有负实数部分，则误差动力学方程是稳定的，且 θ_e 收敛至零（当连杆转动时，由于重力引起的扰动力矩并不是恒定的，当 $\dot{\theta}$ 趋于 0 时，扰动力矩趋近于常数，因此类似的推理也接近于均衡 $\theta_e=0$）。

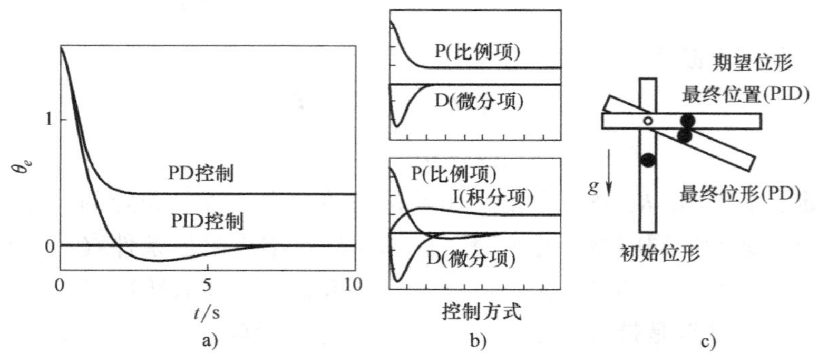

图 5-31　控制器中增加积分项后的结果

为了达到稳定状态，式（5-96）的所有根均应具有负实数，即控制增益必须满足以下条件

$$K_d>-b$$
$$K_p>0$$
$$\frac{(b+K_d)K_p}{M}>K_i>0$$

因此，新增益 K_i 必须同时满足图 5-32 中所示的上下界。有一个合理的设计策略，即首先选择可以得到良好瞬态响应的 K_p 和 K_d，然后选择较大的 K_i，将有助于在不明显影响稳定性的情况下减少或消除稳态误差。在图 5-32 中，首先选择一个 K_p 和 K_d 满足临界阻尼条件的 PD 控制器，在负实轴上产生两个共轭根。加上一个无穷小的增益 $K_i>0$ 在原点生成第三个根。当增加 K_i 的值时，两个共轭根中的其中一个在负实轴上向左移动，而另外两个根向对方移动、相遇、脱离实轴、开始向右弯曲，最后在 $K_i=(b+K_d)K_p/M$ 时进入右半平面。当 K_i 值较大时，系统是不稳定的。

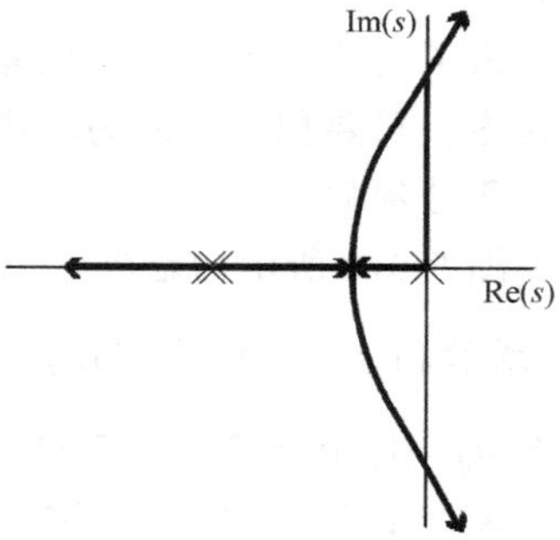

Im(s)

Re(s)

图 5-32　式（5-96）的三个根在 K_i 从零开始增加时的运动

实际上，由于稳定性是一项十分重要的因素，因此 $K_i=0$ 适用于许多类型的机器人控制器。其他技术可以用来限制积分控制的不利稳定性影响，如积分抗饱和，这就限制了误差积分的增长。

虽然我们的分析集中在定点控制上，但 PID 控制器在轨迹跟踪中应用得非常好。然而，积分控制不能消除沿着任意轨迹的跟踪误差。

2. 前馈控制

跟踪轨迹的另一种策略是依据机器人的动力学模型来主动产生转矩，而不是等待错误发生。考虑动力学模型

$$\tau=\widetilde{M}(\theta)\ddot{\theta}+\widetilde{h}(\theta,\dot{\theta}) \tag{5-97}$$

式中，当 $\widetilde{M}(\theta)=M(\theta)$ 且 $\widetilde{h}(\theta,\dot{\theta})=h(\theta,\dot{\theta})$ 时，模型是完美的。需要注意的一点是，惯性模型 $\widetilde{M}(\theta)$ 是 θ 的函数。

给定轨迹发生器中的 θ_d、$\dot{\theta}_d$、$\ddot{\theta}_d$，前馈力矩可按下式计算

$$\tau(t)=\widetilde{M}(\theta_d(t))\ddot{\theta}_d(t)+\widetilde{h}(\theta_d(t),\dot{\theta}_d(t)) \tag{5-98}$$

如果机器人的动力学模型是精确的，且没有初始状态误差，那么机器人就能够精确地按照所期望的轨迹进行运动。

图 5-33 显示的是前馈轨迹在重力作用下跟踪连杆的两个示例。在该图中，控制器的动态模式是正确的，只是其 $\widetilde{r}=0.08\text{m}$，而实际上 $r=0.1\text{m}$。在图 5-33 所示的任务 1 中，重力提供了一个类似弹簧的力，使得 θ 趋近于 $-\pi/2$，使机器人在开始时加速，在结束时减速，因此误差始终很小。在图 5-33 所示的任务 2 中，重力造成的运动与所期望的运动相反，因此产生了更大的跟踪误差。

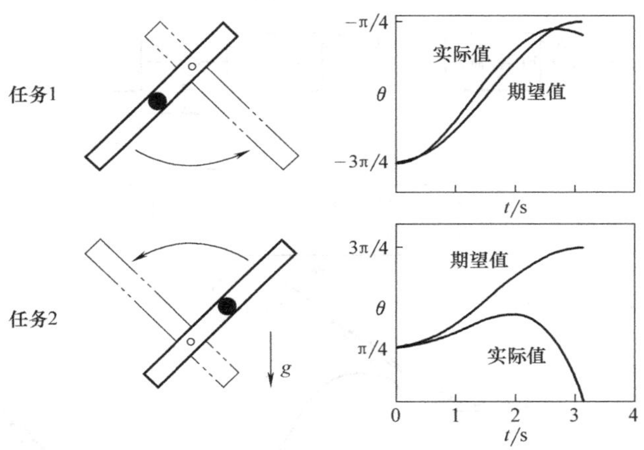

图 5-33　模型误差存在时前馈控制的结果

由于建模误差是始终存在的，因此通常会将前馈控制与反馈结合使用，下面将对此进行讨论。

3. 前馈加反馈线性化

模型和环境动力模型均完美的机器人是不存在的，因此所有实际的控制器使用的都是反馈机制。虽然如此，但下面的控制模型能够在一定程度上提高性能并简化分析。

我们将 PID 控制与机器人动力学模型相结合，得到误差动力学方程

$$\ddot{\theta}_e+K_d\dot{\theta}_e+K_p\theta_e+K_i\int\theta_e(t)\,\mathrm{d}t=c \tag{5-99}$$

该方程沿着的是任意轨迹，而非仅仅是一个固定点。误差动力学方程（5-99）和恰当的 PID 增益可以保证轨迹误差按指数衰减。

由于 $\ddot{\theta}_e=\ddot{\theta}_d-\ddot{\theta}$，我们将机器人的预期加速度设定为

$$\ddot{\theta}=\ddot{\theta}_d-\ddot{\theta}_e \tag{5-100}$$

然后将其与式（5-99）结合，得到

$$\ddot{\theta}=\ddot{\theta}_d+K_d\dot{\theta}_e+K_p\theta_e+K_i\int\theta_e(t)\,\mathrm{d}t \tag{5-101}$$

将式（5-101）中的 $\ddot{\theta}$ 代入机器人动力学模型中，得到前馈加反馈线性化控制器，又称为逆动力学控制器或计算力矩控制器，有

$$\tau = \widetilde{M}(\theta)\left(\ddot{\theta}_d + K_p\theta_e + K_i\int\theta_e(t)\,\mathrm{d}t + K_d\dot{\theta}_e\right) + \widetilde{h}(\theta,\dot{\theta}) \tag{5-102}$$

这种控制器由于使用了预期加速度 $\ddot{\theta}_d$，包含一个前馈分量。同时，由于通过 θ 和 $\dot{\theta}$ 的反馈产生线性动力学误差，因此称为反馈线性化。$\widetilde{h}(\theta, \dot{\theta})$ 项抵消了与状态非线性相关的动力学效应，惯性模型 $\widetilde{M}(\theta)$ 将所期望的关节加速度转化为关节转矩，从而满足简单的线性误差动力学方程式（5-99）。

计算力矩控制器的框图如图 5-34 所示。通过合理选择增益 K_p、K_i、K_d 可以获得较好的瞬态响应。在实践中，经常选择 0 作为 K_i 的数值。图 5-35 给出了不同控制规律的控制效果。

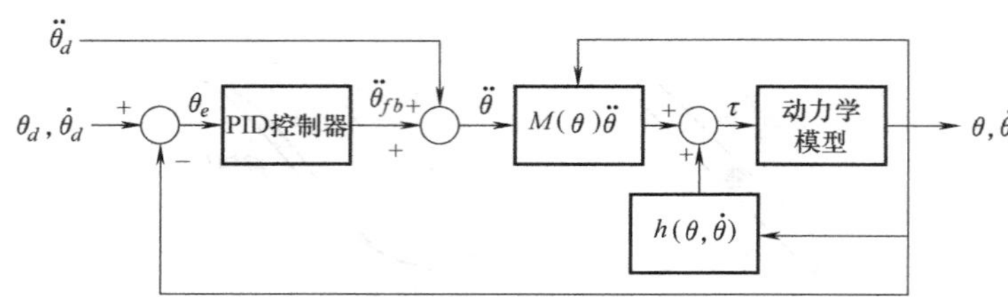

图 5-34　计算力矩控制器的框图

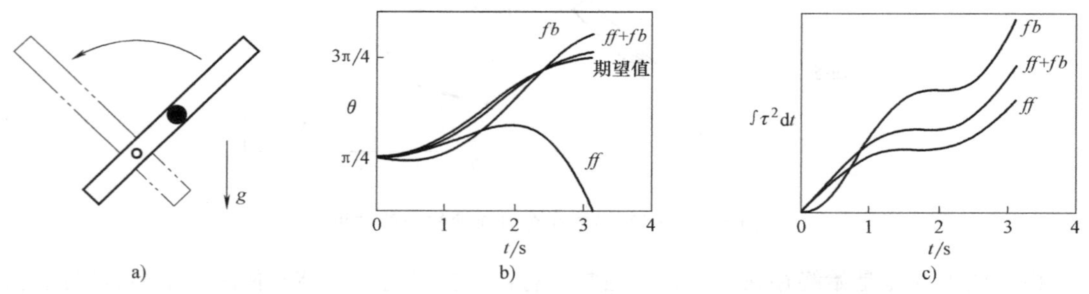

图 5-35　单独的前馈（ff）、单独的反馈（fb）和计算力矩控制（ff+fb）的性能

5.6.2　多关节机器人的动作控制

上述应用在单关节机器人上的方法可直接扩展至多个关节的机器人身上。但不同之处在于，动力学方程现在采用的是更为一般的矢量形式

$$\boldsymbol{\tau} = \boldsymbol{M}(\boldsymbol{\theta})\ddot{\boldsymbol{\theta}} + \boldsymbol{h}(\boldsymbol{\theta},\dot{\boldsymbol{\theta}}) \tag{5-103}$$

式中，$n \times n$ 阶正定质量矩阵 $\boldsymbol{M}$ 为状态变量 $\boldsymbol{\theta}$ 的函数。通常而言，动力学方程式（5-103）的分量是耦合的——一个关节的加速度与其他关节的位置、速度和转矩均相关。

图 5-35a 中，PID 增益从图 5-31 中得到，前馈建模误差则从图 5-33 中得到。所需的运动是图 5-33 中的任务 2。图 5-35b 所示为三个控制器的跟踪性能。图 5-35c 所示为三个控制器中每个控制器的标准控制效果。这些图所示是一种典型的特性，即计算力矩控制器能够产生比单独的前馈或反馈更好的跟踪效果，控制工作量小于单独的反馈。

我们将多关节机器人的控制分为两种类型：①分散控制，其中每个关节是单独控制的，

关节之间不共享信息；②集中控制，可使用多个关节的全部状态信息来计算每个关节的控制。

1. 分散式多关节控制

控制多关节机器人最简单的方法是在每个关节上安装一个独立的控制器，如前文中讨论的单关节控制器。当动力学方程可被解耦（至少是近似解耦）时，适合分散控制。当每个关节的加速度只取决于该关节的转矩、位置和速度时，动力就处于解耦状态。这就要求质量矩阵是对角矩阵，就像在直角坐标型机器人或高架式机器人中，前三个轴是棱柱形且正交的。这种机器人相当于三个单关节系统。

在无重力的情况下，高速运动的机器人也能实现近似解耦。质量矩阵 $\boldsymbol{M}(\boldsymbol{\theta})$ 因为是由驱动器本身的惯性所决定的，因此几乎是对角矩阵。在个别关节处的显著摩擦也有助于解耦动力学方程。

2. 集中式多关节控制

当重力和力矩显著且耦合时，或者当质量矩阵 $\boldsymbol{M}(\boldsymbol{\theta})$ 无法很好地逼近对角矩阵时，分散控制可能无法生成可接受的性能。在这种情况下，可将式（5-102）所示的计算力矩控制器扩展至多关节机器人。组态 $\boldsymbol{\theta}$、$\boldsymbol{\theta}_d$，以及误差 $\boldsymbol{\theta}_e=\boldsymbol{\theta}_d-\boldsymbol{\theta}$ 现在为 $\boldsymbol{n}$ 维矢量，正标量增益则变成了正定矩阵 $\boldsymbol{K}_p$、$\boldsymbol{K}_i$、$\boldsymbol{K}_d$，有

$$\boldsymbol{\tau}=\widetilde{\boldsymbol{M}}(\boldsymbol{\theta})\left(\ddot{\boldsymbol{\theta}}_d+\boldsymbol{K}_p\boldsymbol{\theta}_e+\boldsymbol{K}_i\int\boldsymbol{\theta}_e(t)\,\mathrm{d}t+\boldsymbol{K}_d\dot{\boldsymbol{\theta}}_e\right)+\widetilde{\boldsymbol{h}}(\boldsymbol{\theta},\dot{\boldsymbol{\theta}}) \tag{5-104}$$

通常情况下，我们选择增益矩阵为 $k_p\boldsymbol{I}$、$k_i\boldsymbol{I}$ 和 $k_d\boldsymbol{I}$，其中 k_p、k_i 和 k_d 均为非负标量。通常选择 k_i 的值为零。

控制规律式（5-104）的实现需要计算潜在的复杂动力学模型。我们可能会因为没有一个良好的动力学模型，或式的计算过于昂贵而无法计算伺服速率。在这种情况下，如果所期望的速度和加速度很小，仅使用 PID 控制和重力补偿就可以得到式（5-104）的近似式

$$\boldsymbol{\tau}=\boldsymbol{K}_p\boldsymbol{\theta}_e+\boldsymbol{K}_i\int\boldsymbol{\theta}_e(t)\,\mathrm{d}t+\boldsymbol{K}_d\dot{\boldsymbol{\theta}}_e+\widetilde{\boldsymbol{g}}(\boldsymbol{\theta}) \tag{5-105}$$

在忽略摩擦、完全补偿重力且采用 PD 控制的情况下（$\boldsymbol{K}_i=\boldsymbol{O}$，$\dot{\boldsymbol{\theta}}_d=\ddot{\boldsymbol{\theta}}_d=\boldsymbol{O}$），可将动力学方程写为

$$\boldsymbol{M}(\boldsymbol{\theta})\ddot{\boldsymbol{\theta}}+\boldsymbol{h}(\boldsymbol{\theta},\dot{\boldsymbol{\theta}})\dot{\boldsymbol{\theta}}=\boldsymbol{K}_p\boldsymbol{\theta}_e-\boldsymbol{K}_d\dot{\boldsymbol{\theta}}_e \tag{5-106}$$

式中，$\boldsymbol{h}(\boldsymbol{\theta},\dot{\boldsymbol{\theta}})\dot{\boldsymbol{\theta}}$ 表示科氏力和向心力。现在，我们定义一个虚拟的“误差能量”，是存储在虚拟弹簧 $\boldsymbol{K}_p$ 中的一个“误差势能”和一个“误差动能”的总和，有

$$V(\boldsymbol{\theta}_e,\dot{\boldsymbol{\theta}}_e)=\frac{1}{2}\boldsymbol{\theta}_e^{\mathrm{T}}\boldsymbol{K}_p\boldsymbol{\theta}_e+\frac{1}{2}\dot{\boldsymbol{\theta}}_e^{\mathrm{T}}\boldsymbol{M}(\boldsymbol{\theta})\dot{\boldsymbol{\theta}}_e \tag{5-107}$$

若 $\dot{\boldsymbol{\theta}}_d=\boldsymbol{O}$，可将式（5-107）简化为

$$V(\boldsymbol{\theta}_e,\dot{\boldsymbol{\theta}})=\frac{1}{2}\boldsymbol{\theta}_e^{\mathrm{T}}\boldsymbol{K}_p\boldsymbol{\theta}_e+\frac{1}{2}\dot{\boldsymbol{\theta}}^{\mathrm{T}}\boldsymbol{M}(\boldsymbol{\theta})\dot{\boldsymbol{\theta}} \tag{5-108}$$

对时间求导，然后将其代入式（5-106），得

$$\begin{aligned}\dot{V}&=-\dot{\boldsymbol{\theta}}^{\mathrm{T}}\boldsymbol{K}_p\boldsymbol{\theta}_e+\dot{\boldsymbol{\theta}}^{\mathrm{T}}\boldsymbol{M}(\boldsymbol{\theta})\ddot{\boldsymbol{\theta}}+\frac{1}{2}\dot{\boldsymbol{\theta}}^{\mathrm{T}}\dot{\boldsymbol{M}}(\boldsymbol{\theta})\dot{\boldsymbol{\theta}}\\&=-\dot{\boldsymbol{\theta}}^{\mathrm{T}}\boldsymbol{K}_p\boldsymbol{\theta}_e+\dot{\boldsymbol{\theta}}^{\mathrm{T}}(\boldsymbol{K}_p\boldsymbol{\theta}_e-\boldsymbol{K}_d\dot{\boldsymbol{\theta}}-\boldsymbol{h}(\boldsymbol{\theta},\dot{\boldsymbol{\theta}})\dot{\boldsymbol{\theta}})+\frac{1}{2}\dot{\boldsymbol{\theta}}^{\mathrm{T}}\dot{\boldsymbol{M}}(\boldsymbol{\theta})\dot{\boldsymbol{\theta}}\end{aligned} \tag{5-109}$$

重新排列，然后考虑到 $\dot{\boldsymbol{M}}-2\boldsymbol{h}$ 是反对称矩阵，可得

$$\dot{V}=-\dot{\boldsymbol{\theta}}^{\mathrm{T}}\boldsymbol{K}_d\dot{\boldsymbol{\theta}}\leqslant 0 \tag{5-110}$$

从中我们可以看出，当 $\dot{\boldsymbol{\theta}}\neq\boldsymbol{O}$ 时，误差总会减小。如果 $\dot{\boldsymbol{\theta}}=\boldsymbol{O}$ 且 $\boldsymbol{\theta}\neq\boldsymbol{\theta}_d$，虚拟弹簧可以保证 $\ddot{\boldsymbol{\theta}}\neq\boldsymbol{O}$，则 $\dot{\boldsymbol{\theta}}_e$ 将再次成为非零值，且会消耗更多的误差能量。因此，根据拉塞尔（La-Salle）不变性原理，总误差能量单调下降，机器人将从任意初始状态收敛至 $\boldsymbol{\theta}_d$（$\boldsymbol{\theta}_e=\boldsymbol{O}$）处静止。

5.7 本章作业

1. 证明式（5-9）与式（5-10）。试给出对于任意给定的旋转矩阵 $\boldsymbol{R}$，满足 $\boldsymbol{R}(\boldsymbol{k},\ \alpha)=\boldsymbol{R}$ 的 $\boldsymbol{k}$ 和 α 的求解方法。

2. 末端从初始静止状态（图 5-36a）开始经过 $t_f=2\mathrm{s}$ 到达终止状态（图 5-36b），利用单轴旋转法求运动的轨迹。这里时间变量采用五次多项式进行路径拟合。

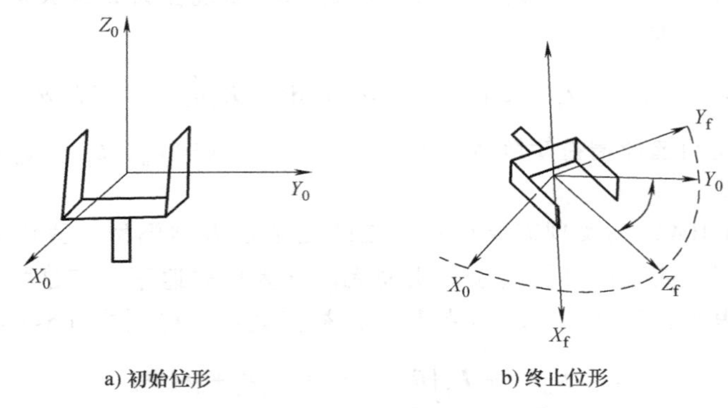

a) 初始位形　　b) 终止位形

图 5-36　末端的初始位形与终止位形

3. 上题中，利用双轴旋转法求解。分析采用单轴旋转法和双轴旋转法在 $t=1$ 时位形的差异。

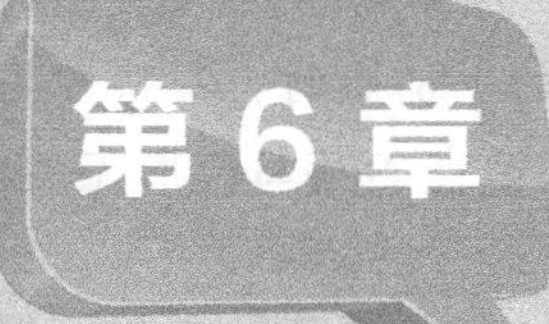

机器人的力控制

在机器人所完成的作业中，如装配、研磨、除去毛刺、门的开闭、曲轴的转向等情形，不仅是要控制末端器的位置，而且也必须对机器人施加于物体的力进行控制，典型的控制方法有阻抗控制、导纳控制、柔顺控制和混合控制。

阻抗控制方法是对作用在指尖或末端器上的外力，以设定的机械阻抗作为控制目标，进行位置和力控制的一种方法。这个方法也分为被动阻抗法和主动阻抗法两种：被动阻抗法是使用弹簧等机械元件，来实现预期的末端器阻抗；而主动阻抗法则是把测定的位置、速度、力的值进行反馈，以驱动伺服，从而使得末端器表现出希望的阻抗性质。

导纳控制是阻抗控制的对偶形式，通过测量末端受力，调整关节速度，从而实现对接触力的控制。

柔顺控制与阻抗控制方法类似，包括被动柔顺方法和主动柔顺方法两种：主动柔顺，即通过测量接触力或力矩，并将其反馈到控制器生成机器人末端执行器的期望轨迹，从而实现对工业机器人操作力的控制；被动柔顺，即通过机器人自身固有的柔性环节（如柔性连杆、柔性关节或柔性末端执行器），使机械装置在与外界环境接触时，由于刚柔结构间的作用力，机器人末端执行器的轨迹被动地得到自然修正。

混合控制法是确定欲控制的力方向及运动方向，测定各个方向的位置和力的大小，通过反馈构成追踪目标值的位置控制环及力控制环的一种方法，本章中将对上述四种控制方法进行介绍，并给出在刚性和柔性环节下，使用力控制进行运动约束的方法。

6.1 柔顺控制

以机器人动力学模型为分析对象，可将有接触力存在时的动力学模型改写成

$$M(q)\ddot{q}+C(q,\dot{q})\dot{q}+F\dot{q}+g(q)=u-J^{\mathrm{T}}(q)f_e \tag{6-1}$$

式中，f_e 为机器人末端执行器施加于环境的接触力矢量。

当 $f_e\neq 0$ 时，基于位置的控制方案也并不能完全保证末端执行器能到达其期望位形 x_d。定义 $\tilde{e}=x_d-x$（其中 x 指末端执行器位姿），在平衡状态下有

$$J_A^{\mathrm{T}}(q)K_P\tilde{e}=J^{\mathrm{T}}(q)f_e \tag{6-2}$$

假设雅可比矩阵满秩，则有

$$\widetilde{\boldsymbol{e}}=\boldsymbol{K}_P^{-1}\boldsymbol{\tau}_A^{\mathrm{T}}(\boldsymbol{x})\boldsymbol{f}_e=\boldsymbol{K}_P^{-1}\boldsymbol{f}_A \tag{6-3}$$

式中，$\boldsymbol{f}_A$ 为等效力矢量。式（6-3）说明，机器人达到位形控制作用的平衡点时，其特性与操作空间中的广义弹簧单元类似，等效力 $\boldsymbol{f}_A$ 的柔顺为 $\boldsymbol{K}_P^{-1}$，可以证实线性柔顺与位形无关，而扭力柔顺（由力矩分量产生）则由当前末端执行器方向决定。

另一方面，若 $\boldsymbol{e}=\boldsymbol{0}$ 且 $\boldsymbol{f}_e\neq\boldsymbol{0}$，即接触力完全由机器人的机械结构来保持平衡。例如，图 3-13 中处于肩关节奇点的拟人型机器人不会对任何垂直于结构平面的力做出反应。

式（6-3）可写为以下形式

$$\boldsymbol{f}_A=\boldsymbol{K}_P\widetilde{\boldsymbol{e}} \tag{6-4}$$

若机器人的柔性是依靠控制实现的，则将这种柔性称为主动柔顺（Active Compliance），而被动柔顺（Passive Compliance）则是指具有弹性动力学特征的机械系统。接下来，我们对主动柔顺和被动柔顺进行介绍。

6.1.1 被动柔顺

考虑两个弹性连接的刚体 R、S 和两个参考坐标系，每个参考坐标系与其中一个刚体固连，系统处于平衡状态，不存在相互作用力和力矩，两个坐标系完全一致。令 $\mathrm{d}\boldsymbol{x}_{rs}$ 表示坐标系 s 上的平衡点相对于坐标系 r 的元位移，即

$$\mathrm{d}\boldsymbol{x}_{rs}=\begin{pmatrix}\mathrm{d}\boldsymbol{p}_{rs}\\ \boldsymbol{\omega}_{rs}\mathrm{d}t\end{pmatrix}=\boldsymbol{v}_{rs}\mathrm{d}t \tag{6-5}$$

式中，$\boldsymbol{v}_{rs}=\boldsymbol{v}_s-\boldsymbol{v}_r$ 为坐标系 s 相对于坐标系 r 的线速度矢量；$d\boldsymbol{p}_{rs}=\boldsymbol{O}_s-\boldsymbol{O}_r$ 为坐标系 s 的原点 O_s 相对于坐标系 r 的原点 O_r 的平移矢量；在 $\boldsymbol{\omega}_{rs}\mathrm{d}t$ 中，$\boldsymbol{\omega}_{rs}=\boldsymbol{\omega}_s-\boldsymbol{\omega}_r$，$\boldsymbol{\omega}_{rs}\mathrm{d}t$ 表示坐标系 s 绕坐标系 r 的轴进行小幅旋转的矢量。考虑到两个坐标系在平衡状态下是一致的，可以假定坐标系 r 或坐标系 s 中的元位移是等效的。这样就可以在不明确指定参考坐标系的情况下展开论述。

为令位移 $\mathrm{d}\boldsymbol{x}_{rs}$ 与刚体 R、S 之间弹簧变形相一致，刚体 S 所受弹簧的弹性力为

$$\boldsymbol{h}_s=\begin{pmatrix}\boldsymbol{f}_s\\ \boldsymbol{\mu}_s\end{pmatrix}=\begin{pmatrix}\boldsymbol{K}_f & \boldsymbol{K}_c\\ \boldsymbol{K}_c^{\mathrm{T}} & \boldsymbol{K}_\mu\end{pmatrix}\begin{pmatrix}\mathrm{d}\boldsymbol{p}_{rs}\\ \boldsymbol{\omega}_{rs}\mathrm{d}t\end{pmatrix}=\boldsymbol{K}\mathrm{d}\boldsymbol{x}_{rs} \tag{6-6}$$

式中，矩阵 $\boldsymbol{K}$ 表示刚度矩阵（stiffness matrix）；矩阵 $\boldsymbol{K}_f$ 和 $\boldsymbol{K}_\mu$ 分别表示平移刚度（translational stiffness）和旋转刚度（rotational stiffness）；矩阵 $\boldsymbol{K}_c$ 表示耦合刚度（coupling stiffness）。

由于在任一坐标系中，该力都是相等的。同时，很容易发现，刚体 R 所受力的表达式为 $\boldsymbol{f}_r=-\boldsymbol{f}_s=\boldsymbol{K}\mathrm{d}\boldsymbol{x}_{sr}$，且 $\mathrm{d}\boldsymbol{x}_{sr}=-\mathrm{d}\boldsymbol{x}_{rs}$。

柔顺矩阵（compliance matrix）$\boldsymbol{C}$ 可按

$$\mathrm{d}\boldsymbol{x}_{rs}=\boldsymbol{C}\boldsymbol{f}_s \tag{6-7}$$

进行分解。真实弹性系统中，通常矩阵 $\boldsymbol{K}_c$ 是非对称的。但在一些专用设备中，如图 6-1 所示的 RCC 手，$\boldsymbol{K}_c$ 为对称矩阵或零矩阵。这些设备通常安装在机器人的最后一个连杆与末端执行器之间，以最大限度地解耦平移和旋转，并引入期望的被动柔顺，以更好地执行装配任务。

这种设备的不便之处在于通用性很低，对于不同的工作条件和一般性的交互任务，总需要修正柔性机械硬件。

6.1.2 主动柔顺

柔顺控制的目的在于实现合适的主动柔顺，主动柔顺能够很容易地在控制软件中进行修正以满足不同交互任务的需求。

式（6-3）和式（6-4）的平衡方程表明，$\boldsymbol{f}_e$ 的柔性响应取决于实际末端执行器的方向，因此在实践中很难选择合适的刚度参数。因此，要得到式（6-6）形式的平衡方程，需考虑重新定义操作空间的误差。

令 $O_e x_e y_e z_e$ 和 $O_d x_d y_d z_d$ 分别表示末端执行器坐标系和期望坐标系，相应的齐次变换矩阵为

$$\boldsymbol{T}_e=\begin{pmatrix}\boldsymbol{R}_e & \boldsymbol{p}_e\\ \boldsymbol{O} & 1\end{pmatrix},\ \boldsymbol{T}_d=\begin{pmatrix}\boldsymbol{R}_d & \boldsymbol{p}_d\\ \boldsymbol{O} & 1\end{pmatrix} \tag{6-8}$$

式（6-8）中各符号的含义与前文一致。末端执行器坐标系的位置与方向相对于期望坐标系的偏移可用齐次变换矩阵的形式表示为

$$\boldsymbol{T}_e^d=(\boldsymbol{T}_d)^{-1}\boldsymbol{T}_e=\begin{pmatrix}\boldsymbol{R}_e^d & \boldsymbol{p}_{de}^d\\ \boldsymbol{O} & 1\end{pmatrix} \tag{6-9}$$

式中，$R_e^d=R_d^{\mathrm{T}}R_e$；$\boldsymbol{p}_{de}^d=R_d^{\mathrm{T}}$（$\boldsymbol{p}_e-\boldsymbol{p}_d$）。至此，可以按式（6-10）定义操作空间误差矢量

$$\widetilde{\boldsymbol{e}}=-\begin{pmatrix}\boldsymbol{p}_{de}^d\\ \boldsymbol{\varphi}_{de}\end{pmatrix} \tag{6-10}$$

式中，$\boldsymbol{\varphi}_{de}$ 为从旋转矩阵 $\boldsymbol{R}_e^d$ 得到的欧拉角矢量。式（6-10）中的减号可如此解读：为实现控制目的，误差通常定义为期望值与测量值之差。

计算 $\boldsymbol{p}_{de}^d$ 的时间导数，可得

$$\dot{\boldsymbol{p}}_{de}^d=\boldsymbol{R}_d^{\mathrm{T}}(\dot{\boldsymbol{p}}_e-\dot{\boldsymbol{p}}_d)-S(\boldsymbol{\omega}_d)\boldsymbol{R}_d^{\mathrm{T}}(\boldsymbol{p}_e-\boldsymbol{p}_d) \tag{6-11}$$

计算 $\boldsymbol{\varphi}_{de}$ 的时间导数，有

$$\boldsymbol{\varphi}_{de}=\boldsymbol{T}^{-1}(\boldsymbol{\varphi}_{de})\boldsymbol{\omega}_{de}^d=\boldsymbol{T}^{-1}(\boldsymbol{\varphi}_{de})\boldsymbol{R}_d^{\mathrm{T}}(\boldsymbol{\omega}_e-\boldsymbol{\omega}_d) \tag{6-12}$$

由于期望值 $\boldsymbol{p}_d$ 和 $\boldsymbol{R}_d$ 为常量，矢量 $\dot{\boldsymbol{e}}$ 可表示为

$$\dot{\boldsymbol{e}}=-\boldsymbol{T}_A^{-1}(\boldsymbol{\varphi}_{de})\begin{pmatrix}\boldsymbol{R}_d^{\mathrm{T}} & \boldsymbol{O}\\ \boldsymbol{O} & \boldsymbol{R}_d^{\mathrm{T}}\end{pmatrix}\boldsymbol{v}_e \tag{6-13}$$

式中，$\boldsymbol{v}_e=(\dot{\boldsymbol{p}}_e^{\mathrm{T}},\ \boldsymbol{\omega}_e^{\mathrm{T}})^{\mathrm{T}}=\boldsymbol{J}(\boldsymbol{q})\dot{\boldsymbol{q}}$，为末端执行器的线速度与角速度矢量。因此，

$$\widetilde{\boldsymbol{e}}=-\boldsymbol{J}_{A_d}(\boldsymbol{q},\widetilde{\boldsymbol{e}})\dot{\boldsymbol{q}} \tag{6-14}$$

式中，矩阵

$$\boldsymbol{J}_{A_d}(\boldsymbol{q},\widetilde{\boldsymbol{e}})=\boldsymbol{T}_A^{-1}(\boldsymbol{\varphi}_{de})\begin{pmatrix}\boldsymbol{R}_d^{\mathrm{T}} & \boldsymbol{O}\\ \boldsymbol{O} & \boldsymbol{R}^{\mathrm{T}}\end{pmatrix}\boldsymbol{J}(\boldsymbol{q}) \tag{6-15}$$

表示由式（6-10）中操作空间误差定义的雅可比矩阵。

按式（6-10）中定义的操作空间误差，可得重力补偿PD控制表达式为

$$\boldsymbol{u}=\boldsymbol{g}(\boldsymbol{q})+\boldsymbol{J}_{A_d}^{\mathrm{T}}(\boldsymbol{q},\widetilde{\boldsymbol{e}})(\boldsymbol{K}_P\widetilde{\boldsymbol{e}}-\boldsymbol{K}_D\boldsymbol{J}_{A_d}(\boldsymbol{q},\widetilde{\boldsymbol{e}})\dot{\boldsymbol{e}}) \tag{6-16}$$

当机器人与环境不存在交互作用时，假定 $\boldsymbol{K}_P$ 和 $\boldsymbol{K}_D$ 为对称正定矩阵，对应于 $\widetilde{\boldsymbol{e}}=\boldsymbol{O}$ 平衡

位形的渐近稳定性可由李雅普诺夫函数证明，有

$$V(\dot{\boldsymbol{q}},\widetilde{\boldsymbol{e}})=\frac{1}{2}\dot{\boldsymbol{q}}^{\mathrm{T}}\boldsymbol{B}(\boldsymbol{q})\dot{\boldsymbol{q}}+\frac{1}{2}\widetilde{\boldsymbol{e}}^{\mathrm{T}}\boldsymbol{K}_P\widetilde{\boldsymbol{e}}>0,\quad \forall\dot{\boldsymbol{q}},\widetilde{\boldsymbol{e}}\neq 0 \tag{6-17}$$

当存在与环境的交互作用时，在平衡状态有

$$\boldsymbol{J}_{A_d}^{\mathrm{T}}(\boldsymbol{q})\boldsymbol{K}_P\widetilde{\boldsymbol{e}}=\boldsymbol{J}^{\mathrm{T}}(\boldsymbol{q})\boldsymbol{f}_e \tag{6-18}$$

因此，假设雅可比矩阵满秩，可得

$$\boldsymbol{f}_e^d=\boldsymbol{T}_A^{-1}(\boldsymbol{\varphi}_{de})\boldsymbol{K}_P\widetilde{\boldsymbol{e}} \tag{6-19}$$

为了与式（6-6）的弹性模型进行对比，必须以元位移形式对式（6-19）重新列写。为此，根据式（6-13）和式（6-5），有

$$\mathrm{d}\widetilde{\boldsymbol{e}}=\dot{\boldsymbol{e}}\,\big|_{\widetilde{\boldsymbol{e}}=0}\mathrm{d}t=\boldsymbol{T}_A^{-1}(\boldsymbol{O})(\boldsymbol{v}_d^d-\boldsymbol{v}_e^d)\mathrm{d}t=\boldsymbol{T}_A^{-1}(\boldsymbol{O})\mathrm{d}\boldsymbol{x}_{ed} \tag{6-20}$$

式中，$\mathrm{d}\boldsymbol{x}_{ed}$ 为期望坐标系相对末端执行器坐标系关于两个坐标系中任一平衡点的元位移。用元位移形式重新列写式（6-19），得

$$\boldsymbol{f}_e=\boldsymbol{K}_P\mathrm{d}\boldsymbol{x}_{ed} \tag{6-21}$$

该式在形式上与式（6-6）一样，但矩阵 $\boldsymbol{K}_P$ 表示的是末端执行器坐标系与期望坐标系之间广义弹簧单元的主动刚度。式（6-21）的等价形式为

$$\mathrm{d}\boldsymbol{x}_{ed}=\boldsymbol{K}_P^{-1}\boldsymbol{f}_e \tag{6-22}$$

式中，$\boldsymbol{K}_P^{-1}$ 表示主动柔顺。

矩阵 $\boldsymbol{K}_P$ 的取值与环境的几何和机械特征有关。为此，假设末端执行器与环境的相互作用力来源于末端执行器坐标系与参考坐标系 $O_r x_r y_r z_r$ 之间的广义弹簧单元，且参考坐标系原点位于广义弹簧单元弹力为零的位置。考虑到两个参考坐标系之间的元位移 $\mathrm{d}\boldsymbol{x}_{re}$，末端执行器施加的相应弹性力为

$$\boldsymbol{f}_e=\boldsymbol{K}\mathrm{d}\boldsymbol{x}_{re} \tag{6-23}$$

典型情况下，因为作用力和力矩一般是沿某些特定方向的，因此刚度矩阵是半正定的。由刚度矩阵张成空间 $R(\boldsymbol{K})$。

由式（6-23）、式（6-21）及

$$\mathrm{d}\boldsymbol{x}_{re}=\mathrm{d}\boldsymbol{x}_{rd}-\mathrm{d}\boldsymbol{x}_{ed} \tag{6-24}$$

可得到接触力在平衡点的表达式

$$\boldsymbol{f}_e=(\boldsymbol{I}_6+\boldsymbol{K}\boldsymbol{K}_P^{-1})^{-1}\boldsymbol{K}\mathrm{d}\boldsymbol{x}_{rd} \tag{6-25}$$

将式（6-25）代入到式（6-20）得

$$\mathrm{d}\boldsymbol{x}_{ed}=\boldsymbol{K}_P^{-1}(\boldsymbol{I}_6+\boldsymbol{K}\boldsymbol{K}_P^{-1})^{-1}\boldsymbol{K}\mathrm{d}\boldsymbol{x}_{rd} \tag{6-26}$$

该式表示末端执行器在平衡点的位置误差。

注意式（6-25）和式（6-26）中矢量可等价地参考末端执行器坐标系、期望坐标系或与环境位置相关联的坐标系，这些坐标系在平衡状态时是相同的。

式（6-26）的分析表明，末端执行器在平衡点处的位形误差取决于环境位置和机器人的期望位姿。环境与机器人之间的交互作用受到各自柔顺特征的影响。

事实上可以修改主动柔顺 $\boldsymbol{K}_P^{-1}$ 以使机器人处于主导地位。这种主导地位可参考操作空间的单个方向来指定。

对于给定的环境刚度 $\boldsymbol{K}$，根据预先规定的交互任务，$\boldsymbol{K}_P$ 的元素取值较大的方向是顺着

环境的方向，而 $\boldsymbol{K}_P$ 的元素取值较小的方向是顺着机器人的方向。结果机器人位形误差 $\mathrm{d}\boldsymbol{x}_{ed}$ 顺着环境方向趋向于零；反之，顺着机器人方向，末端执行器位形趋向于参考坐标系原点，即 $\mathrm{d}\boldsymbol{x}_{ed} \approx \mathrm{d}\boldsymbol{x}_{rd}$。

式（6-25）给出了平衡状态上接触力的值。该表达式表明在环境刚度远大于机器人刚度的情况下，弹性力的强度主要取决于机器人刚度及期望位形与末端执行器平衡位形之间的位移 $\mathrm{d}\boldsymbol{x}_{ed}$。反之，环境刚度及末端执行器平衡位形与环境位形之间的位移 $\mathrm{d}\boldsymbol{x}_{re}$ 决定了弹性力的强度。

为完成与环境接触的机器人柔顺分析，需要考虑关节空间位置控制律的作用。存在末端执行器接触力时，平衡位形由下式确定

$$\boldsymbol{K}_P \widetilde{\boldsymbol{q}} = \boldsymbol{J}^{\mathrm{T}}(\boldsymbol{q}) \boldsymbol{f}_e \tag{6-27}$$

则

$$\widetilde{\boldsymbol{q}} = \boldsymbol{K}_P^{-1} \boldsymbol{J}^{\mathrm{T}}(\boldsymbol{q}) \boldsymbol{f}_e \tag{6-28}$$

假定与平衡点存在微元位移，则用 $\mathrm{d}\widetilde{\boldsymbol{x}} \approx \boldsymbol{J}(\boldsymbol{q}) \mathrm{d}\widetilde{\boldsymbol{q}}$ 计算机器人末端相对基坐标系的位移是合理的。因此根据式（6-28），有

$$\mathrm{d}\widetilde{\boldsymbol{e}} = \boldsymbol{J}(\boldsymbol{q}) \mathrm{d}\boldsymbol{K}_P^{-1} \boldsymbol{J}^{\mathrm{T}}(\boldsymbol{q}) \boldsymbol{f}_e \tag{6-29}$$

与相对基坐标系的主动柔顺相一致。对于力和力矩分量，柔顺矩阵 $\boldsymbol{J}(\boldsymbol{q}) \boldsymbol{K}_P^{-1} \boldsymbol{J}^{\mathrm{T}}(\boldsymbol{q})$ 都取决于机器人位形。同样在此情况下，可以对机器人雅可比矩阵的奇异性进行分析。

6.2 阻抗控制

6.2.1 被动阻抗法

在用手抓握圆棒插入小孔的作业中，如果仅仅考虑位置控制的话，就需要机器人具有非常高的精度。由于被插入部件等的误差，棒与孔的中心轴在容许偏差内可能偏移或倾斜，也可能由于它们之间相互咬合而不能执行所需要的作业。为解决这个问题，一些研究者开发了一种称为 RCC（Remote Center Compliance）手的装置。这是一个在轴插入方向上具有较大弹性的手，图 6-1 所示为其机构原理图。在图 6-1a 中，四个刚体部件 $S_1 \sim S_4$ 两端的实线是弹簧，它仅沿横向可以弯曲而在纵向没有伸缩。而且，S_1 和 S_4 轴平行，S_2 和 S_3 轴如图 6-1 所示的那样，在棒 P 端部附近的点 O_c 相交。

现在如果棒与孔的中心轴沿水平方向发生偏移，而让手从上方垂直向下移动时，图 6-1b 所示棒的端部就被施加了水平方向的力。在这种情况下，S_1 和 S_4 发生倾斜，而 S_2 和 S_3 不倾斜，结果是中心轴方向不变而在水平方向错动时，圆棒被插入孔中。即使棒与孔的中心轴倾斜时，如图 6-1c 所示，由于在棒的末端施加的是旋转力，因此只有 S_2 和 S_3 倾斜，圆棒就可以调整中心轴的倾斜方向从而完成插入作业。这个机构在三维空间的结构原理如图 6-2 所示。这里，外侧的三个弹簧轴互相平行，内侧的三个弹簧轴在棒的末端附近相交于点 O_c。当设定点 O_c 为原点时，手坐标系 $\sum_c$ 与中心轴的方向相同，施加于棒的外力 $\boldsymbol{f}=(f_x, f_y, f_z, n_x, n_y, n_z)$ 与棒的微小位移 $\boldsymbol{\varepsilon}=(\varepsilon_x, \varepsilon_y, \varepsilon_z, \alpha_x, \alpha_y, \alpha_z)^{\mathrm{T}}$ 之间的静力学关系由下式给定

$$
\boldsymbol{K}=\begin{pmatrix} k_{\text{soft}} & & & & & \\ & k_{\text{hard}} & & & & \\ & & k_{\text{soft}} & & & \\ & & & k_{\text{soft}} & & \\ & & & & k_{\text{soft}} & \\ & & & & & k_{\text{soft}} \end{pmatrix} \tag{6-30}
$$

式中，k_{soft} 是小刚性系数；k_{hard} 是大刚性系数。点 O_c 称为柔顺中心，这是因为通过该点施加纯力时，仅产生移动位移；而施加力矩时，仅发生转动位移。把这个柔顺中心配置在棒的末端附近，就是这个手奇特的地方。

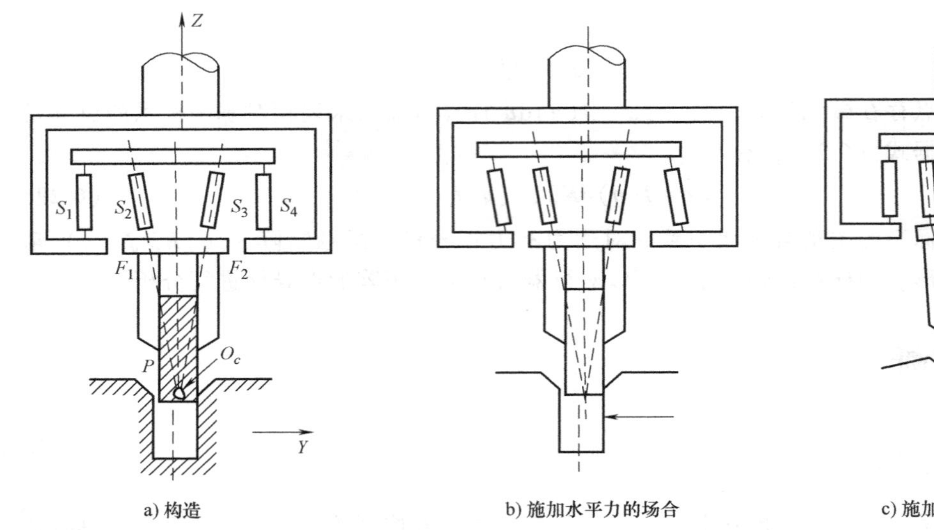

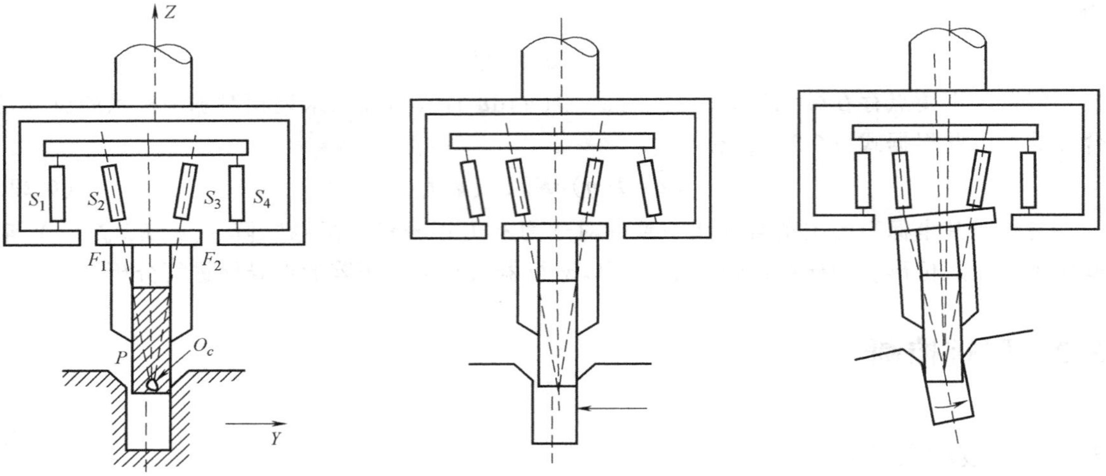

a) 构造　　b) 施加水平力的场合　　c) 施加回转力矩的场合

图 6-1　RCC 手的概念

从上面的例子可以看出，被动阻抗控制法，不需要力控制环，并且控制方法简单。但是，对于不同的作业内容，必须制作专门的硬件，所以缺乏柔性（无灵活性）。于是，需要考虑更灵活的方法，即通过测量末端器的位置、速度及接触力，根据合适的反馈控制方法驱动伺服系统，希望能使末端器的机械阻抗根据期望值变化。这样做的话，仅仅需要对控制规律进行稍许变更，就能使末端器适应各种不同的作业场合，下面我们讨论这个方法。

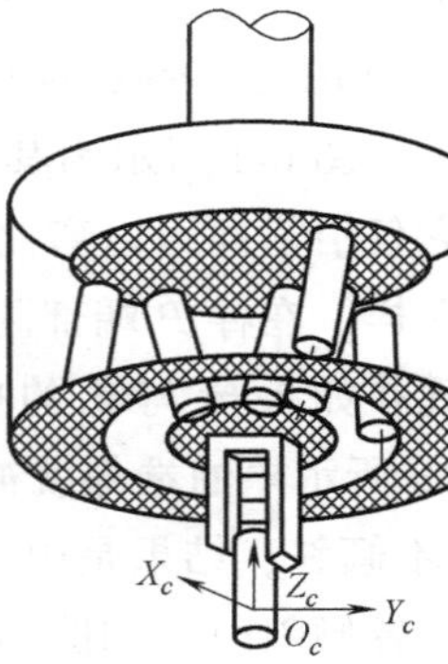

图 6-2　RCC 手
（三维空间用）

6.2.2　主动阻抗控制法——单自由度的情形

首先用单自由度系统的简单例子来说明主动阻抗控制的基本思想。图 6-3 所示的运动方程为

$$
m_a \ddot{x} + d_a \dot{x} + k_a x = f_u + F \tag{6-31}
$$

式中，F 为施加在质量为 m 的物体 M 上的外力；f_u 为控制的驱动力；x 是不施力 F 和 f_u 时，

物体离开平衡位置的位移；k_a 是弹簧常数；d_a 是阻尼系数。希望的阻抗为

$$m_d\ddot{x}+d_d(\dot{x}-x_d)+k_d(x-x_d)=F \tag{6-32}$$

式中，m_d、d_d、k_d 是希望的质量、阻尼系数和弹簧参数；x_d 是目标位置轨迹。假定 x、$\dot{x}$、$\ddot{x}$ 是可以通过测量得到的，如果根据反馈控制法，则驱动力 f_u 为

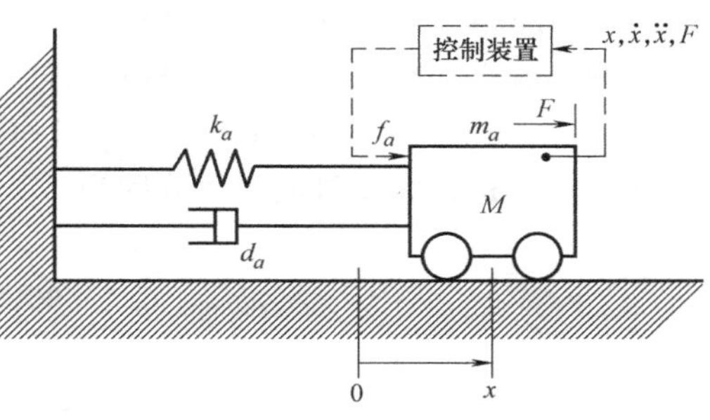

图 6-3 主动阻抗法的模型

$$f_u=(m_a-m_d)\ddot{x}+(d_a-d_d)\dot{x}+(k_a-k_d)x+d_u\dot{x}_d+k_dx_d \tag{6-33a}$$

闭环系统就拥有式（6-32）所示的机械阻抗，当外力 F 可以测量时，式（6-33a）变为

$$f_u=(d_a-m_am_d^{-1}d_d)\dot{x}+(k_a-m_am_d^{-1})x-(1-m_am_d^{-1})F+m_am_d^{-1}(d_d\dot{x}_d+k_dx_d) \tag{6-33b}$$

式（6-33a）和式（6-33b），就是所谓的位置和速度的反馈法则

$$f_u=(d_a-d_d)\dot{x}+(k_a-k_d)x+d_d\dot{x}_d+k_dx_d \tag{6-34}$$

以上得出了实现式（6-32）的控制法则。那么，剩下的问题就是如何选择式（6-32）中的系数 m_d、d_d、k_d。首先，考虑系统与别的物体不接触的情形，或者只有很小的干扰作用的情形，这时 $F=0$。于是，一种选择方法是令 $m_d=m_a$，为了取得好的输出响应，应尽可能地增大固有频率，即

$$\omega_c=\sqrt{\frac{k_d}{m_d}} \tag{6-35}$$

而阻尼系数为

$$\zeta=\frac{d_d}{2\sqrt{m_dk_d}} \tag{6-36}$$

例如，阻尼系数取 0.6~1.0，限定 m_d、d_d、k_d 全部为正，则系统式（6-32）稳定，对应于目标轨迹 x_d，可以保证其位形偏差和速度偏差为 0。

然后，考虑物体 M 与另一个固定的物体 E 接触，在受外力作用的情形，它们在接触中的相互作用可以用图 6-4 所示的模型表示。

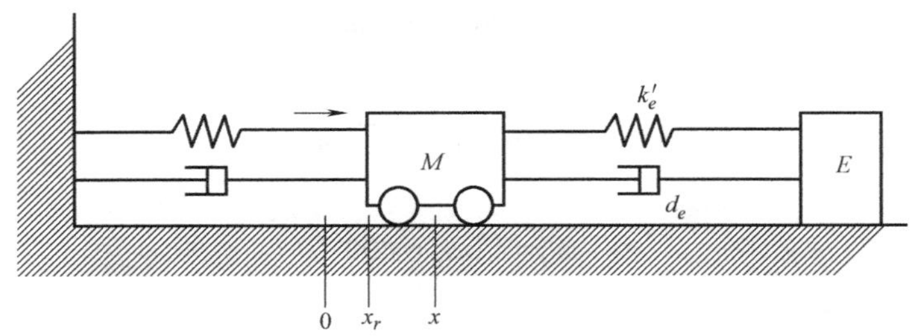

图 6-4 与某一固定物体的接触

$$d_c\dot{x}+k_e(x-x_e)=-F \tag{6-37}$$

这里，x_e 是 $F=0$ 时的平衡位置。当两者有非常大的弹性时，k_e 就取小值，反之就取大

值，而 d_e 的值取决于两物体的材料。

接着，由式（6-32）、式（6-37）得

$$m_d\ddot{x}+(d_d+d_e)\dot{x}+(k_dk_e)x=d_d\dot{x}_d+k_dx_d+k_ex_e \tag{6-38}$$

这时的固有频率及阻尼系数分别为

$$\omega_c=\sqrt{\frac{k_d+k_e}{m_d}} \tag{6-39}$$

$$\zeta=\frac{d_d+d_c}{2\sqrt{m_d(k_d+k_s)}} \tag{6-40}$$

当 k_e、d_e 已知时，按适当的 ω_c、ζ 值来确定 m_d、d_d、k_d。然而，大多数情况下，k_e、d_e 的精确值未知。而当 k_e 比假定的值大且 d_e 比假定的值小时，由式（6-40）知，衰减可能变得很差，所以，有必要取较大的 d_d 值。而且，施加于包含物体 M 的系统及与它接触的物体 E 的力过大时，为了不至于损坏物体，而选择小的 k_d、m_d，以便系统顺应由物体产生的约束运动。主动阻抗法的另一个优点是，对应作业的执行过程，当考虑与其他物体接触、非接触时，都可以按顺序改变 m_d、d_d、k_d 的值以调节得到所希望的阻抗。

【例 6-1】 图 6-3 所示的系统的运动方程为 $\ddot{x}+0.1\dot{x}=f_u+F$。

如图 6-4 所示，把与另一物体有接触状态时的相互作用抽象成式（6-37）所示的模型，它的系数 k_e、d_e 的范围是

$$0\leqslant d_e\leqslant 15$$
$$500\leqslant k_e\leqslant 2000 \tag{6-41}$$

所考虑的问题是：在接触过程中，系统固有频率保持在 30~50Hz 之间，阻尼系数保持在 0.5 以上，并且 m_d 尽可能在 m_a 左右取值，d_d、k_d 也尽可能地取小值，在这种情况下如何确定所希望的阻抗。

由式（6-39）得

$$30\leqslant\sqrt{\frac{k_d+k_c}{m_d}}\leqslant 50 \tag{6-42}$$

然后有

$$900m_d\leqslant k_d+500$$
$$k_d+2000\leqslant 2500m_d \tag{6-43}$$

再由式（6-40）得

$$d_d\geqslant\sqrt{m_d(k_d+k_e)}-d_e \tag{6-44}$$

所以由式（6-43），求出

$$m_d=1,\ k_d=400 \tag{6-45}$$

接着，所希望阻抗为

$$\ddot{x}+49(\dot{x}-\ddot{x})_d+400(x-x_d)=F \tag{6-46}$$

然后，从式（6-34），得到实现它的控制律为

$$f_u=-48.9\dot{x}-400x+49\dot{x}_d+400x_d \tag{6-47}$$

而阻尼系数，由于与其他物体接触，由式（6-40）知阻尼系数在要求的范围内。

接着，通过控制目标轨迹，可以实现所希望的阻抗，例如，当 x_e 及 k_e 已知时，实现式（6-32）中阻抗的目标轨迹 x_d 可按下式选择

$$x_d = x_e - \frac{\overline{k}_d + k_e}{k_d k_e} F_d \tag{6-48}$$

这就是相当于实现力的目标值所对应的位置目标值，若 $k_e \gg k_d$，可近似为 $x_d = x_e - F_d / k_d$。而希望的阻抗不是式（6-32），而是

$$m_d \ddot{x} + d_d(\dot{x} - \dot{x}_d) = F - F_d \tag{6-49}$$

上述任何一种方法，都需要经过长时间的调节才会达到稳定状态，即应施加的力与目标值一致。

6.2.3 主动阻抗控制法——一般情形

考虑把上述主动阻抗法的思想推广到多自由度机器人的情形，即图 6-5 所示情形。通过检测作业矢量及作用在末端的外力 $\boldsymbol{F}$，并采用适当的反馈控制法，驱动各关节的伺服，使得具有期望阻抗的手指末端器，在不受外力影响时，能完全地实现预期轨迹。

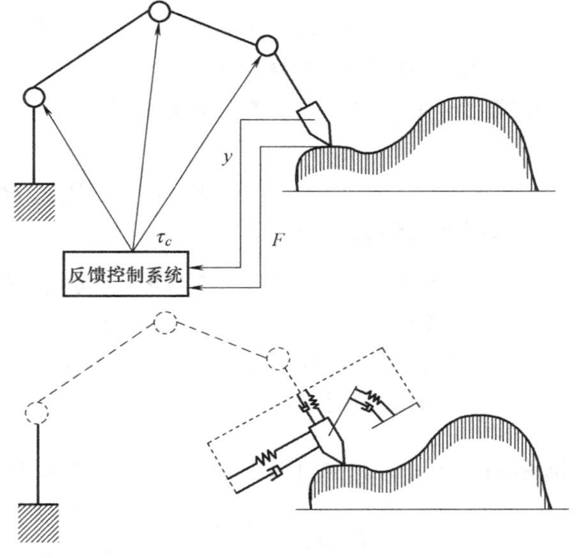

图 6-5　主动阻抗法

考虑 6 个自由度的机器人，它的末端器的期望阻抗记为

$$\boldsymbol{M}_d \ddot{\boldsymbol{y}} + \boldsymbol{D}_d \dot{\boldsymbol{y}}_e + \boldsymbol{K}_d \boldsymbol{y}_e = \boldsymbol{F} \tag{6-50}$$

式中，$\boldsymbol{y}_e$ 是六维作业矢量的当前值 $\boldsymbol{y}$ 与目标值 $\boldsymbol{y}_d$ 的偏差

$$\boldsymbol{y}_e = \boldsymbol{y} - \boldsymbol{y}_d \tag{6-51}$$

而 $\boldsymbol{y}$ 表示末端器直角坐标系中表示的位置和姿态，这里取六维矢量；$\boldsymbol{F}$ 表示由环境施加给末端的力；$\boldsymbol{M}_d$ 是 6×6 阶惯性矩阵；$\boldsymbol{D}_d$ 为 6×6 阶刚度矩阵；$\boldsymbol{K}_d$ 为 6×6 阶阻尼矩阵，这些矩阵都是非负定对称矩阵。当 $\boldsymbol{M}_d$，$\boldsymbol{D}_d$，$\boldsymbol{K}_d$ 都为对角矩阵时，阻抗增大的方向或阻抗减少的方向同前一节的单自由度的情况类似，因此可以比较容易地确定对角矩阵的各元素。

基于式（6-50）中的期望阻抗，考虑它的控制方法。6 个自由度的机器人的运动方程为

$$\boldsymbol{M}(\boldsymbol{q}) \ddot{\boldsymbol{q}} + \hat{\boldsymbol{h}}(\boldsymbol{q}, \dot{\boldsymbol{q}}) = \boldsymbol{\tau} \tag{6-52}$$

而 $\boldsymbol{y}$ 与 $\boldsymbol{q}$ 的关系为

$$\boldsymbol{y} = f_y(\boldsymbol{q}) \tag{6-53}$$

将式（6-53）对时间取微分得

$$\dot{\boldsymbol{y}} = \boldsymbol{J}_y(\boldsymbol{q}) \dot{\boldsymbol{q}} \tag{6-54}$$

式中，$\boldsymbol{J}_y = \frac{\partial \boldsymbol{y}}{\partial \boldsymbol{q}}$。与作用在机器人末端的外力 $\boldsymbol{F}$ 等价的关节力 $\boldsymbol{\tau}_F$ 是

$$\boldsymbol{\tau}_F=\boldsymbol{J}_y^{\mathrm{T}}(\boldsymbol{q})\boldsymbol{F} \tag{6-55}$$

由附加的外力 $\boldsymbol{F}$ 来修正机器人运动方程式（6-52），得

$$\boldsymbol{M}(\boldsymbol{q})\ddot{\boldsymbol{q}}+\hat{\boldsymbol{h}}(\boldsymbol{q},\dot{\boldsymbol{q}})=\boldsymbol{\tau}+\boldsymbol{J}_y^{\mathrm{T}}(\boldsymbol{q})\boldsymbol{F} \tag{6-56}$$

假定 $\boldsymbol{q}$ 在合适范围内，且 $\boldsymbol{J}_y(\boldsymbol{q})$ 是可逆的，由式（6-56）、式（6-54），有

$$\boldsymbol{M}_y(\boldsymbol{q})\ddot{\boldsymbol{y}}+\hat{\boldsymbol{h}}_y(\boldsymbol{q},\dot{\boldsymbol{q}})=\boldsymbol{J}_y^{-\mathrm{T}}(\boldsymbol{q})\boldsymbol{\tau}+\boldsymbol{F} \tag{6-57}$$

式中

$$\begin{cases}\boldsymbol{J}_y^{-\mathrm{T}}=(\boldsymbol{J}_y^{\mathrm{T}})^{-1}\\ \boldsymbol{M}_y(\boldsymbol{q})=\boldsymbol{J}_y^{-\mathrm{T}}(\boldsymbol{q})\boldsymbol{M}(\boldsymbol{q})\boldsymbol{J}_y^{-1}(\boldsymbol{q})\\ \hat{\boldsymbol{h}}_y(\boldsymbol{q},\dot{\boldsymbol{q}})=\boldsymbol{J}_y^{-\mathrm{T}}(\boldsymbol{q})\boldsymbol{h}_y(\boldsymbol{q},\dot{\boldsymbol{q}})-\boldsymbol{M}_y(\boldsymbol{q})\dot{\boldsymbol{J}}_y(\boldsymbol{q})\dot{\boldsymbol{q}}\\ \boldsymbol{\tau}=\boldsymbol{J}_y^{\mathrm{T}}(\boldsymbol{q})\{\hat{\boldsymbol{h}}_y(\boldsymbol{q},\dot{\boldsymbol{q}})-\boldsymbol{M}_y(\boldsymbol{q})\boldsymbol{M}_d^{-1}(\boldsymbol{D}_d\dot{\boldsymbol{y}}_e+\boldsymbol{K}_d\boldsymbol{y}_e)+[\boldsymbol{M}_y(\boldsymbol{q})\boldsymbol{M}_{\mathrm{d}}^{-1}-\boldsymbol{I}]\boldsymbol{F}\}\end{cases} \tag{6-58}$$

于是得到控制规律为

$$\begin{aligned}\boldsymbol{\tau}=&\boldsymbol{h}_y(\boldsymbol{q},\dot{\boldsymbol{q}})-\boldsymbol{M}(\boldsymbol{q})\boldsymbol{J}_y^{-1}(\boldsymbol{q})\boldsymbol{J}_y(\boldsymbol{q})\dot{\boldsymbol{q}}-\boldsymbol{M}(\boldsymbol{q})\boldsymbol{J}_y^{-1}(\boldsymbol{q})\boldsymbol{M}_d^{-1}(\boldsymbol{D}_d\dot{\boldsymbol{y}}_e+\boldsymbol{K}_d\boldsymbol{y}_e)+\\ &[\boldsymbol{M}(\boldsymbol{q})\boldsymbol{J}_y^{-1}(\boldsymbol{q})\boldsymbol{M}_d^{-1}-\boldsymbol{J}_y^{\mathrm{T}}(\boldsymbol{q})]\boldsymbol{F}\end{aligned} \tag{6-59}$$

关于 $\boldsymbol{M}_d$、$\boldsymbol{D}_d$、$\boldsymbol{K}_d$ 的选择方法，用与 6.2.2 节中相同的方法确定。

在式（6-50）中，并不要求惯性矩阵 $\boldsymbol{M}_d$ 与 $\boldsymbol{q}$ 的关系是一常值，若所希望的机械阻抗用下式表示

$$\boldsymbol{M}_y(\boldsymbol{q})\ddot{\boldsymbol{y}}+\boldsymbol{D}_d\dot{\boldsymbol{y}}_e+\boldsymbol{K}_d\boldsymbol{y}_e=\boldsymbol{K}_{Fd}\boldsymbol{F} \tag{6-60}$$

可采用下式作为控制法则

$$\boldsymbol{\tau}=\dot{\boldsymbol{h}}_y(\boldsymbol{q},\dot{\boldsymbol{q}})-\boldsymbol{M}(\boldsymbol{q})\boldsymbol{J}_y^{-1}(\boldsymbol{q})\dot{\boldsymbol{J}}_y(\boldsymbol{q})\dot{\boldsymbol{q}}-\boldsymbol{J}_y^{\mathrm{T}}(\boldsymbol{q})[\boldsymbol{D}_d\dot{\boldsymbol{y}}_e+\boldsymbol{K}_d\boldsymbol{y}_e-(\boldsymbol{K}_{Fd}-\boldsymbol{I})\boldsymbol{F}] \tag{6-61}$$

在式（6-60）的右边，引入系数矩阵 $\boldsymbol{K}_{Fd}$ 可在一定程度上补偿 $\boldsymbol{M}_y(\boldsymbol{q})$ 的影响。例如，$\boldsymbol{K}_{Fd}$ 取为对角矩阵时，其各元素可以这样选取：想要增大阻抗的方向的对角元素取小值；而减小阻抗方向的对角元素取大值。

【例 6-2】 对于在 3.3.1 节中所考虑的 2 个自由度的机器人，希望机械阻抗为

$$\boldsymbol{M}_y(\boldsymbol{q})\ddot{\boldsymbol{y}}+\begin{pmatrix}D_{d1}&0\\0&D_{d2}\end{pmatrix}\dot{\boldsymbol{y}}_e+\begin{pmatrix}K_{d1}&0\\0&K_{d2}\end{pmatrix}\boldsymbol{y}_e=\begin{pmatrix}K_{Fd1}&0\\0&K_{Fd2}\end{pmatrix}\boldsymbol{F} \tag{6-62}$$

这时，控制规律采用式（6-58），且 $\boldsymbol{y}_e=(y_{ex},\ y_{ey})^{\mathrm{T}}$，$\boldsymbol{F}=(F_x,\ F_y)^{\mathrm{T}}$ 时，进行与例 5-5 类似的计算，可得

$$\begin{cases}\tau_1=h_{122}\dot{\theta}_2^2+2h_{112}\dot{\theta}_1\dot{\theta}_2+g_1\\ \quad=\{l_1[M_{11}l_2\cos\theta_2-M_{12}(l_2\cos\theta_2+l_1)]\dot{\theta}_1^2+l_2[M_{11}l_2-M_{12}(l_2+l_1\cos\theta_2)](\dot{\theta}_1+\dot{\theta}_2)^2\}+\\ \qquad(l_1\sin\theta_1+l_2\sin(\theta_1+\theta_2))\widetilde{F}_x-(l_1\cos\theta_1+l_2\cos(\theta_1+\theta_2))\widetilde{F}_y\\ \tau_2=h_{211}\dot{\theta}_1^2+g_2+l_2\sin(\theta_1+\theta_2)\widetilde{F}_x-l_2\cos(\theta_1+\theta_2)\widetilde{F}_y+\\ \qquad\{l_1[M_{12}l_2\cos\theta_2-M_{22}(l_2\cos\theta_2+l_1)]\dot{\theta}_1^2+l_2[M_{12}l_2-M_{22}(l_2+l_1\cos\theta_2)](\dot{\theta}_1+\dot{\theta}_2)^2\}\end{cases} \tag{6-63}$$

式中

$$\begin{cases}\widetilde{F}_x = D_{d1}\dot{y}_{ex} + K_{d1}y_{ex} - (K_{Fd1}-1)F_x \\ \widetilde{F}_y = D_{d2}\dot{y}_{ey} + K_{d2}y_{ey} - (K_{Fd2}-1)F_y\end{cases} \tag{6-64}$$

式（6-61）的右边第一项是用于补偿离心力、科氏力、重力等非线性因素对机器人的影响；而第二项是补偿 $\ddot{\boldsymbol{y}}$ 和 $\ddot{\boldsymbol{q}}$ 变换过程中的非线性因素对机器人的影响。上述非线性因素除重力外，都是关于 $\boldsymbol{g}(\boldsymbol{q})$ 的函数。在低速时，非线性因素的影响比较小。为了简化，忽略这些项，得

$$\boldsymbol{\tau} = -\boldsymbol{J}_y^{\mathrm{T}}(\boldsymbol{q})[\boldsymbol{D}_d\dot{\boldsymbol{y}}_c + \boldsymbol{K}_d\boldsymbol{y}_c - (\boldsymbol{K}_{Fd}-\boldsymbol{I})\boldsymbol{F}] \tag{6-65}$$

当重力不能被忽略时，为了补偿重力项，给式（6-65）的右边增加 $\boldsymbol{g}(\boldsymbol{q})$ 即可。

进而，在式（6-65）中，考虑 $\boldsymbol{D}_d=\boldsymbol{0}$，$\boldsymbol{K}_{Fd}=\boldsymbol{I}$ 时，如果 $\boldsymbol{y}_e$ 较小，就令 $\boldsymbol{y}_e=\boldsymbol{J}_y(\boldsymbol{q})\dot{\boldsymbol{q}}_e$（$\boldsymbol{q}_e$ 是对应的 $\boldsymbol{y}_e$ 的关节误差矢量），就可得

$$\boldsymbol{\tau} = -\boldsymbol{J}_y^{\mathrm{T}}(\boldsymbol{q})\boldsymbol{K}_d\boldsymbol{J}_y(\boldsymbol{q})\dot{\boldsymbol{q}}_e \tag{6-66}$$

由于这里所介绍的阻抗控制是为了使作业坐标系中的刚度矩阵与目标值 $\boldsymbol{K}_d$ 相对应，所以也称为刚度控制。由于刚度矩阵的逆矩阵是柔度矩阵，也称为柔度控制。同时，如果想使 $\boldsymbol{F}$ 与目标值 $\boldsymbol{F}_d$ 相一致的话，可按单自由度情形中的研究方法进行讨论。

6.2.4 导纳控制

导纳控制是与阻抗控制相类似的一种力控制形式，可以将导纳控制视为对阻抗控制的另一种解读。因此，在此仅对导纳控制的思想进行简单介绍，感兴趣的读者可以参考导纳控制的相关资料。

同样考虑式（6-31），可以发现式（6-31）有以下两种解读方式

$$f_u = m_a\ddot{x} + d_a\dot{x} + k_a x - F \tag{6-67}$$

$$m_a\ddot{x} = f_u + F - d_a\dot{x} - k_a x \tag{6-68}$$

式（6-67）体现的思想是，测量当前位置和目标位置的差，调整末端产生的力；式（6-68）则是测量末端受到的力，调整末端的速度。这就是导纳控制思想的一种通俗解释。

在导纳控制中，通常使用腕部的传感器感知施加在机器人上的力 f_{ext}，根据测量得到的力信号，机器人调整自身的加速度，从而使得力和加速度满足

$$f_{\mathrm{ext}} = m_a\ddot{x} + d_a\dot{x} + k_a x \tag{6-69}$$

式中，x 和 $\dot{x}$ 指的是当前时刻机器人的位移和速度。求解式（6-69），得

$$\ddot{x} = m_a^{-1}(f_{ext} - d_a\dot{x} - k_a x) \tag{6-70}$$

定义雅可比矩阵 $\dot{\boldsymbol{x}}=\boldsymbol{J}(\boldsymbol{q})\dot{\boldsymbol{q}}$，可以计算得到关节变量的预期加速度

$$\ddot{\boldsymbol{q}}_d = \boldsymbol{J}^{+}(\boldsymbol{q})(\ddot{\boldsymbol{x}}_d - \dot{\boldsymbol{J}}(\boldsymbol{q})\dot{\boldsymbol{q}}) \tag{6-71}$$

在式（6-71）的基础上，结合逆动力学方程，就可以得到关节期望转矩。需要说明的是，当力控制的目标是仅将机器人模拟成弹簧时，可以在一定程度上简化控制规律。为了使得控制过程更加平顺，可以对传感器信号进行低通滤波处理。

6.3 混合控制法

6.3.1 基于反馈补偿的控制

混合控制是在必要的作业中，同时考虑位置控制要求和力控制要求的方法，一些学者提出了可以同时满足位置控制和力控制要求的控制方式，这里用简单的例子进行说明。

【例 6-3】 如图 6-6 所示，在平面内运动的 2 自由度机器人，其末端以给定的力压在物体下表面，且可以沿着物体下表面方向移动。这里假定物体下表面为平面，取 X_c 轴沿着这个平面，Y_c 轴垂直于这个平面的方向建立坐标系 $\sum_c(O_cX_cY_c)$。X_c 为位置控制方向，Y_c 为力控制方向，末端安装有力传感器，可以计算出 $\sum_c$ 中的压力 ${}^c\boldsymbol{f}(t)$，并且，用位置传感器也能检测出从坐标系 $\sum_c$ 中所看到的机器人末端位置 ${}^c\boldsymbol{y}(t)$。给定目标力 ${}^c\boldsymbol{f}(t)$ 和目标位置 ${}^c\boldsymbol{y}_d(t)$，定义力误差和位置误差分别为

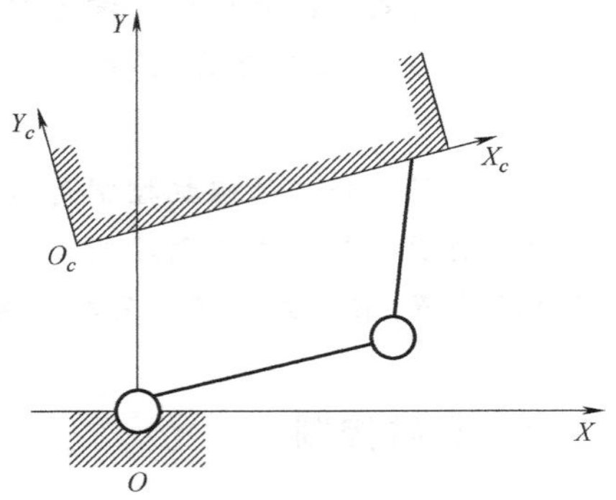

图 6-6 基于反馈补偿的混合控制

$$
{}^c\boldsymbol{y}_e(t)=\begin{pmatrix}1 & 0\\ 0 & 0\end{pmatrix}(\boldsymbol{y}_d(t)-{}^c\boldsymbol{y}(t)) \tag{6-72}
$$

$$
{}^c\boldsymbol{f}_e(t)=\begin{pmatrix}0 & 0\\ 0 & 1\end{pmatrix}({}^c\boldsymbol{f}_d(t)-{}^c\boldsymbol{f}(t)) \tag{6-73}
$$

将上述两式转换到关节空间，即用 ${}^c\boldsymbol{y}$ 关于 $\boldsymbol{q}$ 的雅可比矩阵 $\boldsymbol{J}_y$ 表示时，有

$$
\boldsymbol{q}_e(t)\cong \boldsymbol{J}_y^{-1}\boldsymbol{y}_e(t) \tag{6-74a}
$$

$$
\dot{\boldsymbol{q}}_e(t)=\boldsymbol{J}_y^{-1}\dot{\boldsymbol{y}}_e(t) \tag{6-74b}
$$

$$
\boldsymbol{\tau}_e(t)=\boldsymbol{J}_y^{-1}\boldsymbol{f}_e(t) \tag{6-74c}
$$

式 (6-74a) 是 $\boldsymbol{y}_e$ 为微小位移时的近似表达式。为了补偿这些位置误差及力误差，将其对应的关节驱动力 $\boldsymbol{\tau}_P$ 及 $\boldsymbol{\tau}_F$ 分别通过合适的位置控制规律和力控制规律求得。例如，可以取 X_c 方向分量作为目标位置 ${}^c\boldsymbol{y}_d(t)$ 及 Y_c 方向分量作为力目标 $\boldsymbol{f}_d(t)$。这里，可以考虑各种位置和力的控制规律，例如由 PD（比例和微分）的位置控制规律及作为基于（积分）动作的力控制规律确定关节驱动力分别为

$$
\boldsymbol{\tau}_P(t)=\boldsymbol{K}_{PP}\boldsymbol{q}_e(t)+\boldsymbol{K}_{Pd}\dot{\boldsymbol{q}}_e(t) \tag{6-75}
$$

$$
\boldsymbol{\tau}_F(t)=\boldsymbol{K}_{Ft}\int_0 \boldsymbol{\tau}_e(t')\,\mathrm{d}t' \tag{6-76}
$$

式中，$\boldsymbol{K}_{PP}$、$\boldsymbol{K}_{Pd}$、$\boldsymbol{K}_{Ft}$ 是反馈增益矩阵。于是得到

$$
\boldsymbol{\tau}(t)=\boldsymbol{\tau}_P(t)+\boldsymbol{\tau}_F(t) \tag{6-77}
$$

作为最终的输入力矩而施加于关节，这就是所谓的混合控制法。

Raibert 和 Craig 采用 PID 控制规律作为位置控制规律，PI 控制规律作为力控制规律成功进行了机器人的混合控制实验。

为了分析方便，我们定义一约束坐标系，把位置和力的约束分解在各坐标轴的方向，这样的坐标系称为约束坐标系。在以上的例子中，由于物体表面是平面，取约束坐标系相对于基础坐标系固定即可。而图 6-7 所示的物体表面为曲面，机器人的末端在物体表面的不同位置接触时，位置和力的控制方向将发生变化。在这种情况下，把末端在物体表面上的当前位置作为原点，切平面方向为 X_c，垂直于切平面方向为 Y_c 的移动坐标系作为约束坐标，这个约束坐标系的思想，可扩展到例 6-4 所示的三维空间的情形。

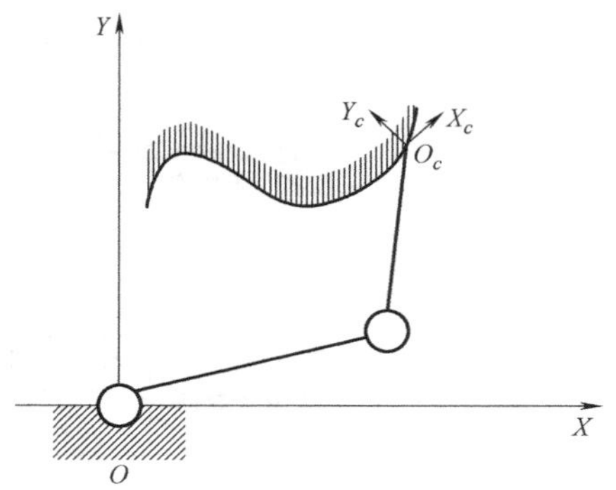

图 6-7　曲线约束

【例 6-4】 考虑转动曲轴的作业，机器人握住操作杆，机器人与操作杆之间没有相对运动，但操作杆能驱动操纵轴进行回转。这时，如图 6-8 所示，取操纵轴上适当的点作为原点 O_c，操纵轴方向作为 Z_c 轴，远离曲轴方向作为 X_c 轴，Y_c 轴则按右手法则确定。这时，能将机器人移动的方向转换为沿 Y_c 轴的转动和绕 Z_c 轴的回转，称为位置控制方向。

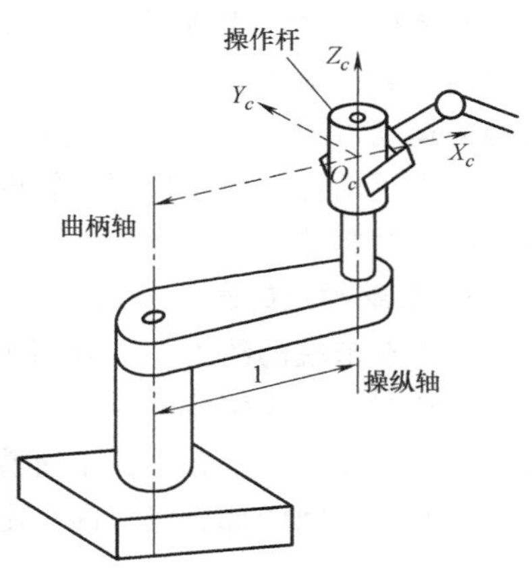

图 6-8　转动曲轴的作业

另外，沿 X_c 轴和 Z_c 轴的平动及绕 X_c 轴和 Y_c 轴的转动的方向上的运动都被约束了，取而代之的是能在这些方向上施加力。即上述四个方向可作为力控制方向。但由于存在约束，所以这四个方向不能运动，上述四个方向的运动约束及剩余两个方向的力约束，可由给定的作业自动地确定，因此这些约束称为自然约束。相应地，力控制方向上的力指令值，以及剩余两个方向上的速度指令值，可以由设计者人为地给定，因此这些约束称为人工约束。当用末端速度 ${}^c\boldsymbol{v}=({}^cv_x,{}^cv_y,{}^cv_z,{}^c\omega_x,{}^c\omega_y,{}^c\omega_z)$，手末端施加给操纵杆的力为 ${}^c\boldsymbol{f}=({}^cf_x,{}^cf_y,{}^cf_z,{}^cn_x,{}^cn_y,{}^cn_z)$ 时，对应于上述曲轴的回转作业，自然约束为

$$\begin{cases}{}^cv_x=0,{}^cv_z=0,{}^c\omega_x=0,{}^c\omega_y=0\\{}^cf_y=0,{}^cn_z=0\end{cases}\tag{6-78}$$

人工约束为

$$\begin{cases}{}^cv_y=v_0,{}^c\omega_z=\omega_0\\{}^cf_x=0,{}^cf_z=0,{}^cn_x=0,{}^cn_y=0\end{cases}\tag{6-79}$$

式中，v_0 是按照曲柄的回转速度来确定的；ω_0 是在考虑作业难易程度的基础上，由设计者所确定的值；在 ${}^cf_x,{}^cf_z,{}^cn_x,{}^cn_y$ 中，一般都不全给定为零，而在本例中，取 0 就可以了。

由以上的思想所得到的混合控制系统原理的框图如图 6-9 所示。

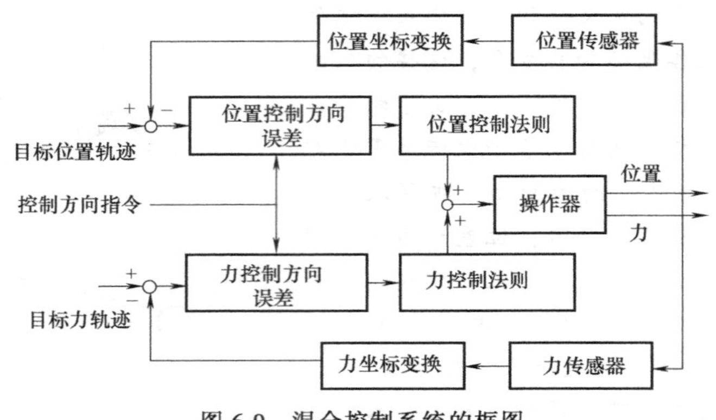

图 6-9 混合控制系统的框图

6.3.2 动力学混合控制

本节中，对考虑机器人机构动力学特性的混合控制方法进行论述。首先把末端所受到的物体约束表达成约束超曲面；然后，当目标位置及目标力轨迹给定时，由这个约束和机器人机构的运动方程，推导出实现其目标值的关节驱动力的基本公式；最后，基于这个基本公式，给出了动力学混合控制系统的基本构成，这个控制公式实际上是 5.3 节所述的二阶控制方式向力控制情形的一种扩展。

1. 末端约束的表达方法

施加在末端的约束，一般用表示末端位置矢量的某一超曲面表示。这些超曲面即使在存在末端负载时，也保持不变，即假定约束末端的物体具有无限大的刚性。若机器人的末端拥有 6 个自由度，从基础坐标系所看到的手末端位置就用六维矢量 $\boldsymbol{r}$ 表示。于是，末端约束由在六维欧拉空间的部分区域内，由以下相互独立的 m 个超曲面表示

$$\boldsymbol{p}_i(\boldsymbol{r})=\boldsymbol{0}\quad(i=1,2,\cdots,m)\tag{6-80}$$

式中，$m\leqslant 6$；$\boldsymbol{p}_i$ 存在关于 $\boldsymbol{r}$ 的二阶微分。而且，式（6-80）为沿物体的某一方向表面的约束时，在物体内部，$\boldsymbol{p}_i(\boldsymbol{r})>0$；而在物体外部，$\boldsymbol{p}_i(\boldsymbol{r})<0$。由式（6-80）对时间变量 t 进行微分，有

$$\boldsymbol{E}_F\dot{\boldsymbol{r}}=\boldsymbol{0}\tag{6-81}$$

式中

$$\boldsymbol{E}_F=(\boldsymbol{e}_{7-m},\boldsymbol{e}_{8-m},\cdots,\boldsymbol{e}_6)^{\mathrm{T}}\tag{6-82}$$

$$e_{6-m+i}=\frac{\partial\boldsymbol{p}_i(\boldsymbol{r})}{\partial\boldsymbol{r}}\quad(i=1,2,\cdots,m)\tag{6-83}$$

这时，由式（6-80），就有 $\mathrm{rank}(\boldsymbol{E}_F)=m$。进一步地，对式（6-81）按时间取微分，得

$$\boldsymbol{E}_F\ddot{\boldsymbol{r}}+\dot{\boldsymbol{E}}_F\dot{\boldsymbol{r}}=\boldsymbol{0}\tag{6-84}$$

接着，为了表示末端一边受约束一边运动时的轨迹，假定存在二阶微分的 $6-m$ 维函数 $\boldsymbol{p}_i(\boldsymbol{r})$（$i=1$，2，…，$m$）和 $\boldsymbol{s}_j(\boldsymbol{r})$（$j=1$，2，…，$(6-m)$）在区域 S 中相互独立。这时，如果令

$$\boldsymbol{E}_p=(\boldsymbol{e}_1,\boldsymbol{e}_2,\cdots,\boldsymbol{e}_{6-m})^{\mathrm{T}}\tag{6-85}$$

$$e_j=\frac{\partial s_j(\boldsymbol{r})}{\partial \boldsymbol{r}} \quad (j=1,2,\cdots,6-m) \tag{6-86}$$

可得

$$\dot{\boldsymbol{y}}_p=\boldsymbol{E}_p\dot{\boldsymbol{r}} \tag{6-87}$$

$$\ddot{\boldsymbol{y}}_p=\boldsymbol{E}_p\ddot{\boldsymbol{r}}+\dot{\boldsymbol{E}}_p\dot{\boldsymbol{r}} \tag{6-88}$$

而且，对应于约束面上的各 $\boldsymbol{r}$，（$\boldsymbol{e}_1$，$\boldsymbol{e}_2$，…，$\boldsymbol{e}_6$）的各列是线性无关的矢量，（$\boldsymbol{e}_1$，$\boldsymbol{e}_2$，…，$\boldsymbol{e}_{6-m}$）表示末端位置自由运动方向，（$\boldsymbol{e}_{7-m}$，$\boldsymbol{e}_{8-m}$，…，$\boldsymbol{e}_6$）表示受位置约束的方向。于是引入以末端当前的位置 $\boldsymbol{r}$ 作为原点，（$\boldsymbol{e}_1$，$\boldsymbol{e}_2$，…，$\boldsymbol{e}_6$）为基底的坐标系，它对应于前面所述的约束坐标系。当矩阵定义为

$$\boldsymbol{E}=\begin{pmatrix}\boldsymbol{E}_p\\ \boldsymbol{E}_F\end{pmatrix} \tag{6-89}$$

从这个坐标系所看到的矢量 $\dot{\boldsymbol{r}}$，$\ddot{\boldsymbol{r}}$ 满足

$$\boldsymbol{E}\dot{\boldsymbol{r}}=\begin{pmatrix}\dot{\boldsymbol{y}}_p\\ 0\end{pmatrix} \tag{6-90}$$

$$\boldsymbol{E}\ddot{\boldsymbol{r}}=\begin{pmatrix}\dot{\boldsymbol{y}}_p\\ \boldsymbol{0}\end{pmatrix}-\dot{\boldsymbol{E}}\dot{\boldsymbol{r}} \tag{6-91}$$

式（6-90）表示约束面法线方向的速度分量为 0。

【例 6-5】 如图 6-10 所示，考虑末端被约束在半径为 a 的球表面上，末端的方向面向球的中心的情形。这样的约束，表达了用磨石研磨球体表面的情形，或用具有球关节的末端完成动作的情形。

取基础坐标系所看到的末端的移动位移为 $\boldsymbol{r}$（即（x，y，z）），以及以图 6-11 所示的状态为基准，用欧拉角表示所表示的姿态为（φ，θ，ψ），得到末端的位形矢量（x，y，z，φ，θ，ψ）。从而得到满足 $a-|\boldsymbol{E}_F|=0$ 的所有（x，y，z）的约束超曲面，即

$$\begin{gathered}a^2-(x^2+y^2+z^2)=0\\ \varphi-\operatorname{atan2}(-y,-x)=0\\ \theta-\operatorname{atan2}(\sqrt{a^2-z^2},-z)=0\end{gathered} \tag{6-92}$$

$$\boldsymbol{E}_F=\begin{pmatrix}-2x & -2y & -2z & 0 & 0 & 0\\ y/(a^2-z^2) & -x/(a^2-z^2) & 0 & 1 & 0 & 0\\ 0 & 0 & 1/\sqrt{(a^2-z^2)} & 0 & 1 & 0\end{pmatrix} \tag{6-93}$$

另一方面，若取 $\boldsymbol{y}_p=\boldsymbol{s}(\boldsymbol{r})=(\varphi,\ \theta,\ \psi)^{\mathrm{T}}$，则

$$\boldsymbol{E}_F=\begin{pmatrix}0&0&0&1&0&0\\0&0&0&0&1&0\\0&0&0&0&0&1\end{pmatrix} \tag{6-94}$$

如果考虑 φ、θ 表示球面上的位置的移动分量，ψ 为绕末端轴转动的回转角，就可以很容易理解 $\boldsymbol{s}(\boldsymbol{r})$ 为位置控制的变量。

除 2.5.2 节中所述的末端速度 $\dot{\boldsymbol{r}}$ 以外，也可以用沿基础坐标系的各坐标轴方向的平动

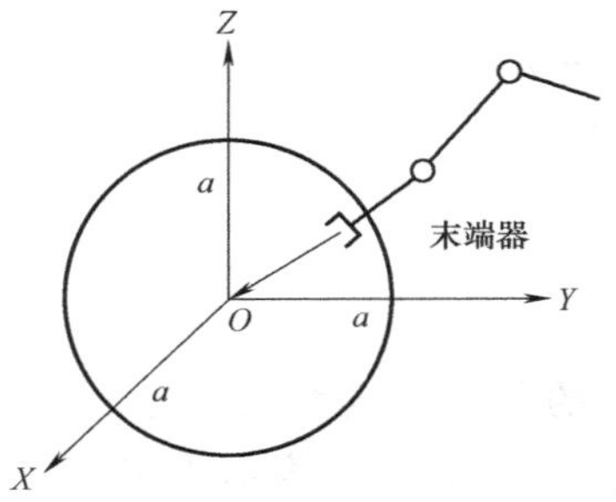

图 6-10　球面约束图

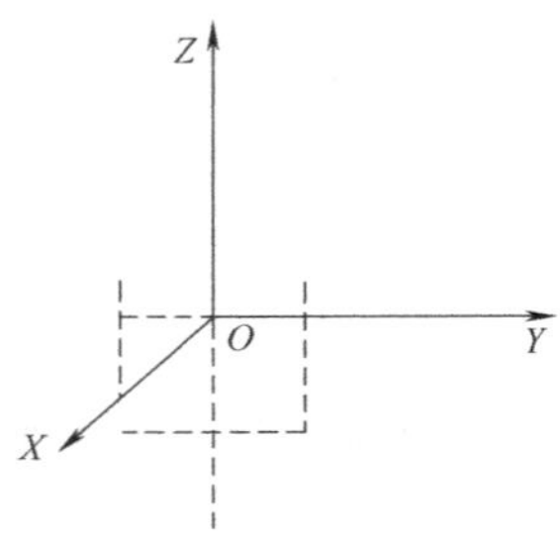

图 6-11　手的基准姿态

速度，与绕各坐标轴的回转速度的六维矢量 $\boldsymbol{v}$ 表示。然后，$\dot{\boldsymbol{r}}$ 与 $\boldsymbol{v}$ 有如下的关系

$$\boldsymbol{v}=\boldsymbol{T}\dot{\boldsymbol{r}} \tag{6-95}$$

例如，把表示 $\boldsymbol{r}$ 的位形变量取为欧拉角时，$\boldsymbol{T}$ 按式（2-46）左边的第一个矩阵给定。

2. 末端受约束时，机器人机构的运动与约束力

考虑 n 自由度机器人机构，并假定关节变量以 $\boldsymbol{q}$ 表示。这里 $n\leqslant 6$，末端位置 $\boldsymbol{r}$ 与关节变量 $\boldsymbol{q}$ 的关系为

$$\boldsymbol{r}=\boldsymbol{f}_r(\boldsymbol{q}) \tag{6-96}$$

因此，可得

$$\dot{\boldsymbol{r}}=\boldsymbol{J}_r\dot{\boldsymbol{q}}, \quad \boldsymbol{J}_r=\partial \boldsymbol{r}/\partial \boldsymbol{q}^{\mathrm{T}} \tag{6-97}$$

$$\ddot{\boldsymbol{r}}=\boldsymbol{J}_r\ddot{\boldsymbol{q}}+\dot{\boldsymbol{J}}_r\dot{\boldsymbol{q}} \tag{6-98}$$

另一方面，手臂的动力学特性，按下列形式给出

$$\boldsymbol{M}(\boldsymbol{q})\ddot{\boldsymbol{q}}+\hat{\boldsymbol{h}}(\boldsymbol{q},\dot{\boldsymbol{q}})=\boldsymbol{\tau} \tag{6-99}$$

为了简化，假定约束面与末端之间没有摩擦。这样的话，在基础坐标系中所表示的从末端施加到约束面的六维力矢量 $\boldsymbol{f}$（沿各坐标轴方向的力与绕各坐标轴的力矩），仅仅是沿约束面的法向方向的分量，所以由式（6-81）、式（6-95）有

$$\boldsymbol{f}=\dot{\boldsymbol{E}}_F^{\mathrm{T}}\boldsymbol{f}_F \tag{6-100}$$

$$\dot{\boldsymbol{E}}_F=\boldsymbol{E}_F\boldsymbol{T}^{-1} \tag{6-101}$$

式中，$\boldsymbol{f}_F$ 为 m 维未知矢量。这时，与 $\boldsymbol{f}$ 对应的在各关节处的约束力是

$$\boldsymbol{\tau}_F=-(\boldsymbol{T}\boldsymbol{J}_r)^{\mathrm{T}}\boldsymbol{f}=-\boldsymbol{J}_r^{\mathrm{T}}\boldsymbol{E}_F^{\mathrm{T}}\boldsymbol{f}_F \tag{6-102}$$

把这个 $\boldsymbol{\tau}_F$ 与 $\boldsymbol{\tau}_c$ 作为关节驱动力而施加在各关节处，将 $\boldsymbol{\tau}=\boldsymbol{\tau}_F+\boldsymbol{\tau}_c$ 代入式（6-58），即得

$$\boldsymbol{M}\ddot{\boldsymbol{q}}+\boldsymbol{J}_r^{\mathrm{T}}\boldsymbol{E}_F^{\mathrm{T}}\boldsymbol{f}_F=\boldsymbol{\tau}_c-\dot{\boldsymbol{h}}(\boldsymbol{q},\dot{\boldsymbol{q}})\boldsymbol{b}_1 \tag{6-103}$$

然后，由式（6-84）、式（6-98）有

$$\boldsymbol{E}_F\boldsymbol{J}_r\ddot{\boldsymbol{q}}=-\boldsymbol{E}_F\dot{\boldsymbol{J}}_r\dot{\boldsymbol{q}}-\boldsymbol{E}_F\dot{\boldsymbol{r}}\boldsymbol{b}_2 \tag{6-104}$$

若由式（6-103）、式（6-104）求 $\ddot{\boldsymbol{q}}$ 与 $\boldsymbol{f}_F$，则

$$\ddot{\boldsymbol{q}}=\boldsymbol{M}^{-1}\{\boldsymbol{b}_1+(\boldsymbol{E}_F\boldsymbol{J}_r)^{\mathrm{T}}\boldsymbol{K}(\boldsymbol{b}_2-\boldsymbol{E}_F\boldsymbol{J}_r\boldsymbol{M}^{-1}\boldsymbol{b}_1)\} \tag{6-105}$$

$$\boldsymbol{f}_F=-\boldsymbol{K}(\boldsymbol{b}_2-\boldsymbol{E}_F\boldsymbol{J}_r\boldsymbol{M}^{-1}\boldsymbol{b}_1) \tag{6-106}$$

式中

$$\boldsymbol{K}=(\boldsymbol{E}_F\boldsymbol{J}_r\boldsymbol{M}^{-1}\boldsymbol{J}_r^{\mathrm{T}}\boldsymbol{E}_F^{\mathrm{T}})^{-1} \tag{6-107}$$

3. 计算关节驱动力矩

前文所述求出了施加任意驱动力给各关节时，机器人的运动与受到的约束力。其逆问题是，位置的加速度目标值按 $\ddot{\boldsymbol{y}}_{pd}$给定，而力的目标值按 $\boldsymbol{f}_{Fd}$ 给定时，计算关节驱动力矩。这时，首先，将下面的非线性反馈控制律应用于机器人：

$$\boldsymbol{T}_c=\boldsymbol{T}_P+\boldsymbol{T}_F \tag{6-108}$$

$$\boldsymbol{\tau}_P=\boldsymbol{M}\ddot{\boldsymbol{q}}_d+\dot{\boldsymbol{h}}(\boldsymbol{q},\dot{\boldsymbol{q}}) \tag{6-109}$$

$$\ddot{\boldsymbol{q}}_d=\boldsymbol{J}_r^+\left\{\boldsymbol{E}^{-1}\left(\begin{pmatrix}\boldsymbol{u}_1\\0\end{pmatrix}-\dot{\boldsymbol{E}}\boldsymbol{J}_r\dot{\boldsymbol{q}}\right)-\boldsymbol{J}_r\dot{\boldsymbol{q}}\right\}+(\boldsymbol{I}-\boldsymbol{J}_r^+\boldsymbol{J}_r)\boldsymbol{k} \tag{6-110}$$

$$\boldsymbol{\tau}_F=\boldsymbol{J}_r^{\mathrm{T}}\boldsymbol{E}_F^{\mathrm{T}}\boldsymbol{u}_2 \tag{6-111}$$

然后，由式（6-105）~式（6-107）可以得到线性化系统

$$\ddot{\boldsymbol{y}}_P=\boldsymbol{u}_1,\quad \boldsymbol{f}_F=\boldsymbol{u}_2 \tag{6-112}$$

在初始时刻，$\boldsymbol{y}_P(0)=\boldsymbol{y}_{Pd}(0)$，$\dot{\boldsymbol{y}}_P(0)=\dot{\boldsymbol{y}}_{Pd}(0)$，令 $\boldsymbol{u}_1=\ddot{\boldsymbol{y}}_{Pd}$，$\boldsymbol{u}_2=\boldsymbol{f}_{Fd}$

由此可知，所实现的目标值是可以达到的。式（6-110）中的 $\boldsymbol{k}$ 值，是任意的时间函数。当 $n>6$ 时，即考虑冗余度机器人的情形，式（6-110）表达了手臂姿态的任意性；在 $n=6$，rank（$\boldsymbol{J}_r$）= 6 时，式（6-110）的左边第二项为 0。

从以上的讨论，当用式（6-80）所表示的末端约束仅限于 rank（$\boldsymbol{J}_r$）= 6 时的情形，且机器人不在奇异位形时，将实现目标速度的驱动力 $\boldsymbol{\tau}_P$ 与实现力目标的驱动力 $\boldsymbol{\tau}_F$ 作为关节驱动输入，这就得出了位置和力能够同时控制的必然结果。

【例 6-6】 在例 6-5 中，对约束面不施加回转力矩，只沿球的中心方向施加大小为 $\hat{f}$ 的力，初始位置 $\boldsymbol{y}_r(0)=(0,\ -\pi/2,\ 0)^{\mathrm{T}}$（对应于 X 轴上的点 a），从静止状态，以切向加速度 α，沿 φ 增大的方向，进行模仿球面作业，求此时的关节驱动力。这里，机器人按 6 个自由度考虑，即在此作业中 rank$(\boldsymbol{J}_r)=6$。

首先，对力控制的变量 $\boldsymbol{f}_F$，得到下面关系

$$\boldsymbol{f}=\begin{pmatrix}-2x & -2y & -2z & 0 & 0 & 0\\ y/(\alpha^2-z^2) & -x/(\alpha^2-z^2) & 0 & -\cos\varphi\cos\theta/\sin\theta & -\sin\varphi\cos\theta/\sin\theta & 1\\ 0 & 0 & -1/\sqrt{\alpha^2-z^2} & -\sin\varphi & \cos\varphi & 0\end{pmatrix}^{\mathrm{T}}\boldsymbol{f}_F \tag{6-113}$$

$\boldsymbol{f}_F$ 的系数矩阵中，它的各列矢量表示图 6-12 所示的力矢量，它们都是约束力，不会使末端的位置发生变化。于是，$\boldsymbol{f}_F$ 可解释为从末端到约束面施加力的大小。

当以 $\boldsymbol{y}_P$ 与 $\boldsymbol{f}_F$ 作为控制变量时，由式（6-108）~式（6-111）给定线性控制规律。进而，把 $\boldsymbol{y}_P$ 与 $\boldsymbol{f}_F$ 的目标轨迹记为

$$\begin{cases}\boldsymbol{y}_{Pd}(t)=\left(\dfrac{\widetilde{\alpha}}{2\alpha}t^2,-\dfrac{\pi}{2},0\right)^{\mathrm{T}}\\ \boldsymbol{f}_{Fd}(t)=(\hat{f}/\alpha,0,0)^{\mathrm{T}}\end{cases} \tag{6-114}$$

根据以上分析，在开环系统中，实现目标轨迹所需的关节驱动力矩 τ_c 可由式（6-108）、

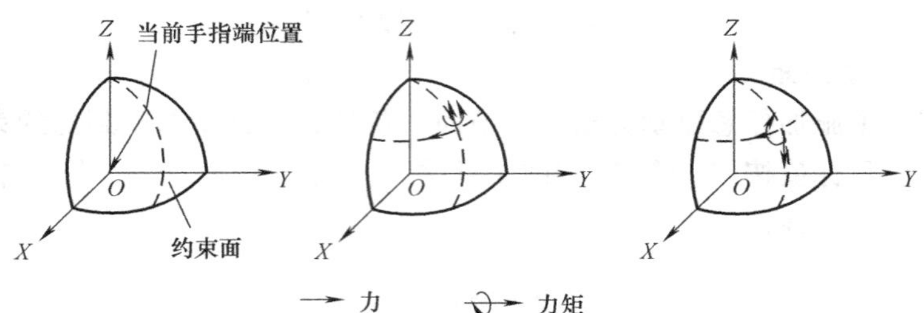

图 6-12 $\boldsymbol{E}_F^{\mathrm{T}}$ 的列矢量所表示的单位力矢量

式 (6-109) 及下式给定

$$\begin{cases}\ddot{\boldsymbol{q}}_d=\boldsymbol{J}_r^{-1}\left\{\boldsymbol{E}^{-1}\left(\begin{pmatrix}\hat{\alpha}/\alpha\\0\end{pmatrix}-\boldsymbol{E}\boldsymbol{J}_r\dot{\boldsymbol{q}}\right)-\dot{\boldsymbol{J}}_r\dot{\boldsymbol{q}}\right\}\\ \boldsymbol{\tau}_F=-\boldsymbol{J}_r^{\mathrm{T}}\boldsymbol{E}_F^{\mathrm{T}}(\hat{f}/\alpha,0,0)^{\mathrm{T}}\end{cases} \tag{6-115}$$

4. 动力学混合控制系统的基本构成

根据以上的结果，如果式 (6-80)、式 (6-99) 的模型完全正确的话，图 6-13 所示的开环系统中实现目标的位置和力是完全可能的。可是，由于存在建模误差和外界干扰等原因，实际的响应与目标值之间可能存在偏差。因此，必须考虑设置补偿这些偏差的伺服补偿器。其中的一个基本构成是在图 6-14 所示的位置子环和力子环中，各自独立地建立伺服补偿器。

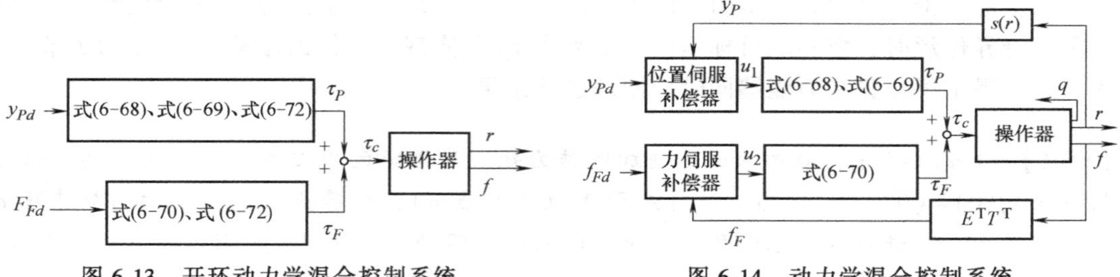

图 6-13 开环动力学混合控制系统　　图 6-14 动力学混合控制系统

【例 6-7】 考虑 3.3.1 节中的 2 个自由度的机器人机构，末端位置矢量 $\boldsymbol{r}=(x, y)^{\mathrm{T}}$ 被约束在图 6-15 所示的一条光滑曲线上运动，考虑它的混合控制系统的构成。当 $m=1$ 时，在曲线上任意处确定一个点，沿该点所测量的距离为 y_P。

图 6-15 所示的切线矢量及法线矢量分别用 $\boldsymbol{e}_1$、$\boldsymbol{e}_2$ 表示，就可取

$$\boldsymbol{E}_F=\boldsymbol{e}_2^{\mathrm{T}},\boldsymbol{E}_P=\boldsymbol{e}_1^{\mathrm{T}} \tag{6-116}$$

然后，$\boldsymbol{E}$ 就变为 2×2 阶矩阵 $(\boldsymbol{e}_1, \boldsymbol{e}_2)$。而雅可比矩阵 $\boldsymbol{J}_r$ 为

$$\boldsymbol{J}_r=\begin{pmatrix}-l_1\sin\theta_1-l_2\sin(\theta_1+\theta_2) & -l_2\sin(\theta_1+\theta_2)\\ l_1\cos\theta_1+l_2\cos(\theta_1+\theta_2) & l_2\cos(\theta_1+\theta_2)\end{pmatrix} \tag{6-117}$$

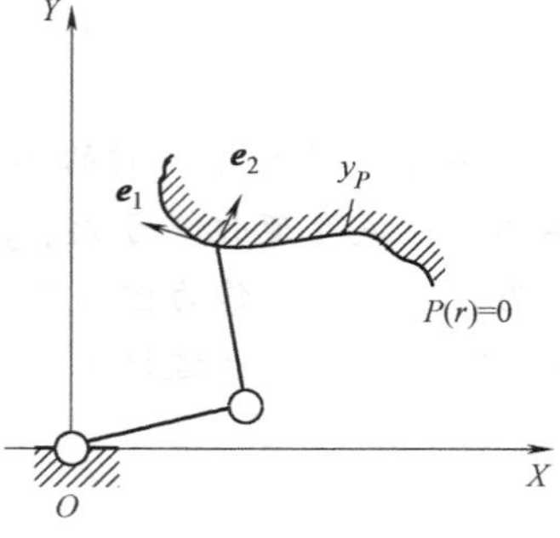

图 6-15 曲线约束

由于其动力学特性由式 (3-53) 给定，由式 (6-108)~

式（6-111）可得

$$\boldsymbol{\tau}_c=\begin{pmatrix} M_{11}\ddot{\theta}_{d1}+M_{12}\ddot{\theta}_{d2}+h_{122}\dot{\theta}_2^2+2h_{112}\dot{\theta}_1\dot{\theta}_2+g_1 \\ M_{12}\ddot{\theta}_{d1}+M_{22}\ddot{\theta}_{d2}+2h_{211}\dot{\theta}_1^2+g_2 \end{pmatrix}-\boldsymbol{J}_r^{\mathrm{T}}\boldsymbol{e}_2\boldsymbol{u}_2 \tag{6-118}$$

需要说明的是，式（6-118）的线性系统为

$$\begin{cases} \ddot{y}_P=u_1 \\ f_F=u_2 \end{cases} \tag{6-119}$$

因此，得到最简单的伺服补偿器为

$$\begin{cases} u_1=\omega_{cP}^2(y_{Pd}-y_P)-2\omega_{cr}\dot{y}_P \\ u_2=\omega_{cF}\int_0^1(f_{Fd}-f_F)\,\mathrm{d}t \end{cases} \tag{6-120}$$

式中，ω_{cP}、ω_{cF}是常数。这相当于，对于基于速度反馈的位置回路采用P控制器，对于力回路则采用I控制器。它还等价于对5.4节中的位置控制环增加前馈补偿器C_{1P}及反馈补偿器C_{2P}，即

$$\begin{cases} C_{1P}=\omega_{cP}^2 \\ C_{2P}=\omega_{cP}^2+2\omega_{cP}s \end{cases} \tag{6-121}$$

而力控制环中的前馈补偿器C_{1F}及反馈补偿器C_{2F}为

$$\begin{cases} C_{1F}=\dfrac{\omega_{cP}}{s} \\ C_{2F}=\dfrac{\omega_{cP}}{s} \end{cases} \tag{6-122}$$

于是，位置及力的闭环传递函数G_{fP}及G_{fF}就成为

$$G_{fP}=\frac{\omega_{cP}^2}{s^2+2\omega_{cP}s+\omega_{cr}^2}$$

$$G_{fF}=\frac{\omega_{cF}}{s+\omega_{cF}} \tag{6-123}$$

位置控制环中的$|S|$及$|T|$已在图5-24中给出，力控制环的$|S|$及$|T|$如图6-16所示。由图5-24和图6-16可以发现，两个环都在低频区域灵敏度低，而在高频区域稳定余度很大，调整参数ω_{cP}、ω_{cF}能得到较好的响应。为了进行τ_c的计算，必要的矩阵$\boldsymbol{E}$由给定的约束曲线确定。例如，当该约束曲线如图6-17所示给定时，可将约束曲线记为$\{(x+y)-(l_1+l_2)\}/\sqrt{2}=0$。

进而可得

$$\boldsymbol{E}_F=\boldsymbol{e}_2^{\mathrm{T}}=(1/\sqrt{2},1/\sqrt{2}) \tag{6-124}$$

进一步地，当y_P为

$$y_P=s_1(r)=(y-x+l_1+l_2)/\sqrt{2} \tag{6-125}$$

$$\boldsymbol{E}_P=\boldsymbol{e}_2^{\mathrm{T}}=(-1/\sqrt{2},1/\sqrt{2}) \tag{6-126}$$

因此，最后的矩阵$\boldsymbol{E}$就为

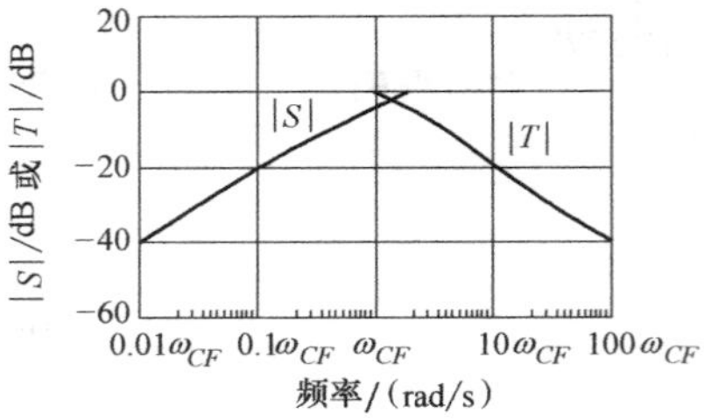

图 6-16　对应于控制环的 $|S|$ 及 $|T|$

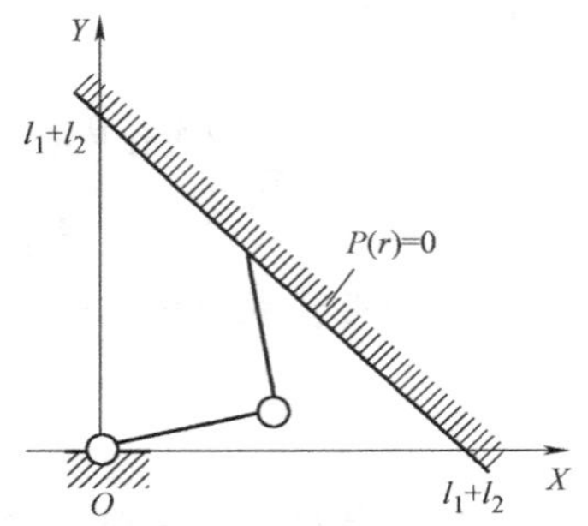

图 6-17　曲线约束的情形

$$\boldsymbol{E}=\begin{pmatrix}-1/\sqrt{2} & 1/\sqrt{2}\\ 1/\sqrt{2} & 1/\sqrt{2}\end{pmatrix} \tag{6-127}$$

在设计伺服补偿器中，若想按照预定的要求确定对应于目标轨迹的响应特性，只需要修正 C_{1P}、C_{1F} 即可。

要求力控制的作业中，作业速度一般不快。这时，忽略式（6-109）、式（6-110）中的与速度有关的项 $\hat{\boldsymbol{h}}(\boldsymbol{q},\ \hat{\dot{\boldsymbol{q}}})$、$\dot{\boldsymbol{E}}\boldsymbol{J}_r\dot{\boldsymbol{q}}$、$\dot{\boldsymbol{J}}_r\dot{\boldsymbol{q}}$，进而得到控制规律为

$$\boldsymbol{\tau}_c=\boldsymbol{M}(\boldsymbol{q})\boldsymbol{J}_r^{+}\boldsymbol{E}^{-1}\begin{pmatrix}\boldsymbol{u}_1\\ 0\end{pmatrix}-\boldsymbol{J}_r^{\mathrm{T}}\boldsymbol{E}^{\mathrm{T}}\boldsymbol{u}_2 \tag{6-128}$$

这样得到简单的近似线性化的控制系统。它与式（6-120）的伺服补偿器结合在一起，从而构成控制装置。

6.4　约束运动

机器人实际工作过程中，接触情况是复杂多变的，其中某些工作方向会受到末端执行器位形的约束，而另一部分方向则会受到相互作用力的约束。而要处理这些复杂的接触情况，就需要对末端执行器的位形进行指定，对末端执行器与环境的接触力进行控制。但是，在实际任务中，不可能沿每个方向同时施加任意数值的位形和力。且在任务中，需要机器人的参考轨迹与环境约束相容。因此，只要适当考虑环境的几何特征，并选择与这些几何特征相容的力与位置参考量，就可以采用力控制方案来实现约束运动。

通常在简化假设条件下进行相互作用控制设计，考虑以下两种简化假设情况：

1）机器人和环境是完全刚性的，由环境施加纯运动约束。

2）机器人是完全刚性的，系统的所有柔性局限于环境中，接触力和力矩由线性弹性模型近似计算。

接下来，对刚性环境和柔性环境中的约束运动进行简要介绍。

6.4.1　刚性环境

刚性环境造成的运动学约束可用一组代数方程表达，其中的变量描述末端执行器位置和方向必须满足的量。因为根据正运动学方程，这些变量取决于关节变量，所以约束方程在关

节空间的表达为

$$\boldsymbol{\varphi}(\boldsymbol{q})=\mathbf{0} \tag{6-129}$$

矢量 $\boldsymbol{\varphi}(\boldsymbol{q})$ 为（$m\times1$）函数，且 $m<n$，其中 n 为机器人手臂关节数目，并假设机器人手臂是非冗余的。不失一般性，考虑 $n=6$ 的情形。在系统的广义坐标系中，式（6-129）所示的约束为完整约束。计算式（6-129）的导数，得

$$\boldsymbol{J}_{\varphi}(\boldsymbol{q})\dot{\boldsymbol{q}}=\mathbf{0} \tag{6-130}$$

式中，$\boldsymbol{J}_{\varphi}(\boldsymbol{q})=\partial\boldsymbol{\varphi}/\partial\boldsymbol{q}$ 为 $\varphi(\boldsymbol{q})$ 的 $m\times6$ 阶雅可比矩阵，称为约束雅可比矩阵。假设在操作点的极小局部邻域内 $\boldsymbol{J}_{\varphi}(\boldsymbol{q})$ 的秩为 m，等价地，可以假设式（6-129）的 m 个约束方程是局部独立的。

在无摩擦情况下，在末端执行器违反约束时，相互作用力将作为反作用力出现。末端执行器力在关节上产生约束力矩，可用虚功原理对其进行计算。将反作用力所做的功考虑在内，根据定义对所有满足约束的虚位移，其值为零。由式（6-130）可得，虚位移 $\delta\boldsymbol{q}$ 满足

$$\boldsymbol{J}_{\varphi}(\boldsymbol{q})\delta\boldsymbol{q}=\mathbf{0} \tag{6-131}$$

进而得到

$$\boldsymbol{\tau}=\boldsymbol{J}^{\mathrm{T}}\varphi(\boldsymbol{q})\boldsymbol{\lambda} \tag{6-132}$$

式中，$\boldsymbol{\lambda}$ 为适当的（$m\times1$）矢量。相应地施加于末端执行器的力为

$$\boldsymbol{h}_e=\boldsymbol{J}^{-1}(\boldsymbol{q})\boldsymbol{\tau}=\boldsymbol{S}_f(\boldsymbol{q})\boldsymbol{\lambda} \tag{6-133}$$

其中，假设 J 为非奇异矩阵，且

$$\boldsymbol{S}_f=\boldsymbol{J}^{-\mathrm{T}}(\boldsymbol{q})\boldsymbol{J}_{\varphi}^{\mathrm{T}}(\boldsymbol{q}) \tag{6-134}$$

注意式（6-129）与一组双边约束相对应。这意味着在运动过程中，反作用力［式(6-133)］的作用使得末端执行器总能保持与环境接触。夹具转动曲轴的情形与此相同。但在一些应用场合，与环境的相互作用满足的是单边约束。例如，工具在平面滑动时，反作用力只在工具推向平面时出现，而工具离开平面时则不会出现。不过，在运动过程中，假设末端执行器并不脱离与环境的接触，则仍然可以使用式（6-133）。

由式（6-133），$\boldsymbol{h}_e$ 属于 m 维子空间 $R(\boldsymbol{S}_f)$，线性变换式（6-133）的逆可由下式计算

$$\boldsymbol{\lambda}=\boldsymbol{S}_f^{+}(\boldsymbol{q})\boldsymbol{h}_e \tag{6-135}$$

式中，$\boldsymbol{S}_f^{+}$ 表示矩阵 $\boldsymbol{S}_f$ 的加权广义逆矩阵，即

$$\boldsymbol{S}_f^{+}=(\boldsymbol{S}_f^{\mathrm{T}}\boldsymbol{W}\boldsymbol{S}_f)^{-1}\boldsymbol{S}_f^{\mathrm{T}}\boldsymbol{W} \tag{6-136}$$

其中，$\boldsymbol{W}$ 为对称正定加权矩阵。

注意，虽然 $R(\boldsymbol{S}_f)$ 是由接触的几何关系唯一定义的，但是由于约束方程式（6-129）并不是唯一定义的，因此式（6-134）中的矩阵 $\boldsymbol{S}_f$ 是不唯一的。而且一般情况下，矢量 $\boldsymbol{\lambda}$ 中元素的物理维数并不相同，因此矩阵 $\boldsymbol{S}_f$ 及 $\boldsymbol{S}_f^{+}$ 的列不一定表示相同维数。若 $\boldsymbol{h}_e$ 表示受干扰约束的物理量，会在变换式（6-135）中产生不变性问题，其结果是出现 $R(\boldsymbol{S}_f)$ 以外的分量。特别是在物理单位或参考坐标系发生改变，矩阵 $\boldsymbol{S}_f$ 要进行变换的情况下。但是含有广义逆矩阵变换的式（6-135）的结果一般都会取决于所采用的物理单位或参考坐标系。可以证明，在物理单位或参考坐标系发生改变的情况下，只有加权矩阵也相应变化，才能保证解的不变性。在 $\boldsymbol{h}\in R(\boldsymbol{S}_f)$ 的理想情况下，由式（6-135）的定义，不考虑权值矩阵，式（6-133）的逆矩阵计算有唯一解。

为保证不变性，可选取矩阵 $\boldsymbol{S}_f$，使其列表示线性无关的力。这意味着式（6-133）给出的 $\boldsymbol{h}_e$ 是力的线性组合，$\boldsymbol{\lambda}$ 为无量纲矢量。而且可以在二次型 $\boldsymbol{h}_e^{\mathrm{T}}\boldsymbol{C}\boldsymbol{h}_e$ 基础上定义受力空间中的物理相容指标，若 $\boldsymbol{C}$ 为正定柔顺矩阵，则二次型 $\boldsymbol{h}_e{}^{\mathrm{T}}\boldsymbol{C}\boldsymbol{h}_e$ 具有弹性能量的意义。因此，选择权值矩阵为 $\boldsymbol{W}=\boldsymbol{C}$，若物理单位或参考坐标系发生改变，可对矩阵 $\boldsymbol{S}_f$ 进行变换，$\boldsymbol{W}$ 可根据其物理意义容易得到。

注意对给定的 $\boldsymbol{S}_f$，约束雅可比矩阵可由式（6-134）计算为 $\boldsymbol{J}_{\varphi}(\boldsymbol{q}) = \boldsymbol{S}_f^{\mathrm{T}}\boldsymbol{J}(\boldsymbol{q})$；而且若有必要，约束方程可由对式（6-130）求积分得到。

重新列写式（6-130）得

$$\boldsymbol{J}_{\varphi}(\boldsymbol{q})\boldsymbol{J}^{-1}(\boldsymbol{q})\boldsymbol{J}(\boldsymbol{q})\dot{\boldsymbol{q}}=\boldsymbol{S}_f^{\mathrm{T}}\boldsymbol{v}_e=0 \tag{6-137}$$

结合式（6-133），可知式（6-137）等价于

$$\boldsymbol{h}_e^{\mathrm{T}}\boldsymbol{v}_e=0 \tag{6-138}$$

式（6-138）表明，相互作用力和力矩 $\boldsymbol{h}_e$ 与末端执行器线速度与角速度 $\boldsymbol{v}_e$ 之间的运动静力学关系具有互易性，$\boldsymbol{h}_e$ 属于所谓被控力子空间，与 $R(\boldsymbol{S}_f)$ 相一致，$\boldsymbol{v}_e$ 属于所谓被控速度子空间。互易性概念表示的物理意义是，在刚性和无摩擦接触的假设条件下，对所有满足约束的末端执行器位移，力都不会产生任何功。这个概念常常与正交概念混淆。因为速度和力是属于不同矢量空间的非同类物理量，所以正交在这种情况下是没有意义的。

式（6-137）、式（6-138）意味着被控速度子空间的维数是 $6-m$，而被控力子空间的维数是 m。而且可定义 $6\times(6-m)$ 阶矩阵 $\boldsymbol{S}_v$，使其满足

$$\boldsymbol{S}_f^{\mathrm{T}}(\boldsymbol{q})\boldsymbol{S}_v(\boldsymbol{q})=0 \tag{6-139}$$

这样 $R(\boldsymbol{S}_v)$ 表示被控速度子空间，所以

$$\boldsymbol{v}_e=\boldsymbol{S}_v(\boldsymbol{q})\boldsymbol{V} \tag{6-140}$$

式中，$\boldsymbol{V}$ 表示适当的 $(6-m)\times1$ 矢量。

线性变换式（6-140）的逆运算为

$$\boldsymbol{V}=\boldsymbol{S}_v^{+}(\boldsymbol{q})\boldsymbol{v}_e \tag{6-141}$$

式中，$\boldsymbol{S}_v^{+}$ 表示矩阵 $\boldsymbol{S}_v$ 经适当加权的广义逆矩阵，根据式（6-136）对其计算。这种情况下，可以方便地选择矩阵 $\boldsymbol{S}_v$，使其列表示一组独立的速度；而且在计算广义逆矩阵时，可以基于刚体动能或用刚度矩阵 $\boldsymbol{K}^{-}=\boldsymbol{C}^{-1}$ 形式表示的弹性能来定义速度空间的范数。

矩阵 $\boldsymbol{S}_v$ 也可用雅可比矩阵的形式来解释。实际上由于式（6-129）中存在的 m 个独立的完整约束，与环境接触的机器人手臂位形可用独立坐标的 $(6-m)\times1$ 矢量 $\boldsymbol{r}$ 的形式进行局部描述。根据隐函数定理，该矢量可定义为

$$\boldsymbol{r}=\boldsymbol{\psi}(\boldsymbol{q}) \tag{6-142}$$

其中，$\boldsymbol{\psi}(\boldsymbol{q})$ 是任一 $(6-m)\times1$ 矢量函数，至少在工作点的极小局部邻域，$\boldsymbol{\varphi}(\boldsymbol{q})$ 的 m 个分量和 $\boldsymbol{\psi}(\boldsymbol{q})$ 的 $6-m$ 个分量是线性独立的。这意味着映射关系式（6-142）与约束式（6-129）是局部可逆的，定义逆变换为

$$\boldsymbol{q}=\boldsymbol{\rho}(\boldsymbol{r}) \tag{6-143}$$

对在工作点邻域任意选择的 $\boldsymbol{r}$，式（6-143）明确地给出了所有约束式（6-129）的关节矢量 $\boldsymbol{q}$。而且满足式（6-130）的矢量 $\dot{\boldsymbol{q}}$ 可按下式计算

$$\dot{\boldsymbol{q}}=\boldsymbol{J}_{\rho}(\boldsymbol{r})\dot{\boldsymbol{r}} \tag{6-144}$$

式中，$\boldsymbol{J}_{\rho}(\boldsymbol{r})=\partial\boldsymbol{\rho}/\partial\boldsymbol{r}$ 为 $6\times(6-m)$ 的满秩雅可比矩阵。同样，有

$$\boldsymbol{J}_{\varphi}(\boldsymbol{q})\boldsymbol{J}_{\rho}(\boldsymbol{r})=0 \tag{6-145}$$

式（6-145）可解释为相应于末端执行器反作用力的关节转矩 $\boldsymbol{\tau}$ 的子空间 $R(\boldsymbol{J}_{\varphi}^{\mathrm{T}})$ 与满足约束的关节速度 $\dot{\boldsymbol{q}}$ 的子空间 $R(\boldsymbol{J}_{\rho})$ 的互易性条件。

式（6-145）可以重新列写为

$$\boldsymbol{J}_{\varphi}(\boldsymbol{q})\boldsymbol{J}^{-1}(\boldsymbol{q})\boldsymbol{J}(\boldsymbol{q})\boldsymbol{J}_{\rho}(\boldsymbol{r})=0 \tag{6-146}$$

假设 $\boldsymbol{J}$ 是非奇异矩阵，且由式（6-134）、式（6-139），矩阵 $\boldsymbol{S}_{v}$ 可按下式计算

$$\boldsymbol{S}_{v}=\boldsymbol{J}(\boldsymbol{q})\boldsymbol{J}_{\rho}(\boldsymbol{r}) \tag{6-147}$$

矩阵 $\boldsymbol{S}_{v}$、$\boldsymbol{S}_{f}$ 和相应的广义逆矩阵 $\boldsymbol{S}_{f}^{+}$、$\boldsymbol{S}_{v}^{+}$ 即所谓的选择矩阵。因为这些矩阵可用于指定所期望的末端执行器运动和符合约束条件的相互作用力与力矩，所以它们对任务规划具有重要作用。同样这些矩阵对控制综合也非常重要。

为此要注意 6×6 阶矩阵 $\boldsymbol{P}_{f}=\boldsymbol{S}_{f}\boldsymbol{S}_{f}^{+}$ 将广义力矢量 $\boldsymbol{h}_{e}$ 投影到被控子空间 $R(\boldsymbol{S}_{f})$ 中。矩阵 $\boldsymbol{P}_{f}$ 满足 $\boldsymbol{P}_{f}^{2}=\boldsymbol{P}_{f}\boldsymbol{P}_{f}=\boldsymbol{P}_{f}$，故该矩阵为投影矩阵。而且，矩阵 $\boldsymbol{I}_{6}-\boldsymbol{P}_{f}$ 将力矢量 $\boldsymbol{h}_{e}$ 投影到被控力子空间的正交补空间上，该矩阵同样是投影矩阵。

6.4.2 柔性环境

在许多应用中，末端执行器与柔性环境之间的相互作用力可以用理想的弹性模型近似。若刚度矩阵 $\boldsymbol{K}$ 正定，则该模型对应于完全约束的情况，而环境的形变与末端执行器的位移一致。但一般情况下，末端执行器运动只是部分地受环境约束，这种情况可以引入适当的半正定刚度矩阵进行建模。

在一般情况下，计算描述部分受约相互作用的刚度矩阵时，可通过 6 自由度弹簧连接的一对刚体 S 和 R 进行环境建模，且假设末端执行器可在刚体 S 的外表面滑行。引入两个参考坐标系，一个与 S 固连，一个与 R 固连。在平衡点处，对应于弹簧无形变情形，可假定末端执行器坐标系与固连于 S 和 R 的坐标系一致。在末端执行器与环境接触的几何关系基础上，可以选择矩阵 $\boldsymbol{S}_{f}$、$\boldsymbol{S}_{v}$ 并确定相应的被控力与速度子空间。

假设接触无摩擦，末端执行器在刚体 S 上施加的相互作用力属于被控力子空间 $R(\boldsymbol{S}_{f})$，这样

$$\boldsymbol{h}_{e}=\boldsymbol{S}_{f}\boldsymbol{\lambda} \tag{6-148}$$

式中，$\boldsymbol{\lambda}$ 为 $m\times1$ 维矢量。由于广义弹簧的存在，式（6-148）所示的力引起的环境形变计算为

$$\mathrm{d}\boldsymbol{x}_{rs}=\boldsymbol{C}\boldsymbol{h}_{e} \tag{6-149}$$

式中，$\boldsymbol{C}$ 是 R 和 S 之间弹簧的柔顺矩阵，假设其为非奇异矩阵。另一方面，末端执行器相对于平衡位姿的位移可分解为

$$\mathrm{d}\boldsymbol{x}_{re}=\mathrm{d}\boldsymbol{x}_{v}+\mathrm{d}\boldsymbol{x}_{f} \tag{6-150}$$

式中

$$\mathrm{d}\boldsymbol{x}_{v}=\boldsymbol{P}_{v}\mathrm{d}\boldsymbol{x}_{re} \tag{6-151}$$

为属于被控速度子空间 $R(\boldsymbol{S}_{v})$ 的位移分量，而

$$\mathrm{d}\boldsymbol{x}_{f}=(\boldsymbol{I}_{6}-\boldsymbol{P}_{v})\mathrm{d}\boldsymbol{x}_{rs} \tag{6-152}$$

为相应于环境形变的分量。

在式（6-150）两侧均左乘 $\boldsymbol{S}_f^{\mathrm{T}}$，并应用式（6-148）、式（6-149）、式（6-151）、式（6-152），有

$$\boldsymbol{S}_f^{\mathrm{T}}\mathrm{d}\boldsymbol{x}_{re}=\boldsymbol{S}_f^{\mathrm{T}}\mathrm{d}\boldsymbol{x}_{rs}=\boldsymbol{S}_f^{\mathrm{T}}\boldsymbol{C}\boldsymbol{S}_f\boldsymbol{\lambda} \tag{6-153}$$

式中，考虑了 $\boldsymbol{S}_f^{\mathrm{T}}\boldsymbol{P}_v=0$。式（6-153）可用于计算矢量 $\boldsymbol{\lambda}$，代入式（6-148），有

$$\boldsymbol{h}_e=\boldsymbol{K}'\mathrm{d}\boldsymbol{x}_{re} \tag{6-154}$$

式中

$$\boldsymbol{K}'=\boldsymbol{S}_f(\boldsymbol{S}_f^{\mathrm{T}}\boldsymbol{C}\boldsymbol{S}_f)^{-1}\boldsymbol{S}_f^{\mathrm{T}} \tag{6-155}$$

式（6-155）为相应于部分受约弹性作用情况的半正定刚性矩阵。

式（6-155）是不可逆的，但应用式（6-152）、式（6-149），可得

$$\mathrm{d}\boldsymbol{x}_f=\boldsymbol{C}'\boldsymbol{h}_e \tag{6-156}$$

式中

$$\boldsymbol{C}'=(\boldsymbol{I}_6-\boldsymbol{P}_v)\boldsymbol{C} \tag{6-157}$$

其秩为 $6-m$，含义为柔顺矩阵。

6.5 本章作业

1. 在例 6-1 中，除了式（6-12）、式（6-13），给定：$5\leqslant d_i\leqslant 10$，$500\leqslant k_i\leqslant 2500$，求 m_d、k_d、d_d。

2. 如图 6-18 所示，针对球面的研磨作业，确定其约束坐标系，表示出自然约束和人工约束。

3. 如图 6-19 所示，各连杆长度为 1 的 2 个自由度的机器人沿着 45°斜面移动，采用 6.2.1 节中的混合控制方法，表示出图 6-9 所示的各模块的运算内容。这里，通过位置传感器测得各关节角 θ_1 和 θ_2，力传感器测得手坐标系 $\Sigma_H(O_HX_HY_H)$ 中的 X_H、Y_H 方向的分量，假定：$\boldsymbol{K}_{PP}=k_{PP}\boldsymbol{I}_2$，$\boldsymbol{K}_{Pd}=k_{Pd}\boldsymbol{I}_2$，$\boldsymbol{K}_{Fi}=k_{Fi}\boldsymbol{I}_2$。

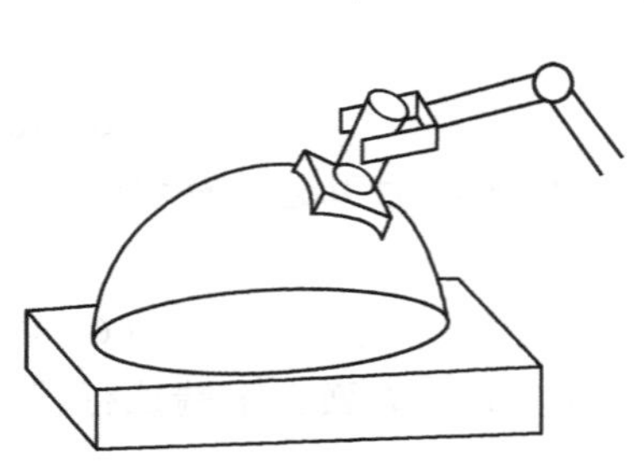

图 6-18　球面的研磨作业

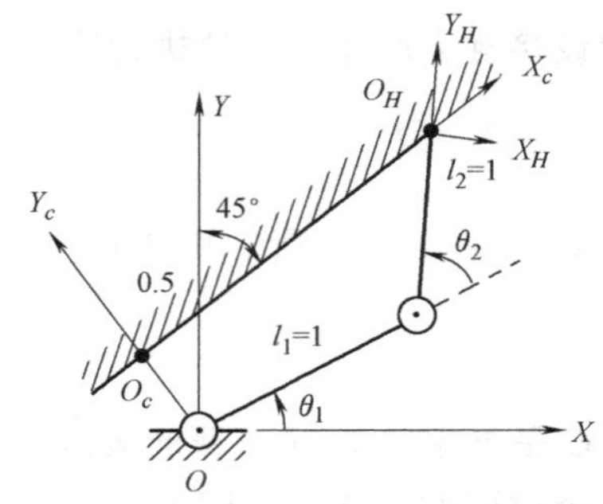

图 6-19　2 个自由度的机器人的混合控制

第7章

冗余度机器人的控制

当机器人自由度多于执行给定的作业任务所必需的自由度时，就称这个机器人有冗余性。本章在简要介绍冗余度机器人的优缺点之后，讲述了利用冗余度实现回避障碍物、避开奇异位形等目标的方法。同时，简单介绍了所涉及的必要的数值计算方法。

7.1 冗余度机器人

大家知道，人类手臂有7个自由度。当我们用手抓握物体，并使手部保持一定的位置和姿态时，需要3个位置自由度和3个姿态自由度，共计6个自由度。因此，人类的手臂就有1个多余的自由度，这就造成在手臂和作业空间之间存在着自由度的不均衡。可以这样理解，当我们抓住物体，并使物体的位置姿势保持一定时，我们肘部仍可以活动。人类手臂拥有的这个冗余自由度，在很大程度上提高了人类手臂的万能性和灵活性。

对于机器人来说，保持末端器的位置姿势，只需要6个自由度，而具有7个以上自由度的机器人就可以称为冗余度机器人。尽管有6个自由度以下的机器人，但是，一般情况下，机器人的自由度会小于完成作业的自由度，因此，研究冗余性是有必要的。

那么，冗余机器人有什么优点呢，一般来讲，它具有与人类手臂同样方便、灵活的优点。更具体地讲，利用冗余度能够实现避开奇异位形、避开障碍物、避开机构的关节极限(如回转关节的角度极限)，以及通过合理的动作（如耗散能量少，各关节速度之间的均衡，各关节处施加力或力矩的均衡等）达到普通机器人不能达到的地方。当然也有不利的一方面，首先，关节和连杆的数量增多，会使机构变得复杂，造成机器人本体质量增大；同时，其控制方法也变得复杂，控制过程中所需的计算量也会随之增多。

7.2 控制问题的数学模型

7.2.1 基于顺序优先级的任务作业表示

一些研究介绍了把机器人的作业任务分解为几个子任务的方法。即按照如下的思想，把给定的多自由度机器人的复杂作业，按照任务的优先顺序分解为几个子任务。首先，尽可能实现优先级高的子任务；然后，在剩下的自由度中，一个接一个地实现优先级低的子任务。例如，在焊接作业中，把作业分解为手指端的位置控制和手指端的姿势控制，然后，优先考虑前者；而在有障碍物的作业空间中，优先考虑障碍物的回避。

下面，我们来考察各子任务，考虑各子任务矢量变量（称为作业变量）的目标轨迹给定，或由某一评价函数给定任务优先级的情形。前者适用于操作者能够按预期轨迹确定任务优先级的场合；而后者适用于操作者不知道精确的目标轨迹，而仅知道这个轨迹的评价方法的场合。

7.2.2 问题的数学描述和基本方程

考虑 n 自由度的机器人，它的第 i 关节的关节变量为 $q_i(i=1, 2, \cdots, n)$，表示位形的矢量为 $\boldsymbol{q}=(q_1, q_2, \cdots, q_n)^{\mathrm{T}}$。

对于这个机器人，第一个子任务由对应于 m_1 维作业变量 y_1 的目标轨迹 $\boldsymbol{r}_{1d}(t)(0\leqslant t\leqslant t_f)$ 给定。这里，$\boldsymbol{r}_1$ 作为 $\boldsymbol{q}$ 的函数由下式给定

$$\boldsymbol{r}_1=f_1(\boldsymbol{q}) \tag{7-1}$$

接着，关于第二个子任务，定义

$$\boldsymbol{r}_2=f_2(\boldsymbol{q}) \tag{7-2}$$

对于第二个子任务，我们做如下考虑：由式（7-2）定义的 m_2 维作业变量按所对应的目标轨迹 $\boldsymbol{r}_{2d}(t)$ $(0\leqslant t\leqslant t_f)$ 给定的情况作为情形 1，评价函数

$$p=V(\boldsymbol{q}) \tag{7-3}$$

取值尽可能大的形态作为情形 2。

接着，我们考虑，首先尽可能执行第一个子任务，即实现 $\boldsymbol{r}_1=\boldsymbol{r}_{1d}$ 的作业；然后，在各个时刻尽可能地执行第二个子任务，从而求解最终的关节速度。这里，我们不考虑机器人的动力学特性，仅把问题作为单纯的运动学问题进行处理。

稍后，如 7.2.5 节中所述的那样，情形 1 和情形 2 都有严格的意义，可以建立瞬时最优控制的公式，这里，我们将由浅入深地进行讨论。首先，求实现第一个子任务的关节速度的一般解。对式（7-1）进行微分，得

$$\dot{\boldsymbol{r}}_1=\boldsymbol{J}_1\dot{\boldsymbol{q}} \tag{7-4}$$

式中，$\boldsymbol{J}_j(\boldsymbol{q})=\mathrm{d}f_j(\boldsymbol{q})/\mathrm{d}\boldsymbol{q}^{\mathrm{T}}$ $(j=1, 2)$ 是 $\boldsymbol{r}_j$ 关于 $\boldsymbol{q}$ 的雅可比矩阵。

给定第一个作业变量的目标轨迹时，式（7-4）关于 $\boldsymbol{q}$ 的一般解为

$$\dot{\boldsymbol{q}}=\boldsymbol{J}_1^{+}\dot{\boldsymbol{r}}_{1d}+(\boldsymbol{I}-\boldsymbol{J}_1^{+}\boldsymbol{J}_1)\boldsymbol{k}_1 \tag{7-5}$$

式中，$\boldsymbol{k}_1$ 是 n 维任意常数矢量。式（7-5）中的右边第一项是实现 $\boldsymbol{r}_{1d}(t)$ 对应的关节速度，当满足式（7-4）的解不唯一时，取使 $\dot{\boldsymbol{q}}$ 的欧拉范数 $\|\dot{\boldsymbol{q}}\|$ 最小的解。而在满足式（7-3）的解不存在的情况下，式（7-5）第一项给定了最小范数 $\|\dot{\boldsymbol{r}}_{1d}-\boldsymbol{J}_1\dot{\boldsymbol{q}}\|$ 的近似解。然后，式（7-5）左边第二项表示实现第一个子任务后剩余的冗余度。

7.2.3 按目标轨迹给定的情形

本节中，我们考虑第二个子任务的第一种情形，即作业变量 $\boldsymbol{r}_2$ 由目标轨迹 $\boldsymbol{r}_{2d}(t)$ 给定

的情况。在这种情形中，为了尽可能实现 $\boldsymbol{r}_{2d}(t)$，必须确定式（7-5）的 $\boldsymbol{k}_1$。对作业变量 $\boldsymbol{r}_2$，有

$$\dot{\boldsymbol{r}}_2=\boldsymbol{J}_2\dot{\boldsymbol{q}} \tag{7-6}$$

在式（7-6）中，令 $\dot{\boldsymbol{r}}_2=\dot{\boldsymbol{r}}_{2d}$，然后代入式（7-5）中，得

$$\dot{\boldsymbol{r}}_{2d}-\boldsymbol{J}_2\boldsymbol{J}_1^{+}\dot{\boldsymbol{r}}_{1d}=\boldsymbol{J}_2(\boldsymbol{I}-\boldsymbol{J}_1^{+}\boldsymbol{J}_1)\boldsymbol{k}_1 \tag{7-7}$$

现在令 $\widetilde{\boldsymbol{J}}_2=\boldsymbol{J}_2(\boldsymbol{I}-\boldsymbol{J}_1^{+}\boldsymbol{J}_1)$，由式（7-7），得

$$\boldsymbol{k}_1=\widetilde{\boldsymbol{J}}_2^{+}(\dot{\boldsymbol{r}}_{2d}-\boldsymbol{J}_2\boldsymbol{J}_1^{+}\dot{\boldsymbol{r}}_{1d})+(\boldsymbol{I}-\widetilde{\boldsymbol{J}}_2^{+}\widetilde{\boldsymbol{J}}_2)\boldsymbol{k}_2 \tag{7-8}$$

式中，$\boldsymbol{k}_2$ 是 n 维任意常数矢量。所以，由式（7-5）和式（7-8），得

$$\dot{\boldsymbol{q}}_d=\boldsymbol{J}_1+\dot{\boldsymbol{r}}_{1d}+(\boldsymbol{I}-\boldsymbol{J}_1^{+}\boldsymbol{J}_1)\ \widetilde{\boldsymbol{J}}_2^{+}(\dot{\boldsymbol{r}}_{2d}-\boldsymbol{J}_2\boldsymbol{J}_1+\dot{\boldsymbol{r}}_{1d})+(\boldsymbol{I}-\boldsymbol{J}_1^{+}\boldsymbol{J}_1)(\boldsymbol{I}-\widetilde{\boldsymbol{J}}_2^{+}\widetilde{\boldsymbol{J}}_2)\boldsymbol{k}_2 \tag{7-9}$$

这里，我们首先实现 $\boldsymbol{r}_{1d}$，利用冗余度就能够得到尽可能实现 $\boldsymbol{r}_{2d}$ 的目标关节速度 $\dot{\boldsymbol{q}}_d$。而且，如果 $[(\boldsymbol{I}-\boldsymbol{J}_1^{+}\boldsymbol{J}_1)\ (\boldsymbol{I}-\widetilde{\boldsymbol{J}}_2^{+}\widetilde{\boldsymbol{J}}_2)]$ 不是零，说明还残留着冗余性，也就是还有实现第三个子任务的余力。第二个子任务由手臂姿态的目标轨迹给定时，由 $\boldsymbol{J}_2=\boldsymbol{I}$ 就有 $\widetilde{\boldsymbol{J}}_2^{+}=(\boldsymbol{I}-\boldsymbol{J}_1^{+}\boldsymbol{J}_1)^{+}=(\boldsymbol{I}-\boldsymbol{J}_1^{+}\boldsymbol{J}_1)$。利用这些关系，式（7-9）就简化为

$$\dot{\boldsymbol{q}}_d=\boldsymbol{J}_1^{+}\dot{\boldsymbol{r}}_{1d}+(\boldsymbol{I}-\boldsymbol{J}_1^{+}\boldsymbol{J}_1)\dot{\boldsymbol{r}}_{2d} \tag{7-10}$$

这样，就消除了 $\boldsymbol{k}_2$ 项。而且，如果各关节轴的伺服系统能理想地实现目标关节速度，通常，$\boldsymbol{r}_{1d}$ 能完全实现。可是，在 $\boldsymbol{r}_{2d}(t)$ 与 $\boldsymbol{r}_2(t)$ 之间往往存在着偏差，这时应根据偏差确定目标速度。例如，取 $\boldsymbol{H}_2$ 为合适的对角增益矩阵，设

$$\dot{\boldsymbol{r}}_{2d}^{*}=\dot{\boldsymbol{r}}_{2d}+\boldsymbol{H}_2(\boldsymbol{r}_{2d}-\boldsymbol{r}_2) \tag{7-11}$$

然后把式（7-11）中的 $\dot{\boldsymbol{r}}_{2d}^{*}$ 代入式（7-9）、式（7-10）中就可以了。

7.2.4 按评价函数给定的情形

在这一节中，我们来考虑情形 2，与前面的讨论相似，这里尽可能增大由式（7-3）中给定的 $\boldsymbol{p}$，确定式（7-5）中的 $\boldsymbol{k}_1$。其中一个方法为

$$\boldsymbol{k}_1=\boldsymbol{\xi}\boldsymbol{k}_p \tag{7-12}$$

$$\boldsymbol{\xi}=(\xi_1,\xi_2,\cdots,\xi_n)^{\mathrm{T}} \tag{7-13}$$

$$\boldsymbol{\xi}_1=\partial V(\boldsymbol{q})/\partial \boldsymbol{q}_1 \tag{7-14}$$

式中，$\boldsymbol{k}_p$ 是合适的正常数。实际上，这时的目标关节速度 $\dot{\boldsymbol{q}}_d$ 由下式给出

$$\dot{\boldsymbol{q}}_d=\boldsymbol{J}_1^{+}\dot{\boldsymbol{r}}_{1d}+(\boldsymbol{I}-\boldsymbol{J}_1^{+}\boldsymbol{J}_1)\boldsymbol{\xi}\boldsymbol{k}_p \tag{7-15}$$

所以

$$\dot{\boldsymbol{p}}=\boldsymbol{\xi}^{\mathrm{T}}\boldsymbol{J}_1^{+}\dot{\boldsymbol{r}}_{1d}+\boldsymbol{\xi}^{\mathrm{T}}(\boldsymbol{I}-\boldsymbol{J}_1^{+}\boldsymbol{J}_1)\boldsymbol{\xi}\boldsymbol{k}_p \tag{7-16}$$

由于 $(\boldsymbol{I}-\boldsymbol{J}_1^{+}\boldsymbol{J}_1)$ 为非负定矩阵，式（7-16）右边第二项肯定非负。可以看出，式（7-12）中的 $\boldsymbol{k}_1$ 的值使评价函数朝着增大的方向变化。进而，从数学意义上讲，式（7-12）中矢量 $\boldsymbol{k}_1$ 是使函数 $V(\boldsymbol{q})$ 增大的梯度矢量，因此 $(\boldsymbol{I}-\boldsymbol{J}_1^{+}\boldsymbol{J}_1)\boldsymbol{\xi}\boldsymbol{k}_p$ 相当于 $\boldsymbol{k}_1$ 向 $\boldsymbol{J}_1$ 的零空间的正交映射。常数 $\boldsymbol{k}_p$ 不会使 $\dot{\boldsymbol{q}}_d$ 增大，因而，这里只要选择 $\boldsymbol{h}_p$，使其尽可能大就可以了。

7.2.5 瞬时最优化问题的数学描述

7.2.2 节中的问题公式化及 7.2.3 节、7.2.4 节中的解法都是非常直观的。这里，根据

各子任务选取合适的评价指标，并将上述问题作为瞬时最优控制问题来进行说明。

对应于情形 1，设定对第二个子任务的评价函数为

$$p_1=\|\dot{\boldsymbol{r}}_{2d}-\boldsymbol{r}_2+\boldsymbol{H}_2(\boldsymbol{r}_{2d}-\boldsymbol{r}_2)\| \tag{7-17}$$

结合式（7-5）所给的条件，在各个时刻，求最小化式（7-17）的解，就可以得到式（7-9）~式（7-11）。

对于情形 2，设定第二个子任务的评价函数为

$$p_2=\boldsymbol{k}_p\frac{\mathrm{d}V(\boldsymbol{q})}{\mathrm{d}t}-\frac{1}{2}\|\dot{\boldsymbol{q}}-\boldsymbol{J}_1^{+}\dot{\boldsymbol{r}}_{1d}\|^2 \tag{7-18}$$

这样，基于式（7-5）所给的条件，在各时刻，最大化式（7-18）就可得到式（7-15）。式（7-18）的第一项表示尽可能地增大原来的评价函数，第二项表示与第一个子任务的最小范数解 $\boldsymbol{J}_1^{+}\dot{\boldsymbol{r}}_{1d}$的距离尽可能小，$\boldsymbol{k}_p$ 表示第一项对应于第二项的重要程度（加权因子）。

7.3 避障与避奇异位形

7.3.1 避障

我们来看图 7-1 所示的在 XOY 平面内运动的 3 个自由度的机器人，让其手指尖一边跟踪目标轨迹，一边回避障碍物，我们按情形 1 来讨论这个问题。

假定机器人的连杆长度 $l_1=l_2=1$，$l_3=0.3$，并且认为关节角不受限制。机器人在初始时刻 $t=0$，手臂的姿态为 $\boldsymbol{q}_0=(20°, 30°, 20°)^{\mathrm{T}}$，让机器人末端从 $\boldsymbol{r}_0=(x_0, y_0)^{\mathrm{T}}\approx(1.69, 1.39)^{\mathrm{T}}$，沿着与 Y 轴平行的直线轨迹移动。在时间 $t=1$ 时，到达终点位置 $\boldsymbol{r}_f=(x_0, 0)^{\mathrm{T}}$ 的同时，也进行避开障碍物的作业。根据给出的作业要求，它可分解为两个子任务，其中第一个子任务是让手指尖追踪目标轨迹，第二个子任务是回避障碍物。

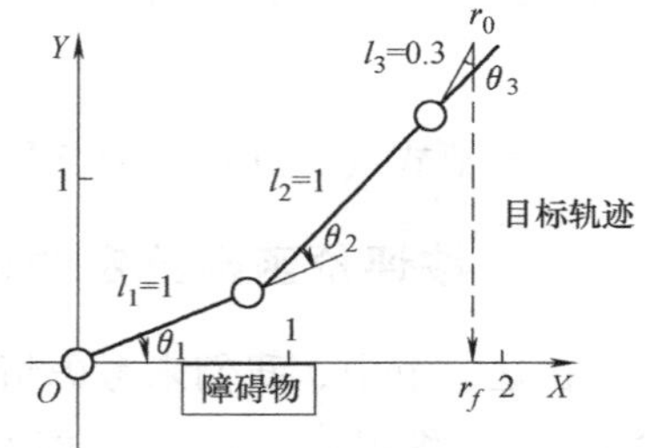

图 7-1　3 自由度机器人

把手指尖的位置取作第一个子任务的作业变量 $\boldsymbol{r}_1$，就得到

$$\boldsymbol{r}_1=\begin{pmatrix} l_1\cos\theta_1+l_2\cos(\theta_1+\theta_2)+l_3\cos(\theta_1+\theta_2+\theta_3) \\ l_1\sin\theta_1+l_2\sin(\theta_1+\theta_2)+l_3\sin(\theta_1+\theta_2+\theta_3) \end{pmatrix} \tag{7-19}$$

$$\boldsymbol{J}_1=\begin{pmatrix} -l_1\sin\theta_1-l_2\sin(\theta_1+\theta_2)-l_3\sin(\theta_1+\theta_2+\theta_3) & -l_2\sin(\theta_1+\theta_2)-l_3\sin(\theta_1+\theta_2+\theta_3) & -l_3\sin(\theta_1+\theta_2+\theta_3) \\ l_1\cos\theta_1+l_2\cos(\theta_1+\theta_2)+l_3\cos(\theta_1+\theta_2+\theta_3) & l_2\cos(\theta_1+\theta_2)+l_3\cos(\theta_1+\theta_2+\theta_3) & l_3\cos(\theta_1+\theta_2+\theta_3) \end{pmatrix} \tag{7-20}$$

接着，由式（5-7），确定 $\boldsymbol{r}_1$ 的目标轨迹为

$$\boldsymbol{r}_{1d}(t)=\begin{pmatrix} x_0 \\ y_0-(3-2t)t^2y_0 \end{pmatrix}\quad(0\leqslant t\leqslant 1) \tag{7-21}$$

关于第二个子任务，为了回避障碍物，示教者事先示教出合适的目标手腕位形，机器人执行全部的任务就是利用冗余度接近这个目标位形。因此，第二个子任务的作业变量 $\boldsymbol{r}_2$ 就

取作关节变量 $\boldsymbol{q}$。作业变量 $\boldsymbol{r}_2$ 的目标值由示教者给定为

$$\boldsymbol{r}_{2d}(t)=\begin{pmatrix}45^\circ\\-70^\circ\\0^\circ\end{pmatrix}$$

这个所示教的手臂位形表示在图 7-2 中，基于以上的讨论，目标关节速度根据式（7-10）和式（7-11），有下列形式

$$\dot{\boldsymbol{q}}_d=\boldsymbol{J}_1+\begin{pmatrix}0\\-6(1-t)ty_0\end{pmatrix}+(\boldsymbol{I}_3-\boldsymbol{J}_1^+\boldsymbol{J}_1)\boldsymbol{H}_2(\boldsymbol{r}_{2d}-\boldsymbol{r}_2) \tag{7-22}$$

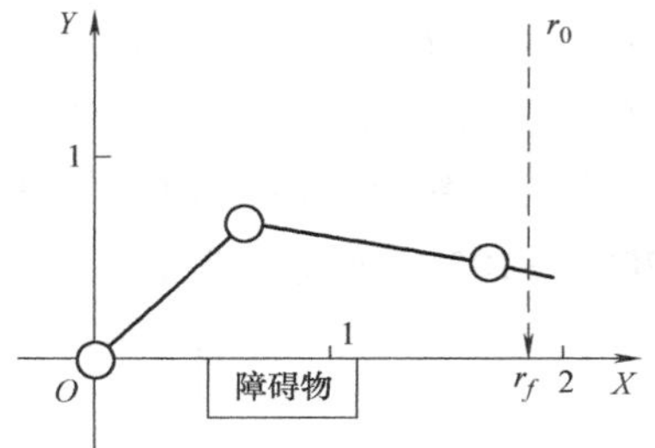

图 7-2　避开障碍物的示教手腕位形

由于手臂的位形 $\boldsymbol{r}_{2d}$ 与 $\boldsymbol{r}_{1d}$ 不一致，所以在确定式（7-22）中的 $\boldsymbol{H}_2$ 时，必须慎重些。

图 7-3 中描绘了能完全实现式（7-22）的目标关节速度 $\dot{q}_d$ 的仿真结果，图 7-3a 所示对应 $\boldsymbol{H}_2=\boldsymbol{0}$ 的情形，即不考虑避开障碍物的子任务，$\|\dot{\boldsymbol{q}}\|$取最小时的仿真结果。对应地，图 7-3b 所示为 $\boldsymbol{H}_2=0.2\boldsymbol{I}_2$，即利用冗余度的情形，可以看出，机器人能顺利地避开障碍物。

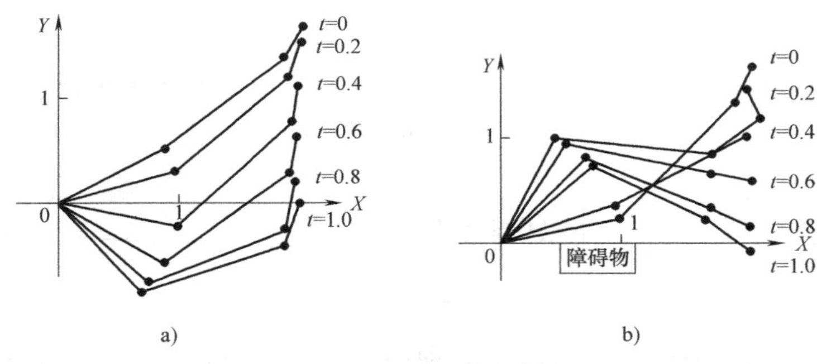

图 7-3　避开障碍物的仿真

在上面的例子中，虽然考虑了简单障碍物的回避问题。但是，即使对一边回避更复杂的随时间变化的障碍物，一边追踪目标轨迹的作业，也可事先示教出多个目标姿态，按不同的顺序进行处理。同时，把表示障碍物与手臂的接近程度作为评价函数，也可以按照类似于情形 2 的问题来处理。

7.3.2　避奇异位形

作为用评价函数表示的第二个例子，让我们考虑奇异位形的回避问题，即一边让机器人末端追踪目标轨迹，一边尽可能地避开奇异位形。

在机器人作业中，处于某些位形的手指端并不能沿任意方向改变位置和姿态。我们把这样的手臂位形称为奇异位形（奇异姿态）。在奇异位形处，关节速度将变得很大，因此我们不希望机器人工作在这个位形或这个位形的附近。在这里，稍稍回忆一下 4.1 节中内容，如 4.1 节所述，把手指末端器能向任意方向改变位置和姿态的能力定量化成一个指标，即可操作度，它也表示了离开奇异位形的距离。于是，第二个子任务的评价函数可取可操作度，如

果控制机器人使可操作度增大的话，就可以利用机械臂的冗度度来避开奇异位形。考虑与上例相同的3个自由度的机器人，第一个子任务的作业变量 $\boldsymbol{r}_1$，同样取手指位置矢量 $\boldsymbol{r}$。第二个子任务的评价函数取可操作度，这里，考虑式（7-20）的雅可比矩阵 $\boldsymbol{J}_1$，式（4-8）中的 $V(\boldsymbol{q})=\sqrt{\det(\boldsymbol{J}_1\boldsymbol{J}_1^{\mathrm{T}})}$，可将式（7-14）中的 ξ_1 按下式给定

$$\xi_l=\frac{1}{2}\sqrt{\det(\boldsymbol{J}_1\boldsymbol{J}_1^{\mathrm{T}})}\sum_{i,j=1}^{2}q_{ij}(\boldsymbol{J}_{1il}\boldsymbol{J}_{1j}^{\mathrm{T}}+\boldsymbol{J}_{1li}\boldsymbol{J}_{1i}^{\mathrm{T}})\quad(l=1,2,3)\tag{7-23}$$

式中，q_{ij} 是 $(\boldsymbol{J}_1\boldsymbol{J}_1^{\mathrm{T}})$ 的逆矩阵的第（i，j）个元素；$\boldsymbol{J}_{1i}$ 是 $\boldsymbol{J}_1$ 的第 i 行矢量；$\boldsymbol{J}_{1il}$ 是 $\boldsymbol{J}_{1i}$ 的关于 θ_l 的偏微分系数。所以，可以把式（7-23）中的 ξ_l 用于式（7-15）中。

图7-4给出了这个例子的计算机仿真结果。假定目标轨迹是从初始状态 $\boldsymbol{q}_0=(180°，170°，-10°)$，初始位置 $\boldsymbol{r}=(x_0，y_0)^{\mathrm{T}}=(0.28，0.17)^{\mathrm{T}}$ 到 $\boldsymbol{r}=(x_0，-0.1)^{\mathrm{T}}$，即轨迹

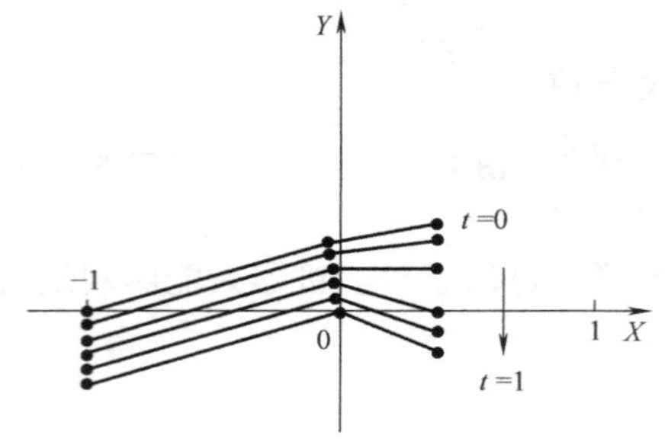

a) 没有利用冗余性的场合(K_P=0)

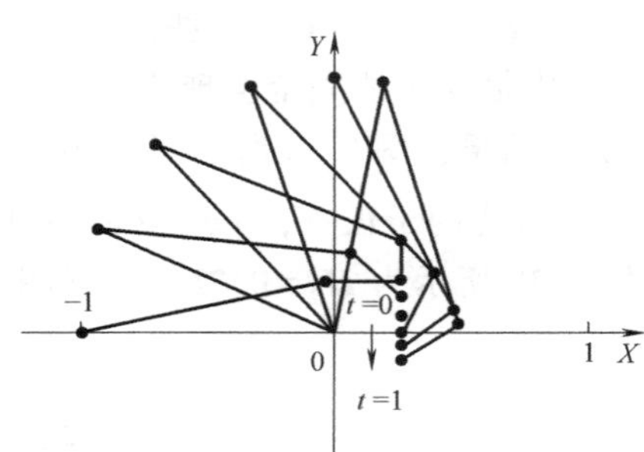

b) 利用冗余性的场合(K_P=20)

图7-4　避奇异位置的仿真

$$\boldsymbol{r}_{1d}(t)=\begin{pmatrix}x_0\\y_0-(3-2t)t^2(y_0+0.1)\end{pmatrix}\quad(0\leqslant t\leqslant 1)\tag{7-24}$$

图7-4a表示在式（7-15）中，$k_p=0$，即不考虑避开奇异位形时，手臂位形的变化规律。而图7-4b中给出了 $k_p=20$，即回避奇异位形时的情形。图7-5表示了图7-4a、b中的可操作度随时间变化的情况。从图7-4和图7-5可以看出，利用冗余度可以有效地避开奇异位形。

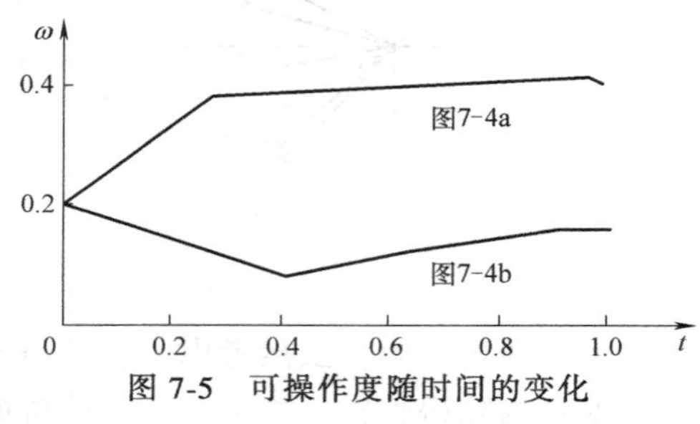

图7-5　可操作度随时间的变化

7.4　关节目标速度的数值计算法

在上一节的实际分析和计算中，广义逆矩阵的计算量非常大，这给实时控制带来了较大的困难，所以，在本节中将介绍更为有效的数值计算方法。

当 $\boldsymbol{J}$、$\dot{\boldsymbol{r}}_d$、$\boldsymbol{k}$ 给定时，式（7-5）可转换为

$$\dot{\boldsymbol{q}}=\boldsymbol{J}^{+}\dot{\boldsymbol{r}}_d+(\boldsymbol{I}-\boldsymbol{J}_1^{+}\boldsymbol{J}_1)\boldsymbol{k}\tag{7-25}$$

接下来，介绍计算 $\dot{\boldsymbol{q}}$ 的方法。当矩阵 $(\boldsymbol{J}\boldsymbol{J}^{\mathrm{T}})$ 是正则矩阵时，下式

$$(\boldsymbol{J}\boldsymbol{J}^{\mathrm{T}})\boldsymbol{a}=\dot{\boldsymbol{r}}_d+\boldsymbol{J}\boldsymbol{k}\tag{7-26}$$

的解 $\boldsymbol{a}$ 可以通过高斯消去法等数值解法而求得，计算结果为

$$\dot{\boldsymbol{q}}=\boldsymbol{J}^{\mathrm{T}}\boldsymbol{a}+\boldsymbol{k} \tag{7-27}$$

这是计算 $\dot{\boldsymbol{q}}$ 的一种方法。用该方法求式（7-25）中的 $\dot{\boldsymbol{q}}$ 就可知 $\boldsymbol{J}^{+}=\boldsymbol{J}^{\mathrm{T}}(\boldsymbol{J}\boldsymbol{J}^{\mathrm{T}})^{-1}$。接着，在奇异位形处，$(\boldsymbol{J}\boldsymbol{J}^{\mathrm{T}})$不正则，且式（7-25）的解也不一定是关于 $\boldsymbol{J}$ 连续的。处理这种情况的一个方法是，仅在奇异位形附近，用$(\boldsymbol{J}\boldsymbol{J}^{\mathrm{T}})$代替$(\boldsymbol{J}\boldsymbol{J}^{\mathrm{T}}+k_s\boldsymbol{I})$，用

$$(\boldsymbol{J}\boldsymbol{J}^{\mathrm{T}}+k_s\boldsymbol{I})\boldsymbol{a}=\dot{\boldsymbol{r}}_d-\boldsymbol{J}\boldsymbol{k} \tag{7-28}$$

代替式（7-26）。式中，k_s 被定义为在奇异位形的附近为正数，在其他情形为 0 的一个标量函数。例如，可操作度 $w=\sqrt{\det(\boldsymbol{J}\boldsymbol{J}^{\mathrm{T}})}$ 可用下式确定

$$k_s=\begin{cases}k_0(1-w/w_0)^2 & (w<w_0)\\ 0 & (w\geqslant w_0)\end{cases} \tag{7-29}$$

式中，k_0 是正常数，这样就可以把 w_0 在奇异位形附近的值与其他区域的值分开来。

7.5 本章作业

1. 证明：根据式（7-5），以式（7-17）作为各个时间的最小解，得出式（7-9）~式（7-11）。

2. 在式（7-25）中，如果 $\boldsymbol{J}=\begin{pmatrix}0&2&1&2\\2&0&1&1\\1&1&0&1\end{pmatrix}$，$\boldsymbol{r}_d=\begin{pmatrix}1\\0\\1\\2\end{pmatrix}$，$\boldsymbol{k}=\begin{pmatrix}-1\\0\\1\\1\end{pmatrix}$，求 $\dot{\boldsymbol{q}}$，然后利用式（7-26）、式（7-27）求出 $\dot{\boldsymbol{q}}$。

3. 用圆珠笔在纸上写字时，或者在传递装满液体的杯子时，可以按优先顺序分解为几个子任务，简述其理由。

第3篇

机器人高级控制方法的理论基础

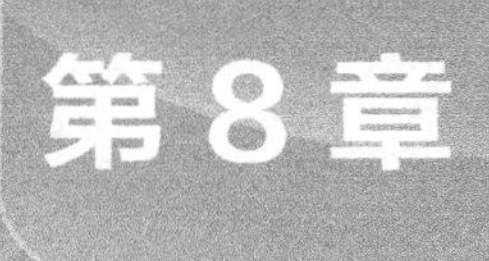

第8章 机器人的学习控制

从人类的角度看，人类文化起源于制作和使用工具。人类与其他动物相比，具有多样而精巧的运动能力。这种运动能力是在人类的成长过程中通过学习获得的。可以说，人类通过学习获得了运动能力和作业能力。

在本章中，我们首先阐述学习控制理论的基本框架，并介绍两种最常用的学习控制方式。接着，讨论学习控制的有效性。相关的研究结果表明，尽管机器人在初期的学习进化中也许存在一些误差，但是当存在动力学干扰的时候，学习控制能有效地发挥作用。我们把这个性质称为学习控制的鲁棒性。最后，本章还将总结最近所取得的一些重要的研究结果。而目前，机器人的学习控制在国内外的机器人学的研究中已引起了广泛的兴趣，并且取得了一些有效的结果。

8.1 学习控制的前提条件

学习控制与传统的控制方法不同，简单地讲，学习控制是根据重复练习而自动地获得所给定的理想运动形式的一种控制方法，它的前提条件可以总结成下面的公理体系：

1）一次运动在短时间内（$t>0$）结束。

2）有限时间区间 $t\in[0,\ T]$ 内的理想运动轨迹 $\boldsymbol{y}_d(t)$ 事先根据经验给定。

3）初始化常常是一定的，从初始化以后所试行的回数称为第 k 回，这时候的初始状态 $\boldsymbol{x}_k(0)$ 在运动开始时，常常按照下面的情况进行初始化

$$\boldsymbol{x}_k(0)=\boldsymbol{x}^0,k=1,2,\cdots \tag{8-1}$$

4）在重复练习中，对象系统的动力学特性保持不变。

5）输出轨迹 $\boldsymbol{y}_d(t)$ 是可测定的。所以，任意第 k 回试行的误差通常可采用下述公式计算

$$\boldsymbol{e}_k(t)=\boldsymbol{y}_d(t)-\boldsymbol{y}_k(t) \tag{8-2}$$

6）下个时间段内的伺服器输入 $\boldsymbol{u}_{k+1}(t)$ 在记忆中尽可能以简单的递归形式表达，即

$$\boldsymbol{u}_{k+1}(t)=\boldsymbol{F}(\boldsymbol{u}_k(t),\boldsymbol{e}(t)) \tag{8-3}$$

除上述公理外，还必须了解每次试行对轨迹改进的意义。这时，用

$$\|\boldsymbol{e}_{k+1}\|\leqslant\|\boldsymbol{e}_k\|,k=1,2,\cdots \tag{8-4}$$

所示的某一函数的范数来作为限制条件。或者，在更严格的意义上，要求存在某一常数 $0\leqslant\rho\leqslant1$，能保证不等式

$$\|\boldsymbol{e}_{k+1}\|\leqslant\rho\|\boldsymbol{e}_k\|, k=1,2,\cdots \tag{8-5}$$

成立。

同时注意，公理 6）的条件意味着设置输入信号的记忆为 1 个单元。其理由是，第 k 回试行后，将记忆 $\boldsymbol{u}_k(t)$ 置换成 $\boldsymbol{u}_{k+1}(t)$。函数 $\boldsymbol{F}(\boldsymbol{u},\ \boldsymbol{e})$ 的形式与试行次数无关，而且是一定的，这样从计算机的观点看更简单一些。像后面所述一样，对机器人这样的机械系统，将 $\boldsymbol{y}_d(t)$ 和 $\boldsymbol{y}_k(t)$ 作为速度信号，考虑下面两个学习法则（图 8-1、图 8-2），即

$$\boldsymbol{u}_{k+1}(t)=\boldsymbol{u}_k(t)+\boldsymbol{\Gamma}\frac{\mathrm{d}}{\mathrm{d}t}\boldsymbol{e}_k(t) \tag{8-6}$$

$$\boldsymbol{u}_{k+1}(t)=\boldsymbol{u}_k(t)+\boldsymbol{\Phi}\frac{\mathrm{d}}{\mathrm{d}t}\boldsymbol{e}_k(t) \tag{8-7}$$

图 8-1 所示为 D 型学习控制法则，图 8-2 所示为 P 型学习控制法则。这里，D 表示 Differential，P 表示 Proportional。

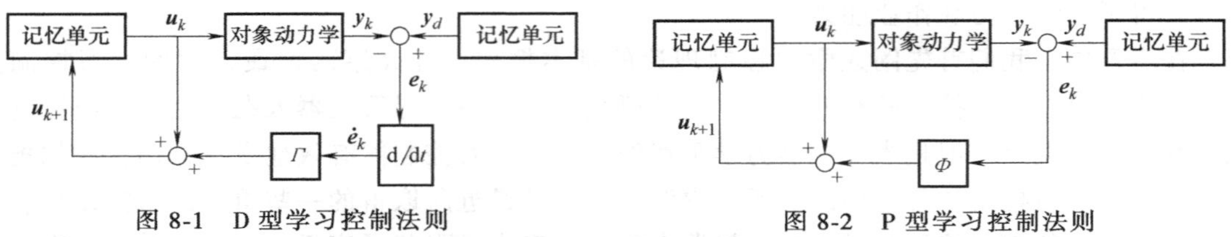

图 8-1　D 型学习控制法则　　图 8-2　P 型学习控制法则

大家知道，工业机器人的重复定位精度是相当好的，尽管如此，工业机器人并不能完全满足上面的公理 3）~公理 5），工业机器人的运动过程或多或少地都会存在着误差，于是，代替公理 3）~公理 5），考虑下面的情形是非常重要的：

3′）初始化误差在容许的范围内，即存在 $\varepsilon_1>0$，满足下面的条件

$$\|\boldsymbol{x}_k(0)-\boldsymbol{x}^0\|\leqslant\varepsilon_1 \tag{8-8}$$

式中，对于矢量 $\boldsymbol{x}$，符号 $\|\boldsymbol{x}\|$ 表示 $\boldsymbol{x}$ 的欧拉范数。

4′）允许对象系统的动力学稍稍有些波动，即对某一 $\boldsymbol{\eta}_k(t)$，存在 $\varepsilon_2>0$，使下式成立

$$\sup_{t\in[0,T]}\|\boldsymbol{\eta}_k(t)\|=\|\boldsymbol{\eta}_k(t)\|_\infty=\varepsilon_2 \tag{8-9}$$

5′）测量误差 $\boldsymbol{\xi}_k$，有

$$\boldsymbol{e}_k=\boldsymbol{y}_d(t)-(\boldsymbol{y}_k(t)+\boldsymbol{\xi}_k(t)) \tag{8-10}$$

这时，若存在 $\varepsilon_3>0$，对测量误差 $\boldsymbol{\xi}_k$，有

$$\|\boldsymbol{\xi}_k(t)\|_\infty\leqslant\varepsilon_3 \tag{8-11}$$

8.2　D 型学习控制（线性系统）

式（8-6）和式（8-7）所示的学习控制法则，在给定合适的矩阵 $\boldsymbol{\Gamma}$ 和 $\boldsymbol{\Phi}$ 时，使用起来是比较简单的，实际上，选取对角矩阵就足够了。若想使矩阵 $\boldsymbol{\Gamma}$ 和 $\boldsymbol{\Phi}$ 的取值范围比较大，就要讨论其选择的方法。可是，这里所关心的是理论上能否保证足够大的取值范围。因此，应用式（8-6）或式（8-7）的学习法则时，必须表明机器人的运动轨迹随着试行回数的增加

而接近理想的轨迹。由于要证明机器人的学习按所期望的进行，有关的理论研究是必要的，为了弄清楚 D 型学习控制的本质，首先来看一个最简单的例子。

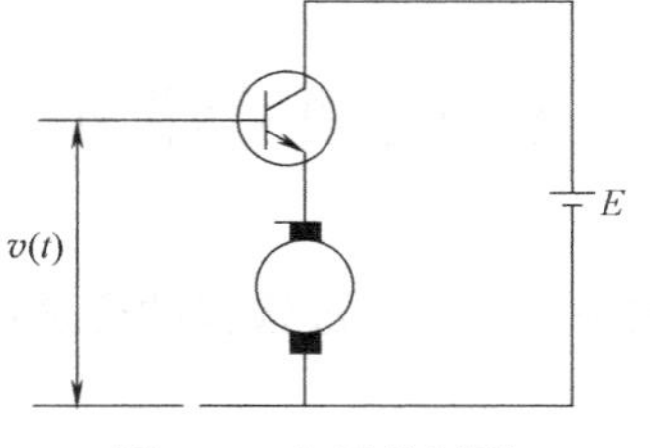

图 8-3 电压控制型直流伺服电动机

考虑图 8-3 所示电压控制型直流伺服电动机，机器人的各个关节常常是由这样的伺服器驱动。现在，把电动机转子的电压 v 作为控制输入，回转角速度 y 作为输出，假定电动机转子的回路励磁足够小，可得

$$T_m = \frac{\mathrm{d}}{\mathrm{d}t}y(t) + y(t) = \frac{v(t)}{K} \tag{8-12}$$

式中，K 与 T_m 分别为电动机的转矩常数和时间常数。并且，如果用回转角速度仪测量角速度，则构成速度反馈控制的伺服系统，于是就得到图 8-4 所示的原理框图。图 8-4 中 A 表示放大器的增益，B 是从回转角速度仪测得的角速度值到电压值的转换常数。这时，图 8-4 所示的闭环系统的动力学可表示为

$$T_m \dot{y} + y = A(v - By)/K \tag{8-13}$$

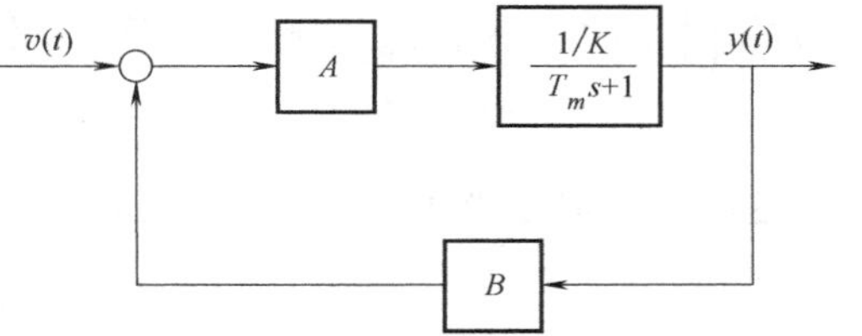

图 8-4 直流伺服电动机的速度控制问题

式中，假定 $\dot{y} = \mathrm{d}y/\mathrm{d}t$。进一步地，考虑

$$a = (1 + AB/K)/T_m,\ b = A/(KT_m) \tag{8-14}$$

这样，式（8-13）可重新写为

$$\dot{y} + ay = bv \tag{8-15}$$

这是一般形式的一维线性常微分方程，它的一般解为

$$y = \mathrm{e}^{-at}y(0) + \int_0^t b\mathrm{e}^{-a(t-\tau)}v(\tau)\mathrm{d}\tau \tag{8-16}$$

接着，将图 8-1 所示的 D 型学习控制应用于式（8-16）所示的动力学系统。给定理想的角速度 $y_d(t)$，若给定第 k 次试行的控制输入 $v_k(t)$，根据式（8-16），输出的角速度 $y_k(t)$ 应该为

$$y_k = \mathrm{e}^{-at}y_k(0) + \int_0^t b\mathrm{e}^{-a(t-\tau)}v_k(\tau)\mathrm{d}\tau \tag{8-17}$$

然后，接下来的第 $k+1$ 次试行的控制输入就由下式确定

$$\begin{cases} e_k(t) = y_{k+1}(t) - y_k(t) \\ v_{k+1}(t) = v_k(t) - \gamma \dot{e}_k(t) \end{cases} \tag{8-18}$$

进一步地，假定每一次试行的初始条件均为同样的形式，即

$$y_k(0) = y_d(0),k = 0,1,\cdots \tag{8-19}$$

这时，观察式（8-17）~式（8-19），则得

$$\begin{aligned} \dot{y}_k - \dot{y}_{k-1} &= \frac{\mathrm{d}}{\mathrm{d}t}\int_0^t b\mathrm{e}^{-a(t-\tau)}\{v_k(\tau) - v_{k-1}(\tau)\}\mathrm{d}\tau \\ &= \gamma b\dot{e}_{k-1}(t) - \gamma ab\int_0^t b\mathrm{e}^{-a(t-\tau)}\dot{e}_{k-1}(\tau)\mathrm{d}\tau \end{aligned} \tag{8-20}$$

然后有

$$\dot{e}_k=\dot{y}_d-\dot{y}_k=(1-\gamma b)\dot{e}_{k-1}+\gamma ab\int_0^t e^{-a(t-\tau)}(\tau)\mathrm{d}\tau \tag{8-21}$$

在这里，引入下面的函数范数

$$\|\boldsymbol{x}\|_\lambda=\max_{t\in[0,T]}(|e^{-\lambda t}\boldsymbol{x}(t)|) \tag{8-22}$$

式中，λ 为经过选择的合适的正常数。式（8-21）的两边同乘以 $e^{\lambda t}$，并取最大值，得

$$\|\dot{e}_k\|_\lambda\leqslant\left(|1-\gamma b|+\left|\frac{ab\gamma}{\lambda+a}\right|\right)\|\dot{e}_{k-1}\|_\lambda \tag{8-23}$$

需要说明的是，式（8-23）中$\|\dot{e}_k\|$只是为了保证形式上的严谨，并不意味着 $\dot{e}_k$为矢量。

现在，如果仔细地观察式（8-23），当 $\gamma b=1$，且 $\lambda>0$ 时，由于 $a>0$，所以式（8-23）右边的$\left(\right)$中的项小于 1。实际上，即使不知道 a、b 的值，取合适的 γ，就有

$$|1-\lambda b|<1 \tag{8-24}$$

这时，若取适当大的 γ，下式就成立

$$\rho=\left(|1-\gamma b|+\left|\frac{ab\gamma}{\lambda+1}\right|\right)<1 \tag{8-25}$$

这时

$$\|\dot{\boldsymbol{e}}_k\|_\lambda\leqslant\rho\|\dot{\boldsymbol{e}}_{k-1}\|_\lambda$$

这意味着

$$\|\dot{\boldsymbol{e}}_k\|_\lambda\leqslant\rho^k\|\dot{\boldsymbol{e}}_{k-1}\|_\lambda \tag{8-26}$$

也就是说，在每次的试行中，误差微分的范数会按指数减小。

由式（8-19）的初始条件可得

$$\|\boldsymbol{e}_k\|_\lambda\leqslant\frac{1}{\lambda}\|\dot{\boldsymbol{e}}_k\|_\lambda \tag{8-27}$$

当 $k\to\infty$ 时，$\|\dot{\boldsymbol{e}}_k\|_\lambda\to0$，所以$\|\boldsymbol{e}_k\|_\lambda\to0$。这表明，误差也按照指数函数递减。

图 8-5 中表示了输出波形如何接近给定的理想波形的情况。图 8-5 所示是当 $a=b=1.0$，学习增益 $\gamma=1.0$ 时，所做的计算机仿真结果。图中第五次的输出波形与理想的波形基本上接近一致。

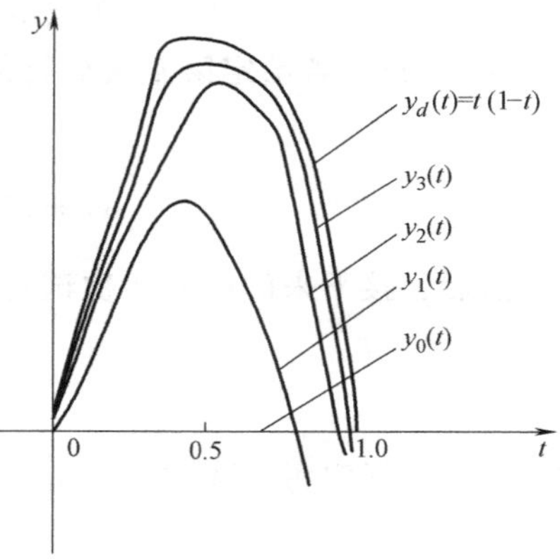

图 8-5　D 型学习控制的收敛性

上述讨论可以扩展到多输入/输出系统。这时，考虑线性时变系统

$$\begin{cases}\dot{\boldsymbol{x}}=\boldsymbol{A}\boldsymbol{x}+\boldsymbol{B}\boldsymbol{u}\\ \boldsymbol{y}=\boldsymbol{C}\boldsymbol{x}\end{cases} \tag{8-28}$$

式中，$\boldsymbol{x}$，$\boldsymbol{u}$，$\boldsymbol{y}\in\mathrm{R}^n$。（8-29）

这里，理想的输出轨迹 $\boldsymbol{y}_d(t)$ 也是在有限的时间区间［0，T］内给定的，并且，初始条件为

$$\begin{cases}\boldsymbol{x}_0(0)=\boldsymbol{x}_1(0)=\cdots=\boldsymbol{x}_k(0)\\ \boldsymbol{y}_k(0)=\boldsymbol{y}_d(0),k=0,1,\cdots\end{cases} \tag{8-30}$$

这时，学习的递推过程为

$$\begin{cases}\dot{\boldsymbol{x}}_k=\boldsymbol{A}\boldsymbol{x}_k+\boldsymbol{B}\boldsymbol{u}_k\\ \boldsymbol{y}_k=\boldsymbol{C}\boldsymbol{x}_k\\ \boldsymbol{e}_k=\boldsymbol{y}_d-\boldsymbol{y}_k\\ \boldsymbol{u}_{k+1}=\boldsymbol{u}_k+\boldsymbol{\Gamma}\dfrac{\mathrm{d}}{\mathrm{d}t}\boldsymbol{e}_k\end{cases} \tag{8-31}$$

如图 8-6 所示，可得到线性系统的 D 型学习控制收敛定理如下。

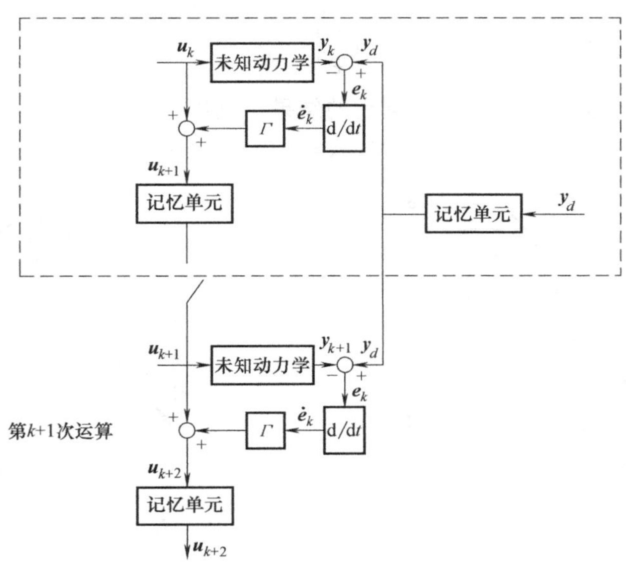

图 8-6　一般的 D 型学习控制法则

D 型学习控制的收敛定理（线性系统）理想输出 $\boldsymbol{y}_d(t)$ 可微，初始输入 $\boldsymbol{u}_0(t)$ 连续，且若

$$\|\boldsymbol{I}_r-\boldsymbol{CB\Gamma}\|<1 \tag{8-32}$$

对任意的 $t\in[0, T]$，总有
$$\lim_{k\to\infty}\boldsymbol{y}_k(t)=\boldsymbol{y}_d(t) \tag{8-33}$$

另外，在这一章中，我们定义矢量 $\boldsymbol{x}=(x_1, x_2, \cdots, x_n)$，矩阵 $\boldsymbol{G}=(g_{ij})$ 的范数分别为

$$\begin{cases}\|\boldsymbol{x}\|=\max\limits_{i=1,2,\cdots,n}|x_i|\\ \|\boldsymbol{G}\|=\max\limits_{i=1,2,\cdots,r}\sum\limits_{j=1}^{r}|g_{ij}|\end{cases} \tag{8-34}$$

关于这个定理的证明，只要把一维的方法直接推广到多维系统中，就可以用类似的方法完成，这里不做详细的证明。并且，在图 8-7 所示的 D 型学习控制的场合，学习控制规律遵照以下规律，即

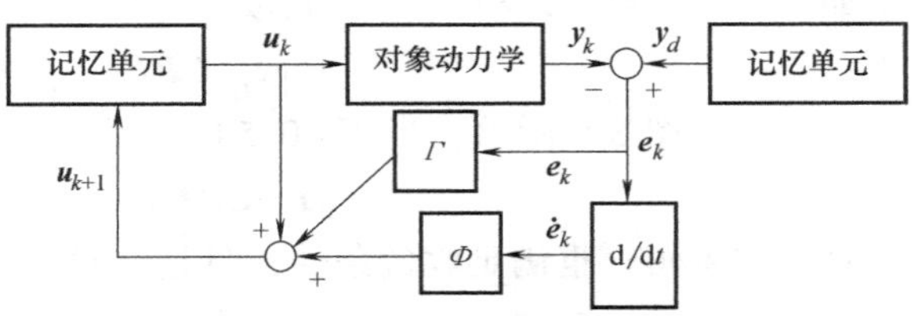

图 8-7　D 型学习控制法则

$$\boldsymbol{u}_k+\boldsymbol{r}(t)=\boldsymbol{u}_k(t)+\left(\frac{\mathrm{d}}{\mathrm{d}t}\boldsymbol{\Gamma}+\boldsymbol{\Phi}\right)\boldsymbol{e}_k(t) \tag{8-35}$$

式（8-35）中的 $\boldsymbol{\Gamma}$ 应满足式（8-32）。

下面，我们以单自由度线性系统作为例子来说明学习控制的收敛性。这时，系统微分方程为

$$\ddot{x}+a_1\dot{x}+a_2x=bu, y=\dot{x} \tag{8-36}$$

或用状态方程表示为

$$\begin{cases}\begin{pmatrix}\dot{x}\\ \ddot{x}\end{pmatrix}=\begin{pmatrix}0 & 1\\ -a_2 & -a_1\end{pmatrix}\begin{pmatrix}x\\ \dot{x}\end{pmatrix}+\begin{pmatrix}0\\ b\end{pmatrix}u\\ y=(0,1)\begin{pmatrix}x\\ \dot{x}\end{pmatrix}\end{cases} \tag{8-37}$$

图 8-8 和图 8-9 给出了实施学习控制后的结果。其中

$$a_1=1.0, a_2=1.0, b=1.0 \tag{8-38}$$

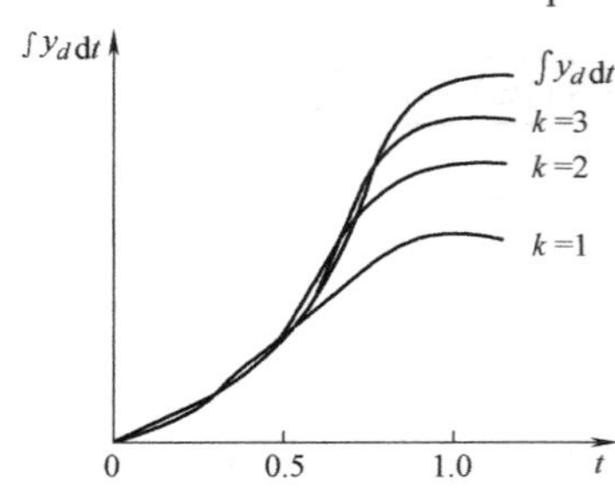

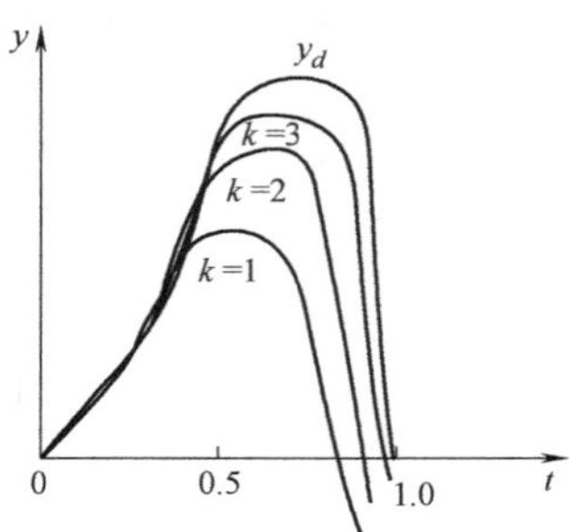

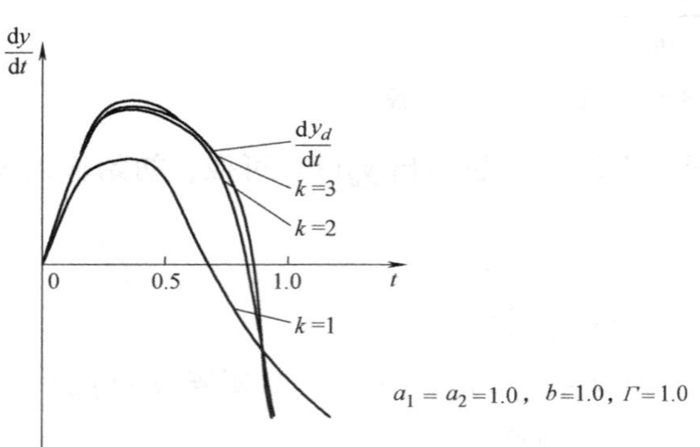

图 8-8　对应单自由度系统的 D 型学习控制方式的收敛性（$a_1=a_2=1.0$，$b=1.0$，$\Gamma=1.0$）

如图 8-8 所示，$\Gamma=1.0$ 时，收敛条件为

$$\|\boldsymbol{I}_r-\boldsymbol{CB\Gamma}\|=|1-1|=0<1 \tag{8-39}$$

另外，如图 8-9 所示，当 $\Gamma=0.5$ 时，有

$$\|\boldsymbol{I}_r-\boldsymbol{CB\Gamma}\|=|1-0.5|=0.5<1 \tag{8-40}$$

且式（8-40）也满足收敛条件，只是这时的收敛速度比 $\Gamma=1.0$ 时的收敛速度慢一些。但是，在式（8-37）所示的例子中，输出位置表达式

$$y=(1,0)\begin{pmatrix}x\\ \dot{x}\end{pmatrix} \tag{8-41}$$

式（8-32）的收敛性条件不成立。

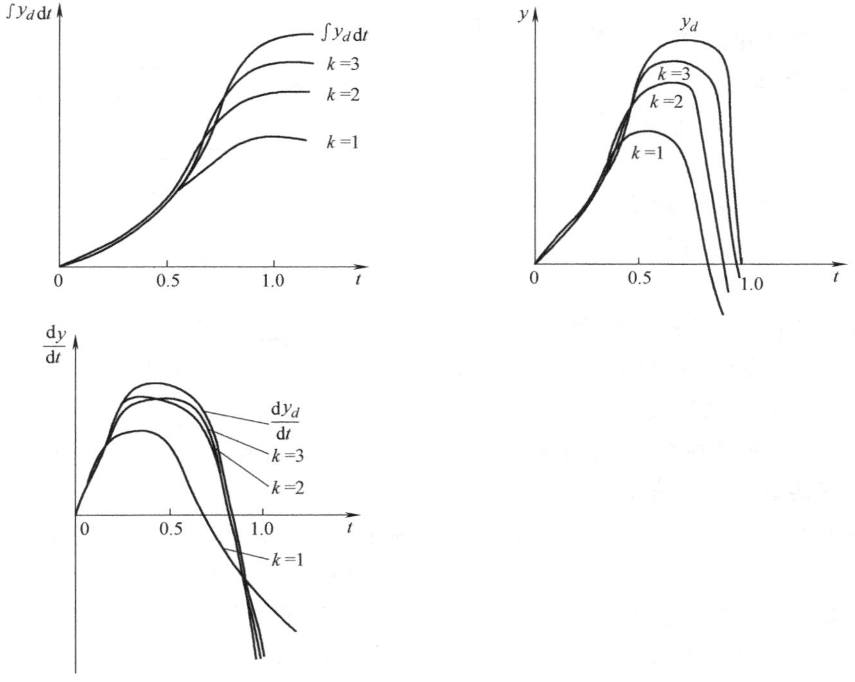

图 8-9 对应单自由度系统 D 型学习控制方式的收敛情形（$a_1=a_2=1.0$，$b=1.0$，$\Gamma=0.5$）

8.3 机器人中的 D 型学习控制

考虑式（5-24）所示的机器人动力学方程，并假定伺服系统采用 PD 反馈控制，且 PD 反馈控制下的机器人动力学方程为

$$(\boldsymbol{J}_0+\boldsymbol{R}(\boldsymbol{q}))\ddot{\boldsymbol{q}}+\left(\boldsymbol{B}+\frac{1}{2}\dot{\boldsymbol{R}}(\boldsymbol{q})\right)\dot{\boldsymbol{q}}+\boldsymbol{S}(\boldsymbol{q},\dot{\boldsymbol{q}})\dot{\boldsymbol{q}}+\boldsymbol{g}(\boldsymbol{q})+\boldsymbol{A}(\boldsymbol{q}-\boldsymbol{q}_d)=\boldsymbol{D}\boldsymbol{u} \tag{8-42}$$

式中，$\boldsymbol{q}_d(t)$ 是在时间区间［0，T］中给定的理想关节轨迹；$\boldsymbol{u}$ 是修正输入。于是，我们将根据式（8-42）的轨迹 $\boldsymbol{q}$ 进行重复练习，来说明其与给定的理想轨迹是比较接近的。因而，若采用图 8-10 所示的 D 型学习控制方法，其规律的递归形式为

$$\begin{cases}(\boldsymbol{J}_0+\boldsymbol{R}(\boldsymbol{q}_k))\ddot{\boldsymbol{q}}_k+\left(\boldsymbol{B}+\frac{1}{2}\boldsymbol{R}(\boldsymbol{q}_k)\right)\dot{\boldsymbol{q}}_k+\boldsymbol{S}(\boldsymbol{q}_k,\dot{\boldsymbol{q}}_k)\dot{\boldsymbol{q}}_k+\boldsymbol{g}(\boldsymbol{q}_k)+\boldsymbol{A}(\boldsymbol{q}_k-\boldsymbol{q}_d)=\boldsymbol{D}\boldsymbol{u}_k \\ \boldsymbol{e}_k=\dot{\boldsymbol{q}}_d-\dot{\boldsymbol{q}}_k \\ \boldsymbol{u}_{k+1}=\boldsymbol{u}_k+\boldsymbol{\Gamma}\dfrac{\mathrm{d}}{\mathrm{d}t}\boldsymbol{e}_k\end{cases} \tag{8-43}$$

这里，初始条件总是一定常数，并满足

$$\boldsymbol{q}_k=\boldsymbol{q}_d(0),\dot{\boldsymbol{q}}_k(0)=\dot{\boldsymbol{q}}_d(0),k=1,2,\cdots \tag{8-44}$$

然后，下面的定理成立：

D 型学习控制的收敛性定理（机器人手臂）理想的速度轨迹 $\boldsymbol{q}_d(t)$ 可微，并且其导数连续，假定初始输入 $\boldsymbol{u}_0$ 也连续。给定初始输入 $\boldsymbol{u}_0$ 时的运动位置和速度 $\boldsymbol{q}_0$、$\dot{\boldsymbol{q}}_0$在其理想值

$\boldsymbol{q}_d$、$\dot{\boldsymbol{q}}_d$的附近。这时，存在某一常数 $0<\rho<1$，考虑增益矩阵 $\boldsymbol{\Gamma}$，对所有的 $\boldsymbol{q}$，如果满足不等式

$$\|\boldsymbol{I}-\boldsymbol{D\Gamma}(\boldsymbol{J}_0+\boldsymbol{R}(\boldsymbol{q}))^{-1}\|<\rho(<1) \tag{8-45}$$

则 $\boldsymbol{q}_k(t)$ 对所有的 k 一致有界，并且，当 $k\to\infty$，$t\in[0,T]$ 时，$\boldsymbol{q}(t)$ 总是收敛于 $\boldsymbol{q}_d(t)$。

定理的前提式（8-45）与式（8-32）对应，但在线性情形时，初始输入条件不需要严格地接近于理想值。假定输入 $\boldsymbol{u}_0$ 所激励的运动与理想的运动足够接近，即通常的局部性条件。而在 D 型学习控制中，由于动力学总是满足李雅普诺夫条件，所以就不需要这个局部性条件。遗憾的是，机器人动力学仅局部地满足李雅普诺夫条件，这样上述的局部性条件的假定是必要的。另外，在 P 型学习控制的场合，用下面所述的方法，即不假定局部性条件，也能够证明对应的机器人动力学方程一致有界，关于这一点，我们将在下一节进行详细的讨论。

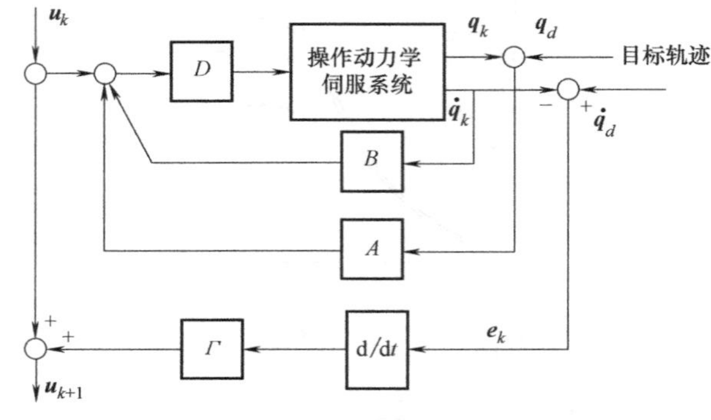

图 8-10　机器人 D 型学习控制系统

接着，证明上述的定理。为便于讨论，设

$$\begin{cases}\boldsymbol{R}_k=\boldsymbol{J}_0+\boldsymbol{R}(\boldsymbol{q}_k)\\ \boldsymbol{f}(\boldsymbol{q}_k,\dot{\boldsymbol{q}}_k)=\dfrac{1}{2}\dot{\boldsymbol{R}}(\boldsymbol{q}_k)+\boldsymbol{S}(\boldsymbol{q}_k,\dot{\boldsymbol{q}}_k)\dot{\boldsymbol{q}}_k+\boldsymbol{g}(\boldsymbol{q}_k)\end{cases} \tag{8-46}$$

而且，在区间［0，T］内，n 维矢量函数 $\boldsymbol{e}(t)$ 的 λ 范数被定义为

$$\|\boldsymbol{e}\|_\lambda=\sup_{t\in[0,T]}(\mathrm{e}^{-\lambda t}\|\boldsymbol{e}(t)\|) \tag{8-47}$$

矢量和矩阵的范数定义按式（8-34）给定。接着，对式（8-43）的第一式，第 $k+1$ 与第 k 次运动的差可以表示为

$$\begin{aligned}\boldsymbol{R}_{k+1}\dot{\boldsymbol{e}}_{k+1}=&(\boldsymbol{I}-\boldsymbol{D\Gamma R}_k^{-1})\boldsymbol{R}_k\dot{\boldsymbol{e}}_k+(\boldsymbol{R}_{k+1}-\boldsymbol{R}_k)\ddot{\boldsymbol{q}}_d+\boldsymbol{B}(\dot{\boldsymbol{q}}_{k+1}-\dot{\boldsymbol{q}}_k)+\\&\boldsymbol{A}(\boldsymbol{q}_{k+1}-\boldsymbol{q}_k)+\boldsymbol{f}(\boldsymbol{q}_{k+1},\dot{\boldsymbol{q}}_{k+1})-\boldsymbol{f}(\boldsymbol{q}_k,\dot{\boldsymbol{q}}_k)\end{aligned} \tag{8-48}$$

注意在式（8-46）中，我们认为所定义的非线性函数 $\boldsymbol{f}(\boldsymbol{q}_k,\dot{\boldsymbol{q}}_k)$ 局部地满足李雅普诺夫条件。后面我们将接着进行讨论，这里，假定（$\boldsymbol{q}_k$，$\dot{\boldsymbol{q}}_k$）在各自的（$\boldsymbol{q}_d$，$\dot{\boldsymbol{q}}_d$）附近。且对于任意的常数 $c_1>0$，$c_2>0$，有

$$\|\boldsymbol{f}(\boldsymbol{q}_{k+1},\dot{\boldsymbol{q}}_{k+1})-\boldsymbol{f}(\boldsymbol{q}_k,\dot{\boldsymbol{q}}_k)\|\leqslant c_1\|\boldsymbol{q}_{k+1}-\boldsymbol{q}_k\|+c_2\|\dot{\boldsymbol{q}}_{k+1}-\dot{\boldsymbol{q}}_k\| \tag{8-49}$$

将式（8-48）的两边乘以 $\mathrm{e}^{-\lambda t}$，并取 λ 范数，就有

$$\begin{aligned}\|\boldsymbol{R}_{k+1}\dot{\boldsymbol{e}}_{k+1}\|\leqslant&\sup_{t\in[0,T]}(\|\boldsymbol{I}-\boldsymbol{D\Gamma R}_k^{-1})\|\cdot\|\boldsymbol{R}_k\dot{\boldsymbol{e}}_k\|_\lambda+\sup_{t\in[0,T]}(\mathrm{e}^{-\lambda t}\|\boldsymbol{R}_{k+1}-\boldsymbol{R}_k\|\|\ddot{\boldsymbol{q}}_d\|_\infty)+\\&(c_2+\|\boldsymbol{B}\|)\|\dot{\boldsymbol{q}}_{k+1}-\dot{\boldsymbol{q}}_k\|_\lambda+(c_1+\|\boldsymbol{A}\|)\|\boldsymbol{q}_{k+1}-\boldsymbol{q}_k\|_\lambda\end{aligned} \tag{8-50}$$

换言之，由于矩阵 $\boldsymbol{R}(\boldsymbol{q})$ 的分量可能为常数、$\boldsymbol{q}$ 的一维函数或三角函数，所以

$$\|\boldsymbol{R}_{k+1}-\boldsymbol{R}_k\|=\|\boldsymbol{R}(\boldsymbol{q}_{k+1})-\boldsymbol{R}(\boldsymbol{q}_k)\|\leqslant c_0\|\boldsymbol{q}_{k+1}-\boldsymbol{q}_k\| \tag{8-51}$$

将式（8-51）代入式（8-50）的右边，得

$$\|\boldsymbol{R}_{k+1}\dot{\boldsymbol{e}}_{k+1}\|_\lambda\leqslant\rho\|\boldsymbol{R}_k\dot{\boldsymbol{e}}_k\|_\lambda+a_1\|\boldsymbol{q}_{k+1}-\boldsymbol{q}_k\|_\lambda+a_2\|\dot{\boldsymbol{q}}_{k+1}-\dot{\boldsymbol{q}}_k\|_\lambda \tag{8-52}$$

这里，设

$$a_1=c_1+\|\boldsymbol{A}\|+c_0\|\ddot{\boldsymbol{q}}_d\|_\infty\text{，}a_2=c_2+\|\boldsymbol{B}\| \tag{8-53}$$

然后，采用状态变量 $\boldsymbol{x}_k=(g_k,\ p_k)$，$\boldsymbol{p}_k=\boldsymbol{R}_k\dot{\boldsymbol{q}}_k$ 可将式（8-43）的第一项改写为

$$\begin{cases}\dot{\boldsymbol{q}}_k=\boldsymbol{R}_k^{-1}\boldsymbol{p}_k\\ \dot{\boldsymbol{p}}_k=-[(\boldsymbol{B}-\dot{\boldsymbol{P}}_k)]\boldsymbol{R}_k^{-1}\boldsymbol{p}_k+\boldsymbol{f}(\boldsymbol{q}_k,\boldsymbol{R}_k^{-1}\boldsymbol{p}_k)+\boldsymbol{A}(\boldsymbol{q}_k-\boldsymbol{q}_b)]+\boldsymbol{D}\boldsymbol{u}_k\end{cases} \tag{8-54}$$

式（8-54）可写为一般形式：$\dot{\boldsymbol{x}}_k=\boldsymbol{h}(\boldsymbol{x}_k)+\boldsymbol{D}_1\boldsymbol{q}_d+\boldsymbol{D}_2\boldsymbol{u}_k$ (8-55)

可以看出，$\boldsymbol{R}_k^{-1}$、$\boldsymbol{f}$（$\boldsymbol{q}_k$，$\dot{\boldsymbol{q}}_k$）局部地满足李雅普诺夫条件，所以，非线性函数 $\boldsymbol{h}$ 也局部地满足李雅普诺夫条件，即

$$\|\boldsymbol{h}(\boldsymbol{x}_{k+1})-(\boldsymbol{x}_k)\|\leqslant c\|\boldsymbol{x}_{k+1}-\boldsymbol{x}_k\| \tag{8-56}$$

然后，由式（8-55）有

$$\dot{\boldsymbol{x}}_{k+1}-\dot{\boldsymbol{x}}_k=\boldsymbol{D}_2\boldsymbol{\Gamma}\dot{\boldsymbol{e}}_k+\boldsymbol{h}(\boldsymbol{x}_{k+1})-\boldsymbol{h}(\boldsymbol{x}_k) \tag{8-57}$$

把式（8-57）对时间取积分，并且乘以 $\mathrm{e}^{-\lambda t}$，有

$$\mathrm{e}^{-\lambda t}(\dot{\boldsymbol{x}}_{k+1}-\dot{\boldsymbol{x}}_k)=\boldsymbol{D}_2\boldsymbol{\Gamma}\int_0^t\mathrm{e}^{-\lambda(t-\tau)}\mathrm{e}^{-\lambda t}[\dot{\boldsymbol{e}}_k(\tau)]\mathrm{d}\tau+\int_0^t\mathrm{e}^{-\lambda(t-\tau)}\mathrm{e}^{-\lambda t}[\boldsymbol{h}(\boldsymbol{x}_{k+1}(\tau))-\boldsymbol{h}(\boldsymbol{x}_k(\tau))]\mathrm{d}\tau \tag{8-58}$$

定义

$$\gamma(t)=\mathrm{e}^{-\lambda t}\|\dot{\boldsymbol{x}}_{k+1}(t)-\dot{\boldsymbol{x}}_k(t)\| \tag{8-59}$$

然后，对式（8-58）的两边取范数，利用式（8-56），就可得

$$\gamma(t)\leqslant\|\boldsymbol{D}_2\boldsymbol{\Gamma}\|\frac{1-\mathrm{e}^{-\lambda t}}{\lambda}\|\ddot{\boldsymbol{e}}_k\|+\int_0^t c\mathrm{e}^{-\lambda(t-\tau)}\gamma(\tau)\mathrm{d}\tau \tag{8-60}$$

应用1.3节的Bellman-Gronwall推论，就有

$$\gamma(t)\leqslant c_1(\lambda)\|\dot{\boldsymbol{e}}_k\|_\lambda \tag{8-61}$$

式中

$$\begin{cases}c_1(\lambda)=\|\boldsymbol{D}\boldsymbol{\Gamma}\|b(\lambda)\mathrm{e}^{cb(\lambda)}\\ b(\lambda)=(1-\mathrm{e}^{-\lambda t})/\lambda\end{cases} \tag{8-62}$$

由于式（8-61）右边的 t 是任意的，所以，由式（8-61）、式（8-59）可知

$$\|\boldsymbol{q}_{k+1}-\boldsymbol{q}_k\|_\lambda\leqslant c_1(\lambda)\|\dot{\boldsymbol{e}}_k\|_\lambda \tag{8-63}$$

$$\|\boldsymbol{p}_{k+1}-\boldsymbol{p}_k\|_\lambda\leqslant c_1(\lambda)\|\dot{\boldsymbol{e}}_k\|_\lambda \tag{8-64}$$

式中，$\boldsymbol{p}_k=(\boldsymbol{J}_0+\boldsymbol{R}(\boldsymbol{q}_k))\ \dot{\boldsymbol{q}}_k$，$\boldsymbol{J}_0$ 和 $\boldsymbol{R}(\boldsymbol{q}_k)$ 都是正定的，并且，$\boldsymbol{R}(\boldsymbol{q}_k)$ 满足全局李雅普诺夫条件。所以有

$$\|\dot{\boldsymbol{q}}_{k+1}-\dot{\boldsymbol{q}}_k\|_\lambda\leqslant c_2(\lambda)\|\dot{\boldsymbol{e}}_k\|_\lambda \tag{8-65}$$

式中，$c_1(\lambda)$、$c_2(\lambda)$ 是与 λ 无关的常数。把式（8-63）代入式（8-52），则有

$$\|\boldsymbol{R}_{k+1}\dot{\boldsymbol{e}}_{k+1}\|_\lambda\leqslant[\rho+a_1c_1(\lambda)+a_2c_2(\lambda)]\|\boldsymbol{R}_k\dot{\boldsymbol{e}}_k\|_\lambda \tag{8-66}$$

由定理的假定知：$\rho<1$，$c_1(\lambda)$、$c_2(\lambda)$ 与 λ^{-1} 的阶数相同，所以，令 λ 取较大值时，就有

$$\rho_0=\rho+a_1c_1(\lambda)+a_2c_2(\lambda)<1 \tag{8-67}$$

这样

$$\|(\boldsymbol{J}_0+\boldsymbol{R}(\boldsymbol{q}_k))\dot{\boldsymbol{e}}_k\|_\lambda \leqslant \rho_0^k\|(\boldsymbol{J}_0+\boldsymbol{R}(\boldsymbol{q}_0))\dot{\boldsymbol{e}}_0\| \tag{8-68}$$

这就说明，在区间 $t\in[0, T]$，总有

$$\lim_{k\to\infty}\dot{\boldsymbol{e}}_k(t)=\boldsymbol{0} \tag{8-69}$$

另外，由于 $\boldsymbol{q}_k(0)=\boldsymbol{q}_d(0)$，$\boldsymbol{e}_k(0)=\boldsymbol{0}$，式（8-69）也意味着在区间 $t\in[0, T]$，有

$$\lim_{k\to\infty}\boldsymbol{e}_k(t)=\boldsymbol{0} \tag{8-70}$$

这也表明，当 $t\to\infty$ 时，有

$$\dot{\boldsymbol{q}}_k(t)\to\dot{\boldsymbol{q}}_d(t), \boldsymbol{q}_k(t)\to\boldsymbol{q}_d(t) \tag{8-71}$$

最后，再讨论局部性条件。在定理的前提中，假定这个局部性条件是在 $k=0$ 时成立。而且，在定理的证明中，假定了其对所有的 k 成立。所以，为了进行严谨的证明，仅假定 $k=0$ 时，$\|\dot{\boldsymbol{e}}_0\|_\lambda$ 变得足够小，则 $\boldsymbol{u}_1$ 与 $\boldsymbol{u}_0$ 的差也足够小，用这个结果来表明 $k=1$ 时的局部性条件成立。如果能这样的话，就可以说，在以后用数学归纳法时，所有的 k 都一定使局部性条件成立，这里不做进一步的证明。

可在较大的范围内选择 $\boldsymbol{\Gamma}$ 且得到的 $\boldsymbol{\Gamma}$ 满足不等式（8-45）。这是因为惯性矩阵首先是对称正定的，它的分量是关于回转关节变量的三角函数。所以，在由回转关节所构成的机器人中，$\boldsymbol{R}(\boldsymbol{q})\leqslant\overline{\boldsymbol{R}}$ 成为常数的对角矩阵存在。于是，若 $\boldsymbol{\Gamma}$ 从下面的范围中取值

$$\frac{1}{2}\boldsymbol{D}^{-1}(\boldsymbol{J}_0+\overline{\boldsymbol{R}})\leqslant\boldsymbol{\Gamma}\leqslant\frac{3}{2}\boldsymbol{D}^{-1}(\boldsymbol{J}_0+\overline{\boldsymbol{R}}) \tag{8-72}$$

即 ρ 值基本在 1/2 以下取值就足以满足式（8-45）。

在定理的证明中，λ 范数起了重要的作用。若观察这个过程，λ 或 $\boldsymbol{\Gamma}$ 为大值时，$\mathrm{e}^{\lambda T}$ 就变大，实际问题中，运动到接近终点 T 时，对理想轨迹的跟踪性能可能变差。

另外，尽管在图 8-7 所示的更新规则中增加了比例项，上述的定理也同样成立，这时，在采用 λ 范数证明中，D 项的存在对其收敛性有很大的影响，而与 P 项无关。

8.4 P 型学习控制

下面我们来研究 P 型学习控制规律。机器人的运动由下列过程决定

$$\begin{cases}(\boldsymbol{J}_0+\boldsymbol{R}(\boldsymbol{q}_k))\ddot{\boldsymbol{q}}_k+\left(\boldsymbol{B}+\dfrac{1}{2}\boldsymbol{R}(\boldsymbol{q}_k)\right)\dot{\boldsymbol{q}}_k+\boldsymbol{C}(\boldsymbol{q}_k,\dot{\boldsymbol{q}}_k)\dot{\boldsymbol{q}}_k+\boldsymbol{g}(\boldsymbol{q}_k)+\boldsymbol{A}(\boldsymbol{q}_k-\boldsymbol{q}_d)=\boldsymbol{D}\boldsymbol{u}_k\\ \dot{\boldsymbol{e}}_k=\dot{\boldsymbol{q}}_k-\dot{\boldsymbol{q}}_d\\ \boldsymbol{u}_{k+1}=\boldsymbol{u}_k+\boldsymbol{\Phi}\boldsymbol{e}_k\end{cases} \tag{8-73}$$

这里，假定局部的伺服系统存在 PD 反馈，位置增益和速度增益较大。然后，为简单起见并不失一般性，用 $\boldsymbol{D}\boldsymbol{u}_k$ 代替式（8-73）第一式右边的 $\boldsymbol{u}_k$。

在 P 型学习控制中，我们的讨论不仅限于机器人的动力学，而且，有关误差 $\boldsymbol{e}_k=\boldsymbol{q}_k-\boldsymbol{q}_d$ 的系统动力学的被动性（从广义的角度）也是我们讨论的关键。下面，若定义理想的

输入

$$\boldsymbol{u}_d=[\boldsymbol{J}_0+\boldsymbol{R}(\boldsymbol{q}_d)]\ddot{\boldsymbol{q}}_d+\left[\boldsymbol{B}+\frac{1}{2}\dot{\boldsymbol{R}}(\boldsymbol{q}_d)\right]\dot{\boldsymbol{q}}_d+\boldsymbol{C}(\dot{\boldsymbol{q}}_d,\boldsymbol{q}_d)\dot{\boldsymbol{q}}_d+\boldsymbol{g}(\boldsymbol{q}_d) \tag{8-74}$$

而从式（8-74），我们可导出：

$$[\boldsymbol{J}_0+\boldsymbol{R}(\boldsymbol{e}_k+\boldsymbol{q}_d)]\ddot{\boldsymbol{e}}_k+\left[\boldsymbol{B}+\frac{1}{2}\dot{\boldsymbol{R}}(\boldsymbol{e}_k+\boldsymbol{q}_d)\right]\dot{\boldsymbol{e}}_k+\boldsymbol{C}(\dot{\boldsymbol{e}}_k+\dot{\boldsymbol{q}}_d,\boldsymbol{e}_k+\boldsymbol{q}_d)\dot{\boldsymbol{e}}_k+\boldsymbol{A}\boldsymbol{e}_k+\boldsymbol{G}(\boldsymbol{q}_d)\boldsymbol{e}_k+\boldsymbol{f}_k=\Delta\boldsymbol{u}_k \tag{8-75}$$

令 $\Delta\boldsymbol{u}=\boldsymbol{u}_k-\boldsymbol{u}_d$，则

$$\begin{aligned}\boldsymbol{f}_k=\boldsymbol{f}(\boldsymbol{e}_k,\dot{\boldsymbol{e}}_k)=&[\boldsymbol{R}(\boldsymbol{q}_d+\boldsymbol{e}_k)-\boldsymbol{R}(\boldsymbol{q}_d)]\ddot{\boldsymbol{q}}_d+\frac{1}{2}[\boldsymbol{R}(\boldsymbol{q}_d+\boldsymbol{e}_R)-\dot{\boldsymbol{R}}(\boldsymbol{q}_d)]\dot{\boldsymbol{q}}_d+\boldsymbol{g}(\boldsymbol{q}_k)-\boldsymbol{g}(\boldsymbol{q}_d)-\\&\boldsymbol{G}(\boldsymbol{q}_d)\boldsymbol{e}_k+[\boldsymbol{C}(\boldsymbol{q}_d+\boldsymbol{e}_k,\dot{\boldsymbol{q}}_d+\dot{\boldsymbol{e}}_k)-\boldsymbol{C}(\boldsymbol{q}_d,\dot{\boldsymbol{q}}_d)]\dot{\boldsymbol{q}}_d\end{aligned} \tag{8-76}$$

进一步地，将式（8-76）中的 $\boldsymbol{f}_k$ 用泰勒公式展开为

$$\boldsymbol{f}_k=\boldsymbol{E}_k(\boldsymbol{q}_d,\dot{\boldsymbol{q}}_d,\ddot{\boldsymbol{q}}_d)\boldsymbol{e}_k+\boldsymbol{F}_k(\boldsymbol{q}_d,\dot{\boldsymbol{q}}_d,\ddot{\boldsymbol{q}}_d)\boldsymbol{e}_k+\boldsymbol{h}_k(\boldsymbol{q}_d,\dot{\boldsymbol{q}}_d,\ddot{\boldsymbol{q}}_d,\boldsymbol{e}_k,\dot{\boldsymbol{e}}_k) \tag{8-77}$$

式中，$\boldsymbol{h}_k$ 表示 $\boldsymbol{e}_k$，$\dot{\boldsymbol{e}}_k$ 的剩余高次项。于是，对式（8-76），用指数函数取输入输出间的内积为

$$\int_0^t \mathrm{e}^{-\lambda\tau}\dot{\boldsymbol{e}}_k^{\mathrm{T}}\Delta\boldsymbol{u}_k\mathrm{d}\tau=\mathrm{e}^{-\lambda\tau}V(\boldsymbol{e}_k(t),\dot{\boldsymbol{e}}_k(t))+\int_0^t \mathrm{e}^{-\lambda\tau}U(\lambda,\boldsymbol{e}_k(\tau),\dot{\boldsymbol{e}}_k(\tau))\mathrm{d}\tau+\int_0^t \mathrm{e}^{-\lambda\tau}\dot{\boldsymbol{e}}_k^{\mathrm{T}}\boldsymbol{f}_k\mathrm{d}\tau \tag{8-78}$$

$\boldsymbol{C}(\boldsymbol{q},\dot{\boldsymbol{q}})$ 是反对称矩阵，利用 $\boldsymbol{e}_k(0)=0$，$\dot{\boldsymbol{e}}_k(0)=0$，定义 V 和 U 分别为

$$\begin{cases}V(\boldsymbol{e},\dot{\boldsymbol{e}})=\dfrac{1}{2}\{\dot{\boldsymbol{e}}^{\mathrm{T}}[\boldsymbol{J}_0+\boldsymbol{R}(\boldsymbol{e}+\boldsymbol{q}_d)]\dot{\boldsymbol{e}}+\boldsymbol{e}^{\mathrm{T}}[\boldsymbol{A}+\boldsymbol{G}(\boldsymbol{q}_d)]\boldsymbol{e}\}\\U(\lambda,\boldsymbol{e},\dot{\boldsymbol{e}})=\lambda V(\boldsymbol{e},\dot{\boldsymbol{e}})+\dot{\boldsymbol{e}}^{\mathrm{T}}\boldsymbol{B}\dot{\boldsymbol{e}}-\dfrac{1}{2}\boldsymbol{e}^{\mathrm{T}}\boldsymbol{G}(\boldsymbol{q}_d)\boldsymbol{e}\end{cases} \tag{8-79}$$

参照式（8-79），用下式求出输入的二次形式积分

$$\begin{aligned}\int_0^t \mathrm{e}^{-\lambda\tau}\Delta\boldsymbol{u}_{k+1}^{\mathrm{T}}\boldsymbol{\Phi}^{-1}\Delta\boldsymbol{u}_{k+1}\mathrm{d}\tau=&\int_0^t \mathrm{e}^{-\lambda\tau}\Delta\boldsymbol{u}_k^{\mathrm{T}}\boldsymbol{\Phi}^{-1}\Delta\boldsymbol{u}_k\mathrm{d}\tau-2\mathrm{e}^{-\lambda\tau}V(\boldsymbol{e}_k(t),\dot{\boldsymbol{e}}_k(t))+\\&\int_0^t \mathrm{e}^{-\lambda\tau}[2U(\lambda,\boldsymbol{e}_k(\tau),\dot{\boldsymbol{e}}_k(\tau)-\dot{\boldsymbol{e}}_k^{\mathrm{T}}\boldsymbol{\Phi}\dot{\boldsymbol{e}}_k)]\mathrm{d}\tau+\\&2\int_0^t \mathrm{e}^{-\lambda\tau}\dot{\boldsymbol{e}}_k^{\mathrm{T}}\boldsymbol{f}_k\mathrm{d}\tau\end{aligned} \tag{8-80}$$

这里，必须估计右边的后一项，因此，有必要说明：不管 k 如何，$\boldsymbol{e}_k$、$\dot{\boldsymbol{e}}_k$ 总是一致有界的。所以，我们首先取适当的 $\gamma>0$（不必很小），并且，考虑满足下式的输入

$$\int_0^t(\boldsymbol{u}_0(t)-\boldsymbol{u}_d(t))^{\mathrm{T}}\boldsymbol{\Phi}^{-1}(\boldsymbol{u}_0(t)-\boldsymbol{u}_d(t))\mathrm{d}t\leqslant\gamma \tag{8-81}$$

这样的输入我们称为许用输入。另外，$\boldsymbol{u}_0(t)$ 作为伺服输入，$k=0$ 时的式（8-73）的解用 $\boldsymbol{q}_0(t)$ 表示，并称它为许用轨迹。这时，由本节最后所述的推理，并且假定 $\boldsymbol{e}_0$、$\dot{\boldsymbol{e}}_0$ 有界，所以，有满足下面条件的常数 γ_1、γ_2 存在

$$\sup(\|\boldsymbol{e}_0\|_\infty)=\gamma_1,\sup(\|\dot{\boldsymbol{e}}_0\|_\infty)=\gamma_2 \tag{8-82}$$

这里，sup 作用于任意许用输入 $\boldsymbol{u}_0(t)$。这时，对应于所有的许用轨迹 $\boldsymbol{q}_0(t)$ 与其微分 $\dot{\boldsymbol{q}}_0(t)$，应该有满足下式的常数 $\rho_1>0$，$\rho_2>0$ 存在

$$\dot{\boldsymbol{e}}_0^{\mathrm{T}}\boldsymbol{f}(\boldsymbol{e}_0,\dot{\boldsymbol{e}}_0)\leqslant\rho_0\boldsymbol{e}_0^{\mathrm{T}}\boldsymbol{e}_0+\rho\dot{\boldsymbol{e}}_0^{\mathrm{T}}\dot{\boldsymbol{e}}_0 \tag{8-83}$$

于是，对于满足 $\|\boldsymbol{e}_0\|\leqslant\gamma_1$ 的所有 $\boldsymbol{e}$，在下式所成立的范围内，尽可能地选小一些的 $\boldsymbol{\lambda}$

$$\begin{cases}\|\boldsymbol{\lambda}\{\boldsymbol{J}_0+\boldsymbol{R}(\boldsymbol{e}+\boldsymbol{q}_d)\}\|>\|2\rho_1/+\boldsymbol{\Phi}-2\boldsymbol{B}\|\\ \|\boldsymbol{\lambda}\{\boldsymbol{A}+\boldsymbol{G}(\boldsymbol{q}_d)\}\|>\|\boldsymbol{G}(\boldsymbol{q}_d)+2\rho_0/\|\end{cases} \tag{8-84}$$

完成了以上的准备，下面我们给出 P 型学习控制的收敛定理，关于其目标的收敛性的证明，由于篇幅所限，这里将不做讨论。

P 型学习控制的收敛定理 P 型学习控制的增益 $\boldsymbol{\Phi}$ 满足

$$\|2\boldsymbol{B}\|>\|\boldsymbol{\Phi}\| \tag{8-85}$$

分段连续的初始输入 $\boldsymbol{u}_0(t)$ 满足

$$\int_0^t \mathrm{e}^{-\lambda\tau}[\boldsymbol{u}_0(t)-\boldsymbol{u}_d(t)]^{\mathrm{T}}\boldsymbol{\Phi}^{-1}[\boldsymbol{u}_0(t)-\boldsymbol{u}_d(t)]\mathrm{d}t\leqslant\mathrm{e}^{-\lambda\tau}\gamma \tag{8-86}$$

这时，$\boldsymbol{e}_k=\boldsymbol{q}_k(t)-\boldsymbol{q}_d(t)$，$\dot{\boldsymbol{e}}_k=\dot{\boldsymbol{q}}_k(t)-\dot{\boldsymbol{q}}_d(t)$ 关于 k 一致有界，对应任意固定的时间间隔 $t\in[0,T]$，存在

$$\lim_{k\to\infty}\boldsymbol{q}_k(t)=\boldsymbol{q}_d(t),\lim_{k\to\infty}\dot{\boldsymbol{q}}_k(t)=\dot{\boldsymbol{q}}_d(t) \tag{8-87}$$

特别地，位置 $\boldsymbol{q}_k(t)$ 总是收敛于理想轨迹 $\boldsymbol{q}_d(t)$。

要说明的一点是与这个定理有同样结论的 PI 型学习控制也成立，如图 8-11 所示。这时，积分项的增益（对角矩阵）的对角成分在一定程度上必须小一些。最后，我们再给出以下的推理。

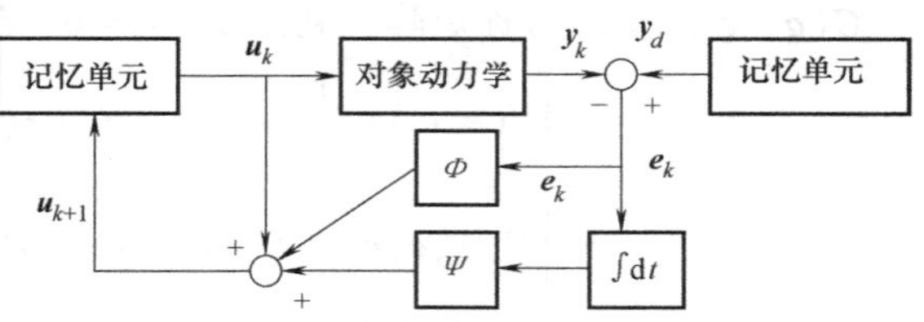

图 8-11 PI 型学习控制系统规律

推论 增益矩阵 $\boldsymbol{\Phi}$ 满足式（8-85）。对于任意的分段连续的伺服输入 $\boldsymbol{u}_0(t)$，按照理想的轨迹 $\boldsymbol{q}_d(t)$ 所决定的式（8-74）中的 $\boldsymbol{u}_d(t)$，有

$$\int_0^t(\boldsymbol{u}_0-\boldsymbol{u}_d)^{\mathrm{T}}\boldsymbol{\Phi}^{-1}(\boldsymbol{u}_0-\boldsymbol{u}_d)\mathrm{d}\tau=\gamma_0 \tag{8-88}$$

且 γ_1，γ_2 满足

$$\|\boldsymbol{q}_0-\boldsymbol{q}_d\|_\infty\leqslant\gamma_1,\ \|\dot{\boldsymbol{q}}_0-\dot{\boldsymbol{q}}_d\|_\infty\leqslant\gamma_2 \tag{8-89}$$

8.5 带有忘却因子的学习控制

像 8.1 节的最后所讨论的那样，我们考虑机器人系统不完全满足学习控制的前提条件即公理 3)～公理 5)，而满足公理 3′)～公理 5′) 的情况。也就是说，在机器人中，即使存在初始设定的误差、动力学的漂移及测量噪声时，也能采用学习控制。在这种情况下，若采用 D 型学习控制规律，在重复练习以后，运动轨迹逐渐接近理想轨迹，所以，有必要讨论在什么时候能达到这个目标轨迹附近的区域内。另一方面，遵循 P 型学习控制规律的情形，不能

证明在这个意义上的收敛性。然而，幸运的是，在 P 型学习控制规律的情形，如果引入忘却因子，就可证明上述意义下的收敛性。这里，我们介绍引入忘却因子的两种方法，如图 8-12、图 8-13 所示。

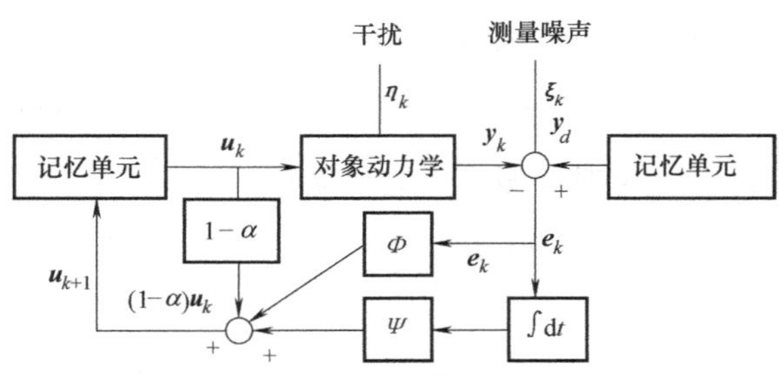

图 8-12　带有忘却因子的 PI 型学习控制系统规律

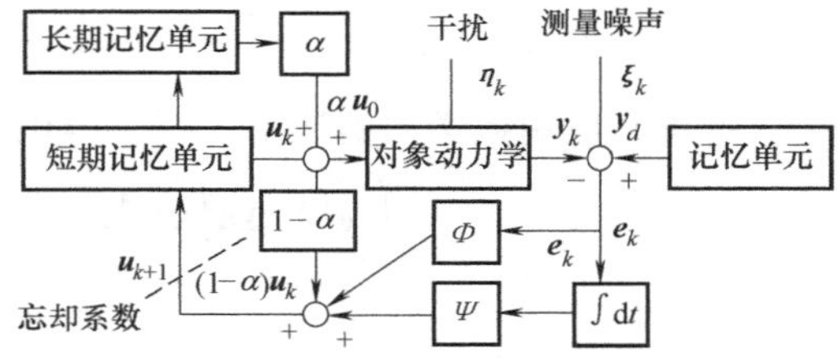

图 8-13　具有长期记忆单元的带有忘却因子的 PI 型学习控制系统规律

$$\boldsymbol{u}_{k+1}=(1-\alpha)\boldsymbol{u}_k+\boldsymbol{\Phi}\boldsymbol{e}_k \tag{8-90}$$

$$\boldsymbol{u}_{k+1}=(1-\alpha)\boldsymbol{u}_k+\alpha\boldsymbol{u}_0+\boldsymbol{\Phi}\boldsymbol{e}_k \tag{8-91}$$

这里，若 $\alpha>0$ 且比较小（通常在 0.05 以下），就称为忘却因子。上面的两个学习方法的区别在于有无 $\alpha\boldsymbol{u}_0$ 项，把 $\boldsymbol{u}_0(t)$ 作为长期记忆，就会在学习中产生出奇妙的效果。从数学意义上讲，若让式（8-91）中的 $\boldsymbol{u}_0(t)=0$，就可得到式（8-90）。所以，后面我们仅讨论式（8-91）的学习法则，即带有忘却因子的学习控制。

接着，把机器人的动力学、测量过程及学习法则，总结成下列式

$$\begin{cases}(\boldsymbol{J}_0+\boldsymbol{R}(\boldsymbol{q}_k))\ddot{\boldsymbol{q}}_k+\left(\boldsymbol{B}+\dfrac{1}{2}\dot{\boldsymbol{R}}(\boldsymbol{q}_k)\right)\dot{\boldsymbol{q}}_k+\boldsymbol{C}(\boldsymbol{q}_k,\dot{\boldsymbol{q}}_k)\dot{\boldsymbol{q}}_k+\boldsymbol{g}(\boldsymbol{q}_k)+\boldsymbol{A}(\boldsymbol{q}_k-\boldsymbol{q}_d)=\boldsymbol{u}_k+\boldsymbol{\eta}_k\\ \boldsymbol{e}_k=\boldsymbol{y}_k-\boldsymbol{y}_d,\boldsymbol{y}_d=\dot{\boldsymbol{q}}_d,\boldsymbol{y}_k=\dot{\boldsymbol{q}}_k+\boldsymbol{\zeta}_k\\ \boldsymbol{u}_{k+1}=(1-\alpha)\boldsymbol{u}_k+\alpha\boldsymbol{u}_0+\boldsymbol{\Phi}\boldsymbol{e}_k\end{cases} \tag{8-92}$$

根据前节的讨论，令 $\boldsymbol{e}_k=\boldsymbol{q}_k-\boldsymbol{q}_d$，求对应于式（8-75）中 $\dot{\boldsymbol{e}}_k$的控制式为

$$[\boldsymbol{J}_0+\boldsymbol{R}(\boldsymbol{e}_k+\boldsymbol{q}_d)]\ddot{\boldsymbol{e}}_k+\left[\boldsymbol{B}+\frac{1}{2}\dot{\boldsymbol{R}}(\boldsymbol{e}_k+\boldsymbol{q}_d)\right]\dot{\boldsymbol{e}}_k+\boldsymbol{C}(\dot{\boldsymbol{e}}_k+\dot{\boldsymbol{q}}_d,\boldsymbol{e}_k+\boldsymbol{q}_d)\dot{\boldsymbol{e}}_k+\boldsymbol{A}\boldsymbol{e}_k+\boldsymbol{G}(\boldsymbol{q}_d)\boldsymbol{e}_k+\boldsymbol{f}_k=\Delta\boldsymbol{u}_k+\boldsymbol{\eta}_k \tag{8-93}$$

这里，采用了式（8-76）的记法。接着，对应于式（8-78），求 $\dot{\boldsymbol{e}}_k$、$\Delta\boldsymbol{u}_k$ 的多重内积，即

$$\int_0^t \mathrm{e}^{-\lambda\tau}\dot{\boldsymbol{e}}_k^{\mathrm{T}}\Delta\boldsymbol{u}_k\mathrm{d}\tau=\mathrm{e}^{-\lambda\tau}V(\boldsymbol{e}_k(t),\dot{\boldsymbol{e}}_k(t))-V(\boldsymbol{e}_k(0),\dot{\boldsymbol{e}}_k(0))+\int_0^t \mathrm{e}^{-\lambda\tau}U(\lambda,\boldsymbol{e}_k(\tau),\dot{\boldsymbol{e}}_k(\tau))\mathrm{d}\tau+\int_0^t \mathrm{e}^{-\lambda\tau}\dot{\boldsymbol{e}}_k^{\mathrm{T}}\boldsymbol{f}_k\mathrm{d}\tau \tag{8-94}$$

式中，$\boldsymbol{V}$ 和 $\boldsymbol{U}$ 是由式（8-79）所定义的函数。而且，由式（8-91）和式（8-92）可得

$$\Delta\boldsymbol{u}_{k+1}-\alpha\Delta\boldsymbol{u}_0=(1-\alpha)\Delta\boldsymbol{u}_k-\boldsymbol{\Phi}(\dot{\boldsymbol{e}}_k+\boldsymbol{\zeta}_k) \tag{8-95}$$

所以，对应于式（8-80），可导出

$$\int_0^t \mathrm{e}^{-\lambda\tau}(\Delta\boldsymbol{u}_{k+1}-\alpha\Delta\boldsymbol{u}_0)^{\mathrm{T}}\boldsymbol{\Phi}^{-1}(\Delta\boldsymbol{u}_{k+1}-\alpha\Delta\boldsymbol{u}_0)\mathrm{d}\tau$$

$$=(1-\alpha)^2\int_0^t \mathrm{e}^{-\lambda\tau}\Delta\boldsymbol{u}_k^{\mathrm{T}}\boldsymbol{\Phi}^{-1}\Delta\boldsymbol{u}_k\mathrm{d}\tau+\int_0^t \mathrm{e}^{-\lambda\tau}\dot{\boldsymbol{e}}_k^{\mathrm{T}}\boldsymbol{\Phi}\dot{\boldsymbol{e}}_k\mathrm{d}\tau+\int_0^t \mathrm{e}^{-\lambda\tau}[2\dot{\boldsymbol{e}}_k-2(1-\alpha)\boldsymbol{\Phi}^{-1}\Delta\boldsymbol{u}_k+\boldsymbol{\zeta}_k\mathrm{d}\tau]^{\mathrm{T}}$$

$$\boldsymbol{\Phi}\boldsymbol{\xi}_k \mathrm{d}\tau - 2(1-\alpha)\int_0^t \mathrm{e}^{-\lambda z}\Delta\boldsymbol{u}_k^{\mathrm{T}}\dot{\boldsymbol{e}}_k \mathrm{d}\tau$$

$$= (1-\alpha)^2\int_0^t \mathrm{e}^{-\lambda\tau}\Delta\boldsymbol{u}_k^{\mathrm{T}}\boldsymbol{\Phi}^{-1}\Delta\boldsymbol{u}_k \mathrm{d}\tau - 2(1-\alpha)\mathrm{e}^{-\lambda\tau}V(\boldsymbol{e}_k(t),\dot{\boldsymbol{e}}_k(t)) - \int_0^t \mathrm{e}^{-\lambda\tau} [2(1-\alpha)U(\lambda,\boldsymbol{e}_k(\tau),\dot{\boldsymbol{e}}_k(\tau) - \dot{\boldsymbol{e}}_k^{\mathrm{T}}\boldsymbol{\Phi}\dot{\boldsymbol{e}}_k)\mathrm{d}\tau + 2(1-\alpha)V(\boldsymbol{e}_k(0),\dot{\boldsymbol{e}}_k(0)) - 2(1-\alpha) \int_0^t \mathrm{e}^{-\lambda\tau}\dot{\boldsymbol{e}}_k^{\mathrm{T}}(\boldsymbol{f}_k - \boldsymbol{\eta}_k)\mathrm{d}\tau + \int_0^t \mathrm{e}^{-\lambda\tau}[2\dot{\boldsymbol{e}}_k - 2(1-\alpha)\boldsymbol{\Phi}^{-1}\Delta\boldsymbol{u}_k + \boldsymbol{\xi}_k]^{\mathrm{T}}\boldsymbol{\Phi}\boldsymbol{\xi}_k \mathrm{d}\tau \tag{8-96}$$

这里，应用数学归纳法来证明，$i=0$，1，2，…，k 时，假定下式成立

$$\int_0^t \mathrm{e}^{-\lambda\tau}\Delta\boldsymbol{u}_i^{\mathrm{T}}\boldsymbol{\Phi}^{-1}\Delta\boldsymbol{u}_i \mathrm{d}\tau \leqslant \mathrm{e}^{-\lambda\tau}\gamma - \varepsilon/[\alpha(1-\alpha)] \tag{8-97}$$

$$\|\boldsymbol{e}_k\|_\infty \leqslant \gamma_1,\ \|\dot{\boldsymbol{e}}_k\|_\infty \leqslant \gamma_2 \tag{8-98}$$

式中，γ 由式（8-81）给定；γ_1、γ_2 由式（8-83）给定；λ 和 ε 我们将在后面决定。这时，类似于式（8-83），有

$$|\dot{\boldsymbol{e}}_i^{\mathrm{T}}\boldsymbol{f}(\boldsymbol{e}_i,\dot{\boldsymbol{e}}_i)| \leqslant \rho_0\boldsymbol{e}_i^{\mathrm{T}}\boldsymbol{e}_i + \rho_1\dot{\boldsymbol{e}}_i^{\mathrm{T}}\dot{\boldsymbol{e}}_i \tag{8-99}$$

另外，初始化误差由 $\boldsymbol{x}_i(0)=(\boldsymbol{q}_i(0),\dot{\boldsymbol{q}}_i(0))$，$\boldsymbol{x}^0=(\boldsymbol{q}_d(0),\dot{\boldsymbol{q}}_d(0))$ 的差表示，它满足式（8-8），并且，由于动力学扰动，$\boldsymbol{\eta}_i(t)$ 与测量误差 $\boldsymbol{\xi}_i(t)$ 分别满足式（8-9）和式（8-11），所以有

$$\left|2(1-\alpha)V(\boldsymbol{e}_i(0),\dot{\boldsymbol{e}}_i(0)) - 2(1-\alpha)\int_0^t \mathrm{e}^{-\lambda\tau}\dot{\boldsymbol{e}}_i^{\mathrm{T}}(\boldsymbol{f}_i - \boldsymbol{\eta}_i)\mathrm{d}\tau + \int_0^t \mathrm{e}^{-\lambda\tau}[2\dot{\boldsymbol{e}}_i - 2(1-\alpha)\boldsymbol{\Phi}^{-1}\Delta\boldsymbol{u} + \boldsymbol{\zeta}_1]^{\mathrm{T}}\boldsymbol{\Phi}\boldsymbol{\zeta}_1\mathrm{d}\tau\right| \leqslant 2(1-\alpha) \int_0^t \mathrm{e}^{-\lambda\tau}(\rho_0\boldsymbol{e}_i^{\mathrm{T}}\boldsymbol{e}_i + \rho_1\dot{\boldsymbol{e}}_i^{\mathrm{T}}\dot{\boldsymbol{e}}_i)\mathrm{d}\tau + \varepsilon \tag{8-100}$$

式中，ε 是适当取定的常数。于是，令

$$W(\alpha,\lambda,\boldsymbol{e}_i,\dot{\boldsymbol{e}}_i) = 2(1-\alpha)U(\lambda,\boldsymbol{e}_i,\dot{\boldsymbol{e}}_i) - \dot{\boldsymbol{e}}_i^{\mathrm{T}}\boldsymbol{\Phi}\dot{\boldsymbol{e}}_i - 2(1-\alpha)(\rho_0\dot{\boldsymbol{e}}_i^{\mathrm{T}}\dot{\boldsymbol{e}}_i + \rho_1\dot{\boldsymbol{e}}_i^{\mathrm{T}}\dot{\boldsymbol{e}}_i) \tag{8-101}$$

然后，把式（8-100）代入式（8-96），得

$$\int_0^t \mathrm{e}^{-\lambda\tau}(\Delta\boldsymbol{u}_{i+1} - \alpha\Delta\boldsymbol{u}_0)^{\mathrm{T}}\boldsymbol{\Phi}^{-1}(\Delta\boldsymbol{u}_{i+1} - \alpha\Delta\boldsymbol{u}_0)\mathrm{d}\tau \leqslant (1-\alpha)^2\int_0^t \mathrm{e}^{-\lambda\tau}\Delta\boldsymbol{u}_i^{\mathrm{T}}\boldsymbol{\Phi}^{-1}\Delta\boldsymbol{u}_i\mathrm{d}\tau - 2(1-\alpha)\mathrm{e}^{-\lambda\tau}V(\boldsymbol{e}_i(t),\dot{\boldsymbol{e}}_i(t)) - \int_0^t \mathrm{e}^{-\lambda\tau}W(\alpha,\lambda,\boldsymbol{e}_i,\dot{\boldsymbol{e}}_i)\mathrm{d}\tau + \varepsilon \tag{8-102}$$

式中，λ 应使式（8-101）中定义的 W 在关于 $\boldsymbol{e}_i$、$\dot{\boldsymbol{e}}_i$正定的范围内尽可能地小，此后就保持恒定。

接着，有

$$(1-\alpha)\int_0^t \mathrm{e}^{-\lambda\tau}\Delta\boldsymbol{u}_i^{\mathrm{T}}\boldsymbol{\Phi}^{-1}\Delta\boldsymbol{u}_i\mathrm{d}\tau \leqslant \int_0^t \mathrm{e}^{-\lambda\tau}(\Delta\boldsymbol{u}_i - \alpha\Delta\boldsymbol{u}_0)^{\mathrm{T}}\boldsymbol{\Phi}^{-1}(\Delta\boldsymbol{u}_i - \alpha\Delta\boldsymbol{u}_0)\mathrm{d}\tau + \alpha(1-\alpha)\int_0^t \mathrm{e}^{-\lambda\tau}\Delta\boldsymbol{u}_0^{\mathrm{T}}\boldsymbol{\Phi}^{-1}\Delta\boldsymbol{u}_0\mathrm{d}\tau \tag{8-103}$$

把式（8-103）代入式（8-102）后，就有

$$s_{i+1}(t) \leqslant (1-\alpha)s_i(t) + \alpha(1-\alpha)\int_0^t \mathrm{e}^{-\lambda\tau}\Delta\boldsymbol{u}_0^{\mathrm{T}}\boldsymbol{\Phi}^{-1}\Delta\boldsymbol{u}_0\mathrm{d}\tau - 2(1-\alpha)\mathrm{e}^{-\lambda\tau}V(\boldsymbol{e}_i(t),\dot{\boldsymbol{e}}_i(t)) - \int_0^t \mathrm{e}^{-\lambda\tau}W(\alpha,\lambda;\boldsymbol{e}_i,\dot{\boldsymbol{e}}_i)\mathrm{d}\tau + \varepsilon \tag{8-104}$$

式中

$$s_i(t)=(1-\alpha)\int_0^t e^{-\lambda\tau}\Delta\boldsymbol{u}_i^{\mathrm{T}}\boldsymbol{\Phi}^{-1}\Delta\boldsymbol{u}_i\mathrm{d}\tau \tag{8-105}$$

由于 V 和 W 都是正定值，由式（8-104）得

$$s_{i+1}\leqslant(1-\alpha)^{i+1}s_0(t)+[1-(1-\alpha)^{i+1}]s_0(t)+\varepsilon/\alpha=s_i(t)+\varepsilon/\alpha \tag{8-106}$$

返回到原来的定义，式（8-106）可写成下面的形式：

$$\int_0^t e^{-\lambda\tau}\Delta\boldsymbol{u}_{i+1}^{\mathrm{T}}\boldsymbol{\Phi}^{-1}\Delta\boldsymbol{u}_{i+1}\mathrm{d}\tau\leqslant\int_0^t e^{-\lambda\tau}\Delta\boldsymbol{u}_0^{\mathrm{T}}\boldsymbol{\Phi}^{-1}\Delta\boldsymbol{u}_0\mathrm{d}\tau+\frac{\varepsilon}{\alpha(1-\alpha)} \tag{8-107}$$

这里，假定 $\boldsymbol{u}_0(t)$ 分段连续，且满足

$$\int_0^t e^{-\lambda\tau}\Delta\boldsymbol{u}_0^{\mathrm{T}}\boldsymbol{\Phi}^{-1}\Delta\boldsymbol{u}_0\mathrm{d}\tau\leqslant e^{-\lambda\tau}\gamma-\frac{\varepsilon}{\alpha(1-\alpha)} \tag{8-108}$$

这时，$\boldsymbol{u}_0(t)$ 就作为许用输入，这也说明了式（8-97）在 $i=0$ 时，明显成立。根据这个结论，由前节的推论可知，式（8-98）也在 $i=0$ 时成立。于是，若对于 $i=0$，1，…，k，式（8-97）和式（8-98）成立，从上面的讨论可有，式（8-107）在 $i=0$ 时成立。由此，当 $i=k$ 时，从式（8-107）有

$$\int_0^t e^{-\lambda\tau}\Delta\boldsymbol{u}_{i+1}^{\mathrm{T}}\boldsymbol{\Phi}^{-1}\Delta\boldsymbol{u}_{i+1}\mathrm{d}\tau\leqslant\gamma \tag{8-109}$$

也就是说，$\boldsymbol{u}_{k+1}(t)$ 也是许用输入，由推论可知，当 $i=k+1$ 时，式（8-99）也成立。再者，可以把式（8-98）与式（8-109）及式（8-98）（当 $i=k$ 时）代入式（8-105）的右边，很容易证明当 $i=k+1$ 时式（8-98）仍然成立。

与上一节的推导相同，也就是说，由推论可知，式（8-99）在 $i=k+1$ 时也成立。再者，很容易证明式（8-97）在 $i=k+1$ 时成立。

P 型学习控制的一致有界性对应于带有忘却因子的 P 型学习控制方法，增益 $\boldsymbol{\Phi}$ 满足式（8-85），分段连续的初始输入 $\lambda\boldsymbol{u}_0(t)$ 满足

$$\int_0^t e^{-\lambda\tau}[\boldsymbol{u}_0(t)-\boldsymbol{u}_d(t)]^{\mathrm{T}}\boldsymbol{\Phi}^{-1}[\boldsymbol{u}_0(t)-\boldsymbol{u}_d(t)]\mathrm{d}t\leqslant e^{-\lambda\tau}\gamma-\varepsilon/[\alpha(1-\alpha)] \tag{8-110}$$

并且初始化的误差、扰动及测量误差分别满足式（8-8）、式（8-9）及式（8-11）。这时，$\boldsymbol{e}_k(t)=\boldsymbol{q}_k(t)-\boldsymbol{q}_d(t)$，$\dot{\boldsymbol{e}}_k(t)=\dot{\boldsymbol{q}}_k(t)-\dot{\boldsymbol{q}}_d(t)$ 关于 k 是一致有界的。

于是，我们可以说：带忘却因子的 P 型学习控制法对应于初始化误差、扰动及测量误差是鲁棒的。

上述讨论，也可以扩展到图 8-13 所示的 PI 型学习控制的情形，即使 I 项的增益矩阵不取得很大，也能够得到同样的结果。

8.6 具有记忆选择功能学习控制

下面我们继续考虑含有忘却因子的 P 型学习控制法则。前节中论述了误差轨迹 $\boldsymbol{e}_k(t)=\boldsymbol{q}_k(t)-\boldsymbol{q}_d(t)$，$\dot{\boldsymbol{e}}_k(t)=\dot{\boldsymbol{q}}_k(t)-\dot{\boldsymbol{q}}_d(t)$ 的一致有界性，下面想进一步讨论它的收敛性。于是，对于式（8-104），对 s_{i+1} 按 $i=0$ 到 $i=k-1$ 求和，就有

$$s_k(t)-s_0(t)+\sum_{i=0}^{k-1}\left[\alpha_{s_i}(t)+2(1-\alpha)e^{-\lambda T}V(\boldsymbol{e}_i(t),\dot{\boldsymbol{e}}_i(t))-\int_0^t e^{-\lambda\tau}W(\alpha,\lambda,\boldsymbol{e}_i,\dot{\boldsymbol{e}}_i)\mathrm{d}\tau\right]$$

$$\leqslant k\alpha(1-\alpha)\int_0^t \mathrm{e}^{-\lambda\tau}\Delta\boldsymbol{u}_0^{\mathrm{T}}\boldsymbol{\Phi}^{-1}\Delta\boldsymbol{u}_0\mathrm{d}\tau + k\varepsilon \tag{8-111}$$

用 k 除以式（8-111）的两边，并注意到，$s_i(t)\geqslant 0$，$v\geqslant 0$，由式（8-111）得

$$\frac{1}{k}\sum_{i=0}^{k-1}\int_0^T \mathrm{e}^{-\lambda\tau}W(\alpha,\lambda,\boldsymbol{e}_i,\dot{\boldsymbol{e}}_i)\mathrm{d}\tau \leqslant \left(\alpha+\frac{1-\alpha}{k}\right)(1-\alpha)\int_0^T \mathrm{e}^{-\lambda\tau}\Delta\boldsymbol{u}_0^{\mathrm{T}}\boldsymbol{\Phi}^{-1}\Delta\boldsymbol{u}_0\mathrm{d}\tau + \varepsilon \tag{8-112}$$

这里，初始化的误差及动力学扰动、测量误差足够小，可知 ε 比忘却因子 α 也小得多。然后，练习次数 k 差不多等于 $1/\alpha$，这时，从式（8-112），应有

$$\min_{i=0,\cdots,k-1}\left(\int_0^t \mathrm{e}^{-\lambda\tau}W(\alpha,\lambda,\boldsymbol{e}_i,\dot{\boldsymbol{e}}_i)\mathrm{d}\tau\right) \leqslant 2\alpha s_0(t) + \varepsilon \tag{8-113}$$

式中，W 是式（8-101）中定义的二维形式，可以从一开始就将 λ 稍稍地取得大一些，以保证下列不等式成立

$$W(\alpha,\lambda,\boldsymbol{e}_i,\dot{\boldsymbol{e}}_i)\geqslant(1-\alpha)\{\dot{\boldsymbol{e}}^{\mathrm{T}}[\boldsymbol{J}_0+\boldsymbol{R}(\boldsymbol{e}+\boldsymbol{q}_d)]\dot{\boldsymbol{e}}+\boldsymbol{e}^{\mathrm{T}}[\boldsymbol{A}+\boldsymbol{G}(\boldsymbol{q}_d)]\boldsymbol{e}\}=(1-\alpha)E(\boldsymbol{e},\dot{\boldsymbol{e}}) \tag{8-114}$$

例如，开始选择 λ 以使 W 恰好为正定，把 λ 增加 1，式（8-114）成立。现在，为实现使式（8-114）右边 $E(\boldsymbol{e}_i,\dot{\boldsymbol{e}}_i)$ 的积分最小，即

$$\min_{i=0,\cdots,k-1}\left(\int_0^t \mathrm{e}^{-\lambda\tau}E(\boldsymbol{e}_i,\dot{\boldsymbol{e}}_i)\mathrm{d}\tau\right) \tag{8-115}$$

选择试行 $i=k^*$，这时，就记忆输入 $\boldsymbol{u}_k(t)$。因此，准备暂时记忆单元，在 $i=0, 1, 2, \cdots$ 反复练习，计算累计误差能量［即式（8-115）的积分］得出最小值，用这时的输入信号来替换暂时记忆单元中的内容。然后，当 $1/k$ 基本上等于 α 时，中断练习，把暂时记忆单元中的内容移到长期记录和短期记录中，如图 8-14 所示。图中，在暂时记忆单元中，储存 $\int_0^t \mathrm{e}^{-\lambda t}E(\boldsymbol{e}_1,\dot{\boldsymbol{e}}_1)\mathrm{d}t$ 最小化的输入 u_i，并在第 k 次试行时，更新长期记忆单元和短期记忆单元，而且，短期记忆单元需要每次进行更新。

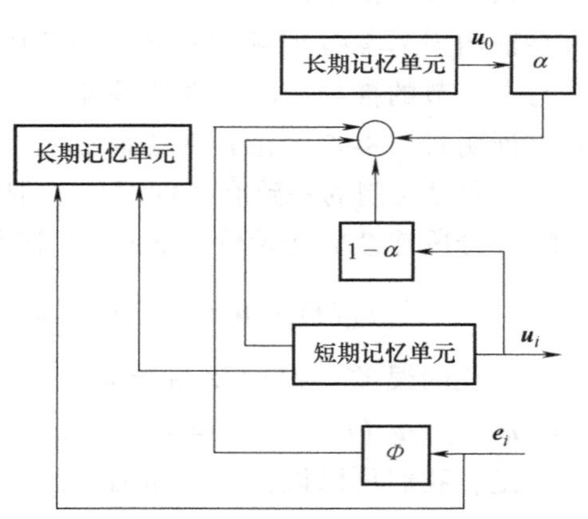

图 8-14　记忆单元之间的更新过程

$$\int_0^t \mathrm{e}^{-\lambda t}E(\boldsymbol{e}_0,\dot{\boldsymbol{e}}_0)\mathrm{d}\tau \leqslant O(\alpha) \tag{8-116}$$

换句话说，轨迹误差的总能量的评价量与 α 的阶数相同。可是，这时 Δu_0 积分的二维形式误差成为

$$\int_0^t \mathrm{e}^{-\lambda\tau}\Delta\boldsymbol{u}_0^{\mathrm{T}}\boldsymbol{\Phi}^{-1}\Delta\boldsymbol{u}_0\mathrm{d}\tau \leqslant O(\alpha) \tag{8-117}$$

把可使 E 的重积分最小的输入信号储存在暂时记忆单元中，用每 k 次的暂时记忆的内容更新长期记忆和短期记忆的单元（图 8-14），这种方法称为选择的学习方法。以这个方法为基础，如果 $1/k$ 是 α 的阶数，经过 nk 次的试行，上面所述意义下的轨迹误差就为 α^n 阶。

例如，忘却因子 α 取 1/10，10 次试行，误差约为 1/10，一般情况下，$10n$ 次试行误差

为 10^{-n} 阶。

这个选择的学习规律，已被用作田径比赛和游泳比赛的训练方法。把从几次到几十次的练习作为一场训练，经过一段时间的休息，再开始训练。这时，就能接近理想的运动。当然，忘却因子 α 的选择方法、误差的评价方法也有一定的讨论余地，但是，我们可以得出：这个学习方法对于种种误差和扰动都是鲁棒的。

8.7 机器人控制中的强化学习

强化学习是机器学习领域的一个重要的研究热点，已经在工业制造、仿真模拟、优化调度、游戏博弈等领域中得到了应用。近年来，尤其是自 AlphaGo 获得举世瞩目的成功之后，具有决策能力的强化学习方法越来越受到人们的关注。考虑到强化学习是当前重要的研究热点，且其基本思想与学习控制存在异曲同工之妙，因此，在本章的最后一节中，将对控制中常用的强化学习方法进行简要介绍。需要说明的是，由于强化学习所依据的基础知识比较复杂，限于本书的篇幅，本章无法从基础知识开始对强化学习进行介绍，而是对控制过程中常用的强化学习方法，以及各个方法的注意事项进行简要介绍，强化学习的相关基础知识和具体应用，还请感兴趣的读者自行查阅相关文献。

8.7.1 控制中强化学习的分类

根据学习过程中，学习器（通常是机器人的控制器）是否可以主动地参与学习过程，可以将控制过程中的强化学习分为交互式学习和非交互式学习。如果学习者可以主动介入学习过程，则这种学习为交互式学习；否则，为非交互式学习。由于在交互式学习过程中，学习者可以主动地改变样本点的分布，所以交互式学习相对来说更加容易获得良好的策略。然而，由于学习目标通常是不同的，所以基本不存在适用于所有情形的学习算法。

在非交互式学习中，最常见的学习目标是依据观察结果得到一个良好的策略。在这种方式中，最常见的是学习样本固定的情形。具体来说，就是在学习开始之前，对一些物理系统（如机器人）进行实验，并将得到的实验数据作为学习样本。而这就是机器学习中的批量学习（Batch Learning），需要注意的是，批量学习问题与批量学习方法是两个概念，后者是与 Incemental、Recursive 或 Iterative Methods 相反的方法。在这种方法中，由于观测是不受控制的，所以在使用固定样本时，需要处理离策略的学习情况。在其他的情形中，如使用仿真环境产生新的训练数据的情况下，机器人可以要求将更多的数据用于训练，而此时，学习目标可能是要尽快地形成一个相对较好的策略。

再考虑交互式学习的情况。这种情况下，一种可能的目标就是优化机器人的在线性能，在这种目标下，强化学习问题可转换为在线学习问题。在线性能可以用多种方式来评估。其中最自然的衡量标准是对学习过程中产生的回报求和。另一种可供选择的衡量标准是学习者未来预期回报低于最佳回报的次数，即学习者犯错误的次数。另一种学习目标与非交互式学习类似，即学习目标是尽快得到一种可行的策略，或在给定的若干样本的基础上得到一个良好的策略。在交互式学习中，学习者具有控制样本的权限，这样可以提高找到良好策略的可能性。

8.7.2 闭环交互式学习方法

交互式学习方法的特点是需要进行探索，在这一节中，我们首先用 Bandits 来说明探索的重要性。然后，我们讨论马尔可夫决策过程中的主动学习方法，并给出几种可用于马尔可夫决策过程的在线学习方法。

1. Bandits 中的在线学习

考虑只有一个状态的马尔可夫决策过程，定义问题为最大化学习过程中的返回值。由于只有一个过程，所以这是一个典型的 Bandits 问题（Robbins，1952）。该问题中涉及的最基本的观察结果是，一个总是选择具有最佳估计收益的行动，即总是做出贪婪选择的学习者，可能无法获得最好的结果，即可能会遭受很大的损失。因此，一个良好的学习者必须在必要的时候进行探索。于是，问题转换为对探索行为和贪婪行为的平衡问题。

解决这种问题的一种简单方法是，设定一个概率值 $\varepsilon>0$，以 ε 为概率随机选择行为，并在其余情况下，选择贪婪行为。这就是所谓的“ε-greedy”策略。另一种简单的方法是所谓的“玻尔兹曼探索”策略，在这种策略中，t 时刻的状态定义为 $Q_t(a)$，$a\in A$，则下一步的状态 $\pi(a)$，$a\in A$ 可由下式得到

$$\pi(a)=\frac{\exp(\beta Q_t(a))}{\sum_{a'\in A}\exp(\beta Q_t(a'))} \tag{8-118}$$

式中，$\beta>0$，表示下一步行为为贪婪行为的可能性，$\beta\to\infty$ 时，会导致贪婪行为。

“玻尔兹曼探索”与“ε-greedy”的区别在于，玻尔兹曼探索可以顾及行为间的相互作用。在可以对行为值进行估计的情况下，上述算法可以较容易地扩展到非受限马尔可夫决策过程的情形。

需要说明的是，如果“ε-greedy”的参数是时变的，并且结果序列得到了适当的调整，“ε-greedy”可以与其他更复杂的算法竞争。然而，无论是“ε-greedy”还是“玻尔兹曼探索”，最好的行为选择是与问题相关的，并且在上述两种方法中，没有完全自动地获得最优结果的方法。

一个比较好的对结果进行寻优的方法是应用所谓的“行为或状态存在不确定时，选择具有不确定价值的行为”（OFU）原则，在这一原则中，学习者会选择具有最优上确界（UCB）的行为。在一种成熟的策略（UCB1）中，按定义时间 t 时，行为 a 的最优上确界。

$$U_t(a)=r_t(a)+R\sqrt{\frac{2\log t}{n_t(a)}} \tag{8-119}$$ ㊀

式中，$n_t(a)$ 表示时间 t 之前，进行行为 a 的次数。可以看出，$U_t(a)$ 的失效概率是 t^{-4}。需要说明的是，可供使用的信息越少，最优上确界的值会越大。此外，即使不进行某个行为，它的最优上确界的值也会增大。伪代码 1 和伪代码 2 给出了 UCB1 的伪代码，其中一个用于行为选择，另一个用于更新内部统计数据。

当与某些行为相关的奖励方差很小时，对这些方法进行估计并用它们代替上述算法中的 R 是有意义的，依据这种原则得到的算法通常优于 UCB1。

此处考虑的设置为频率不可知，其中关于奖励分配的唯一假设是它们在行动和时间步骤

㊀ 本式中的 $\log t$ 表示以大于 0 且不等于 1 的任意实数为底求 t 的对数。

中都是独立的，并且属于［0，1］区间。然而，对于它们的分布，没有其他先验知识。当奖励的分布具有一些已知的参数形式，并且假设参数是从先验知识中提取时，问题就转换成了寻找一种策略，这种策略可以最大化累计折扣奖励的期望。该问题可以表示为一个 MDP 过程，在该过程中，时间 t 时的状态是与奖励分布相关的参数。例如，假定奖励服从伯努利分布，且奖励的参数按照贝塔分布进行采样，则时间 t 时的状态为 $2|A|$ 的矢量。因此，即使是最简单的情况，这个 MDP 的状态空间也是相当复杂的。MDP 中的最优策略采用了一种简单的索引形式，在某些特殊情况下，可以精确而有效地计算出这种索引形式，这就是所谓的贝叶斯方法。它的不足之处在于，尽管对于随机选择的环境集合，其策略可以实现平均最优，但并不能保证其策略可在单个环境中能够很好地执行。它的优点在于，该方法在概念上非常简单，并且可以将探索问题降级为计算问题。

伪代码 1：UCB1 的行为选择方法

```
Function UCB1Select(r,n,t)
    Input: r, n are arrays of size |A|, t is the number of time steps so far
    U max ← -∞
    for all a ∈ A do
      U←r[a]+R · sqrt(2 log(t)/n[a])
      if U>U max then
        a'←a, U max←U
      end if
    end for
    return a'
```

伪代码 2：UCB1 的更新策略

```
Function: UCB1Update(A,R,r,n)
    Input: A is the last action selected, R is the associated reward, r,n are
arrays of size A, t is the number of time steps so far.
    n[A]←n[A]+1
    r[A] = r[A]+1.0/n[A] · (R-r[A])
    return r,n
```


2. Bandits 中的主动学习

现在我们讨论主动学习，此时仍假定 MDP 仅有一个状态。此时，学习目标变成找到能获得最高即时回报的行动。由于在互动过程中获得的奖励并不重要，所以不尝试进行一个行动的唯一原因是，有充分的把握确定该行动比其他行动更糟糕。为证明一些行动是次优的，可以尝试这些行动。一个简单的方法是为每个行动设立自信度上限和下限，其表示式为

$$\begin{cases} U_t(a)=Q_t(a)-R\sqrt{\dfrac{\log(2|A|T/\delta)}{2t}} \\ L_t(a)=Q_t(a)-R\sqrt{\dfrac{\log(2|A|T/\delta)}{2t}} \end{cases} \tag{8-120}$$

式中，$0<\delta<1$。

如果在学习中，发现行动 a 满足 $U_t(a)<\max_{a'\in A}L_t(a')$，则忽略该行动。除了常数因子和置信区间的估计方差外，该算法是无法进行改进的。

3. MDPs 中的主动学习

目前，与 MDPs 中的主动学习相关的理论成果较少，这里对其中一种方法进行介绍。

假设 MDP 是确定的。则该 MDP 的传递结构（Transition Structure）可在至多 n^2m 步中完成，其中 $n=|X|$，$m=|A|$。可按以下步骤实现这一过程：首先对所有状态下的所有行为均进行探索。然后，在任意时间 t，由已知的行为，我们可以得到与目前状态最接近的且具有未探索行为的状态。在至多 $n-1$ 步后，我们可以得到新的状态，并完成对其中行为的探索。由于总共有 nm 个需要探索的“状态-行为”组合，所以总共需要的时间步为 n^2m 个。在给定传递结构后，可以在至多 $k=\log(nm/\delta)/\varepsilon^2$ 次访问所有“状态-动作”序偶后，以 ε 的精度和 $1-\delta$ 的概率，探索得到奖励结构。如果在某种探索规则下，经过 $e\leqslant n^2m$ 步即可完成对所有“状态-动作”序偶的访问，那么在 ke 步，学习者就会获得一个 ε 精度的环境模型。

目前，对于在随机的 MDP 中找到通用型的最优策略这类问题，尚缺乏充分的研究。已有的关于 MDPs 中的主动学习方法的研究，也多是基于学习者可以将 MDP 重置为任意状态这一假设，在这种假设下，可以避免将学习过程引入未知的 MDP。

这确实是强化学习目前面临的一个主要挑战，这是因为对于现有的 MDP，对其状态空间中进行随机探索所需的时间，与 MDPs 的规模呈指数关系。

例如，考虑一个具有 n 个状态的链状 MDP，令 $X=\{1,2,\cdots,n\}$，$A=\{L_1,L_2,R\}$，行为 L_1 和 L_2 会使状态加 1，行为 R 会使状态减 1，若行为会带来 X 之外的状态，则状态不发生改变。根据“均匀分布选择”的策略平均需要 $3(2^n-n-1)$ 步，可以从状态 1 到达状态 n。然而，“系统搜索状态空间”的策略仅需要数量级为 $O(n)$ 的行动，可以从状态 1 到达状态 n。假定状态 n 的奖励为 1，除状态 n 外的所有奖励均为 0。一个 Explore-Then-Exploit 类型的学习者对 MDP 进行随机探索直到它所有的输出值都足够准确。很显然，学习者在进入探索之前需要花费相当多的步骤进行探索，这会导致学习成本过于高昂。即使使用基于行为估计值的简单的探索策略，也不会有太多改善。

除上述内容外，Kearns 和 Singh 对一种与主动学习类似的问题开展过研究，并提出一种 E^3 算法用于探索未知的 MDP，当探索到一个对于刚刚接触的状态运行良好的策略时，就会停止探索。后续的研究中，Brafman 和 Tennenholtz 提出了与 E^3 算法效果类似的 R-max 算法。对 E^3 算法的另一种改进由 Domingo 提出，他提出当 MDP 具有许多近似确定的传递时，可以使用自适应采样方法来提高算法运行效率。

4. MDPs 中的在线学习

现在我们讨论 MDPs 中的在线学习。一种可供选择的目标是减小学习成本，如最近策略得到的总奖励和学习者得到的总奖励之差。另一种可供选择的目标是当算法的预期回报少于事先设定的预期回报时，最小化其时间步数。

首先我们来讨论选择第一种目标，并介绍 UCRL2 算法。考虑一个 MDP，$M=(X,A,P_0)$。假设随机的即时奖励位于闭区间［0，1］上，在这种情况下，每一种策略 π 都会在 X 上产生一个循环马尔可夫链和一个唯一的平稳分布 μ_π。将策略 π 的长期平均回报定义为

$$\rho^{\pi} = \sum_{x \in X} \mu_{\pi}(x) r(x, \pi(x)) \tag{8-121}$$

最优长期平均回报定义为

$$\rho^{*} = \max_{\pi \in \Pi stat} \rho^{\pi} \tag{8-122}$$

定义 A 为学习算法，A 的成本为

$$R_T^A = T\rho^{*} - R_T^A \tag{8-123}$$

式中，$R_T^A = \sum_{t=0}^{T-1} R_{t+1}$ 表示算法 A 在时间 t 前得到的奖励和。最小化成本与最大化奖励和是等价的。因此，从现在起，我们考虑最小化成本的问题。

下面介绍 UCRL2 算法。定义 d 为 MDP 的直径，作为 MDP 中从其他状态到达某个状态所需的最大平均步骤数。令 g 表示最优策略和次优策略之间的距离。然后，根据 Auer 的研究，如果 UCRL2 中的信息参数设为 $\delta = 1/3T$，下式表示预期成本的界限：

$$E = [R_T^{\mathrm{UCRL2}(1/3T)}] = O(D^2 |X|^2 A\log(T)/g) \tag{8-124}$$

在式（8-124）所示的界限中，g 的取值可能会非常小。当 T 值过小时，界限可能为空。另一种可供选择的界限与 g 无关，可采取

$$E = [R_T^{\mathrm{UCRL2}(1/3T)}] = O(D|X|\sqrt{|A|T\log T}) \tag{8-125}$$

需要说明的是，当 MDP 具有内部直径时，这些界限为空。具有内部直径的一个例子就是，MDP 具有瞬时状态，即该状态无法从其他状态发展而来。已知的唯一一种能够在 MDP 具有瞬时状态时，找到界限的方法由 Bartlett 和 Tewari 提出。然而，这种算法需要对 MDP 中的一些参数具有先验知识。

UCRL2 算法围绕着转换概率的估计值和即时回报函数构造了置信区间。它定义了一组可信的 MDPs，C_t。当需要形成一种策略时，UCRL2 可以找到一个模型 $M_t^* \in C_t$ 和一个策略 π_t^*，从而给出满足的最高平均回报

$$\rho^{\pi_t^*}(M_t^*) \geq \max_{\pi, M \in C_t} \rho^{\pi}(M) - 1/\sqrt{t} \tag{8-126}$$

UCRL2 算法的伪代码如伪代码 3 所示。需要说明的是，UCRL2 算法并不是每一个时间步中都要更新策略，而是等到至少一个“状态-行为”组合得到明显提升后，才会更新策略。

UCRL2 算法中，一个非常关键的步骤是计算 π_t^*，这由伪代码 4 所示的伪代码加以实现。其思想是对一类特殊的 MDP 过程使用无折扣的数值迭代。在这类 MDP 中，行为以行为对（a，p）的形式出现。其中，$a \in A$；p 是在考虑目前为止收集到的统计数据（x，a）基础上，确定的下一状态的一个合理分布。此外，与（a，p）相关的 x 处的即时奖励是根据统计数据（x，a）给出的合理的最高奖励。

伪代码 3：UCRL2 算法

```
Function: UCRL2(σ)
Input: σ ∈ [0,1]
  for all x ∈ X do π[x] ← a_1
  n_2, n_3, r, n_2', n_3', r' ← 0
  t ← 1
  while true do
```

```
  A ← π[X]
  if n2'[X, A] ≥ max(1, n2[X, A]) then
    n2 ← n2 + n2', n3 ← n3 + n3' r ← r + r'
    n2', n3', r' ← 0
    π ← OptSolve(n2, n3, r, σ, t)
    A ← π[X]
  end if
  (R, Y) ← ExecuteInWorld(A)
  n2'[X, A] ← n2'[X, A] + 1
  n3'[X, Y, A] ← n3'[X, Y, A] + 1
  r'[X, A] ← r'[X, A] + 1
  X ← Y
  t ← t + 1
end while
```

伪代码 4：通过 UCRL2 进行策略寻优

```
Function:OptSolve(n2, n3, r, σ, t)
 Input: n2, n3 store counters, r stores total rewards, σ ∈ [0, 1] is a confidence parameter
  u[·] ← 0, π[·] ← α1
  repeat
  M ← -∞, m ← ∞
  idx ← SORT (u)
  for all x ∈ X do
    unew[·] ← -∞
    for all a ∈ A do
      r ← r[x, a]/n2[x, a] + sqrt (7 In(2|X||A|t/σ)/(2 max(1, n2[x, a])))
      c ← sqrt(14In(2|A|t/σ)/max(1, n2[x, a]))
      p[·] ← n3[x, a, ·]/n2[x, a]
      p[idx[1]] ← min(1, p[idx[1]] + c/2)
      j ← |X| + 1
     repeat
      j ← j - 1
      P ← SUM (p[·] - p[idx[j]])
      p[idx[j]] ← min(0, 1-P)
      until P + p[idx[j]] > 1
        v ← r + inner_product (p[·], u[·])
      if v > vnew then
        π[x] ← a, unew ← v
      end if
```

```
        end for
      M← max (M, u_new-u[x]), m← min (m, u_new-u[x])
      u'[x] ← u_new
  end for
  u← u'
until M-m ≥1.0/ sqrt (t)
return π
```

接下来讨论 PAC-MDP 算法。考虑这种思想，最小化成本的过程，可以转换为将学习者的未来预期回报低于最佳回报的次数减小到预先设定限度的过程。基于这种思想的算法称为 PAC-MDP 算法。已有的 PAC-MDP 算法包括 R-max，MBIE，Delayed Q-learning 和 MorMax 等，其中，MorMax 对 T_ε 数量的限制效果最好。在这种限制中，T_ε 定义为

$$T_\varepsilon=\widetilde{O}\left\{|X||A|\left[\frac{V_{\max}}{\varepsilon(1-\gamma)^2}\right]^2\log\left(\frac{1}{\delta}\right)\right\} \tag{8-127}$$

式中，$\widetilde{O}(\cdot)$ 表示 MDP 参数中的隐藏项；$V_{\max}$ 表示最优价值方程，如 $V_{\max}\leqslant\|\gamma\|_\infty/(1-\gamma)$ 的上界。这个界限的一个显著特征是，它与状态空间的大小成线性比例。Delyaed Q-Learning 中也有一个类似的界限，但其他算法尚未有类似的界限。

到目前为止，我们提到的算法，都在一定程度上使用了 OFU 准则。这些算法（包括 UCRL 及其变形形式）的主要问题是，它们仅能适用于有限的状态空间。Kakade 和 Strehl 进行过对更大状态空间的研究工作，他们的研究中，考虑了带限制的 MDPs 情况，并提出“元算法”以解决探索问题。但是这些方法存在两个缺点：第一，在实践中，很难确定所研究的问题是否属于所述的 MDP 类；第二，算法需要 black-box MDP 求解器。由于 large MDPs 本身就很难求解，所以这些算法可能难以实施。

上述技术的一种替代方法是使用贝叶斯方法来解决探索问题。这个方法的优点和缺点与 Bandits 的情况相同，唯一的区别是计算量会成倍增加。

8.7.3 直接方法

在这节中，我们介绍一些算法，这些算法的目标是直接逼近最优行为函数 Q^*。这些算法可以被认为是基于样本的近似值迭代，它主要用于生成行为序列 Q_k，其中 $k\geqslant0$。其思想是，如果 Q_k 接近 Q^*，那么策略将接近最优。

本节中首先介绍的算法为 Watkins 提出的 Q-Learning 算法。我们首先介绍有限 MDPs 中使用的算法，接下来介绍其应用于 large MDPs 中的 Q-Learning 算法的变形。

1. 有限 MDPs 中的 Q-Learning

定义一个有限 MDP，$M=(X,A,P_0)$ 和一个折扣因数 γ。在 Q-Learning 算法中，为 $X\times A$ 中的每个“状态-动作”序偶 (x,a) 的 $Q^*(x,a)$ 设定估计值 $Q_t(x,a)$。根据观察结果 $(X_t,A_t,R_{t+1},Y_{t+1})$，估计值按下式进行更新

$$\begin{cases}\delta_{t+1}(Q)=R_{t+1}+\gamma\max\limits_{a'\in A}Q(Y_{t+1},a')-Q(X_t,A_t)\\Q_{t+1}(x,a)=Q_t(x,a)+\alpha_t\delta_{t+1}(Q_t)\mathrm{II}_{\{x=X_t,a=A_t\}},(x,a)\in X\times A\end{cases} \tag{8-128}$$

式中，$A_t \in A$ 且 $(Y_{t+1}, R_{t+1}) \sim P_0(\cdot \mid X_t, A_t)$。需要说明的是，Q-Learning 是 TD Learning 的一种，其状态的更新依据 TD 误差 $\delta_{t+1}(Q_t)$。伪代码 5 给出了 Q-Learning 的伪代码。

伪代码 5

```
Function: QLearning (X, A, R, Y, Q)
    Input: X is the last state, A is the last action, R is the immediate reward
received, Y is the next state, Q is the array storing the current action-value
function estimate.
    1: σ ← R + γ · max_{a'∈A} Q[Y,a'] - Q[X,A]
    2: Q[X,A] ← Q[X,A] + α · σ
    3: return Q
```

在随机平衡态中，对于任意 $(x,a) \in X \times A$，必须有

$$E[\delta_{t+1}(Q) \mid X_t = x, A_t = a] = 0 \tag{8-129}$$

同时，有

$$E[\delta_{t+1}(Q) \mid X_t = x, A_t = a] = T^* Q(x,a) - Q(x,a), x \in X, a \in A \tag{8-130}$$

式中，T^* 为贝尔曼最优。因此，假设每个"状态-动作"序偶都是可以无限访问的，在随机平衡态中，有 $T^* Q = Q$ 成立。我们可以发现，如果算法收敛，它必须在规定的条件下收敛到 Q^*，且使用适当的局部学习率时，序列 $Q_t (t \geqslant 0)$ 会收敛到 Q^*。

Q-Learning 最吸引人的一点在于它的简洁性。同时，如果假定在限制条件内，所有的"状态-动作"组合都可以无限频繁地进行更新，那么 Q-Learning 可以使用任意抽样策略来生成训练数据。在闭环情况下，常用的是按"ε-greedy"方案或玻尔兹曼方案选择行为。然而，在闭环情况下，可能需要更多的探索来实现合理的在线表现。

在许多实际问题中，当传递概率可以按下式进行分解时，一个规模比 $X \times A$ 小的集合 Z 可以被辨识出来

$$P(x,a,y) = P_A(f(x,a), y), x, y \in X, a \in A \tag{8-131}$$

式中，f: $X \times A \to Z$ 表示已知的传递函数；P_A：$Z \times X \to [0,1]$ 表示概率核。函数 f 决定行为的确定性影响，P_A 表示行为的随机影响。

如果一个问题满足上述条件，那么对即时回报方程进行学习和由

$$V_A^*(z) = \sum_{y \in X} P_A(z,y) V^*(y), z \in Z \tag{8-132}$$

定义的决策后的状态价值函数 V_A^*：$Z \to R$ 或许比对行为-价值方程更加经济有效。

通过 $Q^*(x,a) = r(x,a) + \gamma V_A^*(f(x,a))$，可以得到更新准则和行为选择策略。

假定我们可以准确地得到传递概率，那么就可以得到使用决策后的状态价值函数的另一个潜在优势。在这种情况下，我们可能倾向于逼近状态-价值函数，而不是逼近行为-价值函数。然后，为了计算贪婪行为，我们需要计算 $\operatorname{argmax} X_{a \in A} r(x,a) + \gamma \sum_{y \in X} P(x,a,y) V(y)$。而这即是所谓的随机优化问题。当下一步的状态数较多，或者行为数目过多，或者 P 的结构不够理想时，该问题的求解需要非常大的计算量。如果使用决策后的状态价值函数，可将贪婪行为的计算问题，降阶成 $\operatorname{argmax} X_{a \in A} r(x,a) + \gamma V_A(f(x,a))$ 的寻优问题。这就可以明显降低计算量。进一步地，通过合理选择逼近模型（如分段线性、凹形、可分离），可以求解

大型行为空间中的优化问题。因此，决策后的状态价值函数在降低问题复杂性方面具有优势，与行为-价值函数相比，决策后的状态价值函数需要的存储空间和训练样本均较少。

2. 带函数逼近的 Q-Learning

带函数近似的 Q-Learning 的形式为

$$\theta_{t+1}=\theta_t+\alpha_t\delta_{t+1}(Q_{\theta_t})\ \nabla_\theta Q_{\theta_t}(X_t,A_t) \tag{8-133}$$

式中，Q_θ：$\theta\in\mathbf{R}^d$。

当使用线性函数近似法，即 $Q_\theta=\theta^{\mathrm{T}}\varphi$，$\varphi$：$X\times A\to\mathbf{R}^d$ 时，伪代码如伪代码 6 所示。

伪代码 6

```
Function: QLearningLinFapp(X, A, R, Y, θ)
Input: X is the last state, Y is the next state, R is the immediate reward associ-
ated with this transition, θ ∈ R^d parameter vector.
    1: σ ← R + γ · max_{a'∈A} θ^T φ[Y, a'] - θ^T φ[X, A]
    2: θ ← θ + α · σ · φ[X, A]
    3: return θ
```

虽然上述更新规律在实践中应用较多，但关于它的收敛性的研究相对较少。比较知名的研究成果是 Melo 等在样本分布受到严格约束的条件下，证明了该算法的收敛性。在此基础上发展来的 Greedy Gradient Q-Learning 算法，可将收敛性独立于样本分布。然而，由于该算法在推导过程中使用的目标函数是非凸的，因此即使与线性函数近似方法一起使用，该算法也有可能陷入局部极小值。

由于上述更新规律可能无法收敛，因此很自然地考虑对使用的价值函数逼近方法进行更为严格的限制，或者对参数更新的过程进行改进。在这种指导思想下，我们首先将 Q_θ 视为一个状态。然后，如果（X_t，A_t）是 Stationary，那么上述算法将与“Induced MDP”中的 Tabular Q-Learning 算法的效果相似。此时，它会收敛到接近最优行为-价值函数 Q^* 的值。

Aggregation 的一个不足之处在于，在 Underlying Regions 的边界处，价值函数将不再平滑。Singh 等提出，可通过使用一种“软化”版本的 Q-Learning 来解决该问题。在这种算法中，近似的行为-价值函数为线性平均数

$$Q_\theta(x,a)=\sum_{i=1}^{d}s_i(x,a)\theta_i \tag{8-134}$$

式中，$s_i(x,a)\geqslant 0(i=1,\cdots,d)$；$\sum_{i=1}^{d}s_i(x,a)=1$。同时，对更新规律进行了修正，这样在任意时刻，只更新参数矢量 θ_t 中的一个元素。需要更新的元素从满足多项式分布的参数 $(s_1(X_t,A_t),\cdots,s_d(X_t,A_t))$ 中按 $I_t\in\{1,\cdots,d\}$ 随机选择。

对上述算法的一种改进为基于插值的 Q-Learning（IBQ-Learning）。IBQ-Learning 同时更新参数矢量中的所有元素，这样可以减小更新的方差。参数矢量中的每个元素 θ_i 可以视为一些有代表性的“状态-动作”序偶 $(x_i,a_i)\in X\times A(i=1,\cdots,d)$ 的参数估计。接着，考虑相似函数 $s_i:X\times A\to[0,+\infty)$，例如，可以取相似函数

$$s_i(x,a)=\exp(-c_1d_1(x,x_i)^2-c_2d_2(a,a_i)^2) \tag{8-135}$$

式中，c_1，$c_2>0$。IBQ-Learning 的更新规律为

$$\begin{cases}\delta_{t+1,i}=R_{t+1}+\gamma\max\limits_{a'\in A}Q_{\theta_t}(Y_{t+1},a')-Q_{\theta_t}(x_i,a_i)\\ \theta_{t+1,i}=\theta_{ti}+\alpha_{ti}\delta_{t+1,i}s_i(X_t,A_t),i=1,\cdots,d\end{cases}\tag{8-136}$$

每个元素 θ_i 都会根据它对未来回报的预测，以及与其相关联的“状态-动作”序偶和刚刚访问的“状态-动作”序偶的相似程度进行更新。如果相似程度很小，那么误差 $\delta_{t+1,i}$ 对元素 θ_i 变化的影响也会很小。该算法使用了局部步长序列，例如，可以对每个元素一次改变一个步长。

只要满足下面的条件，这种算法基本可以确定是收敛的。①Q_θ 满足上述的插值特性，并且映射 $\theta\to Q_\theta$ 是不可扩展的；②局部步长序列 α_{ti} 是经过恰当选择的；③状态-行为空间中的所有区域 $X\times A$ 可以被$((X_t,A_t)$；$t\geqslant0)$充分访问。由于 $\theta\to Q_\theta$ 是不可扩展的，该算法可以实现对价值迭代的逼近，并对底层运算进行了收缩。

接下来我们介绍 Fitted Q-Iteration，该算法中，拟合值会依据行为-价值方程进行迭代。该算法的主要思想是在选定的“状态-行为”组合中，建立$(T*Q_t)(x,a)$的蒙特卡罗算法，然后对结果进行拟合。这种算法的伪代码如伪代码 7 所示。

伪代码 7

```
Function: FittedQ (D, θ)
    Input: D = ((X_i, A_i, R_{i+1}, Y_{i+1}); i = 1,2,…,n) is a list of transitions, θ are the regressor parameters
    1: S ← □[⊖]
    2: for i = 1→ n do
    3: T ← R_{i+1} + max_{a'∈A} PREDICY((Y_{i+1}, a'), θ)
    4:   S ← APPEND(S, <(X_i, A_i), T>)
    5: end for
    6: θ ← REGRESS(S)
    7: return θ
```


8.8 学习控制的应用

人类因追求在天空中自由飞翔的梦想而制作了飞机，尽管它不完全像鸟一样，但是，对更快更安全的飞机的开发，促进了流体力学的发展。于是，反过来，现在的这些研究成果，它还不能很清楚地解释鸟的翅膀的动作原理。例如，它的翅膀为什么是那样的形态机理，翅膀的周围空气的流动及涡流的形成机理是什么。另外，人类的运动灵巧性也是从学习中获得的，再经过练习变得精巧，这可以从牛顿力学的性质得到证明，学习控制理论就是其中的一个典型例子。

当然，学习控制理论应成为机电系统实用的控制方法。例如，它可以作为振动控制法使用，像在第 5 章所述的那样，机器人的位置控制中，目标速度按梯形的规律给定。

⊖ 表示初始时刻 S 为空。

也就是说，各伺服电动机的目标位置与当前位置之间的差决定于速度积分值一致的梯形形状。这时，会产生由关节的弹性引起的残留振动，然而可以通过学习控制来抑制这个残留振动。

1）速度曲线采用光滑曲线，即保证加速度曲线连续来选择速度曲线。这里，终止时刻 T 时的目标速度 0 稍稍提前到 T_1，如图 8-15 所示。

2）理想的速度轨迹 $\dot{q}_d$，采用学习控制，通过反复练习，输入 u_k，当 $k \to \infty$ 时，就收敛于所希望的输入 u_d。

这样，在定位时，可以确定不引起残留振动的输入形式。

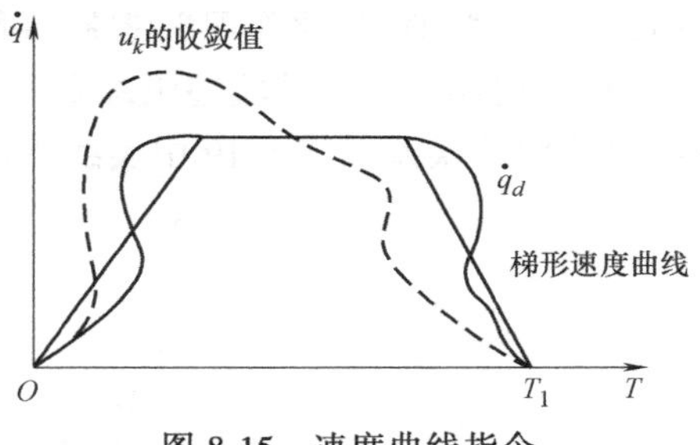

图 8-15　速度曲线指令

在学习控制中，假定理想的输出都是事先给定的。可是决定这个理想的输出是一个重要的研究课题，这里就不做进一步介绍。另外，机器人能从人类的熟练运动中，通过学习而实现较理想的运动。图 8-16 中，描图笔的笔尖装有 LED 发光元件，用位置传感器（PS）追踪时，模仿人写一个字母 R 的时候的运动。机器人反复练习人类的写字的方法，这样，经过几次的训练后，就能很好地写出这个字。

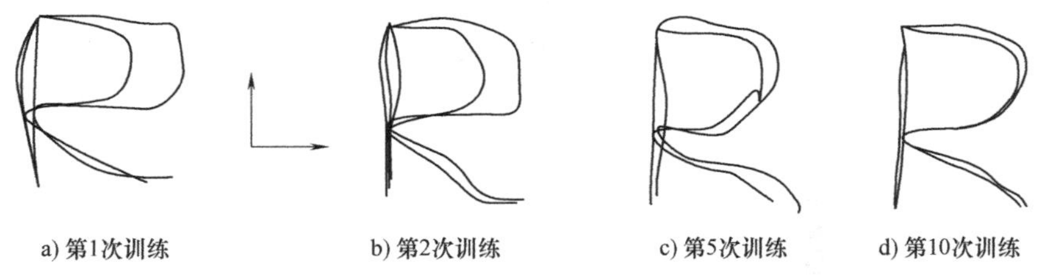

图 8-16　机器人学习人类写字母“R”时的过程

强化学习的控制效果，由以下的例子加以说明。考虑图 8-17 所示的 2 自由度机器人，图 8-17 中的符号与图 3-5 中的 2 自由度机器人一致。

当机器人末端的轨迹跟踪控制系统采用 PID 和强化学习控制的组合时，控制系统结构如图 8-18 所示。

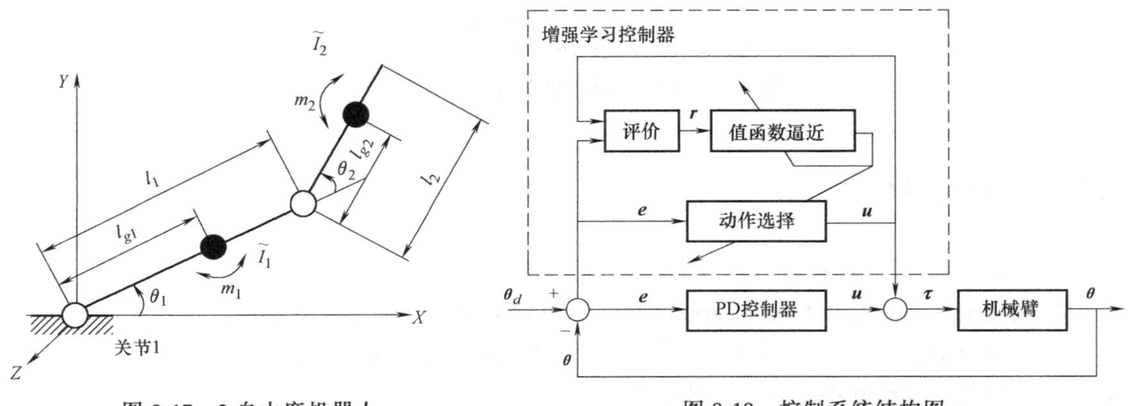

图 8-17　2 自由度机器人

图 8-18　控制系统结构图

其中，控制器采用PD控制器，用于避免在学习控制初期因参数不理想而引起的不稳定，增强学习控制器主要用于补偿控制，其以机器人各关节所处的状态为基础，根据机器人关节实时偏差评价控制动作的优劣，进而基于不断学习更新的值函数选择补偿控制输入。在PD控制器、“PD+强化学习”控制器作用下，关节1和关节2的角度跟踪误差如图8-19所示。PD控制器作用下的轨迹跟踪误差如图8-19中虚线所示，“PD+强化学习”控制器作用下的轨迹跟踪误差如图8-19中实线所示。

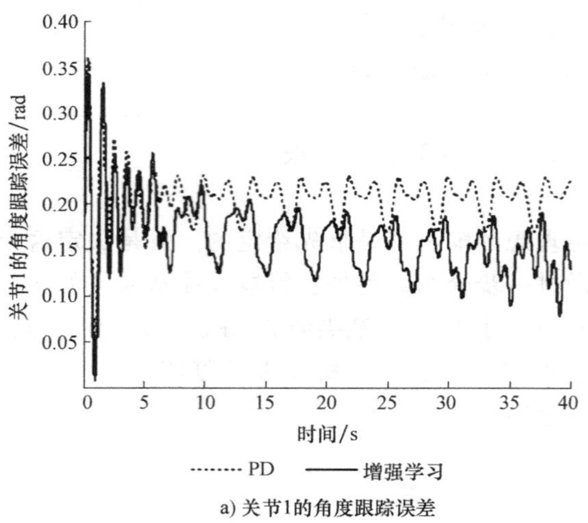

a) 关节1的角度跟踪误差

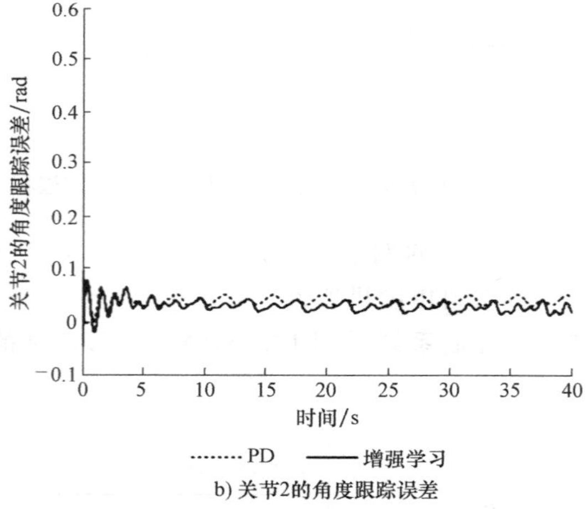

b) 关节2的角度跟踪误差

图8-19　两种控制策略下的误差轨迹对比

8.9　本章作业

1. 简述D型学习控制与P型学习控制的异同。

2. 简述有限MDPs中的Q-Learning与带函数逼近的Q-Learning的异同。

3. 查阅文献，给出一个强化学习的应用实例，并对其应用背景、使用的强化学习方法、学习效果和现有方法的不足进行简要说明。

第 9 章

基于视觉的机器人控制

基于视觉的机器人控制指的是机器人系统可以通过视觉获得周围环境的几何信息与定性信息，并将这些信息用于运动规划与控制的相关技术。由于视觉不需要物理接触即可获得机器人工作环境的信息，所以基于视觉的机器人控制方法是一种非常实用的控制方法。常见的基于视觉的机器人控制过程如下：机器人通过相机识别目标相对于机器人末端的位形信息，然后控制器根据这些信息规划出轨迹，并控制机器人运动以完成预设任务。识别目标过程中，涉及图像处理和位形获取的相关知识；相机的使用过程中，会涉及相机标定的相关知识；控制器引导机器人运动过程中，涉及视觉伺服控制的相关知识。因此，本章会对上述内容进行介绍。

视觉系统的配置中，可以采用单相机方案，也可以采用多相机方案；单相机方案可以采用“眼到手”方式，也可以采用“眼在手”方式。由于一个相机在拍摄两幅图像的情况下，也可以获得三维视觉信息，因此单相机方案比多相机方案更受青睐，但单相机方案的精度不如多相机方案。

单相机方案中，“眼到手”方式指的是将相机安装在固定位置上。这种方式的优点是可在任务过程中保持相机视角不变；缺点是难以避免机器人手臂对相机视野的遮挡。“眼在手”方式指的是将相机固连于机器人上。这个方式的优点是在任务过程中，机器人手臂不会遮挡相机视野；但缺点是在任务过程中，相机视野会有明显变化，对测量精度的影响较大。

本章中，主要以“眼在手”安装方式为例进行介绍，“眼到手”方案和多相机方案的相关知识与“眼在手”方式类似，读者根据实际情况对本文中的算法进行修改即可。

9.1 图像处理

不同于其他类型的传感器，视觉传感器（主要是相机）获得的信息并不能直接应用于机器人控制系统，需要对图像进行前处理，从而获得有价值的数字信息。这些数字信息，对我们感兴趣的目标进行了较为精确的描述，可以应用于机器人控制系统。这种图像处理包括两种操作：第一种操作的目的是对图像中的可测目标进行识别，称为图像分割；第二种操作的目的是测量图像特征参数，称为图像解释。

视觉传感器获得的图像源信息以帧存储的形式存储在二维阵列中，其含义是图像的空间采样。经过采样和量化后，可以在像素集上定义矢量函数，即所谓的图像函数，其分量表述了与像素相关的一个或多个物理量的值。

由于红绿蓝是彩色图像的基础，所以彩色图像的图像函数一般有三个分量 $I_r(X_1,Y_1)$、$I_g(X_1,Y_1)$ 与 $I_b(X_1,Y_1)$，分别对应于红绿蓝三色波长的光强度。类似地，对于黑白图像，图像函数对应灰度 $I_r(X_1,Y_1)$ 的光强度，或灰度级（Gray Level）。

灰度级的数量与所采用的灰度分辨率有关。最通用的采集装置采用256灰度级等级，可以用存储器的一个比特（bit）来表示。在所有情况下，灰度的边界值都是黑和白，分别对应于最小和最大的可测量光强度。

灰度的直方图提供了图像中每一灰度级所出现的频率，所以特别适用于后续处理的帧存储表示。灰度级 $P\in[0,\ 255]$，直方图在特定灰度级 $P\in[0,\ 255]$ 的值 $h(P)$ 为图像像素的灰度为 P 的数目。图9-1表示黑白图像及其对应的灰度直方图，从左到右可以看到三个主要的峰值，对应于最黑的目标、最亮的目标和背景。

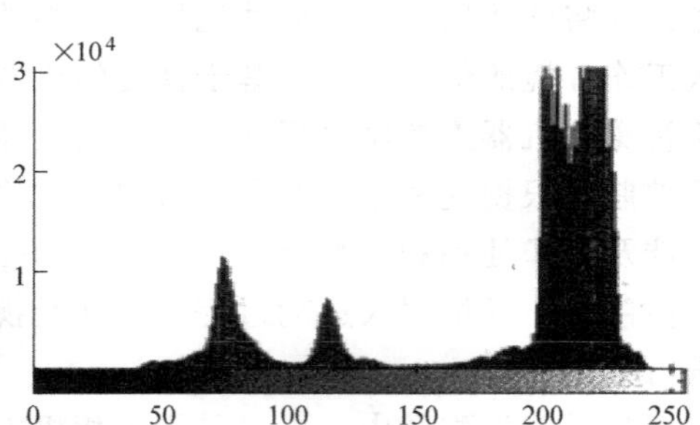

图9-1　黑白图像及其对应的灰度直方图

9.1.1　图像分割

198　图像分割技术是一种分组处理技术。图像可以分为特定数目的图像块，不同的图像块与环境中的不同目标或者同一目标相对应。每一个图像块的组成相对于某一个或多个特征来说都是相似的。

图像分割有两种方法：一种基于找到图像中的连通区域；另一种则基于边界检测。基于区域分割的目的是将具有共同特征的像素分为二维连通区域中的不同组，其中隐含的假设是所得结果区域与真实世界的表面或目标相对应。另一方面，基于边界分割的目标是识别对应于目标轮廓的像素，并将其从图像其余部分中分离出来。一旦提取出目标边界，就可将边界用于定义目标本身的位置和形状。由于边界可通过分离区域轮廓得到，而区域只需要简单地考虑包含在封闭边界中的像素集。所以上述那个方法具有互补性。

分割问题对图像处理效果有着很重要的影响，目前存在多种分割方法：从内存使用的角度来看，因为边界包含的像素点数目少，所以基于边界的分割技术更方便；从计算复杂度的观点来看，基于区域的分割技术更快，因为它需要较少的内存访问。

1. 基于区域的分割技术

基于区域的分割技术最核心的思想是持续合并初始相邻像素小块，组成较大图像块，最后获得连通区域。对两个相邻区域进行合并的前提是两个相邻区域中的像素满足共同属性，这通常需要区域中像素的灰度级属于给定的区间。

阈值方法是一种常用的区域分割方法。在这种方法中，令光强度只有两个值（0和1），即二值分割或图像二值化，将每个像素的灰度值与阈值相比较，就可以把图像中一个或多个目标从背景中分离出来。对于暗背景中的亮目标，可认为与目标相对应的集中所有像素的灰度级都大于阈值，被认为属于S_o集，与背景对应的像素属于S_b集，该集与背景对应。这种处理也可反过来用于亮背景中的暗目标。当图像中只存在一个目标时，找到表示两个区域的S_o和S_b集时，就可以认为分割结束。若存在多个目标，则需要进一步处理，分离对应于单目标的连通区域。S_o集中所有像素亮度等于0，S_b集中所有像素亮度等于1，反之亦然。通过这种方法获得的图像称为二进制图像。

阈值的选择是决定二值分割有效性的关键因素。一种广泛采用的阈值选择方法是基于灰度直方图，假设图中清晰地包含了与目标和背景灰度级相对应的可区分的最小值与最大值。直方图的峰值也称为模。对于亮背景中的暗目标，背景对应的模位于右侧，例如图9-1所示的情况，阈值可选为左侧最近的极小值。对于暗背景中的亮目标来说，背景对应的模位于左侧，阈值应该相应地选择。对应于图9-1，阈值可设置为$l=152$，对应的二进制图像如图9-2所示。

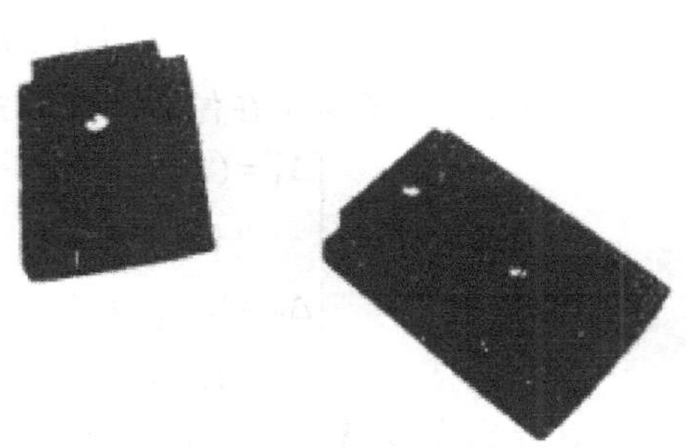
图9-2　图9-1对应的二进制图像

由于实际使用的灰度直方图通常含有噪声，因此很难直接获取模值，导致无法准确地分离目标和背景的灰度级。为此，科研人员在二值化前对图像进行适当的滤波处理，并采用阈值自适应选择算法以增强二值分割的鲁棒性。

2. 基于边界的分割

基于边界的分割技术通常通过对很多单一区域边界进行归类得到边界。通过这种方法得到的边界对应于图像灰度级不连续的区域，即光强度锐变的像素集。

边界检测算法首先从原始灰度图像中基于局部边缘提取中间图像，然后通过边缘连接构成短曲线段，最终通过提前已知的几何原理将这些曲线段连接起来构成边界。

基于边界的分割算法与先验知识是否充足有关，先验知识被合并到边缘的关联与连接中，其效果明显取决于基于局部边缘的中间图像的质量。区域边缘的位置、方向和“真实性”越可靠，边界检测算法的任务就越容易。

注意边缘检测在本质上是滤波处理，通常由硬件实现；而边界检测是更高级别的任务，往往需要用到更为成熟的软件。因此，当前趋势是使用更为有效的边缘检测器以简化边界检测处理。在形状简单且易于定义的情况下，边界检测将变得简单直接，而分割退化为单独的边缘提取。

目前存在多种边缘提取技术，其中大多需要进行函数$I(X_1,Y_1)$的梯度计算或拉普拉斯变换。

考虑到局部边缘为灰度级明显不同的两个区域之间的分界，所以在接近过渡区边界时，函数$I(X_1,Y_1)$的空间梯度的幅值很大。因此可通过对梯度幅值大于阈值的像素进行分组来实现边缘提取，灰度变化最大的方向即为梯度矢量的方向。此时阈值的选择也非常重要。存在噪声的情况下，阈值是在对丢失正确边缘与检测错误边缘之间的可能性进行折中的结果。

要完成梯度计算，需要求取函数 $I(X_1,Y_1)$ 沿两个正交方向的方向导数。因为该函数定义在离散的像素集上，所以需要使用近似方式计算其导数。各种基于梯度的边缘检测技术之间的本质区别是，导数计算的方向与导数的近似方式、梯度幅值计算方式的不同。

梯度计算最常用的算子是使用如下沿方向 X_1 和 Y_1 进行导数近似的一阶差分

$$\begin{cases}\Delta_1=I(X_1+1,Y_1)-I(X_1,Y_1)\\ \Delta_2=I(X_1,Y_1+1)-I(X_1+1,Y_1)\end{cases} \tag{9-1}$$

对噪声影响较小敏感的其他算子，如 Roberts 算子，是沿着像素的对角线方阵（2×2）计算一阶差分的

$$\begin{cases}\Delta_1=I(X_1+1,Y_1+1)-I(X_1,Y_1)\\ \Delta_2=I(X_1,Y_1+1)-I(X_1+1,Y_1)\end{cases} \tag{9-2}$$

而 Sobel 算子定义在像素方阵（3×3）上

$$\begin{cases}\Delta_1=(I(X_1+1,Y_1-1)+2I(X_1+1,Y_1)+I(X_1+1,Y_1+1))-\\ \qquad (I(X_1-1,Y_1-1)+2I(X_1-1,Y_1)+I(X_1-1,Y_1+1))\\ \Delta_2=I(X_1-1,Y_1+1)+2I(X_1,Y_1+1)+I(X_1+1,Y_1+1)-\\ \qquad I(X_1-1,Y_1-1)+2I(X_1,Y_1-1)+I(X_1+1,Y_1-1)\end{cases} \tag{9-3}$$

这样梯度 $G(X_1,Y_1)$ 的近似幅度或范数可用以下两个表达式之一进行求值

$$\begin{cases}G(X_1,Y_1)=\sqrt{\Delta_1^2+\Delta_2^2}\\ G(X_1,Y_1)=|\Delta_1|+|\Delta_2|\end{cases} \tag{9-4}$$

方向 $\theta(X_1,Y_1)$ 的关系为

$$\theta(X_1,Y_1)=\alpha\tan2(\Delta_2,\Delta_1) \tag{9-5}$$

图 9-3 表示对图 9-1 图像采用 Sobel 和 Roberts 梯度算子，再进行二值化后得到的图像，其中阈值分别设置为 $l=0.02$ 和 $l=0.0146$。

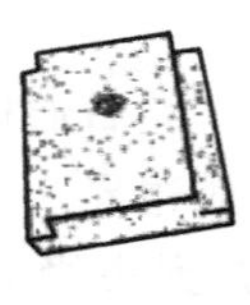
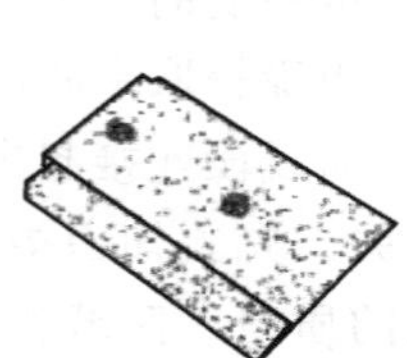
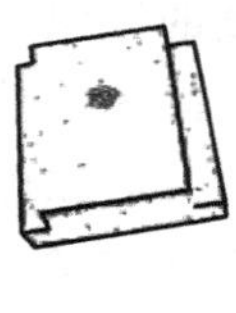
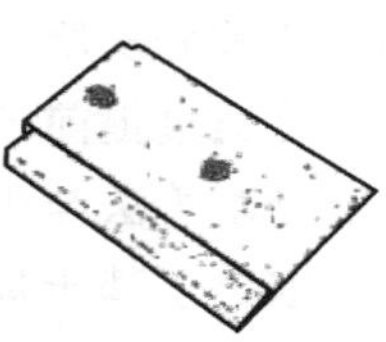

图 9-3　图 9-1 采用 Roberts（左）和 Sobel 算子（右）得到的图像轮廓

另一种边缘检测方法基于拉普拉斯算子，该方法需要计算函数 $I(X_1,Y_1)$ 沿着两个正交方向上的二阶导数。此情况需要用适当算子来进行导数的离散化计算。一种最常用的近似表达式为

$$L(X_1,Y_1)=I(X_1,Y_1)-\frac{1}{4}I(X_1,Y_1+1)+I(X_1,Y_1-1)+\\ I(X_1+1,Y_1)+I(X_1-1,Y_1) \tag{9-6}$$

这种情况下，轮廓为拉普拉斯运算结果低于阈值的那些像素点，原因在于在梯度幅值最大点上拉普拉斯运算结果为零。与梯度计算不同，拉普拉斯运算并不提供方向信息，而且由于拉普拉斯运算是基于二阶导数计算完成的，所以对噪声比梯度计算更为敏感。

9.1.2 图像解释

图像解释指的是从分割图像中计算特征参数，无论这些特征是以区域还是以边界的方式进行表示。

这里引入矩的概念，在计算视觉伺服系统的特征参数时，有时需要计算矩，这些特征参数用于表征二维目标相应于区域本身的位置、方向和形状，定义在图像的区域 R 中。

帧存储中区域 R 的矩 m_{ij} 一般定义为

$$m_{ij}=\sum_{X_1,Y_1\in R} I(X_1,Y_1)X_1^i Y_1^j\ ,i,j=0,1,2,\cdots \tag{9-7}$$

二值图像情况下，假设区域 R 中所有点的光强度都等于 1，所有不属于区域 R 的点的光强度都等于零，可得简化的矩定义

$$m_{ij}=\sum^{X_1,Y_1\in R} X_1^i Y_1^j \tag{9-8}$$

根据该定义，矩 m_{00} 恰好等于区域的面积，可用区域 R 中的像素总数来计算。

式

$$\bar{x}=\frac{m_{10}}{m_{00}}\quad \bar{y}=\frac{m_{01}}{m_{00}} \tag{9-9}$$

定义了区域的形心（Centroid）。这些坐标可用于唯一地检测区域 R 在图像平面上的位置。

考虑到区域 R 可视为二维刚体，其光强度可视为密度。因此，可将矩 m_{00} 类比为刚体的质量，形心类比为刚体的质心。

式（9-8）中矩 m_{ij} 的值取决于区域 R 在图像平面中的位置。因此常常要用到所谓中心矩（Central Moments），其定义为

$$\mu_{ij}=\sum_{X_1,Y_1\in R}(X_1-\bar{x})^i(Y_1-\bar{y})^j \tag{9-10}$$

中心矩对于平移具有不变性。

进一步扩展上述类比，可以发现，相对于轴 X_1 和 Y_1，二阶中心矩 μ_{20} 和 μ_{02} 分别具有惯性力矩的含义，而 μ_{11} 为惯性积，矩阵

$$I=\begin{pmatrix}\mu_{20} & \mu_{11}\\ \mu_{11} & \mu_{02}\end{pmatrix}$$

具有相对于质心的惯性张量的含义。矩阵 $\boldsymbol{I}$ 的特征值可以确定主惯性矩，即区域的主矩，相应的特征矢量可以确定惯性主轴，即区域的主轴。

若区域 R 是非对称的，则 $\boldsymbol{I}$ 的主矩不同，可以用对应于最大矩的主轴与轴 X 之间夹角 α 的形式来表示 R 的方向。该角度可用以下方程计算

$$\alpha=\frac{1}{2}\arctan\left(\frac{2\mu_{11}}{\mu_{20}-\mu_{02}}\right) \tag{9-11}$$

某二值图像区域的形心点 C、主轴和角 α 如图 9-4 所示。

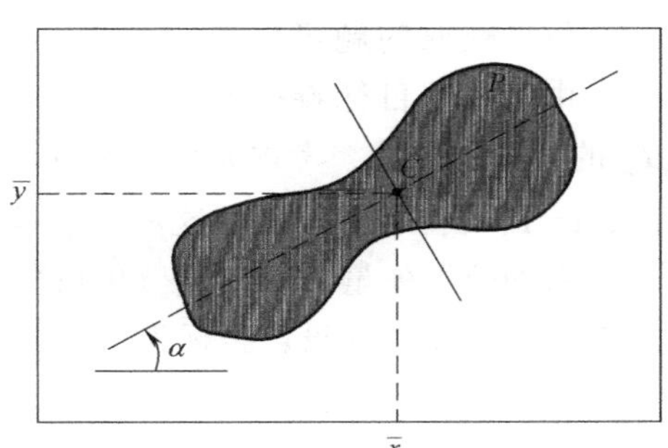

图 9-4 二值图像区域与特征参数

注意矩和相应的参数也可以根据目标的边界来计算，而且这些量对表征一般外形的目标会特别有

用。例如，在图像平面中，一些目标的边缘符合轮廓直线部分交叉点，或符合高曲率轮廓点特征。这些点在图像平面中的坐标可用鲁棒抗噪算法检测出来，从而作为图像的特征参数。这就是所谓的特征点。

9.2 位形获取

视觉伺服，建立在被测目标的特征参数（相机图像平面中）与目标相对相机的位形变量（操作空间中）之间的映射关系之上。通常以速度形式得到微分映射就足够了。对于机器人手臂逆运动学计算来说，微分问题更易求解，这是因为速度映射是线性的。可通过对微分问题的解进行数值积分计算位形。

图像的特征参数集定义了一个矢量 $\boldsymbol{s}(k\times1)$，称为特征矢量。

某一点的特征矢量 $\boldsymbol{s}$ 定义为

$$s=\begin{pmatrix}X\\Y\end{pmatrix} \tag{9-12}$$

而

$$\widetilde{s}=\begin{pmatrix}X\\Y\\1\end{pmatrix} \tag{9-13}$$

是 $\boldsymbol{s}$ 在齐次坐标中的表达。

9.2.1 解析解

考虑参考坐标系 $O_cx_cy_cz_c$ 固连于相机，参考坐标系 $O_ox_oy_oz_o$ 固连于目标。假设目标为刚性，令 $\boldsymbol{T}_o^c$ 为目标位形相对于相机的齐次变换矩阵，其定义为

$$T_o^c=\begin{pmatrix}\boldsymbol{R}_o^c & \boldsymbol{o}_{co}^c\\ \boldsymbol{O}^{\mathrm{T}} & 1\end{pmatrix} \tag{9-14}$$

式中，$\boldsymbol{o}_{co}^c=\boldsymbol{o}_o^c-\boldsymbol{o}_c^c$，$\boldsymbol{o}_c^c$ 为相机坐标系中表示的，相机坐标系原点相对于基坐标系的位置矢量；$\boldsymbol{o}_o^c$ 为相机坐标系中表示的，目标坐标系原点相对于基坐标系的位置矢量；$\boldsymbol{R}_o^c$ 为目标坐标系相对于相机坐标系的旋转矩阵（见图 9-5。）

位形获取问题可以表述如下：在相机图像平面中，根据目标特征参数的测量值计算矩阵 $\boldsymbol{T}_o^c$ 的元素。为此，考虑 n 个目标点，令 $\boldsymbol{r}_{oi}^o=\boldsymbol{p}_i^o-\boldsymbol{o}_o^o$，$i=1,\ 2,\ \cdots,\ n$ 表示这些目标点相对目标坐标系的位置矢量。引用式（9-12），得到这些点在图像平面中的投影坐标为

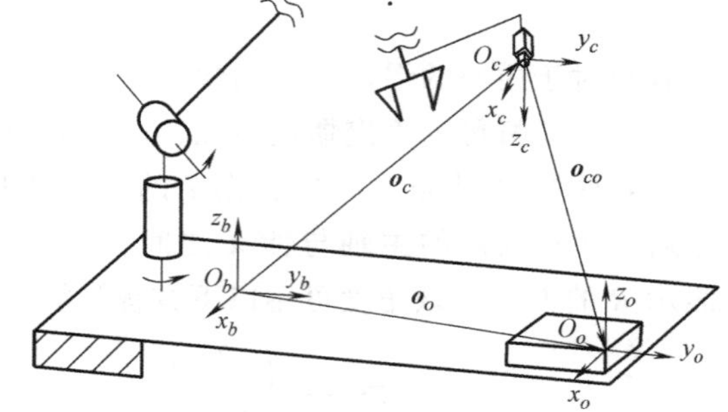

图 9-5 相机参考系

$$\boldsymbol{s}_i=\begin{pmatrix}X_i\\Y_i\end{pmatrix} \tag{9-15}$$

定义特征矢量为

$$s=\begin{pmatrix}s_1\\ \vdots\\ s_n\end{pmatrix} \tag{9-16}$$

目标上的点相对于相机坐标系的齐次坐标可表示为

$$\boldsymbol{r}_{oi}^{e}=\boldsymbol{T}_{o}^{c}\boldsymbol{r}_{oi}^{o} \tag{9-17}$$

这些点在图像平面上投影的齐次坐标由下式给出

$$\lambda_i \boldsymbol{s}_i=\prod \boldsymbol{T}_{o}^{c}\boldsymbol{r}_{oi}^{o} \tag{9-18}$$

式中，$\lambda_i<0$。

假设目标上的 n 个点可以构成形如式（9-18）的 n 个方程，且点在目标坐标系和图像坐标系中的坐标都已知，那么这些对应关系就定义了求解矩阵 $\boldsymbol{T}_{o}^{c}$ 未知元素的方程组。由于方程取决于对应关系的类型与数量，所以可能出现多解，这个问题在摄影测量中称为 PnP（n 点透视）问题。可以证明：

1）在三点非同一直线情况下，P3P 问题有四个解；

2）在非共面点情况下，P4P 和 P5P 问题最少有两个解，而最少四点共面及共面点少于三个的情况下解唯一。

3）若非共面点 $n\geqslant 6$，PnP 问题则只有一个解。

PnP 问题极难求得解析解。不过在一些特定情况下，如点共面，推导可以简化。

为了不失一般性，假设包含目标点的平面与目标坐标系的三个坐标面之一重合，例如方程 $z_o=0$ 所对应的平面，相重合，则平面上所有点的第三个坐标值均为零。对式（9-18）两边都乘以斜对称矩阵 $\boldsymbol{S}(\widetilde{\boldsymbol{s}}_i)$，左侧的乘积为零，得到齐次方程

$$\boldsymbol{S}(\widetilde{\boldsymbol{s}}_i)\boldsymbol{H}(r_{xi},r_{yi},1)^{\mathrm{T}}=0 \tag{9-19}$$

式中，r_{xi} 和 r_{yi} 为矢量 $\boldsymbol{r}_{oi}^{o}$ 的两个非零分量，$\boldsymbol{H}$ 为矩阵（3×3）

$$\boldsymbol{H}=(\boldsymbol{r}_1,\boldsymbol{r}_2,\boldsymbol{o}_{co}^{c}) \tag{9-20}$$

其中，$\boldsymbol{r}_1$ 和 $\boldsymbol{r}_2$ 分别为旋转矩阵 $\boldsymbol{R}_{o}^{c}$ 的第一列和第二列。

式（9-19）定义在属于两个平面的点的齐次坐标上，称为平面单应性，这一名称也可用于矩阵 $\boldsymbol{H}$。式（9-20）关于 $\boldsymbol{H}$ 是线性的，该式可以改写为

$$\boldsymbol{A}_i(\boldsymbol{s}_i)\boldsymbol{h}=0 \tag{9-21}$$

式中，$\boldsymbol{h}$ 是矩阵 $\boldsymbol{H}$ 中的列矢量（9×1）；而 $\boldsymbol{A}_i$ 为矩阵（3×9）

$$\boldsymbol{A}_i(\boldsymbol{s}_i)=(r_{xi}\boldsymbol{S}(\widetilde{\boldsymbol{s}}_i),r_{yi}\boldsymbol{S}(\widetilde{\boldsymbol{s}}_i),\boldsymbol{S}(\widetilde{\boldsymbol{s}}_i)) \tag{9-22}$$

因为 $\boldsymbol{S}(\cdot)$ 的秩最多为 2，$\boldsymbol{A}_i$ 的秩也最多为 2，这样，要计算 $\boldsymbol{h}$（比例因子以内），必须至少考虑对平面中四个点列写四个形如式（9-22）的方程，成为含九个未知量的十二个方程的系统

$$\begin{pmatrix}\boldsymbol{A}_1(\boldsymbol{s}_1)\\ \boldsymbol{A}_2(\boldsymbol{s}_2)\\ \boldsymbol{A}_3(\boldsymbol{s}_3)\\ \boldsymbol{A}_4(\boldsymbol{s}_4)\end{pmatrix}\boldsymbol{h}=\boldsymbol{A}(\boldsymbol{s})\boldsymbol{h}=\boldsymbol{0} \tag{9-23}$$

式中，$\boldsymbol{s}$ 的定义见式（9-16）。

考虑其中任意三个都不共线的四个点，可以发现矩阵 $\boldsymbol{A}$ 的秩为 8，式（9-23）有非零解 $\zeta\boldsymbol{h}$。其结果是，矩阵 $\zeta\boldsymbol{H}$ 可在比例因子 ζ 之内计算。所描述的推导具有一般性，可应用于任何一种按式（9-19）定义的平面单应性。

由式（9-20），有

$$\begin{cases}\boldsymbol{r}_1=\zeta\boldsymbol{h}_1\\ \boldsymbol{r}_2=\zeta\boldsymbol{h}_2\\ \boldsymbol{o}_{co}^{c}=\zeta\boldsymbol{h}_3\end{cases} \tag{9-24}$$

式中，$\boldsymbol{h}_i$ 指矩阵 $\boldsymbol{H}$ 的第 i 列。常数 ζ 的绝对值可根据矢量 $\boldsymbol{r}_1$ 和 $\boldsymbol{r}_2$ 的单位范数约束来计算，即

$$|\zeta|=\frac{1}{\|\boldsymbol{h}_1\|}=\frac{1}{\|\boldsymbol{h}_2\|} \tag{9-25}$$

式中，ζ 的正负号由选择对应于相机面前目标的解可确定。最后，矩阵 $\boldsymbol{R}_o^c$ 的第三列 $\boldsymbol{r}_3$ 可计算为

$$\boldsymbol{r}_3=\boldsymbol{r}_1\times\boldsymbol{r}_2 \tag{9-26}$$

注意因为噪声会影响图像平面中坐标的测量值，推导结果会受到误差影响。在对应关系数量 $n>4$ 的情况下，采用最小二乘法计算式（9-23）中 $3n$ 个方程的解。这样可以减小误差，但这并不保证所求矩阵 $\boldsymbol{Q}=(\boldsymbol{r}_1,\boldsymbol{r}_2,\boldsymbol{r}_3)$ 为旋转矩阵。

要克服该问题，一个可用的解法是根据给定范数计算最接近 $\boldsymbol{Q}$ 的旋转矩阵，例如，计算令 Frobenius 范数最小化的旋转矩阵 $\boldsymbol{R}_o^c$，Frobenius 范数为

$$\|\boldsymbol{R}_o^c-\boldsymbol{Q}\|_F=(\mathrm{Tr}(\boldsymbol{R}_o^c-\boldsymbol{Q})^{\mathrm{T}}(\boldsymbol{R}_o^c-\boldsymbol{Q}))^{1/2} \tag{9-27}$$

式中，$\boldsymbol{R}_o^c$ 为旋转矩阵。式（9-27）的范数最小化问题可以等价于令矩阵 $\boldsymbol{R}_o^{c\mathrm{T}}\boldsymbol{Q}$ 的迹最大化。可以得到该问题的解为

$$\boldsymbol{R}_o^c=\boldsymbol{U}\begin{pmatrix}1&0&0\\0&1&0\\0&0&\sigma\end{pmatrix}\boldsymbol{V}^{\mathrm{T}} \tag{9-28}$$

式中，$\boldsymbol{U}$ 和 $\boldsymbol{V}^{\mathrm{T}}$ 分别为矩阵 $\boldsymbol{Q}=\boldsymbol{U}\boldsymbol{\Sigma}\boldsymbol{V}^{\mathrm{T}}$ 的奇异值分解的左正交矩阵和右正交矩阵。选择 $\sigma=\det(\boldsymbol{U}\boldsymbol{V}^{\mathrm{T}})$，可保证 $\boldsymbol{R}_o^c$ 的行列式等于 1。

以上推导是直接线性变换方法的一个特例，其目的是在一般结构中，求解与 n 个点相对应的线性方程组，从而计算矩阵 $\boldsymbol{T}_o^e$ 的元素。具体来说，根据

$$\boldsymbol{S}(\widetilde{\boldsymbol{s}}_i)(\boldsymbol{R}_o^c,\boldsymbol{o}_{co}^c,\boldsymbol{o}_{co}^c)\widetilde{\boldsymbol{r}}_{oi}^o=0 \tag{9-29}$$

可得到两个有十二个未知量的独立线性方程，注意到矩阵 $\boldsymbol{S}(\cdot)$ 的秩最多为 2。这样，n 个对应关系产生了 $2n$ 个方程。

可以看出，考虑一组并不全共面的六个点，含有十二个未知数的十二个方程系统所对应的系数矩阵的秩为 11，因此定义解最大为比例因子。一旦计算出该解，旋转矩阵 $\boldsymbol{R}_o^c$ 和矢量 $\boldsymbol{o}_{co}^c$ 的元素可用类似上面所介绍的推导来得到。注意在实际应用中，由于存在噪声，必须考虑 $n>6$ 的对应关系，采用最小二乘法计算相应方程组求得解，定义解最大为比例因子。

上述方法可根据目标在相机的图像平面上的 n 个投影点来计算 $\boldsymbol{T}_o^c$，$\boldsymbol{T}_o^c$ 表征了目标坐标

系相对相机坐标系的相对位形。要实现这个目的，除了相机的内参数外，还必须知道这些点相对于目标坐标系的位置及目标的几何形状。

如果需要计算相对于基坐标系或者相对于末端执行器坐标系的目标位形，则还必须知道相机的外参数。实际上，有

$$\boldsymbol{T}_o^b=\boldsymbol{T}_e^b\boldsymbol{T}_o^c \tag{9-30}$$

式中，矩阵 $\boldsymbol{T}_o^b$ 的元素表示相机的外参数。

9.2.2 映射矩阵

若目标相对于相机是运动的，则特征矢量 $\boldsymbol{s}$ 通常是时变的。可以在图像平面内定义一个速度矢量 $\dot{\boldsymbol{s}}(k\times1)$。目标相对于相机的运动可由相对速度表示为

$$\boldsymbol{v}_{co}^c=\begin{pmatrix}\dot{\boldsymbol{o}}_{co}^c\\ \boldsymbol{R}_c^{\mathrm{T}}(\boldsymbol{\omega}_o-\boldsymbol{\omega}_c)\end{pmatrix} \tag{9-31}$$

式中，$\dot{\boldsymbol{o}}_{co}^c$ 为矢量 $\boldsymbol{o}_{co}^c=\boldsymbol{R}_c^{\mathrm{T}}(\boldsymbol{o}_o-\boldsymbol{o}_c)$ 关于时间的导数，$\boldsymbol{o}_{co}^c$ 表示目标坐标系原点相对于相机坐标系原点的位置；而 $\boldsymbol{\omega}_o$ 和 $\boldsymbol{\omega}_c$ 分别为目标坐标系和相机坐标系的角速度。

$\boldsymbol{s}$ 和 $\boldsymbol{v}_{co}^c$ 之间的转换方程为

$$\dot{\boldsymbol{s}}=\boldsymbol{J}_s(\boldsymbol{s},\boldsymbol{T}_o^c)\boldsymbol{v}_{co}^c \tag{9-32}$$

式中，$\boldsymbol{J}_s$ 为 $k\times6$ 阶矩阵，称为图像雅可比矩阵。该方程是线性的，但 $\boldsymbol{J}_s$ 一般取决于特征矢量 $\boldsymbol{s}$ 的当前值和目标相对于相机的相对位形 $\boldsymbol{T}_o^e$。

相机坐标系绝对速度可以表示为

$$\boldsymbol{v}_c^c=\begin{pmatrix}\boldsymbol{R}_c^{\mathrm{T}}\dot{\boldsymbol{o}}_c\\ \boldsymbol{R}_c^{\mathrm{T}}\boldsymbol{\omega}_c\end{pmatrix} \tag{9-33}$$

目标坐标系绝对速度可以表示为

$$\boldsymbol{v}_o^c=\begin{pmatrix}\boldsymbol{R}_c^{\mathrm{T}}\dot{\boldsymbol{o}}_o\\ \boldsymbol{R}_c^{\mathrm{T}}\boldsymbol{\omega}_o\end{pmatrix} \tag{9-34}$$

矢量 $\dot{\boldsymbol{o}}_{co}^c$ 可表示为

$$\dot{\boldsymbol{o}}_{co}^c=\boldsymbol{R}_c^{\mathrm{T}}(\dot{\boldsymbol{o}}_o-\dot{\boldsymbol{o}}_c)+\boldsymbol{S}(\dot{\boldsymbol{o}}_{co}^c)\boldsymbol{R}_c^{\mathrm{T}}\boldsymbol{\omega}_c \tag{9-35}$$

可将式（9-31）改写为以下紧凑形式

$$\boldsymbol{v}_{co}^c=\boldsymbol{v}_o^c+\boldsymbol{\Gamma}(\boldsymbol{o}_{co}^c)\boldsymbol{v}_c^c \tag{9-36}$$

式中

$$\boldsymbol{\Gamma}(\cdot)=\begin{pmatrix}-\boldsymbol{I} & \boldsymbol{S}(\cdot)\\ \mathbf{O} & -\boldsymbol{I}\end{pmatrix} \tag{9-37}$$

式（9-32）可改写为

$$\dot{\boldsymbol{s}}=\boldsymbol{J}_s\boldsymbol{v}_o^e+\boldsymbol{L}_s\boldsymbol{v}_c^c \tag{9-38}$$

式中，$k\times6$ 阶矩阵

$$\boldsymbol{L}_s=\boldsymbol{J}_s(\boldsymbol{s},\boldsymbol{T}_o^c)\boldsymbol{\Gamma}(\boldsymbol{o}_{co}^c) \tag{9-39}$$

称为映射矩阵，该矩阵定义了在目标相对于基坐标系固定的情况下，相机绝对速度 $\boldsymbol{v}_c^c$ 与图

像平面速度 $\dot{\boldsymbol{s}}$ 之间的线性映射。

映射矩阵的解析表达式一般要比图像雅可比矩阵简单，后者可根据式（9-39）和映射矩阵利用下式计算得到

$$\boldsymbol{L}_s(\boldsymbol{s},\boldsymbol{T}_o^c)=\boldsymbol{L}_s\boldsymbol{\Gamma}(-\boldsymbol{o}_{co}^c) \tag{9-40}$$

式中，$\boldsymbol{\Gamma}(-\boldsymbol{o}_{co}^c)=\boldsymbol{\Gamma}^{-1}(\boldsymbol{o}_{co}^c)$。下面给出了几个最常见应用情况下的映射矩阵和图像雅可比矩阵。

1. 点的映射矩阵

目标上的某一点 P 在相机坐标系中可用矢量表示为

$$\boldsymbol{r}_c^c=\boldsymbol{R}_c^{\mathrm{T}}(\boldsymbol{p}-\boldsymbol{o}_c) \tag{9-41}$$

式中，$\boldsymbol{p}$ 为点 P 相对于基坐标系的位置。

$$\boldsymbol{s}=\boldsymbol{s}(\boldsymbol{r}_c^c) \tag{9-42}$$

式中

$$\boldsymbol{s}(\boldsymbol{r}_c^c)=\frac{1}{z_c}\begin{pmatrix}x_c\\ y_c\end{pmatrix}=\begin{pmatrix}X\\ Y\end{pmatrix} \tag{9-43}$$

且 $\boldsymbol{r}_c^c=(x_c,y_c,z_c)^{\mathrm{T}}$。计算式（9-42）的导数，得

$$\dot{\boldsymbol{s}}=\frac{\partial\boldsymbol{s}(\boldsymbol{r}_c^c)}{\partial\boldsymbol{r}_c^c}\boldsymbol{r}_c^c \tag{9-44}$$

式中

$$\frac{\partial\boldsymbol{s}(\boldsymbol{r}_c^c)}{\partial\boldsymbol{r}_c^c}=\frac{1}{z_c}\begin{pmatrix}1 & 0 & -x_c/z_c\\ 0 & 1 & -y_c/z_c\end{pmatrix}=\frac{1}{z_c}\begin{pmatrix}1 & 0 & -X\\ 0 & 1 & -Y\end{pmatrix} \tag{9-45}$$

可由式（9-41）的导数计算矢量 $\dot{\boldsymbol{r}}_c^c$，其中 p 为常数，有

$$\dot{\boldsymbol{r}}_c^c=-\boldsymbol{R}_c^{\mathrm{T}}\dot{\boldsymbol{o}}_c+\boldsymbol{S}(\boldsymbol{r}_c^c)\boldsymbol{R}_c^{\mathrm{T}}\boldsymbol{\omega}_c=(-\boldsymbol{I},\boldsymbol{S}(\boldsymbol{r}_c^c))\boldsymbol{v}_c^c \tag{9-46}$$

合并式（9-44）、式（9-46），可得到映射矩阵

$$\boldsymbol{L}_s(\boldsymbol{s},z_c)=\begin{pmatrix}-\dfrac{1}{z_c} & 0 & \dfrac{X}{z_c} & XY & -(1+X^2) & Y\\ 0 & -\dfrac{1}{z_c} & \dfrac{Y}{z_c} & 1+Y^2 & -XY & -X\end{pmatrix} \tag{9-47}$$

式（9-47）表明该矩阵取决于矢量 $\boldsymbol{s}$ 的分量及矢量 $\boldsymbol{r}_c^c$ 的唯一分量 z_c。

点的图像雅可比矩阵可利用式（9-46）、式（9-47）计算，其表达式为

$$\boldsymbol{J}_s(\boldsymbol{s},\boldsymbol{T}_o^c)=\frac{1}{z_c}\begin{pmatrix}1 & 0 & -X & -\boldsymbol{r}_{oy}^cX & \boldsymbol{r}_{oz}^o+\boldsymbol{r}_{ox}^eX & -\boldsymbol{r}_{oy}^c\\ 0 & 1 & -Y & -(\boldsymbol{r}_{oz}^c+\boldsymbol{r}_{oy}^cY) & \boldsymbol{r}_{ox}^cY & \boldsymbol{r}_{ox}^c\end{pmatrix} \tag{9-48}$$

式中，$\boldsymbol{r}_{ox}^c$、$\boldsymbol{r}_{oy}^c$、$\boldsymbol{r}_{oz}^c$ 为矢量 $\boldsymbol{r}_o^c=\boldsymbol{r}_c^c-\boldsymbol{o}_{co}^c=\boldsymbol{R}_o^c\boldsymbol{r}_o^o$ 的分量，其中 $\boldsymbol{r}_o^o$ 为常数矢量，表示点 P 相对于目标坐标系的位置。

2. 点集的映射矩阵

目标的 n 个点 P_1，…，P_n 的映射矩阵可在考虑式（9-16）的特征矢量条件下建立。若 $\boldsymbol{L}_{s_i}(\boldsymbol{s}_i,\ z_{ci})$ 表示与点 P_i 相对应的映射矩阵，则点集的映射矩阵为 $2n\times6$ 阶矩阵

$$L_s(s,z_c)=\begin{pmatrix}L_{s_1}(s_1,z_{c1})\\ \vdots \\ L_{s_n}(s_n,z_{cn})\end{pmatrix} \tag{9-49}$$

式中，$z_c=(z_{c1},\ \cdots,\ z_{cn})^{\mathrm{T}}$。

点集的图像雅可比矩阵可很容易地根据映射矩阵利用式（9-39）计算出来。

3. 线段的映射矩阵

连接两点 P_1 和 P_2 的直线构成一条线段。线段在图像平面上的投影仍为线段，可用线段中点的坐标（$\bar{x}$，$\bar{y}$）、线段长度 L 和线段与轴 X 的夹角 α 来表示。因此特征矢量可定义为

$$s=\begin{pmatrix}\bar{x}\\ \bar{y}\\ L\\ \alpha\end{pmatrix}=\begin{pmatrix}(X_1+X_2)/2\\ (Y_1+Y_2)/2\\ \sqrt{(\Delta X)^2+(\Delta Y)^2}\\ \arctan(\Delta Y/\Delta X)\end{pmatrix}=s(s_1,s_2) \tag{9-50}$$

式中，$\Delta X=X_2-X_1$；$\Delta Y=Y_2-Y_1$；$s_i=(X_i,Y_i)^{\mathrm{T}}$，$i=1$，2。计算该式的时间导数得

$$\begin{aligned}\dot{s}&=\frac{\partial s}{\partial s_1}\dot{s}_1+\frac{\partial s}{\partial s_2}\dot{s}_2\\ &=\frac{\partial s}{\partial s_1}L_{s_1}(s_1,z_{c1})+\frac{\partial s}{\partial s_2}L_{s_2}(s_1,z_{c2})v_c^c\end{aligned} \tag{9-51}$$

式中，L_{s_i} 为假设线段相对于基坐标系固定的条件下点 P_i 的映射矩阵。因此线段的映射矩阵为

$$L_s(s,z_c)=\frac{\partial s}{\partial s_1}L_{s_1}(s_1,z_{c1})+\frac{\partial s}{\partial s_2}L_{s_2}(s_2,z_{c2}) \tag{9-52}$$

式中

$$\frac{\partial s}{\partial s_1}=\begin{pmatrix}\frac{1}{2} & 0\\ 0 & \frac{1}{2}\\ -\frac{\Delta X}{L} & -\frac{\Delta Y}{L}\\ \frac{\Delta Y}{L^2} & -\frac{\Delta X}{L^2}\end{pmatrix},\ \frac{\partial s}{\partial s_2}=\begin{pmatrix}\frac{1}{2} & 0\\ 0 & \frac{1}{2}\\ \frac{\Delta X}{L} & \frac{\Delta Y}{L}\\ -\frac{\Delta Y}{L^2} & \frac{\Delta X}{L^2}\end{pmatrix}$$

注意矢量 s_1、s_2 可利用式（9-50），作为参数 $\bar{x}$、$\bar{y}$、L、α 的函数进行计算。因此映射矩阵可表达为线段端点 P_1 和 P_2 的分量 z_{c1} 和 z_{c2}，以及特征矢量 $s=(\bar{x},\ \bar{y},\ L,\ \alpha)^{\mathrm{T}}$ 的函数。

线段的图像雅可比矩阵可很容易地利用式（9-39）由映射矩阵计算得到。

9.3 相机标定

视觉伺服应用的一个重要问题就是相机的标定。标定包括内参数估计和外参数估计两部分，内参数表征矩阵 $\boldsymbol{\Omega}$ 为

$$\boldsymbol{\Omega}=\begin{pmatrix} fa_x & 0 & X_0 \\ 0 & fa_y & Y_0 \\ 0 & 0 & 1 \end{pmatrix} \tag{9-53}$$

式中，f 表示相机焦距；X_0、Y_0 为像素坐标系统原点关于光学轴的位置；a_x、a_y 为像素坐标与米制坐标的比例因子。

外参数表示相机坐标系相对于基坐标系或相对于末端执行器坐标系的位形。目前存在多种校准技术，这些技术都是建立在与目标位形估计方法的基础之上的。

在内参数已知的情况下，前面所描述的 n 个共面点 PnP 问题的求解方法可直接用于相机外参数的计算。

实际上，“眼到手”相机的外参数可按下式计算

$$\boldsymbol{T}_c^b=\boldsymbol{T}_o^b(\boldsymbol{T}_o^c)^{-1} \tag{9-54}$$

式中，矩阵 $\boldsymbol{T}_o^c$ 为假设矩阵 $\boldsymbol{T}_o^b$ 已知的条件下，求解 PnP 平面问题算法的输出；$\boldsymbol{T}_o^b$ 表示目标坐标系相对于基坐标系的位置和方向。与之相似，“眼在手”相机的外参数可按下式计算

$$\boldsymbol{T}_o^e=\boldsymbol{T}_o^e(\boldsymbol{T}_o^c)^{-1} \tag{9-55}$$

如果内参数未知，可按以下方法进行解决。

从像素坐标开始，计算平面单应性关系

$$\boldsymbol{c}_i=\begin{pmatrix} X_{Ii} \\ Y_{Ii} \end{pmatrix} \tag{9-56}$$

式（9-56）取代了标准化坐标 $\boldsymbol{s}_i$。具体来说，可以得到形式上与式（9-12）相同的方程

$$\boldsymbol{S}(\widetilde{\boldsymbol{c}})\boldsymbol{H}'(r_{xi},r_{yi},1)^{\mathrm{T}}=\boldsymbol{0} \tag{9-57}$$

式中，$\boldsymbol{H}'$为 3×3 阶矩阵。

$$\boldsymbol{H}'=\boldsymbol{\Omega}\boldsymbol{H} \tag{9-58}$$

式中，$\boldsymbol{\Omega}$ 为内参数矩阵；$\boldsymbol{H}$ 为式（9-19）定义的矩阵。进而可根据平面上 n 个点的坐标计算出平面单值对应关系 $\zeta\boldsymbol{H}'$。

矩阵 $\boldsymbol{\Omega}$ 可根据矩阵 $\zeta\boldsymbol{H}'$的元素计算出来，根据 $\boldsymbol{H}$ 的定义，得到

$$\zeta(\boldsymbol{h}_1',\boldsymbol{h}_2',\boldsymbol{h}_3')=\boldsymbol{\Omega}(\boldsymbol{r}_1,\boldsymbol{r}_2,\boldsymbol{o}_{co}^c) \tag{9-59}$$

式中，$\boldsymbol{h}_i'$表示矩阵 $\boldsymbol{H}$ 的第 i 列。对这些矢量进行正交和单位范数约束，可得以下两个标量方程

$$\begin{gathered} \boldsymbol{h}_1'^{\mathrm{T}}\boldsymbol{\Omega}^{-\mathrm{T}}\boldsymbol{\Omega}^{-1}\boldsymbol{h}_2'=0 \\ \boldsymbol{h}_1'\boldsymbol{\Omega}^{-\mathrm{T}}\boldsymbol{\Omega}^{-1}\boldsymbol{h}_1'=\boldsymbol{h}_2'^{\mathrm{T}}\boldsymbol{\Omega}^{-\mathrm{T}}\boldsymbol{\Omega}^{-1}\boldsymbol{h}_2' \end{gathered} \tag{9-60}$$

由于是线性的，式（9-60）可改写为

$$\boldsymbol{A}'\boldsymbol{b}=\boldsymbol{0} \tag{9-61}$$

式中，$\boldsymbol{A}'$是由 $\boldsymbol{h}_1'$、$\boldsymbol{h}_2'$决定的 2×6 阶系数矩阵；$\boldsymbol{b}=(b_{11},b_{12},b_{22},b_{13},b_{23},b_{33})^{\mathrm{T}}$，其中 b_{ij} 为下述矩阵中的一般元素

$$\boldsymbol{B}=\boldsymbol{\Omega}^{-\mathrm{T}}\boldsymbol{\Omega}^{-1}=\begin{pmatrix} 1/\alpha_x^2 & 0 & -X_0/\alpha_x^2 \\ * & 1/\alpha_y^2 & -Y_0/\alpha_y^2 \\ * & * & 1+X_0^2/\alpha_x^2+Y_0^2/\alpha_y^2 \end{pmatrix} \tag{9-62}$$

将上述步骤重复 k 次，每次中的位形均不同，但在同一平面内，可得 2000 个形如

式（9-61）所示的方程。

这些方程在 $k \geqslant 3$ 的情况下会有唯一解 $\gamma \boldsymbol{b}$。根据矩阵 $\gamma \boldsymbol{B}$，参考式（9-62）可得到内参数表达式

$$\begin{cases} X_0 = -b'_{13}/b'_{11} \\ Y_0 = -b'_{23}/b'_{22} \\ \alpha_x = \sqrt{\gamma/b'_{11}} \\ \alpha_y = \sqrt{\gamma/b'_{22}} \end{cases} \tag{9-63}$$

式中，$b'_{ij} = \gamma b_{ik}$ 和 γ 可计算为

$$\gamma = b'_{13} + b'_{23} + b'_{33} \tag{9-64}$$

只要估计得到内参数矩阵 $\boldsymbol{\Omega}$，就可由 $\boldsymbol{H}'$ 计算得到 $\boldsymbol{H}$。因此，可采用求解 PnP 问题时一样的方法，根据 $\boldsymbol{H}$ 计算得出 $\boldsymbol{T}_o^c$。最后，应用式（9-54）和式（9-55），可以估计相机的外参数。

以上所述的方法只是概念上的，而存在测量噪声或者镜头畸变时，这些方法可能无法给出令人满意的解。不过，在模型中考虑到镜头的畸变现象，以及采用非线性优化技术，可以提高求解精度。

从试验的角度来看，上面介绍的标定方法需要用到标定面。标定面上有一定数量的容易检测的点，这些点相对于某一适当坐标系的位置必须已知并具有高精度。最后需要说明的是，标定方法也可以从空间 PnP 问题的解出发，采用直接线性变换法来建立。

9.4 机器人视觉伺服控制

本节对视觉伺服技术进行介绍。对于机器人来说，视觉测量得到的信息可用于计算末端执行器相对于相机所观测目标的位形。视觉伺服的目的是保证在实时视觉测量的基础上，末端执行器可达到或保持相对于被观测目标的期望位形。

由于视觉系统完成的测量与图像平面特征参数有关，而机器人任务是在操作空间以末端执行器相对于目标的相对位形定义的。这就存在两种控制方式，即基于位置的视觉伺服，又称操作空间视觉伺服，以及基于图像的视觉伺服，又称图像空间视觉伺服。两种控制方式的框图分别如图 9-6 和图 9-7 所示。

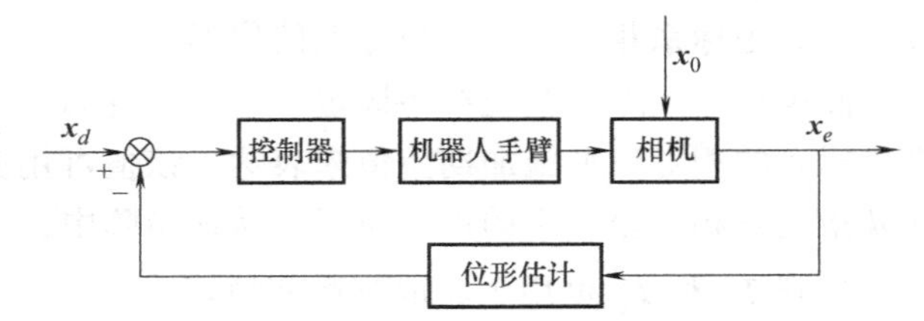

图 9-6　基于位置的视觉伺服的框图

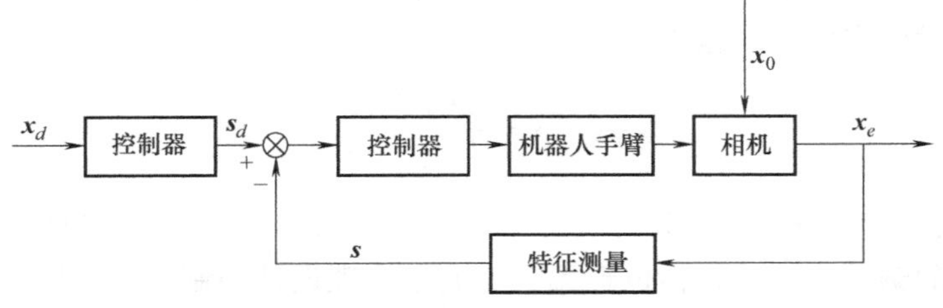

图 9-7　基于图像的视觉伺服的框图

基于位置的视觉伺服方法与操作空间中的位置控制类似，但是其反馈来源于视觉测量对实时估计得到的观测目标位形。位形估计既可采用解析方法实现。也可以采用数值迭代算法实现。其优点是直接作用于操作空间变量，这样对稳态和瞬态过程，都可以利用末端执行器运动变量的时间响应来选择控制参数。这种方法的缺点在于，由于缺少对图像特征的直接控制，所以当目标落在相机视野之外时，会无法获得视觉测量值，导致系统变为开环，出现不稳定。

在基于图像的视觉伺服方法中，误差的定义是期望位形下图像特征的参数值与当前位形下相机测量的参数值之间的偏差。与基于位置的视觉伺服方法不同，这种方法优点是控制规律直接作用在图像特征参数上，能使目标在整个运动中保持在相机视野中。缺点在于，图像特征参数与操作空间变量之间的映射是非线性的，机器人手臂可能出现奇异位形，这将引起不稳定或受到控制饱和的限制。

上述两种控制策略中，相机标定结果对控制系统的影响也不相同。与基于图像的视觉伺服相比，基于位置的视觉伺服对相机标定误差更为敏感。事实上，在基于位置的伺服控制方法中，内参数和外参数的不确定性都会造成操作空间变量的估计误差，这些变量的估计误差可以视为作用在控制回路反馈通路上的外部干扰，这在一定程度上会降低控制回路的抗干扰能力。而在基于图像的视觉伺服方法，用于计算控制信号的物理量是直接定义在图像平面上，且以像素为单位进行测量的。这意味着标定参数的不确定性可视为作用在控制回路前向通路上的干扰，因此，基于图像的位置控制方法中，回路的抗干扰能力较强。

在以上前提下，下面介绍基于位置的视觉伺服和基于图像的视觉伺服的方法。在两种方法中，都将介绍与常数点集的匹配问题，并假设目标相对于基坐标系是固定的。为了不失一般性，认为安装在机器人手臂末端执行器上的为单个已标定相机，且末端执行器坐标系与相机坐标系保持一致。

9.4.1 基于位置的视觉伺服

在基于位置的视觉伺服方案中，视觉测量用于实时估计齐次变换矩阵 $\boldsymbol{T}_o^c$，该矩阵用于表达目标坐标系相对于相机坐标系的位形。

假设目标相对于基坐标系固定，基于位置的视觉伺服问题可通过对目标坐标系相对于相机坐标系的相对位形施加期望值来表达。该值可用齐次变换矩阵 $\boldsymbol{T}_o^d$ 的形式来给定，其中上标 d 指的是相机坐标系的期望位形。从该矩阵中，可提取出操作空间矢量 $\boldsymbol{x}_{do}(m\times1)$。

矩阵 $\boldsymbol{T}_o^c$ 和 $\boldsymbol{T}_o^d$ 可用于获取齐次变换矩阵

$$\boldsymbol{T}_c^d=\boldsymbol{T}_o^d(\boldsymbol{T}_o^c)^{-1}=\begin{pmatrix}\boldsymbol{R}_c^d & \boldsymbol{o}_{dc}^d\\ \boldsymbol{0} & 1\end{pmatrix} \tag{9-65}$$

该矩阵给出了当前位形下，相机坐标系相对于期望位形在位置和方向上的偏移量。根据该矩阵，可得到操作空间的误差矢量

$$\widetilde{\boldsymbol{x}}=-\begin{pmatrix}\boldsymbol{o}_{dc}^d\\ \boldsymbol{\varphi}_{dc}\end{pmatrix} \tag{9-66}$$

式中，$\boldsymbol{\varphi}_{dc}$ 是从旋转矩阵 $\boldsymbol{R}_c^d$ 中提取的欧拉角矢量；矢量 $\widetilde{\boldsymbol{x}}$ 表示的是相机坐标系的期望位形与当前位形之间的偏差，且和目标位形无关。通过合理设计控制量，可以使操作空间误差 $\widetilde{\boldsymbol{x}}$ 渐近趋向于零。

1. 重力补偿 PD 控制

可采用重力补偿 PD 控制方法实现基于位置的视觉伺服。

首先计算式（9-66）的时间导数，对该式的位置部分，有

$$\dot{\boldsymbol{o}}_{dc}^{d}=\dot{\boldsymbol{o}}_{c}^{d}k_{c}-\dot{\boldsymbol{o}}_{d}^{d}=\boldsymbol{R}_{d}^{\mathrm{T}}\dot{\boldsymbol{o}}_{c} \tag{9-67}$$

而对于方向部分，有

$$\dot{\boldsymbol{\varphi}}_{dc}=\boldsymbol{T}^{-1}(\dot{\boldsymbol{\varphi}}_{dc})\boldsymbol{\omega}_{dc}^{d}=\boldsymbol{T}^{-1}(\dot{\boldsymbol{\varphi}}_{dc})\boldsymbol{R}_{d}^{\mathrm{T}}\boldsymbol{\omega}_{c} \tag{9-68}$$

为计算以上表达式，要考虑 $\dot{\boldsymbol{o}}_{d}^{d}=\boldsymbol{0}$ 和 $\boldsymbol{\omega}_{d}^{d}=\boldsymbol{0}$，注意 $\boldsymbol{o}_{d}$ 和 $\boldsymbol{R}_{d}$ 是常数。因此，$\dot{\tilde{\boldsymbol{x}}}$ 的表达式为

$$\dot{\tilde{\boldsymbol{x}}}=-\boldsymbol{T}_{A}^{-1}(\boldsymbol{\varphi}_{dc})\begin{pmatrix}\boldsymbol{R}_{d}^{\mathrm{T}} & \boldsymbol{0}\\ \boldsymbol{0} & \boldsymbol{R}_{d}^{\mathrm{T}}\end{pmatrix}\boldsymbol{v}_{c} \tag{9-69}$$

考虑到末端执行器坐标系和相机坐标系重合，所以有

$$\dot{\tilde{\boldsymbol{x}}}=-\boldsymbol{J}_{A_{d}}(\boldsymbol{q},\tilde{\boldsymbol{x}})\dot{\boldsymbol{q}} \tag{9-70}$$

式中

$$\boldsymbol{J}_{A_{d}}(\boldsymbol{q},\tilde{\boldsymbol{x}})=\boldsymbol{T}_{A}^{-1}(\boldsymbol{\varphi}_{dc})\begin{pmatrix}\boldsymbol{R}_{d}^{\mathrm{T}} & \boldsymbol{0}\\ \boldsymbol{0} & \boldsymbol{R}_{d}^{\mathrm{T}}\end{pmatrix}\boldsymbol{J}(\boldsymbol{q}) \tag{9-71}$$

基于位置的视觉伺服的重力补偿 PD 类型表达式为

$$\boldsymbol{u}=\boldsymbol{g}(\boldsymbol{q})+\boldsymbol{J}_{A_{d}}^{\mathrm{T}}(\boldsymbol{q},\tilde{\boldsymbol{x}})(\boldsymbol{K}_{P}\tilde{\boldsymbol{x}}-\boldsymbol{K}_{D}\boldsymbol{J}_{A_{d}}(\boldsymbol{q},\tilde{\boldsymbol{x}})\boldsymbol{q}) \tag{9-72}$$

在矩阵 $\boldsymbol{K}_{P}$ 和 $\boldsymbol{K}_{D}$ 对称且正定的假设条件下，可采用李雅普诺夫函数

$$V(\dot{\boldsymbol{q}},\tilde{\boldsymbol{x}})=\frac{1}{2}\dot{\boldsymbol{q}}^{\mathrm{T}}\boldsymbol{B}(\boldsymbol{q})\dot{\boldsymbol{q}}+\frac{1}{2}\tilde{\boldsymbol{x}}^{\mathrm{T}}\boldsymbol{K}_{P}\tilde{\boldsymbol{x}}<0,\ \forall\ \dot{\boldsymbol{q}},\tilde{\boldsymbol{x}}\neq\boldsymbol{0} \tag{9-73}$$

证明相应于 $\tilde{\boldsymbol{x}}=\boldsymbol{0}$ 的平衡位姿的渐近稳定性。

注意要计算式（9-72）的控制规律，就需要用到 $\boldsymbol{x}_{co}$ 的估计值和 $\boldsymbol{q}$ 与 $\dot{\boldsymbol{q}}$ 的测量值，而且导数项也要选为 $-\boldsymbol{K}_{D}\dot{\boldsymbol{q}}$。

重力补偿 PD 类型的基于位置视觉伺服的框图如图 9-8 所示。

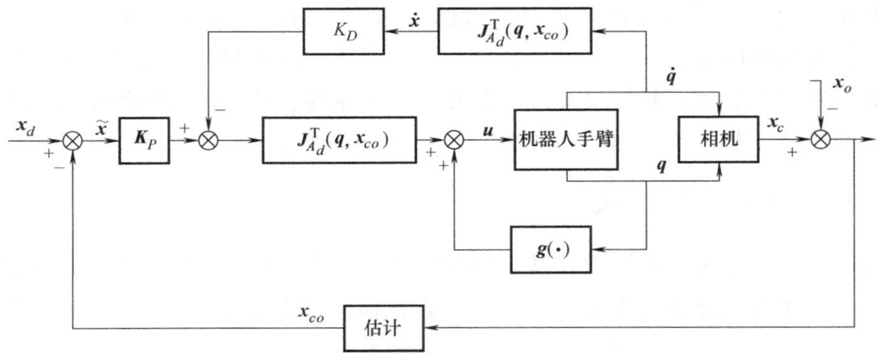

图 9-8 带重力补偿 PD 类型的基于位置视觉伺服系统的框图

2. 速度分解控制

由于 CCD 相机等视觉测量设备测量频率较低，该频率值比机器人手臂运动控制的典型

频率至少低了一个数量级。所以为了实现式（9-72）的控制规律时保证闭环系统的稳定性，控制增益必须比用于运动控制的典型增益值低。这会导致闭环系统在收敛速度和抗干扰能力上的性能变得较差。

通过在机器人手臂的关节空间或操作空间配备高增益运动控制器，可以在一定程度上避免以上问题。若忽略由机器人手臂动力学和干扰引起的跟踪误差影响，则被控机器人手臂可被视为一个理想的位置装置。这意味着，在关节空间运动控制的情况下，有

$$\boldsymbol{q}(t) \approx \boldsymbol{q}_r(t) \tag{9-74}$$

式中，$\boldsymbol{q}_r(t)$ 是对关节变量施加的参考轨迹。

因此，可选择如下的关节空间参考速度，并在视觉测量的基础上计算轨迹 $\boldsymbol{q}_r(t)$ 以实现视觉伺服，使式（9-66）中的跟踪误差渐近到达零。

$$\dot{\boldsymbol{q}}_r = \boldsymbol{J}_{A_d}^{-1}(\boldsymbol{q}_r, \tilde{\boldsymbol{x}})\boldsymbol{K}\tilde{\boldsymbol{x}} \tag{9-75}$$

可得到如下的线性方程：

$$\dot{\tilde{\boldsymbol{x}}} + \boldsymbol{K}\tilde{\boldsymbol{x}} = \boldsymbol{0} \tag{9-76}$$

对正定矩阵 $\boldsymbol{K}$，式（9-76）意味着操作空间误差以指数形式渐近趋向于零，其收敛速度取决于矩阵 $\boldsymbol{K}$ 的特征值，特征值越大，收敛速度越快。

由于该方案是基于操作空间误差计算速度 $\dot{\boldsymbol{q}}_r$，轨迹 $\boldsymbol{q}_r(t)$ 可通过式（9-75）简单积分计算得到的，所以以上方案称为操作空间的速度分解控制。基于位置的速度分解视觉伺服系统框图如图 9-9 所示。

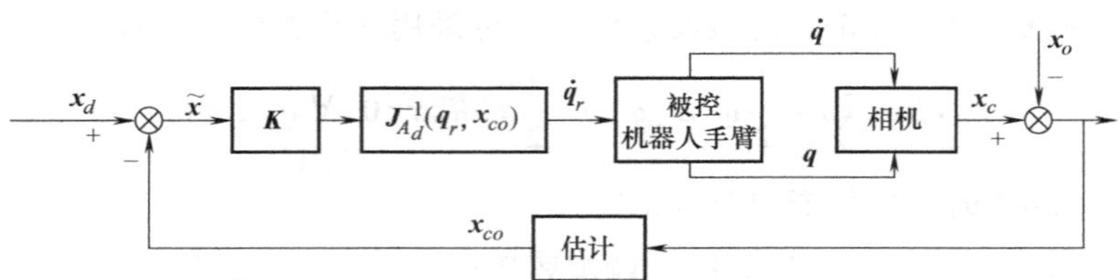

图 9-9　基于位置的速度分解视觉伺服系统框图

注意 $\boldsymbol{K}$ 的选择会影响相机坐标系轨迹的动态特性，相机坐标系轨迹是微分方程式（9-76）的解。如果 $\boldsymbol{K}$ 是对于位置分量具有相同增益的对角阵，相机坐标系的原点将沿着连接起点位置和期望位置的线段变化。另一方面，方向轨迹取决于欧拉角的特定选择及方向误差，一般情况下更多取决于后者。相机轨迹的先验知识非常重要，这是因为运动中目标可能离开相机视野，从而使视觉测量不可用。

9.4.2　基于图像的视觉伺服

如果目标相对于基坐标系固定，基于图像的视觉伺服，目标特征参数矢量可以通过具有与相机期望位形相应的常数值来表示。这样就隐含地假定存在期望位形 $\boldsymbol{x}_{do}$，使得相机位姿属于机器人手臂的灵活工作空间，以及下式所示的关系

$$\boldsymbol{s}_d = \boldsymbol{s}(\boldsymbol{x}_{do}) \tag{9-77}$$

而且假定 $\boldsymbol{x}_{do}$ 是唯一的。为此，特征参数可选为目标上 n 个点的坐标，对共面点（不含三点共线）有 $n \geqslant 4$，非共面点情况下有 $n \geqslant 6$，需要注意任务直接以特征参量 $\boldsymbol{s}_d$ 的形式指

定，而位形 $\boldsymbol{x}_{do}$ 不必已知。实际上，当目标相对于相机处于期望位形时，$\boldsymbol{s}_d$ 可通过测量特征参数来计算。

在此必须设计控制规律，以保证

$$\boldsymbol{e}_s=\boldsymbol{s}_d-\boldsymbol{s} \tag{9-78}$$

的图像空间误差渐近趋向于零。

1. 重力补偿 PD 控制

基于图像的视觉伺服同样也可采用重力补偿 PD 控制来实现。

为此，考虑如下正定二次型形式的李雅普诺夫待选函数

$$V(\dot{\boldsymbol{q}},\boldsymbol{e}_s)=\frac{1}{2}\dot{\boldsymbol{q}}^{\mathrm{T}}\boldsymbol{B}(\boldsymbol{q})\boldsymbol{q}+\frac{1}{2}\boldsymbol{e}_s^{\mathrm{T}}\boldsymbol{K}_{Ps}\boldsymbol{e}_s<0,\ \forall\ \dot{\boldsymbol{q}},\boldsymbol{e}_s\neq\boldsymbol{0} \tag{9-79}$$

式中，$\boldsymbol{K}_{Ps}$ 为对称正定 $k\times k$ 阶矩阵。

计算式（9-79）的时间导数，得

$$\dot{V}=-\dot{\boldsymbol{q}}^{\mathrm{T}}\boldsymbol{F}\dot{\boldsymbol{q}}+\dot{\boldsymbol{q}}^{\mathrm{T}}(\boldsymbol{u}-\boldsymbol{g}(\boldsymbol{q}))+\dot{\boldsymbol{e}}_s^{\mathrm{T}}\boldsymbol{K}_{Ps}\boldsymbol{e}_s \tag{9-80}$$

由于 $\dot{\boldsymbol{s}}_d=\boldsymbol{0}$，且目标相对于基坐标系固定，得

$$\dot{\boldsymbol{e}}_s=-\dot{\boldsymbol{s}}=-\boldsymbol{J}_L(\boldsymbol{s},z_c,\boldsymbol{q})\dot{\boldsymbol{q}} \tag{9-81}$$

式中

$$\boldsymbol{J}_L(\boldsymbol{s},z_c,\boldsymbol{q})=\boldsymbol{L}_s(\boldsymbol{s},z_c)\begin{pmatrix}\boldsymbol{R}_c^{\mathrm{T}} & \boldsymbol{0}\\ \boldsymbol{0} & \boldsymbol{R}_c^{\mathrm{T}}\end{pmatrix}\boldsymbol{J}(\boldsymbol{q}) \tag{9-82}$$

同样，考虑到相机坐标系和末端执行器坐标系重合，因此选择

$$\boldsymbol{u}=\boldsymbol{g}(\boldsymbol{q})+\boldsymbol{J}_L^{\mathrm{T}}(\boldsymbol{s},z_c,\boldsymbol{q})(\boldsymbol{K}_{Ps}\boldsymbol{e}_s-\boldsymbol{K}_{Ds}\boldsymbol{J}_L(\boldsymbol{s},z_c,\boldsymbol{q})\dot{\boldsymbol{q}}) \tag{9-83}$$

式中，$\boldsymbol{K}_{Ds}$ 为对称正定 $k\times k$ 阶矩阵。式（9-80）变为

$$\dot{V}=-\dot{\boldsymbol{q}}^{\mathrm{T}}\boldsymbol{F}\dot{\boldsymbol{q}}-\dot{\boldsymbol{q}}^{\mathrm{T}}\boldsymbol{J}_L^{\mathrm{T}}\boldsymbol{K}_{Ds}\boldsymbol{J}_L\dot{\boldsymbol{q}} \tag{9-84}$$

式（9-83）的控制规律包含了关节空间中对重力的非线性补偿，以及图像空间中的线性 PD。根据式（9-81），最后一项对应于图像空间的微分增大了阻尼。所得框图如图 9-10 所示。

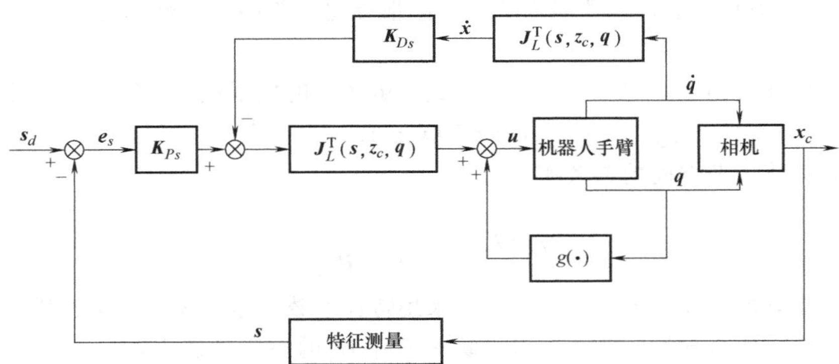

图 9-10　基于图像的视觉伺服的重力补偿 PD 类型的框图

若能直接测量 $\dot{\boldsymbol{s}}$，则可以按 $-\boldsymbol{K}_{Ds}\dot{\boldsymbol{s}}$ 计算微分项，但这种测量是不可行的。所以选择将微

分项设为$-\boldsymbol{K}_D\dot{\boldsymbol{q}}$，其中$\boldsymbol{K}_D$为对称正定$n\times n$阶矩阵。

式（9-84）表明对系统所有轨迹，李雅普诺夫函数都会减小，直至$\dot{\boldsymbol{q}}\neq\boldsymbol{0}$。这样系统就会到达下式描述的平衡状态

$$\boldsymbol{J}_L^{\mathrm{T}}(\boldsymbol{s},z_c,\boldsymbol{q})\boldsymbol{K}_{Ps}\boldsymbol{e}_s=0 \tag{9-85}$$

式（9-85）和式（9-82）表明，如果机器人手臂的映射矩阵和几何雅可比矩阵均为满秩的，则$\boldsymbol{e}_s=\boldsymbol{0}$。

注意式（9-83）的控制规律不仅需要$\boldsymbol{s}$的测量值，还需要矢量$\boldsymbol{z}_c$的计算值。在基于图像的视觉伺服理念下应尽量避免计算$\boldsymbol{z}_c$。

2. 速度分解控制

同样，速度分解控制的概念也可以很容易地推广到图像空间中。这种情况下，假设矩阵$\boldsymbol{J}_L$可逆，式（9-81）表明可以按下式选择关节空间的参考速度

$$\dot{\boldsymbol{q}}_r=\boldsymbol{J}_L^{-1}(\boldsymbol{s},z_c,\boldsymbol{q}_r)\boldsymbol{K}_s\boldsymbol{e}_s \tag{9-86}$$

该控制规律替代式（9-81）可得到如下的线性方程

$$\dot{\boldsymbol{e}}_s+\boldsymbol{K}_s\boldsymbol{e}_s=\boldsymbol{0} \tag{9-87}$$

因此如果$\boldsymbol{K}_s$为正定矩阵，式（9-87）渐近稳定，误差$\boldsymbol{e}_s$以指数形式渐近趋向于零，收敛速度取决于矩阵$\boldsymbol{K}_s$的特征值。图像空间误差$\boldsymbol{e}_s$收敛于零，保证了$\boldsymbol{x}_{co}$渐近收敛于期望位形$\boldsymbol{x}_{do}$。

基于图像的视觉伺服的速度分解框图如图 9-11 所示。

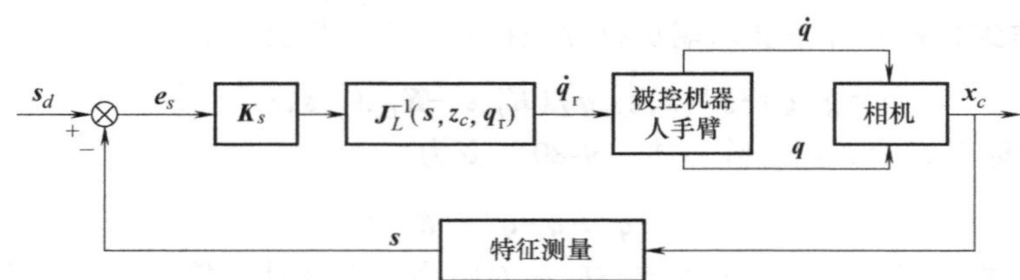

图 9-11　基于图像视觉伺服系统的速度分解框图

注意这种控制方式需要计算矩阵$\boldsymbol{J}_L$的逆矩阵，因此受到该矩阵奇异性相关问题的影响。根据式（9-82），该矩阵的奇异性问题既是几何雅可比矩阵的奇异性问题，也是映射矩阵的奇异性问题。

因此，可以通过两个步骤来方便地计算式（9-86）的控制规律。第一步是计算矢量

$$\boldsymbol{v}_r^c=\boldsymbol{L}_s^{-1}(\boldsymbol{s},z_c)\boldsymbol{K}_s\boldsymbol{e}_s \tag{9-88}$$

第二步是计算关节空间的参考速度

$$\dot{\boldsymbol{q}}_r=\boldsymbol{J}^{-1}(\boldsymbol{q})\begin{pmatrix}\boldsymbol{R}_c & \boldsymbol{0}\\ \boldsymbol{0} & \boldsymbol{R}_c\end{pmatrix}\boldsymbol{v}_r^c \tag{9-89}$$

与机器人手臂的运动奇异性非常不同，采用特征参数的数目k大于最小需求m的方法，可以解决映射矩阵的奇异性问题。可以用映射矩阵$\boldsymbol{L}_s$的左广义逆矩阵代替逆矩阵来修改控制规律，即

$$\boldsymbol{v}_r^c=(\boldsymbol{L}_s^{\mathrm{T}}\boldsymbol{L}_s)^{-1}\boldsymbol{L}_s^{\mathrm{T}}\boldsymbol{K}_s\boldsymbol{e}_s \tag{9-90}$$

用式（9-90）替代式（9-88），在式（9-89）和式（9-90）的控制规律作用下，应用李

雅普诺夫直接法，基于正定函数

$$V(\boldsymbol{e}_s)=\frac{1}{2}\boldsymbol{e}_s^{\mathrm{T}}\boldsymbol{K}_s\boldsymbol{e}_s>0,\ \forall\ \boldsymbol{e}_s\neq\boldsymbol{0} \tag{9-91}$$

可以证明闭环系统的稳定性。

计算该函数的时间导数，再结合式（9-81）、式（9-82）、式（9-89）、式（9-90）得

$$\dot{V}=-\boldsymbol{e}_s^{\mathrm{T}}\boldsymbol{K}_s\boldsymbol{L}_s(\boldsymbol{L}_s^{\mathrm{T}}\boldsymbol{L}_s)^{-1}\boldsymbol{L}_s^{\mathrm{T}}\boldsymbol{K}_s\boldsymbol{e}_s \tag{9-92}$$

因为 $N(\boldsymbol{L}_s^{\mathrm{T}})\neq\varnothing$，其中 $\boldsymbol{L}_s^{\mathrm{T}}$ 为列数多于行数的矩阵，所以式（9-92）半负定。因此闭环系统稳定但并非渐近稳定。这意味着误差是有界的，但一些情况下，系统可在 $\boldsymbol{e}_s\neq\boldsymbol{0}$ 且 $\boldsymbol{K}_s\boldsymbol{e}_s\in N(\boldsymbol{L}_s^{\mathrm{T}})$ 时到达平衡状态。

另一个与控制规律式（9-88）或式（9-90）和式（9-89）实现有关的问题是在计算映射矩阵 $\boldsymbol{L}_s$ 时需要 z_c 的信息这一事实。该问题可用矩阵 $\hat{\boldsymbol{L}}_s^{-1}$（或广义逆矩阵）的估计值来解决。这种情况下，采用李雅普诺夫方法可以证明，只要矩阵 $\boldsymbol{L}_s\hat{\boldsymbol{L}}_s^{-1}$ 正定，控制方案的稳定性就能保持不变。注意到 z_c 是唯一取决于目标几何形状的信息。因此还可以看出，在只用一台相机的情况下，基于图像的视觉伺服不需要关于目标几何形状的确切信息。

矩阵 $\boldsymbol{K}_s$ 元素的选择影响到特征参数的轨迹，而特征参数是微分方程（9-87）的解。在特征点情况下，如果设置对角矩阵 $\boldsymbol{K}_s$ 的元素都相等，这些点在图像平面的投影将形成线段。而由于图像平面变量和操作空间变量之间的投影是非线性的，因此相应的相机运动难以预测。

9.5 机器人复合视觉伺服控制

复合视觉伺服结合了基于位置的视觉伺服和基于图像的视觉伺服的优点。这个名字来源于控制误差对一些分量是在操作空间定义的，对其他分量是在图像空间定义的。这意味着在操作空间至少可部分地指定期望运动，而在视觉伺服过程中可对某些分量提前预测相机轨迹。另一方面，在图像空间出现的误差分量有助于保持相机视野中的图像特征，这对基于位置的方法来说是难以做到的。

复合视觉伺服要求一些操作空间变量的估计值。假设目标的表面为平面，其中至少可以选择四个特征点，且没有三点共线的情况。使用这些点在相机图像平面上的坐标，在相机坐标系的当前位形和期望位形上，可以计算出平面单应性关系 $\boldsymbol{H}$。注意对这一计算，相机的当前位形与期望位形信息并非必需的，只要特征矢量 $\boldsymbol{s}$ 和 $\boldsymbol{s}_d$ 已知就可以。

假设在当前位形下坐标系 1 与相机坐标系重合，在期望位形下坐标系 2 与相机坐标系重合，则有

$$\boldsymbol{H}=\boldsymbol{R}_d^c+\frac{1}{d_d}\boldsymbol{o}_{cd}^c\boldsymbol{n}^{d\mathrm{T}} \tag{9-93}$$

式中，$\boldsymbol{R}_d^c$ 为相机坐标系的期望方向与当前方向之间的旋转矩阵；$\boldsymbol{o}_{cd}^c$ 是相机坐标系原点在期望位形下相对于当前位形的位置矢量；$\boldsymbol{n}^d$ 为与包含特征点的平面相垂直的单位矢量；d_d 为期望位形下该平面与相机坐标系原点之间的距离。在当前相机位形下，可根据矩阵 $\boldsymbol{H}$ 计算每一个采样时刻的 $\boldsymbol{R}_d^c$、$\frac{1}{d_d}\boldsymbol{o}_{cd}^c\boldsymbol{n}^{d\mathrm{T}}$。

采用速度分解方法，控制目标为根据适当定义的误差矢量计算相机坐标系的绝对参考速度

$$\boldsymbol{v}_r^c=\begin{pmatrix}\boldsymbol{v}_r^c\\ \boldsymbol{\omega}_r^c\end{pmatrix} \tag{9-94}$$

为此，可由矩阵 $\boldsymbol{R}_d^c$ 计算相机期望位形与当前位形之间的方向误差，这与基于位置的视觉伺服情况相同。如果 $\boldsymbol{\varphi}_{cd}$ 表示由 $\boldsymbol{R}_d^c$ 提取的欧拉角矢量，控制矢量 $\boldsymbol{\omega}_r^c$ 可选为

$$\boldsymbol{\omega}_r^c=-\boldsymbol{T}(\boldsymbol{\varphi}_{cd})\boldsymbol{K}_o\boldsymbol{\varphi}_{cd} \tag{9-95}$$

式中，$\boldsymbol{K}_o$ 为 3×3 阶矩阵。这种选择下，方向误差方程的形式为

$$\boldsymbol{\varphi}_{cd}+\boldsymbol{K}_o\boldsymbol{\varphi}_{cd}=\boldsymbol{0} \tag{9-96}$$

如果 $\boldsymbol{K}_o$ 为对称正定矩阵，式（9-96）意味着方向误差将以指数形式渐近趋向于零，收敛速度取决于矩阵 $\boldsymbol{K}_o$ 的特征值，可以选择控制矢量 $\boldsymbol{v}_r^c$，使得相机的期望位形与当前位形之间误差的位置部分收敛到零。

位置误差可定义目标点在期望相机坐标系的坐标 $\boldsymbol{r}_c^c=(x_c,y_c,z_c)^{\mathrm{T}}$ 与目标点在当前相机坐标系的坐标 $\boldsymbol{r}_d^c=(x_d,y_d,z_d)^{\mathrm{T}}$ 之间的偏差，即 $\boldsymbol{r}_d^c-\boldsymbol{r}_c^c$。然而这些坐标不能直接测量得到，这与图像平面中定义特征矢量 $\boldsymbol{s}_{pd}=(X_d,Y_d)^{\mathrm{T}}=(x_d/z_d,y_d/z_d)^{\mathrm{T}}$ 和 $\boldsymbol{s}_p=(X,Y)^{\mathrm{T}}=(x_c/z_c,y_c,z_c)^{\mathrm{T}}$ 的对应坐标情况不同。

根据单应性关系 $\boldsymbol{H}$ 所得到的信息可用于改写比值

$$\rho_z=\frac{z_c}{z_d} \tag{9-97}$$

用到如下形式的已知量或测量值

$$\rho_z=\frac{d_c}{d_d}\frac{\boldsymbol{n}^{d\mathrm{T}}\widetilde{\boldsymbol{s}}_{pd}}{\boldsymbol{n}^{c\mathrm{T}}\widetilde{\boldsymbol{s}}_p} \tag{9-98}$$

式中

$$\frac{d_c}{d_d}=1+\boldsymbol{n}^{c\mathrm{T}}\frac{\boldsymbol{o}_{cd}^c}{d_d}=\det(\boldsymbol{H}) \tag{9-99}$$

且 $\boldsymbol{n}^c=\boldsymbol{R}_d^c\boldsymbol{n}^d$；矢量 $\widetilde{\boldsymbol{s}}_p$ 和 $\widetilde{\boldsymbol{s}}_{pd}$ 分别表示 $\boldsymbol{s}_p$ 和 $\boldsymbol{s}_{pd}$ 的齐次坐标。

用已知量或测量值表示的位置误差可定义为

$$\boldsymbol{e}_p(\boldsymbol{r}_d^c,\boldsymbol{r}_c^c)=\begin{pmatrix}X_d-X\\ Y_d-Y\\ \ln\rho_z\end{pmatrix} \tag{9-100}$$

计算 $\boldsymbol{e}_p$ 的时间导数得

$$\dot{\boldsymbol{e}}_p=\frac{\partial\boldsymbol{e}_p(\boldsymbol{r}_c^c)}{\partial\boldsymbol{r}_c^c}\dot{\boldsymbol{r}}_c^c \tag{9-101}$$

可将前面的表达式改写为如下形式

$$\dot{\boldsymbol{e}}_p=-\boldsymbol{J}_p\boldsymbol{v}_c^c-\boldsymbol{J}_o\boldsymbol{\omega}_c^c \tag{9-102}$$

式中

$$\boldsymbol{J}_p = \frac{1}{z_d \rho_z}\begin{pmatrix} -1 & 0 & X \\ 0 & -1 & Y \\ 0 & 0 & -1 \end{pmatrix} \tag{9-103}$$

且

$$\boldsymbol{J}_o = \begin{pmatrix} XY & -1-X^2 & Y \\ 1+Y^2 & -XY & -X \\ -Y & X & 0 \end{pmatrix} \tag{9-104}$$

式（9-102）表明可以选择如下控制矢量

$$\boldsymbol{\nu}_r^c = \boldsymbol{J}_p^{-1}(\boldsymbol{K}_P \boldsymbol{e}_p - \boldsymbol{J}_o \boldsymbol{\omega}_r^c) \tag{9-105}$$

式中，$\boldsymbol{J}_p$ 为非奇异矩阵。注意要计算 $\boldsymbol{J}_p^{-1}$，需要用到常数 z_d 的有关信息。

如果 z_d 已知，假定 $\dot{\boldsymbol{o}}_c^c \approx \boldsymbol{\nu}_r^c$ 和 $\boldsymbol{\omega}_c^c \approx \boldsymbol{\omega}_r^e$，由式（9-105）的控制规律得出以下误差方程

$$\dot{\boldsymbol{e}}_p + \boldsymbol{K}_P \boldsymbol{e}_p = \boldsymbol{0} \tag{9-106}$$

该式表明只要 $\boldsymbol{K}_P$ 是正定矩阵，$\boldsymbol{e}_p$ 将按照指数规律收敛到零。

如果 z_d 未知，可采用其估计值 $\hat{z}_d$。这样，根据式（9-105）的控制规律，矩阵 $\boldsymbol{J}_p^{-1}$ 可用相应的估计值 $\hat{\boldsymbol{J}}_p^{-1}$ 代替。根据

$$\hat{\boldsymbol{J}}_p^{-1} = \frac{\hat{z}_d}{z_d}\boldsymbol{J}_p^{-1} \tag{9-107}$$

可得误差方程

$$\dot{\boldsymbol{e}}_p + \frac{\hat{z}_d}{z_d}\boldsymbol{K}_P \boldsymbol{e}_p = \left(1 - \frac{\hat{z}_d}{z_d}\right)\boldsymbol{J}_o \boldsymbol{\omega}_r^c \tag{9-108}$$

该式表明用估计值 $\hat{z}_d$ 代替真值 z_d 会在误差方程中引入一个比例增益，误差方程可保持渐近稳定。

【例 9-1】 这里以一种隔热板自动铺砌机器人系统为例，对机器人视觉系统的使用进行说明。隔热板自动铺砌机器人系统的总体方案如图 9-12 所示。需要说明的是，本节中的视觉系统为“眼到手”视觉系统，与前文中的“眼在手”系统有所差异，但是基本原理和基本方法是一致的。因此，本节中选用此系统为例对视觉系统与机器人系统的结合使用进行说明。

隔热板自动铺砌机器人系统的任务是利用机器人自动地将隔热板从适配器上拾取，按照规划好的路径将隔热板铺砌到飞行器表面的正确位置。系统工作流程为：首先用相机测定机器人、隔热板和飞行器的位形，并将数据传给上位机，上位机处理数据后，发送运动参数给机器人；然后运行机器人程序，机器人带动末端执行器拾取隔热板并放置到飞行器表面正确位置，在机器人运动过程中，相机实时测量机器人运动误差，并进行补偿。最后释放隔热板，机器人回归初始位形。

根据对隔热板铺砌过程的描述，设置图 9-13 所示的路径点。

各路径点的选取方法如下：

1）初始点 P_1，铺砌结束后末端执行器的返回点，由用户给定。

2）拾取点 P_3，末端执行器对隔热板进行吸附的点，由用户根据实际情况给定。

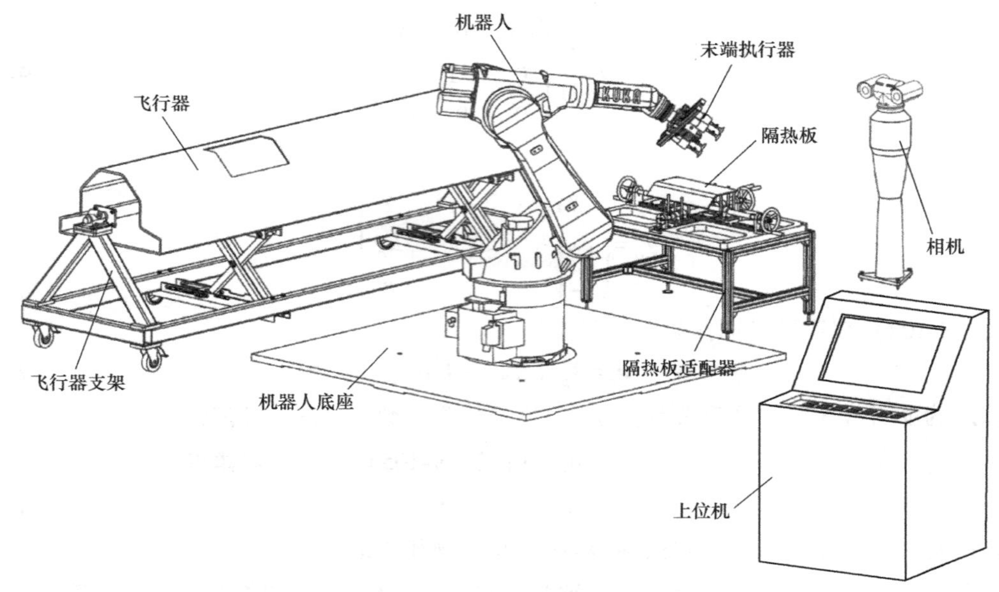

图 9-12　机器人系统示意图

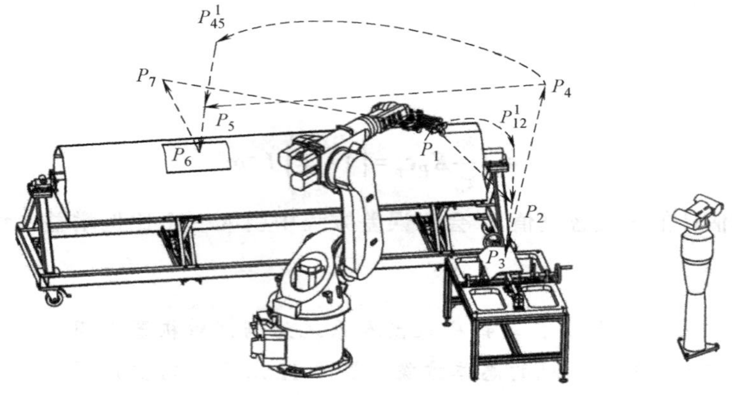

图 9-13　各路径点分布示意图

3）铺砌点 P_6，末端执行器释放隔热板的点，由用户根据实际情况给定。

4）拾取接近点 P_2，从该点开始，末端执行器开始慢速接近隔热板。

5）拾取抬起点 P_4，末端执行器拾取隔热板后，慢速将隔热板以相对于适配器不变的位形抬升到点 P_4。

6）铺砌接近点 P_5，末端执行器运动到此点后，带动隔热板慢速接近飞行器。

7）铺砌抬起点 P_7，末端执行器释放隔热板后，以相对于飞行器不变的位形慢速运动到点 P_7。

8）过渡点 P_{12}^1、P_{45}^1、P_{12}^1 和 P_{45}^1 分别位于点 P_2 和 P_5 之前，P_{12}^1 和 P_{45}^1 的位形分别与点 P_2 和 P_5 的位形相同。

在上述规划点的基础上，铺砌机器人系统工作流程如图 9-14 所示。

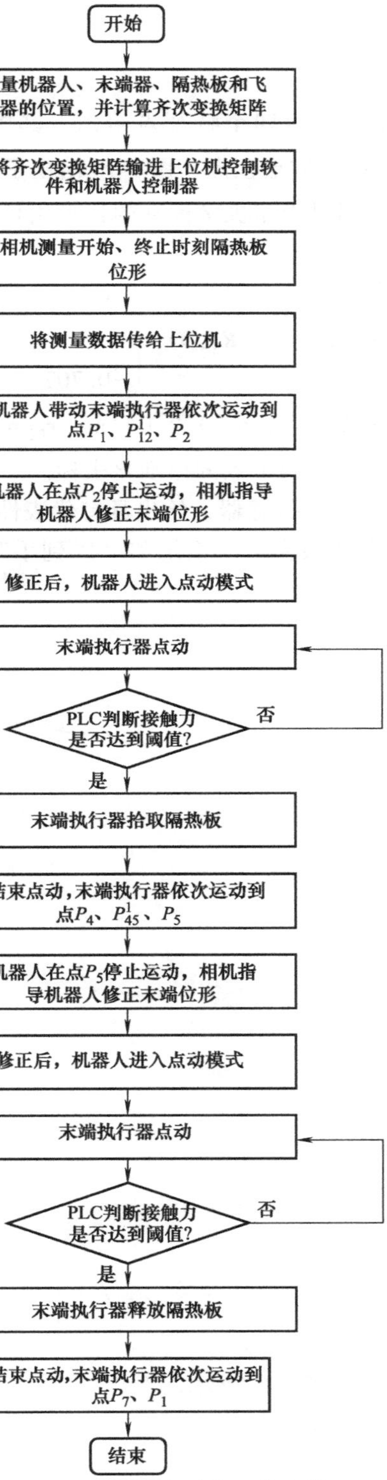

开始

测量机器人、末端器、隔热板和飞行器的位置，并计算齐次变换矩阵

将齐次变换矩阵输进上位机控制软件和机器人控制器

相机测量开始、终止时刻隔热板位形

将测量数据传给上位机

机器人带动末端执行器依次运动到点P_1、P_{12}^1、P_2

机器人在点P_2停止运动，相机指导机器人修正末端位形

修正后，机器人进入点动模式

末端执行器点动

PLC判断接触力是否达到阈值?

否

是

末端执行器拾取隔热板

结束点动，末端执行器依次运动到点P_4、P_{45}^1、P_5

机器人在点P_5停止运动，相机指导机器人修正末端位形

修正后，机器人进入点动模式

末端执行器点动

PLC判断接触力是否达到阈值?

否

是

末端执行器释放隔热板

结束点动，末端执行器依次运动到点P_7、P_1

结束

图 9-14　机器人系统工作流程

9.6 本章作业

1. 如图 9-15 所示，平面目标由四个特征点给出，其中目标坐标系已知，特征点 P_1、P_2、P_3 和 P_4 为边长 $l=0.1$m 的正方形顶点。图 9-15 给出了目标的四个点在相机标准图像平面上的投影，假定目标坐标系相对于相机坐标系的位形由位置矢量 $\boldsymbol{O}_{co}=(0,0,0.5)^{\mathrm{T}}$m 和旋转矩阵

$$\boldsymbol{R}_o^c=\boldsymbol{R}_z(0)\boldsymbol{R}_y(\pi/4)\boldsymbol{R}_x(0)=\begin{pmatrix}0.7071 & 0 & 0.7071\\ 0 & 1 & 0\\ -0.7071 & 0 & 0.7071\end{pmatrix}$$

表征。目标坐标系中的位置矢量为 $\boldsymbol{r}_{01}=(0,0,0)^{\mathrm{T}}$m，$\boldsymbol{r}_{02}=(0.1,0,0)^{\mathrm{T}}$m，$\boldsymbol{r}_{03}=(0.1,0.1,0)^{\mathrm{T}}$m，$\boldsymbol{r}_{04}=(0,0.1,0)^{\mathrm{T}}$m，求目标四个点的标准化坐标。

2. 查阅文献，总结常用的视觉传感器，给出具有代表性的型号及其参数。

3. 查阅文献，分别找一个“眼在手”系统和“眼到手”系统的应用实例，指明系统组成、标定方法和控制方法。

第 10 章

机器人的稳定性控制

在诸多的机器人及机械系统中，都不可避免地受到很多客观存在的不确定因素的影响，如系统的建模误差、间隙及机械摩擦力等非线性因素，以至于难以实现系统运动的精确性与稳定性，尤其是由测量误差和未知干扰等组成的力学模型误差，对系统的控制性能影响尤为明显。机器人系统具有非线性、时变及耦合等特性，探讨有效的稳定控制策略，研究具有一定自适应稳定控制能力的稳健机器人系统，使其在作业过程中持续保持预期性能具有重要意义。本章首先详细介绍机器人控制稳定性的理论，然后介绍基于状态观测及补偿的机器人稳定控制，以及针对建模误差的机器人稳定控制。

10.1 机器人控制稳定性理论

在机器人控制过程中，常采用阻尼和闭环的频带宽度来描述线性控制系统的稳定性和动态性能，这种方法也适用于经线性化解耦的非线性系统。因为采用一个完善的基于模型的非线性控制器能使整个系统又变为线性系统。然而，不经解耦和线性化，或解耦和线性化效果不好、精度不高的话，整个闭环系统仍然是非线性的，与线性系统相比，非线性系统的稳定性和动态性能的分析要困难得多。

而李雅普诺夫稳定性分析方法适用于线性和非线性系统。基于能量分析得出：无论系统具有任何初始条件（即任何初始能量），最终必定达到平衡点。采用能量分析的方法对于稳定性的判别属于李雅普诺夫稳定性分析，这一稳定性分析方法的显著特点是：不需要求解系统运动的微分方程就可得出有关稳定性的结论。

考虑机器人满足下列条件的动力学系统

$$\dot{\boldsymbol{x}}=f(\boldsymbol{x},t),\boldsymbol{x}(t_0)=\boldsymbol{x}_0,\boldsymbol{x}\in\mathbf{R}^n \tag{10-1}$$

假设解 $f(\boldsymbol{x},t)$ 满足存在性和唯一性条件，即 $f(\boldsymbol{x},t)$ 是关于利普希茨连续的，关于 t 是单值且分段连续的。如果存在点 $\boldsymbol{x}^*\in\mathbf{R}^m$，使得 $f(\boldsymbol{x}^*,t)\equiv 0$，则称该点为式（10-1）的平衡点，可以粗略地说，如果起始于 $\boldsymbol{x}^*$ 附近（意指初始条件位于 $\boldsymbol{x}^*$ 的附近）的所有解始终位于 $\boldsymbol{x}^*$，那么该平衡点是局部稳定的。如果 $\boldsymbol{x}^*$ 是局部稳定的，当 $t\rightarrow\infty$ 时，起始于 $\boldsymbol{x}^*$ 附近的所有解将趋向于 $\boldsymbol{x}^*$，则称该平衡点 $\boldsymbol{x}^*$ 为局部渐近稳定点。由于式（10-1）的时变性将产生各种其他不可预料的情况，所以上述说法是粗略的。而且，当振动摆垂直向下悬挂时具有局部渐近稳定平衡点；当其垂直向上时具有非渐近稳定平衡点。如果振动摆有阻尼存在，那么稳定平衡点是局部渐近稳定。在机器人学中，最关心的是一致渐近稳定平衡，若要让机器人运动到某位置，我们希望是精确运动到该点，而不是到该点附近。

李雅普诺夫方法适用于确定下列微分方程的稳定性

$$\dot{\boldsymbol{x}}=f(\boldsymbol{x}) \tag{10-2}$$

式中，$\dot{\boldsymbol{x}}$ 是 $m\times1$ 矢量；$f(\boldsymbol{x})$ 可以是非线性函数，注意，任何高阶微分方程可以写成形如式（10-2）的一组一阶微分方程。为了用李雅普诺夫法验证系统是否稳定，必须构造一个具有下列性质的函数 $v(\boldsymbol{x})$：

1）$v(\boldsymbol{x})$ 具有连续的一阶偏导数，且对于所有的 $\boldsymbol{x}\neq\boldsymbol{0}$ 值，有 $v(\boldsymbol{x})>0$，$v(\boldsymbol{0})=0$。

2）$\dot{v}\leqslant0$。

具有这种性质的函数称为李雅普诺夫函数。

若在某一区域内可以找到具有上述性质的函数 $v(\boldsymbol{x})$，则称系统是强稳定的，直观上可以解释为：若 $v(\boldsymbol{x})$ 是状态 $\boldsymbol{x}$ 的正定的虚拟能量函数，并且它的值总是下降的或保持为一个常数，则系统是稳定的，即表示系统的状态矢量是有界的。

若 $\dot{v}$ 严格小于 0，则状态渐近收敛于零矢量。李雅普诺夫的结果后来由 Lasalle 和 Leyschetz 进行了重要发展。他们证明，在一定情况下，甚至当 $\dot{v}\leqslant0$ 时，系统也可能是渐近稳定的。为了分析操作臂控制系统的稳定性，还将讨论 $\dot{v}(\boldsymbol{x})=0$ 时的情况，以便确定所研究的系统是渐近稳定的。

10.2 基于状态观测及补偿的机器人稳定控制

10.2.1 机器人系统模型描述

众所周知，2R 机器人模型是最简单的机器人模型，是诸多复杂关节机器人的基础，通过对 2R 机器人模型的研究能够简明地揭示复杂机器人运动学及动力学的原理和方法。

以 2R 机器人系统为例（图 10-1），建立机器人的拉格朗日动力学模型，并在此基础上推导出适用于设计状态观测器的控制方程。定义系统的广义坐标为 $\boldsymbol{q}=(\theta_1,\theta_2)^{\mathrm{T}}$，系统动能为 K，势能 P，广义驱动力矩为 $\boldsymbol{\tau}$。机器人拉格朗日动力学方程为

$$\frac{\mathrm{d}}{\mathrm{d}t}\left(\frac{\partial K}{\partial\dot{\boldsymbol{q}}}\right)-\frac{\partial K}{\partial\boldsymbol{q}}+\frac{\partial P}{\partial\boldsymbol{q}}=\boldsymbol{\tau} \tag{10-3}$$

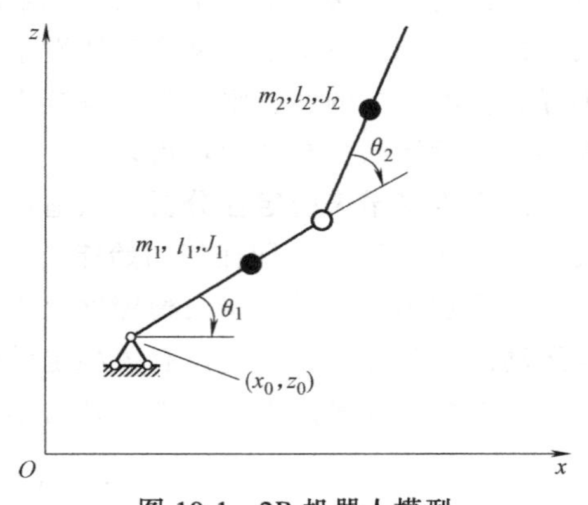

图 10-1　2R 机器人模型

式中

$$K=\frac{1}{2}\sum_{i=1}^{2}m_i(\dot{x}_i^2+\dot{z}_i^2)+\frac{1}{2}[J_1\dot{\theta}_1^2+J_2(\dot{\theta}_1+\dot{\theta}_2)^2]$$

$$P=g\sum_{i=1}^{2}m_iz_i$$

上式可描述为

$$\boldsymbol{M}(\boldsymbol{q})\ddot{\boldsymbol{q}}+\boldsymbol{C}(\boldsymbol{q},\dot{\boldsymbol{q}})\dot{\boldsymbol{q}}+\boldsymbol{H}(\boldsymbol{q})+\boldsymbol{d}(t)=\boldsymbol{\tau} \tag{10-4}$$

式中，$\boldsymbol{M}(\boldsymbol{q})=\begin{pmatrix} m_{11} & m_{12} \\ m_{21} & m_{22} \end{pmatrix}$为机器人惯性矩阵；$\boldsymbol{C}(\boldsymbol{q},\dot{\boldsymbol{q}})=\begin{pmatrix} d_{11} & d_{12} \\ d_{21} & d_{22} \end{pmatrix}$为科氏力项和向心力项；$\boldsymbol{H}(\boldsymbol{q})=(h_1,h_2)^{\mathrm{T}}$ 为有势力项，主要是指重力；广义驱动力矩 $\boldsymbol{\tau}=(\tau_1,\tau_2)^{\mathrm{T}}$ 及 $\boldsymbol{d}(t)$ 为系统建模误差和未知干扰。并且有

$$m_{11}=(m_1+m_2)l_1^{\ 2}+m_2l_2^{\ 2}+2m_2l_1l_2\cos\theta_2+J_1+J_2$$

$$m_{12}=m_2l_2^{\ 2}+m_2l_1l_2\cos\theta_2+J_2$$

$$m_{21}=m_{12},m_{22}=m_2l_2^{\ 2}+J_2$$

$$d_{11}=-2m_2l_1l_2\dot{\theta}_2\sin\theta_2,d_{12}=-m_2l_1l_2\dot{\theta}_2\sin\theta_2$$

$$d_{21}=m_2l_1l_2\dot{\theta}_1\sin\theta_2,d_{22}=0$$

$$h_1=(m_1+m_2)gl_1\cos\theta_1+m_2gl_2\cos(\theta_1+\theta_2)$$

$$h_2=m_2gl_2\cos(\theta_1+\theta_2)$$

根据式（10-4）所述机器人动力学模型，设计机器人控制方程。控制方程输入量为关节角的角度和角速度，即（$\boldsymbol{q}$，$\dot{\boldsymbol{q}}$）^{T}，其中 $\boldsymbol{q}=(\theta_1,\theta_2)^{\mathrm{T}}$；输出量为关节角加速度，即 $\ddot{\boldsymbol{q}}$。由于惯量矩阵 $\boldsymbol{M}$ 为对称正定矩阵，则机器人系统的控制方程可表示为

$$\ddot{\boldsymbol{q}}=-\boldsymbol{M}(\boldsymbol{q})^{-1}[\boldsymbol{C}(\boldsymbol{q},\dot{\boldsymbol{q}})\dot{\boldsymbol{q}}+\boldsymbol{H}(\boldsymbol{q})+\boldsymbol{d}(t)]+\boldsymbol{M}(\boldsymbol{q})^{-1}\boldsymbol{\tau} \tag{10-5}$$

通过输入合适的驱动力 $\boldsymbol{\tau}$，即可控制机器人系统状态变量的变化，使系统执行期望轨迹。

为便于表述，令 $\boldsymbol{b}=\boldsymbol{M}(\boldsymbol{q})^{-1}$，$\boldsymbol{g}(t)=\boldsymbol{C}(\boldsymbol{q},\dot{\boldsymbol{q}})\dot{\boldsymbol{q}}+\boldsymbol{H}(\boldsymbol{q})$，$\boldsymbol{u}(t)=\boldsymbol{\tau}$，则式（10-5）可表示为

$$\ddot{\boldsymbol{q}}=-\boldsymbol{b}\boldsymbol{g}(t)+\boldsymbol{b}\boldsymbol{u}(t)-\boldsymbol{b}\boldsymbol{d}(t) \tag{10-6}$$

令 $\boldsymbol{f}(t)=-\boldsymbol{b}\boldsymbol{g}(t)$，$\boldsymbol{e}(t)=-\boldsymbol{b}\boldsymbol{d}(t)$，对式（10-6）进行进一步简化，其可表示为

$$\ddot{\boldsymbol{q}}=\boldsymbol{f}(t)+\boldsymbol{b}\boldsymbol{u}(t)+\boldsymbol{e}(t) \tag{10-7}$$

式中，$\boldsymbol{f}(t)$ 为系统未知非线性函数；$\boldsymbol{e}(t)$为系统模型不确定性，包括系统建模误差和未知外界干扰等。令 $\boldsymbol{q}_1=\boldsymbol{q}$，$\boldsymbol{q}_2=\dot{\boldsymbol{q}}$，则（$\boldsymbol{q}_1$，$\boldsymbol{q}_2$）为系统新的状态矢量，式（10-7）可表示为

$$\begin{cases} \dot{\boldsymbol{q}}_1=\boldsymbol{q}_2 \\ \dot{\boldsymbol{q}}_2=\boldsymbol{f}(t)+\boldsymbol{b}\boldsymbol{u}(t)+\boldsymbol{e}(t) \\ \boldsymbol{y}=\boldsymbol{q}_1 \end{cases} \tag{10-8}$$

10.2.2 状态观测及补偿设计

状态观测器是基于系统已知输入量及输出误差的“反馈”来重构系统状态的一种估计策略。常规状态观测器是一类依赖于系统精确的数学模型的线性观测器，当系统存在不确定性时，很难满足估计要求。扩张状态观测器是一种非线性的观测器，适用于线性及非线性系统，其设计思想是将系统的整个不确定模型及外界干扰作为扩张状态进行观测，所以它不但可以重构系统的各个状态变量，而且可以实时估计出系统的不确定性。

对式（10-8）中的状态变量 $\boldsymbol{q}_1$、$\boldsymbol{q}_2$ 进行跟踪，将作用于开环系统加速度的实时值$\boldsymbol{f}(t)$+

$e(t)$ 扩展为新的状态变量 q_3，即 $q_3=f(t)+e(t)$，记 $\dot{q}_3=w(t)$，则式（10-8）所示系统可表示为

$$\begin{cases} y=q_1 \\ \dot{q}_1=q_2 \\ \dot{q}_2=q_3+bu(t) \\ \dot{q}_3=w(t) \end{cases} \tag{10-9}$$

由式（10-9）可知，$\dot{q}_3=w(t)$ 为有界不确定函数。对式（10-9）所示的系统，设计如下扩张状态观测器：

$$\begin{cases} \dot{z}_1=z_2-g_1(z_1-q_1) \\ \dot{z}_2=z_3-g_2(z_1-q_1)+bu(t) \\ \dot{z}_3=-g_3(z_1-q_1) \end{cases} \tag{10-10}$$

式中，z_1、z_2、z_3 表示观测器对系统输出状态的估计值，其中，z_3 表示影响系统的有界不确定因素的估计值。

记 $e_1=z_1-q_1$，$e_2=z_2-q_2$，$e_3=z_3-q_3$，则构造式（10-10）中的非线性连续函数 $g_i(i=1,2,3)$，即可实现状态变量的跟踪。

令 $g_i(e_1)=\dfrac{a_i}{\varepsilon^i}(e_1)$，满足 $e_1\cdot\dfrac{a_i}{\varepsilon^i}(e_1)>0$，$\forall e_1\neq \mathbf{0}$，$\dfrac{a_i}{\varepsilon^i}(\mathbf{0})=0$。其中，$\varepsilon>0$ 为切换增益系数；a_1，a_2，a_3 为正实数；多项式 $s^3+a_1s^2+a_2s+a_3$ 满足赫尔维茨多项式条件。可得状态估计的误差动态方程为

$$\begin{cases} \dot{e}_1=e_2-\dfrac{a_1}{\varepsilon}(e_1) \\ \dot{e}_2=e_1-\dfrac{a_2}{\varepsilon^2}(e_1)+bu(t) \\ e_3=-w(t)-\dfrac{a_3}{\varepsilon^3}(e_1) \end{cases} \tag{10-11}$$

对于一定范围内任意变化的 $w(t)$，可以选择 $\dfrac{a_i}{\varepsilon^i}(e_1)$ 使式（10-11）所示系统相对原点稳定。故当 $t\to\infty$ 时，式（10-10）所示扩张观测器中的状态 $z_1(t)$、$z_2(t)$、$z_3(t)$ 可实现对式（10-9）中扩张状态 $q_1(t)$、$q_2(t)$、$q_3(t)$ 的跟踪，故式（10-10）称为式（10-9）的扩张状态观测器。该状态观测器与式（10-9）所示控制方程的具体形式无关，与实时值 q_3 的变化速率 $w(t)$ 的变化范围有关。

通过扩张状态观测器实现对状态和不确定性的观测估计，根据控制目标与实际状态之间的误差，采用非线性 PID 反馈控制，并用 $z_3(t)$ 作为鲁棒控制补偿，设计控制规律

$$u(t)=k_pe_1(t)+k_d\dot{e}_1(t)-1/b^{p(t)} \tag{10-12}$$

式中，$b=M^{-1}(q)$；$p(t)=z_3(t)$ 为 PID 控制补偿。

10.2.3 稳定性分析

本节对上文所设计系统进行稳定性分析。取 $\boldsymbol{z}=(z_1,z_2,z_3)^{\mathrm{T}}$，$\boldsymbol{q}=(\boldsymbol{q}_1,\boldsymbol{q}_2,\boldsymbol{q}_3)^{\mathrm{T}}$，$\boldsymbol{e}=(\boldsymbol{e}_1,\boldsymbol{e}_2,\boldsymbol{e}_3)^{\mathrm{T}}$。$\boldsymbol{P}=\mathrm{diag}(k_{p1},\cdots,k_{pn})$，$\boldsymbol{D}=\mathrm{diag}(k_{d1},\cdots,k_{dn})$，其中 PID 控制参数 $k_p>0$、$k_d>0$，则 $\boldsymbol{P}$、$\boldsymbol{D}$ 为正定对角矩阵。

引理 1 对式（10-9）所示系统方程，已知 $w(t)$ 为有界不确定函数，即 $|w(t)|<d$，$d>0$，应用式（10-10）所示状态观测器对状态进行估计时，若 $g_2^2>4.5cg_3\left|\dfrac{\mathrm{d}g_3(e_1)}{\mathrm{d}e_1}\right|$，$c>1$，则状态估计误差收敛到一个闭区域。

$$\begin{cases} e_2^*=\sup\limits_{|w(t)|<d}\{|e_2|\}=\begin{cases}\left(\dfrac{2cr}{g_3(c-1)}\right)^{\frac{1}{a}}, \dfrac{2cr}{g_3(c-1)}<\sigma^a \\ \dfrac{2cr}{g_3c-1)}\sigma^{1-a}, \text{其他}\end{cases} \\ e_3^*=\sup\limits_{|w(t)|<d}\{|e_3|\}=g_2e_2^*-\dfrac{{g_3}^2}{2g_2} \end{cases} \tag{10-13}$$

引理 2 假设 $V(t)$ 是任意给定的连续时间系统的李雅普诺夫函数，如果满足 $\dot{V}\leqslant-\lambda V+\varphi(t)$，$\lambda$ 为正常数，$\varphi(t)>0$，$\forall t>0$，则当 $\lim\limits_{t\to0}\varphi(t)=C$，$C$ 为常数时，系统是全局一致最终有界稳定（GUUB）的，且

$$V(t)\leqslant\frac{1}{\lambda}\{C-[C-\lambda V(0)]\exp(-\lambda t)\},\forall t>0 \tag{10-14}$$

定理 针对如式（10-4）所示含有系统建模误差和未知干扰的机器人系统，若满足引理 1，采用控制方程式（10-5），状态观测器式（10-10），以及扩张状态补偿控制器式（10-12），可保证系统是全局一致最终有界稳定的，且跟踪误差按指数收敛到一个封闭球域。

证明 定义李雅普诺夫函数

$$V=\frac{1}{2}\boldsymbol{e}^{\mathrm{T}}\boldsymbol{P}\boldsymbol{e}+\frac{1}{2}\dot{\boldsymbol{e}}^{\mathrm{T}}\dot{\boldsymbol{e}} \tag{10-15}$$

显然 $V>0$，根据式（10-12），式（10-15）两边求导，存在

$$\dot{V}=-\dot{\boldsymbol{e}}^{\mathrm{T}}\boldsymbol{P}\boldsymbol{e}+\dot{\boldsymbol{e}}^{\mathrm{T}}\ddot{\boldsymbol{e}} \tag{10-16}$$

因为 $\ddot{\boldsymbol{e}}=\boldsymbol{q}_3-\boldsymbol{P}\boldsymbol{e}-\boldsymbol{D}\dot{\boldsymbol{e}}-z_3$，则式（10-16）可表示为

$$\dot{V}=-\dot{\boldsymbol{e}}^{\mathrm{T}}\boldsymbol{D}\boldsymbol{e}+\dot{\boldsymbol{e}}^{\mathrm{T}}(\boldsymbol{q}_3-z_3) \tag{10-17}$$

因 $\dot{\boldsymbol{e}}^{\mathrm{T}}\boldsymbol{D}\boldsymbol{e}\geqslant\lambda_{\min}(\boldsymbol{D})\dot{\boldsymbol{e}}^{\mathrm{T}}\boldsymbol{e}$，根据引理 1，可知 $\dot{\boldsymbol{e}}^{\mathrm{T}}$（$\boldsymbol{q}_3-z_3$）$<\|\boldsymbol{e}_3^*\|\|\dot{\boldsymbol{e}}\|$，则

$$\begin{aligned}\dot{V}&<-\lambda_{\min}(\boldsymbol{D})(2V-\dot{\boldsymbol{e}}^{\mathrm{T}}\boldsymbol{P}\boldsymbol{e})+\|\boldsymbol{e}_3^*\|\|\dot{\boldsymbol{e}}\| \\ &\leqslant-2\lambda_{\min}(\boldsymbol{D})V+\lambda_{\min}(\boldsymbol{D})\lambda_{\max}(\boldsymbol{P})\|\boldsymbol{e}\|^2+\|\boldsymbol{e}_3^*\|\|\dot{\boldsymbol{e}}\| \\ &\leqslant-\lambda V+k\end{aligned} \tag{10-18}$$

式中，$\lambda_{\min}$、$\lambda_{\max}$ 分别为矩阵的最小特征值和最大特征值；$\lambda=2\lambda_{\min}(\boldsymbol{D})$；$k=\sup\limits_{t\to\infty}\{\lambda_{\min}(\boldsymbol{D})\lambda_{\max}(\boldsymbol{P})\|\boldsymbol{e}\|^2+\|\boldsymbol{e}_3^*\|\|\dot{\boldsymbol{e}}\|\}$ 为常数。则可得 $\dot{V}<0$。

由引理 2 可知，系统是全局一致最终有界稳定的，且李雅普诺夫函数 V 按指数收敛，则跟踪误差 $\boldsymbol{E}=\{\boldsymbol{e}^{\mathrm{T}}\dot{\boldsymbol{e}}^{\mathrm{T}}\}^{\mathrm{T}}$ 按指数收敛到一个封闭球域，即

$$\Omega=\left\{\boldsymbol{E}\ \middle|\ \|\boldsymbol{E}\|^2\leqslant\frac{\boldsymbol{C}}{[\lambda\cdot\min(1,\lambda_{\min}(\boldsymbol{P}))]}\right\} \tag{10-19}$$

10.2.4 机器人稳定性控制仿真

对式（10-3）所描述的控制对象，建立式（10-10）所示的状态观测器进行状态估计，对式（10-10）进行离散化，可得如下递推式

$$\begin{cases}\boldsymbol{e}(t)=\boldsymbol{z}_1(t)-\boldsymbol{q}(t)\\ \boldsymbol{z}_1(t+h)=\boldsymbol{z}_1(t)+\boldsymbol{h}\left(\boldsymbol{z}_2(t)-\dfrac{a_1}{\varepsilon}\boldsymbol{e}(t)\right)\\ \boldsymbol{z}_2(t+h)=\boldsymbol{z}_2(t)+\boldsymbol{h}\left(\boldsymbol{z}_3(t)-\dfrac{a_2}{\varepsilon^2}\boldsymbol{e}(t)\right)+\boldsymbol{bu}(t)\\ \boldsymbol{z}_3(t+h)=\boldsymbol{z}_3(t)-\boldsymbol{h}\ \dfrac{a_3}{\varepsilon^3}\boldsymbol{e}(t)\end{cases} \tag{10-20}$$

应用 Matlab-Simulink 对关节机器人系统进行基于状态观测器的 PID 控制仿真，仿真流程如图 10-2 所示。图中，关节状态为 $(\boldsymbol{q}\ \dot{\boldsymbol{q}})^{\mathrm{T}}$，动力学方程输出的关节角度 $\boldsymbol{q}_P$ 可仿真实际工程中角度传感器的输出值。仿真参数设置如下：

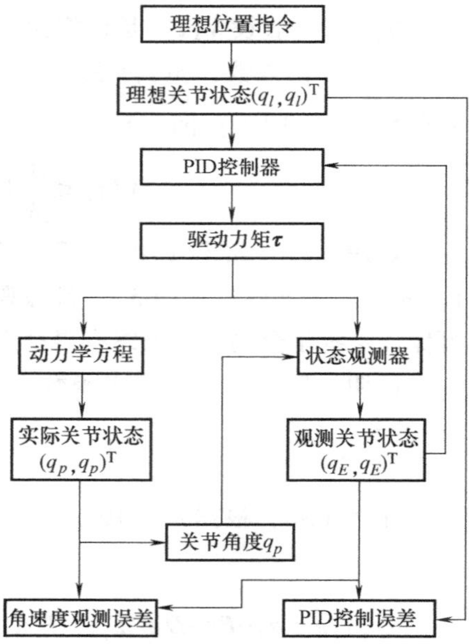

结构参数：$m_1=3\mathrm{kg}$，$m_2=5\mathrm{kg}$，$l_1=0.3\mathrm{m}$，$l_2=0.5\mathrm{m}$，$g=9.8\mathrm{m/s^2}$。

理想位置指令：$(\theta_1,\theta_2)=(\cos(\pi t)\sin(\pi t))$。

系统运动初始值：$(\theta_1,\theta_2,\dot{\theta}_1,\dot{\theta}_2)=(0.2,-0.2,0,0)$。

状态观测器的初始值：$(\theta_1,\theta_2,\dot{\theta}_1,\dot{\theta}_2,\ddot{\theta}_1,\ddot{\theta}_2)=(0)$。

状态观测器设计参数：采样周期 $h=0.001$，$a_1=6$，$a_2=11$，$a_3=6$。

切换增益系数 ε 满足 $\dfrac{1}{\varepsilon}=R=\begin{cases}100t^3, & 0\leqslant t\leqslant 1\\ 100, & t>1\end{cases}$。

PID 控制参数：$k_p=1500$，$k_d=100$。

仿真时间：$t=3\mathrm{s}$。

图 10-2 仿真流程

系统状态变量仿真结果分别如图 10-3 所示，其中，图 10-3a、b 所示为关节角度变化情况，图 10-3c、d 所示为关节角速度变化情况，点画线为理想位置指令输出的理想状态结果，实线为机器人动力学方程求解得到的实际状态结果，虚线为状态观测器估计的观测状态结果。由关节角度的仿真结果可知，由于初始值设置不同，前 0.6s 左右的时间为关节角度跟踪估计及 PID 控制补偿时间，然后跟踪补偿后的关节角度与理想状态角度基本趋于一致。同理，由关节角速度的仿真结果可知，前 0.75s 左右的时间为关节角速度跟踪估计及 PID 控

制补偿时间，0.75s 之后跟踪补偿后的关节角速度与理想状态角速度基本趋于一致。

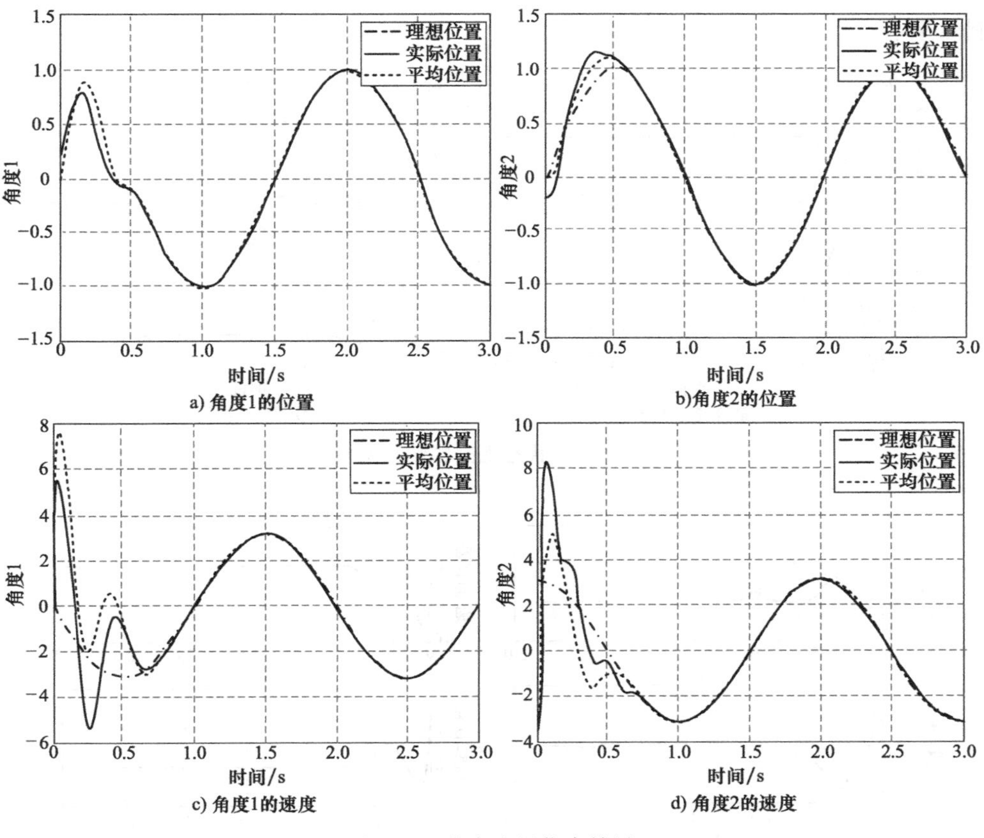

图 10-3　状态变量仿真结果

与图 10-3 所示相对应的广义驱动力矩 τ 随时间的变化情况如图 10-4 所示。由仿真结果可知，前 0.75s 左右时间驱动力变化浮动较大，0.75s 后驱动力小幅度变化且基本趋于稳定，与上述状态变量仿真结果一致。

状态观测器观测误差（实际关节状态与观测关节状态之差）如图 10-5 所示。其中，图 10-5a 所示为关节角度跟踪误差的变化情况，跟踪误差由初始设置的±0.2 经约 0.6s 之后趋于 0，完成角度值观测，结果与图 10-3a、b 所示关节角度仿真结果一致；同理，图 10-5b 所示为角速度的观测误差变化情况，结果与图 10-3c、d 所示仿真结果一致。

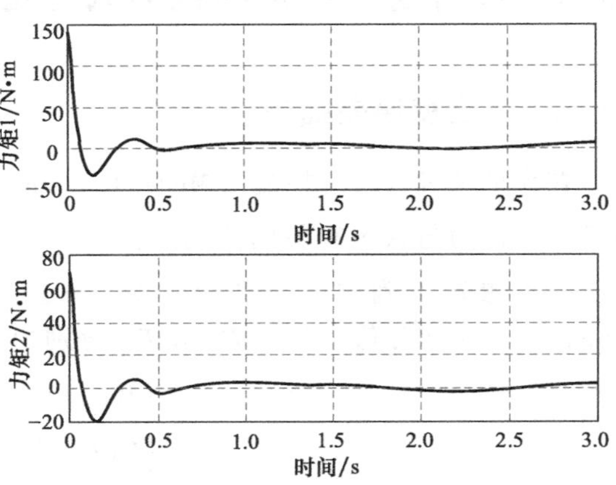

图 10-4　驱动力矩变化情况

基于观测及补偿的 PID 控制误差（理想关节状态与观测关节状态之差）如图 10-6 所示。其中，图 10-6a 所示为角度控制误差的变化情况，图 10-6b 所示为角速度的控制误差变化情况。从误差变化情况可判断系统在经过初始的短暂不稳定阶段后趋于稳定控制阶段，仿真结果表明文中所设计的控制器具有较好的控制效果。

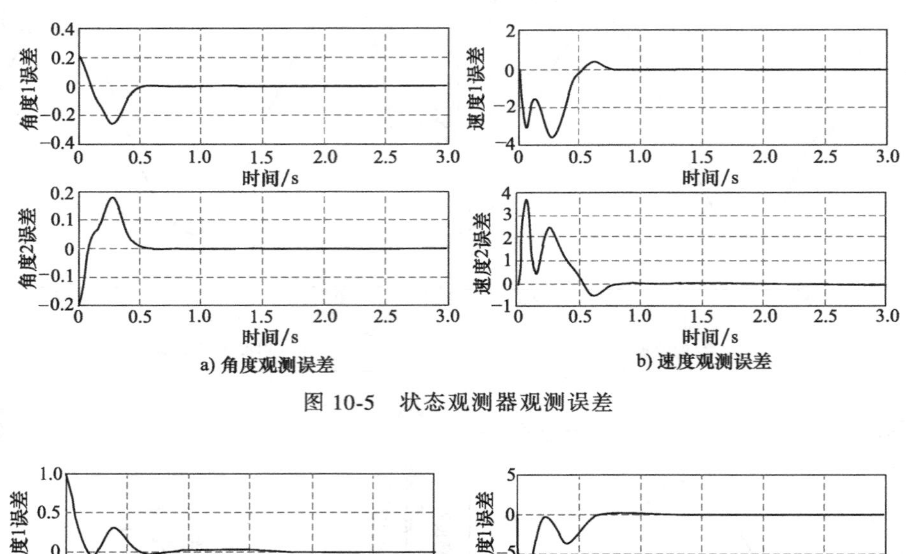

图 10-5　状态观测器观测误差

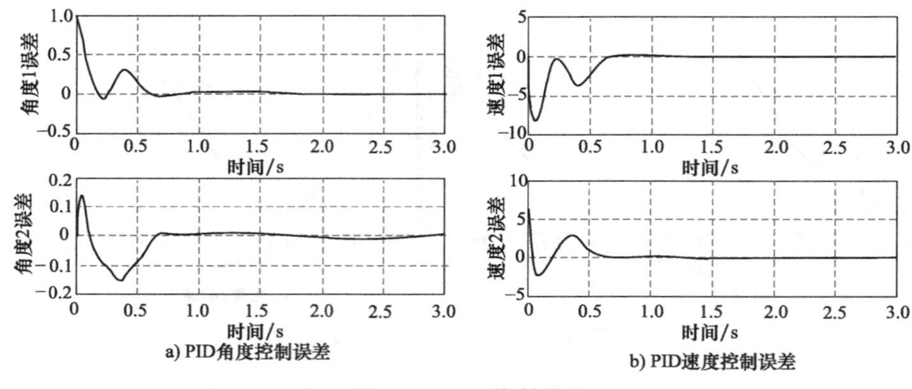

图 10-6　PID 控制误差

10.3　针对建模误差的机器人稳定控制

10.3.1　建模误差描述

在模型参考自适应控制（Model Reference Adaptive Control，MRAC）问题研究中，可将建模误差视为与状态有关的扰动。在实际控制中，$\boldsymbol{M}(\boldsymbol{q})$、$\boldsymbol{C}(\boldsymbol{q},\ \dot{\boldsymbol{q}})$ 和 $\boldsymbol{H}(\boldsymbol{q})$ 为标称值，由于模型参数不确定性或测量误差，其值并不能准确得到，故定义 $\widetilde{\boldsymbol{M}}(\boldsymbol{q})$、$\widetilde{\boldsymbol{C}}(\boldsymbol{q},\ \dot{\boldsymbol{q}})$、$\widetilde{\boldsymbol{H}}(\boldsymbol{q})$ 为系统实际值，$\boldsymbol{E}_M$、$\boldsymbol{E}_C$ 和 $\boldsymbol{E}_H$ 分别为标称值的建模误差，其中

$$\begin{cases}\boldsymbol{M}(\boldsymbol{q})=\widetilde{\boldsymbol{M}}(\boldsymbol{q})+\boldsymbol{E}_M\\ \boldsymbol{C}(\boldsymbol{q},\dot{\boldsymbol{q}})=\widetilde{\boldsymbol{C}}(\boldsymbol{q},\dot{\boldsymbol{q}})+\boldsymbol{E}_C\\ \boldsymbol{H}(\boldsymbol{q})=\widetilde{\boldsymbol{H}}(\boldsymbol{q})+\boldsymbol{E}_H\end{cases}\tag{10-21}$$

对于式（10-4）所示的机器人系统，可表示为

$$\boldsymbol{M}(\boldsymbol{q})\ddot{\boldsymbol{q}}+\boldsymbol{C}(\boldsymbol{q},\dot{\boldsymbol{q}})\dot{\boldsymbol{q}}+\boldsymbol{H}(\boldsymbol{q})=\widetilde{\boldsymbol{M}}(\boldsymbol{q})\ddot{\boldsymbol{q}}+\widetilde{\boldsymbol{C}}(\boldsymbol{q},\dot{\boldsymbol{q}})\dot{\boldsymbol{q}}+\widetilde{\boldsymbol{H}}(\boldsymbol{q})+\boldsymbol{E} \tag{10-22}$$

定义 $\boldsymbol{E}=\boldsymbol{E}_M\ddot{\boldsymbol{q}}+\boldsymbol{E}_C\dot{\boldsymbol{q}}+\boldsymbol{E}_G$ 为系统的物理参数误差，即测量误差。

除测量误差外，模型实际系统还存在摩擦力矩等产生的未知干扰 $\boldsymbol{T}_e$ 的影响，则由实际值构成的系统可进一步表示为

$$\widetilde{\boldsymbol{M}}(\boldsymbol{q})\ddot{\boldsymbol{q}}+\widetilde{\boldsymbol{C}}(\boldsymbol{q},\dot{\boldsymbol{q}})\dot{\boldsymbol{q}}+\widetilde{\boldsymbol{H}}(\boldsymbol{q})=\boldsymbol{T}-\boldsymbol{T}_e \tag{10-23}$$

把测量误差和未知干扰统一视为系统模型的建模误差，则系统模型可表示为

$$\boldsymbol{M}(\boldsymbol{q})\ddot{\boldsymbol{q}}+\boldsymbol{C}(\boldsymbol{q},\dot{\boldsymbol{q}})\dot{\boldsymbol{q}}+\boldsymbol{H}(\boldsymbol{q})+\boldsymbol{d}(\dot{\boldsymbol{q}})=\tau \tag{10-24}$$

式中，$\boldsymbol{d}(\dot{\boldsymbol{q}})=\boldsymbol{\tau}_e-\boldsymbol{E}$ 为建模误差。式（10-24）所示的机器人系统存在如下动力学特性：

1）$\boldsymbol{M}(\boldsymbol{q})-2\boldsymbol{C}(\boldsymbol{q},\dot{\boldsymbol{q}})$ 为斜对称矩阵。

2）惯性矩阵 $\boldsymbol{M}(\boldsymbol{q})$ 为对称正定矩阵，存在正数 n_1、n_2 满足如下不等式

$$n_1\|\boldsymbol{x}\|^2\leqslant\boldsymbol{x}^{\mathrm{T}}\boldsymbol{M}(\theta)\boldsymbol{x}\leqslant n_2\|\boldsymbol{x}\|^2$$

3）存在一个描述机器人质量特性的未知定常参数矢量 $\boldsymbol{P}\in\mathbf{R}^n$，使得 $\boldsymbol{M}(\boldsymbol{q})$、$\boldsymbol{C}(\boldsymbol{q},\dot{\boldsymbol{q}})$ 和 $\boldsymbol{H}(\boldsymbol{q})$ 满足线性关系

$$\boldsymbol{M}(\boldsymbol{q})\boldsymbol{\nu}+\boldsymbol{C}(\boldsymbol{q},\dot{\boldsymbol{q}})\boldsymbol{\rho}+\boldsymbol{H}(\boldsymbol{q})=\boldsymbol{\Phi}(\boldsymbol{q},\dot{\boldsymbol{q}},\boldsymbol{\rho},\boldsymbol{\nu})\boldsymbol{P}$$

式中，$\boldsymbol{\Phi}(\boldsymbol{q},\dot{\boldsymbol{q}},\boldsymbol{\rho},\boldsymbol{\nu})\in\mathbf{R}^n$ 为已知关节变量函数的回归矩阵。

10.3.2 鲁棒控制器设计及稳定性分析

针对式（10-24）涉及的系统模型的建模误差，接下来进行鲁棒控制器的设计。定义误差 $\boldsymbol{e}(t)=\boldsymbol{q}_d(t)-\boldsymbol{q}(t)$，其中 $\boldsymbol{q}_d(t)$ 为理想的位置指令，$\boldsymbol{q}(t)$ 为实际位置，则可定义误差函数为

$$\boldsymbol{r}(t)=\dot{\boldsymbol{e}}(t)+\lambda\boldsymbol{e}(t) \tag{10-25}$$

则定义误差函数参数值为

$$\begin{cases}\dot{\boldsymbol{q}}_r=\boldsymbol{r}(t)+\dot{\boldsymbol{q}}(t)\\ \ddot{\boldsymbol{q}}_r=\dot{\boldsymbol{r}}(t)+\ddot{\boldsymbol{q}}(t)\end{cases} \tag{10-26}$$

则存在

$$\begin{cases}\dot{\boldsymbol{q}}_r=\dot{\boldsymbol{q}}_d(t)+\lambda\boldsymbol{e}(t)\\ \ddot{\boldsymbol{q}}_r=\ddot{\boldsymbol{q}}_d(t)+\lambda\dot{\boldsymbol{e}}(t)\end{cases} \tag{10-27}$$

将式（10-21）和（10-26）代入式（10-24），可得包含实际参数值和建模误差的误差函数动力学模型为

$$\boldsymbol{\tau}=\widetilde{\boldsymbol{M}}(\boldsymbol{q})\ddot{\boldsymbol{q}}_r+\widetilde{\boldsymbol{C}}(\boldsymbol{q},\dot{\boldsymbol{q}})\dot{\boldsymbol{q}}_r+\widetilde{\boldsymbol{H}}(\boldsymbol{q})-\boldsymbol{M}(\boldsymbol{q})\dot{\boldsymbol{r}}-\boldsymbol{C}(\boldsymbol{q},\dot{\boldsymbol{q}})\boldsymbol{r}+\widetilde{\boldsymbol{E}} \tag{10-28}$$

式中，$\widetilde{\boldsymbol{E}}=\boldsymbol{d}(\dot{\boldsymbol{q}})+\boldsymbol{E}_M\ddot{\boldsymbol{q}}_r+\boldsymbol{E}_C\dot{\boldsymbol{q}}_r+\boldsymbol{E}_H$。

根据式（10-28），设计改进的鲁棒自适应 PID 控制器为

$$\boldsymbol{\tau}=\boldsymbol{\tau}_m+K_p\boldsymbol{r}+K_i\int\boldsymbol{r}\mathrm{d}t+\boldsymbol{\tau}_r \tag{10-29}$$

式中，$K_p>0$；$K_i>0$；$\boldsymbol{\tau}_m$ 为基于名义模型的控制项；$\boldsymbol{\tau}_r$ 为用于建模误差和未知干扰的鲁棒补偿项。令

$$\begin{cases}\boldsymbol{\tau}_m=\widetilde{\boldsymbol{M}}(\boldsymbol{q})\ddot{\boldsymbol{q}}_r+\widetilde{\boldsymbol{C}}(\boldsymbol{q},\dot{\boldsymbol{q}})\dot{\boldsymbol{q}}_r+\widetilde{\boldsymbol{H}}(\boldsymbol{q})\\ \boldsymbol{\tau}_r=K_r\mathrm{sgn}(\boldsymbol{r})\end{cases} \tag{10-30}$$

式中，$K_r=\mathrm{diag}(kr_{ii})$；$kr_{ii}\geqslant|\widetilde{\boldsymbol{E}}_i|$，$i=1$，2，…，$n$。

根据式（10-28）~式（10-30）可得改进的鲁棒控制系统为

$$\boldsymbol{M}(\boldsymbol{q})\dot{\boldsymbol{r}}+\boldsymbol{C}(\boldsymbol{q},\dot{\boldsymbol{q}})\boldsymbol{r}+K_i\int\boldsymbol{r}\mathrm{d}t=-K_p\boldsymbol{r}-K_r\mathrm{sgn}(\boldsymbol{r})+\widetilde{\boldsymbol{E}} \tag{10-31}$$

对上述系统进行稳定性分析，取李雅普诺夫函数为

$$V=\frac{1}{2}\boldsymbol{r}^{\mathrm{T}}\boldsymbol{D}\boldsymbol{r}+\frac{1}{2}\left(\int_0^t\boldsymbol{r}\mathrm{d}\tau\right)^{\mathrm{T}}K_i\int_0^t\boldsymbol{r}\mathrm{d}\tau \tag{10-32}$$

则存在

$$\dot{V}=\boldsymbol{r}^{\mathrm{T}}\left(\boldsymbol{D}\dot{\boldsymbol{r}}+\frac{1}{2}\dot{\boldsymbol{D}}\boldsymbol{r}+K_i\int_0^t\boldsymbol{r}\mathrm{d}\tau\right) \tag{10-33}$$

由于 $\dot{\boldsymbol{D}}(\boldsymbol{q})-2\boldsymbol{C}(\boldsymbol{q},\dot{\boldsymbol{q}})$ 具有斜对称性，则

$$\dot{V}=\boldsymbol{r}^{\mathrm{T}}\left(\boldsymbol{D}\dot{\boldsymbol{r}}+\boldsymbol{C}\boldsymbol{r}+K_i\int_0^t\boldsymbol{r}\mathrm{d}\tau\right) \tag{10-34}$$

由式（10-31）和式（10-32）可得

$$\dot{V}=-\boldsymbol{r}^{\mathrm{T}}\boldsymbol{K}_p\boldsymbol{r}+\boldsymbol{r}^{\mathrm{T}}\widetilde{\boldsymbol{E}}-\boldsymbol{r}^{\mathrm{T}}\boldsymbol{K}_r\mathrm{sgn}(r) \tag{10-35}$$

又因为 $kr_{ii}\geqslant|\widetilde{\boldsymbol{E}}_i|$，$i=1$，2，…，$n$，则

$$\dot{V}\leqslant\boldsymbol{r}^{\mathrm{T}}\boldsymbol{K}_p\boldsymbol{r}\leqslant 0 \tag{10-36}$$

由式（10-36）可知，针对如式（10-21）所示的含有建模误差机器人系统，采用改进的鲁棒控制系统式（10-29），可保证系统是全局一致最终有界稳定的，且跟踪误差按指数收敛到一个封闭球域。

10.3.3 机器人稳定性控制仿真

在 Matlab-Simulink 中进行面向力学模型误差的机器人稳定控制仿真，仿真流程如图 10-7 所示。

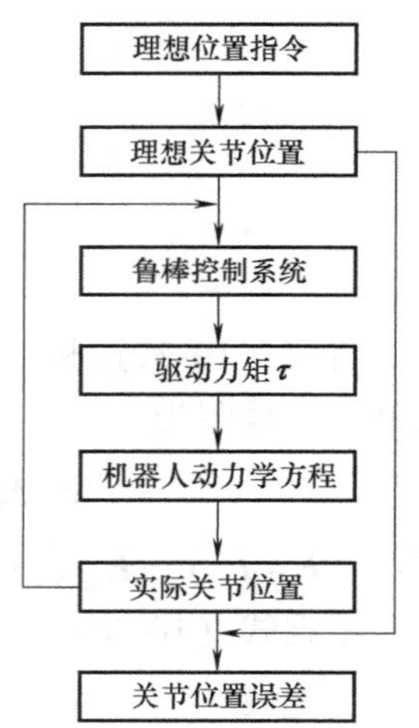

图 10-7 机器人稳定控制仿真流程图

为计算简单起见，假设各臂重心位置位于顶端，即 $L_i=l_i$。系统结构参数设置如下：

状态变量：$\boldsymbol{q}=(\theta_4,\dot{\theta}_4,\theta_5,\dot{\theta}_5)^{\mathrm{T}}$。

初始状态：$\boldsymbol{q}_0=(\theta_{40},\dot{\theta}_{40},\theta_{50},\dot{\theta}_{50})^{\mathrm{T}}=(0.2,0,-0.2,0)^{\mathrm{T}}$。

位置指令：$\theta_4=\cos(\pi t)$，$\theta_5=\sin(\pi t)$。

控制器参数：$\boldsymbol{K}_p=\begin{pmatrix}100&0\\0&100\end{pmatrix}$，$\boldsymbol{K}_i=\begin{pmatrix}100&0\\0&100\end{pmatrix}$，$\tau_r=15$，$\boldsymbol{\lambda}=\begin{pmatrix}5&0\\0&5\end{pmatrix}$。

仿真时间：$t=5\mathrm{s}$。

机器人系统状态变量的仿真结果如图 10-8 所示，其中，

图 10-8a、b 所示为关节角度变化情况，图 10-8c、d 所示为关节角速度变化情况，点画线为机器人动力学方程求解得到的实际状态结果，虚线为理想位置指令输出的理想状态结果。由关节角度的仿真结果可知，由于初始值设置不同，前 0.5s 左右的时间为关节角度跟踪估计时间，然后跟踪补偿后的关节角度与理想状态角度基本趋于一致。同理，由关节角速度的仿真结果可知，前 0.6s 左右的时间为关节角速度跟踪估计时间，0.6s 后跟踪补偿后的关节角速度与理想状态角速度基本趋于一致。

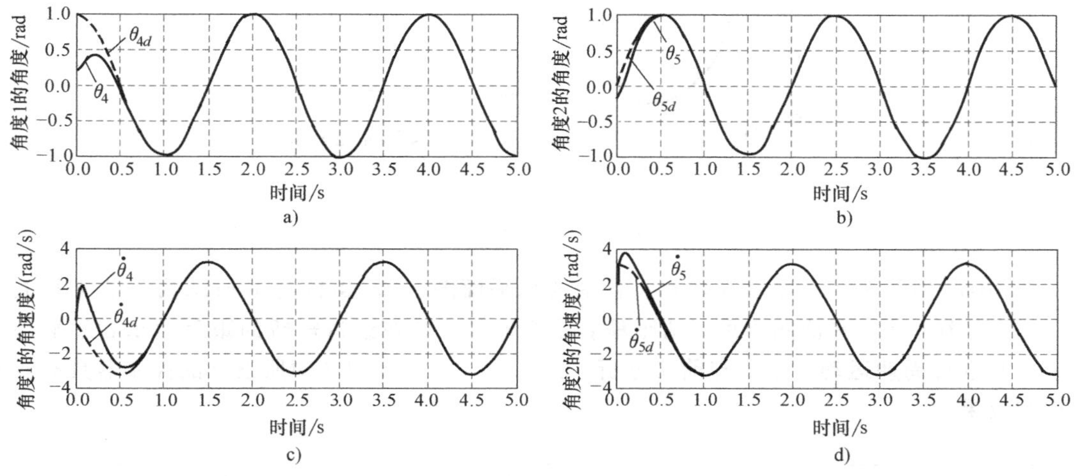

图 10-8 机器人系统状态变量的仿真结果

与上图相对应的广义驱动力矩 τ 随时间的变化情况如图 10-9 所示。由仿真结果可知，前 0.6s 左右时间驱动力矩变化浮动较大，0.6s 后驱动力矩小幅度周期性变化且基本趋于稳定，与上述状态变量仿真结果一致。

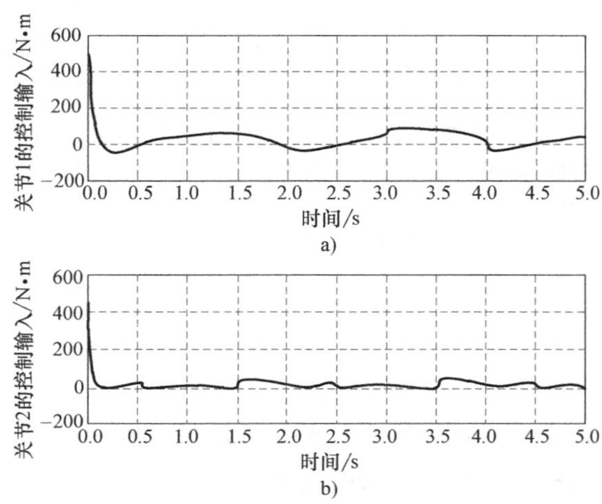

图 10-9 广义驱动力矩变化情况

基于改进的鲁棒控制器的 PID 控制误差如图 10-10 所示。其中，图 10-11a、b 所示分别为角度 1 和角度 2 的控制误差的变化情况，从误差变化情况可判断系统在经过初始的短暂不稳定阶段后趋于稳定控制阶段。

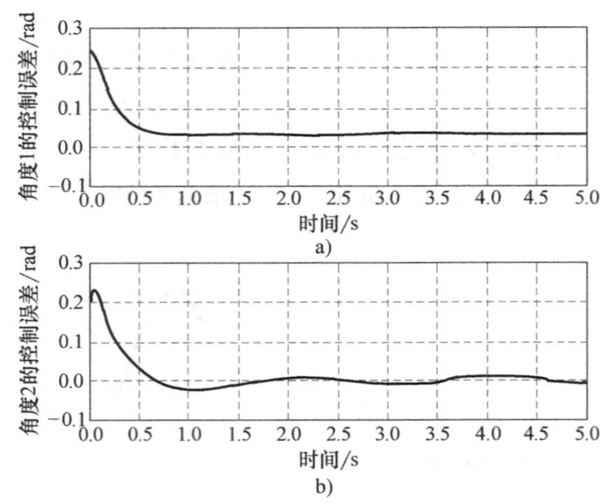

图 10-10　关节角度控制误差

图 10-11 所示为关节角度在仿真过程中的相平面图，图 10-11a、b 所示为关节 1 和关节 2 的相平面图。从相平面图中可以清晰地看出机器人系统在经过短暂的跟踪运动后逐渐趋于稳定，并进行周期运动，结果与前文分析一致，仿真结果表明文中所设计的控制器具有较好的控制效果。

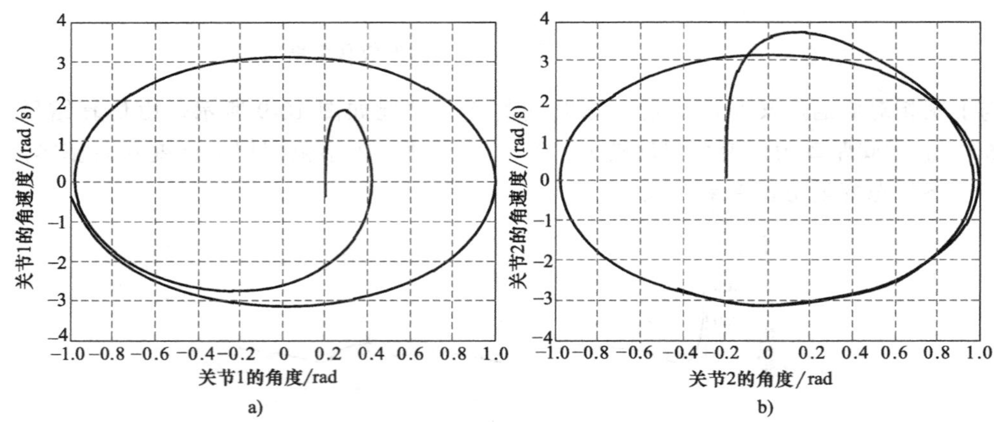

图 10-11　关节角度相平面图

10.4　本章作业

1. 浅谈机器人控制稳定性的重要性及其影响因素有哪些。
2. 谈谈对李雅普诺夫稳定性分析方法的理解。
3. 什么是建模误差？它对控制稳定性的影响有哪些？

第11章

机器人的滑模控制

滑模控制（Sliding Mode Control，SMC）也称为变结构控制，本质上是一类特殊的非线性控制，且非线性表现为控制的不连续性。这种控制策略可以在动态过程中，根据系统的状态（如偏差及其各阶导数等）有目的地不断变化，迫使系统按照预定“滑动模态”的状态轨迹运动。滑模控制器易于设计，实现简单，对外界变化及自身参数的改变不敏感，具有完全鲁棒性，因此得到了学者们的广泛关注。本章，首先介绍滑模控制的基本原理、研究现状、特点及设计步骤，之后介绍机器人滑模控制器的设计原理，然后基于名义模型、计算力矩法、输入输出稳定性理论分别介绍机器人滑模控制。

11.1 滑模变结构控制的基本原理与特点

早在20世纪50年代，滑模控制这一控制结构可变的控制策略，就已由苏联学者提出。但受限于当时的技术条件和控制手段，这种理论没有得到迅速而充分的发展。20世纪开始，随着计算机技术的不断进步，滑模变结构控制技术能够很方便地实现并发展，不断成为非线性控制的一种简单而又有效的方法。

1977年Utkin发表了综述论文“Variable Structure Systems with Sliding Modes”，提出了变结构控制和滑模控制的方法。Young等人从工程的角度出发，全面地分析了滑模控制的原理，准确地评估了滑模控制产生的抖振，提出了针对连续系统和离散系统中的滑模控制设计方法，从而为滑模控制在工程上的应用奠定了基础。中国学者高为炳院士首先提出了趋近律的概念，列举了诸如等速趋近律、指数趋近律、幂次趋近律直到一般趋近律，并首次提出了自由递阶的概念。

目前，滑模变结构控制最主要的应用领域是电机控制，并且其在航空航天、机器人和伺服系统等领域也有着广泛的应用，在控制这类非线性对象时，滑模控制能起到很好的效果。目前滑模控制理论的研究方向主要有：离散系统滑模控制、自适应滑模控制、非匹配不确定性系统的滑模控制、针对时滞系统的滑模控制、非线性系统的滑模控制、Terminal滑模控制、滑模观测器的研究和积分滑模控制等。

11.1.1 滑模变结构控制的基本原理

滑模变结构控制是学者参考继电器控制和Bang-Bang控制中总结出来的，该策略与其他控制方法的不同在于控制的不连续性，通过设计一种结构可变的控制器作用于被控对象，迫使被控对象按照期望方式运动。控制器的变化依据被控对象与期望值的偏差及切换面各阶导数的跃变，因而当外界出现扰动或者不确定因素时，控制器能够做出相应的响应，调整自身结构，实现对被控对象的有效控制。

滑模控制的原理，是根据系统所期望的动态特性来设计系统的切换超平面，通过滑动模态控制器使系统状态从超平面之外向切换超平面收束。系统一旦到达切换超平面，控制作用将保证系统沿切换超平面到达系统原点，这一沿切换超平面向原点滑动的过程称为滑模控制。由于系统的特性和参数只取决于设计的切换超平面而与外界干扰没有关系，所以滑模变结构控制具有很强的鲁棒性。超平面的设计方法有极点配置设计法、特征向量配置设计法、最优化设计方法等，所设计的切换超平面需满足达到条件，即系统在滑模平面后将保持在该平面的条件。控制器的设计有固定顺序控制器设计、自由顺序控制器设计和最终滑动控制器设计等设计方法。图 11-1 所示为二阶滑模变结构控制的状态轨迹。

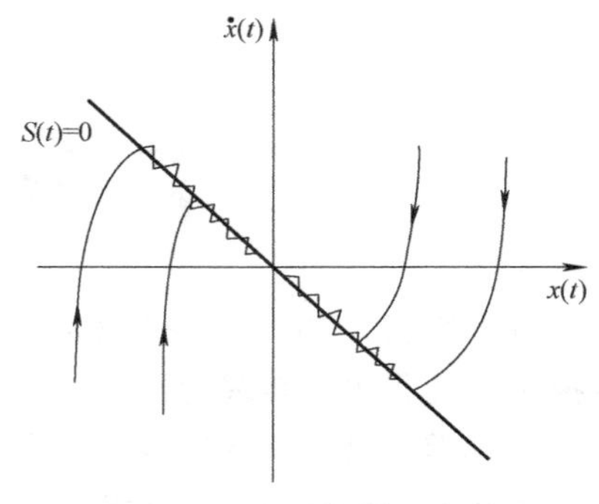

图 11-1　二阶滑模示意图

考虑如下单输入线性系统

$$\dot{\boldsymbol{x}}(t)=\boldsymbol{A}\boldsymbol{x}(t)+\boldsymbol{B}\boldsymbol{u}(t)$$

式中，$\boldsymbol{x}(t)\in\mathbf{R}^n$ 和 $\boldsymbol{u}(t)\in\mathbf{R}^n$ 分别为系统的状态和输入；$\boldsymbol{A}$ 为系统矩阵；$\boldsymbol{B}$ 为输入矩阵。在线性系统状态调节问题中，状态反馈控制器通常设计为

$$\boldsymbol{u}(t)=\boldsymbol{K}\boldsymbol{x}(t) \tag{11-1}$$

式中，状态反馈矩阵 $\boldsymbol{K}$ 可通过极点配置方法或线性二次调节器方法构造。显然，式（11-1）的控制器是固定不变的，但是在滑模变结构控制系统中，控制器结构随切换函数的变化而变化。一般情况下，滑模变结构控制器为

$$\boldsymbol{u}(t)=\begin{cases}\boldsymbol{u}^{+}(t),S(t)>0\\ \boldsymbol{u}^{-}(t),S(t)<0\end{cases}$$

式中，$S(t)$ 为切换函数；当 $S(t)=0$ 时，$\boldsymbol{u}(t)$ 为滑模面；$\boldsymbol{u}^{+}(t)$ 和 $\boldsymbol{u}^{-}(t)$ 分别为滑模面左、右两侧的控制器。可以看到，变结构控制主要体现为 $\boldsymbol{u}^{+}(t)\neq\boldsymbol{u}^{-}(t)$。

由此可知，滑模变结构控制的本质是通过切换开关使得闭环控制系统具有不同的结构，并且具备渐近稳定等良好的动态品质。

滑模变结构控制系统的响应由趋近阶段、滑动阶段和稳态阶段组成，因此，滑模变结构控制需要满足以下三个条件：

1）满足可达条件，即系统状态在有限时间内被驱使到滑模面上。

2）存在滑动模态，即 $S(t)\dot{S}(t)<0$。

3）滑动模态具有渐近稳定等良好的动态品质。

滑模控制具有快速响应、对应参数变化及扰动不灵敏、不需要系统在线辨识、物理实现简单等优点，能够克服系统的不确定性，对干扰和未建模动态具有很强的鲁棒性，尤其是对非线性系统的控制具有良好的控制效果。由于变结构控制系统算法简单，响应速度快，对外

界噪声干扰和参数摄动具有鲁棒性，在机器人控制领域得到了广泛的应用。当然，滑模控制也存在一定的缺点，即当状态轨迹到达滑动模态面后，难以严格沿着滑动模态面向平衡点滑动，而是在其两侧来回穿越地趋近平衡点，从而产生抖振，抖振为滑模控制实际应用中的主要障碍。

11.1.2 滑模变结构系统的特点

滑模控制的主要优点如下：

1）变结构控制对系统参数的时变规律、非线性程度及外界干扰等不需要精确的数学模型，只要知道它们的变化范围，就能对系统进行精确的轨迹跟踪控制。

2）变结构控制系统的控制器设计对系统内部的耦合不必进行专门解耦。因为设计过程本身就是解耦过程，因此在多输入多输出系统中，多个控制器设计可按各自独立系统进行，其参数选择也不是十分严格。

3）变结构控制系统进入滑动状态后，它对系统参数及扰动变化反应迟钝，始终沿着设定滑线运动，因而具有很强的鲁棒性。

4）滑模变结构控制系统快速性好，计算量小，实时性强，很适用于机器人控制。

滑模变结构控制系统存在的最显著问题是抖振问题。滑模变结构控制的不连续开关特性，会引起系统的抖振。对于一个理想的滑模变结构控制系统，假设“结构”切换的过程具有理想开关特性（即无时间和空间滞后），系统状态测量精确无误，控制量不受限制，则滑动模态总是降维的光滑运动而且渐近稳定于原点，不会出现抖振。但是对于一个现实的滑模变结构控制系统，这些假设是不可能完全成立的。因此，消除抖振是不可能的，只能在一定程度上削弱抖振到一定的范围。抖振问题成为变结构控制在实际系统中应用的突出障碍。

抖振产生的原因在于：当系统的轨迹到达切换面时，其速度是有限大的，惯性使运动点穿越切换面，从而最终形成抖振，叠加在理想的滑动模态上。对于实际的计算机采样系统而言，计算机的高速逻辑转换及高精度的数值运算使得切换开关本身的时间及空间滞后影响几乎不存在，因此，开关的切换动作所造成控制的不连续性是抖振发生的本质原因。抖振不仅影响控制的精确性、增加能量消耗，而且系统中的高频未建模动态很容易被激发起来，破坏系统的性能，甚至使系统产生振荡或失稳，损坏控制器部件。因此，关于控制信号抖振消除的研究成为变结构控制研究的首要工作。

目前已有的削弱抖振的方法主要有：

1）滤波方法。通过采用滤波器，对控制信号进行平滑滤波，是消除抖振的有效方法。

2）观测器方法。利用观测器对干扰进行观测，并进行前馈补偿，从而减小抖振。

3）遗传算法优化方法。采用遗传算法对控制器增益参数进行离线优化，减小控制增益，从而消除抖振。

4）降低切换增益方法。根据滑模控制的李雅谱诺夫稳定性要求，设计时变的切换增益，减小抖振。

5）扇形区域法。针对不确定非线性系统，设计包含两个滑动模面的滑动扇区，构造连续切换控制器使得在开关面上控制信号是连续的，从而在很大程度地消除控制的抖振。

6）其他方法。例如，通过切换面的设计，使滑动模态的频率响应具有某种希望的形状，实现频率整形。或者设计一种能量函数，采用 LMI（Linear Matrix Inequality）方法设计滑动模面，使能量函数达到最小，从而消除抖振等。

值得一提的是，迄今为止没有统一的消除抖振的方法，上述方法也是各有优缺点。

11.1.3 滑模变结构系统的设计步骤

一般地，滑模变结构控制的设计包含以下两个内容：

1）滑模面设计，使得系统的状态轨迹进入滑动模态后具有渐近稳定等良好的动态特性。

2）滑模控制规律设计，使得系统的状态轨迹在有限时间内被驱使到滑模面上并维持在其上运动。

1. 滑模面的设计

目前，滑模面主要有线性滑模面、非线性滑模面、移动滑模面、积分滑模面和模糊滑模面等。滑模面的设计方法有基于标准型方法、李雅普诺夫方法、频率整形方法及基于线性矩阵不等式方法等。

（1）线性滑模面　考虑如下线性不确定系统

$$\dot{\boldsymbol{x}}(t)=\boldsymbol{A}_1\boldsymbol{x}(t)+\boldsymbol{B}_1\boldsymbol{u}(t)+\boldsymbol{D}\boldsymbol{f}(t) \tag{11-2}$$

式中，$\boldsymbol{x}(t)\in\mathbf{R}^n$ 为系统状态；$\boldsymbol{u}(t)\in\mathbf{R}^m$ 为系统输入；$\boldsymbol{A}_1$ 为系统矩阵；输入矩阵 $\boldsymbol{B}_1\in\mathbf{R}^{m\times n}$ 为列满秩；$\boldsymbol{D}$ 为任意矩阵；$\boldsymbol{f}(t)$ 为外界干扰。

构造线性切换函数

$$S(\boldsymbol{x})=\boldsymbol{C}\boldsymbol{x}(t) \tag{11-3}$$

式中，$\boldsymbol{C}$ 为待设矩阵。当式（11-1）中的干扰 $\boldsymbol{f}(t)$ 满足匹配条件时，存在矩阵 $\boldsymbol{M}$，得 $\boldsymbol{D}=\boldsymbol{B}_1\boldsymbol{M}$。对式（11-2）进行相似变换，令 $\boldsymbol{z}=\boldsymbol{T}\boldsymbol{x}$，其中 $\boldsymbol{T}$ 为任意的非奇异矩阵，得到如下标准型

$$\begin{cases}\dot{z}_1(t)=A_{11}z_1(t)+A_{12}z_2(t)\\ \dot{z}_2(t)=A_{21}z_1(t)+A_{22}z_2(t)+B_2(u(t)+Mf(t))\end{cases} \tag{11-4}$$

令 $\boldsymbol{T}\boldsymbol{A}_1\boldsymbol{T}^{-1}=\begin{pmatrix}A_{11} & A_{12}\\ A_{21} & A_{22}\end{pmatrix}$，$\boldsymbol{T}\boldsymbol{B}_1=\begin{pmatrix}\boldsymbol{0}\\ \boldsymbol{B}_2\end{pmatrix}$，$\overline{\boldsymbol{C}}=\boldsymbol{C}\boldsymbol{T}^{-1}=\left(\overline{\boldsymbol{C}}_1,\ \overline{\boldsymbol{C}}_2\right)$。此时式（11-3）变为

$$S(t)=\overline{\boldsymbol{C}}\boldsymbol{z}(t)=\overline{\boldsymbol{C}}_1z_1(t)+\overline{\boldsymbol{C}}_2z_2(t)$$

当状态轨迹到达滑模面，即 $S(t)=0$ 时，有

$$\overline{\boldsymbol{C}}_1z_1(t)+\overline{\boldsymbol{C}}_2z_2(t)=0 \tag{11-5}$$

矩阵 $\overline{\boldsymbol{C}}_2$ 为非奇异矩阵，由式（11-5）可得

$$z_2(t)=\overline{\boldsymbol{C}}_2^{-1}\overline{\boldsymbol{C}}_1z_1(t) \tag{11-6}$$

将式（11-6）代入式（11-4），得到滑动模态为

$$\dot{z}_1(t)=(A_{11}-A_{12}\overline{\boldsymbol{C}}_2^{-1}\overline{\boldsymbol{C}}_1)z_1(t) \tag{11-7}$$

为了保证滑动模态式（11-7）的稳定性及其他动态特性，$\overline{\boldsymbol{C}}_1$、$\overline{\boldsymbol{C}}_2$ 可以通过极点配置的方法给出其设计。

近年来，基于标准型滑模面的设计方法得到了进一步的推广。其中，一些文献中将优化指标二次型泛函用到滑模面设计中，并将其推广到了线性多变量系统的滑动超平面。之后，进一步将其推广到非线性系统的滑模面。

（2）积分滑模面　滑模变结构控制的一个显著优点是系统的滑动模态对不确定参数及匹配干扰具有不变性；但是，该性质不适用于趋近阶段系统中，因此，为使系统具有全局鲁棒性，需要消除其趋近的过程。基于上述考虑，一些学者提出了积分滑模面的设计方法。并设计了一种鲁棒积分滑模面，研究了时滞不确定随机系统的滑模控制问题。另一些学者通过设计积分滑模面，研究了一类非匹配不确定离散切换系统的滑模控制。

2. 滑模控制规律的设计

滑模变结构控制的核心思想是设计滑模控制规律 $\boldsymbol{u}(t)$ 使其满足到达条件 $\boldsymbol{S}(t)\dot{\boldsymbol{S}}^{\mathrm{T}}(t)<0$。由于滑模控制规律的到达条件不同，且针对不同形式的到达条件的分析方法也不同，故滑模控制规律的结构也不同。滑模控制规律主要有两种：

（1）不等式形式到达条件

$$\begin{cases}\lim\limits_{\boldsymbol{S}(t)\to \boldsymbol{O}^{+}} \dot{\boldsymbol{S}}(t)<0\\ \lim\limits_{\boldsymbol{S}(t)\to \boldsymbol{O}^{-}} \dot{\boldsymbol{S}}(t)>0\end{cases} \tag{11-8}$$

由于式（11-8）不能有效地反映系统趋近阶段的特性，如收敛速度等。因此，一些学者进一步提出了等式形式到达条件的控制规律，即趋近律法。

（2）等式形式到达条件　本文仅列举指数趋近律。选取指数趋近律

$$\dot{\boldsymbol{S}}(t)=-\varepsilon \operatorname{sgn}(\boldsymbol{S}(t))-k\boldsymbol{S}(t) \tag{11-9}$$

式中，$\varepsilon>0$，$k>0$ 为待设参数。

由式（11-9）可以很容易得到，等式形式的趋近律始终满足 $\boldsymbol{S}(t)\dot{s}^{\mathrm{T}}(t)<0$ 的到达条件，通过调节参数 ε 和 k 可以调节系统趋近阶段的收敛速度。另外，将式（11-2）和式（11-3）代入式（11-9）可以得到滑模控制规律。

11.2　机器人滑模控制器设计原理

图 11-2 给出了机器人滑模变结构控制系统的一般结构。

滑模运动包括趋近运动和滑模运动两个过程。系统从任意初始状态趋向切换面，直至到达切换面的运动称为趋近运动，即趋近运动为 $s\to 0$ 的过程。根据滑模变结构原理，滑模可达性条件仅保证由状态空间任意位置运动点在有限时间内到达切换面的要求，而对于趋近运动的具体轨迹未做任何限制，采用趋近律的方法可以改善趋近运动的动态特性。

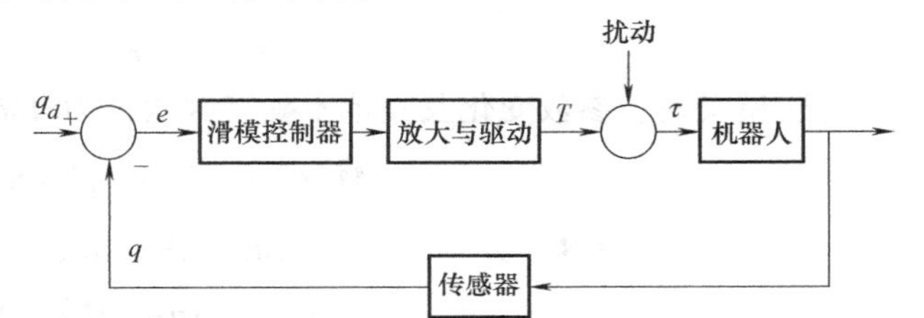

图 11-2　机器人滑模结构控制系统的一般结构

(1) 等速趋近律

$$\dot{s}=-\varepsilon \operatorname{sgn}(s), \quad \varepsilon>0 \tag{11-10}$$

式中，常数 ε 表示系统的运动点趋近切换面 $s=0$ 的速率。ε 越小，趋近速度慢，ε 越大，则运动点到达切换面时将具有较大速度，引起的抖动也较大。

(2) 指数趋近律

$$\dot{s}=-\varepsilon \operatorname{sgn}(s)-ks, \varepsilon>0, k>0 \tag{11-11}$$

式中，$\dot{s}=-ks$ 是指数趋近项，其解为 $s=s(0)\mathrm{e}^{-kt}$。

指数趋近中，趋近速度从一较大值逐步减小到零，不仅缩短了趋近时间，而且使运动点到达切换面时的速度很小。单纯的指数趋近，运动点逼近切换面是一个渐近的过程，不能保证有限时间内到达，切换面上也就不存在滑动模态了，所以要增加一个等速趋近项 $\dot{s}=-\varepsilon \operatorname{sgn}(s)$，使当 s 接近于零时，趋近速度是 ε 而不是零，可以保证有限时间到达。

在指数趋近律中，为了保证快速趋近的同时削弱抖振，应在增大 k 的同时减小 ε。

(3) 幂次趋近律

$$\dot{s}=-k|s|^{\alpha} \operatorname{sgn}(s), k>0, \alpha>0 \tag{11-12}$$

(4) 一般趋近律

$$\dot{s}=-\varepsilon \operatorname{sgn}(s)-f(s), \varepsilon>0 \tag{11-13}$$

式中，$f(0)=0$；当 $s \neq 0$ 时，$sf(s)>0$。

显然，上述四种趋近律都满足滑模到达条件 $\dot{s}s<0$。

11.3 机器人名义模型的滑模控制

由于滑模控制可以进行“滑动模态”设计且与对象参数及扰动无关，控制具有快速响应、对参数变化及扰动不灵敏、不需要系统在线辨识、物理实现简单等优点。

11.3.1 机器人滑模控制器设计

建立 2 自由度机器人的名义模型为

$$\boldsymbol{M}(\boldsymbol{q})\ddot{\boldsymbol{q}}+\boldsymbol{H}(\boldsymbol{q}, \dot{\boldsymbol{q}})=\boldsymbol{\tau} \tag{11-14}$$

实际对象为

$$(\boldsymbol{M}+\Delta \boldsymbol{M})\ddot{\boldsymbol{q}}+(\boldsymbol{H}+\Delta \boldsymbol{H})=\boldsymbol{u}+\Delta \boldsymbol{u}$$

将建模误差、参数变化及其他不确定因素视为外界扰动 $\boldsymbol{f}(t)$，则

$$\boldsymbol{M}(\boldsymbol{q})\ddot{\boldsymbol{q}}+\boldsymbol{H}(\boldsymbol{q}, \dot{\boldsymbol{q}})=\boldsymbol{u}+\boldsymbol{f}(t)$$

式中，$\boldsymbol{q}$、$\dot{\boldsymbol{q}}$、$\ddot{\boldsymbol{q}}$ ($\in \mathbf{R}$) 分别为机器人的位移矢量、角速度矢量及角加速度矢量；$\boldsymbol{f}(t)$ 为

$$\boldsymbol{f}(t)=\Delta \boldsymbol{u}-\Delta \boldsymbol{M}\ddot{\boldsymbol{q}}-\Delta \boldsymbol{H} \tag{11-15}$$

定义系统的广义坐标为 $\boldsymbol{q}=(\theta_1, \theta_2)^{\mathrm{T}}$，计算其中的系统误差

$$\boldsymbol{e}=\left(e_1, \dot{e}_1, e_2, \dot{e}_2\right)^{\mathrm{T}}=\left(\theta_1^d-\theta_1, \dot{\theta}_1^d-\dot{\theta}_1, \theta_2^d-\theta_2, \dot{\theta}_2^d-\dot{\theta}_2\right)^{\mathrm{T}}$$

切换函数为

$$s(t)=Ce=\begin{pmatrix}c_1\dot{e}_1+\dot{e}_1\\c_2\dot{e}_2+\dot{e}_2\end{pmatrix}\tag{11-16}$$

则

$$\dot{s}=\begin{pmatrix}c_1\dot{e}_1+\ddot{e}_1\\c_2\dot{e}_2+\ddot{e}_2\end{pmatrix}=\begin{pmatrix}c_1\dot{e}_1\\c_2\dot{e}_2\end{pmatrix}+\begin{pmatrix}\ddot{\theta}_1^d\\\ddot{\theta}_2^d\end{pmatrix}-\begin{pmatrix}\ddot{\theta}_1\\\ddot{\theta}_2\end{pmatrix}=\begin{pmatrix}c_1\dot{e}_1\\c_2\dot{e}_2\end{pmatrix}+\begin{pmatrix}\ddot{\theta}_1^d\\\ddot{\theta}_2^d\end{pmatrix}-M^{-1}(u+f-H)$$

取指数趋近律为

$$\dot{s}=-\varepsilon\operatorname{sgn}(s)-ks=\begin{pmatrix}-\varepsilon_1\operatorname{sgn}s_1-ks_1\\-\varepsilon_2\operatorname{sgn}s_2-ks_2\end{pmatrix}\tag{11-17}$$

将上述两式合并，则控制规律为

$$u=M\left\{\begin{pmatrix}c_1\dot{e}_1\\c_2\dot{e}_2\end{pmatrix}+\begin{pmatrix}\ddot{\theta}_1^d\\\ddot{\theta}_2^d\end{pmatrix}+\varepsilon\operatorname{sgn}(s)+ks\right\}+H-f\tag{11-18}$$

在该控制规律中，由于 f 为未知，控制规律在实际应用中无法实现。

取 f_c 为 f 的估计值，f 的上、下界分别为 f_L 和 f_U。采用 f_c 代替 f，则控制规律变为

$$u=M\left(\begin{pmatrix}c_1 & \dot{e}_1\\c_2 & \dot{e}_2\end{pmatrix}+\begin{pmatrix}\ddot{\theta}_1^d\\\ddot{\theta}_2^d\end{pmatrix}+\varepsilon\operatorname{sgn}(s)+ks\right)+H-f_c\tag{11-19}$$

根据式（11-19）可得趋近律为

$$\dot{s}=-\varepsilon\operatorname{sgn}(s)-ks-M^{-1}(f-f_c)\tag{11-20}$$

设 $M^{-1}f=\bar{f}$，$M^{-1}f_c=\bar{f}_c$，$\bar{f}$ 的上、下界分别为 f_L 和 f_U，则

$$\dot{s}=-\varepsilon\operatorname{sgn}(s)-ks-(\bar{f}-\bar{f}_c)\tag{11-21}$$

$$s\dot{s}=-\varepsilon|s|-ks^2-s(\bar{f}-\bar{f}_c)$$

通过合理选择 f_c，可使 $\dot{s}s<0$，分以下两种情况：

1）当 $s>0$ 时，取 $\bar{f}-\bar{f}_c\geqslant 0$，即 $\bar{f}\geqslant\bar{f}_c$，可取 $\bar{f}_c=\bar{f}_L$。

2）当 $s<0$ 时，取 $\bar{f}-\bar{f}_c\leqslant 0$，即 $\bar{f}\leqslant\bar{f}_c$，可取 $\bar{f}_e=\bar{f}_U$。

令

$$\bar{f}_m=\frac{\bar{f}_U-\bar{f}_L}{2},\bar{f}_p=\frac{\bar{f}_U+\vec{f}_L}{2}$$

则

$$\bar{f}_c=\bar{f}_p-\bar{f}_m\operatorname{sgn}(s)$$

$$f_c=M\bar{f}_c=M(\bar{f}_p-\bar{f}_m\operatorname{sgn}(s))\tag{11-22}$$

实际的控制规律为

$$u=M\left(\begin{pmatrix}c_1\dot{e}_1\\c_2\dot{e}_2\end{pmatrix}+\begin{pmatrix}\ddot{\theta}_1^d\\\ddot{\theta}_2^d\end{pmatrix}+\varepsilon\operatorname{sgn}(s)+ks\right)+H-M\bar{f}_c$$

$$=M\left(\begin{pmatrix}c_1\dot{e}_1\\c_2\dot{e}_2\end{pmatrix}+\begin{pmatrix}\ddot{\theta}_1^d\\\ddot{\theta}_2^d\end{pmatrix}+\varepsilon\operatorname{sgn}(s)+ks\right)+H-M(\bar{f}_p-\bar{f}_m\operatorname{sgn}(s))\qquad(11\text{-}23)$$

由实际控制规律式（11-23）可知，上下界估计值的差距越大，则切换越严重。所以，应尽量减小不确定建模误差及干扰项，从而降低抖振。

11.3.2　机器人滑模控制仿真

二关节机器人系统（不考虑摩擦力）的动力学模型为

$$M(q)\ddot{q}+C(q,\dot{q})\dot{q}+G(q)=\tau+f(t)$$

式中

$$M(q)=\begin{pmatrix}v+q_{01}+2q_{02}\cos q_2 & q_{01}+q_{02}\cos q_2\\ q_{01}+q_{02}\cos q_2 & q_{01}\end{pmatrix}$$

$$G(q)=\begin{pmatrix}15g\cos q_1+8.75g\cos(q_1+q_2)\\ 8.75g\cos(q_1+q_2)\end{pmatrix}$$

$$f(t)=3\sin(2\pi t)$$

其中，$v=13.33$，$q_{01}=8.98$，$q_{02}=8.75$，$g=9.8$。

二关节的位置指令分别为 $q_{1d}=\cos(\pi t)$ 和 $q_{2d}=\sin(\pi t)$，系统的初始状态为$(q_1,q_2,q_3,q_4)=(0.6,0.3,-0.5,0.5)$。取 $c_1=c_2=5$，$\varepsilon=0.5$，$k=5$，采用控制规律式（11-14），求解机器人关节位置、控制输入及关节的相轨迹，仿真结果如图 11-3～图 11-5 所示。

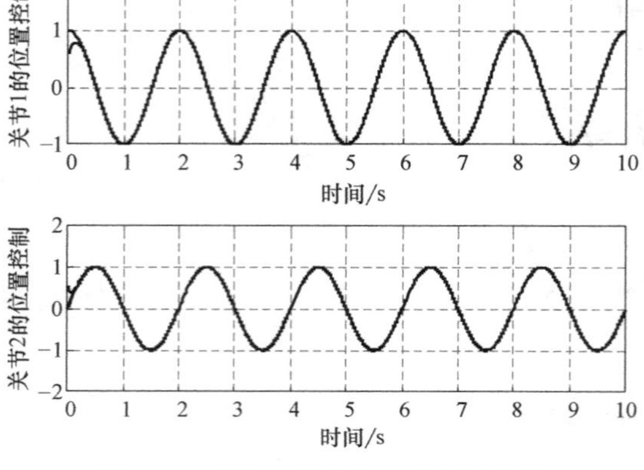

图 11-3　关节 1 及关节 2 的位置跟踪

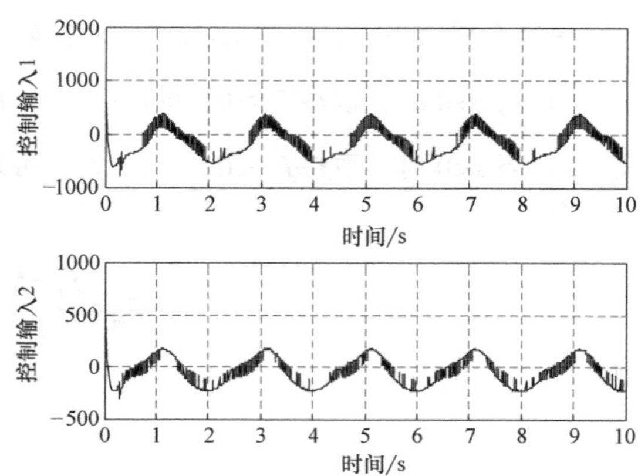

图 11-4　关节 1 及关节 2 的控制输入

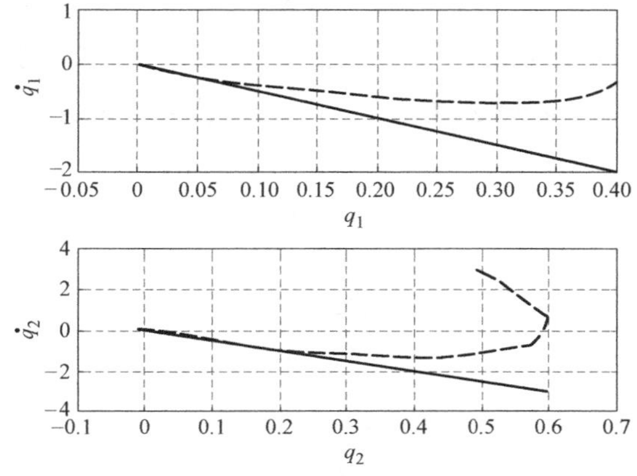

图 11-5　关节 1 及关节 2 的相轨迹

11.4　基于计算力矩法的机器人滑模控制

计算力矩法是机器人控制中较常用的方法，该方法基于机器人模型中各项的估计值进行控制规律的设计。

11.4.1　机器人滑模控制器设计

n 关节机器人的动力学模型为

$$\boldsymbol{M}(\boldsymbol{q})\ddot{\boldsymbol{q}}+\boldsymbol{C}(\boldsymbol{q},\dot{\boldsymbol{q}})\dot{\boldsymbol{q}}+\boldsymbol{G}(\boldsymbol{q})=\boldsymbol{\tau} \tag{11-24}$$

式中，$\boldsymbol{M}(\boldsymbol{q})$ 为正定质量惯性矩阵；$\boldsymbol{C}(\boldsymbol{q},\ \dot{\boldsymbol{q}})$ 为科氏力、离心力；$\boldsymbol{G}(\boldsymbol{q})$ 为重力；$\boldsymbol{\tau}$ 为控制输入符号。

当机器人的惯性参数未知时，根据计算力矩法，取控制规律为

$$\boldsymbol{\tau}=\hat{\boldsymbol{M}}(\boldsymbol{q})\boldsymbol{v}+\hat{\boldsymbol{C}}(\boldsymbol{q},\dot{\boldsymbol{q}})\dot{\boldsymbol{q}}+\hat{\boldsymbol{G}}(\boldsymbol{q}) \tag{11-25}$$

式中，$\hat{\boldsymbol{M}}(\boldsymbol{q})$、$\hat{\boldsymbol{C}}(\boldsymbol{q},\ \dot{\boldsymbol{q}})$ 和 $\hat{\boldsymbol{G}}(\boldsymbol{q})$ 为利用惯性参数估计值 $\hat{\boldsymbol{p}}$ 计算出的 $\boldsymbol{M}$、$\boldsymbol{C}$ 和 $\boldsymbol{G}$ 的估计值。则闭环系统方程式（11-24）为

$$\boldsymbol{M}(\boldsymbol{q})\ddot{\boldsymbol{q}}+\boldsymbol{C}(\boldsymbol{q},\dot{\boldsymbol{q}})\dot{\boldsymbol{q}}+\boldsymbol{G}(\boldsymbol{q})=\hat{\boldsymbol{M}}(\boldsymbol{q})\boldsymbol{v}+\hat{\boldsymbol{C}}(\boldsymbol{q},\dot{\boldsymbol{q}})\dot{\boldsymbol{q}}+\hat{\boldsymbol{G}}(\boldsymbol{q}) \tag{11-26}$$

即

$$\hat{\boldsymbol{M}}\ddot{\boldsymbol{q}}=\hat{\boldsymbol{M}}(\boldsymbol{q})\boldsymbol{v}-[\widetilde{\boldsymbol{M}}(\boldsymbol{q})\ddot{\boldsymbol{q}}+\widetilde{\boldsymbol{C}}(\boldsymbol{q},\dot{\boldsymbol{q}})\dot{q}+\widetilde{\boldsymbol{G}}(\boldsymbol{q})]=\hat{\boldsymbol{M}}(\boldsymbol{q})\boldsymbol{v}-\boldsymbol{Y}(\boldsymbol{q},\dot{\boldsymbol{q}},\ddot{\boldsymbol{q}})\widetilde{\boldsymbol{p}} \tag{11-27}$$

式中，$\widetilde{\boldsymbol{M}}=\boldsymbol{M}-\hat{\boldsymbol{M}}$；$\widetilde{\boldsymbol{C}}=\boldsymbol{C}-\hat{\boldsymbol{C}}$；$\widetilde{\boldsymbol{G}}=\boldsymbol{G}-\hat{\boldsymbol{G}}$；$\widetilde{\boldsymbol{p}}=\boldsymbol{p}-\hat{\boldsymbol{p}}$。

若惯性参数的估计值 $\hat{\boldsymbol{p}}$ 使得 $\hat{\boldsymbol{H}}$（q）可逆，则闭环系统方程式（11-27）可写为

$$\ddot{\boldsymbol{q}}=\boldsymbol{v}-[\hat{\boldsymbol{H}}(\boldsymbol{q})]^{-1}\boldsymbol{Y}(\boldsymbol{q},\dot{\boldsymbol{q}},\ddot{\boldsymbol{q}})\widetilde{\boldsymbol{p}}=\boldsymbol{v}-\varphi(\boldsymbol{q},\dot{\boldsymbol{q}},\ddot{\boldsymbol{q}},\hat{\boldsymbol{p}})\widetilde{\boldsymbol{p}} \tag{11-28}$$

定义

$$\varphi(\boldsymbol{q},\dot{\boldsymbol{q}},\ddot{\boldsymbol{q}},\hat{\boldsymbol{p}})\bar{\boldsymbol{p}}=\bar{\boldsymbol{d}}$$

其中，$\widetilde{\boldsymbol{d}}=(\bar{d}_1,\ \cdots,\ \bar{d}_n)^{\mathrm{T}}$，$\boldsymbol{d}=(d_1,\ \cdots,\ d_n)^{\mathrm{T}}$。

取滑动面

$$\boldsymbol{s}=\dot{\boldsymbol{e}}+\boldsymbol{\Delta e}$$

式中，$\boldsymbol{e}=\boldsymbol{q}_d-\boldsymbol{q}$；$\dot{\boldsymbol{e}}=\dot{\boldsymbol{q}}_d-\dot{\boldsymbol{q}}$；$\boldsymbol{s}=(s_1,\ \cdots,\ s_n)^{\mathrm{T}}$；$\boldsymbol{\Lambda}$ 为正对角矩阵。则

$$\dot{\boldsymbol{s}}=\ddot{\boldsymbol{e}}+\boldsymbol{\Lambda}\dot{\boldsymbol{e}}=(\ddot{\boldsymbol{q}}_d-\ddot{\boldsymbol{q}})+\boldsymbol{\Lambda}\dot{\boldsymbol{e}}=\ddot{\boldsymbol{q}}_d-\boldsymbol{v}+\widetilde{\boldsymbol{d}}+\boldsymbol{\Lambda}\dot{\boldsymbol{e}}$$

取

$$\boldsymbol{v}=\ddot{\boldsymbol{q}}_d+\boldsymbol{\Lambda}\dot{\boldsymbol{e}}+\boldsymbol{d} \tag{11-29}$$

式中，$\boldsymbol{d}$ 为待设计的矢量。则

$$\dot{\boldsymbol{s}}=\widetilde{\boldsymbol{d}}-\boldsymbol{d} \tag{11-30}$$

选取

$$\boldsymbol{d}=(\bar{\boldsymbol{d}}+\eta)\operatorname{sgn}(\boldsymbol{s})$$

$$\|\widetilde{\boldsymbol{d}}\|\leqslant\bar{\boldsymbol{d}} \tag{11-31}$$

式中，$\eta>0$。则

$$\boldsymbol{v}=\ddot{\boldsymbol{q}}_d+\boldsymbol{\Lambda}\dot{\boldsymbol{e}}+\boldsymbol{d},\boldsymbol{d}=(\bar{\boldsymbol{d}}+\eta)\operatorname{sgn}(\boldsymbol{s})$$

由式（11-21）和式（11-25），得滑模控制规律为

$$\boldsymbol{\tau}=\hat{\boldsymbol{M}}(\boldsymbol{q})\boldsymbol{v}+\hat{\boldsymbol{C}}(\boldsymbol{q},\dot{\boldsymbol{q}})\dot{\boldsymbol{q}}+\hat{\boldsymbol{G}}(\boldsymbol{q}) \tag{11-32}$$

由控制规律式（11-32）可知，若参数估计值 $\widetilde{\boldsymbol{q}}$ 越准确，则$\|\bar{\boldsymbol{p}}\|$越小，$\bar{\boldsymbol{d}}$ 越小，滑模控制产生的抖振越小。

11.4.2 机器人滑模控制仿真

选取关节机器人手臂系统，其动力学模型为

$$\boldsymbol{M}(\boldsymbol{q})\ddot{\boldsymbol{q}}+\boldsymbol{C}(\boldsymbol{q},\dot{\boldsymbol{q}})\dot{\boldsymbol{q}}+\boldsymbol{G}(\boldsymbol{q})+\boldsymbol{F}(\dot{\boldsymbol{q}})+\boldsymbol{\tau}_d=\boldsymbol{\tau}$$

式中，$\boldsymbol{q}=(q_1,\ q_2)^{\mathrm{T}}$；$\boldsymbol{\tau}=(\tau_1,\ \tau_2)^{\mathrm{T}}$。取

$$\boldsymbol{M}(\boldsymbol{q})=\begin{pmatrix}\alpha+2\varepsilon\cos q_2+2\eta\sin q_2 & \beta+\varepsilon\cos q_2+\eta\sin q_2\\ \beta+\varepsilon\cos q_2+\eta\sin q_2 & \beta\end{pmatrix}$$

$$\boldsymbol{C}(\boldsymbol{q},\dot{\boldsymbol{q}})=\begin{pmatrix}(-2\varepsilon\sin q_2+2\eta\cos q_2)\dot{q}_2 & (-\varepsilon\sin q_2+\eta\cos q_2)\dot{q}_2\\ (\varepsilon\sin q_2-\eta\cos q_2)\dot{q}_1 & 0\end{pmatrix}$$

$$\boldsymbol{G}(\boldsymbol{q})=\begin{pmatrix}\varepsilon e_2\cos(q_1+q_2)+\eta e_2\sin(q_1+q_2)+(\alpha-\beta'+e_1)e_2\cos q_1\\ \varepsilon e_2\cos(q_1+q_2)+\eta e_2\sin(q_1+q_2)\end{pmatrix}$$

式中，$\alpha=I_1+m_1l_{c1}^2+I_e+m_el_{ce}^2+m_el_1^2$；$\beta=I_e+m_el_{ce}^2$；$\varepsilon=m_el_1l_{ce}\cos\delta$；$\eta=m_el_1l_{ce}\sin\delta$。双机器人手臂的实际物理参数值见表 11-1。

表 11-1 双机器人手臂物理参数

m_1/kg	l_1/m	l_{c1}/m	I_1/kg	m_e/kg	l_{ce}/m	I_e/kg	δ	e_1	e_2
1	1	1/2	1/12	3	1	2/5	0	−7/12	9.81

采用滑模控制规律式（11-32），取位置指令分别为 $q_{d1}=\cos(\pi t)$，$q_{d2}=\sin(\pi t)$，$\hat{\boldsymbol{M}}=0.6\boldsymbol{M}$，$\hat{C}=0.6\boldsymbol{C}$，$\hat{\boldsymbol{G}}=0.6\boldsymbol{G}$，$\bar{d}=30$，$\eta=0.10$，$\boldsymbol{\Lambda}=\begin{pmatrix}25 & 0\\ 0 & 25\end{pmatrix}$。求解机器人的手臂位置和手臂

控制输入，仿真结果如图 11-6 和图 11-7 所示。

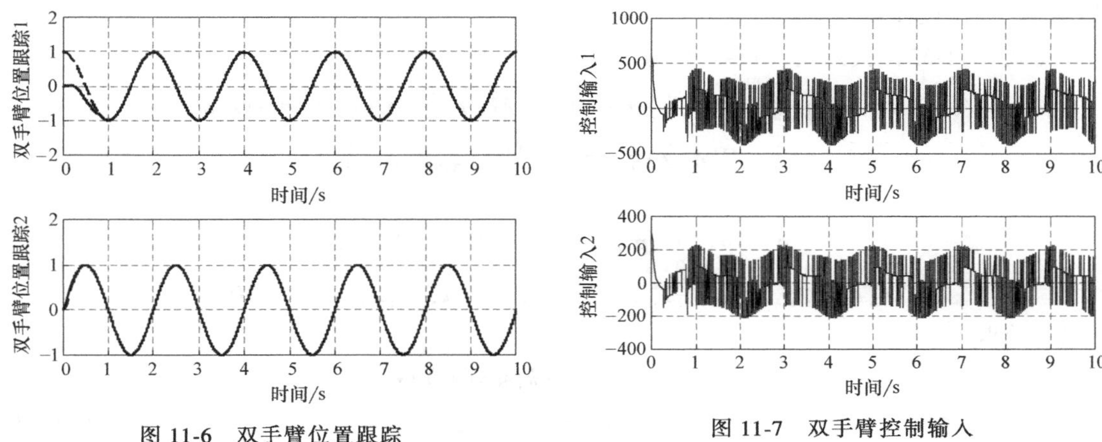

图 11-6 双手臂位置跟踪

图 11-7 双手臂控制输入

11.5 基于稳定性理论的机器人滑模控制

n 关节机器人手臂的动力学模型如式（11-24）所示。

设机器人所要完成的任务是跟踪时变期望轨迹 $\boldsymbol{q}_d(t)$，位置跟踪误差为

$$\boldsymbol{e}=\boldsymbol{q}_d-\boldsymbol{q}$$

定义

$$\dot{\boldsymbol{q}}_t=\dot{\boldsymbol{q}}_d+\boldsymbol{\Lambda}(\boldsymbol{q}_d-\boldsymbol{q})$$

机器人动力学系统具有如下动力学特性：存在矢量 $\boldsymbol{p}\in\mathbf{R}^m$，满足

$$\boldsymbol{M}(\boldsymbol{q})\ddot{\boldsymbol{q}}_r+\boldsymbol{C}(\boldsymbol{q},\dot{\boldsymbol{q}})\dot{\boldsymbol{q}}_r+\boldsymbol{G}(\boldsymbol{q})=\boldsymbol{Y}(\boldsymbol{q},\dot{\boldsymbol{q}},\dot{\boldsymbol{q}}_t,\ddot{\boldsymbol{q}}_\tau)\boldsymbol{p}$$

$$\widetilde{\boldsymbol{M}}(\boldsymbol{q})\ddot{\boldsymbol{q}}_r+\widetilde{\boldsymbol{C}}(\boldsymbol{q},\dot{\boldsymbol{q}})\dot{\boldsymbol{q}}_r+\widetilde{\boldsymbol{G}}(\boldsymbol{q})=\boldsymbol{Y}(\boldsymbol{q},\dot{\boldsymbol{q}},\dot{\boldsymbol{q}}_t,\ddot{\boldsymbol{q}}_\tau)\widetilde{\boldsymbol{p}} \tag{11-33}$$

取滑模面

$$\boldsymbol{s}=\dot{\boldsymbol{q}}_r-\dot{\boldsymbol{q}}=(\dot{\boldsymbol{q}}_d-\dot{\boldsymbol{q}})+\boldsymbol{\Lambda}(\boldsymbol{q}_d-\boldsymbol{q})=\dot{\boldsymbol{e}}+\boldsymbol{\Delta e} \tag{11-34}$$

式中，$\boldsymbol{\Lambda}$ 为正对角矩阵。

令李雅普诺夫函数为

$$V(t)=\frac{1}{2}\boldsymbol{s}^{\mathrm{T}}\boldsymbol{M}(\boldsymbol{q})\boldsymbol{s}$$

则

$$\begin{aligned}\dot{V}(t)&=\boldsymbol{s}^{\mathrm{T}}\boldsymbol{M}(\boldsymbol{q})\dot{\boldsymbol{s}}+\frac{1}{2}\boldsymbol{s}^{\mathrm{T}}\dot{\boldsymbol{M}}(\boldsymbol{q})\boldsymbol{s}=\boldsymbol{s}^{\mathrm{T}}\boldsymbol{M}(\boldsymbol{q})\dot{\boldsymbol{s}}+\boldsymbol{s}^{\mathrm{T}}\boldsymbol{C}(\boldsymbol{q},\dot{\boldsymbol{q}})\boldsymbol{s}\\&=\boldsymbol{s}^{\mathrm{T}}[\boldsymbol{M}(\boldsymbol{q})(\ddot{\boldsymbol{q}}_r-\ddot{\boldsymbol{q}})+\boldsymbol{C}(\boldsymbol{q},\dot{\boldsymbol{q}})(\dot{\boldsymbol{q}}_r-\dot{\boldsymbol{q}})]\\&=\boldsymbol{s}^{\mathrm{T}}[\boldsymbol{M}(\boldsymbol{q})\ddot{\boldsymbol{q}}_r+\boldsymbol{C}(\boldsymbol{q},\dot{\boldsymbol{q}})\dot{\boldsymbol{q}}_r+\boldsymbol{G}(\boldsymbol{q})-\boldsymbol{\tau}]\end{aligned} \tag{11-35}$$

可采用以下两种方法实现滑模控制：

1）方法一，基于估计模型的滑模控制。

设计控制律为

$$\boldsymbol{\tau}=\hat{\boldsymbol{M}}(\boldsymbol{q})\ddot{\boldsymbol{q}}_r+\hat{\boldsymbol{C}}(\boldsymbol{q},\dot{\boldsymbol{q}})\dot{\boldsymbol{q}}_r+\hat{\boldsymbol{G}}(\boldsymbol{q})+\boldsymbol{\tau}_s \tag{11-36}$$

式中，$\boldsymbol{\tau}_s$ 为待设计项。

将式（11-32）代入式（11-31）得

$$\begin{aligned}\dot{V}(t)&=\boldsymbol{s}^{\mathrm{T}}[\boldsymbol{M}(\boldsymbol{q})\ddot{\boldsymbol{q}}_t+\boldsymbol{C}(\boldsymbol{q},\dot{\boldsymbol{q}})\dot{\boldsymbol{q}}_r+\boldsymbol{G}(\boldsymbol{q})-\hat{\boldsymbol{M}}(\boldsymbol{q})\ddot{\boldsymbol{q}}_r-\hat{\boldsymbol{C}}(\boldsymbol{q},\dot{\boldsymbol{q}})\dot{\boldsymbol{q}}_r-\hat{\boldsymbol{G}}(\boldsymbol{q})-\boldsymbol{\tau}_s]\\&=\boldsymbol{s}^{\mathrm{T}}[\widetilde{\boldsymbol{M}}(\boldsymbol{q})\ddot{\boldsymbol{q}}_t+\widetilde{\boldsymbol{C}}(\boldsymbol{q},\dot{\boldsymbol{q}})\dot{\boldsymbol{q}}_r-\boldsymbol{\tau}_s]=\boldsymbol{s}^{\mathrm{T}}[\boldsymbol{Y}(\boldsymbol{q},\dot{\boldsymbol{q}},\dot{\boldsymbol{q}}_r,\ddot{\boldsymbol{q}}_r)\widetilde{\boldsymbol{p}}-\boldsymbol{\tau}_s]\end{aligned}$$

式中

$$\widetilde{\boldsymbol{p}}=(\widetilde{\boldsymbol{p}}_1,\cdots,\widetilde{\boldsymbol{p}}_{10n})^{\mathrm{T}},|\widetilde{\boldsymbol{p}}_i|\leqslant a_i,i=1,\cdots,n$$

$$\boldsymbol{Y}(\boldsymbol{q},\dot{\boldsymbol{q}},\dot{\boldsymbol{q}}_r,\ddot{\boldsymbol{q}}_r)=[Y_{ij}^r],|Y_{ij}^r|\leqslant\overline{Y}_{ij}^r,i=1,\cdots,n;j=1,\cdots,10n$$

则只要选取

$$\boldsymbol{\tau}_s=\boldsymbol{k}\mathrm{sgn}(\boldsymbol{s})+\boldsymbol{s}=\begin{pmatrix}k_1\mathrm{sgn}(s_1)+s_1\\\vdots\\k_n\mathrm{sgn}(s_n)+s_n\end{pmatrix} \tag{11-37}$$

式中，$\boldsymbol{k}=(k_1,\ \cdots,\ k_n)^{\mathrm{T}}$；$k_i=\sum\limits_{j=1}^{10n}\overline{Y}_{ij}a_j,\ i=1,\ \cdots,\ n$。

则

$$\begin{aligned}\dot{V}(t)&=\sum_{i=1}^{n}\sum_{j=1}^{10n}s_iY_{ij}^r\widetilde{\boldsymbol{p}}_j-\sum_{i=1}^{n}s_ik_i\mathrm{sgn}(s_i)-\sum_{i=1}^{n}s_i^2\\&=\sum_{i=1}^{n}\sum_{j=1}^{10n}s_iY_{ij}^t\widetilde{\boldsymbol{p}}_j-\sum_{i=1}^{n}\sum_{j=1}^{10n}|s_i|\overline{\boldsymbol{Y}}_{ij}^r a_j-\sum_{i=1}^{n}s_i^2\leqslant-\sum_{i=1}^{n}s_i^2\leqslant0\end{aligned}$$

2）方法二，基于模型上界的滑模控制。

式（11-32）可写为

$$\begin{aligned}\dot{V}(t)&=-\boldsymbol{s}^{\mathrm{T}}\{\boldsymbol{\tau}-[\boldsymbol{M}(\boldsymbol{q})\ddot{\boldsymbol{q}}_r+\boldsymbol{C}(\boldsymbol{q},\dot{\boldsymbol{q}})\dot{\boldsymbol{q}}_r+\boldsymbol{G}(\boldsymbol{q})]\}\\&=-\boldsymbol{s}^{\mathrm{T}}[\boldsymbol{\tau}-\boldsymbol{Y}(\boldsymbol{q},\dot{\boldsymbol{q}},\dot{\boldsymbol{q}}_r,\ddot{\boldsymbol{q}}_r)\boldsymbol{p}]\end{aligned} \tag{11-38}$$

若能估计出

$$\boldsymbol{p}=(p_1,\cdots,p_{10n})^{\mathrm{T}},|p_i|\leqslant\overline{p}_i,i=1,\cdots,10n$$

$$\boldsymbol{Y}(\boldsymbol{q},\dot{\boldsymbol{q}},\dot{\boldsymbol{q}}_r,\ddot{\boldsymbol{q}}_r)=(Y_{ij}^r),|Y_{ij}^r|\cdots\overline{Y}_{ij}^r,i=1,\cdots,n;j=1,\cdots,10n$$

将控制规律设计为

$$\boldsymbol{\tau}=\overline{\boldsymbol{k}}\mathrm{sgn}(\boldsymbol{s})+\boldsymbol{s}=\begin{pmatrix}\overline{k}_1\mathrm{sgn}(s_1)+s_1\\\vdots\\\overline{k}_n\mathrm{sgn}(s_n)+s_n\end{pmatrix} \tag{11-39}$$

式中，$\overline{\boldsymbol{k}}=(\overline{k}_1,\ \cdots,\ \overline{k}_n)^{\mathrm{T}}$；$\overline{k}_i=\sum\limits_{j=1}^{10n}\overline{\boldsymbol{Y}}_{ij}\overline{\boldsymbol{p}}_j,\ i=1,\ \cdots,\ n$。

则

$$\dot{V}(t)=-\left[\sum_{i=1}^{n}s_i\overline{\boldsymbol{k}}_i\mathrm{sgn}(s_i)+\sum_{i=1}^{n}s_i^2-\sum_{i=1}^{n}\sum_{j=1}^{10n}s_iY_{ij}^{\tau}p_j\right]$$

$$= -\left[\sum_{i=1}^{n}\sum_{j=1}^{10n}|s_j|\overline{Y_{ij}^r}\overline{p}_j + \sum_{i=1}^{n}s_i^2 - \sum_{i=1}^{n}\sum_{j=1}^{10n}s_jY_{ij}^rp_j\right] \leqslant -\sum_{i=1}^{n}s_i^2 \leqslant 0$$

由式（11-39）可知，该控制规律计算量较控制规律式（11-36）减少，不需要在线估计 $\hat{p}$ 值，但需要较大的控制量。由控制规律式（11-39）中切换项增益 $\overline{k}_i$ 和控制规律式（11-36）中切换项增益 k_i 的定义可知，$\overline{k}_i$ 要比 k_i 的值大，故控制规律式（11-39）造成的抖振比控制规律式（11-36）大。

11.6 本章作业

1. 什么是变结构系统？为什么要采用变结构控制？
2. 请简单叙述滑模变结构控制的抖振问题产生的原因及其解决方法。
3. 试述机器人滑模变结构控制的基本原理。
4. 以单关节机器人为例，其动态方程为

$$\ddot{\boldsymbol{q}} + 25\dot{\boldsymbol{q}} = 133\boldsymbol{u} + f(t)$$

式中，$f(t) = 200\exp\left(-\dfrac{(t-c)^2}{2b^2}\right)$；$b = 0.5$；$c = 5$。

取位置指令为 $r = \sin(2\pi t)$，系统初始状态为（0，0）^{T}。采用机器人名义模型滑模控制规律。取 $c_1 = c_2 = 25$，$\varepsilon = 0.5$，$k = 5$，$\overline{f}_v = 200$，$\overline{f}_L = 0$，求解机器人位置、控制输入及相轨迹。

第12章

机器人的神经网络控制

近年来，人工智能神经网络的兴起，加速了数值逼近方法的研究。人工智能神经网络被称为在线学习的预估器，被越来越多地运用到非线性系统的控制当中。人工智能神经网络具有以下特点：非线性结构、网络并行处理多种信息、容错性能强、自适应调节率、多种数据融合技术、平行分布式的处理方式，并且能够通过在线学习的方法来实时地更新系统。因此，在众多的非线性控制当中，人工智能神经网络展现出了其强大的生命力和应用前景。本章，首先介绍神经网络控制的定理与引理；然后阐述径向基函数（Radial Basis Function，RBF）网络的 Cover 定理、插值问题和逼近算法；最后介绍基于不确定逼近的 RBF 网络自适应控制方法。

12.1 神经网络控制的引理

在神经网络控制、模糊自适应控制、滑模控制和自适应控制的稳定性和收敛性分析时常用到的定理和引理如下：

1. 全局不变集定理

考察自治系统 $\dot{x}=f(x)$，$f(x)$ 连续，设 $V(x)$ 为带有连续一阶偏导数的标量函数，并且

1）当$\|x\|\to\infty$ 时，$V(x)\to\infty$。

2）$\dot{V}(x)\leqslant 0$ 对于所有 x 成立。

记 R 为所有使 $\dot{V}(x)\leqslant 0$ 的点的集合，M 为 R 中最大不变集，则当 $t\to\infty$ 时所有解全局渐近收敛于 M。

2. 用 Barbalat 引理做类李雅普诺夫分析

Barbalat 引理 如果可微函数 $f(t)$，当 $t\to\infty$ 时存在极限，且 f 一致连续，则当 $t\to\infty$ 时，$\dot{f}(t)\to 0$。

Barbalat 引理重要推论 如果可微函数 $f(t)$，当 $t\to\infty$ 时存在极限，且 $\ddot{f}$ 存在且有界，则当 $t\to\infty$ 时，$\dot{f}(t)\to 0$。

3. 一种微分方程不等式的收敛性分析

引理 如果一个实函数 $W(t)$ 满足不等式

$$\dot{W}(t)+aW(t)\leqslant 0 \tag{12-1}$$

如果 a 是一个实数，则解微分方程得

$$W(t)\leqslant W(0)\mathrm{e}^{-at}$$

可见，如果 a 是一个正实数，当时间 $t\to\infty$ ，$W(t)\ \to 0$。

证明：定义一个函数 $Z(t)$ 为

$$Z(t)=\dot{W}(t)+aW(t) \tag{12-2}$$

一阶微分方程 $\dot{W}(t)+aW(t)=0$ 的解为

$$W(t)=W(0)\mathrm{e}^{-at}$$

则一阶微分方程（12-2）的解为

$$W(t)=W(0)\mathrm{e}^{-at}+\int_0^t \mathrm{e}^{-a(t-r)}Z(t)\,\mathrm{d}r \tag{12-3}$$

由于 $Z(t)$ 非正，故式（12-3）右边第二项非正，则

$$W(t)\leqslant W(0)\mathrm{e}^{-at}$$

上述引理说明，如果 $W(t)$ 为非负函数，则该引理保证 $W(t)$ 收敛于 0。在利用李雅普诺夫直接方法进行稳定性分析时，常可以使 $\dot{V}$ 满足式（12-1），这样就可得到 V 的指数收敛性和收敛率，然后就可以算出状态的指数收敛率。

12.2　RBF 神经网络的逼近算法

本节讨论径向基函数神经网络的基本原理、高斯基函数设计、网络参数对逼近效果的影响，以及基于 RBF 神经网络逼近的 Simulink 连续系统仿真和 M 语言离散数字化仿真方法。

12.2.1　RBF 神经网络

RBF 神经网络是由 J. Moody 和 C. Darken 在 20 世纪 80 年代末提出的一种神经网络，它是具有单隐层的三层前馈网络。RBF 神经网络模拟了人脑中局部调整、相互覆盖接受域（或称感受野，Rceceptive Field）的神经网络结构，已证明 RBF 神经网络能以任意精度逼近任意连续函数。

RBF 神经网络的学习过程与 BP 神经网络的学习过程类似，两者的主要区别在于各使用不同的作用函数。BP 神经网络中隐含层使用的是 Sigmoid 函数，其值在输入空间中无限大的范围内为非零值，因而是一种全局逼近的神经网络；而 RBF 神经网络中的作用函数是高斯基函数，其值在输入空间中有限范围内为非零值，因而 RBF 神经网络是局部逼近的神经网络。

理论上，三层以上的 BP 神经网络能够逼近任何一个非线性函数，但由于 BP 神经网络是全局逼近网络，每一次样本学习都要重新调整网络的所有权值，收敛速度慢，易于陷入局部极小，很难满足控制系统的高度实时性要求。RBF 神经网络是一种三层前向网络，由输入到输出的映射是非线性的，而隐含层空间到输出空间的映射是线性的，而且 RBF 神经网络是局部逼近的神经网络，因而采用 RBF 神经网络可大大加快学习速度并避免局部极小问题，适应实时控制的要求。采用 RBF 神经网络构成神经网络控制方案，可有效提高系统的

精度、鲁棒性和自适应性。

多输入单输出的 RBF 神经网络结构如图 12-1 所示。

12.2.2 RBF 神经网络的 Cover 定理

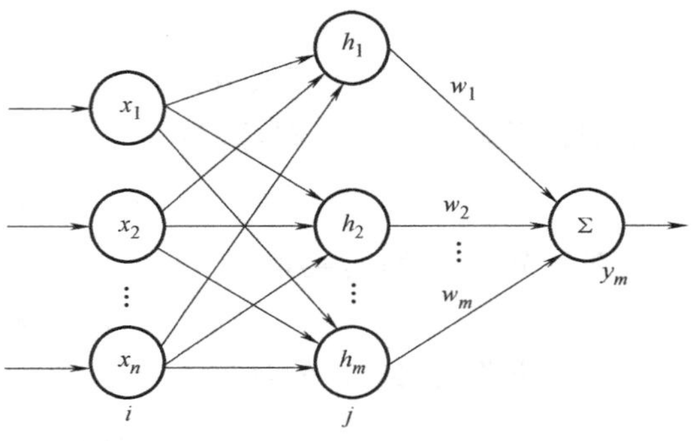

图 12-1 RBF 神经网络结构

当用 RBF 神经网络来解决一个复杂的模式分类任务时，问题的基本解决可以通过用非线性方式将其变换到一个高维空间。其潜在合理性来自模式可分性的 Cover 定理，该定理可以定性地表述为：将复杂的模式分类问题非线性地投射到高维空间将比投射到低维空间更可能是线性可分性的。

考虑一族曲面，每一曲面都自然地将输入空间分成两个区域，用$\aleph$代表 N 个模式（向量）$\boldsymbol{x}_1$，$\boldsymbol{x}_2$，…，$\boldsymbol{x}_N$ 的集合，其中每一个模式都分属于$\aleph_1$ 和$\aleph_2$ 两个类中的一类。如果在这一族曲面中存在一个曲面能够将分别属于$\aleph_1$ 和$\aleph_2$ 的这些点分成两部分，我们就称这些点的二分（二元划分）关于这族曲面是可分的。对于每一个模式 $x\in\aleph$，定义一个由一组实值函数$\{\varphi_i(\boldsymbol{x})\mid i=1,2,\cdots,m_1\}$组成的矢量，表示为

$$\boldsymbol{\varphi}(\boldsymbol{x})=(\varphi_1(\boldsymbol{x}),\varphi_2(\boldsymbol{x}),\cdots,\varphi_{m_1}(\boldsymbol{x}))^{\mathrm{T}} \tag{12-4}$$

假设模式 $\boldsymbol{x}$ 是 m_0 维输入空间的一个矢量，则矢量 $\varphi(\boldsymbol{x})$ 将 m_0 维输入空间的点映射到新的 m_1 维空间的相应的点上。我们将 $\varphi_i(\boldsymbol{x})$ 称为隐藏函数，因为它与前馈神经网络中的隐藏单元起着同样的作用。相应地，由隐藏函数集合$\{\varphi_i(\boldsymbol{x})\}_{i=1}^{m_1}$所生成的空间被称为隐藏空间或者特征空间。

我们称一个关于$\aleph$的二分$\{\aleph_1,\aleph_2\}$是 φ 可分的，如果存在一个 m_1 维的矢量 $\boldsymbol{w}$ 使得

$$\begin{cases}\boldsymbol{w}^{\mathrm{T}}\boldsymbol{\varphi}(\boldsymbol{x})>0, & \boldsymbol{x}\in\aleph_1\\ \boldsymbol{w}^{\mathrm{T}}\boldsymbol{\varphi}(\boldsymbol{x})>0, & \boldsymbol{x}\in\aleph_2\end{cases} \tag{12-5}$$

由方程

$$\boldsymbol{w}^{\mathrm{T}}\boldsymbol{\varphi}(\boldsymbol{x})=0$$

定义的超平面描述 φ 空间（即隐藏空间）中的分离曲面。这个超平面的逆像，即

$$\boldsymbol{x}:\boldsymbol{w}^{\mathrm{T}}\varphi(\boldsymbol{x})=0 \tag{12-6}$$

定义输入空间中的分离曲面。考虑一个利用 r 次模式矢量坐标乘积的线性组合实现的一个自然类映射，与此种映射相对应的分离曲面称为 r 阶有理族。一个 m_0 维空间的 r 阶有理族可描述为输入矢量 $\boldsymbol{x}$ 的坐标的一个 r 次齐次方程，即

$$\sum_{0\leqslant i_1\leqslant i_2\leqslant\cdots\leqslant i_r\leqslant m_0} a_{i_1i_2\cdots i_r}x_{i_1}x_{i_2}\cdots x_{i_r}=0 \tag{12-7}$$

式中，x_i 是输入矢量 $\boldsymbol{x}$ 的第 i 个元素。为了用齐次形式来表达方程，将 x_0 的值置为单位值 1。x 中的项 x_i 的 r 阶乘积就是 $x_{i_1}x_{i_2}\cdots x_{i_r}$，称为单项式。式（12-7）所描述的分离曲面的例子有超平面（一阶有理族）、二次曲面（二阶有理族）和超球面（带有某种线性限制系数的二次曲面）等。这些例子的说明如图 12-2 所示，该图说明在二维输入空间中的五点构形。

通常情况下，线性可分性暗示着球面可分性，而球面可分性又暗示着二次可分性；然而反之不一定成立。

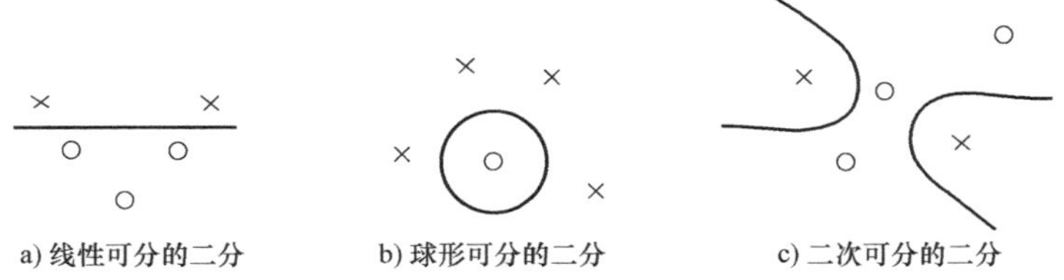

图 12-2　二维平面上五个点的不同集合的可分的二分示例

在一个概率实验中，一个模式集合的可分性为一个依赖于选择的二分，以及输入空间中模式分布的随机事件。假设激活模式 x_1，x_2，…，x_N 是根据输入空间中的概率特性而独立选取的，同时假设所有的关于 $\aleph=\{x_i\}_{i=1}^{m_1}$ 的二分都是等可能的，令 $P(N,m_1)$ 表示某一随机选取的二分是 φ 可分的概率，这里被选中的分离曲面的类具有 m_1 维的自由度。$P(N,m_1)$ 可表述为

$$P(N,m_1)=\left(\frac{1}{2}\right)^{N-1}\sum_{m=0}^{m_1-1}\binom{N-1}{m} \tag{12-8}$$

式（12-8）体现了可分性的 Cover 定理对于随机模式的本质。它说明累计二项概率分布，相当于抛 $N-1$ 次硬币有 m_1-1 次或更少次头像向上的概率。

尽管在式（12-8）的推导中遇见的隐藏单元曲面是一个多项式的形式，从而与我们通常在 RBF 神经网络中用的有所不同，但是该式的核心内容却具有普遍的适用性。特别地，若隐藏空间的维数 m_1 越高，则概率 $P(N, m_1)$ 就越趋向于 1。总之，关于模式可分性的 Cover 定理主要包括下面两个基本部分：

1）由 $\varphi_i(\boldsymbol{x})$ 定义的隐藏函数的非线性构成，这里 $\boldsymbol{x}$ 是输入矢量，且 $i=1$，2，…，m_1。

2）高维数的隐藏空间，这里的高维数是相对于输入空间而言的。维数由赋给 m_1 的值（即隐藏单元的个数）决定。

如前所述，通常将一个复杂的模式分类问题非线性地投射到高维数空间将会比投射到低维数空间更可能是线性可分的。但是需要强调的是，有时使用非线性映射（即第一部分）就足够导致线性可分，而且不必升高隐藏单元空间维数，如下面例子所述。

【例】　（XOR 问题）为了说明模式的 φ 可分性思想的意义，考虑一个简单而又十分重要的 XOR 问题。在 XOR 问题中有四个二维输入空间上的点（模式）：(1，1)，(0，1)，(0，0) 和 (1，0)，如图 12-3a 所示，要求建立一个模式分类器产生二值输出响应，其中点（1，1）或（0，0）对应于输出 0，点（0，0）或（1，0）对应于输出 1。因此在输入空间中将汉明（Hamming）距离最近的点映射到在输出空间中最大分离的区域。

定义一维高斯隐藏函数为

$$\varphi_1(\boldsymbol{x})=\mathrm{e}^{-\|\boldsymbol{x}-t_1\|^2},\qquad t_1=(1,1)^{\mathrm{T}}$$

$$\varphi_2(\boldsymbol{x})=\mathrm{e}^{-\|\boldsymbol{x}-t_2\|^2},\qquad t_2=(0,0)^{\mathrm{T}}$$

这样可以得到以上四个点作为输入时的结果，见表 12-1。输入模式被映射到 φ_1-φ_2 平

面上，如图 12-3b 所示。这里我们将 $\varphi_1(\boldsymbol{x})$ 和 $\varphi_2(\boldsymbol{x})$ 作为一个线性分类器（如传感器）的输入，则 XOR 问题就迎刃而解了。

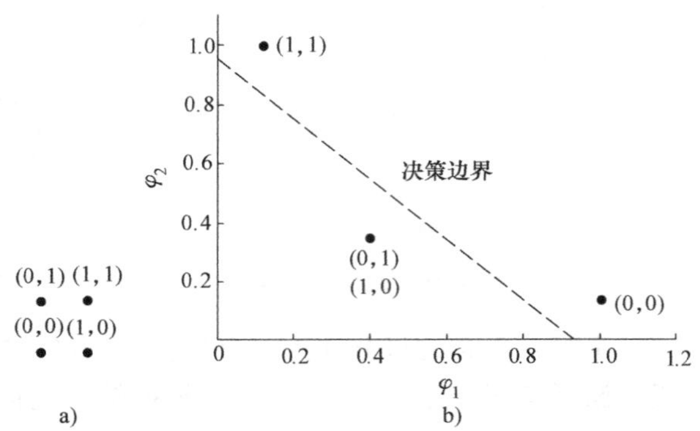

图 12-3　XOR 问题四个模式映射示意图

表 12-1　用于例 12-1 的 XOR 问题的隐藏函数设置

输入模式 $\boldsymbol{x}$	第一隐藏函数	第二隐藏函数
(1,1)	1	0.1353
(0,1)	0.3678	3678
(0,0)	0.1353	1
(1,0)	0.3678	0.3678

在这个例子中隐藏空间的维数相对于输入空间并没有增加。也就是说，以高斯函数作为非线性的隐藏函数，足以将 XOR 问题转化为一个线性可分问题。

式（12-8）对于在多维空间中随机指定输入模式线性可分的期望最大数目有重要意义。为了研究这个问题，如前所述将 x_1，x_2，…，x_N 视为一个随机模式（矢量）序列。令 N 成为一个随机变量，定义为该序列为 φ 可分时的最大整数，其中 φ 具有 m_1 的自由度。于是由式（12-8）我们可以导出当 $N=n$ 时的概率

$$P(N=n)=P(n,m_1)-P(n+1,m_1)=\left(\frac{1}{2}\right)^n\binom{n-1}{m_1-1},n=0,1,2,\cdots \tag{12-9}$$

为了解释上述结果，我们回想一下负二项分布的定义。该分布相当于在一组重复的伯努利实验中有 r 次成功、k 次失败且最后一次是成功的概率。在这种概率实验中，每一次实验只有两种结果，不是成功就是失败，并且成功和失败的概率在整组实验中都是相同的。令 p 代表成功的概率，q 代表失败的概率，$p+q=1$。负二项分布定义为

$$f(k;r,p)=p^r q^k\binom{r+k-1}{k}$$

在 $p=q=1/2$（即成功和失败具有相等的概率）且 $k+r=n$ 的特殊情况下，上述的负二项分布将变为

$$f\left(k;n-k,\frac{1}{2}\right)=\left(\frac{1}{2}\right)^n\binom{n-1}{k},n=0,1,2,\cdots$$

根据上述定义，我们现在可以看出由式（12-9）所表示的结果正是负二项分布，只不过右移了 m_1 个单位且具有参数 m_1 和 1/2。这样，N 相当于在一组抛硬币的实验中出现第 m_1 次失败的“等待时间”。随机变量 N 的期望和中位数分别为

$$E(N)=2m_l \tag{12-10}$$

$$M(N)=2m_l \tag{12-11}$$

因此，我们可以得到 Cover 定理的一个推论，用著名的渐近结果的形式可表述为：一组随机指定的输入模式（矢量）的集合在 m_1 维空间中线性可分，它的元素数目的最大期望等于 $2m_1$。

12.2.3 RBF 神经网络的插值问题

鉴于关于模式可分性的 Cover 定理，在解决一个非线性可分的模式分类问题时，如果将输入空间映射到一个新的维数足够高的空间去，将会有助于问题的解决。简单而言，用一个非线性变换将一个非线性可分的分类问题转变为一个线性可分问题。同样地，我们可以用非线性变换将一个复杂的非线性滤波问题转化为一个较简单的线性滤波问题。

设计一个由输入层、中间层和只有一个输出单元的输出层组成的前馈网络，实现从输入空间到隐藏空间的一个非线性映射，随后从隐藏空间到输出空间则是线性映射。令 m_0 为输入空间的维数。这样从总体上看这个网络就相当于一个从 m_1 维输入空间到一维输出空间的映射，可以写成如下形式

$$s:\mathfrak{R}^{m_0}\to\mathfrak{R} \tag{12-12}$$

我们可以将映射 s 视为一个超曲面 $\Gamma\subset\mathfrak{R}^{m_0+1}$，就好像我们可以将一个最基本的映射 s：$\mathfrak{R}^{m_0}\to\mathfrak{R}$，其中 $s(x)=x^2$，视为 $\mathfrak{R}^2$ 空间中的一条抛物线一样。超曲面 Γ 作为输入函数是输出空间的多维曲面。在实际情况下，曲面 Γ 是未知的，并且训练数据中通常带有噪声。学习中的训练阶段和泛化阶段可叙述如下：

1）训练阶段由曲面 Γ 的拟合过程的最优化构成，它根据以输入-输出样本（模式）形式呈现给网络的已知数据进行。

2）泛化阶段的任务就是在数据点之间进行插值，插值是在真实曲面 Γ 的最佳逼近的拟合过程产生的约束曲面上进行的。

这样我们将引出具有悠久历史的高维空间多变量插值理论。从严格意义上说，插值问题可以叙述如下：

给定一个包含 N 个不同点的集合 $\{x_i\in\mathfrak{R}^{m_0},i=1,2,\cdots,n\}$ 和相应的 N 个实数的一个集合 $\{d_i\in\mathfrak{R},i=1,2,\cdots,n\}$，寻找一个函数 F：$\mathfrak{R}^{\mathrm{N}}\to\mathfrak{R}$ 满足下述插值条件

$$F(\boldsymbol{x}_i)=d_i,i=1,2,\cdots,N \tag{12-13}$$

对于这里所述的严格插值来说，插值曲面（即函数 F）必须通过所有的训练数据点。

RBF 技术就是要选择一个函数 F 具有下列形式：

$$F(\boldsymbol{x})=\sum_{i=1}^{N}w_i\varphi(\|\boldsymbol{x}-\boldsymbol{x}_i\|) \tag{12-14}$$

式中，$\{\varphi(\|\boldsymbol{x}-\boldsymbol{x}_i\|),i=1,2,\cdots,N\}$ 是 N 个任意（一般是线性的）函数的集合，称为径向基函数；$\|\cdot\|$表示范数，通常是欧几里得范数。已知数据 $\boldsymbol{x}_i\in\mathfrak{R}^{m_0}$，$i=1,2,\cdots,N$ 是径向基函数的中心。

将式（12-13）的插值条件代入式（12-14）中，我们可以得到一组关于未知系数（权值）的展开$\{w_i\}$的线性方程组

$$\begin{pmatrix} \varphi_{11} & \varphi_{12} & \cdots & \varphi_{1N} \\ \varphi_{21} & \varphi_{22} & \cdots & \varphi_{2N} \\ \vdots & \vdots & & \vdots \\ \varphi_{N1} & \varphi_{N2} & \cdots & \varphi_{NN} \end{pmatrix} \begin{pmatrix} w_1 \\ w_2 \\ \vdots \\ w_N \end{pmatrix} = \begin{pmatrix} d_1 \\ d_2 \\ \vdots \\ d_N \end{pmatrix} \tag{12-15}$$

式中

$$\varphi_{ji} = \varphi(\|\boldsymbol{x}_j - \boldsymbol{x}_i\|), i=1,2,\cdots,N; j=1,2,\cdots,N \tag{12-16}$$

令

$$\boldsymbol{d} = (d_1, d_2, \cdots, d_N)^{\mathrm{T}}, \boldsymbol{w} = (w_1, w_2, \cdots, w_N)^{\mathrm{T}}$$

式中，$N\times 1$ 矢量 $\boldsymbol{d}$ 和 $\boldsymbol{w}$ 分别表示期望输出矢量和连接权值矢量，其中 N 表示训练样本的长度。令 φ 表示元素为 φ_{ji} 的 $N\times N$ 阶的矩阵

$$\boldsymbol{\varphi} = \{\varphi_{ji}, i=1,2,\cdots,N; j=1,2,\cdots,N\} \tag{12-17}$$

该矩阵称为插值矩阵。于是式（12-15）可以写成紧凑形式

$$\boldsymbol{\varphi w} = \boldsymbol{x} \tag{12-18}$$

假设 $\boldsymbol{\varphi}$ 为非奇异矩阵，因此而存在 $\boldsymbol{\varphi}^{-1}$。这样我们就可以从式（12-18）中解出权值矢量 $\boldsymbol{w}$，表示为

$$\boldsymbol{w} = \boldsymbol{\varphi}^{-1}\boldsymbol{x} \tag{12-19}$$

问题的关键是：如何保证插值矩阵 $\boldsymbol{\varphi}$ 是非奇异的。可以证明，对于大量径向基函数来说，在某种条件下上述问题的答案可以由下面的重要定理给出。

Micchelli 定理 如果$\{\boldsymbol{x}_i\}_{i=1}^{N}$ 是用 $\Re^{m_0}$ 中 N 个互不相同的点的集合，则 $N\times N$ 阶的插值矩阵 φ（第 ji 个元素是 $\varphi_{ji}=\varphi$（$\|\boldsymbol{x}_j-\boldsymbol{x}_i\|$））是非奇异的。

有大量的径向基函数满足 Micchelli 定理，包括下面三个在径向基函数网络中有重要地位的函数：

1）多二次函数（Mutiquadrics）函数

$$\varphi(r) = (r^2+c^2)^{\frac{1}{2}}, c>0, r\in\Re \tag{12-20}$$

2）逆多二次函数（Inverse Mutiquadrics）函数

$$\varphi(r) = \frac{1}{(r^2+c^2)^{\frac{1}{2}}}, c>0, r\in\Re \tag{12-21}$$

3）高斯函数

$$\varphi(r) = \exp\left(-\frac{r^2}{2\sigma^2}\right), c<0, r\in\Re \tag{12-22}$$

为了使式（12-20）~式（12-22）所示的径向基函数是非奇异的，必须使所有的输入点 $\{\boldsymbol{x}_i\}_{i=1}^{N}$ 互不相同。这就是使插值矩阵 $\boldsymbol{\varphi}$ 非奇异的全部要求，与所给样本的长度 N 和矢量（点）$\boldsymbol{x}_i$ 的维数 m_0 无关。

式（12-21）的逆多二次函数和式（12-22）的高斯函数具有一个共同的性质：它们都是局部化的函数，因为当 $r\to\infty$ 时，$\varphi(r)\to 0$。以上面两个函数作为径向基函数所组成的插值矩阵 φ 都是正定的。与此相反，而由式（12-20）所定义的多二次函数是非局部性函数，因为当 $r\to\infty$ 时，$p(r)$ 是无界的；与其相对应的插值矩阵 φ 有 $N-1$ 个负的特征值，只有一个正的特征值，所以不是正定的。但值得注意的是，在哈代（Hardy）多二次函数基础上建立

的插值矩阵 $\boldsymbol{\varphi}$ 却是非奇异的，因此适合在 RBF 神经网络设计中应用。

一个更加值得注意的是径向基函数若是无限增长的，例如多二次函数，与其他产生正定插值矩阵的函数相比，它能以更高的精度逼近一个光滑的输入-输出映射。Powell 讨论了这个令人惊奇的结果。

12.2.4 RBF 神经网络逼近算法

RBF 神经网络的辨识结构如图 12-4 所示。

在 RBF 神经网络结构中，$\boldsymbol{X}=(x_1, x_2, \cdots, x_n)^{\mathrm{T}}$ 为网络的输入矢量。设 RBF 神经网络的径向基矢量 $\boldsymbol{H}=(h_1, \cdots, h_m)^{\mathrm{T}}$，其中 h_j 为高斯基函数

$$h_j=\exp\left(-\frac{\|\boldsymbol{X}-\boldsymbol{c}_j\|^2}{2b_j^2}\right),j=1,2,\cdots,m \quad (12\text{-}23)$$

其中，网络第 j 个节点的中心矢量为 $\boldsymbol{c}_j=(c_{j1},\cdots,c_{jn})$。

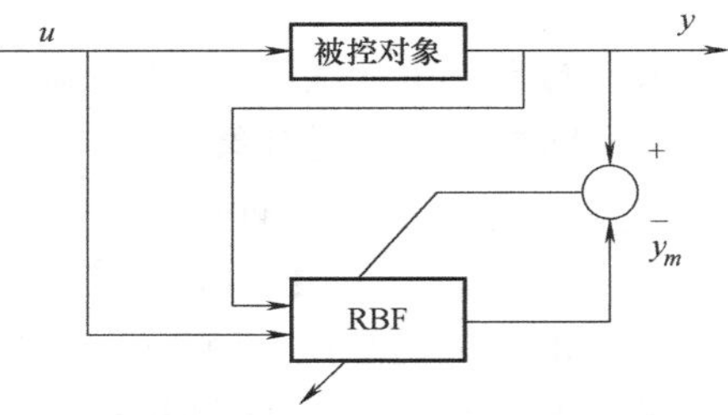

图 12-4 RBF 神经网络逼近

设网络的基宽矢量为

$$\boldsymbol{B}=(b_1,\cdots,b_m)^{\mathrm{T}}$$

式中，b_j 为节点 j 的基宽度参数，且为大于零的数。网络的权矢量为

$$\boldsymbol{W}=(w_1,\cdots,w_m)^{\mathrm{T}} \quad (12\text{-}24)$$

RBF 神经网络的输出为

$$y_m(t)=w_1h_1+w_2h_2+\cdots+w_mh_m \quad (12\text{-}25)$$

RBF 神经网络性能指标函数为

$$J_1=\frac{1}{2}[y(t)-y_m(t)]^2 \quad (12\text{-}26)$$

根据梯度下降法，输出权、节点中心及节点基宽参数的迭代算法为

$$\begin{cases} w_j(t)=w_j(t-1)+\eta[y(t)-y_m(t)]h_j+\alpha[w_j(t-1)-w_j(t-2)] \\ \Delta b_j=(y(t)-y_m(t))w_jh_j\dfrac{\|\boldsymbol{X}-\boldsymbol{c}_j\|^2}{b_j^3} \\ b_j(t)=b_j(t-1)+\eta\Delta b_j+\alpha(b_j(t-1)-b_j(t-2)) \\ \Delta c_{ji}=[y(t)-y_m(t)]w_j\dfrac{x_i-c_{ji}}{b_j^2} \\ c_{ji}(t)=c_{ji}(t-1)+\eta\Delta c_{ji}+\alpha[c_{ji}(t-1)-c_{ji}(t-2)] \end{cases} \quad (12\text{-}27)$$

式中，η 为学习速率；α 为动量因子。

由高斯基函数的表达式（12-23）可知，高斯基函数的有效性与中心矢量 $\boldsymbol{c}_j$ 和基宽度参数 b_j 的取值有关。基于高斯基的五个隶属度函数如图 12-5 所示，由该图可得到如下结论：

1）基宽度参数 b_j 的取值代表了高斯基函数形状的宽度。b_j 值越大，高斯基函数越宽，反之越窄。高斯基函数越宽，对网络输入的覆盖范围越大，但敏感性越差；高斯基函数越窄，对网络输入的覆盖范围越小，但敏感性越好。

2）中心矢量 $\boldsymbol{c}_j$ 的取值代表了高斯基函数中心点的坐标。网络的输入值与 $\boldsymbol{c}_j$ 越接近，则

以 $\boldsymbol{c}_j$ 为中心点坐标的高斯基函数对该输入的敏感性越好，反正就越差。

3）网络的输入值应在隶属度函数的覆盖范围内，如图 12-5 所示，如果采用具有该五个隶属度函数作为隐含层节点的 RBF 神经网络进行逼近，则 RBF 神经网络的输入值应在［-3，+3］范围内。

在仿真中，可根据 RBF 神经网络输入值的范围，设定网络参数中心矢量 $\boldsymbol{c}_j$ 和基宽度参数 b_j 的值，使 RBF 神经网络输入值在 RBF 神经网络高斯基函数的有效映射范围之内。

12.2.5　RBF 神经网络逼近仿真

基于 M 语言的离散数字化仿真。使用 RBF 神经网络逼近下列对象

$$y(k)=u(k)+\frac{y(k-1)}{1+y(k-1)^2}$$

在 RBF 神经网络中，网络输入信号为 2 个，即 $u(k)$ 和 $y(k)$，网络初始权值、高斯函数参数初始权值可取随机值，也可通过仿真测试后获得。

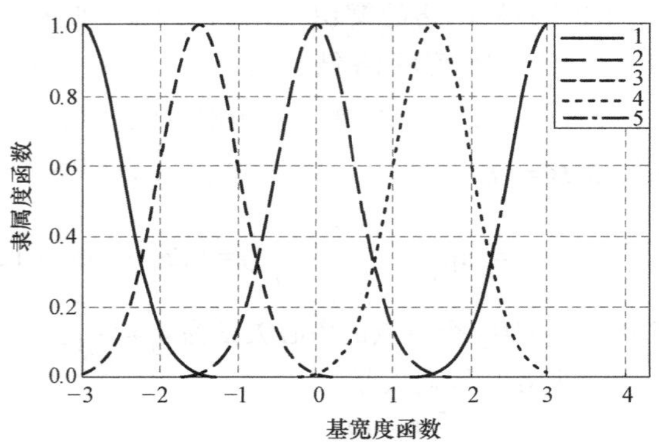

图 12-5　基于高斯基的五个隶属度函数

输入信号为正弦信号 $u(k)=0.5\sin(2\pi t)$，网络隐含层神经元个数取 $m=4$，网络结构为 2-4-1，网络的初始权值取随机值，高斯基函数的初始值取 $\boldsymbol{c}_j=\begin{pmatrix}0.5 & 0.5 & 0.5 & 0.5\\ 0.5 & 0.5 & 0.5 & 0.5\end{pmatrix}^{\mathrm{T}}$，$\boldsymbol{B}=(1.5,\ 1.5,\ 1.5,\ 1.5)^{\mathrm{T}}$，网络的学习参数取 $\alpha=0.05$，$\eta=0.5$。

RBF 神经网络逼近仿真结果如图 12-6 所示。在仿真中，通过改变中心矢量 $\boldsymbol{c}_j$ 和基宽度 b_j 的取值，可以分析它们对 RBF 神经网络逼近效果的影响。

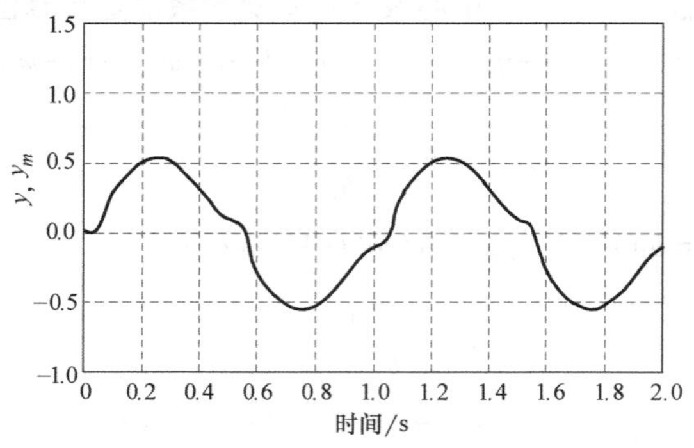

图 12-6　RBF 神经网络逼近结果

12.3　机器人 RBF 神经网络自适应控制

12.3.1　机器人名义模型建模

设 n 关节机器人手臂的动力学方程为

$$\boldsymbol{M}(\boldsymbol{q})\ddot{\boldsymbol{q}}+\boldsymbol{C}(\boldsymbol{q},\dot{\boldsymbol{q}})\dot{\boldsymbol{q}}+\boldsymbol{G}(\boldsymbol{q})=\boldsymbol{\tau}+\boldsymbol{d} \tag{12-28}$$

式中，$\boldsymbol{M}(\boldsymbol{q})$ 为 $n\times n$ 阶正定惯性矩阵；$\boldsymbol{C}(\boldsymbol{q},\dot{\boldsymbol{q}})$ 为 $n\times n$ 阶惯性矩阵；$\boldsymbol{G}(\boldsymbol{q})$ 为 $n\times 1$ 阶惯性矢量。

如果模型建模精确，且 $\boldsymbol{d}=\boldsymbol{0}$，则控制规律可设计为

$$\boldsymbol{\tau}=\boldsymbol{M}(\boldsymbol{q})(\dot{\boldsymbol{q}}_d-\boldsymbol{k}_v\dot{\boldsymbol{e}}-\boldsymbol{k}_p\boldsymbol{e})+\boldsymbol{C}(\boldsymbol{q},\dot{\boldsymbol{q}})\dot{\boldsymbol{q}}+\boldsymbol{G}(\boldsymbol{q}) \tag{12-29}$$

式中，$\boldsymbol{k}_p=\begin{pmatrix}\alpha^2 & 0\\ 0 & \alpha^2\end{pmatrix}$；$\boldsymbol{k}_v=\begin{pmatrix}2\alpha & 0\\ 0 & 2\alpha\end{pmatrix}$，$\alpha>0$。

将控制规律式（12-29）代入式（12-28）中，得到稳定的闭环系统为

$$\ddot{\boldsymbol{e}}+\boldsymbol{k}_v\dot{\boldsymbol{e}}+\boldsymbol{k}_p\boldsymbol{e}=\boldsymbol{0} \tag{12-30}$$

式中，$\boldsymbol{q}_d$ 为理想的角度；$\boldsymbol{e}=\boldsymbol{q}-\boldsymbol{q}_d$；$\dot{\boldsymbol{e}}=\dot{\boldsymbol{q}}-\dot{\boldsymbol{q}}_d$。

在实际工程中，对象的时间模型很难得到，即无法得到精确的 $\boldsymbol{M}(\boldsymbol{q})$、$\boldsymbol{C}(\boldsymbol{q},\dot{\boldsymbol{q}})$、$\boldsymbol{G}(\boldsymbol{q})$，只能建立理想的名义模型。

将机器人名义模型表示为 $\boldsymbol{M}_0(\boldsymbol{q})$、$\boldsymbol{C}_0(\boldsymbol{q},\dot{\boldsymbol{q}})$、$\boldsymbol{G}_0(\boldsymbol{q})$，针对名义模型的控制规律设计为

$$\boldsymbol{\tau}=\boldsymbol{M}_0(\boldsymbol{q})(\dot{\boldsymbol{q}}_d-\boldsymbol{k}_v\dot{\boldsymbol{e}}-\boldsymbol{k}_p\boldsymbol{e})+\boldsymbol{C}_0(\boldsymbol{q},\dot{\boldsymbol{q}})\dot{\boldsymbol{q}}+\boldsymbol{G}_0(\boldsymbol{q}) \tag{12-31}$$

将控制规律式（12-31）代入式（12-28）中，得

$$\boldsymbol{M}(\boldsymbol{q})\ddot{\boldsymbol{q}}+\boldsymbol{C}(\boldsymbol{q},\dot{\boldsymbol{q}})\dot{\boldsymbol{q}}+\boldsymbol{G}(\boldsymbol{q})=\boldsymbol{M}_0(\boldsymbol{q})(\dot{\boldsymbol{q}}_d-\boldsymbol{k}_v\dot{\boldsymbol{e}}-\boldsymbol{B}_p\boldsymbol{e})+\boldsymbol{C}_0(\boldsymbol{q},\dot{\boldsymbol{q}})\dot{\boldsymbol{q}}+\boldsymbol{G}_0(\boldsymbol{q})+\boldsymbol{d} \tag{12-32}$$

采用 $\boldsymbol{M}_0(\boldsymbol{q})\ddot{\boldsymbol{q}}+\boldsymbol{C}_0(\boldsymbol{q},\dot{\boldsymbol{q}})\dot{\boldsymbol{q}}+\boldsymbol{G}_0(\boldsymbol{q})$ 分别减去式（12-32）左右两边，并取 $\Delta\boldsymbol{M}=\boldsymbol{M}_0-\boldsymbol{M}$，$\Delta\boldsymbol{C}=\boldsymbol{C}_0-\boldsymbol{C}$，$\Delta\boldsymbol{G}=\boldsymbol{G}_0-\boldsymbol{G}$，则

$$\ddot{\boldsymbol{e}}+\boldsymbol{k}_v\dot{\boldsymbol{e}}+\boldsymbol{k}_p\boldsymbol{e}=\boldsymbol{M}_0^{-1}(\Delta\boldsymbol{M}\ddot{\boldsymbol{q}}+\Delta\boldsymbol{C}\dot{\boldsymbol{q}}+\Delta\boldsymbol{G}+\boldsymbol{d}) \tag{12-33}$$

由式（12-33）可见，由于模型建立的不精确会导致控制性能的下降。因此，需要对建模不精确部分进行逼近。

式（12-33）中，取建模不精确部分为

$$\boldsymbol{f}(\boldsymbol{x})=\boldsymbol{M}_0^{-1}(\Delta\boldsymbol{M}\ddot{\boldsymbol{q}}+\Delta\boldsymbol{C}\dot{\boldsymbol{q}}+\Delta\boldsymbol{G}+\boldsymbol{d}) \tag{12-34}$$

假设模型不确定项 $\boldsymbol{f}(\boldsymbol{x})$ 为已知，则可设计修正的控制规律为

$$\boldsymbol{\tau}=\boldsymbol{M}_0(\boldsymbol{q})(\dot{\boldsymbol{q}}_d-\boldsymbol{k}_v\dot{\boldsymbol{e}}-\boldsymbol{k}_p\boldsymbol{B}-\boldsymbol{f}(\boldsymbol{B}))+\boldsymbol{C}_0(\boldsymbol{q},\dot{\boldsymbol{q}})\dot{\boldsymbol{q}}+\boldsymbol{G}_0(\boldsymbol{q}) \tag{12-35}$$

在实际工程中，模型不确定项 $\boldsymbol{f}(\boldsymbol{x})$ 为未知，为此，需要对不确定项 $\boldsymbol{f}(\boldsymbol{x})$ 进行逼近，从而在控制规律中实现对不确定项 $\boldsymbol{f}(\boldsymbol{x})$ 的补偿。

12.3.2 模型不确定部分的 RBF 神经网络逼近

采用 RBF 神经网络对不确定项 $\boldsymbol{f}(\boldsymbol{x})$ 进行自适应逼近。

RBF 神经网络算法为

$$\boldsymbol{\phi}_i=g(\|\boldsymbol{x}-\boldsymbol{c}_i\|^2/b_i^2),\ i=1,2,\cdots,n \tag{12-36}$$

$$\boldsymbol{y}=\boldsymbol{\theta}^{\mathrm{T}}\boldsymbol{\varphi}(\boldsymbol{x}) \tag{12-37}$$

式中，$\boldsymbol{x}$ 为网络的输入信号；$\boldsymbol{y}$ 为网络的输出信号；$\boldsymbol{\varphi}=(\varphi_1, \varphi_2, \cdots, \varphi_n)$ 为高斯基函数的输出；$\boldsymbol{\theta}$ 为神经网络权值。

在下述假设条件下，RBF 神经网络针对连续函数在取值范围内具有任意精度的逼近能力。

假设：

1）神经网络输出 $\hat{f}(\boldsymbol{x},\ \boldsymbol{\theta})$ 为连续函数。

2）存在理想逼近的神经网络输出 $\hat{f}(\boldsymbol{x},\ \boldsymbol{\theta}^*)$，针对一个非常小的正数 ε_0，有

$$\max\|\hat{f}(\boldsymbol{x},\boldsymbol{\theta}^*)-f(\boldsymbol{x})\|\leqslant\varepsilon_0 \tag{12-38}$$

式中，$\boldsymbol{\theta}^*=\arg\min\limits_{\theta\in\beta(M_\theta)}\left(\sup\limits_{x\in\phi(M_x)}\|f(\boldsymbol{x})-\hat{f}(\boldsymbol{x},\boldsymbol{\theta})\|\right)$；$\boldsymbol{\theta}^*$ 为 $n\times n$ 阶矩阵，表示对 $f(\boldsymbol{x})$ 最佳逼近的神经网络权值。

取 η 为理想神经网络的逼近误差，即

$$\boldsymbol{\eta}=f(\boldsymbol{x})-\hat{f}(\boldsymbol{x},\boldsymbol{\theta}^*) \tag{12-39}$$

由 RBF 网络的逼近能力可知，建模误差 $\boldsymbol{\eta}$ 为有界，假设其界为 $\boldsymbol{\eta}_0$，即

$$\boldsymbol{\eta}_0=\sup\|f(\boldsymbol{x})-\hat{f}(\boldsymbol{x},\boldsymbol{\theta}^*)\| \tag{12-40}$$

式中

$$\hat{f}(\boldsymbol{x},\boldsymbol{\theta}^*)=\boldsymbol{\theta}^{*\mathrm{T}}\boldsymbol{\phi}(\boldsymbol{x}) \tag{12-41}$$

12.3.3 控制器的设计和分析

控制器设计为

$$\boldsymbol{\tau}=\boldsymbol{\tau}_1+\boldsymbol{\tau}_2 \tag{12-42}$$

式中

$$\boldsymbol{\tau}_1=\boldsymbol{M}_0(\boldsymbol{q})(\ddot{\boldsymbol{q}}_d-\boldsymbol{k}_v\dot{\boldsymbol{e}}-\boldsymbol{k}_p\boldsymbol{e})+\boldsymbol{C}_0(\boldsymbol{q},\dot{\boldsymbol{q}})\dot{\boldsymbol{q}}+\boldsymbol{G}_0(\boldsymbol{q}) \tag{12-43}$$

$$\boldsymbol{\tau}_2=-\boldsymbol{M}_0(\boldsymbol{q})\hat{f}(\boldsymbol{x},\boldsymbol{\theta}) \tag{12-44}$$

式中，$\hat{\boldsymbol{\theta}}$ 为 $\boldsymbol{\theta}^*$ 的估计值；$\hat{f}(\boldsymbol{x},\boldsymbol{\theta})=\hat{\boldsymbol{\theta}}^{\mathrm{T}}\boldsymbol{\phi}(\boldsymbol{x})$。

由于 $f(\boldsymbol{x})$ 有界，则 $\boldsymbol{\theta}^*$ 有界，取 $\|\boldsymbol{\theta}^*\|_F\leqslant\boldsymbol{\theta}_{\max}$。

将控制规律式（12-31）代入式（12-28）中，有

$$\begin{aligned}&\boldsymbol{M}_0(\boldsymbol{q})\ddot{\boldsymbol{q}}+\boldsymbol{C}_0(\boldsymbol{q},\dot{\boldsymbol{q}})\dot{\boldsymbol{q}}+\boldsymbol{G}_0(\boldsymbol{q})\\&=\boldsymbol{M}_0(\boldsymbol{q})(\ddot{\boldsymbol{q}}_d-\boldsymbol{k}_v\dot{\boldsymbol{e}}-\boldsymbol{k}_p\boldsymbol{e})+\boldsymbol{C}_0(\boldsymbol{q},\dot{\boldsymbol{q}})\dot{\boldsymbol{q}}+\boldsymbol{G}_0(\boldsymbol{q})-\boldsymbol{M}_0(\boldsymbol{q})\hat{f}+\boldsymbol{d}\end{aligned}$$

采用 $\boldsymbol{M}_0(\boldsymbol{q})\ddot{\boldsymbol{q}}+\boldsymbol{C}_0(\boldsymbol{q},\dot{\boldsymbol{q}})\dot{\boldsymbol{q}}+\boldsymbol{G}_0(\boldsymbol{q})$ 分别减去上式左右两边，则

$$\Delta\boldsymbol{M}(\boldsymbol{q})\ddot{\boldsymbol{q}}+\Delta\boldsymbol{C}(\boldsymbol{q},\dot{\boldsymbol{q}})\dot{\boldsymbol{q}}+\Delta\boldsymbol{G}(\boldsymbol{q})+\boldsymbol{d}=\boldsymbol{M}_0(\boldsymbol{q})(\ddot{\boldsymbol{e}}+\boldsymbol{k}_v\dot{\boldsymbol{e}}+\boldsymbol{k}_p\boldsymbol{e}+\hat{f}(\boldsymbol{x},\boldsymbol{\theta}))$$

$$\ddot{\boldsymbol{e}}+\boldsymbol{k}_v\dot{\boldsymbol{e}}+\boldsymbol{k}_p\boldsymbol{e}+\hat{f}(\boldsymbol{x},\boldsymbol{\theta})=\boldsymbol{M}_0^{-1}(\boldsymbol{q})(\Delta\boldsymbol{M}(\boldsymbol{q})\ddot{\boldsymbol{q}}+\Delta\boldsymbol{C}(\boldsymbol{q},\boldsymbol{q})\boldsymbol{q}+\Delta\dot{\boldsymbol{G}}(\boldsymbol{q})+\boldsymbol{d})$$

令建模不精确部分为 $f(\boldsymbol{x})=\boldsymbol{M}_0^{-1}(\boldsymbol{q})(\Delta\boldsymbol{M}\ddot{\boldsymbol{q}}+\Delta\boldsymbol{C}\dot{\boldsymbol{q}}+\Delta\boldsymbol{G}+\boldsymbol{d})$，则上式可表示为

$$\ddot{\boldsymbol{e}}+\boldsymbol{k}_v\dot{\boldsymbol{e}}+\boldsymbol{k}_p\boldsymbol{e}+\hat{f}(\boldsymbol{x},\boldsymbol{\theta})=f(\boldsymbol{x})$$

取 $\boldsymbol{x}=(\boldsymbol{e},\ \dot{\boldsymbol{e}})^{\mathrm{T}}$，则

$$\dot{\boldsymbol{x}}=\boldsymbol{A}\boldsymbol{x}+\boldsymbol{B}[f(\boldsymbol{x})-\hat{f}(\boldsymbol{x},\boldsymbol{\theta})]$$

式中，$\boldsymbol{A}=\begin{pmatrix}\boldsymbol{0} & \boldsymbol{I}\\ -\boldsymbol{k}_p & -\boldsymbol{k}_v\end{pmatrix}$；$\boldsymbol{B}=\begin{pmatrix}\boldsymbol{0}\\ \boldsymbol{I}\end{pmatrix}$。

由于

$$\begin{aligned}\boldsymbol{f}(\boldsymbol{x})-\hat{\boldsymbol{f}}(\boldsymbol{x},\boldsymbol{\theta})&=\boldsymbol{f}(\boldsymbol{x})-\hat{\boldsymbol{f}}(\boldsymbol{x},\boldsymbol{\theta}^*)+\hat{\boldsymbol{f}}(\boldsymbol{x},\boldsymbol{\theta}^*)-\hat{\boldsymbol{f}}(\boldsymbol{x},\boldsymbol{\theta})\\&=\boldsymbol{\eta}+\boldsymbol{\theta}^{*\mathrm{T}}\boldsymbol{\phi}(\boldsymbol{x})-\hat{\boldsymbol{\theta}}^{\mathrm{T}}\boldsymbol{\phi}(\boldsymbol{x})=\boldsymbol{\eta}-\tilde{\boldsymbol{\theta}}^{\mathrm{T}}\boldsymbol{\phi}(\boldsymbol{x})\end{aligned}$$

式中，$\tilde{\boldsymbol{\theta}}=\hat{\boldsymbol{\theta}}-\boldsymbol{\theta}^*$。则

$$\dot{\boldsymbol{x}}=\boldsymbol{A}\boldsymbol{x}+\boldsymbol{B}(\boldsymbol{\eta}-\tilde{\boldsymbol{\theta}}^{\mathrm{T}}\boldsymbol{\phi}(\boldsymbol{x}))\tag{12-45}$$

定义李雅普诺夫函数为

$$V=\frac{1}{2}\boldsymbol{x}^{\mathrm{T}}\boldsymbol{P}\boldsymbol{x}+\frac{1}{2\gamma}\|\tilde{\boldsymbol{\theta}}\|^2\tag{12-46}$$

式中，$\gamma>0$。

矩阵 $\boldsymbol{P}$ 为对称正定矩阵，并满足如下李雅普诺夫方程

$$\boldsymbol{P}\boldsymbol{A}+\boldsymbol{A}^{\mathrm{T}}\boldsymbol{P}=-\boldsymbol{Q}\tag{12-47}$$

式中，$|\boldsymbol{Q}|\geqslant 0$。

定义

$$\|\boldsymbol{R}\|^2=\sum_{i,j}|r_{ij}|^2=\mathrm{tr}(\boldsymbol{R}\boldsymbol{R}^{\mathrm{T}})=\mathrm{tr}(\boldsymbol{R}^{\mathrm{T}}\boldsymbol{R})$$

式中，$\mathrm{tr}(\cdot)$为矩阵的迹，则

$$\|\tilde{\boldsymbol{\theta}}\|^2=\mathrm{tr}(\tilde{\boldsymbol{\theta}}^{\mathrm{T}}\tilde{\boldsymbol{\theta}})$$

$$\begin{aligned}\dot{V}&=\frac{1}{2}(\boldsymbol{x}^{\mathrm{T}}\boldsymbol{P}\dot{\boldsymbol{x}}+\dot{\boldsymbol{x}}^{\mathrm{T}}\boldsymbol{P})+\frac{1}{\gamma}\mathrm{tr}(\dot{\tilde{\boldsymbol{\theta}}}^{\mathrm{T}}\tilde{\boldsymbol{\theta}})\\&=\frac{1}{2}[\boldsymbol{x}^{\mathrm{T}}\boldsymbol{P}(\boldsymbol{A}\boldsymbol{x}+\boldsymbol{B}(-\tilde{\boldsymbol{\theta}}^{\mathrm{T}}+\boldsymbol{\eta}))+(\boldsymbol{x}^{\mathrm{T}}\boldsymbol{A}^{\mathrm{T}}+(-\tilde{\boldsymbol{\theta}}^{\mathrm{T}}\boldsymbol{\phi}(\boldsymbol{x})+\boldsymbol{b})^{\mathrm{T}}\boldsymbol{B}^{\mathrm{T}})\boldsymbol{P}\boldsymbol{x}]+\frac{1}{\gamma}\mathrm{tr}(\dot{\tilde{\boldsymbol{\theta}}}^{\mathrm{T}}\tilde{\boldsymbol{\theta}})\\&=\frac{1}{2}[\boldsymbol{x}^{\mathrm{T}}(\boldsymbol{P}\boldsymbol{A}+\boldsymbol{A}^{\mathrm{T}}\boldsymbol{P})\boldsymbol{x}+(-\boldsymbol{x}^{\mathrm{T}}\boldsymbol{P}\boldsymbol{B}\tilde{\boldsymbol{\theta}}^{\mathrm{T}}\boldsymbol{\phi}(\boldsymbol{x})+\boldsymbol{x}^{\mathrm{T}}\boldsymbol{P}\boldsymbol{B}\boldsymbol{\eta}-\boldsymbol{\phi}^{\mathrm{T}}(\boldsymbol{x})\tilde{\boldsymbol{\theta}}\boldsymbol{B}^{\mathrm{T}}\boldsymbol{P}\boldsymbol{x}+\boldsymbol{\eta}^{\mathrm{T}}\boldsymbol{B}^{\mathrm{T}}\boldsymbol{P}\boldsymbol{x})]+\frac{1}{\gamma}\mathrm{tr}(\dot{\tilde{\boldsymbol{\theta}}}^{\mathrm{T}}\tilde{\boldsymbol{\theta}})\\&=-\frac{1}{2}\boldsymbol{x}^{\mathrm{T}}\boldsymbol{Q}\boldsymbol{x}-\boldsymbol{\phi}^{\mathrm{T}}(\boldsymbol{x})\tilde{\boldsymbol{\theta}}\boldsymbol{B}^{\mathrm{T}}\boldsymbol{P}\boldsymbol{x}+\boldsymbol{\eta}^{\mathrm{T}}\boldsymbol{B}^{\mathrm{T}}\boldsymbol{P}\boldsymbol{x}+\frac{1}{\gamma}\mathrm{tr}(\dot{\tilde{\boldsymbol{\theta}}}^{\mathrm{T}}\tilde{\boldsymbol{\theta}})\end{aligned}\tag{12-48}$$

式中，$\boldsymbol{x}^{\mathrm{T}}\boldsymbol{P}\boldsymbol{B}\tilde{\boldsymbol{\theta}}^{\mathrm{T}}\boldsymbol{\phi}(\boldsymbol{x})=\boldsymbol{\phi}^{\mathrm{T}}(\boldsymbol{x})\tilde{\boldsymbol{\theta}}\boldsymbol{B}^{\mathrm{T}}\boldsymbol{P}\boldsymbol{x}$，$\boldsymbol{x}^{\mathrm{T}}\boldsymbol{P}\boldsymbol{B}\boldsymbol{\eta}=\boldsymbol{\eta}^{\mathrm{T}}\boldsymbol{B}^{\mathrm{T}}\boldsymbol{P}\boldsymbol{x}$。

由于

$$\boldsymbol{\phi}^{\mathrm{T}}(\boldsymbol{x})\tilde{\boldsymbol{\theta}}\boldsymbol{B}^{\mathrm{T}}\boldsymbol{P}\boldsymbol{x}=\mathrm{tr}[\boldsymbol{B}^{\mathrm{T}}\boldsymbol{P}\boldsymbol{x}\boldsymbol{\phi}^{\mathrm{T}}(\boldsymbol{x})\tilde{\boldsymbol{\theta}}]\tag{12-49}$$

则

$$\dot{V}=-\frac{1}{2}\boldsymbol{x}^{\mathrm{T}}\boldsymbol{Q}\boldsymbol{x}+\frac{1}{\gamma}\mathrm{tr}(-\gamma\boldsymbol{B}^{\mathrm{T}}\boldsymbol{P}\boldsymbol{x}\boldsymbol{\phi}^{\mathrm{T}}(\boldsymbol{x})\tilde{\boldsymbol{\theta}}+\dot{\tilde{\boldsymbol{\theta}}}^{\mathrm{T}}\tilde{\boldsymbol{\theta}})+\boldsymbol{\eta}^{\mathrm{T}}\boldsymbol{B}^{\mathrm{T}}\boldsymbol{P}\boldsymbol{x}\tag{12-50}$$

可以采用以下两种自适应律设计方法：

1）自适应律一。

$$\dot{\hat{\boldsymbol{\theta}}}^{\mathrm{T}}=\gamma\boldsymbol{B}^{\mathrm{T}}\boldsymbol{P}\boldsymbol{x}\boldsymbol{\phi}^{\mathrm{T}}(x)\tag{12-51}$$

式中，$\gamma<0$。则

$$\dot{\hat{\boldsymbol{\theta}}}=\gamma\boldsymbol{\phi}(x)\boldsymbol{x}^{\mathrm{T}}\boldsymbol{P}\boldsymbol{B}$$

由于 $\dot{\tilde{\boldsymbol{\theta}}}=\dot{\hat{\boldsymbol{\theta}}}$，则

$$\dot{V}=-\frac{1}{2}\boldsymbol{x}^{\mathrm{T}}\boldsymbol{Q}\boldsymbol{x}+\boldsymbol{\eta}^{\mathrm{T}}\boldsymbol{B}^{\mathrm{T}}\boldsymbol{P}\boldsymbol{x}$$

由已知

$$\|\boldsymbol{\eta}^{\mathrm{T}}\| \leqslant \|\boldsymbol{\eta}\|, \|\boldsymbol{B}\|=1$$

设 $\lambda_{\min}$（$\boldsymbol{Q}$）为矩阵 $\boldsymbol{Q}$ 特征值的最小值，$\lambda_{\min}$（$\boldsymbol{Q}$）矩阵 $\boldsymbol{P}$ 特征值的最大值，则

$$\dot{V} \leqslant -\frac{1}{2}\lambda_{\min}(\boldsymbol{Q})\|\boldsymbol{x}\|^2+\|\boldsymbol{\eta}_0\|\lambda_{\max}(\boldsymbol{P})\|\boldsymbol{x}\|$$

$$=-\frac{1}{2}\|\boldsymbol{x}\|[\lambda_{\min}(\boldsymbol{Q})\|\boldsymbol{x}\|-2\|\boldsymbol{\eta}_0\|\lambda_{\max}(\boldsymbol{P})] \tag{12-52}$$

要使 $\dot{V} \leqslant 0$，需要 $\lambda_{\min}(\boldsymbol{Q}) \geqslant \dfrac{2\lambda_{\max}(\boldsymbol{P})}{\|\boldsymbol{x}\|}\|\boldsymbol{\eta}\|$，即 $\boldsymbol{x}$ 的收敛半径为

$$\|\boldsymbol{x}\|=\frac{2\lambda_{\max}(\boldsymbol{P})}{\lambda_{\min}(\boldsymbol{Q})}\|\boldsymbol{\eta}_0\| \tag{12-53}$$

可见，当 $\boldsymbol{Q}$ 的特征值越大、$\boldsymbol{P}$ 的特征值越小、神经网络建模误差 $\boldsymbol{\eta}$ 的上界 $\boldsymbol{\eta}_0$ 越小时，$\boldsymbol{x}$ 的收敛半径越小，跟踪效果越好。但该方法不能保证权值 $\widetilde{\boldsymbol{\theta}}=\hat{\boldsymbol{\theta}}-\boldsymbol{\theta}^*$ 的有界性。为此，可采用自适应律二。

2）自适应律二。取自适应律为

$$\dot{\hat{\boldsymbol{\theta}}}=\gamma\boldsymbol{\phi}\boldsymbol{x}^{\mathrm{T}}\boldsymbol{P}\boldsymbol{B}+k_1\gamma\|\boldsymbol{x}\|\hat{\boldsymbol{\theta}} \tag{12-54}$$

式中，$\gamma>0$；$k_1>0$。

将式（12-54）代入式（12-50）得

$$\dot{V}=-\frac{1}{2}\boldsymbol{x}^{\mathrm{T}}\boldsymbol{Q}\boldsymbol{x}+\frac{1}{\gamma}\mathrm{tr}(k_1\gamma\|\boldsymbol{x}\|\hat{\boldsymbol{\theta}}^{\mathrm{T}}\widetilde{\boldsymbol{\theta}})+\boldsymbol{\eta}^{\mathrm{T}}\boldsymbol{B}^{\mathrm{T}}\boldsymbol{P}\boldsymbol{x}$$

$$=-\frac{1}{2}\boldsymbol{x}^{\mathrm{T}}\boldsymbol{Q}\boldsymbol{x}+k_1\|\boldsymbol{x}\|\mathrm{tr}(\hat{\boldsymbol{\theta}}^{\mathrm{T}}\widetilde{\boldsymbol{\theta}})+\boldsymbol{\eta}^{\mathrm{T}}\boldsymbol{B}^{\mathrm{T}}\boldsymbol{P}\boldsymbol{x}$$

根据 F 范数的性质，有 $\mathrm{tr}(\widetilde{\boldsymbol{x}}^{\mathrm{T}}\widehat{\boldsymbol{x}}) \leqslant \|\bar{\boldsymbol{x}}\|_F\|\boldsymbol{x}\|_F-\|\bar{\boldsymbol{x}}\|_F^2$，则

$$\mathrm{tr}(\widehat{\boldsymbol{\theta}^{\mathrm{T}}}\widetilde{\boldsymbol{\theta}})=\mathrm{tr}(\widehat{\boldsymbol{\theta}^{\mathrm{T}}}\widetilde{\boldsymbol{\theta}}) \leqslant \|\widetilde{\boldsymbol{\theta}}\|_F\|\boldsymbol{\theta}\|_F-\|\widetilde{\boldsymbol{\theta}}\|_F^2$$

且由于

$$-k_1\|\widetilde{\boldsymbol{\theta}}\|_F\boldsymbol{\theta}_{\max}+k_1\|\widetilde{\boldsymbol{\theta}}\|_F^2=k_1\left(\|\widetilde{\boldsymbol{\theta}}\|_F-\frac{\boldsymbol{\theta}_{\max}}{2}\right)^2-\frac{k_1}{4}\boldsymbol{\theta}_{\max}^2$$

则

$$\dot{V}=-\frac{1}{2}\boldsymbol{x}^{\mathrm{T}}\boldsymbol{Q}\boldsymbol{x}+k_1\|\boldsymbol{x}\|(\|\widetilde{\boldsymbol{\theta}}\|_F\|\widetilde{\boldsymbol{\theta}}\|_F^2-\|\widetilde{\boldsymbol{\theta}}\|_F^2)+\boldsymbol{\eta}^{\mathrm{T}}\boldsymbol{B}^{\mathrm{T}}\boldsymbol{P}\boldsymbol{x}$$

$$\leqslant -\frac{1}{2}\lambda_{\min}(\boldsymbol{Q})\|\boldsymbol{x}\|^2+k_1\|\boldsymbol{x}\|\|\widetilde{\boldsymbol{\theta}}\|_F\|\boldsymbol{\theta}\|_F-$$

$$k_1\|\boldsymbol{x}\|\|\widetilde{\boldsymbol{\theta}}\|_F^2+\|\boldsymbol{\eta}\|\lambda_{\max}(\boldsymbol{P})\|\boldsymbol{x}\|$$

$$\leqslant -\|\boldsymbol{x}\|\left[\frac{1}{2}\lambda_{\min}(\boldsymbol{Q})\|\boldsymbol{x}\|-k_1\|\widetilde{\boldsymbol{\theta}}\|_F\boldsymbol{\theta}_{\max}+k_1\|\widetilde{\boldsymbol{\theta}}\|_F^2-\|\boldsymbol{\eta}_0\|\lambda_{\max}(\boldsymbol{P})\right]$$

$$=-\|\boldsymbol{x}\|\left[\frac{1}{2}\lambda_{\min}(\boldsymbol{Q})\|\boldsymbol{x}\|-k_1\|\widetilde{\boldsymbol{\theta}}\|_F\boldsymbol{\theta}_{\max}+k_1\|\widetilde{\boldsymbol{\theta}}\|_F^2-\|\boldsymbol{\eta}_0\|\lambda_{\max}(\boldsymbol{P})\right]$$

$$=-\|\boldsymbol{x}\|\left[\frac{1}{2}\lambda_{\min}(\boldsymbol{Q})\|\boldsymbol{x}\|+k_1\left(\|\widetilde{\boldsymbol{\theta}}\|_F-\frac{\boldsymbol{\theta}_{\max}}{2}\right)^2-\frac{k_1}{4}\boldsymbol{\theta}_{\max}^2=\|\boldsymbol{\eta}_0\|\lambda_{\max}(\boldsymbol{P})\right]$$

要使 $\dot{V}\leqslant 0$,需要满足以下条件

$$\frac{1}{2}\lambda_{\min}(\boldsymbol{Q})\|\boldsymbol{x}\|\geqslant\|\boldsymbol{\eta}\|\lambda_{\max}(\boldsymbol{P})+\frac{k_1}{4}\boldsymbol{\theta}_{\max}^2$$

或

$$k_1\left(\|\widetilde{\boldsymbol{\theta}}\|_F-\frac{\boldsymbol{\theta}_{\max}}{2}\right)^2\geqslant\|\boldsymbol{\eta}_p\|\lambda_{\max}(\boldsymbol{P})+\frac{k_1}{4}\boldsymbol{\theta}_{\max}^2$$

即收敛条件为

$$\|\boldsymbol{x}\|\geqslant\frac{2}{\lambda_{\min}(\boldsymbol{Q})}\left[\|\boldsymbol{\eta}_0\|\lambda_{\max}(\boldsymbol{P})+\frac{k_1}{4}\boldsymbol{\theta}_{\max}^2\right]$$

或

$$\|\widetilde{\boldsymbol{\theta}}\|_F\geqslant\frac{\boldsymbol{\theta}_{\max}}{2}+\sqrt{\frac{1}{k_1}\left[\|\boldsymbol{\eta}_0\|\lambda_{\max}(\boldsymbol{P})+\frac{k_1}{4}\boldsymbol{\theta}_{\max}^2\right]}$$

因此，采用自适应律二，可保证权值的有界性，即解决神经网络权值的收敛问题。

从$\|\boldsymbol{x}\|$的收敛情况可知：当 $\boldsymbol{Q}$ 的特征值越大、$\boldsymbol{P}$ 的特征值越小、神经网络建模误差 $\boldsymbol{\eta}$ 的上界 $\boldsymbol{\eta}_0$ 越小、$\boldsymbol{\theta}_{\max}$ 越小时，$\boldsymbol{x}$ 的收敛半径越小，跟踪效果越好。

12.3.4 机器人神经网络自适应控制仿真

双臂机器人系统神经网络自适应控制仿真。

忽略摩擦力，选二关节机器人系统，其动力学模型为

$$\boldsymbol{M}(\boldsymbol{q})\ddot{\boldsymbol{q}}+\boldsymbol{C}(\boldsymbol{q},\dot{\boldsymbol{q}})\dot{\boldsymbol{q}}+\boldsymbol{G}(\boldsymbol{q})=\boldsymbol{\tau}+\boldsymbol{d}$$

式中

$$\boldsymbol{D}(\boldsymbol{q})=\begin{pmatrix}v+q_{01}+2\gamma\cos q_2 & q_{01}+q_{02}\cos q_2\\ q_{01}+q_{02}\cos q_2 & q_{01}\end{pmatrix}$$

$$\boldsymbol{C}(\boldsymbol{q},\dot{\boldsymbol{q}})=\begin{pmatrix}-q_{02}\dot{q}_2\sin q_2 & -q_{02}(\dot{q}_1+\dot{q}_2)\sin q_2\\ q_{02}\dot{q}_1\sin q_2 & 0\end{pmatrix}$$

$$\boldsymbol{G}(\boldsymbol{q})=\begin{pmatrix}15g\cos q_1+8.75g\cos(q_1+q_2)\\ 8.75g\cos(q_1+q_2)\end{pmatrix}$$

式中，$v=13.33$；$q_{01}=8.98$；$q_{02}=8.75$；$g=9.8$。

误差扰动、位置指令和系统的初始状态分别为

$$d_1=2,\quad d_2=3,\quad d_3=6$$

$$\omega=d_1+d_2\|\boldsymbol{e}\|+d_3\|\dot{\boldsymbol{e}}\|$$

位置指令为

$$\begin{cases} q_{1d}=1+0.2\sin(0.5\pi t) \\ q_{2d}=1-0.2\cos(0.5\pi t) \end{cases}$$

$$\begin{pmatrix} q_1 \\ q_2 \\ q_3 \\ q_4 \end{pmatrix}=\begin{pmatrix} 0.6 \\ 0.3 \\ 0.5 \\ 0.5 \end{pmatrix}$$

控制参数取

$$\boldsymbol{Q}=\begin{pmatrix} 50 & 0 & 0 & 0 \\ 0 & 50 & 0 & 0 \\ 0 & 0 & 50 & 0 \\ 0 & 0 & 0 & 50 \end{pmatrix}, \quad \alpha_i=3(i=1,2)$$

采用 Simulink 和 S 函数进行控制系统的设计并仿真，得到两个关节的位置跟踪、关节控制输入、关节建模误差及其补偿，以及建模项及其估计曲线，仿真结果如图 12-7～图 12-13 所示。

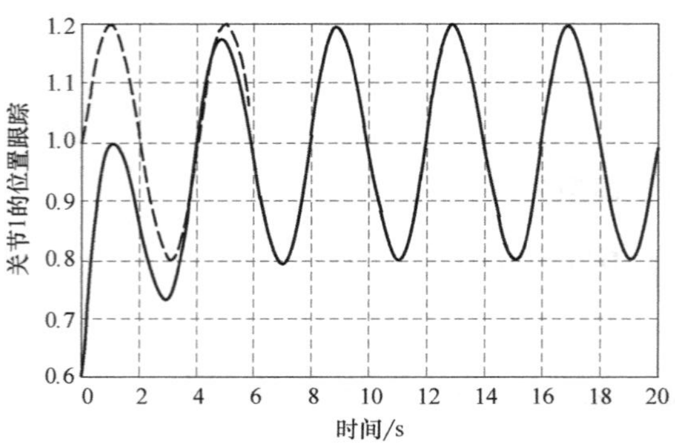

图 12-7　关节 1 的位置跟踪

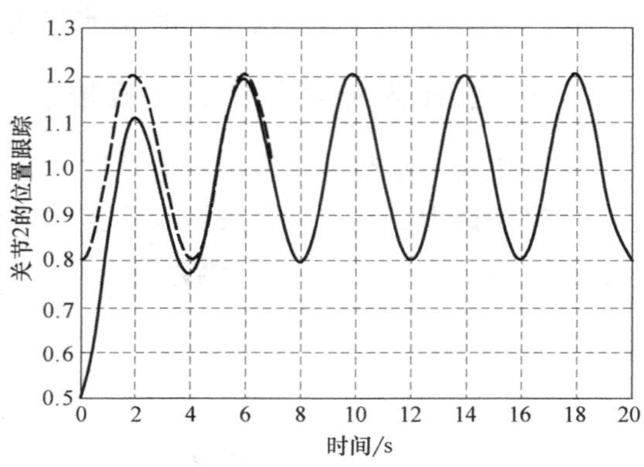

图 12-8　关节 2 的位置跟踪

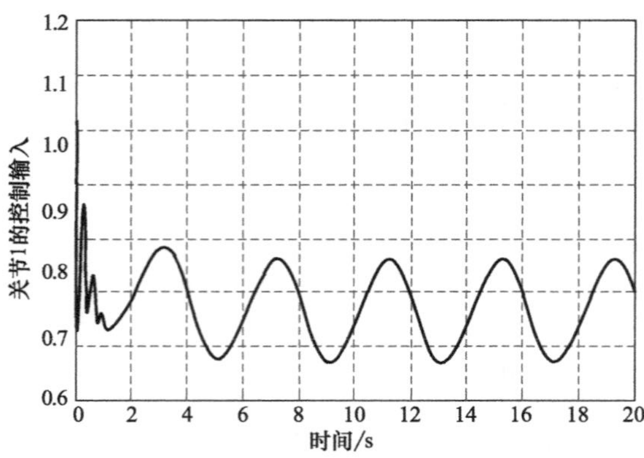

图 12-9　关节 1 的控制输入

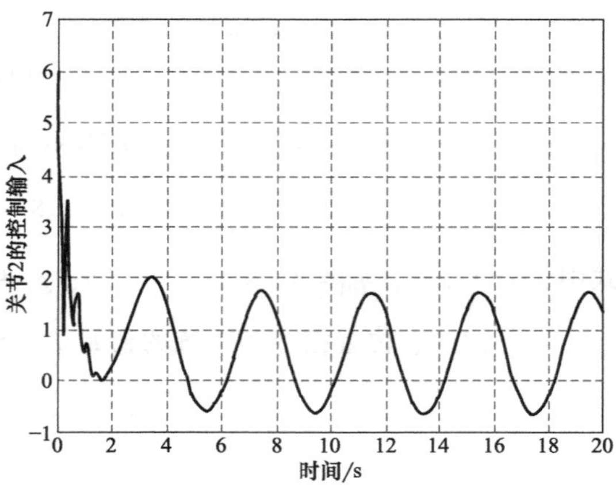

图 12-10　关节 2 的控制输入

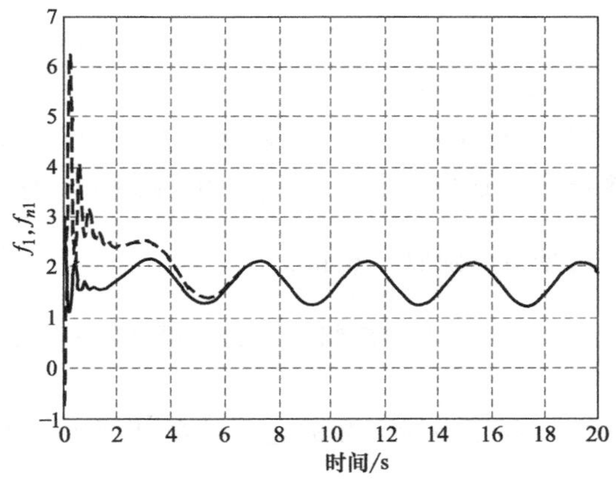

图 12-11　关节 1 的建模误差及其补偿

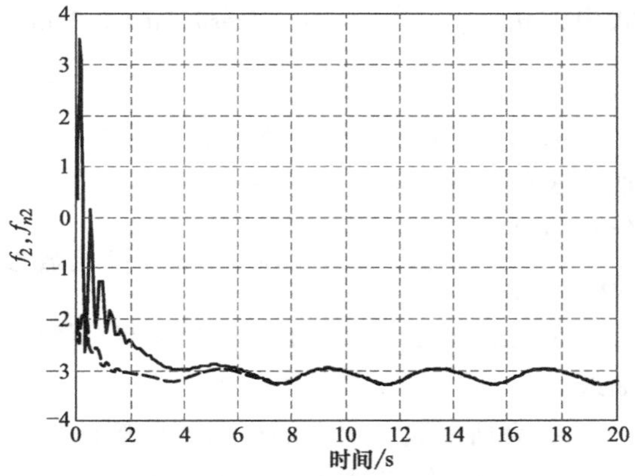

f_2, f_{n2}
时间/s

图 12-12　关节 2 的建模误差及其补偿

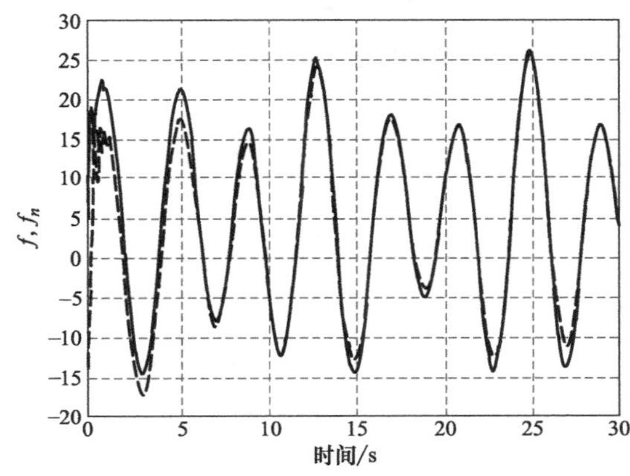

图 12-13　建模项及其估计曲线

12.4　本章作业

1. 基于 Simulink 的连续系统仿真，使用 RBF 神经网络逼近下列对象，求得 RBF 神经网络逼近曲线。

$$G_{\mathrm{p}}(s)=\frac{133}{s^2+25s}$$

在 RBF 神经网络中，网络输入信号为两个，即 $u(t)$ 和 $y(t)$，网络初始权值取（0，0，0，0），高斯函数参数的初始权值取 $\boldsymbol{B}_j=(3,\ 3,\ 3,\ 3)$，$\boldsymbol{c}_j=\begin{pmatrix}0.1 & 0.1 & 0.1 & 0.1\\0.1 & 0.1 & 0.1 & 0.1\end{pmatrix}$，网络的学习参数取 $\alpha=0.05$，$\eta=0.35$。

2. 基于 RBF 神经网络自适应控制方法，进行单臂机器人控制仿真。

单臂机器人的动力学方程为

$$M_0\ddot{\theta}+C_0\dot{\theta}+G_0=\tau+d$$

式中，$M_0=\frac{3}{4}ml^2$；$G_0=mgl\cos\theta$；$d=1.3\sin(0.5\pi t)$。

取 $m=1$，$l=0.25$，$g=9.8$，系统的初始状态为 $\boldsymbol{x}=(0, 15, 0)$。

取 ΔM、ΔC、ΔG 的变化量为 20%，仿真程序中，取自适应律二，即 $M_1=2$，控制规律取第 3 种，即 $M=3$，采用神经网络控制，控制规律和自适应律参数取 $k_p=50$，$k_v=30$，$\boldsymbol{Q}=\begin{pmatrix}50 & 0\\ 0 & 50\end{pmatrix}$，$\gamma=20$，$k_1=0.001$。高斯基函数参数的初始值分别取 0.6 和 3.0。

采用 Simulink 和 S 函数进行控制系统的设计，求解机器人的控制输入和建模项及其估计曲线。

3. 高斯函数是仅有的可因式分解的径向基函数。利用高斯函数的这个性质证明定义为多元高斯分布的格林函数可分解成

$$G(\boldsymbol{x},\boldsymbol{t})=\prod_{i=1}^{m}G(x_i,t_i)$$

式中，x_i 和 t_i 分别是 $m\times1$ 维矢量 $\boldsymbol{x}$ 和 $\boldsymbol{t}$ 的第 i 个分量。

第13章

多机器人的协同控制

单机器人系统已经在实际的工业生产中得到了广泛的应用，已经可以在制造业中代替工人完成冲压、码垛、喷涂、焊接等繁重的工作。但是在高协调性的精密装配和复杂多任务领域中，单机器人系统却难以胜任。因此，人们将目光转向了多机器人协同系统，尝试通过多个机器人进行协同，最终完成单个机器人难以完成的任务。与单机器人系统相比，多机器人协同系统更加灵活，能够适应更加复杂的非结构化环境，并通过合理地分配任务，提高机器人在作业过程中的工作效率。因此，本章对多机器人协同系统的基础理论和控制方法进行介绍，给出多机器人协同系统的运动学、动力学模型和载荷分配方法，对多机器人协同系统中常见的主从控制和力位混合控制方法进行介绍。同时，考虑到力位混合控制在研究中更受青睐，本章给出了力位混合控制方法的一个仿真结果，以便于读者理解。

13.1　多机器人协同系统的运动学模型

目前，多机器人协同系统已经有多种成功的应用案例，常见的多机器人协同系统包括多机器人加工系统、多指灵巧手等。常见的多机器人协同系统如图 13-1 所示。

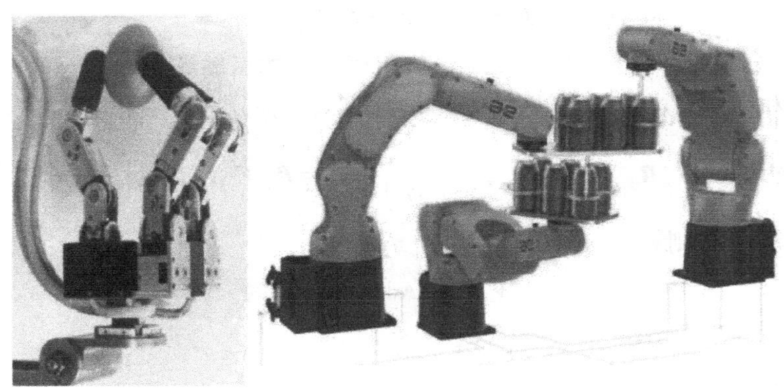

图 13-1　多指灵巧手（左）和多机械臂加工系统（右）

以图 13-2 所示的多机器人协同系统为例，对多机器人协同系统的运动学模型进行说明。

图 13-2 所示为具有 k 个机器人的多机器人协同系统，O_w、O_o、O_{mi} 和 O_{ei} 分别为世界坐

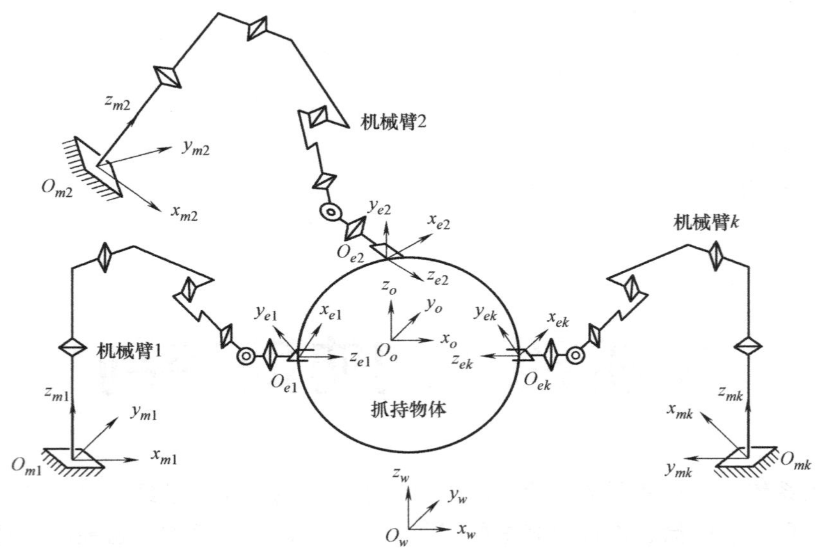

图 13-2 多机器人协同系统的运动学模型

标系、物体坐标系、第 i 个机器人的机器人基础坐标系和第 i 个机器人的末端执行器坐标系。O_{fi} 和 O_{oi} 分别为第 i 个机器人末端和物体在相应接触点处的局部坐标系，分别与第 i 个机器人的末端和物体固连。假设用 $\boldsymbol{q}_i$ 表示具有 n_i 个关节的第 i 个机器人的关节位置矢量，用 $\boldsymbol{a}_{fi}=(\boldsymbol{u}_{fi},\ \boldsymbol{v}_{fi})^{\mathrm{T}}$ 和 $\boldsymbol{a}_{oi}=(\boldsymbol{u}_{oi},\ \boldsymbol{v}_{oi})^{\mathrm{T}}$ 分别表示第 i 个接触点处末端执行器和物体的局部坐标，用 ψ_i 表示第 i 个接触点的接触角，则 $\boldsymbol{\eta}_i=(\boldsymbol{\alpha}_{fi}^{\mathrm{T}},\ \psi_i,\ \boldsymbol{\alpha}_{oi}^{\mathrm{T}})^{\mathrm{T}}$ 为接触坐标。

设 $\boldsymbol{V}_{O_{oi}O_{fi}}=(v_{xi},\ v_{yi},\ v_{zi},\ \omega_{xi},\ \omega_{yi},\ \omega_{zi})^{\mathrm{T}}$ 为局部坐标系 O_{fi} 相对于 O_o 的速度。则接触运动方程为

$$\begin{cases}\dot{\boldsymbol{\alpha}}_{fi}=\boldsymbol{M}_{fi}^{-1}(\boldsymbol{K}_{fi}+\widetilde{\boldsymbol{K}}_{oi})^{-1}(-\boldsymbol{\omega}_{yi},\boldsymbol{\omega}_{xi})^{\mathrm{T}}\\ \dot{\boldsymbol{\alpha}}_{oi}=\boldsymbol{M}_{oi}^{-1}\boldsymbol{R}_{\psi i}(\boldsymbol{K}_{fi}+\widetilde{\boldsymbol{K}}_{oi})^{-1}(-\boldsymbol{\omega}_{yi},\boldsymbol{\omega}_{xi})^{\mathrm{T}}\\ \dot{\boldsymbol{\psi}}_i=\boldsymbol{T}_{fi}\boldsymbol{M}_{fi}\dot{\boldsymbol{\alpha}}_{fi}+\boldsymbol{T}_{oi}\boldsymbol{M}_{oi}\dot{\boldsymbol{\alpha}}_{oi}\end{cases} \tag{13-1}$$

式中，$\boldsymbol{M}_{fi}$、$\boldsymbol{M}_{oi}$ 分别为第 i 个机器人末端和物体相应接触点的度量张量；$\boldsymbol{K}_{fi}$、$\boldsymbol{K}_{oi}$ 分别为第 i 个机器人末端和物体相应接触点处的曲率张量；$\boldsymbol{T}_{fi}$、$\boldsymbol{T}_{oi}$ 分别为第 i 个机器人末端和物体相应接触点处的挠率张量；$\boldsymbol{R}_{\psi i}=\begin{pmatrix}\cos\psi_i & -\sin\psi_i\\ -\sin\psi_i & -\cos\psi_i\end{pmatrix}$；$\widetilde{\boldsymbol{K}}_{oi}=\boldsymbol{R}_{\psi i}\boldsymbol{K}_{oi}\boldsymbol{R}_{\psi i}$。设第 i 个机器人末端相对于物体的速度为 $\boldsymbol{V}_{oei}$，则

$$\boldsymbol{V}_{O_{oi}O_{fi}}=\mathrm{Ad}_{ge_iO_{fi}}^{-1}\boldsymbol{V}_{oei} \tag{13-2}$$

式中，Ad_g 是关于 g 的伴随变换。

第 i 个机器人的运动学方程

$$\boldsymbol{V}_{m_ie_i}=\mathrm{Ad}_{gm_ie_i}^{-1}\boldsymbol{J}(\boldsymbol{q}_i)\dot{\boldsymbol{q}}_i \tag{13-3}$$

式中，$\boldsymbol{V}_{m_ie_i}$ 是第 i 个机器人末端执行器坐标系相对于机器人基础坐标系的物体速度；$\boldsymbol{J}(\boldsymbol{q}_i)$ 是第 i 个机器人的空间雅可比矩阵。末端和物体的接触约束为

$$\boldsymbol{K}_i^{\mathrm{T}}\boldsymbol{V}_{O_{fi}O_{oi}}=0 \tag{13-4}$$

式中，$\boldsymbol{K}_i$ 为第 i 个机器人末端与物体接触的力螺旋基。由刚体间的速度关系可知

$$\begin{aligned}\boldsymbol{V}_{O_{fi}O_{oi}}&=\mathrm{Ad}_{gwO_{oi}}^{-1}\boldsymbol{V}_{O_{fi}w}+\boldsymbol{V}_{wO_{oi}}\\&=-\mathrm{Ad}_{gwO_{oi}}^{-1}\mathrm{Ad}_{gwO_{fi}}(\mathrm{Ad}_{ge_iO_{fi}}^{-1}\boldsymbol{V}_{we_i}+\boldsymbol{V}_{e_iO_{fi}})+\mathrm{Ad}_{goO_{oi}}^{-1}\boldsymbol{V}_{wo}+\boldsymbol{V}_{oO_{oi}}\end{aligned} \tag{13-5}$$

由于局部坐标系 O_{fi} 和 O_{oi} 分别与手指和物体固连，相对速度为零，则

$$\boldsymbol{V}_{O_{fi}O_{oi}}=-\mathrm{Ad}_{ge_iO_{oi}}^{-1}\boldsymbol{V}_{we_i}+\mathrm{Ad}_{goO_{oi}}^{-1}\boldsymbol{V}_{wo} \tag{13-6}$$

又因为机器人基础坐标系相对于世界坐标系是固定的，速度为零，故有

$$\boldsymbol{V}_{we_i}=\boldsymbol{V}_{m_ie_i} \tag{13-7}$$

将上式代入式（13-6），可得

$$\boldsymbol{V}_{O_{fi}O_{oi}}=-\mathrm{Ad}_{ge_iO_{oi}}^{-1}\boldsymbol{V}_{m_ie_i}+\mathrm{Ad}_{goO_{oi}}^{-1}\boldsymbol{V}_{wo} \tag{13-8}$$

两边同时乘以 $\boldsymbol{K}_i^{\mathrm{T}}$ 并结合接触约束，可得

$$\boldsymbol{K}_i^{\mathrm{T}}\mathrm{Ad}_{ge_iO_{oi}}^{-1}\boldsymbol{V}_{m_ie_i}=\boldsymbol{K}_i^{\mathrm{T}}\mathrm{Ad}_{goO_{oi}}^{-1}\boldsymbol{V}_{wo}\quad(i=1,2,\cdots,k) \tag{13-9}$$

将上式写成矩阵形式，得到

$$\boldsymbol{J}_\eta(\boldsymbol{q},\boldsymbol{\eta})\boldsymbol{V}_{me}=\boldsymbol{W}^{\mathrm{T}}(\boldsymbol{\eta})\boldsymbol{V}_{wo} \tag{13-10}$$

式中，$\boldsymbol{W}$ 为抓持矩阵，

$$\boldsymbol{\eta}=(\boldsymbol{\eta}_1^{\mathrm{T}},\boldsymbol{\eta}_2^{\mathrm{T}},\cdots,\boldsymbol{\eta}_k^{\mathrm{T}})^{\mathrm{T}},\boldsymbol{q}=(\boldsymbol{q}_1^{\mathrm{T}},\boldsymbol{q}_2^{\mathrm{T}},\cdots,\boldsymbol{q}_k^{\mathrm{T}})^{\mathrm{T}}\in\mathbf{R}^n,n=\sum_{i=1}^{k}n_i \tag{13-11}$$

$$\boldsymbol{J}_\eta(\boldsymbol{q},\boldsymbol{\eta})=\begin{pmatrix}\boldsymbol{K}_1^{\mathrm{T}}\mathrm{Ad}_{ge_1O_{o1}}^{-1} & 0 & \cdots & 0\\ 0 & \boldsymbol{K}_2^{\mathrm{T}}\mathrm{Ad}_{ge_2O_{o2}}^{-1} & \cdots & 0\\ \vdots & \vdots & & \vdots\\ 0 & 0 & \cdots & \boldsymbol{K}_k^{\mathrm{T}}\mathrm{Ad}_{ge_kO_{ok}}^{-1}\end{pmatrix}$$

$$\boldsymbol{V}_{me}=\begin{pmatrix}\boldsymbol{V}_{m_1e_1}\\ \boldsymbol{V}_{m_2e_2}\\ \vdots\\ \boldsymbol{V}_{m_ke_k}\end{pmatrix},\quad \boldsymbol{W}^{\mathrm{T}}(\boldsymbol{\eta})=\begin{pmatrix}\boldsymbol{K}_1^{\mathrm{T}}\mathrm{Ad}_{goO_{o1}}^{-1}\\ \boldsymbol{K}_2^{\mathrm{T}}\mathrm{Ad}_{goO_{o2}}^{-1}\\ \vdots\\ \boldsymbol{K}_n^{\mathrm{T}}\mathrm{Ad}_{goO_{ok}}^{-1}\end{pmatrix}$$

将式（13-3）代入式（13-9），则有

$$\boldsymbol{K}_i^{\mathrm{T}}\mathrm{Ad}_{gm_iO_{oi}}^{-1}\boldsymbol{J}(\boldsymbol{q}_i)\dot{\boldsymbol{q}}_i=\boldsymbol{K}_i^{\mathrm{T}}\mathrm{Ad}_{g_{oOoi}}^{-1}\boldsymbol{V}_{wo} \tag{13-12}$$

通常把 k 个方程写成矩阵的形式可以得到多机器人协同系统的运动学方程为

$$\boldsymbol{J}_\eta(\boldsymbol{q},\boldsymbol{\eta})\dot{\boldsymbol{q}}=\boldsymbol{W}^{\mathrm{T}}(\boldsymbol{\eta})\boldsymbol{V}_{wo} \tag{13-13}$$

13.2 多机器人协同系统的静力学关系与广义力椭球

13.2.1 静力学关系

同样考虑图 13-3 所示的多机器人协同系统，n 个机器人与抓持物体构成一个封闭运动

链。在力域中，存在如下关系

$$\begin{cases} \boldsymbol{F}_o = \boldsymbol{W}\boldsymbol{F}_c \\ \boldsymbol{\tau} = \boldsymbol{J}^{\mathrm{T}}\boldsymbol{F}_c \end{cases} \tag{13-14}$$

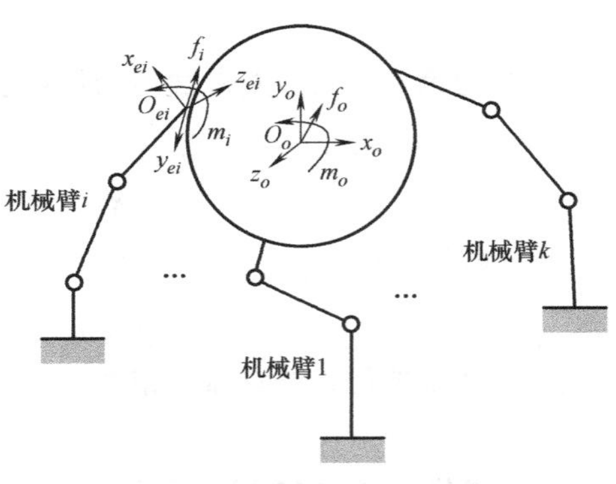

图 13-3　多机器人与抓持物体

式中，$\boldsymbol{F}_o$ 为作用在物体上的外力矢量，包含（$\boldsymbol{F}$，$\boldsymbol{m}_o$）两项，其中 $\boldsymbol{F}$ 为纯外力，$\boldsymbol{m}_o$ 为作用在物体上的力矩；$\boldsymbol{\tau}=(\boldsymbol{\tau}_1, \cdots, \boldsymbol{\tau}_n)^{\mathrm{T}}$ 为各机器人关节力矩矢量组成的矢量，$\boldsymbol{\tau}_i=(\boldsymbol{\tau}_1, \cdots, \boldsymbol{\tau}_k)^{\mathrm{T}}$ 为第 i 个机器人的关节力矩组成的矢量；$\boldsymbol{F}_c=(\boldsymbol{F}_{c1}, \cdots, \boldsymbol{F}_{ck})^{\mathrm{T}}$ 是 $n\times r$ 维广义接触力矢量，其中 $\boldsymbol{F}_{ci}=(\boldsymbol{F}_i, \boldsymbol{m}_i)^{\mathrm{T}}$ 是第 i 个机器人与物体接触处的力矢量，即机器人末端的力，而 $\boldsymbol{F}_{ci}$ 的维数与接触形式有关，接触形式用接触模型矩阵 $\boldsymbol{H}$ 表示。如果接触点有摩擦，则 $\boldsymbol{H}_i=(\boldsymbol{I}_{3\times3}, \boldsymbol{0})$；如果接触点处比较柔软，则 $\boldsymbol{H}_i=\begin{pmatrix} \boldsymbol{I}_{3\times3} & \boldsymbol{0} \\ \boldsymbol{0} & 1 \end{pmatrix}$。

$\boldsymbol{W}$ 为抓持矩阵，在物体坐标系中，$\boldsymbol{W}_i=\begin{pmatrix} \boldsymbol{R}_i & \boldsymbol{O} \\ \boldsymbol{P}_i\boldsymbol{R}_i & \boldsymbol{R}_i \end{pmatrix}$，$\boldsymbol{R}_i$ 为接触坐标系相对于物体坐标系的方向余弦，$\boldsymbol{P}_i$ 是由接触点在物体坐标系中的位置矢量构成的反对称矩阵。考虑接触形式后，可将抓持矩阵写成 $\widetilde{\boldsymbol{W}}=\boldsymbol{W}\boldsymbol{H}$，$\boldsymbol{H}=(\boldsymbol{H}_1, \cdots, \boldsymbol{H}_n)^{\mathrm{T}}$ 的形式，多机器人协同系统的雅可比矩阵可以写成 $\boldsymbol{J}=\mathrm{diag}(\boldsymbol{J}_1, \cdots, \boldsymbol{J}_n)^{\mathrm{T}}$ 的形式，其中 $\boldsymbol{J}_i$ 为第 i 个机器人的雅可比矩阵，在考虑接触矢量后，多机器人协同系统的雅可比矩阵可写成 $\widetilde{\boldsymbol{J}}=\boldsymbol{J}\boldsymbol{H}$ 的形式。进而，可以将式（13-14）写成

$$\begin{cases} \boldsymbol{F}_o = \widetilde{\boldsymbol{W}}\boldsymbol{F}_c \\ \boldsymbol{\tau} = \widetilde{\boldsymbol{J}}^{\mathrm{T}}\boldsymbol{F}_c \end{cases} \tag{13-15}$$

进一步地，可以得到

$$\boldsymbol{\tau}=\widetilde{\boldsymbol{J}}^{\mathrm{T}}\widetilde{\boldsymbol{W}}^{+}\boldsymbol{F}_o+\widetilde{\boldsymbol{J}}^{\mathrm{T}}(\boldsymbol{I}-\widetilde{\boldsymbol{W}}^{+}\widetilde{\boldsymbol{W}})\boldsymbol{F}_{\mathrm{int}} \tag{13-16}$$

式中，$\widetilde{\boldsymbol{W}}^{+}$是 $\widetilde{\boldsymbol{W}}$ 的广义逆矩阵；$\boldsymbol{F}_{\mathrm{int}}$ 是接触点处的内力矢量，由于 $\boldsymbol{F}_{\mathrm{int}}$ 仅影响接触力的大小，而不影响作用在物体上的外力大小，所以称为“内力”。

由于 $\boldsymbol{F}_o$ 和 $\boldsymbol{F}_c$ 中存在着物理意义不一致的量（力、力矩），因此需要引入加权广义逆矩阵以求解广义逆矩阵。

$$\boldsymbol{W}_M^{+}=\boldsymbol{M}\boldsymbol{W}^{\mathrm{T}}(\boldsymbol{W}\boldsymbol{M}\boldsymbol{W}^{\mathrm{T}})^{-1} \tag{13-17}$$

式中，$\boldsymbol{M}$ 为加权矩阵。一般情况下，$\boldsymbol{W}_M^{+}$ 有多种求法。当机器人末端与物体之间为有摩擦点接触时，广义逆矩阵与一般意义下的 M-P 逆矩阵是等价的。而机器人末端与物体之间是软接触时，接触力分量中同时存在力和力矩，考虑到力和力矩具有不同的量纲，所以不能采用求 M-P 逆矩阵的方法求解广义逆矩阵。

对于式（13-15），由于方程两边均含有不同维数的矢量，并且值得说明的一点是，其中各矢量的物理量纲不一致，不具有欧几里得内积的含义。那么如果按照形式上求解方程，可能会得到不合理的结果，这里引入加权内积和加权广义逆矩阵的概念，以便克服其内积空间中的矢量物理意义不一致的问题。引入加权内积后，原方程可化为两边具有同一物理意义的

矢量，即具有欧几里得空间的内积形式。

首先考虑式（13-15）中的第一式，由于 $\boldsymbol{F}_o$ 表示物体外力矢量，其量纲有力和力矩两种形式，同时在 $\boldsymbol{F}_c$ 中其分量（即各个机器人接触分量），一般情况下也有物理上不同的量纲，因此，使用加权内积来转化成物理意义相同的形式。

我们定义下列形式的加权内积

$$\begin{cases} <\boldsymbol{F}_c,\boldsymbol{F}_c> = \boldsymbol{F}_c^{\mathrm{T}}\boldsymbol{M}_c\boldsymbol{F}_c = \sum\limits_i^n \sum\limits_j^n m_{cij}f_{cj}f_{cj} \\ <\boldsymbol{F}_o,\boldsymbol{F}_o> = \boldsymbol{F}_o^{\mathrm{T}}\boldsymbol{M}_o\boldsymbol{F}_o = \sum\limits_i^n \sum\limits_j^n m_{oij}f_{oj}f_{oj} \end{cases} \tag{13-18}$$

式中每一项含有相同的物理单位。于是定义矢量 $\boldsymbol{z}$、$\boldsymbol{y}$ 由 $\boldsymbol{F}_c$、$\boldsymbol{F}_o$ 所导出：

$$\boldsymbol{z}=\boldsymbol{M}_c^{\frac{1}{2}}\boldsymbol{F}_c,\boldsymbol{y}=\boldsymbol{M}_o^{\frac{1}{2}}\boldsymbol{F}_o \tag{13-19}$$

式中，$\boldsymbol{M}_c$、$\boldsymbol{M}_o$ 均为实的、正定的对角矩阵。于是存在 $\boldsymbol{z}$，$\boldsymbol{y}$ 有物理意义相同的欧几里得内积

$$\begin{cases} <\boldsymbol{z},\boldsymbol{z}>=\boldsymbol{z}^{\mathrm{T}}\boldsymbol{z}=\boldsymbol{F}_c^{\mathrm{T}}\boldsymbol{M}_c\boldsymbol{F}_c \\ <\boldsymbol{y},\boldsymbol{y}>=\boldsymbol{y}^{\mathrm{T}}\boldsymbol{y}=\boldsymbol{F}_o^{\mathrm{T}}\boldsymbol{M}_o\boldsymbol{F}_o \end{cases}$$

这样式（13-15）中的第一式就转化为 $\boldsymbol{y}=\boldsymbol{B}\boldsymbol{z}$，其中 $\boldsymbol{B}=\boldsymbol{M}_o^{\frac{1}{2}}\boldsymbol{W}\boldsymbol{M}_c^{-\frac{1}{2}}$。则其最小范数最小二乘解为

$$\boldsymbol{z}_s=\boldsymbol{B}^{+}\boldsymbol{y}$$

进而可得

$$\boldsymbol{F}_c=\boldsymbol{M}_c^{-\frac{1}{2}}(\boldsymbol{M}_o^{\frac{1}{2}}\boldsymbol{W}\boldsymbol{M}_c^{-\frac{1}{2}})^{+}\boldsymbol{M}_o^{\frac{1}{2}}\boldsymbol{F}_o \tag{13-20}$$

于是称

$$\boldsymbol{W}_m^{+}=\boldsymbol{M}_c^{-\frac{1}{2}}(\boldsymbol{M}_o^{\frac{1}{2}}\boldsymbol{W}\boldsymbol{M}_c^{-\frac{1}{2}})^{+}\boldsymbol{M}_o^{\frac{1}{2}}$$

为 $\boldsymbol{W}$ 的加权广义逆。即

$$\boldsymbol{F}_c=\boldsymbol{W}_M^{+}\boldsymbol{F}_o$$

为式（13-15）的最小范数最小二乘解。对应的通解是

$$\boldsymbol{F}_c=\boldsymbol{W}_m^{+}\boldsymbol{F}_o+\boldsymbol{N}\boldsymbol{F}_{\mathrm{int}},$$

其对应邻接矩阵为

$$\boldsymbol{N}=\boldsymbol{I}-\boldsymbol{W}_m^{+}\boldsymbol{W}。$$

由此可导出下述形式：

1）当接触为有摩擦的点接触，接触力为纯外力时，无力矩分量存在，有 $\boldsymbol{M}_{ci}=\boldsymbol{I}$，这时广义逆矩阵为一般形式的 M-P 逆矩阵。

2）当接触是软接触时，接触力分量除了力以外，还包括力矩分量，所以其加权矩阵是

$$\boldsymbol{M}_{ci}=\begin{pmatrix} \boldsymbol{I} & \boldsymbol{O} \\ \boldsymbol{O} & k \end{pmatrix}_{4\times4},\boldsymbol{M}_c=\mathrm{diag}(\boldsymbol{M}_{c1},\boldsymbol{M}_{c2},\cdots,\boldsymbol{M}_{cn})$$

在抓持中，一般情况下，当 $\boldsymbol{W}$ 的秩为 r 时，根据矩阵理论，存在满秩分解，即

$$W=BC,\quad B\in R_r^{m\times m},C\in R_r^{n\times n}$$

那么

$$W_M^+=M_c^{-1}C^T(CM_c^{-1}C^T)^{-1}(B^TM_oB)$$

特别地

1）若 W 行满秩，W_M^+ 与 M_o 的选择无关，此时加权广义逆矩阵有如下形式

$$M_M^+=M_c^{-1}W^T(WM_c^{-1}W^T)^{-1} \tag{13-21}$$

2）若 W 列满秩，W_M^+ 与 M_c 的选择无关，此时加权广义逆矩阵是

$$W_M^+=(W^TM_oW)^{-1}W^TM_o \tag{13-22}$$

针对完整约束情况，取加权矩阵为 $M_c=\begin{pmatrix}O & I_3\\ I_3 & O\end{pmatrix}$以便于进行力的分解，即把接触力分为与运动有关的力和抓持力，但由于在加权内积的定义中要求 M_c 必正定，对于如何选择 M_c，这里根据速度空间和力空间的对偶关系来考虑。

由于系统的动能是场不变的，而动能的度量是惯性矩阵 $M_V=\begin{pmatrix}mI_3 & O\\ O & I_m\end{pmatrix}$，其中 m 是抓持物体的质量，I_3 为 3×3 阶单位阵，I_m 为转动惯量矩阵，它是满足场不变条件的。那么，由于力和速度的对偶性，因此

$$M_c=M_V^{-1}=\begin{pmatrix}I_m^{-1} & O\\ O & \dfrac{1}{m}I_3\end{pmatrix} \tag{13-23}$$

我们可以根据物体的质量和转动惯量来估计加权矩阵的各项元素，对于软接触的情况，可取

$$M_{ci}=M_V\begin{pmatrix}I_m^{-1} & O\\ O & \dfrac{1}{m}I_3\end{pmatrix} \tag{13-24}$$

13.2.2 多机器人协同系统广义力椭球

在多机器人协同系统中，同样可以引入力椭球的概念，以表征多机器人协同系统的操作能力。为了便于讨论，我们将式（13-16）中右边第一项称为绝对外力项，第二项称为内力项，那么式（13-16）可写为

$$\begin{cases}\tau=J^TW_M^+F_O\\ \tau=J^TNF_{\text{int}}\end{cases} \tag{13-25}$$

引入 $J_W^T=J^TW_M^+$，$J_N^T=J^TN$，则式（13-25）成为

$$\begin{cases}\tau=J_W^TF_O\\ \tau=J_N^TF_{\text{int}}\end{cases} \tag{13-26}$$

称 J_W 为抓持雅可比矩阵。J_N 为接触雅可比矩阵。另外，考虑到若各关节为旋转关节，那么 τ 有物理意义上的一致性，则它的范数等于 1 即表示一单位力矩的超球面。当关节力矩 τ 位于单位球面时，映射式（13-26）可由下式给定

$$F_O^{\mathrm{T}} J_W J_W^{\mathrm{T}} F_O = 1 \tag{13-27}$$

该方程表示广义外力椭球方程，同样地，式（13-26）中的第二式对应于

$$F_{\mathrm{int}}^{\mathrm{T}} J_N J_N^{\mathrm{T}} F_{\mathrm{int}} = 1 \tag{13-28}$$

式（13-28）称为广义内力椭球，通过进一步的分析，椭球的各主轴的长度和方向可以确定。根据奇异值分解，可得

$$J_W^{\mathrm{T}} = U_W \Sigma_W V_W^{\mathrm{T}} \tag{13-29}$$

式中，$\Sigma_W=\mathrm{diag}(\sigma_{W1}, \sigma_{W2}, \cdots, \sigma_{Wr})$ 是由矩阵的奇异值构成的对角阵；U_W、V_W 分别为正交矩阵。那么，对于式（13-27）所示的椭球方程，其主轴长度为 σ_{W1}^{-1}，σ_{W2}^{-1}，…，σ_{Wr}^{-1}，而主轴各方向由正交矩阵 V_W 的各列矢量表示。椭球的形状和大小由各主轴的长度或奇异值的大小来决定，一般情况下，当 J_W 满秩时，所得到的外力椭球为 σ 维椭球；但是，当 J_W 非满秩时，若秩是 r，则椭球退化为 r 维椭球，在 $m-r$ 个方向上，椭球长度变成无穷大。

以上同样的分析可用于内力椭球的描述。对于式（13-28）有

$$J_N^{\mathrm{T}} = U_N \Sigma_N V_N^{\mathrm{T}} \tag{13-30}$$

式中，$\Sigma_N=\mathrm{diag}(\sigma_{N1}, \sigma_{N2}, \cdots, \sigma_{Nr})$。对应的内力椭球的长度为 σ_{N1}^{-1}，σ_{N2}^{-1}，…，σ_{Nr}^{-1}，各主轴方向由 V_N 来确定，为了说明外力椭球、内力椭球的意义，现举例说明。

【例 13-1】 图 13-4 所示为双机器人抓持同一方形物体，其抓持为有摩擦点接触，设各机器人关节长度为单位长度，物体坐标系固连于物体的质心 O，物体的宽度是两个单位长度。则有抓持矩阵

$$W=\begin{pmatrix}1 & 0 & 1 & 0\\ 0 & 1 & 0 & 1\end{pmatrix}$$

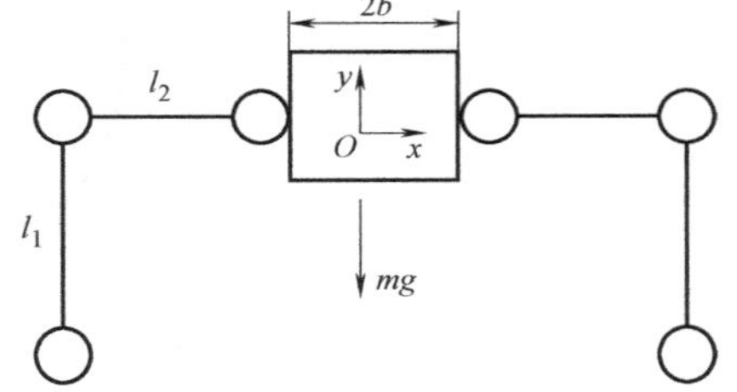

图 13-4　双机器人抓持方形物体

由于接触为有摩擦的点接触，W 的广义逆矩阵为 M-P 逆矩阵。在图示位置，雅可比矩阵为

$$J=\mathrm{diag}(J_1, J_2)$$

式中

$$J_1=\begin{pmatrix}-1 & 0\\ 0.5 & 0.5\end{pmatrix},\quad J_2=\begin{pmatrix}-1 & 0\\ -0.5 & -0.5\end{pmatrix}$$

另有

$$W^{+}=\begin{pmatrix}0.5 & 0\\ 0 & 0.5\\ 0.5 & 0\\ 0 & 0.5\end{pmatrix}$$

对应的零空间的基矢量为

$$N=\begin{pmatrix}-0.7071 & 0\\ 0 & 0.7071\\ -0.7071 & 0\\ 0 & 0.7071\end{pmatrix}$$

同时可得 $J_W^{\mathrm{T}}=J^{\mathrm{T}}W^{+}$，$J_N^{\mathrm{T}}=J^{\mathrm{T}}N$。于是奇异值分解得到

$$\boldsymbol{\Sigma}_W=\begin{pmatrix}0.7071 & 0\\ 0 & 0.5000\\ 0 & 0\\ 0 & 0\end{pmatrix},\boldsymbol{V}_W=\begin{pmatrix}1 & 0\\ 0 & 1\end{pmatrix}$$

所以广义外力椭球的主轴长度为 1.414、2，主轴方向由正交矩阵 $\boldsymbol{V}_W$ 列向量：((1,0)，(0,1))决定。对于平面抓持，一般椭球应为三维，但是，这个抓持姿态对应的广义力椭球退化为椭圆。显然，物体所承受的外力矩无法抵抗。也就是说在外力矩方向对应的球的主轴长度为 0；从椭球的形状看，沿水平方向的长轴比垂直方向的长轴短，说明这种抓持姿态抵抗垂直方向载荷的能力强。

$\boldsymbol{J}_N$ 的奇异值分解为

$$\boldsymbol{\Sigma}_N=\begin{pmatrix}1.0000 & 0\\ 0 & 0.7071\\ 0 & 0\\ 0 & 0\end{pmatrix},\boldsymbol{V}_N=\begin{pmatrix}1 & 0\\ 0 & 1\end{pmatrix}$$

对应内力椭球的主轴为 1、1.414，其主轴方向由 $\boldsymbol{V}_N$ 来确定，内力在垂直方向上较大。外力椭球和内力椭球如图 13-5 所示。

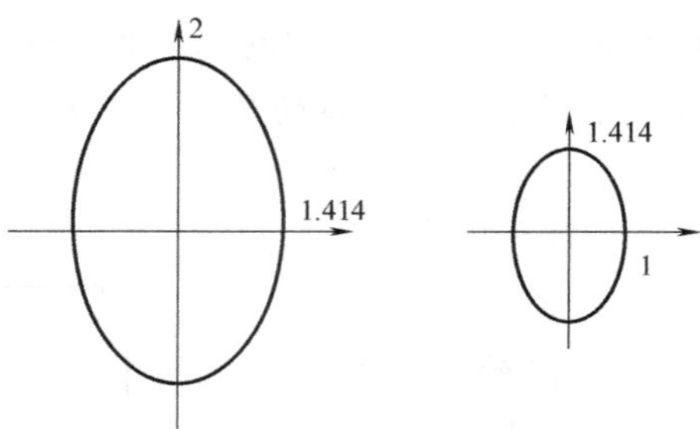

图 13-5　外力椭球（左）和内力椭球（右）

13.3　多机器人协同系统的动力学模型

13.3.1　机器人和物体动力学建模

本节介绍协同多机器人系统的动力学建模方法，同样考虑图 13-1 所示的由 m 个 n 关节机器人组成的多机械臂系统。在建模过程中，同样引入四个坐标系，分别为世界坐标系 O、支链坐标系 O_{mi}（即为第 2 章中，串联式机器人的全局坐标系）、末端执行器坐标系 O_{oi} 和物体坐标系 O_o。

在研究动力学模型的过程中，做出如下假设。

假设 13-1　机器人关节数与自由度数相等，被抓物体为刚性物体。

假设 13-2　被抓物体自由度数与机器人的自由度数相同。

假设 13-3　变换矩阵均满秩且有界。

由第 3 章可知，第 i 个机器人的动力学模型为

$$\boldsymbol{M}_i(\boldsymbol{q}_i)\ddot{\boldsymbol{q}}_i+\boldsymbol{C}_i(\boldsymbol{q}_i,\dot{\boldsymbol{q}}_i)\dot{\boldsymbol{q}}_i+\boldsymbol{G}_i(\boldsymbol{q}_i)+\boldsymbol{J}_{ei}^{\mathrm{T}}(\boldsymbol{q}_i)\boldsymbol{F}_{ei}=\boldsymbol{\tau}_i,\quad i=1,2,\cdots,m \tag{13-31}$$

式中，$\boldsymbol{q}_i$ 为机器人 i 的广义坐标；$\boldsymbol{M}_i$ 为机器人 i 的质量矩阵；$\boldsymbol{C}_i$ 为机器人 i 的离心力和科氏力矩阵；$\boldsymbol{G}_i$ 为机器人 i 的重力项；$\boldsymbol{J}_{ei}$ 为雅可比矩阵；$\boldsymbol{F}_{ei}$ 为物体与末端执行器的接触力；τ_i 为关节输入。同时，矩阵 M_i 正定对称且有界，$\boldsymbol{M}_i(\boldsymbol{q}_i)-2\boldsymbol{C}_i(\boldsymbol{q}_i,\dot{\boldsymbol{q}}_i)$ 为斜对称矩阵。将上述单机器人的动力学模型整合成矩阵形式，则可以得到多机器人整体的动力学模型

$$\boldsymbol{M}(\boldsymbol{q})\ddot{\boldsymbol{q}}+\boldsymbol{C}(\boldsymbol{q},\dot{\boldsymbol{q}})\dot{\boldsymbol{q}}+\boldsymbol{G}(\boldsymbol{q})+\boldsymbol{J}_e^{\mathrm{T}}(\boldsymbol{q})\boldsymbol{F}_e=\boldsymbol{\tau} \tag{13-32}$$

式中，$\boldsymbol{q}=(\boldsymbol{q}_1^{\mathrm{T}},\ \boldsymbol{q}_2^{\mathrm{T}},\ \cdots,\ \boldsymbol{q}_m^{\mathrm{T}})^{\mathrm{T}}$；$\boldsymbol{G}=(\boldsymbol{G}_1^{\mathrm{T}},\ \boldsymbol{G}_2^{\mathrm{T}},\ \cdots,\ \boldsymbol{G}_m^{\mathrm{T}})^{\mathrm{T}}$；$\boldsymbol{F}_e=(\boldsymbol{F}_{e1}^{\mathrm{T}},\ \boldsymbol{F}_{e2}^{\mathrm{T}},\ \cdots,\ \boldsymbol{F}_{em}^{\mathrm{T}})^{\mathrm{T}}$；$\boldsymbol{\tau}=(\boldsymbol{\tau}_1^{\mathrm{T}},\ \boldsymbol{\tau}_2^{\mathrm{T}},\ \cdots,\ \boldsymbol{\tau}_m^{\mathrm{T}})^{\mathrm{T}}$；$\boldsymbol{D}=\mathrm{diag}(\boldsymbol{D}_1,\ \boldsymbol{D}_2,\ \cdots,\ \boldsymbol{D}_m)$；$\boldsymbol{C}=\mathrm{diag}(\boldsymbol{C}_1,\ \boldsymbol{C}_2,\ \cdots,\ \boldsymbol{C}_m)$；$\boldsymbol{J}_e=\mathrm{diag}(\boldsymbol{J}_{e1},\ \boldsymbol{J}_{e2},\ \cdots,\ \boldsymbol{J}_{em})$。

根据假设 13-2，可知被抓物体的自由度与每个机器人均具有 n 个自由度。采用牛顿-欧拉法可以得到被抓物体的动力学模型为

$$\boldsymbol{M}_o(\boldsymbol{x})\ddot{\boldsymbol{x}}+\boldsymbol{C}_o(\boldsymbol{x},\dot{\boldsymbol{x}})\dot{\boldsymbol{x}}+\boldsymbol{G}_o(\boldsymbol{x})=\sum_{i=1}^{m}\boldsymbol{J}_{oi}^{\mathrm{T}}\boldsymbol{F}_{ei}=\boldsymbol{F}_o \tag{13-33}$$

式中，$\boldsymbol{x}=(\boldsymbol{x}_1^{\mathrm{T}},\ \boldsymbol{x}_2^{\mathrm{T}},\ \cdots,\ \boldsymbol{x}_n^{\mathrm{T}})^{\mathrm{T}}\in\mathbf{R}^n$ 为被抓物体位形矢量；$\boldsymbol{M}_o(\boldsymbol{x})\in\mathbf{R}^{n\times n}$ 为被抓物体质量矩阵；$\boldsymbol{C}_o(\boldsymbol{x},\ \dot{\boldsymbol{x}})\in\mathbf{R}^{n\times n}$ 为物体离心力和科氏力矩阵；$\boldsymbol{G}_o(\boldsymbol{x})\in\mathbf{R}^{n\times n}$ 为重力项；$\boldsymbol{J}_{oi}(\boldsymbol{x})\in\mathbf{R}^{n\times n}$ 为物体坐标系到机器人 i 末端执行器坐标系的雅可比矩阵；$\boldsymbol{F}_{ei}(\boldsymbol{x})\in\mathbf{R}^n$ 为机器人 i 与物体之间的作用力；$\boldsymbol{F}_o(\boldsymbol{x})\in\mathbf{R}^n$ 为物体重心所受的合外力。

当使用多机器人抓取物体时，机器人末端执行器施加到物体上的力可以分解为带动物体运动的外力和不影响物体运动的内力。当外力用 $\boldsymbol{F}_o\in\mathbf{R}^n$ 表示，内力用 $\boldsymbol{F}_I\in\mathbf{R}^n$ 表示时，考虑到内力可以相互抵消，所以可得

$$\boldsymbol{J}_o^{\mathrm{T}}\boldsymbol{F}_I=\boldsymbol{O} \tag{13-34}$$

$$\boldsymbol{J}_o^{\mathrm{T}}\boldsymbol{F}_e=\boldsymbol{F}_o \tag{13-35}$$

进而可以得到

$$\boldsymbol{F}_e=(\boldsymbol{J}_o^{\mathrm{T}})^{+}\boldsymbol{F}_o+\boldsymbol{F}_I \tag{13-36}$$

$$\boldsymbol{F}_{ei}=((\boldsymbol{J}_o^{\mathrm{T}})^{+})_i\boldsymbol{F}_o+\boldsymbol{F}_{Ii} \tag{13-37}$$

式中，$(\boldsymbol{J}_o^{\mathrm{T}})^{+}$为 $\boldsymbol{J}_o^{\mathrm{T}}$ 的广义逆矩阵，满足 $\boldsymbol{J}_o^{\mathrm{T}}(\boldsymbol{J}_o^{\mathrm{T}})^{+}=\boldsymbol{I}_n$。

13.3.2 多机器人协同系统建模

机器人 i 末端执行器的位置矢量 $\boldsymbol{x}_{ei}\in\mathbf{R}^n$ 与机器人 i 的广义坐标 $\boldsymbol{q}_i$ 之间的关系为

$$\boldsymbol{x}_{ei}=\varphi_i(\boldsymbol{q}_i) \tag{13-38}$$

对式（13-38）关于时间 t 求导，可得

$$\dot{\boldsymbol{x}}_{ei}=\boldsymbol{J}_{ei}(\boldsymbol{q}_i)\dot{\boldsymbol{q}}_i \tag{13-39}$$

$$\boldsymbol{J}_{ei}(\boldsymbol{q}_i)=\frac{\partial\varphi_i(\boldsymbol{q}_i)}{\partial\boldsymbol{q}_i} \tag{13-40}$$

物体重心的位置矢量 $\boldsymbol{x}\in\mathbf{R}^n$ 与机器人 i 的广义坐标 $\boldsymbol{q}_i$ 之间的关系为

$$x=\chi_i(q_i) \tag{13-41}$$

对式（13-41）关于时间 t 求导，可得

$$\dot{x}=J_i(q_i)\dot{q}_i \tag{13-42}$$

$$J_i(q_i)=\frac{\partial \chi_i(q_i)}{\partial q_i} \tag{13-43}$$

定义 $J_{oi}(x)\in R^{n\times n}$ 为物体重心坐标系转换到机器人 i 末端执行器坐标系的雅可比矩阵，可得

$$\dot{x}_{ei}=J_{oi}(x)\dot{x} \tag{13-44}$$

由式（13-39）和式（13-44）可得

$$J_{ei}(q_i)\dot{q}_i=J_{oi}(x)\dot{x} \tag{13-45}$$

由于 J_{ei} 可逆，可得

$$\dot{q}_i=J_{ei}^{-1}(q_i)J_{oi}(x)\dot{x} \tag{13-46}$$

对式（13-46）两边关于时间 t 求导，可得

$$\ddot{q}_i=J_{ei}^{-1}(q_i)(J_{oi}(x)\ddot{x}+\dot{J}_{oi}(x)\dot{x}-\dot{J}_{ei}(q_i)\dot{q}_i) \tag{13-47}$$

将式（13-46）、式（13-47）和式（13-37）代入式（13-44）中，可得

$$M_iJ_{ei}^{-1}(J_{oi}\ddot{x}+\dot{J}_{oi}\dot{x}-\dot{J}_{ei}J_{ei}^{-1}J_{oi}\dot{x})+C_iJ_{ei}^{-1}J_{oi}\dot{x}+G_i+J_{ei}^{\mathrm{T}}[((J_o^{\mathrm{T}})^+)_iF_o+F_{Ii}]=\tau_i \tag{13-48}$$

将式（13-33）代入式（13-48），可得到多机器人协同系统动力学模型

$$\widetilde{M}_i(x)\ddot{x}+\widetilde{C}_i(x,\dot{x})\dot{x}+\widetilde{G}_i(x)+J_{ei}^{\mathrm{T}}F_{Ii}=\tau_i \tag{13-49}$$

式中

$$\widetilde{M}_i=M_iJ_{ei}^{-1}J_{oi}+J_{ei}^{\mathrm{T}}((J_o^{\mathrm{T}})^+)_iM_o \tag{13-50}$$

$$\widetilde{C}_i=M_iJ_{ei}^{-1}(\dot{J}_{oi}-\dot{J}_{ei}J_{ei}^{-1}J_{oi})+G_iJ_{ei}^{-1}J_{oi}+J_{ei}^{\mathrm{T}}((J_o^{\mathrm{T}})^+)_iC_o \tag{13-51}$$

$$\widetilde{G}_i=G_i+J_{ei}^{\mathrm{T}}((J_o^{\mathrm{T}})^+)_iG_o \tag{13-52}$$

接下来，将位置和内力解耦，得

$$J_o^{\mathrm{T}}F_I=\sum_{i=1}^{m}(J_{oi}^{\mathrm{T}}F_{Ii}) \tag{13-53}$$

式（13-49）两边左乘 J_{oi}^{T}（J_{ei}^{T}）$^{-1}$，可得

$$M_{ai}(x)\ddot{x}+C_{ai}(x,\dot{x})\dot{x}+G_{ai}(x)+J_{oi}^{\mathrm{T}}F_{Ii}=\tau_{ai} \tag{13-54}$$

13.3.3 协同多机器人系统整体建模

本节给出多机器人协同系统整体动力学建模方法。针对 m 个机器人组成的多机器人协同系统，将式（13-44）进行整合，可得

$$\dot{x}_e=J_e(q)\dot{q} \tag{13-55}$$

式中，$\dot{x}_e=(x_{e1}^{\mathrm{T}}, x_{e2}^{\mathrm{T}}, \cdots, x_{em}^{\mathrm{T}})^{\mathrm{T}}$；$J_e$ 为机器人的雅可比矩阵。

对式（13-45）进行整合，可得

$$J_e(q)\dot{q}=J_o(x)\dot{x} \tag{13-56}$$

由于 J_e 是可逆的，所以有

$$\dot{q}=J_e^{-1}(q)J_o(x)\dot{x} \tag{13-57}$$

对式（13-57）两边关于时间 t 求导，可得

$$\ddot{\boldsymbol{q}}=\boldsymbol{J}_e^{-1}(\boldsymbol{J}_o\ddot{\boldsymbol{x}}+\dot{\boldsymbol{J}}_o\dot{\boldsymbol{x}}-\dot{\boldsymbol{J}}_e\dot{\boldsymbol{q}}) \tag{13-58}$$

将式（13-36）、式（13-46）和式（13-47）代入式（13-32）中，可得

$$\boldsymbol{M}\boldsymbol{J}_e^{-1}(\boldsymbol{J}_o\ddot{\boldsymbol{x}}+\dot{\boldsymbol{J}}_o\dot{\boldsymbol{x}}-\dot{\boldsymbol{J}}_e\boldsymbol{J}_e^{-1}\boldsymbol{J}_o\dot{\boldsymbol{x}})+\boldsymbol{C}\boldsymbol{J}_e^{-1}\boldsymbol{J}_o\dot{\boldsymbol{x}}+\boldsymbol{G}+\boldsymbol{J}_e^{\mathrm{T}}((\boldsymbol{J}_o^{\mathrm{T}})^{+}\boldsymbol{F}_o+\boldsymbol{F}_I)=\boldsymbol{\tau} \tag{13-59}$$

将式（13-43）代入式（13-59），可得

$$\widetilde{\boldsymbol{M}}(\boldsymbol{x})\ddot{\boldsymbol{x}}+\widetilde{\boldsymbol{C}}(\boldsymbol{x},\dot{\boldsymbol{x}})\dot{\boldsymbol{x}}+\widetilde{\boldsymbol{G}}(\boldsymbol{x})+\boldsymbol{J}_e^{\mathrm{T}}\boldsymbol{F}_I=\boldsymbol{\tau} \tag{13-60}$$

式中

$$\widetilde{\boldsymbol{M}}=\boldsymbol{M}\boldsymbol{J}_e^{-1}\boldsymbol{J}_o+\boldsymbol{J}_e^{\mathrm{T}}(\boldsymbol{J}_o^{\mathrm{T}})^{+}\boldsymbol{M}_o \tag{13-61}$$

$$\widetilde{\boldsymbol{C}}=\boldsymbol{M}\boldsymbol{J}_e^{-1}(\dot{\boldsymbol{J}}_o-\dot{\boldsymbol{J}}_e\boldsymbol{J}_e^{-1}\boldsymbol{J}_o)+\boldsymbol{G}\boldsymbol{J}_e^{-1}\boldsymbol{J}_o+\boldsymbol{J}_e^{\mathrm{T}}(\boldsymbol{J}_o^{\mathrm{T}})^{+}\boldsymbol{C}_o \tag{13-62}$$

$$\widetilde{\boldsymbol{G}}=\boldsymbol{G}+\boldsymbol{J}_e^{\mathrm{T}}(\boldsymbol{J}_o^{\mathrm{T}})^{+}\boldsymbol{G}_o \tag{13-63}$$

采用同样的方式对位置和内力分量进行解耦，得到

$$\boldsymbol{M}_a(\boldsymbol{x})\ddot{\boldsymbol{x}}+\boldsymbol{C}_a(\boldsymbol{x},\dot{\boldsymbol{x}})\dot{\boldsymbol{x}}+\boldsymbol{G}_a(\boldsymbol{x})+\boldsymbol{J}_o^{\mathrm{T}}\boldsymbol{F}_I=\boldsymbol{\tau}_a \tag{13-64}$$

13.4 多机器人协同系统的动态载荷分配

同样考虑图 13-6 所示的多机器人协同系统，将物体的动力学方程写成

$$\begin{cases}\boldsymbol{M}_o\dot{\boldsymbol{x}}=\sum\limits_{i=1}^{m}\boldsymbol{F}_i+\boldsymbol{M}_o\boldsymbol{g}\\ \boldsymbol{I}_o\dot{\boldsymbol{\omega}}=-\boldsymbol{\omega}\times(\boldsymbol{I}_o\boldsymbol{\omega})+\sum\limits_{i=1}^{m}\boldsymbol{N}_i+\sum\limits_{i=1}^{m}\boldsymbol{l}_i\times\boldsymbol{F}_i\end{cases} \tag{13-65}$$

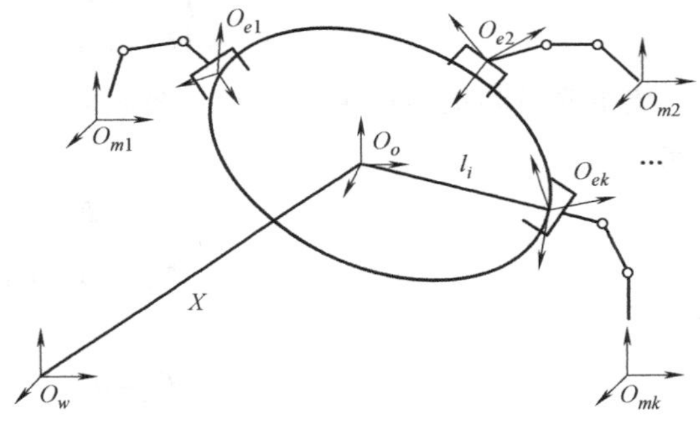

图 13-6 多机器人协同系统

式中，$\boldsymbol{M}_o$、$\boldsymbol{I}_o$ 为物体质量及对质心的惯性张量；$\ddot{\boldsymbol{x}}_o$为质心线加速度；$\dot{\boldsymbol{\omega}}$ 为角加速度；$\boldsymbol{\omega}$ 为角速度；$\boldsymbol{l}_i$ 为物体质心至机器人末端坐标系原点的矢径；$\boldsymbol{F}_i$、$\boldsymbol{N}_i$ 分别为机器人对物体的作用力和力矩。显然，式（13-65）的正解是确定的，但式（13-65）的逆解是不确定的。

若采用优化方法求解式（13-65）的逆解，会影响系统的实时性。因此，在此介绍虚集中惯性质量棒的概念，以用于多机器人协调动态载荷分配。虚集中惯性质量棒是一个一端具有集中质量和惯性张量的无质量刚性棒，虚集中惯性质量棒的受力如图 13-6 所示。图 13-6 中，设外力和力矩作用在其无质量端。同时，考虑惯性力 $\boldsymbol{Q}_{fi}=-\boldsymbol{m}_i\ddot{\boldsymbol{x}}_o$和惯性力矩 $\boldsymbol{Q}_{Ni}=-\boldsymbol{I}_{oi}\dot{\boldsymbol{\omega}}-\boldsymbol{\omega}\times(\boldsymbol{I}_{oi}\boldsymbol{\omega})$，运用达朗贝尔原理，可以得到图 13-7 所示的虚集中惯性质量棒受力的动态平衡方程为

$$\begin{cases}\boldsymbol{Q}_{fi}+\boldsymbol{m}_i\boldsymbol{g}+\boldsymbol{F}_i=\boldsymbol{O}\\ \boldsymbol{Q}_{Ni}+\boldsymbol{N}_i+\boldsymbol{l}_i\times\boldsymbol{F}_i=\boldsymbol{O}\end{cases} \tag{13-66}$$

对于多机器人协同系统操作同一物体的情况，将物体的质量和对质心的惯量向质心简化，使得质心处具有与原物体等效的集中质量 m_o 和集中惯量 I_o。至此，可以将多机器人系

统简化为图 13-8 所示的简化系统。在该简化系统中，各机器人抓握一个虚集中惯性质量棒，虚集中惯性质量棒在原物体质心处相连。

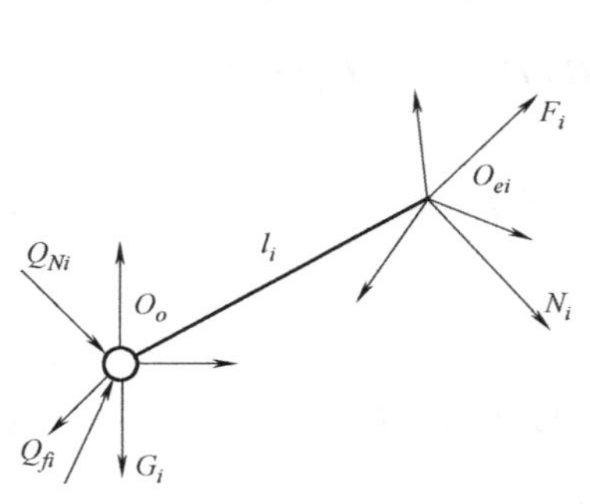

图 13-7　虚集中惯性质量棒受力图

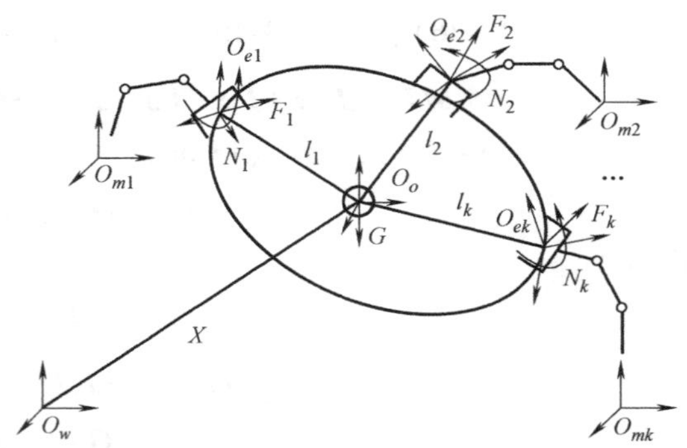

图 13-8　操作物体简化受力图

在上述假设的基础上，可以根据各机器人的承载能力，按照线性加权的方法，对工作载荷进行分配。设第 i 个机器人的承载能力系数为 ξ_i 且满足 $\sum_{i=1}^{m}\xi_i=1$，则可将物体的集中质量 m_o 和集中惯量 $\boldsymbol{I}_o$ 进行分割，得

$$\begin{cases}m_i=\xi_i m_o\\ \boldsymbol{I}_{oi}=\xi_i\boldsymbol{I}_o\end{cases}(i=1,2,\cdots,m) \tag{13-67}$$

集中质量和集中惯量分配后，各机器人末端执行器的期望力 $\boldsymbol{F}_i^d$ 和 $\boldsymbol{N}_i^d$ 可按下式进行分配

$$\begin{aligned}\boldsymbol{F}_i^d&=-\boldsymbol{G}_i-\boldsymbol{Q}_{fi}^d\\ \boldsymbol{N}_i^d&=-\boldsymbol{I}_i\times\boldsymbol{G}_i-\boldsymbol{l}_i\times\boldsymbol{Q}_{fi}^d-\boldsymbol{Q}_{ni}^d\end{aligned} \tag{13-68}$$

式中

$$\begin{aligned}\boldsymbol{G}_i&=m_i\boldsymbol{g}\\ \boldsymbol{Q}_{fi}^d&=-m_i\ddot{\boldsymbol{x}}_o\\ \boldsymbol{Q}_{ni}^d&=-\boldsymbol{I}_{oi}\ddot{\boldsymbol{\omega}}-\boldsymbol{\omega}\times(\boldsymbol{I}_{oi}\boldsymbol{\omega})\end{aligned} \tag{13-69}$$

13.5　多机器人协同系统的控制

13.5.1　主从控制

协同多机器人的控制策略主要有两种：主从控制策略和力位混合控制策略。其中，主从控制策略的控制框图如图 13-9 所示。

主从控制策略的主要思想是：由于多机器人操作同一物体时，系统会形成闭环结构，即各个机器人之间存在运动学约束关系和力约束关系，当主机器人的轨迹规划完成后，从机器人的运动轨迹也可确定，因此可以根据被控目标设计主机器人的控制器，从机器人跟踪主机器人的轨迹，并控制抓持力以满足力约束关系。

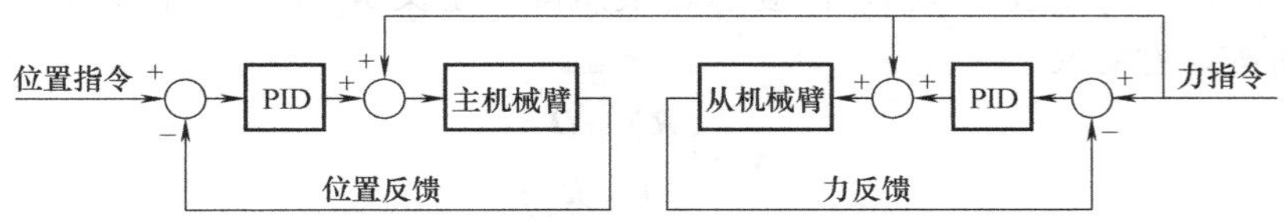

图 13-9　主从控制策略的控制框图

在应用主从控制策略进行控制之前，应事先确定预期位置和预期抓持力，主机器人接收位置控制指令，主机器人控制器依据位置控制误差进行控制。在控制过程中，当主机器人的位置确定时，为保持预期的抓持力，需要对从机器人的抓持力进行控制。因此，从机器人控制器需要依据力误差信号进行控制。

主从控制的优点是简单易行，但主从控制的方法对机器人的外界干扰和测量误差十分敏感，且当系统存在运动学或动力学不确定时，如物体与环境之间存在约束关系时，难以保证从机器人的控制效果。

13.5.2　力位混合控制

力位混合控制策略将机器人末端执行器与约束环境所在的任务空间分解为两个正交子空间，在约束环境的切线方向上进行位置控制，在约束环境的法线方向上进行力控制，然后分别设计位置控制器与力控制器。实验结果表明，力位混合控制策略的控制效果优于主从控制策略，因此，本节以双机器人操作同一物体为例，对力位混合控制方法进行介绍。

双机器人操作同一物体时，约束环境如图 13-10 所示。

根据 13.2 节，将双机器人系统的动力学模型写成

$$\boldsymbol{M}_a(\boldsymbol{x})\ddot{\boldsymbol{x}}+\boldsymbol{C}_a(\boldsymbol{x},\dot{\boldsymbol{x}})\dot{\boldsymbol{x}}+\boldsymbol{G}_a(\boldsymbol{x})+\boldsymbol{J}_o^{\mathrm{T}}\boldsymbol{F}_I=\boldsymbol{\tau}_a \tag{13-70}$$

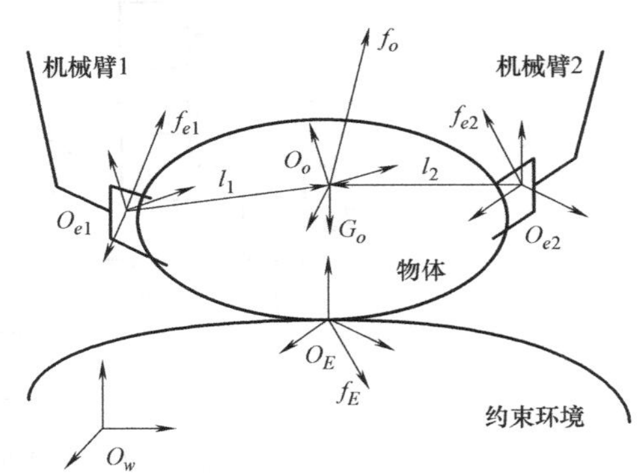

图 13-10　约束环境坐标定义

如图 13-10 所示，我们认为物体与环境的接触面是平滑的，并定义坐标系 $O_ex_ey_ez_e$ 为接触点坐标系，接触点坐标系原点 O_e 位于物体与环境的接触点，并认为物体在 $x_eO_ey_e$ 平面上可以自由运动，但在 z_e 方向上，物体的运动受到约束。接触力约束与运动约束相反，接触力在 $x_eO_ey_e$ 平面上受到约束，即运动子空间和力子空间是完全正交的。因此，对于图 13-9 所示的情形，可以给出选择矩阵 $\boldsymbol{S}$ 和 $\boldsymbol{S}'$，分别用来确定力子空间和位置子空间

$$\boldsymbol{S}=\begin{pmatrix}\boldsymbol{S}_e & \boldsymbol{O}\\ \boldsymbol{O} & \boldsymbol{S}_i\end{pmatrix},\quad \boldsymbol{S}_e=\mathrm{diag}(1,1,0,1,1,1),\boldsymbol{S}_i=(0) \tag{13-71}$$

$$\boldsymbol{S}'=\begin{pmatrix}\boldsymbol{S}'_e & \boldsymbol{O}\\ \boldsymbol{O} & \boldsymbol{S}'_i\end{pmatrix},\quad \boldsymbol{S}'_e=\mathrm{diag}(0,0,1,0,0,0),\boldsymbol{S}'_i=\boldsymbol{I}_6 \tag{13-72}$$

需要说明的是，选择矩阵 $\boldsymbol{S}$ 和 $\boldsymbol{S}'$ 分别是在坐标系 O_e 和坐标系 O_a 中定义的。进一步地，

定义 $\boldsymbol{R}_e$ 表示坐标系 O_o 到坐标系 O_e 的姿态转换矩阵，定义 $\boldsymbol{R}_a$ 表示坐标系 O_o 到坐标系 O_a 的姿态转换矩阵。并定义

$$\boldsymbol{A}_e=\begin{pmatrix}\boldsymbol{R}_e & \boldsymbol{O}\\ \boldsymbol{O} & \boldsymbol{R}_a\end{pmatrix} \tag{13-73}$$

$$\boldsymbol{A}_a=\begin{pmatrix}\boldsymbol{R}_a & \boldsymbol{O}\\ \boldsymbol{O} & \boldsymbol{R}_a\end{pmatrix} \tag{13-74}$$

至此，可以得到在坐标系 O_o 中描述的，并进行过单位化处理的选择矩阵

$$\boldsymbol{\Psi}=\begin{pmatrix}\boldsymbol{\Psi}_e & \boldsymbol{O}\\ \boldsymbol{O} & \boldsymbol{\Psi}_i\end{pmatrix},\quad \boldsymbol{\Psi}_e=\boldsymbol{A}_e\boldsymbol{S}_e\boldsymbol{A}_a^{-1},\quad \boldsymbol{\Psi}_i=\boldsymbol{A}_a\boldsymbol{S}_i\boldsymbol{A}_a^{-1} \tag{13-75}$$

$$\widetilde{\boldsymbol{\Psi}}=\begin{pmatrix}\widetilde{\boldsymbol{\Psi}}_e & \boldsymbol{O}\\ \boldsymbol{O} & \widetilde{\boldsymbol{\Psi}}_i\end{pmatrix},\quad \widetilde{\boldsymbol{\Psi}}_e=\boldsymbol{I}_6-\boldsymbol{\Psi}_e,\quad \widetilde{\boldsymbol{\Psi}}_i=\boldsymbol{I}_6-\boldsymbol{\Psi}_i \tag{13-76}$$

确定选择矩阵后，就可设计双机器人系统的力位混合控制策略，双机器人系统的力位混合控制策略的控制框图如图 13-11 所示。

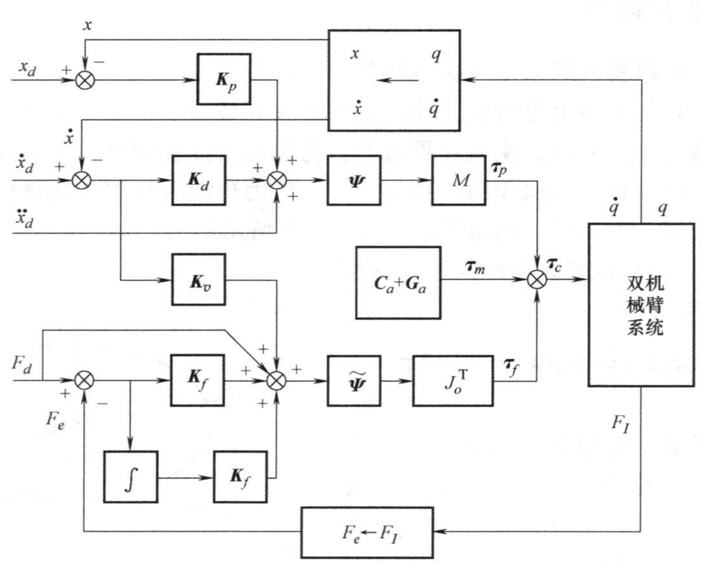

图 13-11　力位混合控制策略的控制框图

双机器人系统的力位混合控制规律可以写成

$$\boldsymbol{\tau}_c=\boldsymbol{\tau}_p+\boldsymbol{\tau}_f+\boldsymbol{\tau}_m \tag{13-77}$$

式中，$\boldsymbol{\tau}_p$ 为位置子空间控制信号；$\boldsymbol{\tau}_f$ 为力子空间控制信号；$\boldsymbol{\tau}_m$ 用于补偿惯性力和科氏力。若运动控制器采用 PD 控制规律，力控制器采用 PID 控制规律，则式（13-77）可以写成

$$\boldsymbol{\tau}_p=\boldsymbol{M}_a(\boldsymbol{x})\boldsymbol{\Psi}[\boldsymbol{K}_p(\boldsymbol{x}_d-\boldsymbol{x})+\boldsymbol{K}_d(\dot{\boldsymbol{x}}_d-\dot{\boldsymbol{x}}_c)\ddot{\boldsymbol{x}}_d] \tag{13-78}$$

$$\boldsymbol{\tau}_f=\boldsymbol{J}_o^{\mathrm{T}}\widetilde{\boldsymbol{\Psi}}[\boldsymbol{K}_f(\boldsymbol{F}_d-\boldsymbol{F}_e)+\boldsymbol{K}_i\int(\boldsymbol{F}_d-\boldsymbol{F}_e)\mathrm{d}t+\boldsymbol{K}_v(\dot{\boldsymbol{x}}_d-\dot{\boldsymbol{x}}_c)+\boldsymbol{F}_d] \tag{13-79}$$

$$\boldsymbol{\tau}_m=\boldsymbol{C}_a(\boldsymbol{x},\dot{\boldsymbol{x}})\dot{\boldsymbol{x}}+\boldsymbol{G}_a(\boldsymbol{x}) \tag{13-80}$$

【例 13-2】 如图 13-12 所示，采用两个平面 2R 机器人进行作业，作业过程中，需要两个机器人协同作业，使得物体沿世界坐标系 $O_w x_w y_w$ 中的 x_w 方向运动，并对 $y_w(y_E)$ 方向上物体与环境的接触力进行控制。

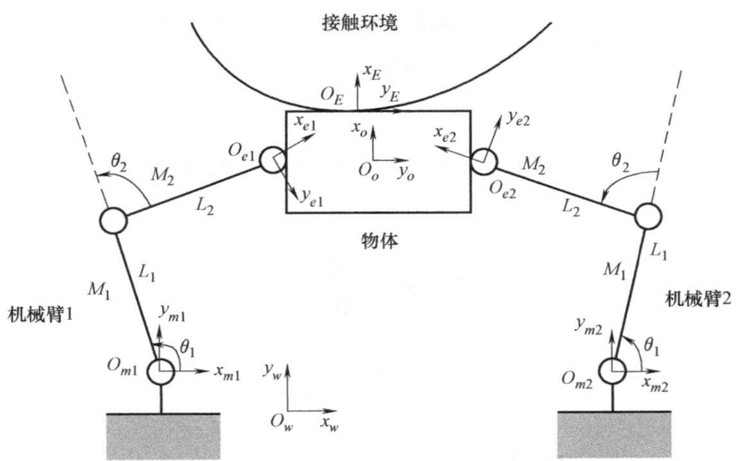

图 13-12　双 2R 机器人协同作业

图 13-12 中，机器人 1 和机器人 2 为同一结构，仿真过程中，机器人的参数定义为：关节 1 质量 $M_1=2\text{kg}$，长度 $L_1=0.5\text{m}$，关节 2 质量 $M_2=2\text{kg}$，长度 $L_2=0.5\text{m}$，物体质量 $M=3\text{kg}$，质量分布均匀。2R 机械手的动力学模型为

$$\boldsymbol{M}(\boldsymbol{q})\ddot{\boldsymbol{q}}+\boldsymbol{C}(\boldsymbol{q},\dot{\boldsymbol{q}})+\boldsymbol{G}(\boldsymbol{q})=\boldsymbol{\tau} \tag{13-81}$$

式中

$$\boldsymbol{M}(\boldsymbol{q})=\begin{pmatrix} M_1L_1^2+M_2(L_1^2+L_2^2+2L_1L_2\cos\theta_2) & M_2(L_2^2+L_1L_2\cos\theta_2) \\ M_2(L_2^2+L_1L_2\cos\theta_2) & M_2L_2^2 \end{pmatrix} \tag{13-82a}$$

$$\boldsymbol{C}(\boldsymbol{q},\dot{\boldsymbol{q}})=\begin{pmatrix} -M_2L_1L_2\sin\theta_2\dot{\theta}_2^2-2M_2L_1L_2\sin\theta_2\dot{\theta}_1\dot{\theta}_2 \\ M_2L_1L_2\sin\theta_2\dot{\theta}_1^2 \end{pmatrix} \tag{13-82b}$$

$$\boldsymbol{G}(\boldsymbol{q})=\begin{pmatrix} M_2L_2g\cos(\theta_1+\theta_2)+(M_1+M_2)L_1g\cos\theta_1 \\ M_2L_2g\cos(\theta_1+\theta_2) \end{pmatrix} \tag{13-82c}$$

将 2R 机器人的动力学模型转换到操作空间，可以得到操作空间动力学方程为

$$\boldsymbol{F}=\boldsymbol{V}(\boldsymbol{q})\ddot{\boldsymbol{x}}+\boldsymbol{U}(\boldsymbol{q},\dot{\boldsymbol{q}})+\boldsymbol{P}(\boldsymbol{q}) \tag{13-83}$$

式中

$$\boldsymbol{F}=\boldsymbol{J}^{\mathrm{T}}\boldsymbol{\tau} \tag{13-84a}$$

$$\boldsymbol{J}^{\mathrm{T}}=\begin{pmatrix} L_1\sin\theta_2 & L_1\cos\theta_2+L_2 \\ 0 & L_2 \end{pmatrix} \tag{13-84b}$$

$$\boldsymbol{V}(\boldsymbol{q})=\begin{pmatrix} M_2+M_1/\sin^2\theta_2 & 0 \\ 0 & M_2 \end{pmatrix} \tag{13-84c}$$

$$U(\boldsymbol{q})=\begin{pmatrix}-(M_2L_1\cos\theta_2+M_2L_2)\dot{\theta}_1^2-M_2L_2\dot{\theta}_2^2-(2M_2L_2+M_2L_1\cos\theta_2+M_1L_1\cos\theta_2/\sin\theta_2)\dot{\theta}_1\dot{\theta}_2\\ M_2L_2\sin\theta_2\dot{\theta}_1^2+L_1M_2\sin\theta_2\dot{\theta}_1\dot{\theta}_2\end{pmatrix}\tag{13-85}$$

$$\boldsymbol{P}(\boldsymbol{q})=\begin{pmatrix}M_1g\cos\theta_1/\sin\theta_2+M_2g\sin(\theta_1+\theta_2)\\ M_2g\cos(\theta_1+\theta_2)\end{pmatrix}\tag{13-86}$$

物体的动力学模型为

$$\boldsymbol{M}_o(\boldsymbol{x})\ddot{\boldsymbol{x}}+\boldsymbol{G}_o(\boldsymbol{x})=\sum_{i=1}^{2}(\boldsymbol{J}_{oi}^{\mathrm{T}}\boldsymbol{F}_{ei})\tag{13-87}$$

式中

$$\boldsymbol{M}_o(\boldsymbol{x})=\begin{pmatrix}M&0\\0&M\end{pmatrix}\tag{13-88a}$$

$$\boldsymbol{G}_o(\boldsymbol{x})=\begin{pmatrix}0\\Mg\end{pmatrix}\tag{13-88b}$$

$$\boldsymbol{J}_{o1}^{\mathrm{T}}=\begin{pmatrix}-\sin(\theta_1+\theta_2)&\cos(\theta_1+\theta_2)\\-\cos(\theta_1+\theta_2)&-\sin(\theta_1+\theta_2)\end{pmatrix}\tag{13-88c}$$

$$\boldsymbol{J}_{o2}^{\mathrm{T}}=\begin{pmatrix}\sin(\theta_1-\theta_2)&-\cos(\theta_1-\theta_2)\\\cos(\theta_1-\theta_2)&\sin(\theta_1-\theta_2)\end{pmatrix}\tag{13-88d}$$

根据文中方法设计力位混合控制规律，并进行仿真。仿真过程中，物体预期位移轨迹为 $x_d=0.01+0.04\sin(t+1.25)$(m)，物体与环境接触力的预期变化为 $f_d=0.6\cos t$(N)。

仿真得到机器人 1 在 x_w 方向上的位移如图 13-13 所示。

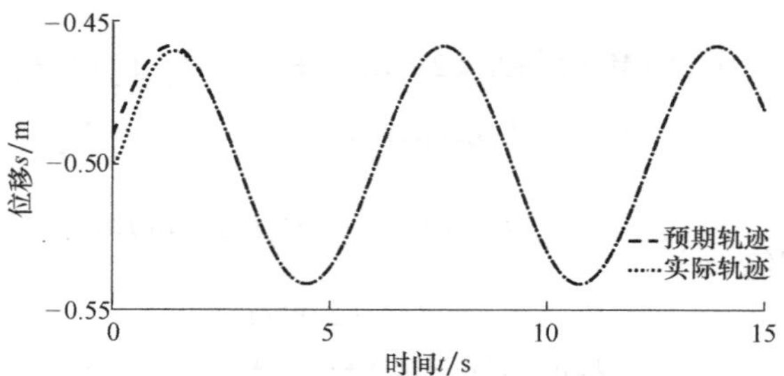

图 13-13 机械臂 1 的运动轨迹

机器人 2 在 x_w 方向上的位移如图 13-14 所示。

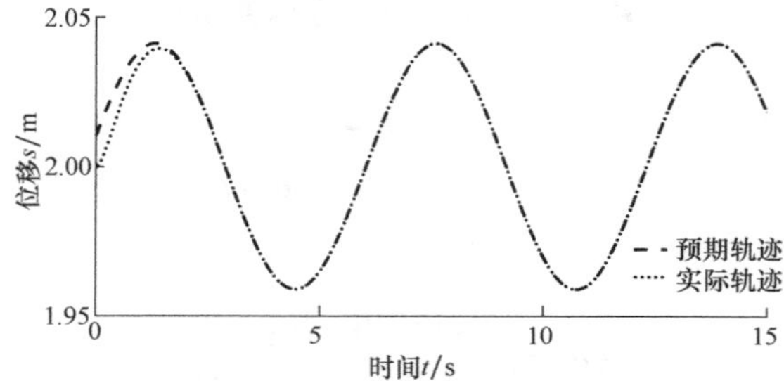

图 13-14 机器人 2 的运动轨迹

需要说明的是，在图13-13和图13-14中，位移指的是机器人末端在 x_w 方向位置的变化量。

由于认为两个机器人承受相同的负载，所以输出力的变化如图13-15所示。需要说明的是，在图13-15中，输出力指的是机器人克服负载重力后的输出力。

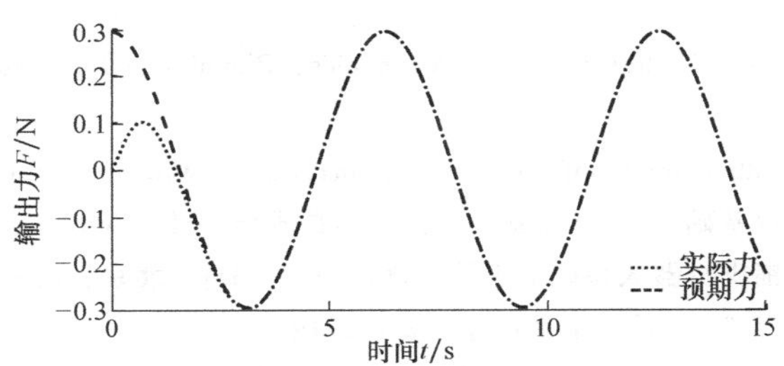

图 13-15　机器人输出力

13.6　本章作业

1. 查阅相关文献，调研一个多机器人协作的案例，并对其控制方法和实际控制效果进行说明。

2. 推导例13-2中双机器人协同系统的整体动力学模型。

3. 将例13-2中的预期轨迹变更为 $x_d=-0.01+0.03\sin(t+1.25)$ (m)，预期接触力变更为 $f_d=0.4+0.4\cos t$ (N)，设计力位混合控制方法，并进行仿真研究。

参考文献

[1] 西西里安诺，夏维科，维拉尼，等. 机器人学：建模、规划与控制［M］. 西安：西安交通大学出版社，2015.

[2] LYNCH K M，PARK F C. Modern Robotics：Mechanics，Planning and Control［M］. London：Cambridge Press，2017.

[3] SZEPESVÁRI C. Algorithms for Reinforcement Learning［M］. Williston：Morgan & Claypool，2009.

[4] 杨洋. 机器人控制理论基础［M］. 西安：陕西科学技术出版社，2001.

[5] 吴秋龙. 隔热板自动铺砌机器人系统的设计与操作规划［D］. 北京：北京航空航天大学，2014.

[6] 白井 良明. ロボット工学［M］. 東京：オーム社，1999.

[7] 有本 卓. ロボットの力学と制御［M］. 東京：朝倉書店，1992.

[8] COKE P. 机器人学、机器视觉与控制——MATLAB 算法基础［M］. 让荣，等译. 北京：电子工业出版社，2016.

[9] 马克 W. 斯庞，哈钦森，维德雅萨加. 机器人建模和控制［M］. 贾振中，等译. 北京：机械工业出版社，2016.

[10] CRAIG J J. 机器人学导论［M］. 3 版. 负超，等译. 北京：机械工业出版社，2015.

[11] 孙恒，陈作模，葛文杰. 机械原理［M］. 7 版. 北京：高等教育出版社，2012.

[12] 刘豹，唐万生. 现代控制理论［M］. 3 版. 北京：机械工业出版社，2013.

[13] CORKE P. Robotics，Vision and Control Fundamental Algorithms in MATLAB［M］. Berlin：Springer，2011.

[14] CRAIG J J. Introduction to Robotics Mechanics and Control［M］. New Jersey：Addison-Wesley，1989.

[15] SICILIANO B，SCIAVICCO L，VILLANI L，et al. Robotics：Modelling，Planning and Control［M］. Berlin：Springer，2009.

[16] 孙增圻，邓志东，张再兴. 智能控制理论与技术［M］. 2 版. 北京：清华大学出版社，2011.

[17] 董景新，赵长德，郭美凤，等. 控制工程基础［M］. 3 版. 北京：清华大学出版社，2009.

[18] 熊有伦. 机器人技术基础［M］. 武汉：华中科技大学出版社，2015.

[19] 长古川 健介，增田 良介. ロボット工学［M］. 東京：昭晃堂，1995.

[20] 刘卫鹏，邢关生，陈海永，等. 基于增强学习的机械臂轨迹跟踪控制［J］. 计算机集成制造系统，2018，24（8）：1996-2004.

[21] 小林尚登. ロボット制御の実際［M］. 東京：コロナ社，1997.

[22] 汤铭奇. 露天采掘装载机械［M］. 北京：冶金工业出版社，1993.

[23] 丁学恭. 机器人控制研究［M］. 杭州：浙江大学出版社，2006.

[24] 孙志毅. 非线性系统控制理论与方法［J］. 太原重型机械学院学报，2003（04）：249-253.

[25] 刘永慧. 滑模变结构控制的研究综述［J］. 上海电机学院学报，2016，19（02）：88-93.

[26] 金澄. 基于时延补偿的网络控制系统滑模控制器研究［D］. 武汉：武汉科技大学，2019.

[27] 刘金琨，孙富春. 滑模变结构控制理论及其算法研究与进展［J］. 控制理论与应用，2007（03）：407-418.

[28] 蔡自兴. 机器人学［M］. 2 版. 北京：清华大学出版社，2009.

[29] 丁学恭. 机器人控制研究［M］. 杭州：浙江大学出版社，2006.

[30] 田宏奇. 滑模控制理论及其应用［M］. 武汉：武汉出版社，1995.

[31] FELLER W. An Introduction to Probability Theory and Its Applications：Ⅱ［M］. New York：Wiley，1950.

[32] HARDY R L. Multiquadric Equations of Topography and Other Irregular Surfaces［J］. Journal of Geo-

physical Research，1971，76（8）：1905-1915.

[33] SU P，YANG Y. Self-adaptive Robust Control of Joint Robots for Modeling Error [J]. Applied Mechanics and Material，2013，422：226-231.

[34] SU P，YANG Y，HUANG L，et al. Adaptive Stability Control of the Robot Based on Extended State Observer [C] //IEEE. International Conference on Information Science and Control Engineering. New York：IEEE，2015.

[35] 何永强. 多指灵巧手控制研究 [D]. 北京：北京航空航天大学，2002.

[36] 杨洋. 多指灵巧手的抓持和运动规划及其灵巧性设计 [D]. 北京：北京航空航天大学，1996.

[37] 王兴贵，韩松臣，秦俊奇，等. 多机械臂搬运同一物体的协调动态载荷分配 [J]. 力学学报，1999（1）：119-125.

[38] 王华荣. 协同多机械臂位置/力控制方法研究 [D]. 青岛：中国石油大学（华东），2016.

[39] 理查德·摩雷，李泽湘，夏恩卡·萨斯特里. 机器人操作的数学导论 [M]. 徐卫良，钱瑞明，译. 北京：机械工业出版社，1997.